GPS 原理与接收机设计

（修订版）

Principles of GPS and Receiver Design

谢 钢 著

U0281163

電子工業出版社
Publishing House of Electronics Industry
北京 • BEIJING

内 容 简 介

本书系统、透彻地阐述了 GPS 及其接收机设计的各项相关内容，包括 GPS 信号结构、时空坐标系、测量值、定位原理、卡尔曼滤波、接收机的射频前端、信号捕获和信号跟踪。此外，本书还介绍了差分精密定位、GPS 与惯性导航的组合和地图匹配三方面 GPS 应用技术，论述了多路径、电磁干扰、互相关干扰、高灵敏度 GPS、辅助 GPS 等关键课题。本书理论分析清晰，实用性强，且内容力求反映近年来出现的 GPS 最新技术和成果。

本书可以作为本科生高年级学生和研究生的教材或参考书，也是所有与 GPS 等卫星导航系统及其接收机设计有关的工程技术人员和科技工作者都应配备的一本不可多得的优秀参考书。

图书在版编目（CIP）数据

GPS 原理与接收机设计/谢钢著. —修订本. —北京：电子工业出版社，2022.6

ISBN 978-7-121-43268-2

Ⅰ.①G… Ⅱ.①谢… Ⅲ.①GPS 接收机－设计 Ⅳ.①P228.42

中国版本图书馆 CIP 数据核字（2022）第 057712 号

责任编辑：谭海平
印　　刷：北京盛通数码印刷有限公司
装　　订：北京盛通数码印刷有限公司
出版发行：电子工业出版社
　　　　　北京市海淀区万寿路 173 信箱　邮编：100036
开　　本：787×1092　1/16　印张：26.25　字数：739.2 千字
版　　次：2017 年 1 月第 1 版
　　　　　2022 年 6 月第 2 版
印　　次：2025 年 2 月第 4 次印刷
定　　价：89.00 元

凡所购买电子工业出版社图书有缺损问题，请向购买书店调换。若书店售缺，请与本社发行部联系，联系及邮购电话：（010）88254888，88258888。

质量投诉请发邮件至 zlts@phei.com.cn，盗版侵权举报请发邮件至 dbqq@phei.com.cn。

本书咨询联系方式：（010）88254552，tan02@phei.com.cn。

前　言

科技的进步深刻地改变了人们的日常生活方式，而美国的全球定位系统（GPS）就是其中的一项科技进步。自20世纪70年代开始研制以来，GPS已在世界各国的各行各业中得到了广泛应用，它正带领着人类进入定位、导航的新纪元。

在全球卫星定位技术方兴未艾之际，关于GPS及其接收机设计的文献大量涌现。这些年来，国内外出版了几本相当优秀的关于GPS的书籍，受到了广大GPS专业爱好者的喜爱。与这些书籍不同，本书一方面加大了关于GPS接收机设计内容的篇幅，使得对其的讨论更加系统、深入；另一方面介绍了最近出现的一些GPS接收机新技术、新成果，使本书的知识能及时、真实地反映当前状况。

全书共13章，大致分成GPS基础知识、定位算法、GPS应用以及信号的捕获与跟踪四部分，全书也是按照这一顺序展开叙述的。大多数读者对GPS的认识是从了解GPS的定位原理及其算法开始的，其中的一些读者然后有机会去进一步探索接收机的内部构造和信号的捕获与跟踪原理。因此，这种先介绍定位算法后介绍信号跟踪的叙述顺序（由简到难的顺序），是比较适合大多数读者学习GPS的，尽管GPS接收机事实上是先跟踪卫星信号后完成定位计算的。

第1章和第2章将介绍GPS的一些基础知识。通过对这两章内容的学习，读者会接触到大量GPS术语，能够从宏观上了解GPS整个系统的运行机理，认识GPS定位原理，掌握GPS信号结构。GPS定位原理如此简单，以至于它可用一小段文字解释清楚，然而为了实现定位和提高定位性能，我们还需要阅读接下来的11章内容。

第3章至第6章将介绍GPS定位算法。首先，在GPS定位原理中，GPS卫星的位置被视为已知的，于是第3章将解决如何计算卫星在某一时刻的位置坐标问题；然后，由于实现GPS定位还需要测量GPS接收机至各颗可见卫星的距离，因而第4章将讨论GPS测量及其误差；其次，有了卫星的位置和接收机至卫星的距离，我们就可以实现定位，于是第5章将分析定位原理与精度，它是这部分内容的核心；最后，第6章将介绍卡尔曼滤波定位算法，它有着非常高的实际应用价值，并且在本书随后的多个章节中都会提到这种滤波技术。

第7章至第9章将介绍用来提高GPS定位性能的三方面的技术与应用。第7章将介绍差分GPS和高精度GPS，第8章将介绍GPS与航位推测系统的组合，第9章将介绍GPS定位结果的地图匹配。尽管这三章的内容非常具有现实意义，但是对只关心接收机内部设计的读者而言，略过这三章而直接跳到第10章，不会有前后内容不连贯的感觉。

最后，第10章至第13章将剖析接收机的内部组成及其运行，在这四章中，每章的篇幅都很大。对于希望了解接收机内部究竟是如何运作的读者而言，这部分是一定要花精力去阅读的。第10章将介绍接收机组成概况和其中的射频前端模块，第11章将详细分析载波环，第12章将探讨码环，并且描述接收机在信号跟踪过程中所需完成的位同步、帧同步等一系列信号处理任务，第13章将讨论接收机对信号的搜索与捕获。在此基础上，这部分还对多路径、连续波干扰、互相关干扰、高灵敏度GPS和辅助GPS（AGPS）等多个关键课题进行论述。

通过研读大量公开发表的GPS书籍、期刊论文、会议论文、学位论文和专利等文献资料，作者将这些知识汇集起来写成了这一专著。因此，书中每章末尾均列出了大量参考文献，用以表明原文或相关知识点的参考来源，以示作者的敬意和感谢。此外，作者还参考了无数公开的国际互联网网页，但考虑到网址的变动性较强，它们很少被一一列出。希望这些参考文献能为对某一课题做深入研究的读者提供高而良好的起点。

本书语言平实、简练，内容丰富且重点突出。它不但适合作为本科生高年级学生和研究生的教材或参考书，而且是所有与 GPS/GNSS 及其接收机设计有关的工程技术人员和科技工作者都应配备的参考用书。书中提及但未能予以充分讨论的许多方法、技术，可作为硕士生、博士生的研究课题。当我撰写这一前言时，喜闻中国成功地发射了第二颗北斗导航卫星，希望本书的出版能给我国的卫星导航事业添砖加瓦。

感谢父亲谢逸仙、母亲傅珠珍对我的养育和教导，他们对我勤奋进取的要求和言传身教，是我能利用空余时间写完本书的动力源泉。在写书期间，我也得到了妻子和孩子对我的理解与支持。感谢电子工业出版社的谭海平先生对该书出版提供的帮助与方便，他对书中的内容安排也提出了一些宝贵意见。绍兴文理学院的沈龙先生对全书的文字进行了通读与校正，在此深表感谢。我在写书期间还得到了许多同事和亲朋的支持，在此对他们表示诚挚的谢意！

由于作者水平有限，书中必定会出现一些不妥和错误，敬请读者不吝指正。读者可通过电子邮箱 gang.xie.1999@stanfordalumni.org 与我直接联系。

作　者

2009 年 5 月

修订出版感谢

自 2009 年该书出版以来，我陆续收到了许多读者的来信，他们对本书的内容和质量做了高度赞赏，且认为从中受益匪浅。承蒙各位读者的厚爱，该书在所有有关 GPS 的畅销书籍中正脱颖而出。看到四年心血之结晶为大家所爱，我深感欣慰，更深受鼓励。

正如一名读者来信说，虽然书中的错误非常少，但是为了使它更完美，即使是在阅读过程中发现的一两处小错误都要来信告诉我。我真的很感动！感谢北京航空航天大学学生王晨和博士后刘青格、黑龙江省八五二农场农机中级工程师马成燕、浙江大学控制系研究生李子月、西安电子科技大学微电子学院硕士生李廷、中国空间技术研究院西安分院工程师边朗、中兴通讯工程师邵贵阳、南京解放军理工大学网络工程教研中心讲师刘鹏、西安交通大学微波与光通信研究所博士生李建星、江南大学学生刘冉旭、南京六九零二科技有限公司工程师陈雨、武汉大学测绘学院导航工程专业本科生彭益堂和易通星云（北京）科技发展有限公司卫星导航工程师任江南等诸多读者，你们指出的错误在这次修订出版中已经得到更正，谢谢你们！

目　　录

第 1 章　导引 …… 1

1.1　GPS 的起源 …… 1
1.2　GPS 的组成概况 …… 2
1.2.1　空间星座部分 …… 3
1.2.2　地面监控部分 …… 5
1.2.3　用户设备部分 …… 6
1.3　GPS 提供的服务和限制 …… 8
1.4　各国卫星导航系统概况 …… 9
1.5　GPS 的性能指标 …… 11
1.6　GPS 的应用 …… 13
参考文献 …… 13

第 2 章　GPS 信号及其导航电文 …… 15

2.1　载波 …… 15
2.2　伪码 …… 16
2.2.1　二进制数随机序列 …… 16
2.2.2　m 序列 …… 17
2.2.3　金码 …… 21
2.2.4　C/A 码 …… 23
2.2.5　P 码 …… 26
2.3　数据码 …… 27
2.4　GPS 信号结构 …… 27
2.5　导航电文 …… 31
2.5.1　导航电文的格式 …… 32
2.5.2　遥测字 …… 32
2.5.3　交接字 …… 33
2.5.4　第一数据块 …… 34
2.5.5　第二数据块 …… 35
2.5.6　第三数据块 …… 36
2.6　GPS 现代化计划 …… 37
参考文献 …… 38

第 3 章　GPS 卫星轨道的理论和计算 …… 40

3.1　空间坐标系 …… 40
3.1.1　惯性坐标系 …… 40
3.1.2　地球坐标系 …… 41

3.1.3 WGS-84 坐标系……44
3.1.4 直角坐标系间的旋转变换……45
3.1.5 站心坐标系……46
3.2 时间系统……48
3.2.1 世界时和原子时……48
3.2.2 GPS 时间……49
3.2.3 晶体振荡器……50
3.2.4 GPS 与相对论……52
3.3 GPS 卫星轨道的理论……52
3.3.1 卫星的无摄运行轨道……53
3.3.2 开普勒轨道参数……54
3.3.3 卫星星历和历书参数……57
3.4 卫星空间位置的计算……58
3.5 卫星运行速度的计算……61
3.6 卫星轨道的插值计算……62
参考文献……64
第 4 章 GPS 测量及其误差……66
4.1 伪距测量值……66
4.1.1 伪距的概念……66
4.1.2 伪距与测距码相位……68
4.2 载波相位测量值……69
4.2.1 载波相位的概念……69
4.2.2 多普勒频移与积分多普勒……71
4.2.3 伪距与载波相位的对比……73
4.3 测量误差……74
4.3.1 卫星时钟误差……75
4.3.2 卫星星历误差……76
4.3.3 电离层延时……77
4.3.4 对流层延时……82
4.3.5 多路径……84
4.3.6 接收机噪声……86
4.4 差分 GPS 的原理……86
4.5 伪距与载波相位的组合……88
4.5.1 载波相位平滑伪距……88
4.5.2 整周模糊度估算……90
参考文献……90
第 5 章 GPS 定位原理与精度分析……92
5.1 牛顿迭代及其线性化方法……92
5.2 最小二乘法……94

5.3 伪距定位 96
5.3.1 伪距定位原理 97
5.3.2 伪距定位算法 99
5.3.3 二维定位及其辅助方程 102
5.4 定位精度分析 104
5.4.1 定位误差的方差分析 104
5.4.2 精度因子 105
5.4.3 卫星几何分布 109
5.4.4 伪卫星 111
5.5 接收机自主正直性监测 112
5.5.1 正直性监测的概念 112
5.5.2 伪距残余检测法 113
5.5.3 最小平方残余法 114
5.5.4 最大解分离法 115
5.6 多普勒定速 115
5.7 定时、授时与校频 117
参考文献 118

第 6 章 卡尔曼滤波及其应用 122

6.1 滤波的意义 122
6.2 α-β 滤波 123
6.3 卡尔曼滤波 124
6.3.1 滤波模型 125
6.3.2 滤波算法 126
6.3.3 举例与讨论 129
6.3.4 滤波数值计算 133
6.3.5 非线性滤波 136
6.4 系统模型的建立 138
6.4.1 连续时间系统的建模 138
6.4.2 离散时间系统的建模 141
6.5 GPS 定位的卡尔曼滤波算法 142
6.5.1 接收机时钟模型 143
6.5.2 用户运动模型 144
6.5.3 卡尔曼滤波定位算法 145
6.6 其他滤波技术 146
参考文献 147

第 7 章 差分定位和精密定位 150

7.1 差分定位 150
7.1.1 差分的种类 150
7.1.2 差分校正量 152

7.1.3 局域差分系统······155
7.1.4 广域差分系统······156
7.2 精密定位系统······159
7.2.1 单差······160
7.2.2 双差······163
7.2.3 三差······165
7.2.4 相对定位的根本问题······166
7.3 多频测量值的组合······167
7.3.1 线性组合······168
7.3.2 窄巷、宽巷和超宽巷组合······170
7.4 整周模糊度的求解技术······172
7.4.1 交换天线位置······173
7.4.2 几何多样性······174
7.4.3 利用伪距的取整估算法······175
7.4.4 LAMBDA 算法······176
7.4.5 逐级模糊度确定法······179
参考文献······181
第 8 章 GPS 与航位推测系统的组合······185
8.1 惯性导航系统······185
8.1.1 惯性传感器的种类······185
8.1.2 惯性导航的分类······187
8.1.3 惯性导航的基本原理······187
8.1.4 惯性传感测量误差······188
8.2 航位推测系统······189
8.2.1 航位推测的基本原理······189
8.2.2 ABS 车轮转速传感器······190
8.3 组合的意义······193
8.4 组合的工具······195
8.4.1 互补型滤波器······195
8.4.2 分散卡尔曼滤波······196
8.5 组合的方式······196
8.5.1 松性组合······197
8.5.2 紧性组合······198
8.5.3 深性组合······199
参考文献······200
第 9 章 地图匹配······202
9.1 地图匹配的意义······202
9.2 电子地图······203
9.2.1 UTM 投影系统······203

9.2.2 数字高程模型 ······ 204
9.2.3 道路网数据库 ······ 205
9.3 地图匹配算法综述 ······ 206
9.4 几何匹配算法 ······ 209
9.4.1 点-点匹配法 ······ 209
9.4.2 点-线匹配法 ······ 210
9.4.3 线-线匹配法 ······ 211
9.4.4 改良型几何匹配算法 ······ 212
9.5 概率匹配算法 ······ 215
9.6 紧性组合匹配算法 ······ 216
9.7 综合匹配算法 ······ 218
9.7.1 加权法 ······ 218
9.7.2 D-S 理论 ······ 219
9.7.3 模糊推理 ······ 221
9.8 匹配路段上的位置点匹配 ······ 222
参考文献 ······ 224

第 10 章 GPS 接收机及其射频前端 ······ 227

10.1 GPS 接收机概况 ······ 228
10.2 接收天线 ······ 232
10.2.1 自由空间传播公式 ······ 232
10.2.2 信噪比和载噪比 ······ 235
10.2.3 串联器件的噪声指数 ······ 236
10.2.4 右旋圆极化 ······ 239
10.2.5 天线的种类 ······ 240
10.3 射频前端处理 ······ 242
10.3.1 射频信号调整 ······ 243
10.3.2 下变频混频 ······ 244
10.3.3 中频信号滤波放大 ······ 249
10.3.4 模数转换 ······ 250
参考文献 ······ 253

第 11 章 载波环 ······ 256

11.1 信号跟踪原理 ······ 256
11.2 相位锁定环路 ······ 258
11.2.1 基本工作原理 ······ 259
11.2.2 环路阶数 ······ 261
11.2.3 稳态响应 ······ 265
11.2.4 环路参数 ······ 267
11.2.5 I/Q 解调 ······ 270
11.2.6 相干积分 ······ 275

11.2.7 鉴相方法的种类 280
11.2.8 测量误差与跟踪门限 282
11.3 频率锁定环路 284
11.3.1 基本工作原理 284
11.3.2 鉴频方法的种类 287
11.3.3 测量误差与跟踪门限 289
11.4 锁相环与锁频环的对比与组合 290
参考文献 291

第 12 章 码环和基带数字信号处理 293

12.1 码环 293
12.1.1 延迟锁定环路 293
12.1.2 相关器与自相关函数 296
12.1.3 非相干积分 299
12.1.4 鉴相方法的种类 302
12.1.5 测量误差与跟踪门限 305
12.2 信号的跟踪 308
12.2.1 载波环与码环的组合 308
12.2.2 锁定检测 311
12.3 基带数字信号处理 312
12.3.1 位同步 312
12.3.2 帧同步 316
12.3.3 奇偶检验和电文译码 318
12.3.4 测量值的生成 320
12.4 多路径效应及其抑制 321
12.4.1 多路径效应 322
12.4.2 多路径抑制 325
12.5 干扰 329
参考文献 331

第 13 章 信号捕获 336

13.1 信号捕获的概况 336
13.1.1 三维搜索 336
13.1.2 启动方式 339
13.1.3 搜索范围估算 341
13.1.4 信号检测 344
13.1.5 载噪比的测定 348
13.1.6 捕获与跟踪之间的转换 351
13.2 信号搜索捕获算法 352
13.2.1 线性搜索 353
13.2.2 并行频率搜索 357

13.2.3 并行码相位搜索 358
13.2.4 其他信号捕获算法 360
13.2.5 卫星搜索次序 361
13.3 高灵敏度 GPS 362
13.3.1 加长积分时间 363
13.3.2 大块相关器设计 366
13.3.3 辅助 GPS（AGPS） 367
13.4 互相关干扰及其抑制 370
13.4.1 互相关干扰 370
13.4.2 互相关干扰抑制 371
13.5 接收机设计的发展趋势 372
参考文献 375
附录 A 缩写词中英对照 380
附录 B 单位制及其换算 386
附录 C 随机变量和随机过程 387
附录 D 拉普拉斯变换 393
附录 E Z 变换 396
附录 F 傅里叶变换和采样定理 399
附录 G 离散傅里叶变换 403
附录 H GPS 数据格式 405

第1章 导　　引

本章和第 2 章介绍全球定位系统（GPS）的基础知识。第 1 章宏观地讲述 GPS 的发展历史、构造、性能和应用等多方面的内容，以激发读者对 GPS 的兴趣；第 2 章具体地分析 GPS 的信号结构。

首先，1.1 节简要回顾 GPS 的发展史。接着，1.2 节介绍 GPS 三个组成部分的功能和概况。1.3 节解释 GPS 提供的两种定位服务以及美国政府对 GPS 的限制性政策。1.4 节简单提及 GPS 以外的其他卫星导航系统。然后，1.5 节介绍用来衡量 GPS 系统和接收机性能的各项指标。最后，1.6 节简单指出 GPS 在各方面的重要应用。

1.1　GPS 的起源

导航在人类历史的发展进程中一直起着相当重要的作用。1957 年 10 月 4 日，苏联成功发射了世界上第一颗名为 Sputnik 的人造地球卫星，由此揭开了人类利用卫星来开发导航、定位系统的序幕。

尽管 Sputnik 的构造相当简单，几乎只是一个无线电信号播发器，但是它在当时引起了世界各国科学家的高度关注[24, 29]。美国约翰·霍普金斯大学应用物理实验室的 W. Guier 博士和 G. Wieffenbach 博士通过跟踪、检测该卫星发射的信号，画出了接收到的卫星信号的多普勒频移曲线。在日常生活中，我们对多普勒效应并不陌生。例如，站在火车轨道附近，当火车驶向我们时，会觉得火车鸣笛声的音调听起来正在变高，而当火车驶离我们时，同样的鸣笛声的音调听起来正在变低。这种测量得到的声波频率随声源和接收机之间的相对移动而发生变化的现象，就是声波的多普勒效应，而无线电波也存在这种效应。前面两位科学家认为，如果我们在一个位置坐标已知的地面固定点测量卫星信号的多普勒频移，那么根据多普勒频移测量值就能推算出卫星的运行轨道[8]。不久，他们用实验数据证实了他们的想法。

对这种通过测量卫星信号的多普勒频移来推算卫星运行轨道的做法，当时同在约翰·霍普金斯大学应用物理实验室的 F. McClure 博士提出了相应的逆命题。他认为，如果卫星的运行轨道是已知的，那么根据卫星信号的多普勒频移测量值，我们反过来能够推算出地面上这一测量点的位置。随着这一开创性想法的深入与成熟，1958 年美国海军决定研究、开发基于多普勒频移的海军导航卫星系统（NNSS），并于 1960 年 4 月发射了该系统的第一颗导航卫星。因为所有海军导航卫星系统中 6 颗卫星的运行轨道全部都通过地极，所以它又被称为子午（Transit）卫星系统。子午卫星系统是世界上第一个成功运行的卫星导航系统，它能提供精度较低的二维定位，并且每次定位的时间长达 30～110 分钟。随着 GPS 的建成，子午卫星系统于 1996 年宣告结束，但是该系统中的许多构思对 GPS 的开发相当重要，有些甚至被直接应用于 GPS。

为了满足军方和民用领域对连续、实时、精确导航的需求，美国国防部（DoD）于 1973 年 4 月提出了研究、创建新一代卫星导航与定位系统的计划，并且由空军上校 B. Parkinson 博士出任这个项目的办公室主任。B. Parkinson 博士充分发挥自己的学术背景与游说技能，召集多方人士，综合各种思想，最终于 1973 年 12 月提出了一个可以让美国军方接受的方案——授时与测距导航系统/全球定位系统（NAVSTAR/GPS），通常简称为全球定位系统（GPS），它是一个基于人造卫星、面向全球的全天候无线电定位、定时系统。

GPS 的开发过程可分为三个阶段。第一阶段为可行性研究，工作主要集中在对用户设备的测试上，即利用安装在地面上的信号发射器代替卫星，通过大量的实验，证实 GPS 接收机在该系统中能获得很高的定位精度。随后于 1978 年 2 月 22 日，美国在范登堡空军基地发射了第一颗 GPS 实验卫星。GPS 的第二阶段始于 1979 年，目标是让一部分特许用户获得 GPS 的全球二维定位功能。接着，自 1985 年开始，GPS 进入第三阶段。值得一提的是，在 1991 年的海湾战争中，GPS 首次被美国空军使用，并且在战争中展示了卓越的性能和非凡的价值。海湾战争后，各方新闻媒体对 GPS 进行了不断的报道与赞誉，使得 GPS 名噪一时，极大地激发了人们对民用 GPS 的兴趣。1995 年，美国宣告 GPS 正式进入全面的运行状态。

GPS 是继人类登月和发明航天飞机后，在空间技术领域的又一个重大成就。同时，现代计算机、微处理器、固态半导体、原子钟、信号处理和通信等相关领域内科学技术突飞猛进的发展，为造就今天的 GPS 系统奠定了坚实的基础。

1.2 GPS 的组成概况

历时 20 年、耗资 200 亿美元的 GPS 由图 1.1 所示的三个独立部分组成：空间星座部分、地面监控部分和用户设备部分。这样，整个 GPS 系统的工作原理就可以简单地描述如下：首先，空间星座部分的各颗 GPS 卫星向地面发射信号；其次，地面监控部分通过接收、测量各个卫星信号，确定卫星的运行轨道，并将卫星的运行轨道信息发射给卫星，让卫星在其发射的信号上转播这些卫星运行的轨道信息；最后，用户设备部分通过接收、测量各颗可见卫星的信号，从信号中获取卫星的运行轨道信息，确定用户接收机自身的空间位置。可见，这一工作原理正是上一节介绍的正、逆定位命题的联合应用。然而，GPS 与子午卫星系统的一个重大区别是，GPS 用户设备部分测量的是它们到卫星的距离，不再以信号的多普勒频移为主要测量值。

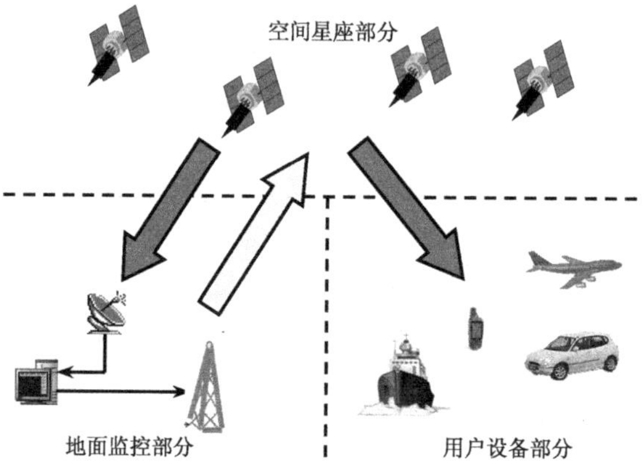

图 1.1　GPS 的三个组成部分

虽然以上只是对 GPS 工作原理的简单概括，但是它清楚地表明了 GPS 三个组成部分之间如图 1.1 所示的信号传递关系。需要特别强调的是，空间星座部分与用户设备部分有联系，但是这种联系是单向的，信号、信息只从空间星座部分向用户设备部分传递。下面简单介绍这三个组成部分的功能，从中我们不但会进一步认识整个 GPS 系统的工作机制，而且会即刻明白 GPS 实现定位的基本原理。

1.2.1 空间星座部分

GPS 的空间星座部分由 21 颗工作卫星和 3 颗备用卫星组成，但是 2008 年 6 月处于正常运行状态的实际卫星数目约为 30 颗。如图 1.2 和图 1.3 所示，这 24 颗卫星分布在 6 个轨道上，每个轨道上不均匀地分布着 4 颗卫星。每个轨道面与地球赤道面的夹角都约为 55°，相邻两个轨道面的升交点经度相差 60°，在相邻轨道上邻近卫星的升交点角距又相差约 30°。GPS 卫星属于地球中轨卫星，卫星轨道的平均高度约为 20 200 km，运行轨道是一个接近于正圆的椭圆，运行周期为 11 小时 58 分。考虑到周期为 24 小时的地球自转，相对于地面上的一个固定观测点来说，卫星的运行和分布状况大约每隔 23 小时 56 分重复一次。需要说明的是，对这里出现的升交点等卫星轨道参数和地理术语，第 3 章将给予详细解释，对此不熟悉的读者现在不必感到焦急。

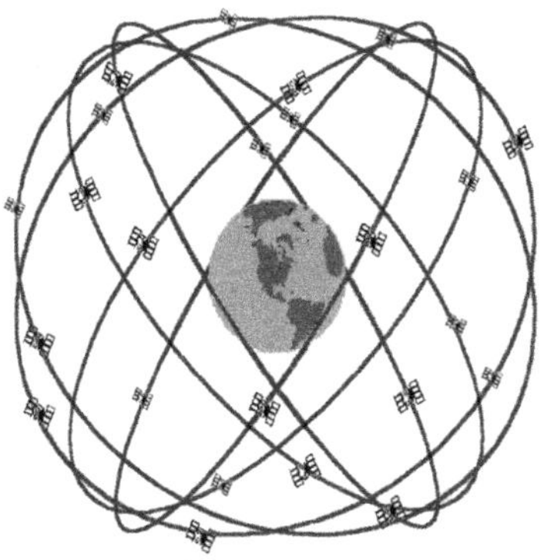

图 1.2 GPS 卫星星座

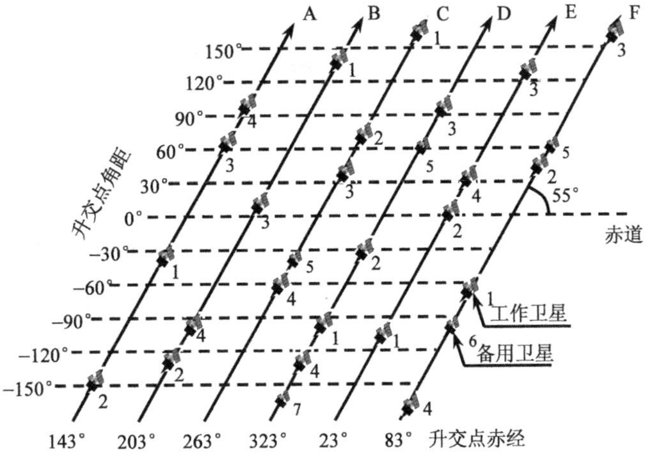

图 1.3 GPS 卫星星座平面图

为了进一步清晰地描绘星座中各卫星的分布情况，图 1.3 将 2005 年 9 月某时刻的 6 个椭圆轨道分别展成了一条直线[9]。这 6 个轨道面沿经度方向依次用字母 A, B, C, D, E 和 F 表示，每个轨道面上的工作卫星又用数字 1～4 加以区别，但是数字的编排顺序并没有规律。这样，卫星的轨道编号就由一个字母和一个数字组成，如 A1, A2, A3, A4, B1 和 F4 等。备用卫星用一个大于 4 的数字表示，如 C5, D5 和 D7 等。

在地面的一个观测点上，可见卫星的数目及其分布状况随时间和地点的不同而异，一般来说少则 4 颗，多则可达 11 颗。GPS 卫星星座之所以设计成如上所述的构架，目的之一是使地面上的任一点在任一时刻都能同时观测到足够数量的卫星以供定位之用，目的之二是考虑它的容错性能。也就是说，如果某一轨道面上的一颗卫星因发生故障而失效，那么由于相邻轨道面上邻近卫星的存在，GPS 的卫星信号覆盖性能和定位性能不至于遭到剧烈破坏而大幅度下降；同时，3 颗备用卫星可在必要时替代故障卫星，这对确保空间星座部分的正常运转也起相当重要的作用。

作为导航卫星，GPS 卫星的硬件主要包括无线电收发装置、原子钟、计算机、太阳能板和推进系统等。至今，GPS 卫星的设计一般可分成以下五代[15, 32]。

（1）第一代（Block I）11 颗 GPS 实验卫星的用意是验证 GPS 的可行性。这代卫星的设计寿命为 5 年，而 GPS 卫星星座中的所有这款卫星自 1995 年起就被全部废止。

（2）从 1989 年 4 月起开始陆续发射的第二代（Block II 和 Block IIA）卫星共计 28 颗。第二代卫星的实物如图 1.4(a)所示，其质量约为 987 kg，宽约 1.5 m，长约 5.3 m，主体呈圆柱形状[25]。卫星两侧设有太阳能板，能自动对日定向，保证卫星的正常工作用电。卫星的设计寿命为 7.5 年，实际有效工作寿命一般要比设计寿命长，很多卫星的实际工作寿命超过设计寿命 6～7 年。

（3）自 1997 年 7 月起，性能上比前两代卫星有很大提高的第三代（Block IIR 和 Block IIR-M）卫星逐步替换第二代卫星，以改进全球定位系统。第三代卫星的实物如图 1.4(b)所示，它宽约 1.5 m，高约 1.9 m，太阳能板展开后的宽度约为 11.6 m，设计寿命为 10 年。截至 2008 年，GPS 卫星星座是由 Block IIA、IIR 和 IIR-M 卫星混合构成的。

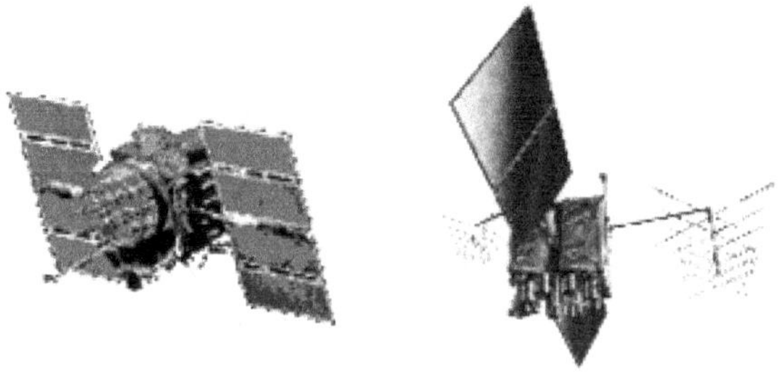

(a) 第二代（Block II/IIA）卫星　(b) 第三代（Block IIR）卫星

图 1.4　第二代和第三代卫星的实物照

（4）第四代（Block IIF）卫星正处于研制和测试阶段。这代卫星的功能会被进一步增强，包括运算更快的处理器、容量更大的存储器以及延长至 12 年的卫星设计寿命等。

（5）下一代 GPS 系统将由 GPS III 卫星组成。GPS III 卫星将改正前几代卫星在设计和运行过程中暴露出来的种种缺点，并且继承它们拥有的全部定位功能。在此基础上，GPS III 卫星发射的信号功率将更强大，并且将具有选择失效（见 1.3 节）和高抗干扰性等功能特性。顺便提一下，发射 Block IIR-M、Block IIF 和 GPS III 卫星是 GPS 现代化计划的主要步骤，详见 2.6 节。

卫星信号从 20 200 km 的高空被播发后，大约只需 70 ms 的时间就到达地面。卫星信号中包含着信号发射时间的精确信息，这是用户设备用来准确测量其到卫星距离的一个必要条件。因此，每颗第二代 GPS 卫星都配置有四台原子钟，包括两台铷（Rb）原子钟和两台铯（Cs）原子钟，而每颗第三代卫星都配置有三台铷原子钟。高精度的原子钟是卫星的核心设备，它不但为卫星发射信号提供基准频率，而且为确定整个 GPS 系统的时间标准提供依据。

表 1.1 列出了截至 2005 年 11 月 18 日，GPS 卫星星座中各颗运行卫星的状况[36]。为了区别各个卫星实体，每颗卫星均有一个相互不同的空间飞行器编号（SVN），其中 Block II 卫星的 SVN 被分配为 13～21，IIA 卫星的 SVN 被分配为 22～40，而 IIR/IIR-M 卫星的 SVN 被分配为 41～62。在任一时刻，不同工作卫星发射的信号中又含有一个互不相同的伪随机噪声码（PRN），第 2 章将详细解释 PRN 的特性和功能。不同 SVN 的卫星有可能发射过相同的 PRN，例如当一颗旧卫星被淘汰并由另一颗新卫星接替时，这两颗有着不同 SVN 的卫星都能发射同一个 PRN 信号。对于用户设备部分来说，PRN 编号通常足以用来指定、区别 GPS 卫星星座中运行的不同卫星，因此本书后面的各章将不再提及 SVN。美国海军天文台（USNO）和美国海岸警卫队（USCG）会在其各自的全球互联网网页上即时公布、更新当前 GPS 卫星星座中各颗运行卫星的状况，包括各颗卫星的轨道编号、SVN、PRN 和频率标准等。此外，美国海岸警卫队还会即时预告星座的变更情况，例如哪颗卫星何时需要进行调试而中断其正常的信号发射等。

表 1.1　GPS 卫星星座中各颗运行卫星的状况（截至 2005 年 11 月 18 日）

SVN	PRN 编号	轨道编号	代　号	频率标准	发射时间
32	1	F6	IIA	Cs	1992.11.22
61	2	D7	IIR	Rb	2004.11.06
33	3	C2	IIA	Cs	1996.03.28
34	4	D4	IIA	Rb	1993.10.26
35	5	B4	IIA	Rb	1993.08.30
36	6	C1	IIA	Rb	1994.03.10
37	7	C4	IIA	Rb	1993.05.13
38	8	A3	IIA	Cs	1997.11.06
39	9	A1	IIA	Cs	1993.06.26
40	10	E3	IIA	Cs	1996.07.16
46	11	D2	IIR	Rb	1999.10.07
43	13	F3	IIR	Rb	1997.07.23
41	14	F1	IIR	Rb	2000.11.10
15	15	D5	II	Cs	1990.10.01
56	16	B1	IIR	Rb	2003.01.29
54	18	E4	IIR	Rb	2001.01.30
59	19	C3	IIR	Rb	2004.03.20
51	20	E1	IIR	Rb	2000.05.11
45	21	D3	IIR	Rb	2003.03.31
47	22	E2	IIR	Rb	2003.12.21
60	23	F4	IIR	Rb	2004.06.23
24	24	D1	IIA	Cs	1991.07.04
25	25	A2	IIA	Cs	1992.02.23
26	26	F2	IIA	Rb	1992.07.07
27	27	A4	IIA	Cs	1992.09.09
44	28	B3	IIR	Rb	2000.07.16
29	29	F5	IIA	Rb	1992.12.18
30	30	B2	IIA	Rb	1996.09.12
31	31	C5	IIA	Cs	1993.03.30

GPS 卫星的基本功能总结如下：接收从地面监控部分发射的导航信息，执行从地面监控部分发射的控制指令，进行部分必要的数据处理，向地面发送导航信息，以及通过推进器调整自身的运行姿态。

1.2.2　地面监控部分

地面监控部分主要由分布在全球的 1 个主控站、4 个注入站和 6 个监测站组成。从所处的地理位置来说，监测站同时又可能是注入站或者主控站。如图 1.5 所示，6 个地面监测站沿经度方向依次位于美国的夏威夷（Hawaii）、科罗拉多普林斯（Colorado Springs）、佛罗里达卡纳维拉尔角（Florida Cape Canaveral）、南大西洋阿松森群岛（Ascencion Island）、印度洋迭戈加西亚岛（Diego Garcia）和南太平洋夸贾林岛（Kwajalein）[7, 22]。

监测站是在主控站控制下的数据自动采集中心，其主要装置包括双频 GPS 接收机、高精度原子钟、计算机各一台和环境数据传感器若干。监测站的主要任务是通过接收机对 GPS 卫星进行连续观测和数据采集，同时通过环境传感器采集当地的气象数据。监测站将所有测量数据略做处理后，再传送给主控站。

位于美国科罗拉多州的猎鹰空军基地的主控站是地面监控部分，甚至是整个 GPS 的核心，它负责协调和控制地面监控部分的工作，接收、处理所有监测站传来的数据，主要实现以下功能：

（1）监视所有卫星的运行轨道；

（2）计算卫星钟差，确保各颗卫星的原子钟与主控站的原子钟同步，维护 GPS 的时间基准；

（3）计算卫星的星历参数；

（4）计算大气层延时等导航电文中包含的各个修正参数；

（5）更新卫星的导航电文，并将其传送到注入站；

（6）发送调整卫星轨道的控制命令，确保卫星沿预定的轨道运行；

（7）监视卫星是否工作正常，并且在卫星出现故障、失效时启动备用卫星。

注入站的主要设备包括一套直径为 3.6 m 的天线、一台 C 波段发射机和一台计算机。它的主要任务是在主控站的控制下，将主控站发来的卫星导航电文和控制命令等转发给相应的卫星，并且确保传输信息的准确性。

图 1.5 的右下角显示了监测站、主控站和注入站三者之间数据的主要流向。地面监控部分的各个站间用美国国防部卫星通信系统保持联络，在原子钟的驱动下保持同步，并且通过计算机控制来实现各项工作的自动化和标准化。

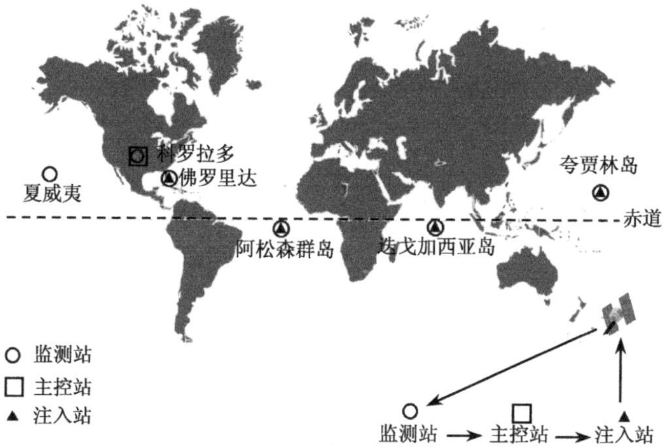

图 1.5　地面监测站的分布

1.2.3　用户设备部分

空间星座部分和地面监控部分为 GPS 提供了定位基础，且可以支持无数个 GPS 用户；然而，它们不会替用户定位，用户只有通过 GPS 用户设备才能实现定位。用户设备可以简单地理解为我们时常所说的 GPS 接收机，它主要由接收机硬件、数据处理软件、微处理机和终端设备组成，其中接收机硬件一般又包括主机、天线和电源。用户设备的主要任务是跟踪可见 GPS 卫星，对接收到的卫星无线电信号进行数据处理，获得定位所需的测量值和导航信息，最后完成对用户的定位运算和可能的导航任务。

接收机通过天线接收所有可见 GPS 卫星的信号后，对这些信号进行数据处理，精确地测量出各个卫星信号的发射时间，将自备时钟显示的信号接收时间与测量得到的信号发射时间相减后，乘以光速，得到接收机与卫星之间的距离。同时，接收机还从卫星信号中解译出卫星的运行轨道参数，并由此准确地算出卫星的空间位置。如图 1.6 所示，如果卫星 n（$n=1,2,3$）的空间位置在某个直角坐标系中的坐标为$(x^{(n)}, y^{(n)}, z^{(n)})$，接收机测得自身到该卫星的距离为 $\rho^{(n)}$，那么我们根据高中数学知识足以列出如下方程：

$$\sqrt{\left(x^{(n)}-x\right)^2+\left(y^{(n)}-y\right)^2+\left(z^{(n)}-z\right)^2}=\rho^{(n)} \tag{1.1}$$

式中，未知数(x, y, z)是我们想要得到的用户接收机位置在同一直角坐标系中的三维坐标。如果接收机对 3 颗可见卫星有测量值，那么接收机可以列出 3 个类似于上式的方程，然后由这 3 个方程解算出三个未知数 x, y 和 z。当然，因为接收机时钟通常与卫星时钟不同步，所以接收机需要有 4 颗卫星的测量值，然后由 4 个方程就可以一并解出 x, y, z 和接收机钟差 4 个未知数，这就是 GPS 定位、定时的基本原理。

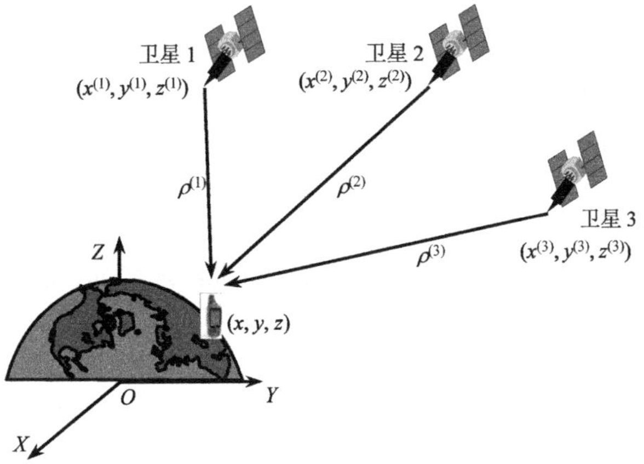

图 1.6　GPS 接收机定位原理

我们通常称上述定位为绝对定位，因为它会直接给出用户在某个空间坐标系中的绝对位置。相对定位是另一种定位形式，它只给出用户位置相对于某个参考点的偏移量。前面我们多次提到术语“定位”与“导航”，它们之间联系紧密，但又存在区别。定位是指确定一点在一个参照坐标系中的位置，而导航一般是指筹划、实现从一点运动到另一点的途径，它通常是以定位为基础的。本书关心的是如何利用 GPS 信号实现定位，包括有可能借助其他辅助信息和外界系统等来提高 GPS 的定位性能，基本上不涉及导航。

考虑到 GPS 的空间星座部分和地面监控部分由美国政府控制，用户设备部分就成为 GPS 三个组成部分中最充满活力的一部分。本书的主旨就是详尽地探讨用户设备部分，尤其是 GPS 接收机的信号处理和定位算法。虽然 GPS 接收机是先对接收到的 GPS 卫星信号进行处理，获得卫星距离测量值后再进行定位运算的，但是本书的内容将按照先定位算法后信号处理的顺序进行组织。作者相信，这种顺序安排有助于不同层次的读者更容易地理解 GPS 接收机的运行和设计。因为 GPS 卫星信号是空间星座部分和用户设备部分的接口，是 GPS 接收机赖以工作的信息来源，而式（1.1）中的卫星空间位置坐标值直接说明了认识卫星运行轨道的必要性，所以在探讨用户设备部分之前，本书首先介绍空间星座部分的 GPS 卫星发射的信号及其运行轨道等基础知识。因为 GPS 接收机与地面监控部分之间没有直接的信息交换，所以本书对地面监控部分的介绍基本上只限于前面的 1.2.2 节，想要详细了解地面监控部分知识的读者，请参阅文献[26]等。

1.3 GPS 提供的服务和限制

在海湾战争结束约 10 年后的 2003 年，又爆发了美、英等国攻占伊拉克的伊拉克战争，但与 10 年前不同的是，伊拉克这次对 GPS 有了一定的了解。据传，伊拉克军队可能在作战中使用了 GPS 或俄罗斯的 GLONASS 卫星导航系统（见 1.4 节）；同时，伊拉克从俄罗斯购买了一些 GPS 干扰机，对美军进行了信号干扰，导致美军发射的多枚 GPS 精确制导武器偏离攻击目标而造成误炸[3]。可见，卫星导航系统是一把“双刃剑”，在控制不当的情形下会被敌我双方共同利用[5]。作为军方的产物，GPS 的安全性从一开始就受到美国的高度关注。

为了保障自己的安全和利益，美国在 GPS 的设计和运行中采取了多种措施。一方面，GPS 系统保证美国军方及其特许用户在利用 GPS 定位时具有更高精度的优越性；另一方面，该系统限制甚至故意降低民用 GPS 的定位精度。

GPS 对不同等级的用户提供两种不同的定位服务方式：标准定位服务（SPS）和精密定位服务（PPS）。这两种定位服务之间的最大区别是调制 GPS 无线电载波信号的不同测距码（1.2.1 节提到的伪随机噪声码），GPS 采用 C/A 码（又称粗码）和 P 码（又称精码）两种不同精度的测距码。面向民用的标准定位服务只提供在一个载波频率上，且该载波由精度较低的 C/A 码调制。与标准定位服务不同，精密定位服务提供在由 P 码调制的两个载波频率上，主要服务对象是美国军事部门和经美国政府批准的特许用户。特许用户主要为北约国家的军方，以及日本、韩国、新加坡、泰国和沙特阿拉伯等国家或地区的军方。

GPS 采取了反电子欺骗（A-S）措施，即对公开的 P 码进行加密。加密后的 P 码被称为 Y 码，而我们通常将 P 码和 Y 码合称为 P(Y)码。尽管现今的 GPS 事实上总是采用 Y 码而非 P 码作为精码来调制军用信号，但是在地面监控部分的指令下，GPS 卫星理论上有能力要么选用 P 码，要么选用 Y 码。因为 Y 码是保密的，所以非特许用户很难利用被 Y 码调制的信号；相反，美国军方和特许用户知道如何破译 Y 码，他们可由 P(Y)码得到精度更高的 GPS 测量值，进而相应地得到精度更高的定位结果。除了 P(Y)码信号，美国军方和特许用户自然还能利用被公开的 C/A 码调制的信号，因而他们可以利用该双频信号测量值来消除由电离层折射引入的测量误差（见 4.3.3 节），使精密定位服务的定位精度得到进一步提升。还要强调指出的是，即使在 GPS 信号频段内出现人为的干扰信号，因为干扰信号不可能同样由保密的 Y 码调制，所以特许用户的接收机很大程度上可以避免因锁定干扰信号而发生错误定位的情况。这样，加密 P 码的措施就达到了反电子欺骗的目的。

为了突出特许用户利用 GPS 的优势性，GPS 还实行过选择可用性（SA）政策，即通过对 GPS 信号进行人为干扰，故意降低标准定位服务的定位精度。这种干扰通常采用如下两种技术实现：一是故意更改卫星星历数据，降低卫星播发的卫星轨道参数的精度；二是在卫星的基准时间信号中故意引入高频抖动干扰，降低接收机对卫星信号的测量精度。虽然 SA 干扰同时影响被 C/A 码和 P(Y)码调制的信号，但是精密定位服务的特许用户可以利用密钥自动消除 SA 带来的影响。显然，SA 政策针对的是未经美国政府特许的广大标准定位服务用户。

考虑到实施 SA 政策将会影响包括美国自身在内的全球民用 GPS 服务，美国政府在 GPS 上开发、应用了选择失效（SD）技术。当美国国家安全受到威胁时，选择失效技术可以中断某个特定地域的标准定位服务，但是美国军方及其盟友依然能够使用 GPS，而在该区域之外的其他地方，GPS 信号服务一切正常[23, 30]。

美国政府对 GPS 空间星座部分和地面监控部分的绝对控制，以及对 GPS 采取的限制性政策（特别是 SA 政策），引起世界各国对 GPS 安全可靠性的高度关注。为了减弱美国的上述控制和限制，各国针对 GPS 相继开展了许多有效的研发工作。

差分 GPS（DGPS）是一种能够有效对抗 SA 干扰、提高定位精度且应用广泛的技术，它利用针对同一卫星的测量值的空间和时间相关性，来消除不同接收机之间测量误差的公共部分，4.4 节和第 7 章将详细介绍这一技术。我们称接收机利用差分技术来降低测量误差的定位方式为差分定位，称 GPS 接收机在没有差分服务或不利用差分服务情况下的定位为单点定位。由于差分技术基本上能够完全消除 GPS 测量值中的 SA 误差，考虑到 GPS 民用领域对 SA 政策的不满及 GPS 选择失效技术的日渐完善等多方面的因素，美国政府于 2000 年 5 月 2 日起终止了 SA 政策[30]。关掉 SA 后，民用 GPS 单点定位在 95%的时间内的精度从此前的 100 m 提高到现在的约 25 m[28]。2007 年，时任美国总统布什声称将永久性地取消 SA 政策。

建立独立的 GPS 卫星跟踪系统并对用户提供精密的卫星运行轨道参数，对克服美国限制性政策和促进 GPS 的广泛应用也具有重要意义。美国（民用部门）、加拿大、澳大利亚和欧洲等国家或地区都在建立地区性或全球性的精密卫星测轨系统，其中值得注意的是美国牵头的从 1986 年开始建立的国际合作 GPS 网（CIGNET）。该卫星跟踪网络中的跟踪站已分布于全球五大洲，跟踪精度可达分米级。此外，国际大地测量学协会（IAG）于 1993 年批准建设国际 GPS 地球动力学服务（IGS）网络，以便为地球动力学研究及大地测量提供 GPS 方面的服务（注意，IGS 现已针对 GNSS，而不仅仅针对 GPS）。到 2006 年，IGS 网络已扩展到拥有 350 多个双频、连续跟踪 GPS 卫星的基准站，可提供精度达分米级的 GPS 卫星精密星历[17]。

1.4　各国卫星导航系统概况

一个国家开发、建立自己独立拥有的卫星定位系统，可以彻底摆脱美国对 GPS 的控制。因此，尽管开发所需的资金巨大并且周期漫长，但是一些国家和地区还是积极发展自己的卫星定位系统。

类似于美国的 GPS，苏联从 20 世纪 80 年代初便开始着手建立现由俄罗斯空间局管理的全球导航卫星系统（GLONASS），其用意是打破美国对卫星导航独家垄断的地位。GLONASS 的空间部分计划由均匀分布在三个轨道面上的 24 颗卫星组成，卫星轨道倾角为 64.8°，这个较大的轨道倾角使得 GLONASS 在高纬度地区的地面上有着比 GPS 更好的卫星信号覆盖度。与 GPS 采用的码分多址（CDMA，见 2.2 节）不同，GLONASS 卫星播发的信号采用频分多址（FDMA），即根据载波频率的大小不同来区分来自不同卫星的信号[1]。GLONASS 一度面临的最大障碍是缺少继续发射卫星的资金，例如截至 2005 年 7 月，GLONASS 星座中仅有 10 颗可供使用的卫星，使得它不能独立组网，而只能与 GPS 联合使用，目前市场上有不少 GPS 和 GLONASS 兼容的接收机，但俄罗斯正决意重振该系统的雄风[27]。目前，GLONASS 正处于重建和现代化阶段，其中一个值得关注的决定是，俄罗斯政府要让将来的 GLONASS 卫星发射 CDMA 型导航信号，以便增强 GLONASS 与 GPS 等其他卫星导航系统的兼容性[14]。

与由军方控制的 GPS 和 GLONASS 相对应，欧盟正在推出目前规模最大的民用卫星导航定位系统，即伽利略（Galileo）系统。该系统计划由 30 颗卫星组成，具有比 GPS 更广的信号覆盖率、更高的定位精度和可靠性。另外，它采用 CDMA 通信技术，可兼容美国的 GPS 和俄罗斯的 GLONASS。2004 年 10 月 9 日，中欧《伽利略计划技术合作协议》在北京正式签署，中国将投入 2 亿欧元巨资参与伽利略计划，并由此成为伽利略联合执行体中与欧盟成员国享有同等权利和义务的一员[6]。2005 年 12 月 28 日，名为 GIOVE-A 的第一颗伽利略试验卫星在哈萨克斯坦成功发射，并于次年 1 月 12 日起开始播发伽利略卫星信号，这标志着伽利略系统正式进入部署阶段。在逐步部署完所有 30 颗卫星和相关的地面设备后，该定位系统曾预计于 2008 年投入运营，但是出于各种因素而遭到推迟。

作为“四大发明”之一的指南针的诞生地，中国曾经在导航技术上领先西方各国。尽管中国在卫星导航技术方面起步较晚，但是发展势头迅猛。北斗卫星导航系统（Compass 或 Beidou）是我国自己拥有的区域性（中国及其周边地区）卫星导航定位系统，不会受制于人，安全性、保密性较强，对我国国防和国民经济建设能起相当大的积极作用。该系统具有定位、定时和双向简短报文通信三大功能，并且计划提供开放服务和授权服务两种方式。北斗导航系统已于 2002 年试验运行，又于 2004 年全面对民用客户开放，现有 4 颗北斗导航试验地球同步卫星。在成功开发“北斗一号”的基础上，我国正在开发类似于 GPS 和伽利略系统的全新“北斗二号”卫星导航系统，它将是一个由 5 颗静止轨道卫星和 30 颗非静止轨道卫星组成其空间部分的全球卫星导航系统。中国是继美国和俄罗斯之后世界上第三个拥有完善、整体卫星导航系统的国家。

下面简单地比较 GPS 和“北斗一号”的运行特点。GPS 是一个接收型、被动型或者说单向型定位系统。一方面，不管地面上是否有 GPS 接收机，不管接收机是否需要定位，GPS 卫星总是持续不断地向地面发射信号；另一方面，当接收机需要定位时，它不必向 GPS 卫星或地面监控部分发射任何请求信号，只需接收到足够数目的卫星信号就能自己解算出定位值。相反，北斗导航系统是主动式、双向型定位系统，不仅用户设备与卫星之间需要接收地面中心控制系统的询问信号，而且用户设备还需要向卫星发射应答信号。中心控制系统首先在这些询问/应答信号的传递中测得用户接收机与卫星之间的距离信息，然后解算出用户所在地的三维坐标。可见，因为北斗接收机需要有接收和发射无线电信号的双重功能，而 GPS 接收机只接收而不需要发射信号，所以与 GPS 接收机相比，北斗接收机不但在体积、重量、价格和功耗方面均处于不利地位，而且失去了无线电隐蔽性。因为北斗导航系统的服务采用询问/应答形式，且地面中心控制系统还解算用户位置值，所以与 GPS 系统不同，整个北斗导航系统存在允许的用户设备容量有限，定位结果需要一定的延时才能被用户最终获得，以及系统对中心控制系统过分依赖而变得脆弱的缺点。当然，“北斗一号”卫星导航系统也有着与众不同的优点，因为其具有定位和通信双重功能，所以有能力在不借助外界其他通信系统的情况下，将用户的定位结果转送给他人，而这也是“北斗一号”在 2008 年汶川大地震后的救灾中发挥重要作用的原因。

此外，日本正准备开发的准天顶卫星系统（QZSS）将为日本及其邻近国家提供与 GPS 兼容的额外测距信号，印度也在计划建立一个属于自己的称为 IRNSS 的区域性卫星导航定位系统。

GPS、GLONASS 和伽利略等系统可以统称为*全球导航卫星系统*（GNSS）。我们生活的这个世界究竟需要多少个不同的 GNSS？显然，这不是一个单纯的技术问题，更多的是政治、军事和经济问题。例如，对于伽利略系统的建立，美国政府总体来说是不乐于见到的，因为它“威胁”到了美国的国家安全和经济利益[20]。首先，美国担心在未来的战争中，敌国可能会利用伽利略系统的精确定位功能来攻击美国；其次，美国不希望其在卫星定位系统方面的技术垄断地位被打破，不愿别国分享在卫星定位系统中蕴藏的巨大经济利益。于是，美国一方面强调伽利略计划没有必要，并在频率共享等多方面对伽利略计划设置阻碍；另一方面，为了提高 GPS 的性能并使 GPS 能更好地为世界各国接受，美国中止了 SA 政策，并且正在展开一系列的 GPS 现代化计划（见 2.6 节）。

在编写本章的过程，作者深深地体会到世界各国创建或改建卫星导航系统的高涨热情和迅猛进程。尽管本章多个小节的内容为了尽可能地反映 GPS/GNSS 的当前现状而被多次大幅度地改动，但是这些内容必然落后于它们当前日新月异的发展现状，因此读者在阅读过程中要意识到这一差距。

1.5 GPS 的性能指标

包括 GPS 在内的所有定位系统的性能，基本上可以由如下 4 个方面衡量[10]。

（1）*准确性*。准确性用来衡量定位结果与目标的真实位置相接近的程度。GPS 精密定位服务在水平和垂直方向上的单点定位误差在 95%的时间内分别为 22 m 和 27.7 m，定时误差为 200 ns[12, 34]。在 GPS 关闭 SA 之前，标准定位服务在水平和垂直方向上的单点定位误差分别为 100 m 和 156 m，定时误差为 340 ns；在 GPS 关闭 SA 之后，标准定位服务在水平和垂直方向上的单点定位误差分别减小至 13 m 和 22 m，也就是说，它的精度应该非常接近精密定位服务的精度[33, 35]。当然，与标准定位服务相比，精密定位服务除了具有高精度，还存在其他方面的性能优势。需要指出的是，GPS 的实际运行精度通常显得比以上这些公开的数据要好[31]。

确切地讲，准确度与精度是不同的。如前所述，准确度是定位结果与真实位置值之间的差异，而精度可被理解为重复性。例如，对静态定位来说，如果接收机的多次定位结果基本上集中于一点，那么我们说定位精度很高，尽管这些定位值可能较大地偏离真实值。也就是说，高精度不一定意味着高准确度，反之亦然。在本书中，我们有时会将准确度说成精度，或将精度说成准确度。

（2）*正直性*。正直性又称可靠性或完整性，是指定位系统出现故障时能够及时警告用户，避免用户被非正常工作的定位系统误导。人们对 GPS 在正常情况下的高准确性已有共识，但是由于微弱的 GPS 卫星信号很容易在传播过程中受到异常误差和干扰的影响，因此确保高正直性已成为各种 GPS 应用必须面对的挑战。

（3）*连续性*。连续性是指系统在一段时间内能够连续地同时满足规定的准确性和正直性要求的概率。在飞机从开始降落到安全着陆这段时间内，定位系统必须不间断地向其提供定位服务，保证飞机完整地完成这个关键的操作过程，而定位系统高连续性的重要性就在此得以体现。

（4）*有效性*。有效性是指定位系统能够同时满足准确性、正直性和连续性要求的时间百分比。显然，连续性和有效性与 GPS 的空间星座及其卫星信号的覆盖率有关。

在评价 GPS 接收机的性能之前，下面先简单描述其定位操作过程。GPS 接收机一般每隔一定时间就输出一个定位结果，我们将这一时间间隔称为接收机的*定位周期*，将其倒数称为*定位频率*。不同的定位周期可以满足不同用户和应用的要求，其中对飞行控制等高动态性应用可能需要高达 10 Hz 的定位频率，对手持式导航等器件采用的定位周期可能长达几分钟，而较常见的情况是每秒定位一次。每个周期性的定位时刻又可称为*定位历元*，它通常用一系列整数值来表示，例如历元 1、历元 2 等，非常简洁、方便。

除了以上 4 个方面，GPS 接收机的性能还可以由如下几方面衡量。

（1）*首次定位所需时间*（TTFF）。首次定位所需时间是指从接收机启动后到获得第一个定位结果所需经历的时间。在不同的启动情况下，接收机的平均首次定位所需时间是不同的，短则几秒，长则 60 s。GPS 用户要求接收机在各种启动情况下都有较短的首次定位所需时间。

（2）*灵敏度*。灵敏度是用来衡量接收机能够接收到多弱的 GPS 信号，它直接决定接收机在室内、高架下、树林中等弱信号环境下能否完成定位。如果一台接收机最低只能跟踪−150 dBm 的 GPS 卫星信号，而另一台能跟踪−160 dBm 的信号，那么后者的跟踪灵敏度要比前者的高 10 dB。

下面简单回顾分贝（dB）这个概念。如果一个信号的功率 P_1 为 10^{-15} mW（毫瓦），那么为了

更方便地表达这个功率值，功率 P_1 可通过如下公式与 1 毫瓦的功率相比较而转换成以 dBm 为单位的量，即

$$10\times\lg\left(\frac{P_1}{1\,\text{mW}}\right)=10\times\lg\left(\frac{10^{-15}}{1}\right)=-150\,\text{dBm} \tag{1.2}$$

当然，功率 P_1 也可以类似地与 1 W（瓦特）的功率相比较而转换成以 dBW 为单位的量。这样，同一个功率值 P_1 就可有如下多种不同的表达方式：

$$P_1=10^{-15}\,\text{mW}\ =10^{-18}\,\text{W}\ =-150\,\text{dBm}\ =-180\,\text{dBW} \tag{1.3}$$

如果另一个信号的功率 P_2 为 10^{-16} mW，即

$$P_2=10^{-16}\,\text{mW}\ =10^{-19}\,\text{W}\ =-160\,\text{dBm}\ =-190\,\text{dBW} \tag{1.4}$$

那么 P_1 和 P_2 的比率为

$$10\times\lg\left(\frac{P_1}{P_2}\right)=10\times\lg\left(\frac{10^{-15}}{10^{-16}}\right)=10\,\text{dB} \tag{1.5}$$

而求以上比率的过程也可以用如下的减法运算来代替：

$$10\times\lg\left(\frac{P_1}{P_2}\right)=(-150\,\text{dBm})-(-160\,\text{dBm})=10\,\text{dB} \tag{1.6}$$

于是，我们称功率 P_1 比 P_2 强 10 dB。注意，dBm 和 dBW 均是功率单位，而 dB 是个比值，它不是单位。如果在以上公式中参与运算的物理量不是信号功率，而是信号幅值（如电压、电流等），那么两个幅值之比需要平方后才能变成对应的功率比。例如，V_1 与 V_2 是两个信号的电压幅值，它们之间的分贝差异为

$$10\times\lg\left(\frac{V_1}{V_2}\right)^2=20\times\lg\left(\frac{V_1}{V_2}\right)\text{dB} \tag{1.7}$$

在通信等学科中，经常被关注的一个分贝值是–3 dB，因为 50%的功率损耗正好对应于 3 dB 损耗。

（3）**城市峡谷中的性能**。各大城市中心通常高楼林立，这种夹在密集高楼区之间的深邃的城市街道常被我们形象地称为“**城市峡谷**”。在城市峡谷中，GPS 卫星信号极有可能被高楼阻挡，导致可见卫星数目减少，进而导致接收机在某些定位历元期间不能实现定位。我们通常将接收机在一定时段内能实现定位的个数与该时段内的总定位历元数之比称为**定位有效率**。同时，由于城市峡谷中竖立着大量建筑物，因此 GPS 信号被各种建筑物表面反射的概率很大，多路径现象（见 4.3.5 节）的发生会相当频繁和严重，进而导致接收机定位误差偏大。于是，同一款 GPS 接收机在城市峡谷中的性能，如三维（或二维）定位有效率和定位精度等，就会明显比其在视野开阔地带的性能差；然而，因为城市人口通常庞大、密集，因此城市正是频繁、广泛应用 GPS 的场所，所以接收机在城市峡谷中依然能够保持其良好性能就显得愈加重要。

（4）**价格**。随着半导体技术的发展，GPS 接收机的价格呈逐年下降的趋势，但是性价比逐年上升。1986 年一台精度一般的 GPS 定位仪要价在 5 万美元以上，而现在手机大小且性能卓越的 GPS 定位仪却只需几百美元或上千美元。安装在接收机中的 GPS 芯片，单价更在 10 美元上下；然而，对一部价格约 50 美元的手机而言，10 美元的 GPS 芯片仍然是成本很高的部件。

接收机的性能还表现在 GPS 芯片的体积大小和能耗高低等其他方面。在市场竞争相当激烈的今天，接收机之间细微的性能差别或其是否与多种通信功能集成在一起，就可能决定整个产品的成败。

1.6　GPS 的应用

GPS 是继国际互联网（Internet）之后，美国国防部免费为世界各国人民提供的第二大产品。自问世以来，GPS 就充分显示了其在导航、定位领域中的霸主地位，许多领域也由于 GPS 的出现而发生了革命性变化。目前，全世界需要导航、定位的用户，几乎都被 GPS 的高精度、全天候、全球覆盖、方便灵活和质优价廉的特点所吸引。我国各行各业十多年的使用表明，广大群众对 GPS 也给予了一致的赞誉和信赖。

GPS 优越的军事用途是不言而喻的。在 GPS 的帮助下，不但各种导弹的目标命中率得到大幅度提高，而且作战人员可以被精确投放和快速收回。

在民用领域，GPS 的应用按作用大致分为以下三个方面[19]。

（1）GPS 可为位于海、陆、空各个层面的物体进行定位、导航，包括船舶远洋导航和进港引水、汽车自主导航以及飞机航路引导和进场降落等。目前，GPS 导航在陆地上的应用市场显得最大。例如，各种地面车辆跟踪和城市智能交通管理系统中的核心技术可以说是 GPS 定位；小孩和宠物挂上内置有 GPS 芯片的电子器件后，家长可随时知道其位置；美国联邦通信委员会（FCC）已规定移动通信服务供应商今后必须提供 E911 服务，让配置有 GPS 芯片的手机用户在打紧急求救电话时，手机能够自动地将用户的位置播发出去，以便得到快速救护[13]；GPS 与电子地图相结合，更使个人通信终端设备百花齐放。

（2）GPS 可为电力、邮电和通信等网络系统授时与校频，包括产生同步时间、准确授时和精确校频等。例如，GPS 产生的同步时间可以用来确定输电线路上的故障地点，帮助进行继电保护的暂态试验等[2, 4, 11]；在码分多址（CDMA）通信系统中，不同 CDMA 基站间的时间要求严格同步，而 GPS 是一个经济、有效的解决方案，GPS 时钟已成为 CDMA 基站中的关键组件。

（3）GPS 可用在大地测量、地壳运动监测、工程测量、工程变形监测和资源勘查等各种高精度测量任务中。例如，在桥梁上安装一台 GPS 接收机，就可以测量桥梁在汽车通过时的变形情况[37]；在火山口放一台 GPS 接收机，就可以监视火山的活动情况[18]；GPS 的一机多天线形式可用来检测水坝坡度的畸变情况[16]；利用 GPS，能实现可日夜耕作的高自动化精细农业[21]。

“GPS 的应用，仅受人们的想象力制约。”有数据显示，全球导航产业 2004 年的总产值已超过 200 亿美元，而 2005 年 GPS 相关产品的保守估计价值就有 440 亿美元。不管是在发达国家还是在发展中国家，GPS 产业目前都呈现出高速增长的趋势。

参考文献

[1] 路文娟，王赟. GPS、GLONASS 系统的概况与比较. 技术与市场，2006(08A).

[2] 苏进喜，解子凤，王士敏，吴欣荣，罗承沐. 利用 GPS 定时的双端同步采样的输电线路故障定位方法. 第四届高电压新技术年会，1998.10.

[3] 孙立华，田宝社. 伊战拉开了真正多维信息化空间作战的序幕. 人民网，2004.4.24.

[4] 肖仕武，刘万顺，焦邵华，李轶群，秦立军. 异地双端继电保护暂态试验新方法. 华北电力大学学报，1999, 26(2).

[5] 新华网. 全球定位系统——战争中的“双刃剑”. 2003.4.2.

[6] 新华网. 中欧伽利略计划合作项目进入实质性操作阶段. 2004.10.

[7] 周忠谟，易杰军，周琪. GPS 卫星测量原理与应用[M]. 北京：测绘出版社，1997.

[8] Black H., “Satellites for Earth Surveying and Ocean Navigating,” Johns Hopkins APL Technical Digest, Vol. 2,

No. 1, 1981.
[9] Dana P., "Global Positioning System Overview," Department of Geography, University of Colorado, Boulder, CO, 1999.
[10] Enge P., "Local Area Augmentation of GPS for the Precision Approach of Aircraft," Proceedings of the IEEE, Vol. 87, No. 1, January 1999.
[11] Erickson D., Taylor C., "Pacify the Power: GPS Harness for Large-Area Electrical Grid," GPS World, April 2005.
[12] Federal Aviation Administration, "Global Positioning System (GPS)," Satellite Navigation Product Teams.
[13] Federal Communications Commission, "Enhanced 911 – Wireless Services," June 17, 2005.
[14] Gibbons G., "GLONASS – A New Look for the 21st Century," Inside GNSS, May/June 2008.
[15] GlobalSecurity.org, "Navstar Global Positioning System," June 2, 2005.
[16] He X., Sang W., Chen Y., Ding X., "Steep-Slope Monitoring: GPS Multiple-Antenna System at Xiaowan Dam," GPS World, November 2005.
[17] International GPS Service, IGS Annual Report 1999, IGS Central Bureau, 2000.
[18] Janssen V., "GPS on the Web: GPS Volcano Deformation Monitoring," School of Surveying and Spatial Information Systems, University of New South Wales, Sydney, Australia.
[19] Kaplan E., Understanding GPS: Principles and Applications, Second Edition, Artech House, Inc., 2006.
[20] Last D., "GPS and Galileo: Where Are We Headed?" University of Wales, UK, May 24, 2004.
[21] Lowenberg-DeBoer J., "Precision Farming or Convenience Agriculture," Proceedings of the 11th Australian Agronomy Conference, Australian Smociety of Agronomy, Geelong, Victoria, Australia, February 2-6, 2003.
[22] Misra P., Enge P., Global Positioning System - Signals, Measurements, and Performance, Ganga-Jamuna Press, 2001.
[23] MITRE Corporation, "MITRE Supports the Advancement of GPS Technology for Users Worldwide," June 2000.
[24] National Imagery and Mapping Agency, The American Practical Navigator: An Epitome of Navigation, Pub. No. 9, Bicentennial Edition, Bethesda, Maryland, 2002.
[25] NAVSTAR Global Positioning System Joint Program Office, "NAVSTAR GPS Overview," June 2005.
[26] Parkinson B., Spilker J., Axelrad P., Enge P., Global Positioning System: Theory and Applications, American Institute of Aeronautics and Astronautics, 1996.
[27] Revnivykh S., Klimov V., Kossenko V., Dvorkin V., Tyulyakov A., "Status and Development of GLONASS," European Navigation Conference, Munich, Germany, July 19-22, 2005.
[28] Sandhoo K., Turner D., Shaw M., "Modernization of the Global Positioning System," Proceedings of ION GPS, Salt Lake City, UT, September 19-22, 2000.
[29] Strom S., "Charting a Course Toward Global Navigation," Crosslink, Summer 2002.
[30] The White House, "Statement by the President Regarding the United States' Decision to Stop Degrading Global Positioning System Accuracy," May 1, 2000.
[31] Tiberius C., "Standard Positioning Service – Handheld GPS Receiver Accuracy," GPS World, February 2003.
[32] United States Air Force, "The NAVSTAR Global Positioning System," Fact Sheet, October 15, 2007.
[33] United States Department of Defense, Global Positioning System Standard Positioning Service Performance Standard, October 2001.
[34] United States Departments of Defense and Transportation, 1999 Federal Radionavigation Plan.
[35] United States Departments of Defense and Transportation, 2001 Federal Radionavigation Plan. .
[36] United States Naval Observatory, "GPS Constellation Status," November 18, 2005.
[37] Watson C., Coleman R., "The Batman Bridge: Structural Monitoring Using GPS," Proceedings of International Workshop on Advances in GPS Deformation Monitoring, Perth, Australia, September 24-25, 1998.

第 2 章　GPS 信号及其导航电文

本章介绍 GPS 信号结构和信号中播发的导航电文，它和第 1 章的内容都属于 GPS 的基本知识。学完这两章的知识后，读者将对 GPS 的运行机理有个总体认识。本章的内容既丰富又重要，并且涉及很多其他方面的知识。一方面，在学习本章的过程中，如果读者感觉对某些小节的理解不完整，那么可以暂时绕过这些局部难点，这样做基本上不会影响读者对本书前半部分的学习；另一方面，因为介绍 GPS 接收机信号跟踪环路的最后几章要充分运用到本章中很多具体的 GPS 基础知识，所以我们希望读者在学习 GPS 的过程中，能够多次回顾本章各小节的相关内容，直至深刻理解。

GPS 卫星发射的信号从结构上以可分为载波、伪码和数据码三个层次，2.1 节、2.2 节和 2.3 节分别详细介绍这三个信号层次。考虑到伪码在 GPS 中的重要作用，2.2 节详细讨论伪码。2.4 节探讨由上述三个层次组成的 GPS 信号的调制及结构。导航电文是由数据码序列按照一定格式编排而成的，因此 2.5 节剖析导航电文的格式，并且逐一解释电文中的各个数据块。2.6 节扼要地介绍 GPS 现代化计划。

2.1　载波

GPS 卫星发射的信号按结构可分为三个层次：载波、伪码和数据码。在这三个层次中，伪码和数据码一起首先通过调制而依附在正弦波形式的载波上，然后卫星将调制后的载波信号播发出去。因此，载波可视为 GPS 卫星信号的底层。

每颗 GPS 卫星都用两个 L 波段频率（L1 和 L2）发射载波无线电信号，其中载波 L1 的频率 f_1 为 1575.42 MHz，载波 L2 的频率 f_2 为 1227.60 MHz。这两个载波频率均属于特高频（UHF）波段，而特高频波段在电磁波频谱中的位置见图 2.1[4]。对任意载波，其频率 f 与波长 λ 存在以下关系：

$$\lambda = c/f \tag{2.1}$$

式中，c 为光在真空中的速度，其值约为 3×10^8 m/s。根据这一关系，我们可以算出载波 L1 的波长 λ_1 约为 19 cm，载波 L2 的波长 λ_2 约为 24.4 cm。

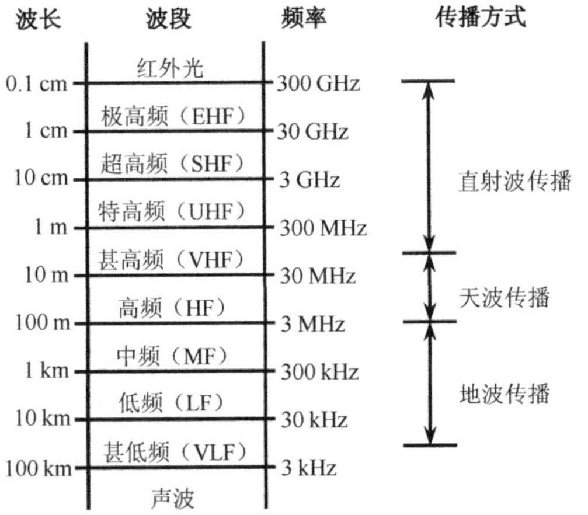

图 2.1　电磁波频谱

1.2.1 节说过卫星中的核心设备是原子钟，而由该原子钟提供的基准频率 f_0 为 10.23 MHz。这个卫星时钟基准频率与上述两个载波频率在数值上存在如下关系：

$$f_1 = 154 f_0 \tag{2.2}$$

$$f_2 = 120 f_0 \tag{2.3}$$

卫星利用频率合成器可在基准频率 f_0 的基础上产生所需的两个载波频率 f_1 和 f_2。

GPS 之所以选择如此大小的两个载波频率值，原因基于多方面的条件和因素，其中主要包括以下几点。

（1）地球表面的电特性、地貌和电离层等因素对不同频率的电磁波传播有不同的影响[14, 23]。大体上讲，频率较低的电磁波能沿着弯曲的地表以地波形式传播很长的距离，但是它很容易受到干扰，不适合数字通信。高频电磁波以天波形式传播，即电磁波被电离层挡住而反射回来后，又继续向地面传播，因此高频电磁波也能传播很长的距离，但是我们很难预测它被电离层反射的具体情况。特高频和更高频率的电磁波以直射波形式传播，能够穿透电离层和建筑物，受噪声干扰的影响小，适合数字与卫星通信，但是其缺点会体现在以下两方面：一是地球表面的弯曲度限制了其直线传播的距离，二是系统损耗会随着工作频率的升高而增大。如图 2.1 所示，位于特高频波段的 GPS 载波信号以直射波形式传播，符合 GPS 基于卫星的全球定位功能的要求。

（2）作为电磁波频谱的一部分，无线电波的频带是有限的宝贵资源。为了有效地利用频谱资源并减少无线电波之间的相互干扰，国际上和各国均设立了相应的组织、机构来管理频谱资源的分配和利用，如联合国属下的国际电信联盟（ITU）和美国的联邦通信委员会（FCC）等。自然，GPS 载波频率的选择也要遵守这一规范。

（3）因为伪码信号会被用来调制载波信号，所以要求载波频率必须远高于伪码频宽。稍后的图 2.17 表明 GPS 信号中的 P(Y)码频宽至少要在 20.46 MHz 以上，因此 GPS 载波频率必须远高于 20.46 MHz。

（4）载波频率对 GPS 接收天线的增益和尺寸有影响，详见 10.2 节。

GPS 卫星信号是右旋圆极化的（RHCP），第 10 章将介绍电磁波的极化问题及 GPS 信号的右旋圆极化特点。

2.2 伪码

从根本上讲，GPS 是一个基于码分多址（CDMA）的扩频（SS）通信系统，其中的“码”指的是伪码，它是 GPS 信号结构中位于载波之上的第二个层次。只有理解了伪码的特性和功能，我们才有可能为真正懂得 GPS 和 GPS 接收机的工作原理奠定坚实的基础。本节和 2.4 节的一部分深入细致地介绍伪码。

2.2.1 二进制数随机序列

现代数字通信普遍采用二进制数（“0”和“1”）来表示和传递信息。本书采用无线电技术中的惯例，用二进制数“0”代表正电平（+1），用二进制数“1”代表负电平（−1）。我们将伪码中的一位二进制数称为一个*码片*（Chip）或一个*码元*，将一个码片的持续时间 T_C 称为*码宽*，将单位时间内包含的码片数目称为*码率*。显然，码率等于码宽 T_C 的倒数，即 $1/T_C$，其单位为片/秒或赫兹。

如果随机且相互独立地产生一系列二进制数，那么这些数先后排列在一起，就会形成一个二进制数随机序列。显然，二进制数随机序列不能被预测，不能重现，没有周期性，且序列中出现 0 和 1 的概率均为 0.5。图 2.2(a)中的 $x(k)$ 是一个二进制数随机序列的例子，该离散序列 $x(k)$ 也可用时间连续型序列 $x(t)$ 等价地表示，其中 $x(t)$ 在 $kT_C \leqslant t < (k+1)T_C$ 时的值为 $x(k)$。

二进制数随机序列的一个重要特点是，它具有良好的自相关性。二进制数随机序列 $x(t)$ 的自相关函数（ACF）$R_x(\tau)$ 定义为

$$R_x(\tau) = \lim_{T\to\infty}\frac{1}{T}\int_0^T x(t)x(t-\tau)\mathrm{d}t \tag{2.4}$$

式中，因为 $x(t-\tau)$ 是信号 $x(t)$ 时间上向右平移 τ 后得到的波形，所以自相关函数 $R_x(\tau)$ 检查 $x(t)$ 与其平移后的波形 $x(t-\tau)$ 之间的相似度。自相关函数 $R_x(\tau)$ 是偶函数，它关于原点左右对称。

如图 2.2(b)所示，二进制数随机序列的自相关函数 $R_x(\tau)$ 在原点中心是一个三角形，表明当 $\tau = 0$ 时，因为波形相同的 $x(t)$ 与 $x(t-\tau)$ 时间上正好完全重叠，所以二者具有最大的相关性，$R_x(\tau)$ 等于 1；当 $|\tau| \geqslant T_C$ 时，$x(t)$ 与 $x(t-\tau)$ 完全不相关，或者说二者正交，$R_x(\tau)$ 等于 0。

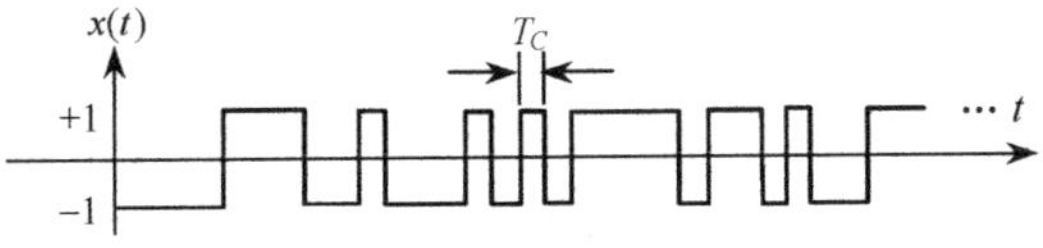

(a)二进制随机序列

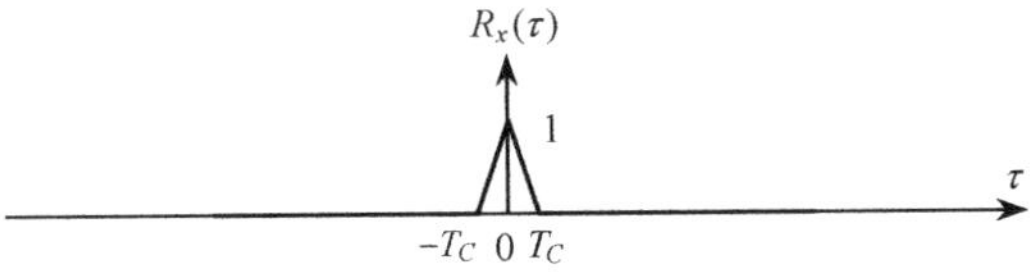

(b)自相关函数

图 2.2　二进制随机序列及其自相关函数

需要提醒的是，我们必须用码片的电平值“+1”和“−1”来计算自相关值和稍后将要介绍的互相关值，而一般用离散二进制数“0”和“1”来表示码、序列和数据信息等。

2.2.2　m 序列

码分多址系统需要合租具有良好自相关特性的二进制数序列作为码，即要求码与其本身的平移正交。为了减少噪声和其他码对一个码的自相关运算的干扰，我们要求码看上去最好是随机的。虽然 2.2.1 节介绍的二进制数随机序列能够满足这一个条件，但是由于它不能复制而很难在实际中加以利用。伪随机噪声码（PRN）简称伪随机码或者伪码，它不但是一种能预先确定的、有周期性的二进制数序列，而且具有接近于二进制数随机序列的良好自相关特性。

这种周期性的伪随机码可由一个多级反馈移位寄存器产生。图 2.3 所示是一个五级反馈移位寄存器电路，其中第一级寄存器位于电路的最左边，第三级和第五级寄存器输出值的异或相加结果反馈作为第一级寄存器的输入。通常，最后一级寄存器的输出端用作整个多级反馈移位寄存器的伪随机码输出端。寄存器的工作特点是其输出值等于上一时刻的输入值，而时钟信号控制、协调着各寄存器间的运行。有关寄存器的更多知识，请读者阅读数字电子学科方面的书籍。图中的符号“⊕”代表二进制异或加法（模 2 和），它的运算规则如下：

$$\begin{aligned} 0 \oplus 0 &= 0 \\ 0 \oplus 1 &= 1 \\ 1 \oplus 1 &= 0 \end{aligned} \tag{2.5}$$

若用电平值表示二进制数，则上述二进制异或加法可等价地用如下乘法运算实现：

$$\begin{aligned} (+1)(+1) &= +1 \\ (+1)(-1) &= +1 \\ (-1)(-1) &= +1 \end{aligned} \tag{2.6}$$

若 x^i 代表图 2.3 中第 i 级寄存器的输出端，1（x^0）代表加法器的输出端（第一级寄存器的输入端），则该图的反馈联接方式可等价地用如下的一个多项式表示：

$$F_1(x) = 1 + x^3 + x^5 \tag{2.7}$$

式（2.7）被称为图 2.3 中的反馈移位寄存器电路的特征多项式，它与图 2.3 同样表明 x^3 与 x^5 的模 2 和作为第一级寄存器的输入[7]。

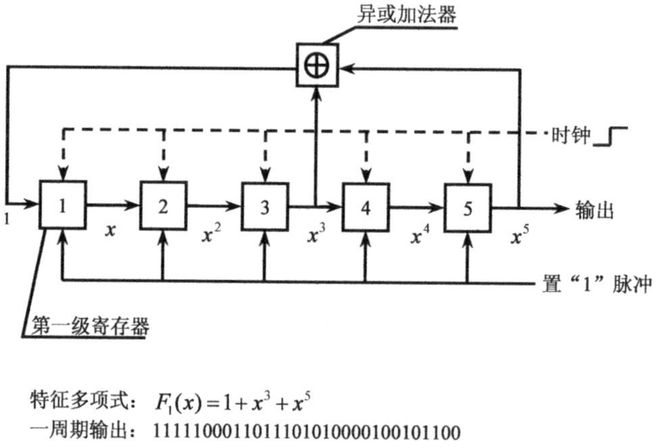

图 2.3　五级反馈移位寄存器

五级寄存器共有 32（2^5）个不同的状态，其中当五级寄存器的输出全部都为 0 时的状态为无效状态，于是还剩下 31 个不同的有效状态。我们用以下例子来说明多级反馈移位寄存器是如何在各种有效状态之间循环转移的。

【例 2.1】 假设在图 2.3 所示的五级反馈移位寄存器电路中，各级寄存器的初始值均为 1，试写出该电路的输出码，并由此证明该电路的输出是周期为 31 个码片的序列。

解： 我们知道，该电路的特征多项式为式（2.7），且最后一级寄存器的输出端（x^5）作为整个电路的输出端。该反馈移位寄存器的状态及其输出可按表 2.1 的形式有效地推算出来。如表 2.1 中的各列所示，在历元 1，各级寄存器的初始值均为 1，此时第三级与第五级寄存器值的异或相加等于 0；接着在历元 2，第一级寄存器输出上一历元的异或相加结果 0，第二级寄存器输出第一级寄存器在上一历元的寄存值 1，其他各级寄存器也类似地输出它们各自的前一级寄存器在上一历元的寄存值，于是各级寄存器的值看起来在向右平移，它们的值分别变为 0, 1, 1, 1 和 1，而此时第三级与第五级寄存器值的异或相加仍为 0。以此类推，我们最终得到如表 2.1 所示的各级寄存器在随后各个历元的输出值。在历元 32，各级寄存器的输出值恰好回到与在历元 1 时完全相同的状态，因而该电路的状态将开始下一个循环，输出是周期为 31

个码片的序列。图 2.3 和表 2.1 中的 x^5 行均给出了该五级反馈移位寄存器电路的一个整周期二进制数序列输出。

表 2.1　图 2.3 中的五级反馈移位寄存器电路输出计算表

历　元	1	2	3	4	5	6	7	8	9	10	…	29	30	31	32
x	1	0	0	0	1	1	0	1	1	1	…	1	1	1	1
x^2	1	1	0	0	0	1	1	0	1	1	…	1	1	1	1
x^3	1	1	1	0	0	0	1	1	0	1	…	0	1	1	1
x^4	1	1	1	1	0	0	0	1	1	0	…	0	0	1	1
x^5	1	1	1	1	1	0	0	0	1	1	…	1	0	0	1
$x^3 \oplus x^5$	0	0	0	1	1	0	1	1	1	0	…	1	1	1	0

例 2.1 表明了图 2.3 中的五级反馈移位寄存器在一个周期内经历所有可能的 31 个有效状态。我们将这种由 n 级反馈移位寄存器产生的、周期等于最大可能值（2^n-1 个码片）的序列，称为最长线性反馈移位寄存器序列，通常简称为 m 序列，其中的“m”出自英文单词“maximum”中的第一个字母。有时为了表明一个 m 序列的周期长度，我们可将一个由 n 级反馈移位寄存器产生的 m 序列称为 n 级 m 序列。

若一个有着相同级数的多级反馈移位寄存器采取不同的反馈连接方式，则它可以产生周期相同但结构不同的另一个 m 序列。图 2.4 中的五级反馈移位寄存器采用了另一种反馈连接方式，其特征多项式为

$$F_2(x) = 1 + x + x^2 + x^3 + x^5 \tag{2.8}$$

它产生一个周期同为 31 个码片的 m 序列。

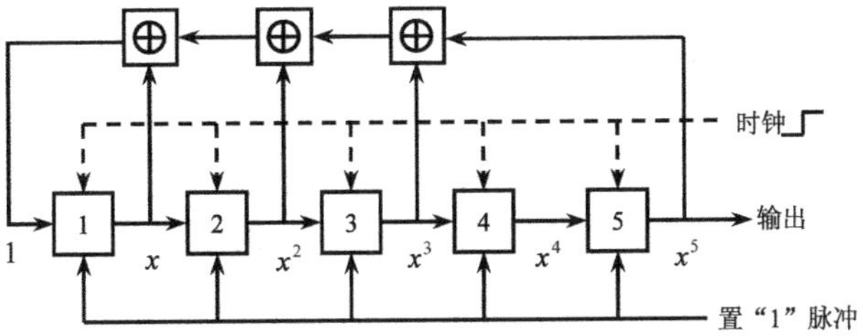

特征多项式：$F_2(x) = 1 + x + x^2 + x^3 + x^5$

一周期输出：1111101110001010110100001100100

图 2.4　不同反馈连接方式的五级反馈移位寄存器

一个 n 级 m 序列 $x(t)$ 属于线性伪随机码，它具有许多特性，其中包括以下几点[16]。

（1）m 序列的周期 N 等于 2^n-1 个码片，即

$$N = 2^n - 1 \tag{2.9}$$

于是我们通常称该 m 序列码的长度为 N 个码片，或者说 1 码相当于 N 个码片。对于一个周期为 N 的序列，它自然存在以下的状态重复性：

$$x(t) = x(t + NT_C) \tag{2.10}$$

或者表达成如下的离散形式：

$$x(k) = x(k + N) \tag{2.11}$$

（2）在 m 序列的一个周期中，值为 1 和值为 0 的码片出现的概率均约为 0.5，且值为 1 的码片比值为 0 的码片多出现一次。

（3）如图 2.5 所示，m 序列 $x(t)$ 的自相关函数 $R_x(\tau)$ 为

$$R_x(iT_C)=\begin{cases}1, i\text{是}N\text{的整数倍}\\ -\dfrac{1}{N}, i\text{不是}N\text{的整数倍的其他整数}\end{cases} \tag{2.12}$$

当 τ 不是码宽 T_C 的整数倍时，这里不妨设 $iT_C<\tau<(i+1)T_C$，其中 i 为一个任意的整数，那么 $R_x(\tau)$ 等于 $R_x(iT_C)$ 和 $R_x\left((i+1)T_C\right)$ 两点之间的线性插值。

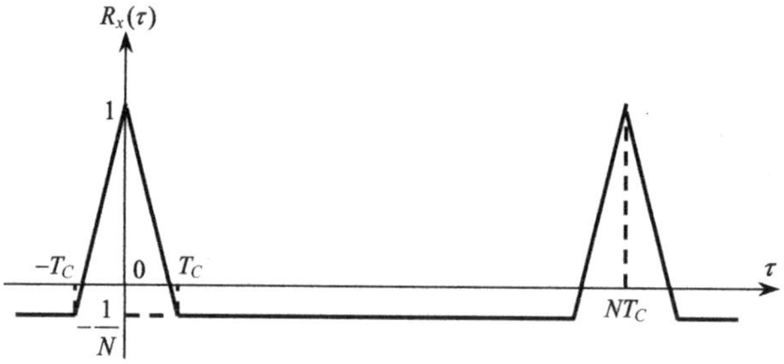

图 2.5　m 序列的自相关函数

对于周期性的 m 序列 $x(t)$ 而言，它的自相关函数依然根据式（2.4）进行计算，但可以简化成

$$R_x(\tau)=\frac{1}{NT_C}\int_0^{NT_C}x(t)x(t-\tau)\mathrm{d}t \tag{2.13}$$

当 τ 是 T_C 的整数 i 倍时，上式可进一步表达成如下的离散形式[16]：

$$R_x(i)=\frac{1}{N}\sum_{k=0}^{N-1}x(k)x(k-i) \tag{2.14}$$

由式（2.6）可知，当 $x(k)$ 与 $x(k-i)$ 的值相同时，它们的乘积为+1；否则，二者的乘积为−1。因此，自相关 $R_x(i)$ 的值等于一个周期内 $x(k)$ 与 $x(k-i)$ 有相同码片值的个数减去二者有不同码片值的个数再除以 N。

图 2.3 和图 2.4 中的两个电路各自产生一个结构不同但周期同为 31 个码片的 m 序列。对于两个周期长同为 N 个码片的 m 序列 $x_1(t)$ 和 $x_2(t)$，它们之间的互相关函数 $R_{x_1,x_2}(\tau)$ 可定义为[27]

$$R_{x_1,x_2}(\tau)=\frac{1}{NT_C}\int_0^{NT_C}x_1(t)x_2(t-\tau)\mathrm{d}t \tag{2.15}$$

类似地，当 τ 是 T_C 的整数 i 倍时，上式也可表达成如下的离散形式：

$$R_{x_1,x_2}(i)=\frac{1}{N}\sum_{k=0}^{N-1}x_1(k)x_2(k-i) \tag{2.16}$$

同样，互相关 $R_{x_1,x_2}(i)$ 的值等于一个周期内 $x_1(k)$ 与 $x_2(k-i)$ 有相同码片值的个数减去二者有不同码片值的个数再除以 N。互相关函数 $R_{x_1,x_2}(\tau)$ 可用来描述信号 $x_1(t)$ 与 $x_2(t)$ 的平移 $x_2(t-\tau)$ 之间的相似度。

【例 2.2】 将图 2.3 中由 $F_1(x)$ 电路产生的五级 m 序列记为 $x_1(t)$，将图 2.4 中由 $F_2(x)$ 电路产生的五级 m 序列记为 $x_2(t)$，试求 $x_1(t)$ 与 $x_2(t)$ 之间的互相关函数 $R_{x_1,x_2}(\tau)$。

解： 我们可以首先根据式（2.16）算出延时 τ 为码宽 T_C 的整数 i 倍时的互相关值 $R_{x_1,x_2}(i)$。例如，当 τ 等于 0 时，$x_1(t)$ 与 $x_2(t)$ 已在图 2.3 和图 2.4 中给出，它们在一个周期内有 19 个值相同的码片，而剩下 12 个码片的值则不一致。根据式（2.16），可得 τ 等于 0 时的互相关值 $R_{x_1,x_2}(0)$ 如下：

$$R_{x_1,x_2}(0) = \frac{19-12}{31} = \frac{7}{31} = 0.226 \tag{2.17}$$

求得各个整数 i 处的互相关值 $R_{x_1,x_2}(i)$ 后，可用直线连接相邻的两点 $R_{x_1,x_2}(i)$ 与 $R_{x_1,x_2}(i+1)$，得到这两点之间任意 τ 时的互相关值 $R_{x_1,x_2}(\tau)$。于是，我们不难得到如图 2.6 所示的这两个 m 序列的互相关函数 $R_{x_1,x_2}(\tau)$ 的曲线。

图 2.6 表明了该互相关函数的最大幅值为 9/31，远小于它们各自的自相关函数的最大幅值 1。若互相关函数 $R_{x_1,x_2}(\tau)$ 在所有 τ 处有接近于零的较小幅值，则 $x_1(t)$ 与 $x_2(t)$ 被称为接近正交。

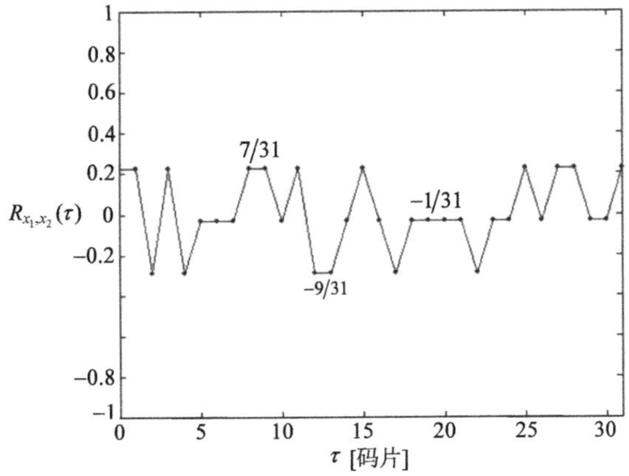

图 2.6　两个五级 m 序列的互相关函数

2.2.3　金码

伪码大体上分为三大类：m 序列、组合码和非线性码[13]。线性 m 序列已在 2.2.2 节中介绍，组合码是由两个或多个线性码组合而成的，而非线性码是三类伪码中最安全的一种。金码是组合码的一种，它由一对级数相同的 m 序列线性组合而成，适用于多址、扩频这类通信系统[9]。GPS 信号中的 C/A 码属于金码，这正是本节介绍金码的根本原因。

并不是任何一对级数相同的 m 序列都可以产生金码，我们将能产生金码的一对 m 序列称为优选 m 序列对[16]。通过调节其中一个 m 序列的延时，一对 n 级优选 m 序列可组合产生 2^n-1 个不同的金码，再加上它们自身的一对 m 序列，总共有 2^n+1 个金码。

2.2.2 节中介绍的两个 m 序列 $x_1(t)$ 和 $x_2(t)$ 是一个优选 m 序列对，它们能产生五级、周期为 31 的金码。图 2.7 所示的电路是将这一优选 m 序列对组合成金码的一种实现方式，它将 $x_1(t)$ 的平移等价序列 $x_{1i}(t)$ 与 $x_2(t)$ 异或相加后得到金码 $x_i(t)$。平移等价序列是通过相位选择器实现的。具体来说，相位选择器选择 x_1 序列发生器中的至少一个寄存单元输出，并将选中的寄存单元输出进行异或相加，而如此得到的模 2 和 x_{1i} 就是 x_1 的平移等价序列。因为 5 个寄存单元输出共有 31 种不同的有效相位选择，所以它可以产生包括 x_1 自身在内的 31 个 x_1 的平移等价序列 x_{1i}。

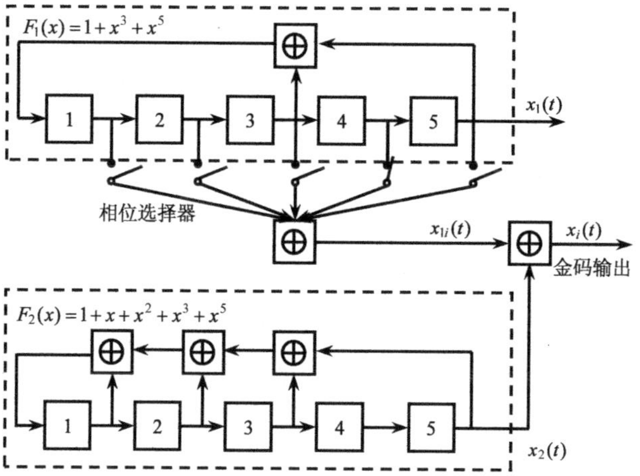

图 2.7　五级金码发生器的逻辑图

【例 2.3】　如图 2.7 所示，假如相位选择器只选择 x_1 序列发生器中的第四级寄存单元输出作为平移等价序列 x_{1i}，且所有寄存器的初始值均设为 1，试求由图中五级金码发生器输出的一整周期金码 x_i 值。

解：表 2.2 给出了图中涉及的各个序列的一整周期离散值，其中序列 x_1 与 x_2 已分别由前面的图 2.3 与图 2.4 直接给出。因为第四级寄存器值的相位超前第五级寄存器值的相位一个码片，所以平移等价序列 x_{1i} 相当于 x_1 向左平移一个码片后得到的序列，或者说是 x_1 向右平移（延迟）30 个码片后得到的序列。得到序列 x_{1i} 后，我们将对应同一历元的 x_{1i} 与 x_2 异或相加，组合形成金码 x_i 。

表 2.2　图 2.7 产生的金码

$x_1(k)$	1111100011011101010000100101100
$x_{1i}(k)$	1111000110111010100001001011001
$x_2(k)$	1111101110001010110100001100100
$x_i(k)$	0000101000110000001010100011101

图 2.8 所示是例 2.3 中的五级金码 $x_i(t)$ 的自相关函数 $R_{x_i}(\tau)$，其中在 τ 为整数码片时的自相关只出现四个峰值 1, 7/31, −1/31 和−9/31。事实上，对于任何一个 n 级金码 x_i，它的自相关函数 $R_{x_i}(\tau)$ 在 τ 为整数码片时的值只有以下 4 种可能[21]：

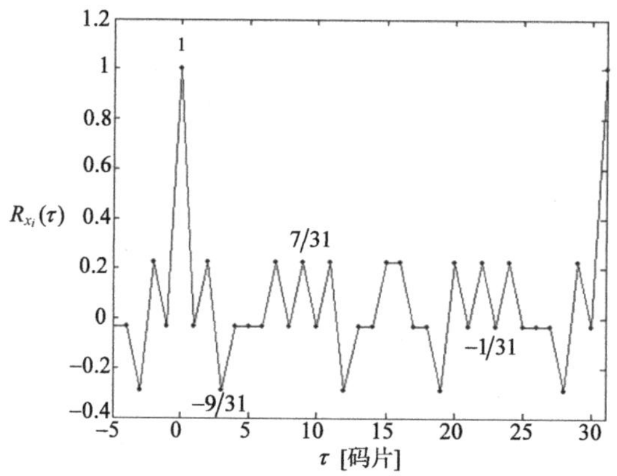

图 2.8　五级金码的自相关函数

$$R_{x_i}(\tau = kT_C) \in \left\{1, \frac{\beta(n)-2}{N}, \frac{-1}{N}, \frac{-\beta(n)}{N}\right\} \tag{2.18}$$

式中，k 为一个整数，$\beta(n)$ 的定义如下：

$$\beta(n) = 1 + 2^{\left\lfloor \frac{n+2}{2} \right\rfloor} \tag{2.19}$$

式中，$\lfloor a \rfloor$ 代表小于等于 a 的最大整数。两个 n 级金码 $x_i(t)$ 与 $x_j(t)$ 之间不完全正交，它们之间的互相关函数 $R_{x_i,x_j}(\tau)$ 的峰值只有以下 3 种可能：

$$R_{x_i,x_j}(\tau = kT_C) \in \left\{\frac{\beta(n)-2}{N}, \frac{-1}{N}, \frac{-\beta(n)}{N}\right\} \tag{2.20}$$

并且当 n 为偶数时，以上三个互相关峰值的出现概率分别为 0.125, 0.75 和 0.125[24]。例如，对五级金码而言，n 等于 5，N 等于 31，$\beta(n)$等于 9，读者可以自己验证图 2.5 和图 2.8 中所有的自相关函数峰值均符合式（2.18），而图 2.6 中所有的互相关峰值均满足式（2.20）。虽然所有金码的自相关和互相关函数峰值只可能等于这些值，但是不同金码的自相关和互相关函数通常有着不同的波形。我们注意到，随着级数 n 的增加，$\beta(n)$和 N 相应地增大，但是比值 $\beta(n)/N$ 反而减小，这意味着越长的金码有着越优良的自相关和互相关性能。

推动开发金码的原因是寻找适用于多址、扩频通信系统中的伪码。一个 n 级优选 m 序列对一共可以产生 2^n+1 个不同的金码，而这么多的金码可以用来满足系统中大量用户的需求。一方面，正是由于不同的金码之间只存在很低（接近于零）的互相关性，所以多个不同的金码才可以在同一个载波频率上被同时播发出去而互不干扰[26]；另一方面，金码良好的自相关性又为接收机精确测量接收到的金码信号相位提供了条件。金码具有的这种良好的自相关和互相关特性，使得其非常适合作为码分多址通信系统中的伪码。

2.2.4 C/A 码

基于码分多址的 GPS 自然需要其信号中的伪码具有良好的自相关和互相关特性。1.3 节指出，GPS 信号上存在 C/A 码和 P(Y)码两种测距码，其中在载波 L1 上调制有 C/A 码和 P(Y)码，而在载波 L2 上只调制有 P(Y)码。事实上，C/A 码和 P(Y)码都是伪码，而伪码在 GPS 中又被用作测距码。接收机通过对接收到的卫星信号与接收机内部复制的伪码进行相关运算，检测自相关函数的峰值，进而确定接收信号中伪码的相位并测量出从卫星到接收机的空间距离。我们将在第 4 章中介绍这种 GPS 距离测量值。

C/A 码是周期为 1023（$2^{10}-1$）个码片的金码，即一个 C/A 码的长度为 1023 个码片。它每毫秒重复一周，因而其码率为 1.023×10^6 个码片/秒（1.023 Mcps），码宽 T_C 约为 977.5 ns 或 293 m（我们常将一个 C/A 码片近似地说成长 300 m）。C/A 码的码率与载波 L1 的频率在数值上具有这样一种关系：在一个 C/A 码码片的时间内载波 L1 重复 1540（1575.42 M/1.023 M）周，或者说半个码片相当于 770 周载波。

C/A 码发生器的结构如图 2.9 所示，它与图 2.7 中的五级金码发生器结构非常相似。为产生 C/A 码，每颗卫星在其内部的电路上都有两个十级反馈移位寄存器，由此首先产生一对码率为 1.023 Mcps、周期长为 1023 个码片的 m 序列 G_1 和 G_2，这两个十级 m 序列的特征多项式如下：

$$G_1(x) = 1 + x^3 + x^{10} \tag{2.21}$$

$$G_2(x) = 1 + x^2 + x^3 + x^6 + x^8 + x^9 + x^{10} \tag{2.22}$$

接着，G_2 发生器并不将最后一级寄存器的值作为输出，而通过相位选择器选择 G_2 发生器中的两个寄存单元输出，并将二者异或相加后，输出一个 G_2 的平移等价序列 G_{2i}。最后，m 序列 G_1 与平移等价 m 序列 G_{2i} 的模 2 和 G_i 就成为一个 PRN 编号为 i 的卫星发射的 C/A 码。不同 PRN 编号的卫星采用不同的 G_2 平移等价序列选择，从而得到不同的 G_{2i}，并相应地组合成不同的 C/A 码 G_i。以 G_1 和 G_2 作为优选 m 序列对时，总共可以产生 $2^{10}+1=1025$ 个不同结构的 C/A 码，足够分配给 GPS 卫星星座中的所有卫星用作码址。

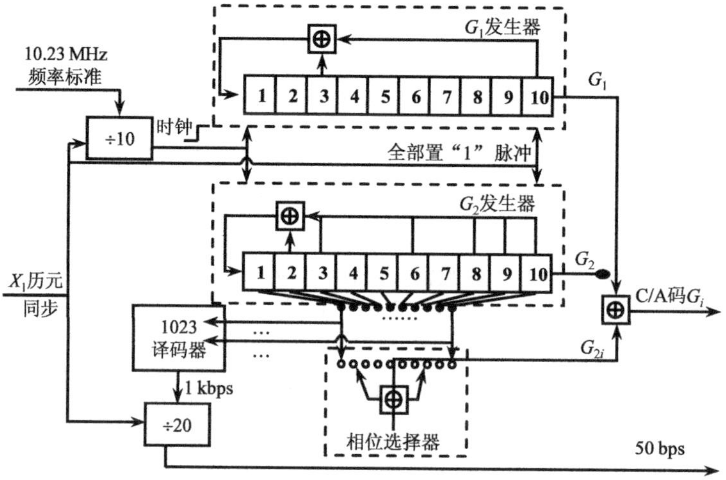

图 2.9　C/A 码发生器的结构

表 2.3 给出了各个 C/A 码的相位选择分配情况及用八进制数表示的各个 C/A 码的前 10 个码片值[2]。例如，对于 PRN 1 卫星上的 C/A 码发生器而言，它的平移等价序列 G_{2i} 是由 G_2 发生器中的第二级和第六级寄存单元输出异或相加得到的。G_1 和 G_2 发生器中的各级寄存器初始状态均设为 1，而从这种初始状态出发，读者可自己编程验证 PRN 1 上 C/A 码的第一个至第十个码片值为 1100100000，即相当于八进制数 1440。需要指出的是，PRN 1 至 PRN 32 被用作 GPS 卫星信号上的 C/A 码，而未在表中列出的 PRN 33 至 PRN 37 被保留给地面信号发射器（如将在 5.4.4 节中介绍的伪卫星）。

表 2.3　C/A 码分配表

PRN	1	2	3	4	5	6	7	8	9	10
G_{2i}	2⊕6	3⊕7	4⊕8	5⊕9	1⊕9	2⊕10	1⊕8	2⊕9	3⊕10	2⊕3
前十码	1440	1620	1710	1744	1133	1455	1131	1454	1626	1504

PRN	11	12	13	14	15	16	17	18	19	20
G_{2i}	3⊕4	5⊕6	6⊕7	7⊕8	8⊕9	9⊕10	1⊕4	2⊕5	3⊕6	4⊕7
前十码	1642	1750	1764	1772	1775	1776	1156	1467	1633	1715

PRN	21	22	23	24	25	26	27	28	29	30	31	32
G_{2i}	5⊕8	6⊕9	1⊕3	4⊕6	5⊕7	6⊕8	7⊕9	8⊕10	1⊕6	2⊕7	3⊕8	4⊕9
前十码	1746	1763	1063	1706	1743	1761	1770	1774	1127	1453	1625	1712

C/A 码属于金码，它必然具有 2.2.3 节介绍的良好自相关和互相关特性。对于级数 n 等于 10 的 C/A 码来讲，我们可根据式（2.19）得到 $\beta(n)$ 的值为 65，因而任何一个 C/A 码 x_i 的自相关函数 $R_{x_i}(\tau)$ 在 τ 为整数码片时的值只可能等于 1, 63/1023, −1/1023 或−65/1023。图 2.10 所示的曲线是

PRN 1 自相关函数 $R_{x_1}(\tau)$ 的一部分，其中当 τ 等于 0 或等于 1023 个码片的整数倍时，$R_{x_1}(\tau)$ 出现值为 1 的主峰。主峰很窄，只占两个码片，且自相关函数在主峰左右两边附近都接近零，其中左右两边的第一个侧峰远离主峰 9 个码片。因为最大的侧峰绝对值为 65/1023，所以我们套用式(1.5)得到最大侧峰值相对于主峰值的比率为

$$10\lg\left(\frac{65/1023}{1}\right)^2 \approx -24\ \text{dB} \tag{2.23}$$

即 C/A 码自相关函数的最大侧峰值比主峰低 24 dB。这些 C/A 码良好的自相关特性不但非常有助于 GPS 接收机快速地检测到自相关函数的主峰，避免锁定侧峰，而且有助于精确测量主峰的位置，降低对码相位的测量误差。

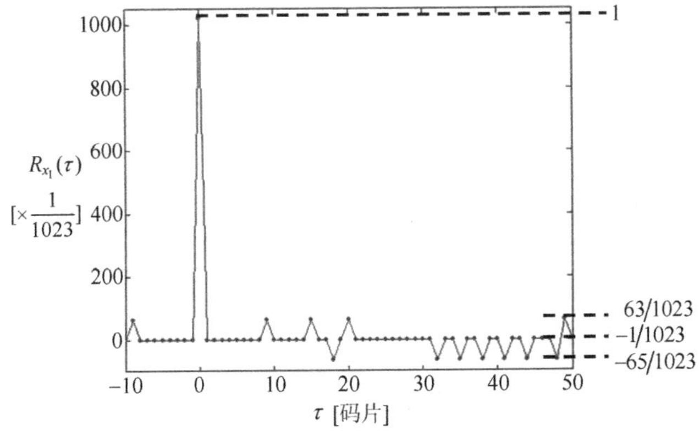

图 2.10　C/A 码（PRN 1）的自相关函数

图 2.11 所示的曲线是卫星 PRN 1 和 PRN 2 的 C/A 码互相关函数，其峰值有 63/1023, −1/1023 和−65/1023 三种可能，它们出现的概率分别为 0.125, 0.75 和 0.125。因此，假设 GPS 接收天线接收到功率一样强的 PRN 1 和 PRN 2 卫星信号成分，同时接收机为了跟踪 PRN 1 卫星信号而内部复制 PRN 1 的 C/A 码，那么复制 C/A 码与接收到的 PRN 1 卫星信号成分的最大（自）相关函数峰值，就会比复制 C/A 码与 PRN 2 卫星信号成分的最大（互）相关函数峰值高出 24 dB。不同 C/A 码之间这种互相关很小、接近于正交的特性有助于减少不同 GPS 卫星信号之间的相互干扰，从而极大地避免发生接收机将互相关函数峰值误认为是自相关函数主峰值的错误。

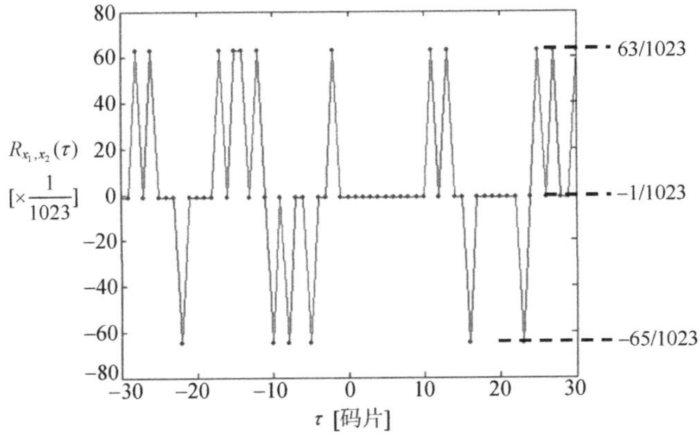

图 2.11　C/A 码（PRN 1 和 PRN 2）的互相关函数

关于 C/A 码自相关和互相关函数的特性对 GPS 接收机性能的影响，将在本书最后的几章中详细讨论。

2.2.5 P 码

除了 C/A 码，P 码是 GPS 信号中的另一种伪码，它同时调制在 L1 和 L2 载波信号上。P 码的周期为 7 天，码率为 10.23 Mcps，码宽 T_P 约为 0.1 μs 或 30 m。加密后的 P 码被称为 Y 码，它只有特许用户才能破译，且 Y 码不再是一种金码。本节只简单地介绍 P 码的产生过程。

如图 2.12 所示，PRN 为 i 的卫星上产生的 P 码 P_i 是序列 X_1 与序列 X_{2i} 的模 2 和。序列 X_1 的生成电路是由两个十二级反馈移位寄存器构成的，每个十二级反馈移位寄存器都能产生一个周期为 4095 个码片的 m 序列，这两个 m 序列首先通过截短，各自形成周期长为 4092 个码片的序列 X_{1A} 和周期长为 4093 个码片的序列 X_{1B}。截短是指在反馈移位寄存器状态循环尚未达到一个周期时被提前重置，从而使该反馈移位寄存器产生的序列周期变短。接着，截短码 X_{1A} 和 X_{1B} 异或相加，生成周期长为 4092×4093 个码片的长码。最后，该长码经过截短，变成周期为 1.5 s、长为 15 345 000（1.5 s × 10.23 Mcps）个码片的序列 X_1。

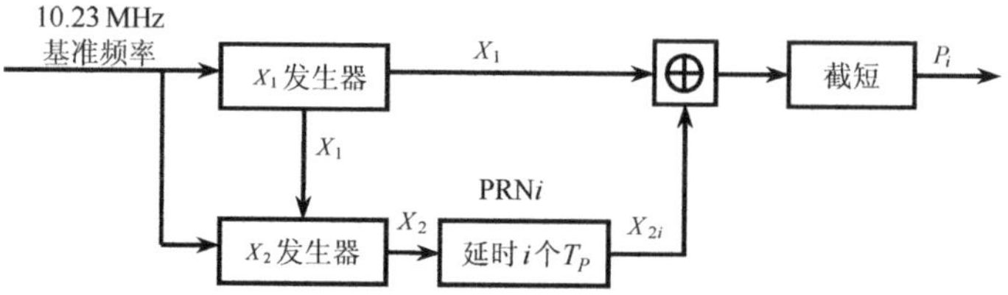

图 2.12　P 码发生器的逻辑图

与产生 X_1 序列的过程相类似，另外两个十二级反馈移位寄存器最后产生长为 15 345 037 个码片的序列 X_2，而序列 X_{2i} 是 X_2 的平移等价码。对于 PRN i，平移等价序列 X_{2i} 是由 X_2 向右平移（延时）i 个码片后得到的，其中 i 是 1～37 的整数。

由于 15 345 000 与 15 345 037 之间没有公约数，因而当序列 X_1 与 X_{2i} 异或相加后，所得序列的周期长就等于

$$15\,345\,000 \times 15\,345\,037 = 235\,469\,592\,765\,000 \approx 2.35 \times 10^{14} \text{ 个码片} \tag{2.24}$$

或

$$235\,469\,592\,765\,000 \text{ 个码片}/10.23\text{ Mcps} = 23\,017\,555.5 \text{ 秒} \approx 266.4 \text{ 天} \approx 38 \text{ 星期} \tag{2.25}$$

最后，P 码发生器再对这一周期长约为 38 星期的序列截短，得到周期长为 1 星期（7 天）的 P 码 P_i。GPS 采用了 37 种不同的平移等价码 X_{2i}，进而获得 37 种结构不同、周期长均为 1 星期的 P 码 P_i。GPS 卫星星座中的各颗卫星产生互不相同的 P 码，从而实现码分多址。

在每个 GPS 星历的开始时刻，P 码发生器的各个相关寄存器值均被初始化重置，并产生 P 码的第一个码片。在卫星的伪码生成电路控制下，它的第一个 P 码码片的产生与它的第一个 C/A 码码片的产生在时间上正好重合。

由于 P 码的周期很长，如果 GPS 接收机通过相关运算来逐个依次地搜索接收信号中 P 码的码相位，那么搜索、捕获 P 码信号将需要很长的时间。因为 C/A 码周期比 P 码周期短很多，所以接收机一般都是先搜索、捕获 C/A 码，后从 C/A 码信号中获取当前时间，并以此估算出 P 码的相位，进而较快地捕获 P 码。正是出于这个原因，C/A 码原本的全称为*粗捕获码*（或*粗搜索码*），而 P 码被称为*精码*。与 C/A 码相位的测量精度相比，GPS 接收机通常能够更精确地测量 P 码相位，而这与 P 码相对较短的码宽和较长的周期直接有关。

当某颗卫星的基准频率发生器出现故障时，该卫星有可能故意发射错误的 C/A 码和 P(Y)码，以防止 GPS 接收机接收并利用它发射的故障信号。

因为民用 GPS 接收机通常只能利用载波 L1 上的 C/A 码信号，而不利用 P(Y)码，所以在后面的章节中，我们将不再提及 P(Y)码。若不做特别说明，载波默认为 L1，而伪码或 PRN 指的就是 C/A 码。

2.3 数据码

C/A 码（或 P 码）是 GPS 信号中最重要的一层，其目的之一是用来实现码分多址，目的之二是用来测距，但这种结构固定的伪码必然不能传递任何导航电文数据信息。数据码是 GPS 信号中的第三个层次，它是一列载有导航电文的二进制码。数据码的码率为 50 bps（比特/秒），它采用不归零制的二进制编码方式，产生主峰频宽为 100 Hz 的数据脉冲信号。

为了区别同是二进制的数据码与伪码，本书以后的章节尽量用“比特”来表示数据码的一个 0 或 1，而用“码片”来表示伪码的一个 0 或 1。虽然比特包含数据信息，而码片不包含，但是如果仅仅比较 1 比特与 1 码片，那么二者之间其实只是码宽不同而已。50 bps 的数据码码宽 T_D 为 20 ms，相当于长约 6000 km。因为 C/A 码每毫秒重复一周，而数据码 1 比特持续 20 ms，所以在每个数据码比特期间 C/A 码重复 20 周。需要指出的是，每个数据码比特发生沿均与 C/A 码的第一个码片发生沿重合。图 2.13 描述了载波 L1、C/A 码与数据码三者之间的长度关系[21]。

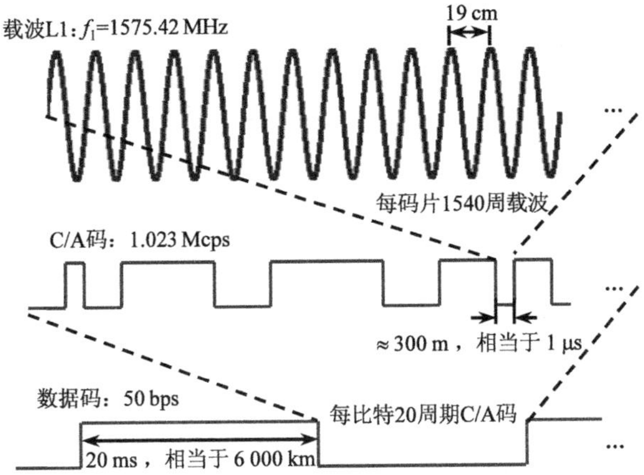

图 2.13　载波 L1、C/A 码和数据码三者之间的长度关系

同一颗卫星在两个载波频段的 C/A 码和 P(Y)码信号上同时调制、播发相同的数据码，稍后的图 2.18 将清晰地表达出这一层关系。此外，GPS 还存在另一种可能的调制方式，即卫星在载波 L2 上的 P(Y)信号中不播发任何数据码，而这种方式是由 GPS 的地面监控部分决定和命令的。卫星按照一定格式将导航电文编成数据码，这一导航电文格式将在 2.5 节中介绍。

2.4 GPS 信号结构

前三节分别介绍了载波、伪码和数据码三个信号层次，它们一起构成了 GPS 卫星发射的信号。数据码首先与伪码异或相加实现扩频，然后二者的组合码通过双相移位键控（BPSK）对载波进行调制。在这一节中，我们首先站在卫星一端来分析信号的扩频调制，并且稍许涉及 GPS

接收机对卫星信号进行的解扩解调，然后介绍卫星信号的功率分配和产生。

以载波 L1 上的 C/A 码信号为例，图 2.14 所示为 C/A 码信号在卫星信号发射端的调制过程及在接收机端的解调过程[17]。在卫星信号发射端，PRN 编号为 i 的卫星首先将数据码与 C/A 码 G_i 异或相加，完成数据码对 C/A 码的调制。当数据码与 C/A 码异或相加时，数据码的每个比特变成 20 周期的 C/A 码或它们的反相值，原先码率为 50 bps 的数据码的频宽一下子被扩大，因而这一调制过程被称为*扩频调制*。接着，数据码调制 C/A 码后的组合码再对载波 L1 进行 BPSK 调制，使整个 C/A 码信号以 L1 为中心频率被卫星发射出去。GPS 接收机接收到卫星信号后，它首先对卫星信号进行载波解调，使卫星信号的中心频率从 L1 下变频到零，然后将载波解调后的卫星信号与接收机内部复制的 C/A 码 G_i 做自相关运算，剥离卫星信号中的 C/A 码，使信号频宽变回到只含数据码的基带。接收机中进行的这个 C/A 码相关运算通常称为*解扩*，它与卫星中进行的扩频正好互逆。凭着 C/A 码良好的自相关特性，接收机在解扩过程中，一方面将卫星信号中的 C/A 码解调出来而获得数据码；另一方面根据 C/A 码自相关函数主峰位置获得接收到的 C/A 码信号的相位，进而将其转换为从卫星到接收机的距离测量值。

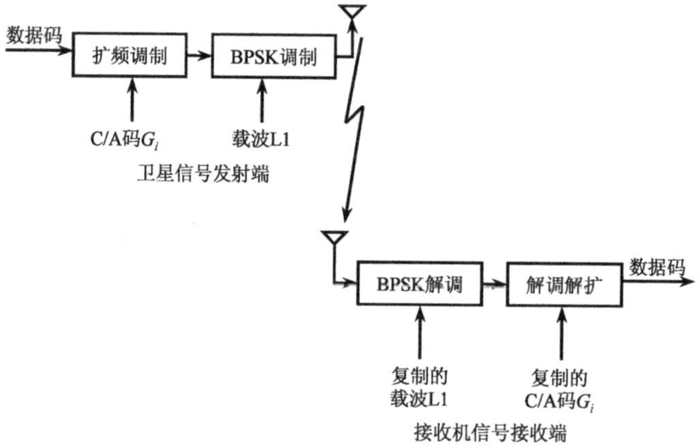

图 2.14　卫星信号的调制与解调

需要强调的是，为了利用某个卫星信号，接收机必须复制出对应该卫星的 C/A 码，这样卫星和接收机两端如同图 2.14 所示那样分别使用同一个 C/A 码 G_i 进行扩频调制和解扩解调。C/A 码在该 CDMA 通信过程中就像是一把钥匙，卫星用这把钥匙将数据码锁住，而接收机只能用同一把钥匙将数据码打开。如果卫星和接收机两端未用钥匙或者使用了不同的钥匙，那么 GPS 卫星发射的信号对接收机来说就只是噪声而已。GPS 的 C/A 码是一把公开的钥匙，而 Y 码是一把不公开的钥匙，尽管 P(Y)码信号的调制过程与 C/A 码信号的调制过程完全相同。

在频域中分析伪码的调制和解调机理能更加清晰地展示伪码在 GPS 中所起的重要作用[5, 22]。图 2.15(a)所示为卫星信号发射端数据码的频宽在扩频调制前后变化的情况，其中数据码的功率频谱密度（见附录 C）可用一个 $\text{sinc}^2 f$ 函数（见附录 F）表示，而图中只显示了该函数的主峰及其附近左右的两个侧峰[11]。当数据码调制 C/A 码后，数据码（确切地说是数据码与 C/A 码的组合码）频宽就从 100 Hz 扩展到 2.046 MHz，扩大了 20 460 倍。这种通过调制伪码而实现扩频的机理被称为*直接序列扩频*（DSSS），相应的信号频宽扩大倍数被称为*扩频增益* G_p[10]。扩频增益 G_p 的值近似等于数据码码宽 T_D 与伪码码宽 T_C 的比率，即

$$G_p = T_D / T_C = 20/(1/1023) = 20\,460 \tag{2.26}$$

即 43.1 dB。虽然扩频使数据码占用了更多的频带资源，但它实现了码分多址，使各颗卫星可在

同一波段上同时播发信号而互不干扰。同时，扩频还能增强 GPS 信号对噪声、窄波及将在 4.3.5 节中介绍的多路径等干扰的抵抗性能，而性能增强的大小与扩频增益值直接有关。由于扩频后的数据码频宽加大，因而它在中心频率处的功率频谱密度幅值必然相应地降低。扩频后的 GPS 信号强度甚至可能比背景噪声还弱，而这却使得 GPS 信号具有极强的隐密性。

图 2.15(b)所示为在卫星信号接收端进行的伪码解调的频域分析，其中卫星信号由于传播损耗等因素而强度进一步变弱，为了演示扩频机理的抗窄波干扰性能，以一条虚线表示的窄波干扰特意刚好出现在 GPS 信号频段。当接收机用同一个伪码解调接收到的卫星扩频信号后，信号频宽被解扩、压缩成原来的频宽，其在中心频率处的功率频谱密度相应地得到提升。但是，由于噪声强度在解扩前后没有变化，因此 GPS 信号强度一跃超过噪声，有助于减小接收天线的尺寸及提高接收机接收、测量信号的能力。对于信号频段中的窄波干扰，它在与复制伪码相乘后被扩频，因而强度变弱，减小了对信号接收的干扰影响。

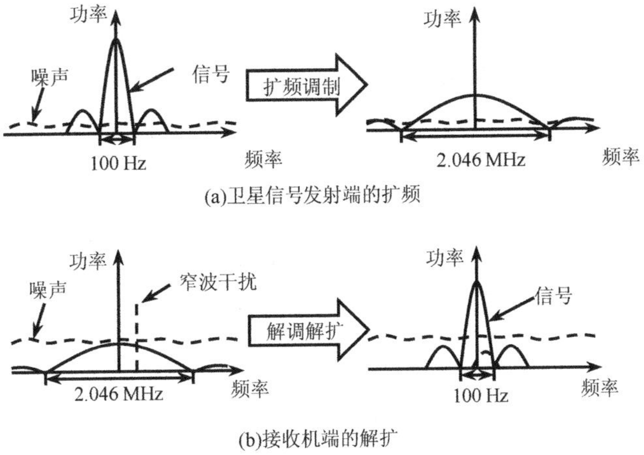

图 2.15　GPS 信号的扩频与解扩

香农（Shannon）定理也有助于解释扩频系统的高抗干扰性。香农定理指出，在高斯白噪声干扰下的一个通信系统的容量 C 为

$$C \leqslant B\,\mathrm{lb}\,(1 + S/N) \tag{2.27}$$

式中，B 为系统频宽，S/N 为信噪比（SNR）。可见，当 GPS 的数据传输容量 C 固定在 50 bps 时，通过扩频而扩大带宽 B 可以降低系统对信噪比 S/N 的要求。值得指出的是，香农定理并没有要求信号与噪声之间的强弱关系。

以上重点介绍了数据码的伪码扩频调制，而数据码与伪码异或相加后的组合码通过 BPSK 再对载波进行调制。在数字通信中，调制载波的一个主要目的是使数字信号的频宽中心频率从零转移到载波频率，从而有利于数字信号信息在传播媒体中的传播。如图 2.16 所示，通信系统中的载波调制一般有调幅、调频和调相三种方式[4]。BPSK 属于调相调制，它通过改变载波相位来传递数据信息：如果数据码有从 0 到 1 或从 1 到 0 的状态跳变，那么调制后的载波相位相应地有 180°跳变；如果数据码没有状态跳变，那么调制后的载波也没有相位跳变。对于 C/A 信号，图 2.16 中的数据码更准确地说是数据码与 C/A 码异或相加得到的组合码，每位组合码对应于 1540 周 L1 载波。

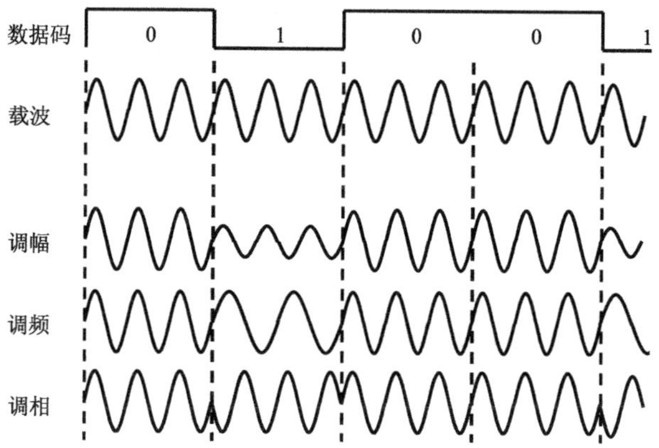

图 2.16　调幅、调频和调相示意图

GPS 在载波 L2 上只调制被数据码调制后的 P(Y)码，而在载波 L1 上调制被数据码调制后的 C/A 码和 P(Y)码。GPS 通过正交调制来实现在一个载波 L1 上同时调制两种码，即用数据码与 P(Y)码的组合码来调制 L1 的余弦波，而用数据码与 C/A 码的组合码来调制 L1 的正弦波。由正弦波与余弦波的相位关系可知，C/A 码载波信号的相位落后 P(Y)码载波信号的相位 90°。

综上所述，卫星 i 发射的信号 $s^{(i)}(t)$ 可表示成

$$\begin{aligned} s^{(i)}(t) = &\sqrt{2P_C}\left(x^{(i)}(t)D^{(i)}(t)\right)\sin\left(2\pi f_1 t + \theta_1\right) + \\ &\sqrt{2P_{Y,1}}\left(y^{(i)}(t)D^{(i)}(t)\right)\cos\left(2\pi f_1 t + \theta_1\right) + \\ &\sqrt{2P_{Y,2}}\left(y^{(i)}(t)D^{(i)}(t)\right)\cos\left(2\pi f_2 t + \theta_2\right) \end{aligned} \tag{2.28}$$

式中，前两项分别是载波 L1 上的 C/A 码和 P(Y)码信号，第三项是载波 L2 上的 P(Y)码信号，P_C，$P_{Y,1}$ 和 $P_{Y,2}$ 分别是这三个信号的平均功率，$x^{(i)}(t)$ 和 $y^{(i)}(t)$ 分别是卫星 i 产生的 C/A 码和 P(Y)码电平值，$D^{(i)}(t)$ 是卫星 i 播发的数据码电平值，θ_1 和 θ_2 分别是载波 L1 和 L2 的初相位，上标"i"用来指代不同的卫星。式（2.28）清晰地展示了由伪码、数据码和载波三个层次组成的 GPS 信号结构，同时揭示了 GPS 信号中的一个 C/A 码和两个 P(Y)码信号成分之间的联系。

图 2.17 所示是 GPS 卫星信号的功率分配情况，更确切地说是卫星信号传播到地球表面的最小功率设计值，其中接收天线的增益（见 10.2.1 节）假定为 0 dB。如本节前面提到的那样，由 C/A 码扩频后的数据码信号，其功率频谱的主峰频宽为 2.046 MHz。相应地，数据码信号由 P(Y)码扩频后，其功率频谱的主峰频宽为 20.46 MHz。当各个扩频信号再经调制载波后，它们的频宽中心就相应地从零平移到载波 L1 或 L2 的频率值。图 2.17 中所示的 C/A 码信号与 P(Y)码信号分别位于相互垂直的两个平面内，这代表着它们的载波相位相差 90°。《GPS 标准定位服务（SPS）信号说明书》对 L1 上的 C/A 码信号强度做了规定，它要求该信号到达地面的功率不小于−160 dBW[8]。另外，L1 和 L2 上的 P(Y)码信号到达地面时的最小设计功率分别为−163 dBW 和−166 dBW[2]。在实际运行中，GPS 信号的功率值均比这些规定设计值高 1～2 dB。

图 2.18 是 GPS 卫星产生信号的原理图，它基本上将本章前面几节介绍的内容联系在了一起[2, 12]。该图表明：第一，同一颗卫星产生的载波 L1、载波 L2、C/A 码、P(Y)码和数据码都来自同一个 10.23 MHz（更准确的值应是 10.229 999 995 43 MHz，见 3.2.4 节）的卫星时钟基准频率；第二，P(Y)码发生器产生的 X_1 序列被用来作为 C/A 码和数据码发生器的同步信号，这使得 P(Y)码、C/A 码和数据码之间的码相位保持严格的固有关系；第三，如式（2.28）所示，同一个数据码 $D^{(i)}(t)$

被用来同时调制载波 L1 和 L2 上的三个信号成分。这里，我们需要对选择器略做说明。在正常工作情况下，选择器用数据码与 P(Y)码的组合码来调制 L2 载波；否则，选择器将挑选未经数据码调制过的 P(Y)码或数据码与 C/A 码的组合码来调制 L2 载波，以避免特许用户误用那些故障卫星播发的信号。

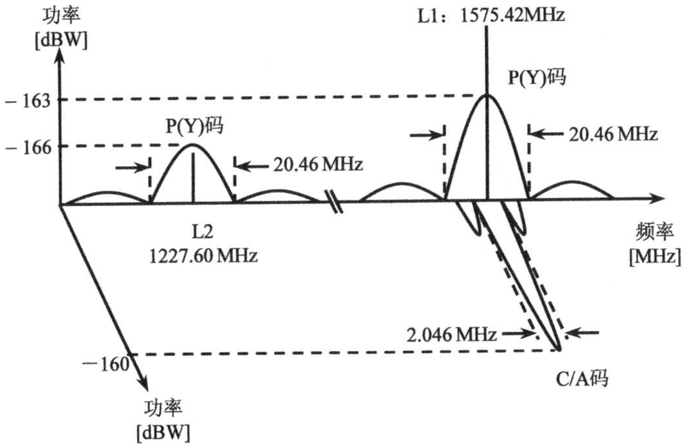

图 2.17　GPS 信号的功率分配

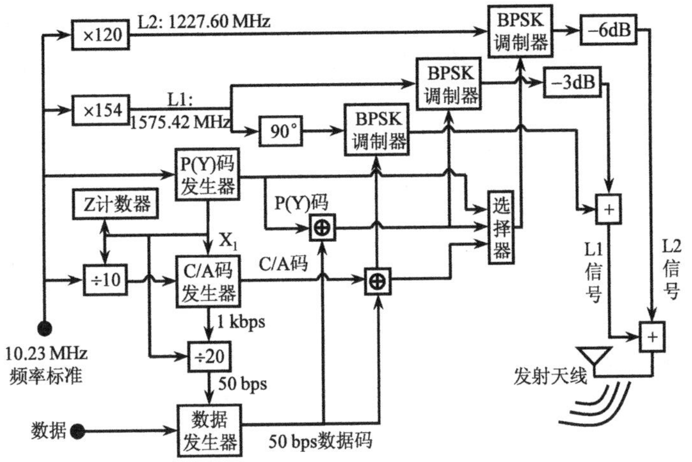

图 2.18　GPS 信号产生原理

2.5　导航电文

GPS 用户接收机通过对接收到的卫星信号进行载波解调和伪码解扩，得到 50 bps 的数据码，然后按照导航电文的格式最终将数据码编译成导航电文。导航电文中含有时间、卫星运行轨道、电离层延时等用于定位的重要信息。

在此需要强调的是，《GPS 界面控制文件（ICD-GPS-200C）》定义了 GPS 空间星座部分与用户设备部分之间的接口规范，详尽地解释了导航电文的格式与内容[2]。事实上，本章约有一半的内容来自该文件，而它与前面提到的《GPS 标准定位服务（SPS）信号说明书》均可在国际互联网上免费下载。本节只介绍一些有关导航电文的必要知识，为学习接下来的几章打下基础。同时，随着对接下来几章内容的学习，读者将对导航电文中各种信息数据的含义有更为清晰的认识。

2.5.1　导航电文的格式

卫星将导航电文以帧与子帧的结构形式编排成数据流 $D(t)$。如图 2.19 所示，每颗卫星一帧接一帧地发送导航电文，而在发送每帧电文时，卫星又以一子帧接一子帧的形式进行。

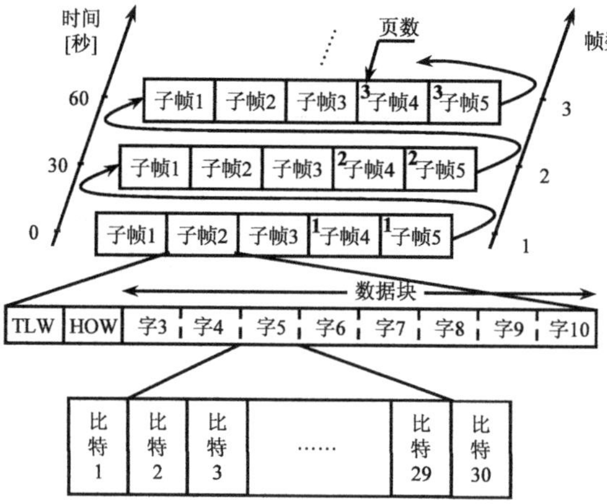

图 2.19　导航电文的结构

每帧导航电文长 1500 比特，计 30 s，依次由 5 个子帧组成。每个子帧长 300 比特，计 6 s，依次由 10 个字组成。每个字长 30 比特，其最高比特先被发送，每个子帧中的每个字又均以 6 比特的奇偶检验码结束。我们已经知道，每比特长 20 ms，其间 C/A 码重复 20 个周期。

每个子帧的前两个字分别为遥测字（TLW）与交接字（HOW），后 8 个字（第 3 字至第 10 字）则组成数据块。不同子帧内的数据块侧重不同方面的导航信息，其中子帧 1 中的数据块通常被称为**第一数据块**，子帧 2 和子帧 3 中的数据块被合称为**第二数据块**，而剩下的子帧 4 和子帧 5 中的数据块则被合称为**第三数据块**。当某颗卫星出现内存错误等故障时，它会在各大数据块的 8 个字中交替地发射 1 与 0。

GPS 对第三数据块采用了分页的结构，即一帧中的子帧 4 和子帧 5 为一页，然后在下一帧中的子帧 4 和子帧 5 继续发送下一页，而第三数据块的内容共占 25 页。因为一帧电文长 30 s，所以发送一套完整的导航电文共需 750 s（12.5 min），然后整个导航电文的内容每 12.5 min 重复一次。

在一个新 GPS 星期（见 2.5.3 节）刚开始的那一刻，无论卫星在上一星期末尾正在播发哪一段导航电文，总是重新从子帧 1 开始播发，而在第一次的子帧 4 和子帧 5 中总是重新从第三数据块的第 1 页开始播发。当子帧 1、子帧 2 和子帧 3 的内容需要更新时，新的导航电文总是从帧的边沿处（对应的 GPS 时间是 30 s 的整数倍）开始播发。当子帧 4 和子帧 5 的内容需要更新时，新的导航电文可以在子帧 4 和子帧 5 中的任何一页处开始播发。

2.5.2　遥测字

每个子帧的字 1 均为遥测字（TLW），因此它在导航电文中每 6 s 出现一次。图 2.20(a)显示了遥测字内部码位的分布情况，其中比特 1 至比特 8 是一个二进制值固定在 10001011 的同步码，比特 9 至比特 22 提供特许用户需要的信息，比特 23 和比特 24 是备用比特，最后 6 比特为奇偶检验码。

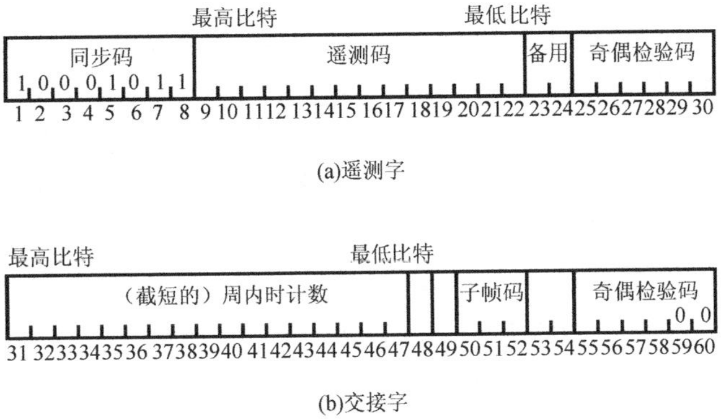

图 2.20　遥测字和交接字的格式

因为值既固定又已知的同步码是每个子帧的最先 8 个比特，所以 GPS 接收机可以用它来匹配接收到的数据码，进而搜索、锁定子帧的起始沿，为接下来按照相应的格式正确地解译二进制数据码提供必要条件。如果接收机找到了一个卫星信号的子帧边沿，那么我们称该接收机对此卫星信号进入了子帧同步状态（或帧同步状态）。

每个字中的奇偶检验码（汉明编码）可以帮助用户接收机检查经解调得到的字中是否包含错误比特，且它还有一定的比特纠错功能。一个字中的奇偶检验码是通过对该字的前 24 比特和上一个字的最后 2 比特按照以下公式计算产生的[2]：

$$D_i = D_{30}^{-} \oplus d_i,\quad i=1,2,\cdots,24 \tag{2.29A}$$

$$D_{25} = D_{29}^{-} \oplus d_1 \oplus d_2 \oplus d_3 \oplus d_5 \oplus d_6 \oplus d_{10} \oplus d_{11} \oplus d_{12} \oplus d_{13} \oplus d_{14} \oplus d_{17} \oplus d_{18} \oplus d_{20} \oplus d_{23} \tag{2.29B}$$

$$D_{26} = D_{30}^{-} \oplus d_2 \oplus d_3 \oplus d_4 \oplus d_6 \oplus d_7 \oplus d_{11} \oplus d_{12} \oplus d_{13} \oplus d_{14} \oplus d_{15} \oplus d_{18} \oplus d_{19} \oplus d_{21} \oplus d_{24} \tag{2.29C}$$

$$D_{27} = D_{29}^{-} \oplus d_1 \oplus d_3 \oplus d_4 \oplus d_5 \oplus d_7 \oplus d_8 \oplus d_{12} \oplus d_{13} \oplus d_{14} \oplus d_{15} \oplus d_{16} \oplus d_{19} \oplus d_{20} \oplus d_{22} \tag{2.29D}$$

$$D_{28} = D_{30}^{-} \oplus d_2 \oplus d_4 \oplus d_5 \oplus d_6 \oplus d_8 \oplus d_9 \oplus d_{13} \oplus d_{14} \oplus d_{15} \oplus d_{16} \oplus d_{17} \oplus d_{20} \oplus d_{21} \oplus d_{23} \tag{2.29E}$$

$$D_{29} = D_{30}^{-} \oplus d_1 \oplus d_3 \oplus d_5 \oplus d_6 \oplus d_7 \oplus d_9 \oplus d_{10} \oplus d_{14} \oplus d_{15} \oplus d_{16} \oplus d_{17} \oplus d_{18} \oplus d_{21} \oplus d_{22} \oplus d_{24} \tag{2.29F}$$

$$D_{30} = D_{29}^{-} \oplus d_3 \oplus d_5 \oplus d_6 \oplus d_8 \oplus d_9 \oplus d_{10} \oplus d_{11} \oplus d_{13} \oplus d_{15} \oplus d_{19} \oplus d_{22} \oplus d_{23} \oplus d_{24} \tag{2.29G}$$

式中，d_1, d_2,…, d_{24} 是 24 个原始数据比特，$D_1, D_2, \cdots, D_{24}$ 是卫星实际发射的 24 个数据比特，$D_{25}, D_{26}, \cdots, D_{30}$ 是卫星实际发射的 6 个奇偶检验码，D_{29}^{-} 和 D_{30}^{-} 是卫星实际发射的上一个字中的最后两位奇偶检验码。

2.5.3　交接字

交接字（HOW）紧接在遥测字后面，是每个子帧的字 2，在导航电文中它也每 6 s 出现一次，而图 2.20(b)所示的是它的码位分布情况。

交接字的比特 1 至比特 17（子帧的比特 31 至比特 47）是从 Z 计数器上得到的截短的周内时计数值。二进制 Z 计数器长 29 比特，它的值由高 10 比特的星期数（WN）和低 19 比特的周内时（TOW）计数两部分组成，其中最高比特先被播发，最低比特最后被播发。如图 2.18 所示，Z 计数器将 P(Y)码发生器产生的 X_1 序列作为输入信号，周内时计数是从世界协调时间（UTC）大约每星期六午夜（星期日零时）算起的 X_1 序列的周期累计数。2.2.5 节告诉我们，序列 X_1 的周期为 1.5 s。因为 1 星期共计 604 800 s，所以 1 星期时间相当于 403 200 个 X_1 序列周期。如图 2.21 所示，周内时计数在以 GPS 卫星时钟计时的星期六午夜零时等于 0，然后其值每 1.5 s 加 1 而逐渐增大。到下一个星期六午夜零时，周内时计数从最大值 403 199 又重返为 0，如此循环不已。最大周内时计数值 403 199 的二进制数表示长 19 比特，而交接字只截取了周内时计数的最高 17 比特，去掉了其最低 2 比特，相当于每 6 s 截短的周内时计数增加 1，其最大值为 100 799。交接字中截短的周内时计数等价于从上个星期六午夜零时至当前时刻的卫星播发的子帧数，因而它乘以 4 可得这一子帧结束、下一子帧开始时对应的实际周内时计数，或者说它乘以 6 可得这一子帧结束、下一子帧开始时对应的 GPS 时间（见 3.2.2 节）。对于每周重复一次的 P 码，因为其零相位发生在 GPS 零时刻，所以接收机可从 C/A 码信号的交接字那里获取截短的周内时计数，再由此确定当前观测时刻的 P 码相位，从而较快地捕获到 P 码。

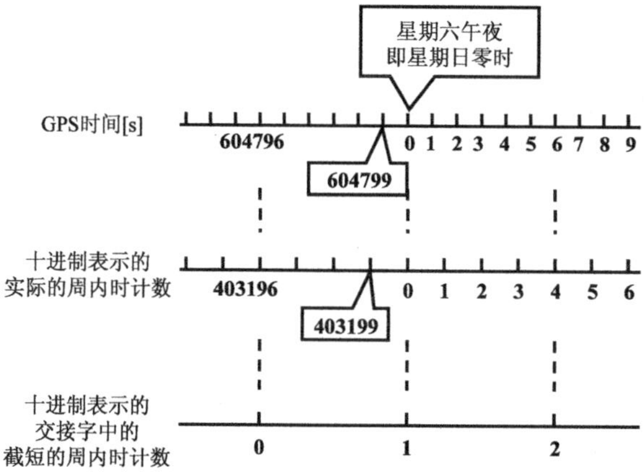

图 2.21　GPS 时间、周内时计数和截短的周内时计数

交接字的比特 18 是警告标志。当警告标志为 1 时，提醒非特许用户自己承担使用该卫星信号的风险，因为该卫星第一数据块提供的 URA 值（见 2.5.4 节）有可能比其真实值还要大。比特 19 是 A-S 标志，其值为 1 时表示对该卫星实施了反电子欺骗措施。比特 20 至比特 22 是子帧识别标志，它有如下 5 个有效二进制值：001 表示该子帧是子帧 1，010 表示该子帧是子帧 2，以此类推，直至 101 表示该子帧是子帧 5。若知道当前子帧的识别标志，则接收机就可以按照这一子帧的相应格式解译数据码。比特 23 至比特 24 是通过求解得到的，目的是使交接字的 6 比特奇偶检验码以 00 结尾。

2.5.4　第一数据块

第一数据块包括子帧 1 中的第 3 字至第 10 字，又称时钟数据块。由一颗卫星播发的时钟数据块提供该卫星的时钟校正参数和健康状态等如下内容。

（1）*星期数*（WN）。星期数来自 Z 计数器的高 10 比特，指代当前的 GPS 星期。每当周内时计数在星期六午夜零时从最大值跳回零时，星期数的值加 1。因为星期数用 10 比特二进制数表示，所以它的最大值为 1023。若星期数在最大值 1023 时加 1，则星期数返回置 0。上一次的星期数返零事件发生在以 GPS 时间计时的 1999 年 8 月 21 日午夜（22 日零时）。因为 GPS 时间每周循环一次，所以为了确切地表达一个时间值，我们在必要时必须同时指出 GPS 时间和 GPS 星期数。

（2）*用户测距精度*（URA）。用户测距精度是对所有由 GPS 地面监控部分和空间星座部分引起的测距误差大小的一个统计值，它是通过导航电文中的一个由 4 比特表示的用户测距精度因子 N 而提供给非特许用户的。用户测距精度因子 N 的值在 0 至 15 之间，每个值对应于一个用户测距精度（URA），而用户可以根据 N 值用以下公式估算 URA 值：

$$\mathrm{URA}=\begin{cases}2^{1+\frac{N}{2}},0\leqslant N\leqslant 6\\2^{N-2},6<N<15\end{cases}\tag{2.30}$$

URA 值越大，表示从该卫星信号中得到的 GPS 距离测量值的精度越低。当 N 等于 15 时，URA 的估算值省略，此时用户要自己承担使用该卫星的风险。

（3）卫星健康状况。若共计 6 比特的卫星健康状况的最高比特是 0，则表示导航电文全部正确。若它的最高比特是 1，则表示导航电文出错，而低 5 比特又具体指出信号各部分的出错情况。

（4）时钟校正参数。a_{f0}，a_{f1} 和 a_{f2} 是卫星时钟校正模型方程中的三个系数。另外，参数 t_{oc} 被称为第一数据块的参考时间，它在时钟校正模型中被用作时间参考点。4.3.1 节将利用这些参数来修正卫星时钟钟差。

（5）群波延时校正值。群波延时校正值 T_{GD} 只适合于单频（L1 或 L2）接收机，而双频接收机无须此项校正。单频接收机之所以有此项校正，是因为时钟校正参数 a_{f0} 是针对双频测量值而言的。群波这个概念将在 4.3.3 节中介绍，该校正值的应用可参考 4.3.1 节。

（6）时钟数据期号（IODC）。用 10 比特表示的 IODC 是时钟数据块的“期刊号”，一个 IODC 值对应一套时钟校正参数。因为 IODC 的值在 7 天内不会出现重复，所以它可以帮助用户接收机快速监测时钟校正参数是否已发生变化：如果某卫星播发了一个新的 IODC 值，那么该卫星更新了时钟校正参数；否则，如果 IODC 值没有改变，那么时钟校正参数尚未被更新。如果时钟校正参数尚未被更新而接收机已经完整地解译了当前这一套时钟校正参数，那么接收机就不必每 30 s 重复一次读解这一数据块中的时钟校正参数。

2.5.5　第二数据块

卫星信号的子帧 2 和子帧 3 数据块一起组成第二数据块，它提供卫星自身的星历参数。

星历的原意是一张用来精确描述卫星在各个时刻的空间位置和运行速度的大表格。为了减少需要播发的数据量，GPS 用开普勒方程来描述卫星的运行轨道，并通过最小二乘法逼近来求解方程中的各个系数。表 2.4 列出了由 GPS 卫星播发的共计 16 个开普勒系数的一套星历参数。我们将在第 3 章详细解释这 16 个参数的意义及如何利用这些参数来计算卫星的位置和速度。

表 2.4　GPS 卫星星历参数

1	t_{oe}	星历参考时间
2	$\sqrt{a_s}$	卫星轨道长半轴 a_s 的平方根
3	e_s	轨道偏心率
4	i_0	t_{oe} 时的轨道倾角
5	Ω_0	周内时等于 0 时的轨道升交点赤经
6	ω	轨道近地角距
7	M_0	t_{oe} 时的平近点角
8	Δn	平均运动角速度校正值
9	$\dot{i}$	轨道倾角对时间的变化率
10	$\dot{\Omega}$	轨道升交点赤经对时间的变化率
11	C_{uc}	升交点角距余弦调和校正振幅

（续表）

12	C_{us}	升交点角距正弦调和校正振幅
13	C_{rc}	轨道半径余弦调和校正振幅
14	C_{rs}	轨道半径正弦调和校正振幅
15	C_{ic}	轨道倾角余弦调和校正振幅
16	C_{is}	轨道倾角正弦调和校正振幅

一套星历参数的有效期一般是以参考时间 t_{oe} 为中心的 4 小时内，超过此有效时段的星历经常被认为是过期且无效的。因为由过期星历参数计算得到的卫星轨道值一般存在较大的误差，所以它们通常不能用于 GPS 的正常定位计算中。为了判断一套星历参数是否有效，如 2.5.5 节指出的那样，我们通常需要同时查看它的参考时间和星期数。

与 IODC 类似，卫星在子帧 2 和子帧 3 均播发一个 8 比特的星历数据期号（IODE），以此标记一套星历参数。IODC 的值在 6 小时内不会出现重复，且它的值应当与子帧 1 中 IODC 的低 8 比特保持一致。一旦 IODC 的低 8 比特与子帧 2 和子帧 3 中的 IODE 三者之间有任何不一致，就意味着卫星导航电文正处于新旧更替之际，而此时接收机应当接收、解译当前最新的一套卫星星历和时钟校正参数。卫星播发的子帧 1、子帧 2 和子帧 3 的内容通常每 2 小时更新一次，且通常发生在整小时交界处。更新完毕后，这三个子帧的数据块内容应当跟下一帧的这三个子帧的数据块内容保持一致。正是由于卫星在这三个子帧中重复播发相同的时钟校正和卫星星历参数，所以接收机在平均 30 s 的时间内必然有机会从实时的卫星信号中完整地获取这三个子帧的数据块内容。

2.5.6 第三数据块

第三数据块由子帧 4 和子帧 5 的数据块组成。每颗卫星播发的第三数据块主要提供所有（自身和其他）卫星的历书参数、电离层延时校正参数、GPS 时间与 UTC 之间的关系，以及卫星健康状况等数据信息。与前两个数据块不同，第三数据块的内容不是接收机在实现定位前急需获得的。

跟星历一样，历书的原意也是一张给出不同时刻卫星位置的大表格。然而，因为历书的精度比星历的低，所以它又被称为*概略星历*。表 2.5 列出了一套由 GPS 卫星播发的卫星历书参数（和历书型时钟校正参数），它们基本上与星历参数一一对应，只不过历书参数的个数较少。一套卫星历书不但比一套星历占用较少的比特，以便卫星发射和接收机保存，而且有效期通常可达半年以上，远长于一套星历的 4 小时有效期。如果用户 GPS 接收机上保存了有效历书，且用户大致知道自己当前所处的时间和位置，那么接收机可通过历书算出各颗卫星在空间中的大致位置，以此确定它们的可见性，使接收机避免去搜索、捕获那些不可见卫星的信号，进而减少接收机实现首次定位所需的时间。除了表 2.5 所列的参数，每套历书通常需要附带一个相应的星期数，用以帮助判断历书的有效性。不管是否有效，因为根据历书参数计算得到的卫星位置值与卫星的真实位置值之间可能存在很大的差异，所以历书通常不能用于 GPS 的定位运算。在 3.3.3 节中，我们将对卫星星历与历书再一次进行比较。

表 2.5 GPS 卫星历书参数

1	t_{oa}	历书参考时间
2	$\sqrt{a_s}$	卫星轨道长半轴 a_s 的平方根
3	e_s	轨道偏心率

（续表）

4	δi	相对于 0.3π的轨道倾角
5	Ω_0	周内时等于 0 时的轨道升交点赤经
6	ω	轨道近地角距
7	M_0	t_{oa} 时的平近点角
8	$\dot{\Omega}$	轨道升交点赤经对时间的变化率
9	a_{f0}	卫星时钟校正参数
10	a_{f1}	卫星时钟校正参数

一帧中的子帧 4 和子帧 5 没有足够的比特空间来播发所有卫星的历书参数，于是第三数据块采用了分页的方法，即子帧 4 和子帧 5 的不同页上有着不同的数据内容及其格式。以下是第三数据块在一些页上播发的部分主要内容。

（1）子帧 4 的第 2, 3, 4, 5, 7, 8, 9 和 10 页分别提供 PRN 25 至 PRN 32 的卫星历书。

（2）子帧 4 的第 18 页提供电离层延时校正模型参数（$\alpha_0, \alpha_1, \alpha_2, \alpha_3, \beta_0, \beta_1, \beta_2$ 和 β_3）和 GPS 时间与 UTC 之间关系的参数（$\Delta t_{LS}, A_0, A_1$ 和 t_{ot}）。4.3.3 节将利用这些电离层延时校正模型参数为单频接收机估算电离层延时，3.2 节将阐述 GPS 时间、UTC 及二者之间的转换关系。

（3）子帧 4 的第 25 页提供 PRN 25 至 PRN 32 的健康状况。第三数据块中的卫星健康状况值有可能与第一数据块中的卫星健康状况值不一致，因为二者的内容一般在不同的时刻更新。

（4）子帧 5 的第 1 页至第 24 页分别提供 PRN 1 至 PRN 24 的历书。

（5）子帧 5 的第 25 页提供 PRN 1 至 PRN 24 的健康状况、历书参考时间 t_{oa} 和历书参考星期数 WN_a。历书参考星期数 WN_a 是相应的 GPS 星期数对 256 的模，故其值在 0 至 255 之间。

2.6　GPS 现代化计划

尽管 GPS 在过去 30 年间于军事和民用领域得到了广泛应用，但是它的准确性、正直性、连续性和有效性对航空导航等应用来说还有待进一步提高。20 世纪 90 年代末，美国政府提出了提升军用和民用 GPS 性能的 GPS 现代化计划，一方面是为了更好地保护美军方及其盟友对 GPS 的优先使用，另一方面是试图阻止敌对方对 GPS 的使用，同时保证有威胁地区之外的民用 GPS 更精确、更安全[28]。本章前面几节对 GPS 信号结构的剖析为我们在本节介绍 GPS 现代化计划奠定了坚实的基础。

在民用领域，GPS 现代化的第一个坚实的行动是，1.3 节提到的自 2000 年 5 月 2 日起终止 SA 政策。接着，GPS 在已被其占用的 L2 波段上增加播发一个被称为 L2C 的民用信号，然后在 L5 波段上增设第三个民用信号，于是将来的民用 GPS 接收机可在 L1、L2 和 L5 三个波段上接收到 GPS 信号。这些信号在设计上具有更高的抗干扰和正直性能，它们将使 GPS 标准定位服务的定位精度达到几米左右[18, 20]。需要指出的是，因为地面雷达的发射频率刚好在 L2 波段，所以考虑到可能的电磁干扰，民用 L2C 信号不宜用于一些与生命安全有关的定位与导航系统[6]。对于 L5 波段上的第三个民用信号而言，它的信号发射功率比 L1 波段上 C/A 码信号的发射功率高出 6 dB，且调制在该信号上的伪码也变长。这些特点均使得 L5 民用信号具有更高的抗干扰性和不同码间更低的互相关性，可用于提高民用实时定位的精度和导航的安全性[1]。载波 L5 的频率 f_5 为 1176.45 MHz，它与卫星时钟基准频率 f_0 存在以下关系：

$$f_5 = 115 f_0 \tag{2.31}$$

由式（2.1）可得其波长 λ_5 约为 25.5 cm。

在军用领域，GPS 将在 L1 和 L2 波段上各增设一个被称为 M 码的新军用信号，它具有更好的抗破译的保密性和安全性。这样，现代化改造前后的军用和民用 GPS 信号将具有如图 2.22 所示的结构。

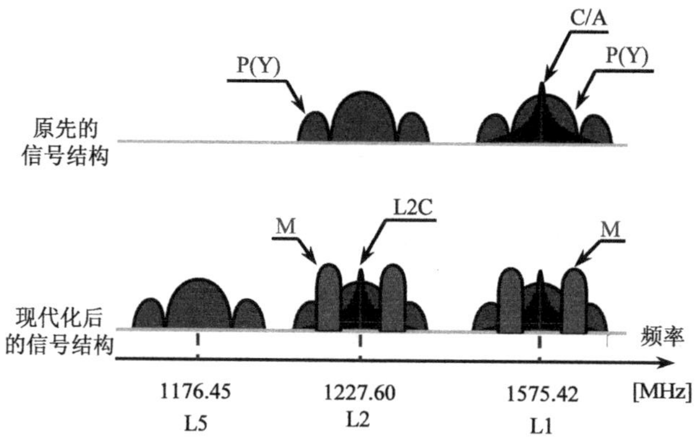

图 2.22　GPS 信号的现代化改造

GPS 现代化计划的进程安排分为如下三个阶段，它基本上与 1.2.1 节提到的第三代、第四代和下一代 GPS III 卫星相对应[15]。

（1）GPS 现代化的第一阶段是发射 Block IIR-M 型卫星。这款卫星既能发射民用 L2C 码，又能在 L1 和 L2 波段上加载播发新的 M 型军码。同时，不论是在民用信号通道上还是在军用信号通道上，这款卫星发射的信号功率都有很大提高。第一颗 IIR-M 型卫星已于 2005 年 9 月 2 日发射升空，第四颗 IIR-M 型卫星已于 2007 年 10 月 17 日发射。

（2）GPS 现代化的第二阶段是发射 Block IIF 型卫星。除了具有 Block IIR/IIR-M 型卫星的功能，这款卫星还进一步强化了发射 M 码的信号功率，并且在 L5 波段上增加发射第三个民用信号。这一阶段结束后，军用 M 码信号将实现全球覆盖。

（3）GPS 现代化计划的第三阶段是发射与伽利略系统兼容的 Block III 型卫星。GPS III 卫星将最终取代目前所有的 GPS II 卫星而大幅度提升军用和民用 GPS 的性能，其中民用单点定位精度估计可达 1 m。

毋庸置疑，GPS 现代化的一系列进程将逐步提升系统性能[3, 19, 25]。首先，当 GPS 信号存在两个民用频道时，电离层延时可被用户接收机直接估算出来，使得 GPS 标准定位服务在水平方向上的单点定位误差在 95%的时间内可达 3～8 m。其次，随着卫星原子钟和星历新技术的应用，GPS 标准定位服务在水平方向上的单点定位精度在 95%的时间内可进一步提高到 2～5 m。最后，新设计的卫星信号可以帮助接收机减小对卫星信号的测量误差，使得 GPS 定位精度的提高还具有相当大的潜能。

参考文献

[1] ARINC, Inc., Navstar GPS Space Segment/User Segment L5 Interfaces, IS-GPS-705, El Segundo, CA, November 2003.

[2] ARINC Research Corporation, Navstar GPS Space Segment / Navigation User Interfaces, ICD-GPS-200C, El Segundo, CA, January 14, 2003.

[3] Avila-Rodriguez J., Irsigler M., Hein G., Pany T., "Combined Galileo/GPS Frequency and Signal Performance Analysis, " Proceedings of ION GNSS, Long Beach, CA, September 21-24, 2004.
[4] Carlson A.B., Communication Systems: An Introduction to Signals and Noise in Electrical Communication, Third Edition, McGraw-Hill Inc., 1986.
[5] Dixon R., Spread Spectrum Systems, Wiley Interscience, New York, Second Edition, 1984.
[6] Fontana R., Stansell T., Cheung W., "The Modernized L2 Civil Signal, " GPS World, September 2001.
[7] George M., Hamid M., Miller A., "Gold Code Generators in Virtex Devices, " XAPP217, Xilinx Inc., January 10, 2001.
[8] Global Positioning System Standard Positioning Service Signal Specification, Second Edition, June 2, 1995.
[9] Gold R., "Optimal Binary Sequences for Spread Spectrum Multiplexing, " IEEE Transactions on Information Theory, Vol. IT-13, pp. 619-621, October 1967.
[10] Goldsmith A., Wireless Communications, Cambridge University Press, 2005.
[11] Gray R., Goodman J., Fourier Transforms: An Introduction for Engineers, Kluwer Academic Publishers, 1995.
[12] Kaplan E., Understanding GPS: Principles and Applications, Second Edition, Artech House, Inc., 2006.
[13] Kos J., Graphical User Interface and Microprocessor Control Enhancement of a Pseudorandom Code Generator, Master Thesis, AFIT/GE/ENG/98M-15, Air Force Institute of Technology, March 1999.
[14] Kunches J., "Navigation, " Space Environment Laboratory, SE-11, Boulder, CO, 1995.
[15] Louden D., "Global Positioning System Status," U.S. Coast Guard, May 27, 2007.
[16] MacWilliams F., Sloane N., "Pseudo-Random Sequences and Arrays, " Proceedings of the IEEE, Vol. 64, No. 12, December 1976.
[17] Maxim Integrated Products Inc., "An Introduction to Direct-Sequence Spread-Spectrum Communications, " Application Note 1890, February 18, 2003.
[18] McDonald K., "A Future GNSS Concern on the Modernization of GPS and the Evolution of Galileo, " Proceedings of ION GPS, Salt Lake City, UT, September 11-14, 2001.
[19] McDonald K., "The Modernization of GPS: Plans, New Capabilities and the Future Relationship to Galileo, " Journal of Global Positioning System, Vol. 1, No. 1, 2002.
[20] Miller J., "GPS & Galileo: Evolution Towards GNSS, " The ION National Technical Meeting, San Diego, CA, January 26-28, 2004.
[21] Misra P., Enge P., Global Positioning System - Signals, Measurements, and Performance, Ganga-Jamuna Press, 2001.
[22] National Imagery and Mapping Agency, The American Practical Navigator: An Epitome of Navigation, Pub. No. 9, Bicentennial Edition, Bethesda, MD, 2002.
[23] Pacific Crest Corporation, "The Guide to Wireless GPS Data Links, " Santa Clara, CA, September 2000.
[24] Parkinson B., Spilker J., Axelrad P., Enge P., Global Positioning System: Theory and Applications, American Institute of Aeronautics and Astronautics, 1996.
[25] Perz C., "GPS Modernization Update," IEEE Position Location and Navigation Symposium (PLANS), Montery, CA, April 28, 2004.
[26] Peterson R., Ziemer R., Borth D., Introduction to Spread Spectrum Communications, Prentice Hall, 1995.
[27] Pursley M., "Performance Evaluation for Phase-Coded Spread-Spectrum Multiple-Access Communication – Part I: System Analysis, " IEEE Transactions on Communications, Vol. COM-25, No. 8, August 1977.
[28] Swider R., "GPS Policy Update, " Civil GPS Service Interface Committee, Department of Defense, Salt Lake City, UT, September 9-11, 2001.

第 3 章　GPS 卫星轨道的理论和计算

我们从第 1 章了解到，GPS 接收机实现定位不但需要有足够数目的可见卫星，而且要知道这些卫星在空间中的准确位置。为了确定卫星在某一时刻的空间位置，我们必须首先介绍 GPS 领域经常涉及的时间和空间坐标系。3.1 节介绍各种空间坐标系及其坐标变换，重点是 WGS-84 地心地固坐标系；3.2 节首先讲解 GPS 时间系统和有关的协调世界时与相对论效应，然后简单描述 GPS 接收机上的晶体振荡器的工作原理及其特性；3.3 节首先探讨 GPS 卫星在无摄状态下的运行轨道和开普勒轨道参数，然后介绍 GPS 卫星播发的星历参数；3.4 节通过一个具体例子详细讲解如何依据卫星星历参数计算卫星的空间位置；3.5 节继续 3.4 节中的例子，详细讲解如何利用卫星星历参数计算卫星的运行速度；最后，3.6 节指出可用来减少计算量的卫星轨道插值算法，并给出卫星运动的加速度计算公式。

3.1　空间坐标系

我们常用一个物体在某个空间坐标系中的坐标来描述该物体在空间中的位置。GPS 领域经常涉及的空间坐标系，通常可以分为惯性坐标系和地球坐标系两大类，不同的坐标系对描述 GPS 卫星和用户的空间位置有着不同的特点。

为便于描述空间坐标系，我们首先介绍几个地理术语[2]。在如图 3.1 所示的地球自转示意图中，地球自转轴与地球表面的两个交点被称为南极和北极，二者被统称为地极。通过地球质心O（地心）并与地球自转轴垂直的平面被称为赤道面，赤道面与地球表面相交的大圆被称为赤道。包含地球自转轴的任何一个平面都被称为子午面，子午面与地球表面相交的大圆被称为子午圈，时圈是以南极和北极为端点的半个子午圈。

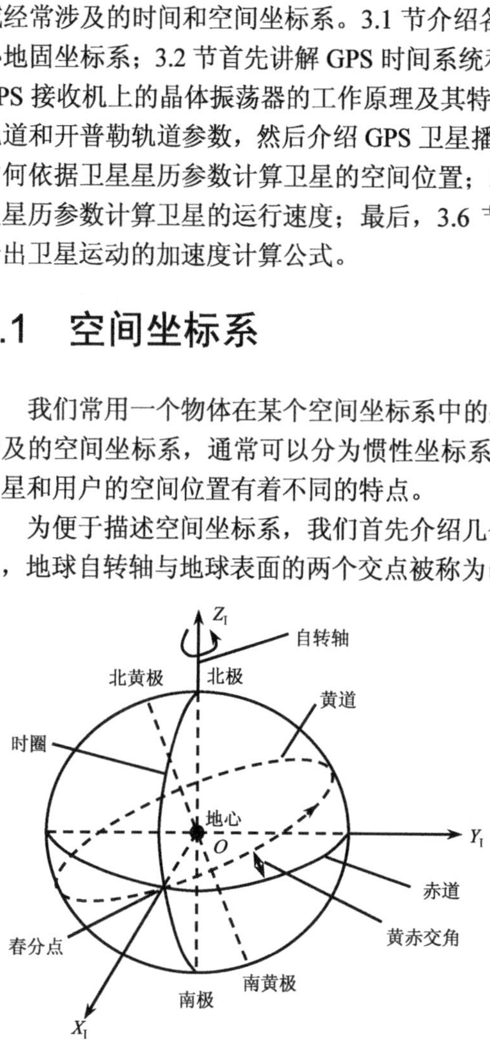

图 3.1　地心直角惯性坐标系

地球不仅围绕地轴自转，而且围绕太阳公转。地球围绕太阳公转的轨道平面与地球表面相交的大圆被称为黄道。在地球上的观测者看来，黄道是太阳相对于地球的运动轨道在地球表面上的投影。黄道面与赤道面之间约 23.5°的夹角被称为黄赤交角，通过地心且与黄道面垂直的直线与地球表面的两个交点分别被称为南黄极和北黄极。黄道与赤道也有两个交点，当太阳的投影沿着黄道从地球的南半球向北半球运动时，与赤道的那个交点被称为春分点。因为从地心到春分点的方向不随地球的自转或公转而发生变化，所以春分点成为天文学和大地测量学中的一个重要空间基准点。

3.1.1　惯性坐标系

在空间静止或做匀速直线运动的坐标系被称为惯性坐标系，又称空固坐标系。牛顿的万有引力定律是在惯性坐标系中建立的，因而惯性坐标系对描述地球引力作用下的卫星运行状态相当方便、适宜。然而，在实际操作中，要建立一个严格意义上的惯性坐标系，其实相当困难。

图 3.1 是一个坐标中心建立在地心 O 处的地心直角惯性坐标系 (X_I, Y_I, Z_I)，其中下标"I"的含义为惯性。该坐标系以指向北极的地球自转轴为 Z 轴，X 轴指向春分点，而 X, Y 和 Z 三轴一起构成右手直角坐标系。

很明显，上述地心惯性（ECI）坐标系实际上并不满足成为惯性坐标系的条件：首先，地球及其质心在围绕太阳做非匀速直线运动；其次，地球自转轴在空间的方向不是固定不变的，而是存在一种非常复杂的运动。地球自转轴的这种运动主要是由密度不均匀且赤道隆起的地球在日月引力共同作用下导致的，其中月球的引力影响最大。地球自转轴的方向在空间中的运动通常可以大致描述为以下两种运动的叠加[2, 9]。

（1）地球自转轴绕北黄极做缓慢的旋转。从北黄极上方观察，地球北极在空间的运动轨迹是一个近似于以北黄极为中心的顺时针方向旋转的圆周，圆周半径等于黄赤交角乘以地球半径，旋转周期约为 25 800 年。伴随地球自转轴的这种旋转运动发生的是天文学中的岁差现象，即春分点沿着黄道缓慢地向西移动。

（2）在绕北黄极做圆周旋转的同时，地球自转轴还存在一种被称为*章动*的局部小幅旋转。在岁差现象的任一片段，北极在章动的影响下顺时针方向做周期约为 18.6 年的转动，转动的轨迹接近于小椭圆，椭圆长半径约等于 9.2″乘以地球半径。

这样，从上万年的长期来看，地球北极绕北黄极做大圆周运动，而从几年的短期来看，北极又在某一点做局部的小幅椭圆运动。如果地球是一个均质的正圆球体，那么地球自转轴就不存在以上的岁差和章动现象。

我们知道，GPS 卫星绕地球旋转的周期约为 12 小时。因为该 12 小时的卫星运行周期值远小于地球公转、岁差和章动现象的周期，所以对描述 GPS 卫星轨道而言，地心直角惯性坐标系在一小段时间内可以近似地视为做匀速直线运动的惯性坐标系。

3.1.2　地球坐标系

虽然在惯性坐标系中描述卫星运行轨道相当方便，但是因为惯性坐标系与地球自转无关，所以地球上任一固定点在惯性坐标系中的坐标会随着地球的自转而时刻改变，使得它在描述地面上物体的位置坐标时显得极为不便。与惯性坐标系不同，地球坐标系固定在地球上而随地球一起在空间做公转和自转运动，所以又被称为*地固坐标系*。如此一来，地球上的任一固定点在地球坐标系中的坐标就不会因地球旋转及与自转轴方位变化有关的岁差和章动而发生变化。

地球自转轴或与其相垂直的赤道面自然是建立地球坐标系的一个重要基准。图 3.2 所示的地心直角坐标系 (X_T, Y_T, Z_T) 和地心大地坐标系 (ϕ, λ, h) 均是以地心 O 为坐标原点的地球坐标系，所以二者又均是地心地固（ECEF）坐标系[2, 20]。地心直角坐标系通常被称为*地心地固直角坐标系*，或者简称为*地心地固坐标系*，而地心大地坐标系通常简称为*大地坐标系*。我们用下标"T"来代表地球坐标系，以区别 3.1.1 节中的惯性坐标系。考虑到地球坐标系在 GPS 领域中的运用极为频繁，在不与惯性坐标系发生混淆的情况下，我们以后将省略此下标。

地心地固直角坐标系的 Z 轴与地球自转轴重合并指向北极，然而地球自转轴相对于地球并不是固定的。事实上，地球南北两极点在地球表面以每年几米的速度大致沿一个半径约为十几米的小圆移动，这种现象常被称为*极移*[3]。地极移动使地球自转轴和地心直角坐标系一起相对于地球移动，这也会引起地球上固定点的地心直角坐标不再固定，给实际工作带来许多困难。

为了克服极移带来的困难，国际天文学联合会（IAU）和国际大地测量学协会（IAG）于 1967 年建议将 1900—1905 年的地极实际位置的平均值作为基准点，而这个在地球上固定的地极基准点通常被称为协议地极（CTP），相应的赤道面被称为协议赤道面。以协议地极为基准点而建立的地球坐标系被称为协议地球坐标系。相应地，我们可以创建协议地心直角坐标系和协议大地坐标系。因为 GPS 星历和历书参数采用了这种便于实际应用的协议地球坐标系，而不是无数个不同瞬间的非协议坐标系，所以我们以后只考虑协议地球坐标系，并且在不引起混淆的情况下，我们通常省略“协议”两字。顺便提一下，国际地球自转服务（IERS）组织定期公报经观测、推算得到的瞬时地极坐标，以供有关人员参考。

如图 3.2 所示，地心地固直角坐标系以地心 O 为坐标原点，其 Z 轴指向协议地球北极，X 轴指向参考子午面（通常是英国伦敦的格林尼治子午面）与地球赤道的一个交点，X, Y 和 Z 三轴一起构成右手直角坐标系。若(x, y, z)为点 P 在地心地固直角坐标系中的坐标，则我们可以根据 z 值的正负来判断 P 点是位于地球的北半球还是位于地球的南半球，再根据 x 和 y 的坐标值估算出 P 点所属的时区，但是我们通常需要借助计算器才能计算并断定出 P 点是位于地球内部还是位于大气层中。

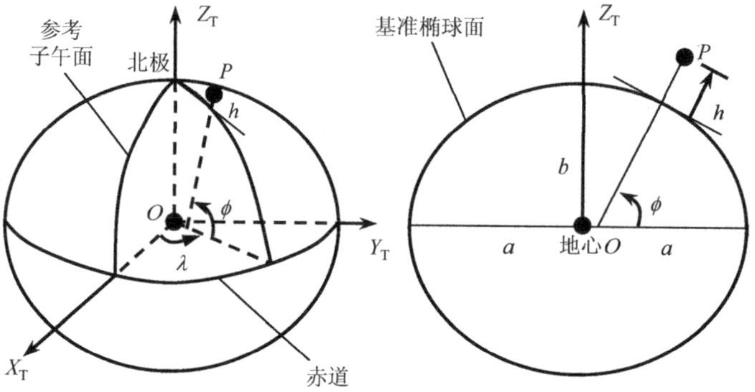

图 3.2　地心地固直角坐标系和大地坐标系

大地坐标系可以说是一个应用最广泛的地球坐标系，它通过给出一点的大地纬度、大地经度和大地高度而更加直观地告诉我们该点在地球中的位置，所以又被称为纬经高（LLA）坐标系。为简便起见，我们以后经常省略大地坐标系的三个分量名称中的“大地”修饰词，而将大地纬度、大地经度和大地高度分别简称为纬度、经度和高度（或高程）。

为了给出高度值，大地坐标系首先定义一个与地球几何最吻合的椭球体来代替表面凹凸不平的地球，这个椭球体被称为基准椭球体。如图 3.2 所示，基准椭球体的长半径长 a，短半径长 b，且是以短轴为中心旋转对称的。所谓“最吻合”，是指在所有中心与地心 O 重合、短轴与协议地球自转轴一致的旋转椭球体中，基准椭球体的表面（基准椭球面）与大地水准面之间的高度差的平方和最小。大地水准面是无潮汐、无温差、无风、无盐的假想海平面，习惯上可用平均海拔（MSL）平面来替代[11]。

建立基准椭球体后，就可以定义大地坐标系的各个坐标分量。如图 3.2 所示，假设点 P 在大地坐标系中的坐标为(ϕ, λ, h)，那么：

（1）大地纬度 ϕ 是过 P 点的基准椭球面法线与赤道面（地心地固直角坐标系的 X-Y 平面）的夹角。纬度 ϕ 的值在−90°到 90°之间，赤道面以北为正，以南为负，如 $\phi = -30°$指的是南纬 30°。

（2）大地经度 λ 是过 P 点的子午面与格林尼治参考子午面的夹角。经度 λ 的值在−180°至 180°（或 0°至 360°）之间，格林尼治子午面以东为正，以西为负，如 $\lambda = -90°$、西经 90°和东经 270°都表示同一个经度位置。

（3）大地高度 h 是从 P 点到基准椭球面的法线距离，基准椭球面以外为正，以内为负。

如图 3.3 所示，点 P 的海拔高度 H 是该点到大地水准面的法线距离，它一般不等于点 P 的大地高度 h。大地高度 h 与海拔高度 H 存在以下近似关系：

$$h \approx H + N_h \tag{3.1}$$

式中，N_h 是大地水准面高度，即大地水准面高出基准椭球面的法线距离，它在全球各地区的值可由相关资料查得。式（3.1）中等号左右两边的值一般很接近，我们在实际应用中经常认为等号两边相等。因为基准椭球面是一个最接近大地水准面的椭球面，所以在不知道当地 N_h 值的情况下，由 GPS 定位得到的大地高度 h 一般可以直接近似地视为海拔高度 H。

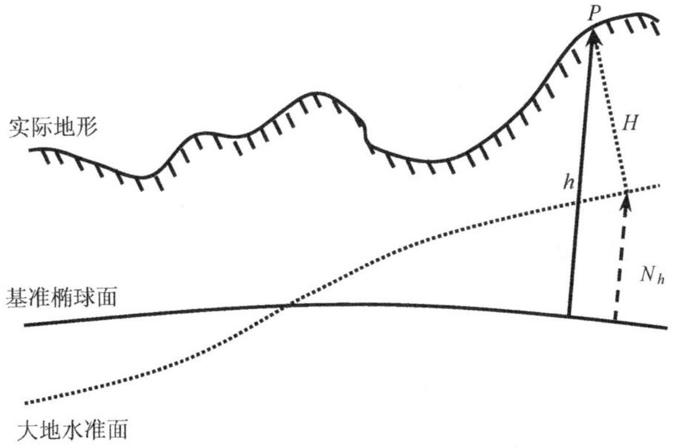

图 3.3　基准椭球面和大地水准面

在 GPS 定位计算中，地心地固直角坐标系和大地坐标系之间的坐标经常需要来回转换。从大地坐标(ϕ, λ, h)到地心地固直角坐标(x, y, z)的转换公式如下：

$$x = (N + h)\cos\phi\cos\lambda \tag{3.2A}$$

$$y = (N + h)\cos\phi\sin\lambda \tag{3.2B}$$

$$z = \left[N(1 - e^2) + h\right]\sin\phi \tag{3.2C}$$

式中，N 是基准椭球体的卯酉圆曲率半径，e 为椭球偏心率，它们与基准椭球体的长半径 a 和短半径 b 存在如下关系：

$$e^2 = \frac{a^2 - b^2}{a^2} \tag{3.3}$$

$$N = \frac{a}{\sqrt{1 - e^2\sin^2\phi}} \tag{3.4}$$

反过来，从地心地固直角坐标(x, y, z)到大地坐标(ϕ, λ, h)的转换公式为

$$\lambda = \arctan\left(\frac{y}{x}\right) \tag{3.5A}$$

$$h = \frac{p}{\cos\phi} - N \tag{3.5B}$$

$$\phi = \arctan\left[\frac{z}{p}\left(1 - e^2\frac{N}{N + h}\right)^{-1}\right] \tag{3.5C}$$

式中，e^2 和 N 可分别由式（3.3）和式（3.4）算出，而中间变量 p 的计算公式为

$$p = \sqrt{x^2 + y^2} \tag{3.6}$$

因为 h 的计算式（3.5B）含有待求的 ϕ，而 ϕ 的计算式（3.5C）反过来又含有待求的 h，所以我们一般只能借助迭代法来逐次逼近、求解 ϕ 和 h 的值。迭代法的计算过程一般可以描述如下：不妨首先假设 ϕ 的值等于 0，然后由式（3.4）、式（3.5B）和式（3.5C）分别依次算出 N, h 和 ϕ，再后将得到的 ϕ 重新代入式（3.4）、式（3.5B）和式（3.5C），再一次更新 N, h 和 ϕ 的值，如此循环。上述三式的迭代运算通常收敛得很快，一般经过 3～4 次循环迭代后就可以结束计算。

3.1.3 WGS-84 坐标系

建立、实现协议地球坐标系是一个相当复杂且困难的过程，它涉及地极运动模型、地球重力场模型、地球基本常数定义等多方面的问题。由美国国防部（DoD）下属的国防制图局（DMA）制定的世界大地坐标系（WGS）是协议地球坐标系的一种近似实现，经过多次的修改和完善，1984 年版的世界大地坐标系（WGS-84）已经是一个相当精确的协议地心直角坐标系[21]。WGS-84 中的协议地心地固直角坐标系经常被简称为 WGS-84 *地心地固坐标系*或 WGS-84 *直角坐标系*，它对 GPS 非常重要，因为由 GPS 卫星星历参数和历书参数计算得到的卫星位置与速度都直接表达在 WGS-84 直角坐标系中。

WGS-84 不仅仅是一个地心地固直角坐标系，它还定义了建立相应大地坐标系所需的基准椭球体，描述了与大地水准面相应的地球重力场模型，提供了修正后的基本大地参数。WGS-84 定义的基准椭球面与大地水准面在全球范围内的差异（N_h 的值）为–100～+75 m，其中在美国大陆，N_h 的值在范围–53～–8 m 内[19]。对于 WGS-84 直角坐标系与 WGS-84 大地坐标系之间的坐标变换，式（3.2）和式（3.5）自然依旧成立。

表 3.1 列出了由 WGS-84 给出的一些基本大地参数值，其中基准椭球体的极扁率 f 定义为

$$f = \frac{a-b}{a} \tag{3.7}$$

根据式（3.3）和式（3.7），我们很容易得到以下偏心率 e 与极扁率 f 之间的关系式：

$$e^2 = f(2-f) \tag{3.8}$$

表中 GM 代表地球引力与地球质量的乘积，又称地球引力常数 μ，即

$$\mu = GM \tag{3.9}$$

表 3.1　WGS-84 的基本大地参数

基本大地参数	值［单位］
基准椭球体的长半径 a	6 378 137.0 [m]
基准椭球体的极扁率 f	1/298.257 223 563
地球自转角速度 $\dot{\Omega}_e$	$7.292\,115\,146\,7\times10^{-5}$ [rad/s]
地球引力与地球质量的乘积 GM	$3.986\,005\times10^{14}$ [m^3/s^2]
真空中的光速 c	$2.997\,924\,58\times10^{8}$ [m/s]

GPS 接收机定位给出的用户位置一般表达在 WGS-84 直角坐标系中，或等效地表达成 WGS-84 大地坐标系坐标。需要说明的是，有些国家和地区采用当地的坐标系，与之相应的当地地图上的经度、纬度可能与 GPS 接收机定位结果给出的在 WGS-84 大地坐标系中的经度、纬度不一致。产生这种差异的主要原因是，制成这些当地地图所基于的基准椭球体可能只是对所在国

家或局部地区的地球球体的逼近，使得这些基准椭球面更加接近当地的大地水准面。因为 WGS-84 定义的基准椭球体是对整个地球球体的逼近，所以它必然可能与那些只逼近当地、局部地球球体的基准椭球体存在差异，导致它们与相应的大地坐标系不一致。

3.1.4　直角坐标系间的旋转变换

不同的直角坐标系之间可以通过一系列坐标平移和坐标旋转而得到相互变换，例如在任意时刻，3.1.1 节中的地心直角惯性坐标系就可经过坐标旋转而变换成 3.1.2 节中的地心地固直角坐标系。本节不经任何推导，直接给出两个原点重合的、通常意义上的直角坐标系间的旋转变换公式。

如图 3.4(a)所示，直角坐标系 (X,Y,Z) 绕其 Z 轴旋转 θ 后变成另一个直角坐标系 (X',Y',Z')，其中 Z 轴与 Z' 轴重合。若点 P 在直角坐标系 (X,Y,Z) 中的坐标为 (x,y,z)，则点 P 在新直角坐标系 (X',Y',Z') 中的坐标 (x',y',z') 为

$$\begin{bmatrix} x' \\ y' \\ z' \end{bmatrix} = \begin{bmatrix} \cos\theta & \sin\theta & 0 \\ -\sin\theta & \cos\theta & 0 \\ 0 & 0 & 1 \end{bmatrix} \cdot \begin{bmatrix} x \\ y \\ z \end{bmatrix} \tag{3.10}$$

如图 3.4(b)所示，若新直角坐标系 (X',Y',Z') 是由直角坐标系 (X,Y,Z) 绕 X 轴旋转 θ 后形成的，则相应的坐标变换公式为

$$\begin{bmatrix} x' \\ y' \\ z' \end{bmatrix} = \begin{bmatrix} 1 & 0 & 0 \\ 0 & \cos\theta & \sin\theta \\ 0 & -\sin\theta & \cos\theta \end{bmatrix} \cdot \begin{bmatrix} x \\ y \\ z \end{bmatrix} \tag{3.11}$$

如图 3.4(c)所示，直角坐标系绕 Y 轴旋转 θ 的坐标变换公式为

$$\begin{bmatrix} x' \\ y' \\ z' \end{bmatrix} = \begin{bmatrix} \cos\theta & 0 & -\sin\theta \\ 0 & 1 & 0 \\ \sin\theta & 0 & \cos\theta \end{bmatrix} \cdot \begin{bmatrix} x \\ y \\ z \end{bmatrix} \tag{3.12}$$

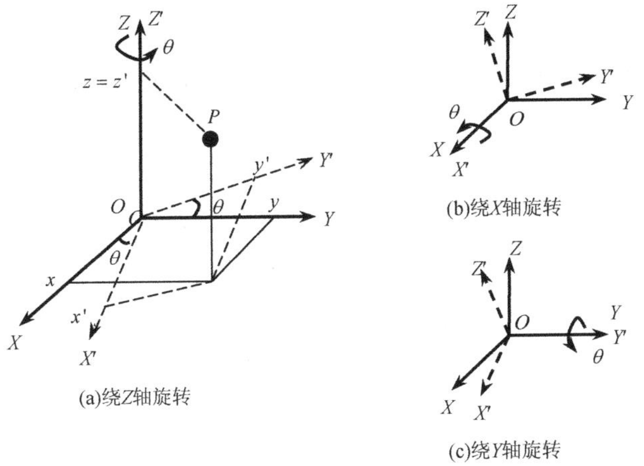

图 3.4　直角坐标系之间的旋转变换

在上述三个直角坐标旋转变换公式中，等号右边的一个 3×3 矩阵均被称为坐标旋转变换矩阵。坐标旋转变换矩阵是一个单位正交矩阵，即它的逆矩阵等于它的转置矩阵，且任何一个向量的长度在坐标变换前后都保持不变。

3.1.5 站心坐标系

站心坐标系通常以用户所在的位置即点 P 为坐标原点，三个坐标轴分别是相互垂直的东向、北向和天向（或者称为天顶向），因而站心坐标系又称东北天（ENU）坐标系。如图 3.5(a)所示，站心坐标系的天向与大地坐标系在该点的高度方向一致。站心坐标系固定在地球上，是地球坐标系的一种。

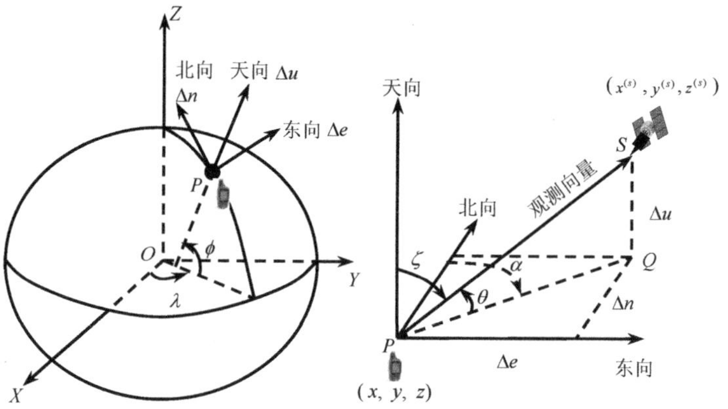

(a)与大地坐标系的关系　　(b)仰角与方位角

图 3.5　站心坐标系

地心地固直角坐标系中一点的坐标，可通过坐标平移和旋转变换成站心坐标系中的坐标，但是这种点的坐标变换意义不是很大。如果地心地固直角坐标系中的一个向量以点 P 为起点，那么将该向量表达在以点 P 为原点的站心坐标系中是十分重要。例如，若以用户前一个定位时刻的位置为站心坐标系的原点，则用户在这一时段内的位移量就等于这一时刻用户在这个站心坐标系中的坐标。更重要的是，站心坐标系的各个分量比地心地固直角坐标系的三个分量 X, Y 和 Z 更具有物理意义。例如，若用户在一个水平面上运动，则它在站心坐标系中的天向分量将保持不变，但是这种水平位移对地心地固直角坐标系的分量 X, Y 和 Z 来说，通常不具有特殊的含义。

站心坐标系的另一个重要应用是计算卫星在用户位置的观测向量和仰角。如图 3.5(b)所示，若用户位置即点 P 在地心地固直角坐标系中的坐标为 (x, y, z)，某卫星位置即点 S 的坐标为 $(x^{(s)}, y^{(s)}, z^{(s)})$，则从用户到该卫星的观测向量为

$$\begin{bmatrix}\Delta x\\ \Delta y\\ \Delta z\end{bmatrix}=\begin{bmatrix}x^{(s)}\\ y^{(s)}\\ z^{(s)}\end{bmatrix}-\begin{bmatrix}x\\ y\\ z\end{bmatrix} \tag{3.13}$$

卫星在点 P 的单位观测向量 $\boldsymbol{I}^{(s)}$ 为

$$\boldsymbol{I}^{(s)}=\frac{1}{\sqrt{\Delta x^2+\Delta y^2+\Delta z^2}}\begin{bmatrix}\Delta x\\ \Delta y\\ \Delta z\end{bmatrix} \tag{3.14}$$

观测向量 $[\Delta x \quad \Delta y \quad \Delta z]^{\mathrm{T}}$ 可等效地表达为以 P 点为原点的站心坐标系中的向量 $[\Delta e \quad \Delta n \quad \Delta u]^{\mathrm{T}}$，

其变换关系为

$$\begin{bmatrix}\Delta e\\ \Delta n\\ \Delta u\end{bmatrix} = \boldsymbol{S}\cdot\begin{bmatrix}\Delta x\\ \Delta y\\ \Delta z\end{bmatrix} \tag{3.15}$$

反过来，一个向量的站心坐标也可变换到地心地固直角坐标系中，相应的变换公式为

$$\begin{bmatrix}\Delta x\\ \Delta y\\ \Delta z\end{bmatrix} = \boldsymbol{S}^{-1}\cdot\begin{bmatrix}\Delta e\\ \Delta n\\ \Delta u\end{bmatrix} \tag{3.16}$$

式中，坐标变换矩阵 $\boldsymbol{S}$ 为

$$\boldsymbol{S} = \begin{bmatrix}-\sin\lambda & \cos\lambda & 0\\ -\sin\phi\cos\lambda & -\sin\phi\sin\lambda & \cos\phi\\ \cos\phi\cos\lambda & \cos\phi\sin\lambda & \sin\phi\end{bmatrix} \tag{3.17}$$

如式（3.15）所示的从地心地固直角坐标系到站心坐标系的变换，可通过 3.1.4 节介绍的两个旋转变换完成：首先绕地心地固直角坐标系 Z 轴旋转 $\lambda + 90°$，然后绕新 X 轴旋转 $90° - \phi$。于是，原先的地心地固直角坐标系依次经过这样两次坐标旋转后得到的新 X, Y 和 Z 轴方向，就分别与站心坐标系的东、北和天分量方向完全一致，且由此也可推导出如式（3.17）所示的坐标变换矩阵 $\boldsymbol{S}$ 的值。坐标变换矩阵 $\boldsymbol{S}$ 同样是一个单位正交矩阵，即 $\boldsymbol{S}^{-1}$ 等于 $\boldsymbol{S}^{\mathrm{T}}$，且无论是从地心地固直角坐标系转换到站心坐标系，还是反过来，卫星观测向量的长度均保持不变。

有了用户位置的卫星观测向量 $[\Delta e \quad \Delta n \quad \Delta u]^{\mathrm{T}}$，就可以计算该卫星相对于用户的方位与仰角。如图 3.5(b)所示，卫星的仰角 θ 是观测向量高出由东向和北向两轴组成的水平面的角度，即

$$\theta = \arcsin\left(\frac{\Delta u}{\sqrt{(\Delta e)^2 + (\Delta n)^2 + (\Delta u)^2}}\right) \tag{3.18}$$

卫星仰角又称高度角，而对可见 GPS 卫星来说，仰角 θ 的值大多数情况下大于 0°，它的最大值为 90°。卫星观测向量与天顶方向的夹角被称为*天顶角* ζ，它与仰角 θ 的关系为

$$\zeta = \frac{\pi}{2} - \theta \tag{3.19}$$

卫星的方位角 α 定义为北向顺时针转到观测向量在水平面内的投影方向上的角度，即

$$\alpha = \arctan\left(\frac{\Delta e}{\Delta n}\right) \tag{3.20}$$

站心坐标系与大地坐标系之间也可以相互转换。如果用户从站心坐标系的原点运动到点 $(\Delta e, \Delta n, \Delta u)$，那么这个位移量可根据式（3.16）先转换成 $(\Delta x, \Delta y, \Delta z)$，然后加上站心坐标系原点的地心地固直角坐标得到 (x, y, z)，最后根据式（3.5）求出相应的大地坐标值 (ϕ, λ, h) 及其变化量 $(\Delta\phi, \Delta\lambda, \Delta h)$；反过来，大地坐标变化量 $(\Delta\phi, \Delta\lambda, \Delta h)$ 也可借助地心地固直角坐标系而转换成站心坐标值 $(\Delta e, \Delta n, \Delta u)$。读者可以自行证明，当 ϕ 和 λ 不变时，在大地坐标系高度方向上的变化量 Δh 等于站心坐标系的 Δu，因为在建立站心坐标系时，我们已要求 Δu 与 h 的方向一致。

可见，站心坐标系与大地坐标系之间的坐标变换需要不少的计算量。考虑到基准椭球体的偏心率 e 很小，为了减少运算量，我们有时可用如下近似公式对二者进行相互之间的坐标变换：

$$\Delta e = \Delta\lambda \cdot a\cos\phi \tag{3.21A}$$

$$\Delta n = \Delta\phi \cdot a \tag{3.21B}$$

$$\Delta u = \Delta h \tag{3.21C}$$

式中，a 为表 3.1 中的基准椭球体的长半径。同时，上式还假设物体是低速运动的。如果用户在两个测量时刻之间只运动了上百米或上千米，那么在绝大部分地区，$\Delta\phi$ 的值与 ϕ 值相比应该要小很多，于是在坐标变换过程中也就可以忽略 $\cos\phi$ 与 $\cos(\phi+\Delta\phi)$ 的细微差别。

3.2 时间系统

时间是七大基本物理单位之一，所有 GPS 卫星能产生精确、相互同步的时间信号是 GPS 的核心。因此，理解有关 GPS 时间系统的一些基本概念和知识，对掌握 GPS 及其定位原理来说必不可少。

时间实际上可以分为“时刻”和“时段”两个不同的概念[17, 20]。时刻是是发生某一现象的瞬间，是时间坐标系中的一个绝对时间值。因为 GPS 卫星的运行速度约为 4000 m/s，所以如果要求计算卫星在某一时刻所处位置的误差小于 1 m，那么确定这一时刻的误差应小于 0.25 ms。与时刻不同，时段是指某一现象的持续时间，是现象结束时刻相对于现象开始时刻的相对时间值。将在第 4 章定义的 GPS 信号传播时间，是指从卫星发射信号的时刻至用户接收到该信号的时刻这一时段，其值约为 78 ms。因为 GPS 信号以光速传播，所以只有把信号传播时间的测量误差控制在 3.33 ns 以内，由此时段测量误差引入的距离测量误差才可能小于 1 m。由此可见，精确地产生和测量时间信号是 GPS 实现精确定位的关键。

3.2.1 世界时和原子时

建立一个时间系统通常需要借助一个可重复观察、连续、稳定的周期运动现象作为基准，而经常作为时间系统基准周期现象的有钟摆、地球自转和晶体振荡频率等。

世界时（UT）是以地球自转为基础的一个时间系统[18]。由于极移、不恒定的地球自转速度和其他季节性变化等因素，世界时不是一个严格均匀的时间系统。例如，由于地球自转速度存在着长期变慢的趋势，经极移校正后的世界时 UT1 仍按每年约 1 s 的速度变慢。尽管如此，天文学、大地天文测量等学科和应用部门仍然需要这种以地球自转为基础的世界时。

卫星测量学普遍采用原子时（AT）作为高精度的时间基准。当物质内部的原子在两个能级之间跃迁时，原子会辐射或吸收一定频率的电磁波能量，原子钟就是以这种高度稳定的电磁波频率作为基准振荡频率的，相应的原子时则建立在原子钟守时和授时基础之上。许多国家都建有各自的原子时，不同地方的原子时之间存在着必然的差异。为了创建一个统一的原子时系统，国际上对位于 50 多个国家的共计约 200 座原子钟产生的原子时加权平均，形成了国际原子时（TAI）。国际原子时是一个高度精确且均匀的时间系统。然而，因为国际原子时与地球自转无关，所以它与 UT1 的差距逐年增大，这就使得国际原子时不适合我们在地球上对太阳、月球和星际等天文现象准时地进行观测。

1972 年，国际原子时成为用来建立协调世界时（UTC）的国际标准。协调世界时简称协调时，它实际上是世界时和国际原子时之间的一种折中方案：一方面，协调时严格地以精确的国际原子时秒长为基础；另一方面，当协调时与世界时 UT1 的差距超过 0.9 s 时，协调时采用闰秒（或跳秒）的方法加插 1 s，使协调时在时刻上尽量接近世界时，使得协调时与世界时的差异始终保持在 0.9 s 内。例如，2005 年年底发生的协调时跳秒如下所示[22, 26]：

2005 年 12 月 31 日 23 时 59 分 58 秒

2005 年 12 月 31 日 23 时 59 分 59 秒

2005 年 12 月 31 日 23 时 59 分 60 秒

2006 年 1 月 1 日 00 时 00 分 00 秒

2006 年 1 月 1 日 00 时 00 分 01 秒

上述例子表明，跳秒让协调时的 1 min 实际上持续了 61 s，使得协调时变慢而接近世界时。尽管跳秒事件视需要而定，但它通常被安排在协调时的 6 月或 12 月的最后一分钟。

图 3.6 描述了协调时 UTC 和世界时 UT1 相对于国际原子时 TAI 的逐年变化情况[25]。该图清楚地表明了协调时与国际原子时之间始终只存在整数秒的差异，其中至 2005 年年底，协调时比国际原子时慢 32 s，而在 2006 年 1 月 1 日后，协调时比国际原子时慢 33 s。需要说明的是，图中的虚线只是大致描述了世界时的变慢状况，其中在 1958 年 1 月 1 日，世界时与国际原子时的差异约为零，然后逐年增大，但是世界时与协调时的差异始终保持在 0.9 s 内。

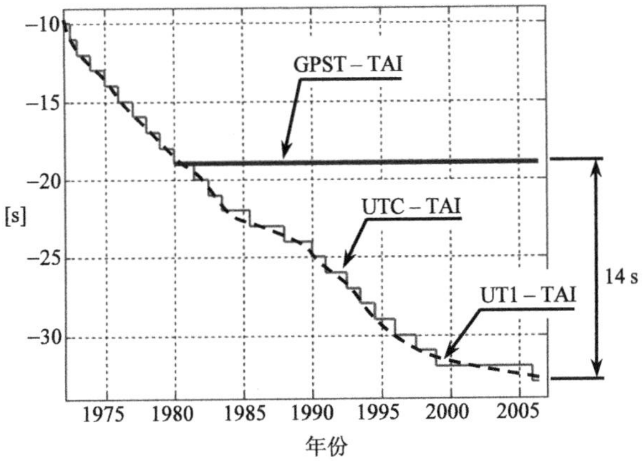

图 3.6 各时间系统之间的关系

目前，几乎所有国家实行的标准时间都是协调时。这样，对处于不同时区的国家和地区而言，它们的当地时间与协调时之间就只存在一个整数小时的差异。顺便提一下，格林尼治时间（GMT）通常指的是协调时，但有时也可能指修正世界时 UT1。

3.2.2 GPS 时间

GPS 建立了专用的、基于原子时的 GPS 时间（GPST）系统，它的秒长是根据安装在 GPS 地面监测站上的原子钟和卫星原子钟的观测量综合得出的。GPS 时间是连续的，没有类似于协调时的跳秒现象。2.5.3 节中说过，GPS 卫星上的周内时计数器以每 1.5 s 计数一次的频率进行计数，因而如图 2.21 所示，周内时计数值与 GPS 时间一一对应。GPS 时间的最小值为 0，最大值不超过 604 800 s，且它在每个星期六午夜的零时，从 0 开始逐渐增大，经过一周（604 800 s）后又返回至 0，同时星期数（WN）增 1。

GPS 时间的原点是这样规定的：GPS 时间的零时刻与协调时的 1980 年 1 月 6 日（星期日）零时刻相一致。自那一时刻起，GPS 时间开始周而复始地计数。同时，也正好在那一刻，GPS 时间和协调时均落后国际原子钟 19 s。随后，美国海军天文台（USNO）定期将其维持的协调时与 GPS 时间相比较，并且控制 GPS 时间，使之与国际原子时保持同步。这样，正如图 3.6 所示，GPS 时间始终落后国际原子时 19 s，即

$$\text{TAI} \approx \text{GPST} + 19 \tag{3.22}$$

GPS 时间与协调时之间整数秒的差异是随着协调时的跳秒而不断变化的。2005 年，GPS 时间超前协调时 13 s，而 2006 年 1 月 1 日后，它们之间的差异增至 14 s，即

$$\text{GPST} \approx \text{UTC} + 14 \tag{3.23}$$

除了整数秒的差异，GPS 时间与协调时（或国际原子时）之间还存在小于 1 μs 的秒内偏差，因此式（3.22）和式（3.23）中均用了约等号。事实上，在过去的几年里，这个偏差一直被控制在几百纳秒以内，甚至通常小于 40 ns。

这里需要特别指出 GPS 时间与各个卫星时钟时间的关系。每颗卫星都按照其本身的时钟运行，譬如卫星信号的发射是在卫星时钟的驱动下进行的，而 GPS 的地面监控部分保证各颗 GPS 卫星的时钟与 GPS 时间的差异维持在 1 μs 以内。在卫星播发的导航电文中，除了遥测字和交接字的时间数据基于卫星时间，其余数据均以 GPS 时间为基准。

2.5.6 节提到，GPS 卫星导航电文第 4 子帧的第 18 页给出了关于 GPS 时间与协调时之间差异量的参数，即 Δt_{LS}，A_0，A_1 和 t_{ot}，其中 Δt_{LS} 是二者间的整数秒差异，A_0 和 A_1 是计算秒内偏差的两个系数，而 t_{ot} 是协调时的参考时间。有了这些参数，我们就可按照下式计算 GPS 时间与协调时之间的总差异量 Δt_{UTC}[6]：

$$\Delta t_{UTC} = \Delta t_{LS} + A_0 + A_1(t_E - t_{ot}) \tag{3.24}$$

式中，t_E 为 GPS 时间，而 $t_E - t_{ot}$ 还应当包括二者的星期数差异所对应的秒数。得到总差异量 Δt_{UTC} 后，就可根据下式将 GPS 时间 t_E 转换成与此相应的协调时：

$$\text{UTC} = t_E - \Delta t_{UTC} \tag{3.25}$$

必要时，由上式所得的 UTC 时间值必须以 86 400 s 为模，转换成一个小于 86 400 s 的非负数。GPS 时间与协调时之间相互转换的各种情况和具体细节请参阅文献[6]。

GPS 接收机可通过接收 GPS 卫星信号及随后的定位、定时算法（见第 5 章），求解出当前时刻的 GPS 时间，并且经过这种时间转换得到当前时刻的协调时，进而实现精度可达 100 ns 甚至几十纳秒的定时功能[27]。GPS 被视为当前精确授时的最好方法之一，5.7 节将给出 GPS 授时与校频的多种操作方式。随着越来越多的定位设备转而采用 GPS 时间系统，在 GPS 时间与协调时之间相互转换的需求可能会不断减少。

3.2.3 晶体振荡器

1.2.1 节中提到，每颗 GPS 卫星一般都装备有多台铷（Rb）原子钟和铯（Cs）原子钟，然后 GPS 地面监控部分选择其中的一台原子钟作为该卫星上的时间、频率基准信号源。出于价格上的考虑，GPS 接收机一般采用便宜很多的石英晶体振荡器作为时间、频率来源。晶体振荡器（XO）是 GPS 接收机硬件部分的一个重要元器件，本节将介绍它的工作原理及其特性。

晶体振荡器的基本工作原理是晶体的压电效应：当晶体的形状受到外力作用而发生变化时，会在表面产生电荷与电压；反过来，当电压施加到晶体上时，晶体形状会扭曲（譬如伸长），而当晶体被施加反向电压时，它将做相反的变形运动（譬如缩短）。为了启动晶体振荡器，我们将一个随机噪声交流电压施加到晶体上，晶体开始做各种频率成分的伸长、缩短运动，而这些变形运动又引起晶体表面的交流电压，然后我们放大晶体产生的这些电压后重新施加到晶体上，如此反复不已。纯粹出于偶然，随机噪声交流电压中的一个频率与晶体谐振频率一致的信号成分经过不断放大、反馈后，最终成为这一反馈电路中唯一存活下来的一个信号，而其他信号由于不能和晶体产生共振而逐渐衰减、消亡，于是晶体就以单一的谐振频率振荡起来。可见，晶体振荡器的

起振过程很像一个由电感和电容串联而成的振荡电路的起振过程。一个晶体的谐振频率值与该晶体材料的特性有关，譬如其弹性、声音在内部的传播速度、形状和大小等。由于晶体的谐振频率相当稳定，晶体振荡器已被广泛地用作各种频率、时间的信号源。

晶体振荡器虽然比较便宜，但它没有铷、铯原子钟准确、稳定。时间准确度指的是它显示的时间测量值与我们想要设置的标准时间值之间的差异。同样，频率信号也有一个频率准确度的问题，而频率准确度可用频率偏差 Δf 或频率偏差率 F 来衡量，即[17]

$$F = \frac{\Delta f}{f_o} = \frac{f - f_o}{f_o} \tag{3.26}$$

式中，f_o 是想要设置的标准频率，f 是振荡器的实际工作频率测量值。因为频率偏差率 F 不用说明标准频率 f_o 的大小，所以用它来衡量频率准确度比较方便。频率偏差率 F 的值通常很小，经常表达成 ppm 的形式①，1 ppm 等于 10^{-6}，其中石英晶体的频率偏差率一般为 0.25～200 ppm[12]。对产生 L1 频率的振荡器而言，0.25 ppm 相当于 400 Hz（0.25×10^{-6} 乘以 1575.42×10^{6}）的频率偏差。

时间或频率的稳定度，是指时间偏差或频率偏差在一定时段内是否能够保持不变，但是稳定度并不意味着振荡器的时间或频率是否正确。频率稳定度常用艾兰（Allan）均方差 $\sigma_A(\tau)$ 来衡量，它的定义如下：若 $F_1, F_2, \cdots, F_N$ 是时间上依次相距为 τ 的 N 个频率偏差率测量值，则艾兰方差 $\sigma_A^2(\tau)$ 等于[4, 5]

$$\sigma_A^2(\tau) = \frac{1}{2(N-1)} \sum_{n=1}^{N-1} (F_{n+1} - F_n)^2 \tag{3.27}$$

振荡器的短期稳定度一般指的是时间段 τ 小于 100 s 的频率波动状况，而长期稳定度指的是 τ 大于 100 s 甚至一天以上的频率波动状况。

表 3.2 列出了石英晶体振荡器与铷、铯和氢原子钟在准确度和稳定性方面的对比。需要提醒的是，表中的值只是一些可作为大致参考的经典数据[15, 17]。该表清楚地表明石英晶体振荡器的长期稳定度很差，而老化问题是晶体谐振频率在长期时段内频率不稳定的主要原因。影响晶体振荡器短期不稳定度的主要原因是振荡器电路中的噪声。如果提供适宜的工作环境，那么石英晶体振荡器的短期稳定度会很高，甚至可与原子钟的稳定度相媲美。

表 3.2　几种振荡器的特性比较

	起源年份	24 小时内的时间偏差	艾兰均方差（τ = 1 s）	艾兰均方差（τ = 1 天）
钟摆	1656	10 s		
石英晶体	1927	10 μs	10^{-6}～10^{-12}	10^{-9}
铷气泡	1958	100 ns	10^{-11}	10^{-12}
铯光束	1952	1 ns	5×10^{-12}	5×10^{-14}
氢原子激射器	1960	1 ns	10^{-13}	5×10^{-15}

因为温度、湿度、压力和振动等环境状况的变化可使晶体振荡器的谐振频率随之发生变化，所以为了降低环境因素以稳定晶体振荡器的谐振频率，我们可将晶体振荡器放到恒温器中工作，

① 为尊重作者的表达方式，这里仍采用 ppm 表示方式，但是国家标准中已不用此表示方法，而直接用 10^{-6} 表示。——编者注

并称之为温控晶体振荡器（OCXO）。如果没有条件采用这种温控晶体振荡器技术，那么温补晶体振荡器（TCXO）是另一种切实可行的方案。温补晶体振荡器利用温度传感器感应环境温度的变化，并将温度变化量转换为一个电压校正信号，然后用此校正信号修正振荡器电路中的电抗量，以补偿由温度变化引起的谐振频率变化，从而稳定晶体振荡器的频率。稳定的接收机晶体振荡器有助于接收机锁定 GPS 卫星信号。

3.2.4 GPS 与相对论

爱因斯坦（1879—1955）的相对论通常被人们视为一个抽象、高深的理论，且它与我们的日常生活似乎扯不上关系。事实上，相对论在 GPS 中有着相当重要的应用[7, 13, 23, 24]。

我们知道，GPS 卫星在离地心约 26 560 km 的高空轨道上运行，运行速度约为 4000 m/s，运行周期约为 11 小时 58 分。本节的开头说过，GPS 信号传播时间 3.33 ns 的测量误差对应于 1 m 的距离测量误差。因此，只有将 GPS 卫星的时钟误差控制在 20～30 ns，GPS 才有可能成为具有实际应用价值的精确定位系统。精密的 GPS 卫星原子钟及 GPS 地面监控部分对卫星原子钟的进一步监视、校正，使得校正后的卫星原子钟误差可控制在几纳秒内。

然而，GPS 卫星相对于地面上的观测者来说在做高速运动，由此产生的相对论效应对 GPS 来说不可忽略。狭义相对论指出，高速运动的 GPS 卫星在地面上看来会出现时间膨胀现象，也就是说，GPS 卫星上的原子钟要比地面上一模一样的原子钟慢。根据狭义相对论，我们可以计算、预测出 GPS 卫星原子钟每天变慢约 7 μs。

另一方面，GPS 卫星在高空运行，而离地球越远，由地球质量引起的时空弯曲度就越小。广义相对论预测，对比时空弯曲度较大的地面上的原子钟，运行于时空弯曲度较小的卫星原子钟在地面上看来会变快。计算表明，GPS 卫星原子钟比地面上一模一样的原子钟每天要快约 45 μs。

综合以上狭义和广义相对论的共同作用，在高空中高速运行的卫星原子钟要比它们在地面上时每天约快 38 μs。也就是说，GPS 卫星原子钟每天要变快 38 000 ns，每秒变快 0.44 ns，而在两分钟内卫星原子钟的时间误差就能超过 50 ns。因此，如果我们在地面上设计 GPS 卫星原子钟时不考虑相对论，那么 GPS 卫星发射上空仅两分钟后，卫星原子钟的运行就会失控，卫星随即就会报废。

2.1 节中说过，卫星时钟提供的基准频率 f_0 为 10.23 MHz。为了补偿相对论效应，我们在地面上设计卫星时钟时，必须特意减小它的实际运行基准频率 f_0 至 10.229 999 995 43 MHz，即频率调整量 Δf 为−0.004 57 Hz。这样，一旦 GPS 卫星被发射升空，其时钟频率在地面上看起来就正好等于我们需要的 10.23 MHz 这个设计值[6]。同时，因为卫星运行轨道是椭圆而不是正圆，所以地面上的 GPS 用户接收机还要根据卫星的当前位置对相对论效应做适当的校正，这一卫星时钟的相对论校正计算将在 4.3.1 节中介绍。

3.3 GPS 卫星轨道的理论

GPS 接收机在定位的时候，需要知道各颗可见卫星在某个时刻的空间位置，而随时间变化的卫星空间位置被称为卫星的**运行轨道**。本节首先介绍卫星在理想状态下的运行轨道及其开普勒轨道参数，然后在此基础之上简单地分析和对比 GPS 采用的卫星星历与历书参数。学完本节的内容后，读者不但应能够全部理解早在 1.2.1 节中介绍 GPS 空间星座部分时提及的一些卫星轨道术语，而且应对表 2.4 和表 2.5 列出的各个参量有相当清晰的认识。

3.3.1　卫星的无摄运行轨道

人造地球卫星在空间围绕地球运动时，主要受地球引力的影响。假设地球和卫星都是均质的理想球体，且地球引力是卫星受到的唯一外力，那么这种理想状态下的卫星运行轨道就称为*无摄运行轨道*，它可以用开普勒（1571—1630）发现的三大行星运动定律来描述。开普勒行星运动定律揭示的是行星围绕太阳运行的基本规律，它同样适用于描述包括 GPS 卫星在内的围绕地球运行的卫星轨道。

开普勒第一定律：所有行星绕太阳运行的轨道都是椭圆，太阳位于椭圆的一个焦点上。

该定律指出，卫星绕地球做椭圆运动，地球是椭圆的一个焦点，且该椭圆轨道在惯性坐标系中是固定不变的。如图 3.7 所示，卫星在椭圆轨道上离地心最近的一点 N 被称为*近地点*，离地心最远的一点 F 被称为*远地点*。椭圆的长半径为 a_s，短半径为 b_s，由式（3.3）可计算出其偏心率 e_s 为

$$e_s^2 = \frac{a_s^2 - b_s^2}{a_s^2} \tag{3.28}$$

我们用下标“s”代表卫星的椭圆轨道，以区别于 3.1.2 节中描述地球形状的基准椭球体参数。

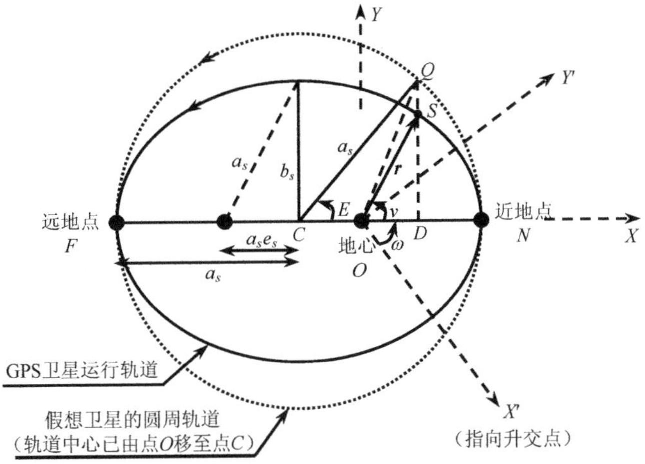

图 3.7　卫星轨道平面和轨道平面直角坐标系

开普勒第二定律：连接行星和太阳的直线在相等的时间内扫过的面积相等。

该定律指出，卫星运行速度是时刻变化的，在近地点时最快，而在远地点时最慢，这是卫星在运行过程中动能与势能时刻相互交换的结果。在近地点，卫星势能最低，因此它的速度达到最大。

开普勒第三定律：不同行星绕太阳运行的公转周期的平方分别与它们的轨道长半径的立方成正比。

假如一颗卫星绕地心做长半径为 a_s 的椭圆运动，而另一颗假想卫星绕地心做半径为 a_s 的圆周（正圆只是椭圆的一个特例）运动，那么根据开普勒第三定律，这两颗卫星绕地球一周所需的时间相同。本节稍后将多次提到这颗做圆周运动的假想卫星。

开普勒三大行星运动定律可全部由以下的牛顿（1642—1727）万有引力定律推导出来：

$$\boldsymbol{F} = -\frac{GMm}{r^2}\frac{\boldsymbol{r}}{r} \tag{3.29}$$

式中，向量 $\boldsymbol{F}$ 代表质量为 m 的卫星受到质量为 M 的地球的引力，向量 $\boldsymbol{r}$ 代表由地心 O 指向卫星 S 的距离和方向，即

$$\boldsymbol{r} = \boldsymbol{r}_s - \boldsymbol{r}_e \tag{3.30}$$

$\boldsymbol{r}_s$ 和 $\boldsymbol{r}_e$ 分别为地心和卫星在某一惯性坐标系中的坐标向量，标量 r 代表向量 $\boldsymbol{r}$ 的长度，而 $\boldsymbol{r}/r$ 是由地心 O 指向卫星 S 的单位向量。根据力的相互作用原理，地球也受到来自卫星的引力，即 $-\boldsymbol{F}$ 。对卫星和地球分别应用牛顿第二定律得

$$m\frac{\mathrm{d}^2\boldsymbol{r}_s}{\mathrm{d}t^2} = \boldsymbol{F} = -\frac{GMm}{r^2}\frac{\boldsymbol{r}}{r} \tag{3.31}$$

$$M\frac{\mathrm{d}^2\boldsymbol{r}_e}{\mathrm{d}t^2} = -\boldsymbol{F} = \frac{GMm}{r^2}\frac{\boldsymbol{r}}{r} \tag{3.32}$$

以上两式经变形后相减，得到卫星相对于地球的加速度方程如下：

$$\frac{\mathrm{d}^2\boldsymbol{r}}{\mathrm{d}t^2} = \frac{\mathrm{d}^2(\boldsymbol{r}_s - \boldsymbol{r}_e)}{\mathrm{d}t^2} = -\frac{G\left(M+m\right)}{r^2}\frac{\boldsymbol{r}}{r} \approx -\frac{GM}{r^2}\frac{\boldsymbol{r}}{r} \tag{3.33}$$

式中的最后一步推导用了近似相等，因为它忽略了与地球质量 M 相比很小的卫星质量 m 。式(3.33)是一个关于卫星位置向量 $\boldsymbol{r}$ 在地心惯性坐标系中的非线性微分方程，它实际上是卫星的运动方程。给定卫星的初始条件，我们对式（3.33）进行一次积分可得到卫星的运行速度，进行二次积分可得到卫星的空间位置。

前面讨论开普勒第三定律时，曾提到一颗围绕地球做半径为 a_s 的圆周运动的假想卫星，它的运行周期 T 等于在以长半径为 a_s 的椭圆轨道上运行的卫星的运行周期。由于式（3.33）对这颗假想卫星同样成立，因而根据匀速圆周运动的特点，很容易利用式（3.33）推导出开普勒第三定律中关于 T 平方与 a_s 立方之间的比例系数，即

$$\frac{T^2}{a_s^3} = \frac{4\pi^2}{GM} \tag{3.34}$$

尽管式（3.34）是从假想卫星的圆周运动轨道上获得的，但是开普勒第三定律指出，上式对其他做椭圆轨道运动的卫星同样成立。

如果 n 代表卫星的平均角速度，即

$$n = \frac{2\pi}{T} \tag{3.35}$$

那么由式（3.34）得

$$n = \sqrt{\frac{GM}{a_s^3}} = \sqrt{\frac{\mu}{a_s^3}} \tag{3.36}$$

式中，常数 μ 的值已在表 3.1 中给出。由式（3.36）可以看出，地球卫星运行的平均角速度 n 只与其轨道长半径 a_s 有关。因为那颗假想卫星以恒定的角速度运行，所以其恒定角速度值刚好等于那些在椭圆轨道上运行的卫星的平均角速度 n 。

3.3.2 开普勒轨道参数

GPS 接收机并不是从牛顿万有引力定律出发来计算卫星的空间位置的。事实上，GPS 的地面监控部分通过持续接收、测定卫星发射的信号来确定卫星的运行轨道，然后推算出一组以时间为函数的轨道参数来精确描述、预测卫星的运行轨道，再将这些轨道参数上传给卫星，并让卫星转播。GPS 接收机正是从卫星信号上获取这些参数，然后用这些参数算出卫星的位置和速度的。

GPS 卫星的无摄椭圆轨道运动可用一套应用广泛的开普勒轨道参数描述，而每套开普勒轨道

参数共包含 6 个：轨道升交点赤经 Ω、轨道倾角 i、近地点角距 ω、长半径 a_s、偏心率 e_s 和卫星的真近点角 v。图 3.7 和图 3.8 给出了这些开普勒轨道参数的含义，而在具体介绍这些参数之前，我们首先解释图 3.7 和图 3.8 中的坐标系。

图 3.7 中的坐标系 (X,Y) 以地心 O 为原点，其 X 与 Y 坐标轴完全在卫星轨道平面内，且 X 轴与卫星运行轨道的椭圆长轴重合并指向近地点 N，因此该坐标系又称轨道平面直角坐标系。图 3.7 和图 3.8 中的坐标系 (X',Y') 是另一个以地心 O 为原点的轨道平面直角坐标系，其 X' 轴指向卫星赤道升交点，与 X' 和 Y' 轴构成右手系的 Z' 轴大致指向北极。卫星赤道升交点简称升交点，它是卫星由南向北运行时的轨道与赤道面的一个交点。在图 3.8 中，(X_T, Y_T, Z_T) 为当前时刻的 WGS-84 地心地固坐标系，而 X_I 为地心直角惯性坐标系中指向春分点的 X 轴。

如图 3.8 所示，作为开普勒轨道参数之一的升交点赤经 Ω 是地球赤道平面上的春分点和升交点对地心 O 的夹角，它指定了卫星轨道升交点在地球赤道平面内的方位。地心和升交点位于卫星轨道平面上，但是通过地心和升交点这两点的平面有无数个，而卫星运行的轨道平面只是其中的一个。卫星轨道平面与赤道面的夹角被称为轨道倾角 i，它与升交点赤经 Ω 一起充分决定了卫星轨道平面相对于地心的方位。尽管 Ω 和 i 两个参数完全决定了卫星运行的轨道平面，但是在这个平面中，以地心为一个焦点的椭圆又存在无数个。近地点角距 ω 是卫星轨道平面上的升交点与近地点 N 的地心夹角，它进一步确定了卫星椭圆轨道在轨道平面中的方位，即椭圆长轴和短轴的位置。接着，长半径 a_s 和偏心率 e_s 两个开普勒轨道参数具体规定了椭圆的大小和形状。至此，Ω, i, ω, a_s 和 e_s 五个参数就完全确定了卫星的椭圆运行轨道，也就是说，卫星在某一时刻必定位于该椭圆轨道上的某点上。最后，第六个开普勒轨道参数是真近点角 v，它是卫星在运行轨道上的当前位置 S 与近地点 N 的地心夹角，即 $\angle NOS$。这样，上述六个开普勒轨道参数一起，最终完全指定了某一时刻卫星相对于地心 O 的空间位置。

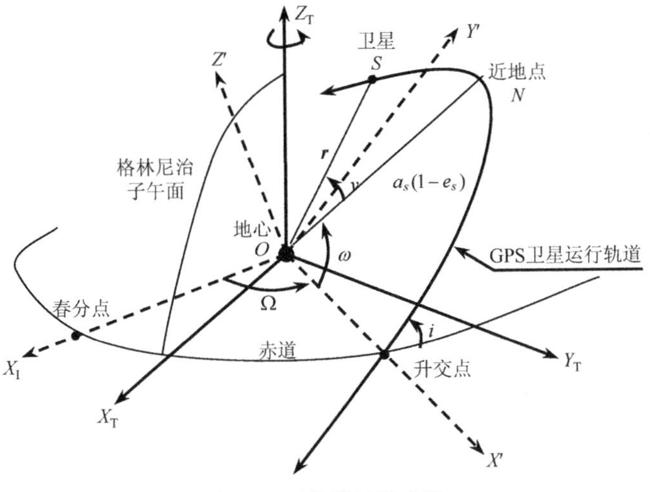

图 3.8　开普勒轨道参数

对于以无摄状态运行的卫星，它的 6 个开普勒轨道参数在地心直角惯性坐标系中只有真近点角 v 是关于时间的函数，其他 5 个参数均为常数。考虑到真近点角 v 与时间的函数关系比较复杂，GPS 卫星星历实际上并不直接给出真近点角 v，而是引入两个辅助量来替代并推导出真近点角，这两个辅助量是偏近点角 E 和平近点角 M。

如图 3.7 所示，点 S 是卫星质心在 t 时刻轨道上的位置，而通过 S 的椭圆长轴垂线交长轴于

点 D，且垂线 DS 的延长线与一个以椭圆中心点 C 为圆心、半径为 a_s 的辅助圆周相交于点 Q。这个辅助圆周正是我们前面多次提及的假想卫星的运行轨道，不同的只是在图 3.7 中，该圆周轨道中心已从地心 O 移至点 C。我们知道，在 t 时刻卫星的真近点角 v 为 $\angle NOS$，而与之相应的偏近点角 E 定义为点 Q 与近地点 N 之间对椭圆中心点 C 的夹角，即 $\angle NCQ$。

另一个被称为平近点角 M 的辅助量是一个虚构量，它不与图 3.7 中的任何真实角相对应，但它在轨道计算中非常有用。前面提过，做圆周运动的假想卫星与做椭圆运动的真实卫星的运行周期 T 相等，而且假想卫星的运行角速度等于真实卫星的平均角速度 n。假设这两颗卫星在 t_0 时刻同时通过近地点 N 且运行方向一致，那么在 t 时刻真实卫星的平近点角 M 定义为假想卫星的运行角距，即

$$M = n(t - t_0) \tag{3.37}$$

偏近点角 E 和平近点角 M 的关系由下面的开普勒方程给出[8]：

$$M = E - e_s \sin E \tag{3.38}$$

上式在卫星轨道计算中具有重要意义。因为椭圆轨道偏心率 e_s 是一个常数，所以给定一个 M 值后，就可以采用类似于求解式（3.5）的迭代方法，将 E 从式（3.38）中解算出来。在迭代求解的过程中，式（3.38）可以改写为以下的迭代形式：

$$E_j = M + e_s \sin(E_{j-1}) \tag{3.39}$$

式中，j 为迭代次数。在第一次迭代中，E 的初值 E_0 可赋值为 M，且一般只需 2～3 次迭代即可得到相当精确的解。在稍后的例 3.1 中，我们将运用这种迭代法来求解 E。只要由 M 求得 E，就可以根据图 3.7 中的几何关系算出相应的真近点角 v。简而言之，借助于与时间成简单线性关系的平近点角 M，可以得到用于确定卫星瞬间位置的真近点角 v。

为了对平近点角 M 的含义做进一步的解释，在式（3.38）中的等号两边同时乘以 $\frac{1}{2}a_s^2$，得

$$\frac{1}{2}a_s^2 M = \frac{1}{2}a_s^2 E - \frac{1}{2}a_s^2 e_s \sin E \tag{3.40}$$

式中，等号右边第一项等于图 3.7 中由点 C 和圆弧 NQ 构成的面积，第二项等于三角形 COQ 的面积，而它们的差是点 O 和圆弧 NQ 构成的面积。因此，式（3.40）中等号左边 $\frac{1}{2}a_s^2 M$ 的值等于点 O 和圆弧 NQ 构成的面积，而 M 可以大致地视为圆弧 NQ 对地心 O 的角距 $\angle NOQ$[28]。

如图 3.7 和图 3.8 所示，如果得到了真近点角 v，那么卫星的轨道和位置可以更方便地用轨道平面极坐标形式 (r, v) 来表达，其中卫星矢经长度 r 是 3.3.1 节中提到的从地心 O（椭圆焦点）到卫星 S 的距离。椭圆的极坐标方程为

$$r = \frac{a_s(1 - e_s^2)}{1 + e_s \cos v} \tag{3.41}$$

它可以直接由如下的椭圆定义出发推导得到：长半径为 a_s 的椭圆上的任一点到椭圆两焦点的距离之和等于 $2a_s$。下一步需要做的是从平近点角 M 推导出 r 和 v，或者说从偏近点角 E 推导出 r 和 v，确定了 r 和 v，也就唯一地确定了卫星在轨道平面中的位置。

由图 3.7 中的几何关系很容易得到

$$a_s \cos E = a_s e_s + r \cos v \tag{3.42}$$

上式可改写成

$$\cos v = \frac{a_s}{r}\left(\cos E - e_s\right) \tag{3.43}$$

给定 E 值，那么根据式（3.41）和式（3.43），可以解得 v 和 r 如下：

$$\cos v = \frac{\cos E - e_s}{1 - e_s \cos E} \tag{3.44}$$

$$\sin v = \frac{\sqrt{1-e_s^2}\sin E}{1 - e_s \cos E} \tag{3.45}$$

$$v = \arctan\left(\frac{\sqrt{1-e_s^2}\sin E}{\cos E - e_s}\right) \tag{3.46}$$

和

$$r = a_s\left(1 - e_s \cos E\right) \tag{3.47}$$

解得 r 和 v 之后，卫星所在位置的极坐标(r, v)即可转换成如图 3.7 所示的在轨道平面直角坐标系(X, Y)中的坐标，即

$$\begin{bmatrix} x \\ y \\ z \end{bmatrix} = \begin{bmatrix} r\cos v \\ r\sin v \\ 0 \end{bmatrix} = \begin{bmatrix} a_s(\cos E - e_s) \\ a_s\sqrt{1-e_s^2}\sin E \\ 0 \end{bmatrix} \tag{3.48}$$

将式（3.48）对时间求导，可得以下卫星在轨道平面直角坐标系(X, Y)中的运行速度：

$$\begin{bmatrix} \dot{x} \\ \dot{y} \\ \dot{z} \end{bmatrix} = \dot{E}a_s\begin{bmatrix} -\sin E \\ \sqrt{1-e_s^2}\cos E \\ 0 \end{bmatrix} = \frac{na_s}{1 - e_s\cos E}\begin{bmatrix} -\sin E \\ \sqrt{1-e_s^2}\cos E \\ 0 \end{bmatrix} \tag{3.49}$$

式中，偏近点角 E 对时间的导数 $\dot{E}$ 很容易由式（3.37）和式（3.38）得到。

3.3.3 卫星星历和历书参数

以上两节讨论了卫星在理想状态下的无摄运动轨道及 6 个开普勒轨道参数，然而在实际中，卫星除了主要受到来自地球的引力，还受到来自其他天体（太阳、月球等）的引力、太阳光辐射压力，以及地球的不规则形状、不均匀质地等多种因素的影响。在这些复杂因素的综合作用下，各个开普勒轨道参数不再是常数，卫星的实际运行轨道也会偏离无摄运行轨道，而这种卫星轨道偏差在 GPS 中是绝对不容忽视的。

为了精确地描述卫星的实际运行轨道，GPS 采用了一套扩展开普勒轨道参数，共计 16 个，并且已由第 2 章中的表 2.4 给出。这套轨道参数通常称为*星历参数*，它包含在卫星播发的导航电文的第二数据块中。下面简单介绍各个星历参数。

星历参数 t_{oe} 是一套星历参数的参考时间。若当前的 GPS 时间在 t_{oe} 前后的 2 小时内，则这套星历参数被认为是有效的，也就是说，一套星历参数的有效期是以 t_{oe} 为中心的 4 小时。每颗卫星只播发关于其自身的星历，且通常每两小时播发一套新的星历参数，但是在某些特殊或紧急情况下，卫星也可能插播一套新的星历参数。为了更好地鉴别一套星历的有效期，接收机通常在获得的星历中添加一个其被播发时的星期数（WN）参量，从而消除由于不同星期存在相同 GPS 时间这一事实可能引起的混淆。

星历参数Ω_0，i_0，ω，$\sqrt{a_s}$，e_s和M_0基本上与 3.3.2 节中介绍的六个开普勒轨道参数一一对应，不同的是，GPS 卫星实际上播发的是平近点角M而不是真近点角v，原因已在 3.3.2 节中说明。此外，GPS 并不认为这六个参数在 4 小时内全部都是常数，它们中的有些可视为与时间变化成简单的线性关系，而有些需要考虑谐波振动量。卫星星历用剩下的 9 个参数来直接或间接地对前几个开普勒轨道参数进行摄动校正，其中Δn，$\dot{i}$和$\dot{\Omega}$分别对M, i和Ω进行线性校正，C_{us}和C_{uc}一起对升交点角距（见例 3.1 的第 6 步）进行正、余弦调和校正，C_{rs}和C_{rc}对轨道半径进行正、余弦调和校正，而C_{is}和C_{ic}对轨道倾角进行正、余弦调和校正。这些摄动校正量星历参数的含义和运用将在 3.4 节的例子中具体说明。

每颗卫星在播发其自身的星历参数时，还播发包括自身在内的所有卫星的历书参数。2.5.6 节中的表 2.5 列出了一颗卫星的 10 个历书参数，其中a_{f0}和a_{f1}实际上是两个卫星时钟校正参数，剩下的 8 个历书参数大体上与 8 个星历参数一一对应。要指出的是，以弧度（rad）为单位的历书参数δi只有加上 0.3 π后才可与星历参数i_0对等比较，即[6]

$$i_0 = \delta i + 0.3\pi \tag{3.50}$$

同一颗卫星的星历与历书参数是由 GPS 地面监控部分相互独立推算出来的，换句话说，它们之间的差异不但有参数个数的不同，而且描述同一个卫星轨道的星历和历书中通常有着互不相同的参数值。历书省去了星历中的一些摄动校正量，其中的一个主要原因是减少传播和保存历书所需的字节数。同时，对于有效期为半年以上的历书来说，星历中那些短期有效的摄动校正量没有多大意义，甚至根本不适合于历书模型。

以下两节分别介绍如何利用这些星历参数来计算卫星的空间位置和运行速度，希望读者在计算过程中加深对各个参数的理解。这一计算方法和过程完全适合于利用历书参数来计算卫星的位置和速度，只是要在计算过程中将星历包含但历书没有的那些摄动校正参数值全部赋值为零。一般来说，根据有效星历得到的卫星位置与速度值相当准确，其中三维位置误差的均方差为 3～5 m，可用于 GPS 定位与定速计算；而从有效历书得到的卫星位置与速度值准确度不高，一般只能用于接收机对卫星信号的搜索和捕获[29]。GPS 卫星实际播发过的历书可从 navcen.uscg.gov 下载，而播发过的星历可从 cddis.gsfc.nasa.gov 下载。

3.4 卫星空间位置的计算

利用星历参数算出 GPS 卫星在某一时刻的空间位置，是 GPS 接收机为实现定位而必须完成的重要一步，本节将通过一个实际例子来详细解释这一计算方法和步骤。尽管这一计算通常需要双精度浮点运算，但由于篇幅有限，我们只显示各个参数和变量小数点后的若干数字。另外，因为星历中的角度参数对卫星位置的计算值非常敏感，所以《GPS 界面控制文件》规定π的值统一为 3.141 592 653 589 8。

【例 3.1】 以下是一颗卫星（PRN 1）在某日播发的一组星历参数：

（1）$t_{oe} = 244\,800$

（2）$\sqrt{a_s} = 5153.655\,31$

（3）$e_s = 0.005\,912\,038\,265$

（4）$i_0 = 0.984\,840\,794\,3$

（5）$\Omega_0 = 1.038\ 062\ 244$

（6）$\omega = -1.717\ 457\ 876$

（7）$M_0 = -1.064\ 739\ 758$

（8）$\Delta n = 4.249\ 105\ 564 \times 10^{-9}$

（9）$\dot{i} = 7.422\ 851\ 197 \times 10^{-51}$

（10）$\dot{\Omega} = -8.151\ 768\ 125 \times 10^{-9}$

（11）$C_{uc} = 3.054\ 738\ 045 \times 10^{-7}$

（12）$C_{us} = 2.237\ 036\ 824 \times 10^{-6}$

（13）$C_{rc} = 350.531\ 25$

（14）$C_{rs} = 2.531\ 25$

（15）$C_{ic} = -8.381\ 903\ 172 \times 10^{-8}$

（16）$C_{is} = 8.940\ 696\ 716 \times 10^{-8}$

以上这些参数值完全是按照《GPS 界面控制文件》的规则编译出来的，它们均有常规、默认的单位和比例[6]。试根据这套星历参数，计算此卫星在信号发射时刻 t（GPS 时间）为 239 050.722 3 s 时的空间位置。

解：参照由文献[6]提供的计算方法，我们将这一计算过程分解成以下几步。

第 1 步：计算规化时间 t_k

卫星星历给出的轨道参数是以星历参考时间 t_{oe} 为基准的。为了得到各个轨道参数在 t 时刻的值，我们必须先求出 t 时刻与参考时间 t_{oe} 之间的差异，即

$$t_k = t - t_{oe} \tag{3.51}$$

由上式得到的 t_k 称为相对于 t_{oe} 的规化时间。

对于一个有效星历而言，t 值应在 t_{oe} 前后的两小时之间，即 t_k 的绝对值必须小于 7200 s。因为 GPS 时间在每周六午夜零时重新置零，所以由上式计算得到的 t_k 值有时会引入 604 800 s 的偏差。当由式（3.51）计算得到的 t_k 大于 302 400 s 时，t_k 应减去 604 800 s；否则，当 t_k 小于–302 400 s 时，t_k 应加上 604 800 s。如果星历的星期数不等于当前的星期数，如这套星历是接收机很久以前保存的，那么二者的星期数之差必须转换成秒数后加到由式（3.51）计算得到的 t_k 上。如 3.3.3 节指出的那样，我们需要同时检查星历的参考时间和星期数才能决定它是否仍在当前星期和当前 t 时刻有效。

假定星历的星期数与当前的星期数相等，那么将 t 和由星历给出的 t_{oe} 代入式（3.51），可得 $t_k = -5749.277\ 700$ s。该规化时间值已在±302 400 s 范围内，同时其绝对值也小于 7200 s。在 GPS 和 GPS 接收机均正常运行的情况下，t_k 值一般应该是个负数。

有了规化时间 t_k，下一步就可根据模型求得信号发射时刻 t（在规化时间 t_k）的各个轨道参数。我们将在各个星历参数后面添加一个下标“k”，以此代表它们在这一规化时间 t_k 的值。

第 2 步：计算卫星的平均角速度 n

将卫星星历给出的 a_s 值代入式（3.36），可得那颗在圆周轨道上运行的假想卫星的（平均）角速度 $n_0 = 1.458\ 555 \times 10^{-4}$。校正后的卫星平均角速度 n 为

$$n = n_0 + \Delta n \tag{3.52}$$

将星历提供的平均角速度校正值 Δn 代入上式，得 $n = 1.458\ 598 \times 10^{-4}$ rad/s。

第 3 步：计算信号发射时刻的平近点角 M_k

将星历给出的 M_0 代入以下线性模型公式：

$$M_k = M_0 + nt_k \tag{3.53}$$

可得 t_k 时的平近点角 $M_k = -1.903\ 328$ rad。由于该 M_k 值不在 0 和 2π之间，因此可将 M_k 值加上 2π后变成 4.379 857 rad。事实上，式（3.53）只是式（3.37）的另一种表达形式。

第 4 步：计算信号发射时刻的偏近点角 E_k

给出平近点角 M_k 和星历参数 e_s 后，通常可以运用迭代法将偏近点角 E_k 从开普勒方程（3.38）中解出。E_k 的迭代初值 E_0 可置为 M_k，而根据式（3.39）算出的前两次迭代结果依次为 4.374 269 和 4.374 280。在这一步，解得 $E_k = 4.374\ 280$ rad。

第 5 步：计算信号发射时刻的真近点角 v_k

将 E_k 和 e_s 代入式（3.44）至式（3.46），得 $\cos v_k = -0.336\ 955\ 0$ 和 $\sin v_k = -0.941\ 520\ 8$，从而求得值在区间$(-\pi, +\pi]$上的真近点角 $v_k = -1.914\ 477$ rad。

第 6 步：计算信号发射时刻的升交点角距 Φ_k

将卫星星历给出的 ω 代入下式：

$$\Phi_k = v_k + \omega \tag{3.54}$$

得到升交点角距 $\Phi_k = -3.631\ 935$ rad。如图 3.8 所示，升交点角距 Φ_k 是卫星当前位置点 S 与升交点相对于地心 O 的夹角。

第 7 步：计算信号发射时刻的摄动校正项 $\delta u_k, \delta r_k$ 和 δi_k

将星历参数 $C_{uc}, C_{us}, C_{rc}, C_{rs}, C_{ic}, C_{is}$ 和上一步得到的升交点角距 Φ_k 代入以下各式：

$$\delta u_k = C_{us}\sin(2\Phi_k) + C_{uc}\cos(2\Phi_k) \tag{3.55}$$

$$\delta r_k = C_{rs}\sin(2\Phi_k) + C_{rc}\cos(2\Phi_k) \tag{3.56}$$

$$\delta i_k = C_{is}\sin(2\Phi_k) + C_{ic}\cos(2\Phi_k) \tag{3.57}$$

可得二次谐波摄动校正量 $\delta u_k = -1.688\ 724\times10^{-6}$，$\delta r_k = 192.951\ 246$ 和 $\delta i_k = -1.209\ 277\times10^{-7}$。

第 8 步：计算摄动校正后的升交点角距 u_k、卫星矢径长度 r_k 和轨道倾角 i_k

将上一步计算得到的摄动校正量代入以下各式：

$$u_k = \Phi_k + \delta u_k \tag{3.58}$$

$$r_k = a_s\left(1 - e_s\cos E_k\right) + \delta r_k \tag{3.59}$$

$$i_k = i_0 + \dot{i}\cdot t_k + \delta i_k \tag{3.60}$$

可得 $u_k = -3.631\ 937$，$r_k = 26\ 612\ 441.68$ 和 $i_k = 0.9\ 848\ 407$，其中参数 a_s, e_s, i_0 和 $\dot{i}$ 均由卫星星历给出。

第 9 步：计算信号发射时刻卫星在轨道平面的位置(x'_k, y'_k)

通过以下公式将极坐标(r_k, u_k)转换为轨道平面直角坐标系 (X', Y') 中的坐标(x'_k, y'_k):

$$x'_k = r_k\cos u_k \tag{3.61A}$$

$$y'_k = r_k\sin u_k \tag{3.61B}$$

得 $x'_k = -23\ 476\ 720.79$ m 和 $y'_k = 12\ 532\ 582.86$ m，同时 $z'_k = 0$。如图 3.8 所示，这里的直角坐标系的 X' 轴由地心指向卫星升交点，而不指向近地点，这正是式（3.48）与式（3.61）的不同之处。

第 10 步：计算信号发射时刻的升交点赤经 Ω_k

升交点赤经的线性模型如下：

$$\Omega_k = \Omega_0 + (\dot{\Omega} - \dot{\Omega}_e)t_k - \dot{\Omega}_e t_{oe} \tag{3.62}$$

由此可得 $\Omega_k = -16.393\ 745$ rad，这等价于值在 0 至 2π之间的 2.455 811 rad。在式（3.62）中，Ω_0

和 $\dot{\Omega}$ 由卫星星历给出，表 3.1 给出了地球自转角速度常数 $\dot{\Omega}_e$ 的值。注意，式（3.62）考虑了地球自转对卫星升交点与格林尼治子午面之间相对位置关系的影响，也就是说，由上式得到的 Ω_k 值直接是 t 时刻的卫星升交点在 WGS-84 大地坐标系中的经度，因此便于下一步将卫星位置从轨道平面直角坐标转换为 WGS-84 地心地固直角坐标。

第 11 步：计算卫星在 WGS-84 地心地固直角坐标系 (X_T, Y_T, Z_T) 中的坐标 (x_k, y_k, z_k)

如图 3.8 所示，轨道平面直角坐标系 (X', Y', Z') 先绕 X' 轴旋转 $(-i_k)$，再绕旋转后的 Z' 轴旋转 $(-\Omega_k)$，由此变成 WGS-84 地心地固直角坐标系 (X_T, Y_T, Z_T)。先后利用坐标变换公式（3.11）和（3.10），得到

$$x_k = x'_k \cos\Omega_k - y'_k \cos i_k \sin\Omega_k \tag{3.63A}$$

$$y_k = x'_k \sin\Omega_k + y'_k \cos i_k \cos\Omega_k \tag{3.63B}$$

$$z_k = y'_k \sin i_k \tag{3.63C}$$

代入数值后，最终得到 t 时刻该卫星在 WGS-84 地心地固直角坐标系中以米为单位的坐标值，即 (13 780 293.30, −20 230 949.12, 10 441 947.44)。

3.5　卫星运行速度的计算

如果我们只要求用户 GPS 接收机实现定位，那么一般来说算出各颗可见卫星的空间位置就已足够。如果还要求确定用户的运动速度，那么接收机就需要算出各颗卫星的运行速度。本节继续 3.4 节中的例子，详细讲解如何利用卫星星历参数来计算卫星运行速度的方法和步骤。

简单地说，卫星的运行速度等于卫星的空间位置相对于时间的变化率。卫星无摄运动的速度公式（3.49）是通过对位置公式（3.48）求导得到的，类似地，我们可以对式（3.63）求导来推出以下用星历参数表达的卫星速度公式[16, 30]：

$$\begin{aligned}\dot{x}_k &= (\dot{x}'_k - y'_k\dot{\Omega}_k \cos i_k)\cos\Omega_k - (x'_k\dot{\Omega}_k + \dot{y}'_k \cos i_k - y'_k\dot{i}_k \sin i_k)\sin\Omega_k \\ &= -y_k\dot{\Omega}_k - (\dot{y}'_k \cos i_k - z_k\dot{i}_k)\sin\Omega_k + \dot{x}'_k \cos\Omega_k\end{aligned} \tag{3.64A}$$

$$\begin{aligned}\dot{y}_k &= (\dot{x}'_k - y'_k\dot{\Omega}_k \cos i_k)\sin\Omega_k + (x'_k\dot{\Omega}_k + \dot{y}'_k \cos i_k - y'_k\dot{i}_k \sin i_k)\cos\Omega_k \\ &= x_k\dot{\Omega}_k + (\dot{y}'_k \cos i_k - z_k\dot{i}_k)\cos\Omega_k + \dot{x}'_k \sin\Omega_k\end{aligned} \tag{3.64B}$$

$$\dot{z}_k = \dot{y}'_k \sin i_k + y'_k\dot{i}_k \cos i_k \tag{3.64C}$$

需要提醒的是，式（3.63）中等号右边的所有参量全部都是关于时间的函数。们接下来要做的是，推导出式（3.64）中等号右边的各个导数值。

式（3.64）中的 $\dot{x}'_k$ 和 $\dot{y}'_k$ 可由式（3.61）对时间求导得到，即

$$\dot{x}'_k = \dot{r}_k \cos u_k - r_k\dot{u}_k \sin u_k \tag{3.65A}$$

$$\dot{y}'_k = \dot{r}_k \sin u_k + r_k\dot{u}_k \cos u_k \tag{3.65B}$$

式中，$\dot{u}_k, \dot{r}_k, \dot{i}_k$ 和 $\dot{\Omega}_k$ 可分别由式（3.58）、式（3.59）、式（3.60）和式（3.62）对时间求导得到：

$$\dot{u}_k = \dot{\Phi}_k + \delta\dot{u}_k \tag{3.66}$$

$$\dot{r}_k = a_s e_s \dot{E}_k \sin E_k + \delta\dot{r}_k \tag{3.67}$$

$$\dot{i}_k = \dot{i} + \delta\dot{i}_k \tag{3.68}$$

$$\dot{\Omega}_k = \dot{\Omega} - \dot{\Omega}_e \tag{3.69}$$

式中，$\delta\dot{u}_k, \delta\dot{r}_k$ 和 $\delta\dot{i}_k$ 可分别由式（3.55）、式（3.56）和式（3.57）对时间求导得到，即

$$\delta\dot{u}_k = 2\dot{\Phi}_k\left(C_{us}\cos(2\Phi_k) - C_{uc}\sin(2\Phi_k)\right) \tag{3.70}$$

$$\delta\dot{r}_k = 2\dot{\Phi}_k\left(C_{rs}\cos(2\Phi_k) - C_{rc}\sin(2\Phi_k)\right) \tag{3.71}$$

$$\delta\dot{i}_k = 2\dot{\Phi}_k\left(C_{is}\cos(2\Phi_k) - C_{ic}\sin(2\Phi_k)\right) \tag{3.72}$$

式中，$\dot{\Phi}_k$ 可由式（3.54）对时间求导得到，即

$$\dot{\Phi}_k = \dot{v}_k \tag{3.73}$$

而对式（3.44）进行求导和整理后可得

$$\dot{v}_k = \frac{\left(1+e_s\cos v_k\right)\dot{E}_k\sin E_k}{\left(1-e_s\cos E_k\right)\sin v_k} = \frac{\sqrt{1-e_s^2}\,\dot{E}_k}{1-e_s\cos E_k} \tag{3.74}$$

其中，式（3.67）和（3.74）中的 $\dot{E}_k$ 可由式（3.38）对时间求导得到，即

$$\dot{E}_k = \frac{\dot{M}_k}{1-e_s\cos E_k} \tag{3.75}$$

而由式（3.53）得

$$\dot{M}_k = n \tag{3.76}$$

至此，我们就得到了式（3.64）中等号右边的各个参变量。

【例 3.2】 接着例 3.1，根据给出的卫星星历参数计算卫星在信号发射 t 时刻的运行速度。

解：紧接着例 3.1 的第 11 步，我们将卫星运行速度的计算过程分成以下几步。

第 12 步：计算信号发射时刻的 $\dot{E}_k$

由式（3.76）和式（3.75）得 $\dot{E}_k = 1.455\ 743\times10^{-4}$。

第 13 步：计算信号发射时刻的 $\dot{\Phi}_k$

由式（3.74）和式（3.73）得 $\dot{\Phi}_k = \dot{v}_k = 1.452\ 868\times10^{-4}$。

第 14 步：计算信号发射时刻的摄动校正项 $\delta\dot{u}_k, \delta\dot{r}_k$ 和 $\delta\dot{i}_k$

由式（3.70）、式（3.71）和式（3.72）分别得 $\delta\dot{u}_k = 4.354\ 592\times10^{-10}$，$\delta\dot{r}_k = 0.085\ 038\ 54$ 和 $\delta\dot{i}_k = -5.780\ 267\times10^{-12}$。

第 15 步：计算信号发射时刻的 $\dot{u}_k, \dot{r}_k, \dot{i}_k$ 和 $\dot{\Omega}_k$

由式（3.66）、式（3.67）、式（3.68）和式（3.69）分别得 $\dot{u}_k = 1.452\ 873\times10^{-4}$，$\dot{r}_k = -21.479\ 54$，$\dot{i}_k = -5.780\ 267\times10^{-12}$ 和 $\dot{\Omega}_k = -7.292\ 930\times10^{-5}$。

第 16 步：计算信号发射时刻卫星在轨道平面直角坐标系中的速度($\dot{x}'_k, \dot{y}'_k$)

由式（3.65）得 $\dot{x}'_k = -1801.876$ m/s 和 $\dot{y}'_k = -3420.984$ m/s。

第 17 步：计算卫星在 WGS-84 地心地固直角坐标系(X_T, Y_T, Z_T)中的速度($\dot{x}_k, \dot{y}_k, \dot{z}_k$)

由式（3.64）得 $\dot{x}_k = 1117.116$ m/s, $\dot{y}_k = -681.974$ m/s，$\dot{z}_k = -2850.309$ m/s。

例 3.1 和例 3.2 的计算突出了 WGS-84 地心地固直角坐标系和 GPS 时间的重要性。由 GPS 卫星星历与历书参数计算得到的卫星位置和运行速度均表达在 WGS-84 坐标系中，同时 WGS-84 提供了计算所需要的有关地球的常数。

3.6 卫星轨道的插值计算

3.4 节和 3.5 节利用卫星星历参数分别计算了一颗卫星在某一时刻的位置与速度，而得到各颗可见卫星的位置和速度是 GPS 接收机实现定位、定速和定时的必要条件，且计算得到的卫星

位置和速度值的准确度将直接影响到接收机定位、定速和定时的误差大小。假如 GPS 接收机每秒定位、定速一次，那么在每秒内，接收机至少需要计算一次所有（少则 4 颗，多则 10 颗）可见卫星的位置和速度。可以想象，这一计算过程所需的计算量有多大。计算量越大，完成运算所需的时间就越长，接收机芯片的功耗就越高。为了保证对卫星信号的连续跟踪，接收机在每秒内必须完成对卫星信号采样数据的处理运算，这就要求整个定位计算必须在剩下的有限时间内完成。因此，我们一方面可以增强接收机中微处理器的运算能力，另一方面要尽可能降低信号跟踪处理和定位运算的计算量，使接收机在每秒都能及时完成信号跟踪处理和定位运算等各项应尽的计算任务。

尽管接收机在每次定位运算中计算各颗卫星的位置和速度是必要的，但是如 3.4 节和 3.5 节介绍的那种复杂的计算过程却是有可能避免的。图 3.9(a)与图 3.9(b)的三条曲线分别是某颗卫星的位置与速度在 WGS-84 地心地固坐标系中的 X, Y 和 Z 分量随时间变化的情况，其中时间坐标原点对应于该卫星当时的一套有效星历的参考时间 t_{oe}。图中的所有这些位置和速度值都是根据此星历参数按前两节介绍的方法算出来的，且各点的时间值都位于 t_{oe} 前后的两小时内，因此这些位置和速度计算值相当准确。图 3.9 表明，卫星位置和速度的各个分量随时间平滑地变化。在几分钟的时段内，它们几乎是线性变化的，即使在 4 小时的长时段内，位置和速度的各个分量也可用一条阶数不超过 3 的曲线来逼近和描述[16]。

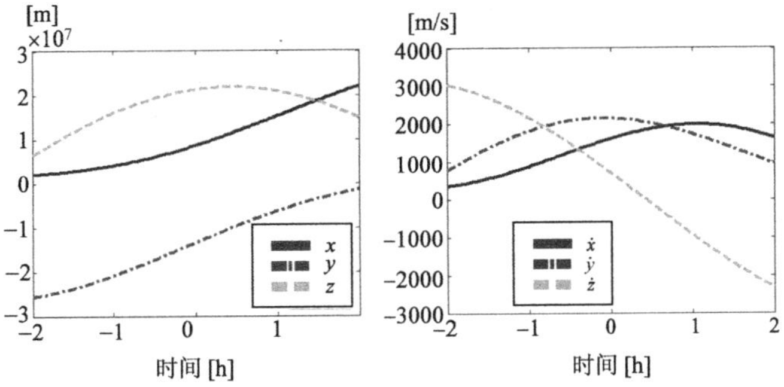

(a)卫星的空间位置　　(b)卫星的运行速度

图 3.9　随时间变化的卫星位置和速度

如果卫星的一段轨道可用一个以时间为函数的分段插值多项式表示，那么计算卫星的位置和速度就相当于计算插值多项式在一点的值，于是计算量便可大幅度减少。同时，如果此分段插值多项式构造得当，那么这种插值方法不会引入很大的卫星位置和速度误差。另外，GPS 接收机定位结果的平滑、稳定性还要求插值多项式及其导数连续、平滑[1, 10, 14]。对于这个典型的插值问题，文献[16]认为时间间隔为 100～200 s 的分段三次埃米尔特插值法最理想，其中由该插值法计算得到的卫星位置和速度的误差分别小于 10 cm 和 1 mm/s，而它的计算要比直接用卫星星历参数计算卫星位置和速度的方法快约 20 倍。

若一种卫星轨道插值计算法需要利用卫星运行的加速度信息，则类似于 3.5 节对卫星位置求导来得到卫星速度的计算公式，我们可对卫星速度计算公式（3.64）继续求导，得到卫星加速度的计算公式。接下来给出根据卫星星历计算卫星运行加速度的计算公式[16, 30]。

将式（3.76）至式（3.65）对时间求导，得

$$\ddot{M}_k = 0 \tag{3.77}$$

$$\ddot{E}_k = -\frac{(\dot{E}_k)^2 e_s \sin E_k}{1 - e_s \cos E_k} \tag{3.78}$$

$$\ddot{v}_k = \frac{2\dot{v}_k \ddot{E}_k}{\dot{E}_k} \tag{3.79}$$

$$\ddot{\Phi}_k = \ddot{v}_k \tag{3.80}$$

$$\delta\ddot{i}_k = \frac{\ddot{\Phi}_k \delta\dot{i}_k}{\dot{\Phi}_k} - 4(\dot{\Phi}_k)^2 \delta i_k \tag{3.81}$$

$$\delta\ddot{r}_k = \frac{\ddot{\Phi}_k \delta\dot{r}_k}{\dot{\Phi}_k} - 4(\dot{\Phi}_k)^2 \delta r_k \tag{3.82}$$

$$\delta\ddot{u}_k = \frac{\ddot{\Phi}_k \delta\dot{u}_k}{\dot{\Phi}_k} - 4(\dot{\Phi}_k)^2 \delta u_k \tag{3.83}$$

$$\ddot{\Omega}_k = 0 \tag{3.84}$$

$$\ddot{i}_k = \delta\ddot{i}_k \tag{3.85}$$

$$\ddot{r}_k = a_s e_s \ddot{E}_k \sin E_k + a_s e_s (\dot{E}_k)^2 \cos E_k + \delta\ddot{r}_k \tag{3.86}$$

$$\ddot{u}_k = \ddot{\Phi}_k + \delta\ddot{u}_k \tag{3.87}$$

$$\ddot{x}'_k = \ddot{r}_k \cos u_k - 2\dot{u}_k \dot{r}_k \sin u_k - (\dot{u}_k)^2 x'_k - \ddot{u}_k y'_k \tag{3.88A}$$

$$\ddot{y}'_k = \ddot{r}_k \sin u_k + 2\dot{u}_k \dot{r}_k \cos u_k - (\dot{u}_k)^2 y'_k + \ddot{u}_k x'_k \tag{3.88B}$$

然后对式（3.64）求导，得加速度计算公式为

$$\ddot{x}_k = -\dot{y}_k \dot{\Omega}_k + \alpha_k \sin\Omega_k + \beta_k \cos\Omega_k \tag{3.89A}$$

$$\ddot{y}_k = \dot{x}_k \dot{\Omega}_k - \alpha_k \cos\Omega_k + \beta_k \sin\Omega_k \tag{3.89B}$$

$$\ddot{z}_k = \left(\ddot{y}'_k - y'_k (\dot{i}_k)^2\right)\sin i_k + \left(y'_k \ddot{i}_k + 2\dot{y}'_k \dot{i}_k\right)\cos i_k \tag{3.89C}$$

其中，

$$\alpha_k = \dot{z}_k \dot{i}_k + z_k \ddot{i}_k - \dot{x}'_k \dot{\Omega}_k + \dot{y}'_k \dot{i}_k \sin i_k - \ddot{y}'_k \cos i_k \tag{3.90}$$

$$\beta_k = \ddot{x}'_k + z_k \dot{i}_k \dot{\Omega}_k - \dot{y}'_k \dot{\Omega}_k \cos i_k \tag{3.91}$$

参考文献

[1] 李庆扬，王能超，易大义. 数值分析[M]. 北京：清华大学出版社，2001.

[2] 周忠谟，易杰军，周琪. GPS 卫星测量原理与应用[M]. 北京：测绘出版社，1997.

[3] Akulenko L., Kumakshev S., Markov Y., "Motion of the Earth's Pole, " Doklady Physics, 47, N 1, pp. 78-84, 2002.

[4] Allan D., Barnes J., "A Modified 'Allan Variance' with Increased Oscillator Characterization Ability, " Proceedings of the 35th Annual Frequency Control Symposium, Fort Monmouth, NJ, May 1981.

[5] Allan D., Shoaf J., Halford D., "Statistics of Time and Frequency Data Analysis, " Time and Frequency: Theory and Fundamentals, NBS Monograph No. 140, Washington DC, 1974.

[6] ARINC Research Corporation, Navstar GPS Space Segment / Navigation User Interfaces, ICD-GPS-200C, El Segundo, CA, January 14, 2003.

[7] Ashby N., "Relativity and GPS, " GPS World, pp. 42-48, November 1993.

[8] Bate R., Mueller D., White J., Fundamentals of Astrodynamics, Dover Publications, 1971.

[9] Bock Y., GPS for Geodesy, A. Kleusberg and P. J. G. Teunissen, eds., Springer Lecture Notes in Earth

Sciences, Springer Verlag, 1997.

[10] Burden R., Faires J., Numerical Analysis, Eighth Edition, Brooks/Cole Publishing, December 2004.

[11] Fraczek W., "Mean Sea Level, GPS, and the Geoid, " ESRI Applications Prototype Lab, July-September 2003.

[12] Fruehauf H., "Issues Involved with GPS Signal Acquisition and Unlocks, " FEI-Zyfer Inc., 2005.

[13] Hatch R., "Relativity and GPS: Parts I & II, " Galilean Electrodynamics 6, 1995.

[14] Kincaid D., Cheney W., Numerical Analysis: Mathematics of Scientific Computing, Third Edition, Brooks/Cole Publishing, 2002.

[15] Knable N., Kalafus R., "Clock Coasting and Altimeter Error Analysis for GPS, " Navigation, Journal of The Institute of Navigation, Vol. 31, No. 4, pp. 289-302, 1984.

[16] Korvenoja P., Piche R., "Efficient Satellite Orbit Approximation, " Proceedings of ION GPS, Salt Lake City, UT, September 19-22, 2000.

[17] Lombardi M., "Fundamentals of Time and Frequency, " The Machatronics Handbook, 2001.

[18] McCarthy D., "Astronomical Time, " Proceedings of the IEEE, Vol. 79, No. 7, July 1991.

[19] Milbert D., Smith D., "Converting GPS Height into NAVD88 Elevation with the GEOID96 Geoid Height Model, " National Geodetic Survey, NOAA.

[20] Misra P., Enge P., Global Positioning System - Signals, Measurements, and Performance, Ganga-Jamuna Press, 2001.

[21] National Imagery and Mapping Agency, Department of Defense World Geodetic System 1984, TR8350.2, Third Edition, Amendment 1, January 3, 2000.

[22] National Physical Laboratory, "The Leap Second, " Teddington, Middlesex, UK, 2005.

[23] Parkinson B., Spilker J., Axelrad P., Enge P., Global Positioning System: Theory and Applications, American Institute of Aeronautics and Astronautics, 1996.

[24] Pogge R., "Real-World Relativity: The GPS Navigation System, " Department of Astronomy, Ohio State University, December 2004.

[25] Schlyter P., "Timescales, " Stockholm, Sweden, June 22, 2005.

[26] United States Naval Observatory, "GPS Constellation Status, " November 18, 2005.

[27] United States Naval Observatory, "USNO GPS Time Transfer, " January 3, 2006.

[28] Weisstein E., "Eccentric Anomaly, " MathWorld - A Wolfram Web Resource, 1999.

[29] Xie G., Yuan X., Vohra R., "Is It Really Necessary for GPS Receivers to Store Both Satellite Ephemeredes and Almanacs?" ION GNSS, Fort Worth, TX, September 26-29, 2006.

[30] Zhang J., Zhang K., Grenfell R., Li Y., Deakin R., "On GPS Satellite Velocity and Acceleration Determination Using Broadcast Ephemeris, " The 6th International Symposium on Satellite Navigation Technology Including Mobile Positioning & Location Services, Melbourne, Australia, July 22-25, 2003.

第 4 章　GPS 测量及其误差

GPS 接收机要实现定位，就要解决如下两个问题：一是知道各颗可见卫星在空间的准确位置，二是测量从接收机到这些卫星的精确距离。第 3 章回答了第一个问题，本章回答第二个问题。

GPS 接收机对每颗卫星产生伪距和载波相位两个基本距离测量值。4.1 节介绍伪距和与之相关的测距码码相位测量值，4.2 节介绍载波相位及其相关的多普勒频移和积分多普勒测量值，4.3 节详细分析 GPS 测量值中的各个误差成分，4.4 节简单介绍能够有效降低或消除测量误差的差分 GPS 原理。根据伪距与载波相位测量值的相互关系，4.5 节首先介绍经载波相位测量值平滑后的伪距，然后给出一种利用伪距来粗略估算载波相位测量值中的整周模糊度的方法。

4.1　伪距测量值

伪距在 GPS 领域是一个非常重要的概念，它是 GPS 接收机对卫星信号的一个最基本的距离测量值。测量多颗可见卫星的伪距是第 5 章介绍的 GPS 接收机实现单点绝对定位的必要条件。

4.1.1　伪距的概念

如图 4.1 所示，某卫星（编号为 s）按照自备的卫星时钟在 $t^{(s)}$ 时刻发射某个信号。我们将这个 $t^{(s)}$ 时刻称为 GPS 信号的发射时间。该信号在 t_u 时刻被用户 GPS 接收机收到，我们将 t_u 称为 GPS 信号的接收时间，它由接收机上的时钟读出。这样，我们在这里就涉及 GPS 时间、卫星时钟和接收机时钟三种时间，3.2 节介绍了 GPS 时间坐标系和时间标准的 GPS 时间（GPST）。

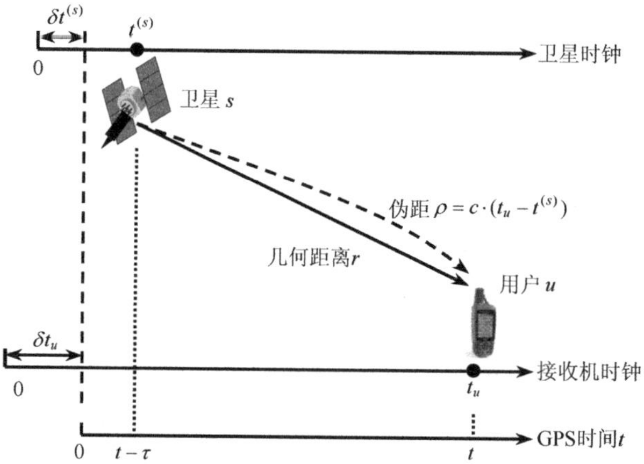

图 4.1　伪距的测量

用户接收机时钟产生的时间通常与 GPS 时间不同步。假设对应信号接收时间 t_u 的 GPS 时间实际上等于 t，那么我们可将 GPS 时间为 t 时的接收机时钟 t_u 记为 $t_u(t)$，并将此时的接收机时钟超前 GPS 时间的量记为 $\delta t_u(t)$，即

$$t_u(t) = t + \delta t_u(t) \tag{4.1}$$

式中，$\delta t_u(t)$ 通常被称为接收机时钟钟差，其值通常是未知的，且是一个关于 GPS 时间 t 的函数。

各个卫星时钟也不可能与 GPS 时间严格同步。第 2 章说过，卫星播发的导航电文中的第一数据块含有卫星时钟校正参数，这些参数正是用来校正卫星时钟钟差即卫星时钟超前 GPS 时间的量，这就使得各个校正后的卫星时钟与 GPS 时间保持同步。GPS 时间 t 与卫星时钟 $t^{(s)}(t)$存在以下关系：

$$t^{(s)}(t) = t + \delta t^{(s)}(t) \tag{4.2}$$

式中，卫星时钟钟差 $\delta t^{(s)}(t)$ 可视为已知的，4.3.1 节中将介绍如何由卫星时钟校正参数求得卫星钟差值 $\delta t^{(s)}(t)$。如果 GPS 信号从卫星到接收机所需的实际传播时间为 τ，那么依照式（4.2），GPS 时间与卫星时钟在信号发射时刻 $t-\tau$ 的关系可以表达成

$$t^{(s)}(t-\tau) = t - \tau + \delta t^{(s)}(t-\tau) \tag{4.3}$$

在以上各式中，我们用下标（如“u”）指代接收机，用上标（如“s”）指代和区分不同的卫星，上标中加括号“( )”只是将其与指数区分开来。这种上下标非常形象地反映了通常情况下接收机与卫星的相对位置关系，本书中的各章一致采用这种上下标表达方式。

GPS 接收机根据接收机时钟在 $t_u(t)$时刻对 GPS 信号采样，然后对采样信号进行处理，得到标记在 GPS 信号上的发射时间 $t^{(s)}(t-\tau)$。伪距 $\rho(t)$ 定义为信号接收时间 $t_u(t)$与信号发射时间 $t^{(s)}(t-\tau)$ 的差乘以光在真空中的速度 c，即

$$\rho(t) = c\left(t_u(t) - t^{(s)}(t-\tau)\right) \tag{4.4}$$

接收机时钟与卫星时钟不同步，所以 $\rho(t)$ 被称为伪距[13]。将式（4.1）和式（4.3）代入上式得

$$\rho(t) = c\tau + c\left(\delta t_u(t) - \delta t^{(s)}(t-\tau)\right) \tag{4.5}$$

在大气折射效应的作用下，电磁波在大气层中的实际传播速度要小于其在真空中的传播速度 c。这样，我们就可认为 GPS 信号的实际传播时间 τ 由以下两部分组成：一是信号以真空光速 c 穿过卫星与接收机之间的几何距离 r 所需的传播时间，二是大气折射造成的传播延时，即

$$\tau = \frac{r(t-\tau, t)}{c} + I(t) + T(t) \tag{4.6}$$

式中，大气传播延时又被分解成电离层延时 $I(t)$和对流层延时 $T(t)$，它们的值可经测量或利用数学模型估算得到，因此可视为已知的；而几何距离 $r(t-\tau,t)$ 代表时刻 $(t-\tau)$ 的卫星位置与时刻 t 的接收机位置之间的直线距离。因为接收机位置待定，所以几何距离 $r(t-\tau,t)$ 是一个未知量。

将式（4.6）代入式（4.5），得

$$\rho(t) = r(t-\tau, t) + c\left(\delta t_u(t) - \delta t^{(s)}(t-\tau)\right) + cI(t) + cT(t) + \varepsilon_\rho(t) \tag{4.7}$$

我们注意到，式（4.7）中引入了一个值未知的伪距测量噪声量 $\varepsilon_\rho(t)$，它代表所有未直接体现在式（4.7）中的误差总和。例如，由卫星星历参数得到的卫星位置、卫星时钟校正模型和大气延时估计值等存在不可避免的误差，且伪距测量值还受到多路径、接收机噪声等多种误差源的影响，我们将在 4.3 节中详细分析各种误差源。式（4.7）中的钟差和各项测量误差再次说明，由式（4.4）定义的 $\rho(t)$ 是“伪”距，而不是真正的几何距离 $r(t-\tau,t)$。

理解并牢记伪距中的卫星位置是在信号发射时刻而接收机位置是在信号接收时刻的区别后，就可省略式（4.7）中的时间标志，而将其简写成

$$\rho = r + c\left(\delta t_u - \delta t^{(s)}\right) + cI + cT + \varepsilon_\rho \tag{4.8}$$

上式被称为伪距观测方程式，它在 GPS 定位中极为重要，是接收机利用伪距实现单点绝对定位

的基本方程式。

需要说明的是，在不引起混淆的情况下，表面上看来代表时间和长度的不同物理参量在 GPS 领域中常被混合使用，而时间量与长度量之间的换算因子是光速 c 。例如，式（4.8）完全可以改写成

$$\rho = r + c\left(\delta t_u - \delta t^{(s)}\right) + I + T + \varepsilon_\rho \tag{4.9}$$

甚至写成

$$\rho = r + \delta t_u - \delta t^{(s)} + I + T + \varepsilon_\rho \tag{4.10}$$

式中，大气延时 I 和 T 在式（4.8）中是时间量，但是它们在式（4.9）和式（4.10）中是长度量，读者可以轻易地分辨接收机钟差 δt_u 和卫星钟差 $\delta t^{(s)}$ 在上述公式中究竟是时间量还是长度量。如果各种校正量和误差值是以秒为单位的时间量，那么它们通常是非常小的数，这既不方便又不直观。例如，我们常说电离层延时 I 相当于 6 m，而很少说它等于 2×10^{-8} s，尽管这两种说法本质上是一致的；又如，第 2 章讲到了 C/A 码，它的码宽既可作为时间量又可作为长度量，一个 C/A 码码片的宽度约为 10^{-6} s，或者说约为 300 m。一般来说，将伪距观测方程式（4.8）中的所有参量统一换算成以米为单位的长度量比较方便、实用。

伪距观测方程式（4.10）中的 $\delta t^{(s)}$, I 和 T 均可视为已知量，因此我们可以定义校正后的伪距测量值 ρ_c 为

$$\rho_c = \rho + \delta t^{(s)} - I - T \tag{4.11}$$

这样，式（4.10）就可改写成

$$r + \delta t_u = \rho_c - \varepsilon_\rho \tag{4.12}$$

上式将未知量 δt_u 和含有未知参数的量 r 全部移到了等号左边，而将已知测量值 ρ_c 移到了等号右边，以便在第 5 章中建立伪距定位方程式。

4.1.2 伪距与测距码相位

4.1.1 节指出，伪距是信号接收时间 t_u 与信号发射时间 $t^{(s)}$ 的差再乘以真空光速，其中信号接收时间 t_u 是直接由 GPS 接收机时钟读出的，而接收机要从信号上获取发射时间 $t^{(s)}$，就得测量信号中的测距码（C/A 码）相位。用来测量测距码相位的接收机码跟踪环路将在第 12 章中详细介绍，本节的目的是阐述伪距与码相位的关系。

实际上，接收机直接测量的不是信号发射时间 $t^{(s)}$ ，更不是伪距 ρ ，而是码相位（CP），它是通过接收机内部码跟踪环路上的 C/A 码发生器和 C/A 码相关器获得的。如图 4.2 所示，接收机通过码相关器对接收到的卫星信号与其内部复制的 C/A 码进行相关分析，并利用第 2 章介绍的 C/A 码的良好自相关特性，测量在接收时刻 t_u 接收到的卫星信号中的 C/A 码相位值 CP。所谓码相位，是指最新接收到的片刻 C/A 码在一整周期 C/A 码中的位置，其值在 0 至 1023 码片之间，且通常不是一个整数。

由卫星产生 C/A 码的时间机理可以看出，C/A 码相位值反映了卫星播发该片刻信号时的卫星时间，因此信号发射时间 $t^{(s)}$ 和伪距是在码相位测量值的基础上组装起来的。然而，接收机测得码相位后，信号发射时间未必一定能够被组装成功。只有接收机接收到卫星信号并进入子帧同步状态（见 2.5.2 节）后，即接收机搜索到并锁定导航电文的子帧起始沿后，我们才可能根据第 2 章介绍的有关导航电文格式的知识将信号发射时间构筑起来。图 4.2 描述了信号发射时间 $t^{(s)}$ 的各个组成部分，而以下是信号发射时间 $t^{(s)}$ 的相应构筑公式[11]：

$$t^{(s)} = \text{TOW} + (30w + b) \times 0.020 + \left(c + \frac{\text{CP}}{1023}\right) \times 0.001 \quad \text{(s)} \tag{4.13}$$

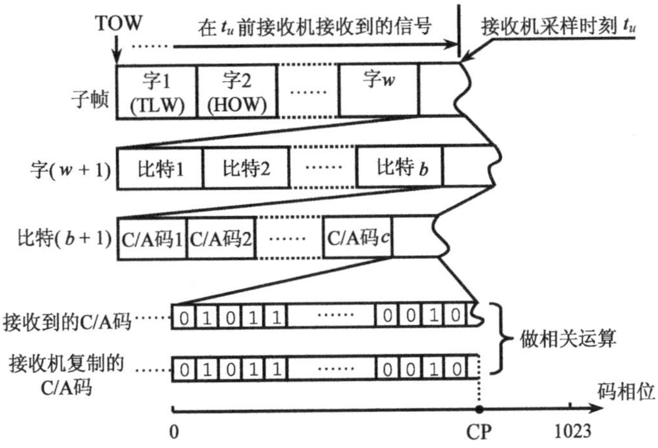

图 4.2 卫星发射信号时间的组成部分

2.5.3 节指出，每个子帧中以秒为单位的周内时 TOW 都对应于下一子帧起始沿的 GPS 时间，因此当前的 TOW 等于上个子帧交接字中截短的周内时计数再乘以 6，也等于当前子帧中截短的周内时计数乘以 6 再减去 6。除了当前子帧起始沿对应的 TOW，信号发射时间 $t^{(s)}$ 还应当加上从该子帧起始沿至我们关心的接收信号片刻之间的时间：首先，在当前子帧中，接收机已经接收到 w 整个导航电文数据码的字，而每个字包含 30 个比特；然后，在当前字中，接收机已经接收到 b 整个导航电文的比特，而每比特长 20 ms；接着，在当前比特中，接收机又接收到 c 整周 C/A 码的导航电文，而 C/A 码的周期长等于 1 ms；最后，信号发射时间 $t^{(s)}$ 还包括已经接收到的信号片刻在当前这一周 C/A 码中的码相位测量值 CP。学习第 12 章的知识后，读者会更深刻地理解上述伪距与码相位的关系。

根据式（4.13）组装完信号发射时间 $t^{(s)}$ 后，伪距测量值 ρ 就可由式（4.4）计算得到。我们通过测量 PRN 的码相位得到伪距，这就是 C/A 码和 P(Y)码又被称为*测距码*的根本原因。

4.2 载波相位测量值

除了伪距，GPS 接收机由卫星信号得到的另一个基本测量值是载波相位，它在分米级、厘米级的 GPS 精密定位中起关键作用。相对于伪距来说，理解载波相位测量值的概念及其测量原理或许要复杂一些，因此希望读者能仔细地体会本节的内容。

4.2.1 载波相位的概念

载波（如 L1 或 L2）信号在其传播途径上的不同位置，同一时刻有着不同的相位值。如图 4.3 所示，点 S 代表卫星信号发射器的零相位中心点，而在载波信号传播途径上的 A 点相距 S 点半个波长（0.5λ），且在任一时刻 A 点的载波相位始终落后 S 点的相位 180°。传播途径上的一点离 S 点越远，该点的载波相位就越落后。反过来，如果我们能够测量出传播途径上两点间的载波相位差，那么这两点之间的距离就可以相应地被推算出来。因为 A 点的载波相位落后 S 点的相位 180°，所以 A 点相距 S 点半个波长。虽然 B 点的载波相位也落后 S 点 180°，但是 B 点与 S 点之间的距离不再是 0.5λ，而是 $(N+0.5)\lambda$，其中 N 通常是一个未知的整数，这是因为我们通常不能直接测量一点的载波相位的起点。同样，如果将接收机 R 点的载波相位与 S 点的相位相比较，那么我们就可知道卫星和接收机之间的距离，只不过这个距离值中包含一个未知的整数周波长。以上就是利用载波相位差进行距离测量的基本思想，只不过这种测量存在模糊度。

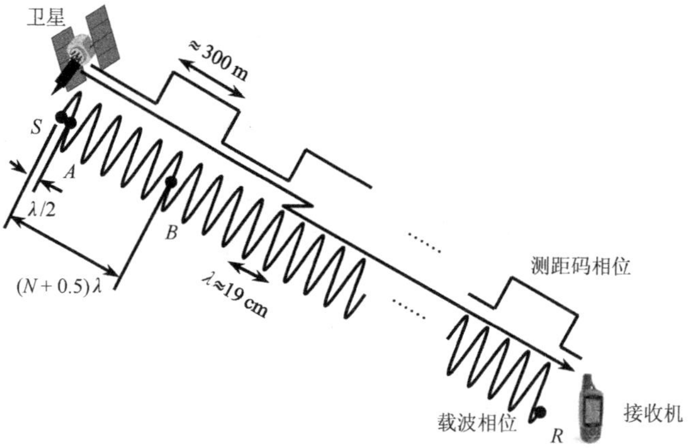

图 4.3 载波相位和测距码码相位

为了获得从卫星到接收机的距离，接收机需要在同一时刻测量载波在接收机 R 点及在卫星 S 点的相位，然后计算二者的相位差。图 4.4 所示是一个假想的 GPS 接收机测量这个载波相位差的工作原理，其中接收机依靠其内部的晶体振荡器产生一个载波信号副本。我们不妨暂时假设接收机和卫星保持相对静止，且二者的时钟完全同步、同相，那么当接收机以卫星载波信号中心频率（如 f_1 或 f_2）为频率值来复制载波信号时，在任何时刻接收机的复制载波信号相位就等于实际的卫星载波信号在卫星端的相位。若在接收机采样时刻 t_u，接收机内部复制的载波相位为 φ_u，而接收机接收、测量到的卫星载波信号的相位为 $\varphi^{(s)}$，则载波相位测量值 ϕ 定义为接收机复制载波信号的相位 φ_u 与接收机接收到的卫星载波信号的相位 $\varphi^{(s)}$ 的差，即

$$\phi = \varphi_u - \varphi^{(s)} \tag{4.14}$$

式中，各个载波相位和相位差均以周（或者说波长）为单位，而一周对应于 360°（2π弧度）的相位变化，在距离上对应于一个载波波长，即以周为单位的载波相位测量值 ϕ 乘以波长 λ 后，就转换成以距离为单位的载波相位测量值。因为复制载波信号的相位 φ_u 在这里刚好等于实际的卫星载波信号在卫星端的相位，所以载波相位测量值 ϕ 就是卫星载波信号从卫星端到接收机端的相位变化量。我们再假设载波相位的测量不受钟差、大气延时等误差的干扰，那么根据本节前面讨论的在信号传播途径上两点间的载波相位差与距离的关系，得到

$$\phi = \lambda^{-1} r + N \tag{4.15}$$

式中，r 仍为卫星与接收机之间的几何距离，N 是一个未知的整数。在 GPS 领域，这个未知的整数 N 通常被称为整周模糊度，而求解整周模糊度 N 的方法又常被称为整周模糊度的确定。假如我们能够确定载波相位测量值 ϕ 中的整周模糊度值 N，那么我们可以根据式（4.15）由 ϕ 反推出几何距离 r。

现在，我们将接收机钟差、卫星钟差和大气延时等各种误差因素考虑到式（4.15）中去，得到如下的载波相位观测方程式：

$$\phi = \lambda^{-1}\left(r + c(\delta t_u - \delta t^{(s)}) - I + T\right) + N + \varepsilon_\phi \tag{4.16}$$

或

$$\phi = \lambda^{-1}\left(r + \delta t_u - \delta t^{(s)} - I + T\right) + N + \varepsilon_\phi \tag{4.17}$$

上式与式（4.10）同等重要，它是利用载波相位测量值进行定位的基本方程式。值得注意的是，式（4.10）与式（4.17）在电离层延时 I 前面分别用了加号与减号，而 4.3.3 节将讨论电离层延时对码相位与载波相位测量值的不同影响。需要再次强调的是，载波相位测量值 ϕ 实际上指的是载波相位差，只有载波相位差或者说载波相位变化量才包含距离信息，而仅在一点的某一时刻的载波相位 φ 通常不说明任何问题。在不引起混淆的情况下，我们总是将这种载波相位差的测量值简称为载波相位。

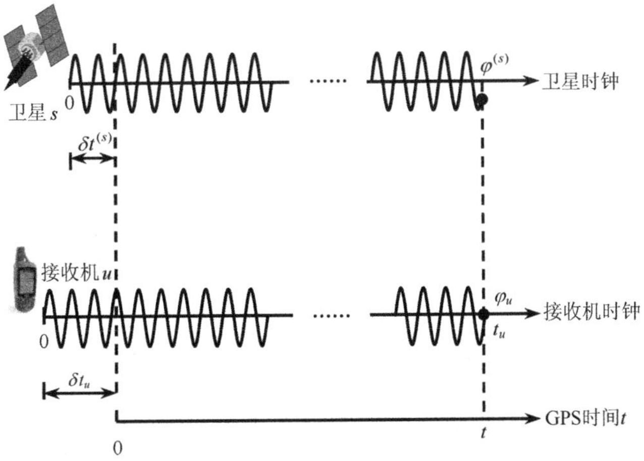

图 4.4　载波相位测量值的概念

至此，我们仍然假定卫星与接收机保持相对静止，此时式（4.17）中的几何距离 r 恒定，且等号右边的其他各项参量值对时间的变化可认为很小，那么等号左边的载波相位测量值 ϕ 也将保持不变，而不变的 ϕ 值才与卫星和接收机保持相对静止的这一假设相互吻合。事实上，即使卫星与接收机存在相对运动，式（4.17）仍然成立。卫星与接收机的相对运动使载波相位测量值 ϕ 发生变化，而其变化大小刚好反映了卫星与接收机在它们的连线（观测向量）方向上的距离变化量。4.2.2 节将用多普勒效应解释卫星与接收机的相对运动是如何使载波相位测量值 ϕ 发生变化的。

4.2.2　多普勒频移与积分多普勒

我们早在 1.1 节中就简单地提及了多普勒效应。如图 4.5(a)所示，一个静止不动的信号发射塔播发频率为 f 的信号，而接收机以速度 v 运行，那么接收机接收到的信号频率 f_r 不再是信号的发射频率 f，而是 $f + f_d$。我们将这种信号接收频率 f_r 随信号发射源与接收机的相对运动而发生变化的现象称为多普勒效应，而将 f_d 称为多普勒频移。这样，多普勒频移 f_d 就等于信号接收频率 f_r 与发射频率 f 的差，即

$$f_d = f_r - f \tag{4.18}$$

从电磁波传播的基本理论出发，我们可以严格推导出以下多普勒频移值 f_d 的计算公式：

$$f_d = \frac{v}{\lambda}\cos\beta = \frac{v}{c} f \cos\beta \tag{4.19}$$

式中，λ 是与信号发射频率 f 相对应的信号波长，c 为光速，β 为信号入射角。对于静态信号发射源，信号入射角 β 指的是接收机运动方向与信号入射方向的夹角。

当接收机朝信号发射塔方向运动时，信号入射角的绝对值$|\beta|$小于 90°，于是由式（4.19）计算得到的多普勒频移f_d大于零，即信号接收频率大于其发射频率。对此的一种形象理解是：当接收机朝信号发射源方向运动时，因为它在相同的时间内接收到的载波周数比其静止时更多，所以接收信号的频率变高。如果接收机的运动方向与信号入射方向垂直，即$|\beta|$等于 90°，那么多普勒频移为零。尽管此时接收机与信号发射源存在相对运动，但是二者之间的距离瞬间保持不变。可见，多普勒效应反映的是信号发射源与信号接收机之间连线距离的变化快慢，是与接收机运行速度在信号入射方向上的投影成正比的。

式（4.19）很容易被推广到移动型信号发射源的情况。如图 4.5(b)所示，运行速度为$\boldsymbol{v}^{(s)}$的卫星发射频率为f、波长为λ 的载波（如 L1 或 L2）信号，接收机的速度为$\boldsymbol{v}$，那么接收机接收到的卫星载波信号的多普勒频移为

$$f_d = \frac{(\boldsymbol{v}-\boldsymbol{v}^{(s)})\cdot \boldsymbol{1}^{(s)}}{\lambda} = -\frac{(\boldsymbol{v}^{(s)}-\boldsymbol{v})\cdot \boldsymbol{1}^{(s)}}{\lambda} = \frac{-\dot{r}}{\lambda} \tag{4.20}$$

式中，$\boldsymbol{1}^{(s)}$是卫星在接收机位置的单位观测向量，它的计算方法可以参考式（3.14）。我们知道，一个向量与一个单位向量的点积（也称内积）等于该向量在单位向量方向上的投影长度，于是接收机相对于卫星的运行速度$(\boldsymbol{v}-\boldsymbol{v}^{(s)})$与单位观测向量$\boldsymbol{1}^{(s)}$的点积，就等于接收机向卫星靠近的距离变化率，即$(-\dot{r})$，其中$\dot{r}$代表卫星与接收机之间的几何距离$r$关于时间的导数。当卫星与接收机相对远离时，$\dot{r}$值为正，$(-\dot{r})$为负，从而多普勒频移$f_d$是一个负数，即接收机接收到的卫星载波频率小于其发射频率f。此时，若接收机内部复制的载波频率仍为f，则复制载波的相位变化要快于接收到的卫星载波信号的相位变化，因此由式（4.14）给出的相位差朝正的方向变大。也就是说，当卫星与接收机相对远离时，载波相位测量值ϕ变大，而这至少说明了几何距离r的值与载波相位ϕ的值的变化方向是一致的。

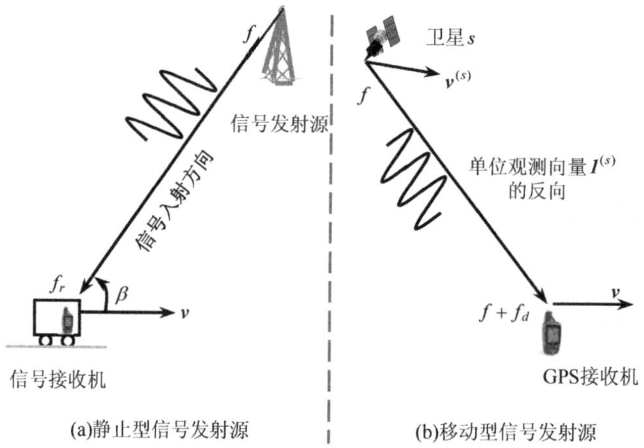

图 4.5　多普勒效应

式（4.20）揭示了多普勒频移测量值f_d与用户接收机运动速度$\boldsymbol{v}$的关系。如果我们将卫星运行速度$\boldsymbol{v}^{(s)}$引起的多普勒频移从f_d中扣掉，那么剩下的那部分多普勒频移体现的正是接收机的运行速度$\boldsymbol{v}$，这为求解接收机运动速度$\boldsymbol{v}$提供了机会，5.6 节中将阐述这个问题。

为了测量接收到的卫星信号的载波相位，接收机内部复制的实际上不是频率始终为f的载波，而通过其内部的载波跟踪环路每时每刻尽力去复制一个载波，让该载波的频率或相位与接收到的卫星信号的载波相一致。这样，载波跟踪环路基本上可分为频率锁定环路（FLL）和相位锁定环

路（PLL）两种形式：频率锁定环路通过不断地调整复制载波的频率，使其与接收到的卫星信号的载波频率尽量相一致，然后输出多普勒频移测量值；相位锁定环路则通过不断地调整复制载波的相位，使其与接收到的卫星信号的载波相位尽量相一致，然后输出积分多普勒测量值。我们将在第 11 章中详细介绍载波跟踪环路，本节旨在弄清多普勒频移、积分多普勒和载波相位测量值之间的关系。

积分多普勒 $\mathrm{d}\phi$是多普勒频移 f_d 关于时间的积分，即

$$\mathrm{d}\phi_k \equiv \mathrm{d}\phi(t_k) = -\int_{t_0}^{t_k} f_d(t)\mathrm{d}t \tag{4.21}$$

式中，$\mathrm{d}\phi_k$ 代表接收机在历元 k 输出的积分多普勒测量值。在载波跟踪环路刚锁定或重锁载波信号的那一刻，接收机一般将积分多普勒值重置为零，而式（4.21）将这一时刻标记为历元 0。接收机对多普勒频移进行积分相当于对多普勒频移引起的载波相位变化进行以周为单位的计数，于是在历元 k 的积分多普勒值 $\mathrm{d}\phi_k$ 就等于从历元 0 到历元 k 这段时间内载波相位测量值的变化量，而 $\mathrm{d}\phi_k$ 乘以波长λ 后的值，就应当等于这段时间内卫星与接收机之间的距离变化量。事实上，若式（4.20）中的最后一项（$-\dot{r}/\lambda$）对时间进行同样的积分，则该积分结果恰好等于几何距离 r 的变化量除以波长λ。这样，积分多普勒测量值 $\mathrm{d}\phi_k$ 就完全反映了几何距离 r 的变化大小和方向，因此积分多普勒常被称为*积分距离差*（ADR）。反过来，式（4.21）暗示着积分多普勒 $\mathrm{d}\phi_k$ 对时间的导数等于多普勒频移 f_d 乘以−1。

联系如此紧密的积分多普勒与多普勒频移测量值之间存在如下的重要区别：一方面，多普勒频移是一个瞬时值，它体现的是用户接收机在测量时刻相对于卫星的瞬间运动速度；另一方面，积分多普勒是一个平均值，两时刻之间的积分多普勒测量值体现的是该时段内用户相对于卫星的总位移，而总位移反映的是运动的平均速度。接收机一般会同时输出多普勒频移和载波相位测量值。

4.1 节提到伪距 ρ 并不是接收机码跟踪环路的基本测量值，而由以上讨论可以看出，载波相位 ϕ 也不是载波跟踪环路的基本测量值。对于采用频率锁定环路的接收机而言，它首先要对多普勒频移测量值进行积分才能得到积分多普勒测量值，然后与采用相位锁定环路的接收机一样，要么直接将积分多普勒值 $\mathrm{d}\phi_k$ 当作载波相位测量值 ϕ 输出，要么将积分多普勒值补上若干整数周，使其以距离为单位的值大致与伪距测量值接近，再当作载波相位测量值输出。

无论接收机输出的载波相位测量值由什么载波跟踪环路产生，它总包含一个未知的整周模糊度。当载波跟踪环路对信号失锁后又重锁时，它输出的载波相位测量值中的整周模糊度通常会发生跳变，也就是说，整周模糊度的值在信号失锁前后是不一样的。有时候，接收机虽然尚未声明信号完全失锁，但是其输出的载波相位测量值也有可能出现整周数的跳变误差。我们将载波相位测量值发生整周模糊度跳变的现象称为*失周*，而随着接收机及其信号跟踪环路功能的提高，失周现象发生的频率将变得越来越低。最后需要指出的是，如果载波跟踪环路不发生信号失锁和相位失周等现象，那么两时刻之间的积分多普勒（或者说载波相位）测量值之差没有模糊度。

4.2.3 伪距与载波相位的对比

伪距和载波相位是 GPS 接收机的两个基本距离测量值，二者既有明显区别又有互补性。

由式（4.4）得到的伪距测量值尽管包含钟差、大气延时等各种误差，但它真实地反映了卫星与接收机之间的距离，没有类似于载波相位测量值中的模糊度问题。在同一时刻利用至少 4 颗不同的可见卫星的伪距测量值，接收机就可以实现三维绝对定位与定时。然而，载波相位测量值含有一个未知的整周模糊度，因此若只利用载波相位测量值而不借助于伪距，则接收机一般是不可能实现单点绝对定位的。

尽管载波相位测量值含有整周模糊度，但它非常平滑，精度很高。载波 L1 的一周仅长 19 cm，而接收机载波跟踪环路对载波相位的测量精度一般不低于一周载波的 1/4，甚至高达毫米量级。相比之下，伪距（及码相位）测量值就显得很粗糙。一个 C/A 码的码片长约 300 m，而码跟踪环路只能将码相位确定到几米的精度。另外，多路径效应对码相位测量值的影响也远大于对载波相位测量值的影响。

计算伪距所需的信号发射时间，是根据式（4.13）将码相位测量值与其他几部分装配起来的。实际上，对采用相位锁定环路型的接收机而言，它输出的载波相位测量值也可分成两部分：周内值和整周数。所谓周内值，是指由相位锁定环路测定的、其值小于一周的载波相位部分。当相位锁定环路发生失周现象时，周内值可能是正确的，但整周数会出现跳变。

因为接收机可以利用导航电文的格式和信息将码相位最终转换成唯一与其对应的信号发射时间和伪距，所以伪距不存在模糊度问题。然而，如果接收机只能测量得到码相位 CP 而未能确定式（4.13）中的其他几项值，比如接收机对接收到的卫星信号尚未进入子帧同步状态，或者还未编译出导航电文中的周内时（TOW），那么信号发射时间 $t^{(s)}$就难以确定。将码相位转换成伪距的过程也就会遇到模糊度问题，这个模糊度可能是 1 ms 或 20 ms 的整数倍。我们知道，GPS 卫星的运行轨道高度约为 20 200 km，这大致相当于平均值为 78 ms 的信号传播时间。考虑到一比特长 20 ms、一周 C/A 码长 1 ms，若再借助其他信息，则接收机有可能在未达到子帧同步状态之前就可以解决这种伪距模糊度问题。我们将在 12.3.4 节中探讨这种可能的解决方案。

与人们很少提及伪距中的模糊度不同，载波相位测量值中的整周模糊度问题众所周知。载波 L1 的波长仅长 19 cm，但是测量值中的各种误差、噪声可达几米，而卫星与接收机之间的距离更是高达 20 000 km，这就使得整周模糊度的求解变得非常复杂、困难。如果载波波长很长，长得夸张到可与卫星运行高度值相比拟的程度，那么载波相位测量值就不存在整周模糊度的问题，或者说整周模糊度很容易被确定。事实上，早在计划创建 GPS 之前，已进入开发、运行阶段的奥米茄（Omega）无线电定位系统就是通过发射波长为几十千米或等效于上百千米的不同载波信号，来使得接收机可直接利用载波相位测量值对已知位置在几千米、几十千米范围内的用户进行精确绝对定位的。

伪距在过去一直被视为 GPS 接收机最主要的基本距离测量值，但是现在情况正在发生转变，载波相位正显得越来越重要，越来越受到大家的关注[8]。若一个接收机的定位算法看上去未直接采用载波相位测量值，则该接收机基本上还是采用了将在 4.5.1 节中介绍的用载波相位来平滑伪距的方法。更不用提及实现高精度定位的实时动态差分系统（见第 7 章），因为在这些系统中，载波相位的作用占主导地位，而伪距的作用最多是帮助确定载波相位中的整周模糊度。

4.3 测量误差

伪距和载波相位测量值中包含着各种误差。如图 4.6 所示，GPS 测量误差按照其来源的不同可大致分为以下三个方面[1, 14]。

（1）*与卫星有关的误差*。这部分误差主要包括卫星时钟误差和卫星星历误差，它们是由 GPS 地面监控部分不能对卫星的运行轨道和卫星时钟的频率漂移做出绝对准确的测量、预测而引起的。

（2）*与信号传播有关的误差*。GPS 信号从卫星端传播到接收机端需要穿越大气层，而大气层对信号传播的影响表现为大气延时。大气延时误差通常被分成电离层延时和对流层延时两部分。

（3）*与接收机有关的误差*。接收机在不同的地点可能会受到不同程度的多路径效应和电磁干扰，而这部分误差还包括接收机噪声和软件计算误差等。

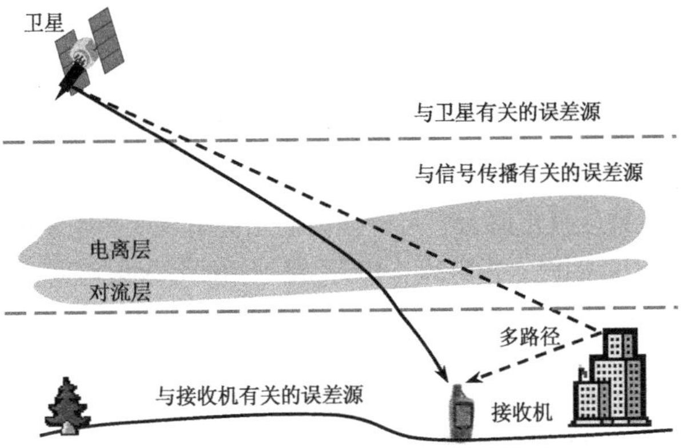

图 4.6　测量误差来源

测量误差的两个重要特征是其大小和变化快慢。根据它们的变化快慢这个特征来分，上述各种误差可以分成偏差和噪声两类[14]。偏差是指那些在一段时间内变化较慢的误差。例如，电离层延时的大小一般在几秒甚至几分钟内基本不变，因此是一种偏差误差。考虑到偏差量的大小具有一定的稳定性，我们有可能直接测量或用数学模型来预测偏差值，然后用来校正 GPS 测量值。与偏差相反，噪声是变化很快的一类误差，它的大小一般很难被预测或测定，但是我们仍有可能掌握噪声在一段时间内的均值、方差、相关函数和功率频谱密度（PSD）函数等一些统计特性。4.4 节的表 4.1 中列出了各种误差的变化时间常数，需要注意的是，这些时间数值仅供读者粗略参考[6]。由于我们考虑的时段有长有短，因此误差的这种分类不是绝对的，有些偏差在另一种环境下可被视为噪声，反之亦然。

接下来的几节将详细介绍 GPS 测量中的各种误差成分。

4.3.1　卫星时钟误差

相对于 GPS 时间，卫星上作为时间和频率信号来源的原子钟存在着必然的时间偏差和频率漂移。为了确保各颗卫星的时钟与 GPS 时间同步，GPS 地面监控部分通过对卫星信号进行监测，将卫星时钟在 GPS 时间 t 的卫星钟差 $\Delta t^{(s)}$ 描述为如下二项式[2]：

$$\Delta t^{(s)} = a_{f0} + a_{f1}(t - t_{oc}) + a_{f2}(t - t_{oc})^2 \tag{4.22}$$

式中，三个二项式系数 a_{f0}, a_{f1} 和 a_{f2} 及参考时间 t_{oc} 均由卫星导航电文的第一数据块（见 2.5.4 节）给出。尽管从频率信号的产生到 GPS 卫星信号的发射这段卫星设备延时已包含在由式（4.22）所示的卫星钟差模型中，但由于该模型不可能与卫星时钟的真实运行情况完全吻合，因此根据该式校正后的卫星时钟值与 GPS 时间仍然存在一定的差异，而卫星时钟误差指的就是这个钟差残存差异。卫星时钟误差一般不超过 3 m，均方差约为 2 m，但是当 GPS 对卫星时间信号实施 SA 干扰时，卫星时钟误差可达 80 ns，即约 25 m。

卫星时钟总的校正量还应该包括相对论效应的校正量 Δt_r，3.2.4 节中对 GPS 中的相对论效应做了简单的介绍。相对论效应校正量 Δt_r 的计算公式为[2]

$$\Delta t_r = F e_s \sqrt{a_s} \sin E_k \tag{4.23}$$

式中，e_s 为卫星轨道偏心率，a_s 为轨道长半径，E_k 是由 3.4 节中例 3.1 的第 4 步计算得到的偏近点角，常数 F 的值为

$$F = \frac{-2\sqrt{\mu}}{c^2} = -4.442\,807\,633 \times 10^{-10}\ [\mathrm{s/m^{1/2}}] \tag{4.24}$$

上式中常数μ 和 c 的值已在表 3.1 中给出。

2.5.4 节指出，单频接收机还应考虑群波延时校正值 T_{GD}，它也由卫星导航电文的第一数据块给出。这样，对于 L1 单频接收机，卫星时钟总的钟差值$\delta t^{(s)}$ 为[2]

$$\delta t^{(s)} = \Delta t^{(s)} + \Delta t_r - T_{GD} \tag{4.25}$$

而由上式计算得到的卫星钟差校正值$\delta t^{(s)}$可以作为已知值出现在伪距观测方程式（4.8）和载波相位观测方程式（4.16）中。同时，将由式（4.13）得到的信号发射时间$t^{(s)}$ 和上式中的卫星时钟校正$\delta t^{(s)}$代入式（4.2）后，得到以 GPS 时间为单位的信号发射时间t，该t值可用在 3.4 节和 3.5 节中，分别计算此时的卫星位置和速度。

需要说明的是，式（4.22）对时间参数t的敏感度很弱。因此，虽然精确的 GPS 时间t在 GPS 定位、定时完成之前未知，但是t值可用信号发射时间$t^{(s)}$ 近似代入。同时，考虑到周末 GPS 时间归零，$t-t_{oc}$的值应在范围–302 400～302 400 s 内，否则就需要进行转换，而这与例 3.1 第 1 步中的$t-t_{oe}$取值范围问题相类似。在 GPS 和 GPS 接收机均正常运行的情况下，$t-t_{oc}$的值一般是一个负数。

将式（4.25）对时间求导，可得以下卫星时钟频率漂移$\delta f^{(s)}$的校正公式：

$$\delta f^{(s)} = a_{f1} + 2a_{f2}(t - t_{oc}) + \Delta \dot{t}_r \tag{4.26}$$

式中，群波延时校正值 T_{GD}对时间的导数值可认为等于零。对式（4.23）求导，得上式中的$\Delta \dot{t}_r$为

$$\Delta \dot{t}_r = F e_s \sqrt{a_s} \dot{E}_k \cos E_k \tag{4.27}$$

而例 3.2 中的第 12 步已算出了 $\dot{E}_k$ 的值。卫星时钟频漂校正值$\delta f^{(s)}$在 5.6 节中求解用户运动速度时会用到。

4.3.2 卫星星历误差

GPS 地面监控部分用 16 个星历参数来描述、预测卫星的运行轨道，但是因为 GPS 卫星在运行时会受到各种复杂甚至尚不清晰的摄动力影响，所以这一轨道模型与卫星的真实运行轨道之间存在着必然的差异。由星历参数计算得到的卫星位置误差在空间中可分解成 3 个分量：

（1）地心与卫星连线方向上的径向分量。

（2）轨道平面内与径向垂直并指向卫星运动方向的切向分量。

（3）与轨道面垂直的横向分量[14]。

在这三个方向的卫星星历误差分量中，径向误差对卫星与接收机之间的伪距测量影响较大，而切向和横向误差投影到卫星在接收机位置的观测向量方向上后，它们对伪距测量的影响变得较小。所幸的是，在由星历参数计算得到的卫星位置中，径向分量误差较小，一般小于切向和横向分量误差。卫星星历的三维误差均方差为 3～5 m，它引起均方差约为 2 m 的伪距测量误差。

需要指出的是，定位方程式（1.1）试图求解的是信号接收时刻（GPS 时间t）的用户位置在 WGS-84 地心地固坐标系中的坐标。第 3 章中计算了卫星在信号发射时刻（GPS 时间$t-\tau$）的位置，即计算所得的卫星位置坐标表达在$t-\tau$时刻的 WGS-84 地心地固坐标系中。由于地球自转，信号发射时刻与信号接收时刻的这两个地心地固坐标系空间上其实不再重合。事实上，信号接收时刻的地心地固坐标系，是由信号发射时刻的坐标系绕地球自转轴（坐标系中的 Z 轴）自西向东旋转τ秒而成的。我们知道，GPS 信号的平均传播时间τ约为 78 ms，而在如此短的传播时段内，极移影响可以忽略不计。这样，我们就可以认为地心地固坐标系在此信号的实际传播时段τ内围绕 Z 轴旋转了$\dot{\Omega}_e\tau$，其中地球自转角速度$\dot{\Omega}_e$的值可以参见表 3.1。因为这一坐标系的角度旋转量$\dot{\Omega}_e\tau$约相当于 100 m 的卫星位置变动，所以 GPS 定位算法对此必须予以考虑。若 3.4 节计算得到

的卫星位置在信号发射时刻 $t-\tau$ 于地心地固坐标系中的坐标为 (x_k, y_k, z_k)，则该坐标值转换到 t 时刻的地心地固坐标系中的坐标 $(x^{(s)}, y^{(s)}, z^{(s)})$ 为

$$\begin{cases} x^{(s)} = x_k \cos(\dot{\Omega}_e \tau) + y_k \sin(\dot{\Omega}_e \tau) \\ y^{(s)} = -x_k \sin(\dot{\Omega}_e \tau) + y_k \cos(\dot{\Omega}_e \tau) \\ z^{(s)} = z_k \end{cases} \tag{4.28}$$

显然，上式直接套用了坐标旋转变换公式（3.10）。这样，代入定位方程式（1.1）中的卫星位置坐标$(x^{(n)}, y^{(n)}, z^{(n)})$就是经上述地球自转校正后的卫星位置坐标 $(x^{(s)}, y^{(s)}, z^{(s)})$，而不直接是 3.4 节中的 (x_k, y_k, z_k)。

在校正由地球自转引起的卫星位置坐标变化的计算过程中，事实上还存在一个细节问题，那就是在 GPS 接收机定位、定时之前，信号从卫星端到接收机端的实际传播时间 τ 还是未知的。由于地球自转速度（特别是与光速相比）不是很快，因此对 τ 的估计误差通常不会给地球自转校正带来实质性的破坏：若信号传播时间 τ 的估计值包含 1 ms 的巨大误差，则它在地球自转校正过程中只引起约 1 m 的卫星位置误差；若信号传播时间 τ 的估计值误差是微秒级甚至纳秒级的，则它对地球自转校正的影响小到可以忽略不计。如果我们对接收机的时钟准确度和接收机的位置毫无概念，那么 78 ms 可以暂时作为对各个卫星信号传播时间 τ 的估计值。接收机定位、定时后，我们可以根据接收机的位置和时钟，再考虑大气延时，通常能得到各个卫星信号的实际传播时间 τ 的精确估计值。

4.3.3　电离层延时

离地面 70～1000 km 的大气层被称为*电离层*，电离层中的大气分子在阳光照射下会分解成大气电离子和电子。当电磁波穿过充满电子的电离层时，其传播速度和方向会发生改变，这种现象在光学物理中被称为折射。如果一种介质的折射率为 n，那么光在这种介质中的传播速度为 c/n，其中 c 为光在真空中的传播速度。

下面先复习电磁波传播理论中的几个基本术语。考虑沿 X 方向传播、在 Y 方向振动的单一频率正弦波函数 $y(x,t)$，

$$y(x,t) = A\sin(\omega t - kx + \varphi) \tag{4.29}$$

式中，A 为振幅，ω为角频率，k 为波数，φ 为初相位。电磁波的角频率ω、波数 k、频率 f 和波长 λ 之间存在以下关系：

$$\omega = 2\pi f \tag{4.30}$$

$$k = \frac{2\pi}{\lambda} \tag{4.31}$$

该正弦波波形在 X 方向上的传播速度被称为相速度 v_p，而根据式（4.29）可得

$$v_p = \frac{\omega}{k} \tag{4.32}$$

且对应于相速度 v_p 的相折射率 n_p 为

$$n_p = \frac{c}{v_p} \tag{4.33}$$

如果不同频率的电磁波在某种介质中有不同的传播速度，那么称这种介质为弥散性介质。也就是说，弥散性介质的折射率是一个关于电磁波频率 f 的函数。如果式（4.29）的振幅不是

一个常数 A，而是一个由多种不同频率成分的波形叠加而成的群波，那么该群波在弥散性介质中的传播速度为

$$v_g = \frac{\mathrm{d}\omega}{\mathrm{d}k} \tag{4.34}$$

式中，v_g 被称为*群速度*，与之相应的群折射率 n_g 为

$$n_g = \frac{c}{v_g} \tag{4.35}$$

上式中等号的两边对频率 f 求导，再根据式（4.30）至式（4.35）进行一系列变形、整理后，不难得到以下电磁场理论中关于群折射率和相折射率的关系式：

$$n_g = n_p + f\frac{\mathrm{d}n_p}{\mathrm{d}f} \tag{4.36}$$

电离层是一种弥散性介质。根据大气物理学，电离层对电磁波的相折射率 n_p 可近似表达成

$$n_p = 1 - 40.28\frac{n_e}{f^2} \tag{4.37}$$

式中，n_e 为电子密度，即单位面积上的电子数，它在不同的时间、不同的大气高度是不同的。将式（4.37）代入式（4.36），得电离层的群折射率 n_g 为

$$n_g = 1 + 40.28\frac{n_e}{f^2} \tag{4.38}$$

由以上两式可见，群折射率 n_g 大于 1，而相折射率 n_p 小于 1。对 GPS 信号来说，载波（L1 或 L2）以相速度传播，也就是说，以上这些公式中的 f 为载波频率；而信号能量和伪码以群速度传播，其中调制到载波上的伪码含有多种频率成分，譬如 C/A 码的频宽约为 2 MHz，P(Y)码的频宽约为 20 MHz。因为群折射率 n_g 大于 1，所以传播能量的群波速度 v_g 不超过真空光速 c。不含任何物质、能量的载波相位的传播速度可以大于光速，这不违反狭义相对论。

如果 s 为 GPS 信号穿过电离层的路径，那么伪码（或者说伪距）在电离层中受到的以秒为单位的延时 I_ρ 为

$$I_\rho = \int_s \left(\frac{1}{c/n_g} - \frac{1}{c}\right)\mathrm{d}\ell = \frac{1}{c}\int_s (n_g - 1)\mathrm{d}\ell = \frac{40.28}{cf^2}\int_s n_e \mathrm{d}\ell \tag{4.39}$$

将式（4.39）乘以光速 c，得到以米为单位的电离层延时 I_ρ 为

$$I_\rho = 40.28\frac{N_e}{f^2} \tag{4.40}$$

式中，

$$N_e = \int_s n_e \mathrm{d}\ell \tag{4.41}$$

式（4.41）清楚地表明了 N_e 的物理意义：因为 n_e 是单位面积上的电子数，所以 N_e 是在信号传播途径上横截面积为 1 m^2 的一个管状通道空间中包含的电子数总量（TEC）。这样，式（4.40）就表明了电离层延时 I_ρ 与单位面积的横截面在信号传播途径上拦截的电子总量 N_e 成正比，且与载波频率 f 的平方成反比。我们将在本节的末尾讨论双频接收机利用电离层的这种频率响应特性来计算电离层延时，是如何消除电离层对 GPS 测量值的影响的。

类似地，从式（4.37）出发，可得到以米为单位的载波相位测量值ϕ 中的电离层延时 I_ϕ为

$$I_\phi = -40.28\frac{N_e}{f^2} \tag{4.42}$$

比较式（4.40）和式（4.42）可以看出：弥散性的电离层降低了测距码的传播速度，造成伪距测量值变长；相反，电离层加快了载波相位的传播速度，造成载波相位测量值变短。电离层的这种对伪距与载波相位测量值分别造成大小相等、方向相反的延时误差现象，被称为**电离层的码相位-载波相位的反向特性**。我们可将式（4.40）和式（4.42）合并为

$$I = I_\rho = -I_\phi = 40.28\frac{N_e}{f^2} \tag{4.43}$$

这就是伪距观测方程式（4.10）与载波相位观测方程式（4.17）在电离层延时 I 前面分别使用正负号的原因。

电离层延时一般约为几米，但是当太阳黑子活动增强时，电离层中的电子密度会升高，使得电离层延时随之增加，其值可达十几米甚至几十米，因此 GPS 通常不能忽略电离层延时对 GPS 测量和定位的影响。由于单频接收机不能测定电离层延时的大小，因此只能借助于一些数学模型来估算、校正电离层延时。单频接收机通常利用图 4.7 所示的数学模型来估算当地时间 t 的电离层延时大小，该电离层延时模型的数学表达式为[2, 16]

$$I_z = \begin{cases} 5\times10^{-9} + A\cos\left(\dfrac{t-50\,400}{T}2\pi\right), |t-50\,400| < T/4 \\ 5\times10^{-9}, |t-50\,400| \geqslant T/4 \end{cases} \tag{4.44}$$

式中，A 是余弦函数的振幅，T 是值必定大于 20 小时的余弦函数周期。可见，该模型是用一个常数来描述午夜至凌晨的电离层延时的，且在此基础上再用半个余弦函数来描述白天的电离层延时变化情况。在当地时间 14 时（下午 2 点或 50 400 s），电离层中的大气分子在阳光照射下一般分解得最为旺盛，相应的电离层延时也达到最大值。2.5.6 节指出，卫星在其播发的导航电文中提供这一电离层延时模型的各个参数值，而接收机可以根据其中的参数α_0, α_1, α_2 和α_3 确定振幅 A，再根据参数β_0, β_1, β_2 和β_3 确定周期 T。这样，给定一个以秒为单位的当地时间t，式（4.44）就能输出一个以秒为单位的天顶方向的电离层延时 I_z。已知观测时刻的 GPS 时间、用户所在位置的经纬度及卫星的方位角、仰角时，参考文献[2]中详细解释了计算 t, A, T 直至 I_z 的各个步骤。

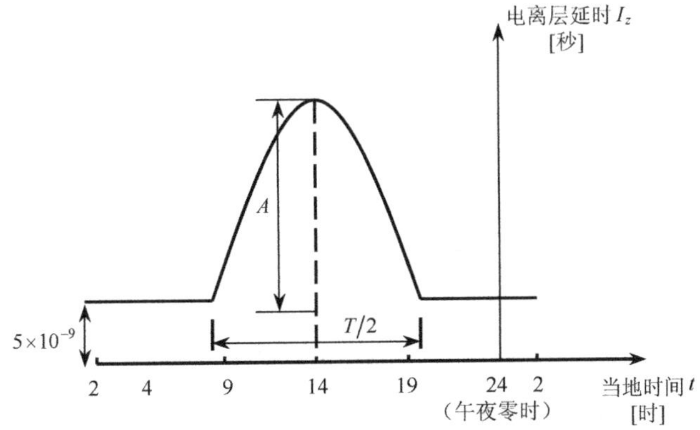

图 4.7　电离层延时的校正模型

然而，由式（4.44）计算得到的 I_z 还不是卫星信号的电离层延时。如图 4.8 所示，信号从卫星 S 到接收机 R 的传播途径穿过电离层，并且与电离层的平均高度面相交于点 P，而点 P 被称为**电离层刺穿点**[14]。式（4.44）计算的 I_z 是在过点 P 的天顶方向（OP 方向）的电离层延时，实际的电离层延时 I 应该在过点 P 的观测向量方向（RP 方向）上。电离层延时 I 与天顶电离层延时 I_z 之间大致存在如下三角关系：

$$I = \frac{I_z}{\cos\zeta'} = FI_z \tag{4.45}$$

式中，ζ' 是卫星在点 P 的天顶角。数值上等于 $1/\cos\zeta'$ 的系数 F 被称为倾斜率，它只与卫星相对于用户接收机的方位有关，而式（4.45）表明 GPS 信号从卫星到接收机的电离层延时 I 是天顶电离层延时 I_z 的 F 倍。

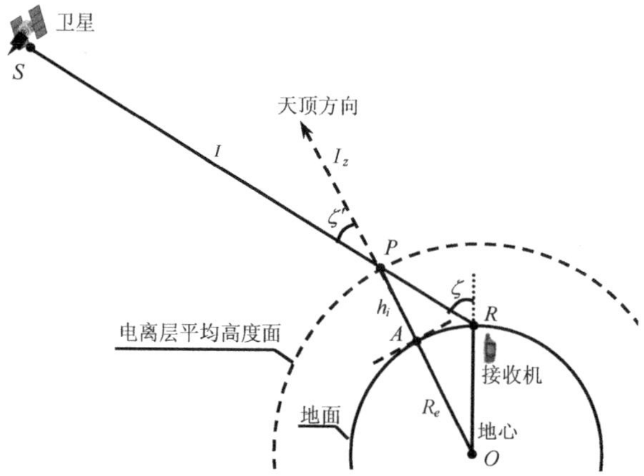

图 4.8 电离层延时的倾斜率

对三角形 OPR 运用正弦定理，得

$$\frac{\sin\zeta'}{R_e} = \frac{\sin\zeta}{R_e + h_i} \tag{4.46}$$

式中，R_e 是地球的平均半径，h_i 是电离层的平均高度，ζ 是卫星在接收机 R 处的天顶角。由式(4.46)可解得倾斜率 F 为

$$F = \left(1 - \left(\frac{R_e \sin\zeta}{R_e + h_i}\right)^2\right)^{-1/2} \tag{4.47}$$

即给定某颗卫星对接收机的天顶角 ζ，就可根据上式算出倾斜率 F，其中地球的平均半径 R_e 可取值为 6368 km，电离层的平均高度 h_i 可用 350 km 代入。如果嵌入式 GPS 系统嫌式（4.47）的计算量过大，那么文献[2]提供了如下一个计算 F 的近似公式：

$$F = 1 + 16 \times \left(0.53 - \frac{\theta}{\pi}\right)^3 \tag{4.48}$$

式中，θ 是卫星在用户接收机 R 处的高度角（单位为弧度），式（3.19）给出了高度角 θ 与天顶角 ζ 的关系。事实上，式（4.48）与式（4.47）的计算结果相当接近。

得到天顶电离层延时 I_z 和倾斜率 F 后，接收机就可根据式（4.45）算出卫星信号的电离层延时 I，或者乘以光速 c 后转换成以距离为单位的电离层延时 I。这样，该电离层延时估算值 I 就可作为已知量出现在 GPS 观测方程式（4.10）和（4.17）中，以校正 GPS 测量值。当然，单频接收机也可利用其他模型来估算电离层延时。

GPS 特许用户的双频（L1 和 L2）接收机可以不借助任何数学模型而直接利用双频测量值实时测定电离层延时。如果 ρ_1 与 ρ_2 分别代表某双频接收机在同一时刻对同一颗卫星发射的载波 L1 与 L2 信号上的伪距测量值，那么它们的伪距观测方程式可以分别表达成

$$\rho_1 = r + \delta t_u - \delta t^{(s)} + I_1 + T + \varepsilon_{\rho_1} \tag{4.49A}$$

$$\rho_2 = r + \delta t_u - \delta t^{(s)} + I_2 + T + \varepsilon_{\rho_2} \tag{4.49B}$$

因为电离层是一种与电磁波频率有关的弥散性介质，而在 4.3.4 节中介绍的对流层属于非弥散性介质，再加上几何距离、接收机钟差和卫星钟差均为公共量，所以不考虑测量噪声时，式（4.49A）与式（4.49B）的等号右边只有电离层延时这一项不同。根据电离层延时与载波频率之间的函数关系式（4.43），我们可将双频电离层延时 I_1 与 I_2 分别表达为

$$I_1 = 40.28\frac{N_e}{f_1^2} \tag{4.50A}$$

$$I_2 = 40.28\frac{N_e}{f_2^2} \tag{4.50B}$$

式中，f_1 与 f_2 分别为载波 L1 与 L2 的频率，2.1 节给出了这两个载波频率值，分别为 1575.42 MHz 和 1227.60 MHz。将式（4.49A）与式（4.49B）相减，整理后得

$$I_1 = \frac{f_2^2}{f_1^2 - f_2^2}(\rho_2 - \rho_1) \tag{4.51}$$

上式就是载波 L1 的电离层延时 I_1 的估算公式，同样，也可得到 I_2 的估算公式。事实上，在 4.3.1 节中校正卫星钟差时用到的群波延时校正值 T_{GD} 就是 GPS 地面监控部分根据式（4.51）计算得到的。

我们将如式（4.51）所示的电离层延时 I_1 代入式（4.49A）来校正伪距 ρ_1，得到电离层延时校正后的伪距测量值 $\rho_{1,2}$ 为

$$\begin{aligned}\rho_{1,2} &= \rho_1 - I_1 \approx r + \delta t_u - \delta t^{(s)} + T \\ &= \frac{f_1^2}{f_1^2 - f_2^2}\rho_1 - \frac{f_2^2}{f_1^2 - f_2^2}\rho_2 = 2.546\rho_1 - 1.546\rho_2\end{aligned} \tag{4.52}$$

分别经电离层延时校正后，在载波 L1 与 L2 上的伪距测量值应该相等，即

$$\rho_{1,2} = \rho_1 - I_1 = \rho_2 - I_2 \tag{4.53}$$

式（4.52）表明，对伪距的双频电离层延时校正，事实上是对双频伪距测量值 ρ_1 和 ρ_2 的线性组合，而这种组合后的测量值 $\rho_{1,2}$ 不再含有电离层延时。虽然双频测量值的上述组合能够消除电离层延时误差，同时减小接收机对卫星导航电文第三数据块的依赖，但代价是换来了一个增大的组合伪距测量噪声量。如果 ρ_1 与 ρ_2 的测量噪声互不相关，且二者的均方差相等，那么组合伪距 $\rho_{1,2}$ 的测量噪声均方差就增加到原先各个单频伪距测量噪声均方差的 2.978（$\sqrt{2.546^2 + 1.546^2}$）倍[14]。类似地，根据式（4.51）可得如下关于电离层延时 I_1 估算精度的结论：I_1 的估算精度与载波频率 f_1 和 f_2 有关，且这两个频率值相差越大，估计就越精确。

双频接收机不但可以利用双频伪距测量值来估算电离层延时，而且可以利用双频载波相位测量值来精确计算电离层延时随时间变化的状况。类似于对式（4.51）的推导，我们可从双频载波相位观测方程式（4.17）出发，得到以下 I_1 的估算公式：

$$I_1 = \frac{f_2^2}{f_1^2 - f_2^2}\left[\lambda_1(\phi_1 - N_1) - \lambda_2(\phi_2 - N_2)\right] \tag{4.54}$$

式中，N_1 与 N_2 分别为载波相位测量值 ϕ_1 与 ϕ_2 中的整周模糊度。因为整周模糊度 N_1 和 N_2 的值未知，所以由式（4.54）不能算出电离层延时 I_1 的值；然而，在双频接收机持续锁定卫星信号的前提下，若将不同时刻的 I_1 相减，则整周模糊度就在这个相减运算中被抵消，更重要的是，我们可以得到电离层延时相对于时间的变化率。因为载波相位测量值的精度很高，所以由此得到的电离层延时变化率也很精确。

不管是单频接收机的模型估算，还是双频接收机的直接测定，由这两种方法得到的电离层延时值与 GPS 信号的实际电离层延时之间都存在必然的差异，这一差异部分被称为 GPS 测量值中的电离层延时误差（或电离层延时校正误差）。电离层延时的模型误差为 1～5 m，它大致能够校正真实电离层延时误差的 50%，而由双频测定造成的电离层延时误差较小，约为 1 m。

4.3.4 对流层延时

对流层位于大气层的底部，顶部离地面约 40 km，各种气象现象都主要发生在这一层中。对流层集中了大气层中 99%的质量，其中的氧气、氮气和水蒸气等是造成 GPS 信号传播延时的原因。与电离层不同，对流层基本上可视为一种非弥散性介质，即其折射率 n 与电磁波的频率无关，于是 GPS 信号的相速度与群速度在对流层中相等。

为了使对流层延时的相关公式表达上更简便，我们通常将对流层的折射率 n 转换成折射数 N，它们的关系为

$$N = (n-1)\times 10^6 \tag{4.55}$$

在关于对流层的各种研究中，对流层的折射数 N 通常被划分成干分量折射数 N_d 和湿分量折射数 N_w 两部分，即

$$N = N_d + N_w \tag{4.56}$$

干分量一般指氧气与氮气等干空气，而湿分量主要指水蒸气。这两个分量的折射数经验公式为[1, 14]

$$N_d = 77.64\frac{P}{T_k} \tag{4.57}$$

$$N_w = 3.73\times 10^5\,\frac{e_0}{T_k^2} \tag{4.58}$$

式中，P 是以毫巴为单位的总大气压，T_k 是以开尔文为单位的热力学温度，e_0 是以毫巴为单位的水气分压，这些大气压、温度与湿度参数均随离地面高度的不同而变化。

假设 H 是从地面到天顶方向的信号传播路径，那么以距离为单位的对流层延时 T_z 等于

$$T_z = c\int_H\left(\frac{1}{c/n} - \frac{1}{c}\right)\mathrm{d}h = 10^{-6}\int_H\left(N_d + N_w\right)\mathrm{d}h = T_{zd} + T_{zw} \tag{4.59}$$

式中，T_{zd} 与 T_{zw} 分别代表天顶方向上对流层延时的干分量与湿分量，即

$$T_{zd} = 10^{-6}\int_0^{H_d} N_d\mathrm{d}h \tag{4.60}$$

$$T_{zw} = 10^{-6}\int_0^{H_w} N_w\mathrm{d}h \tag{4.61}$$

式（4.60）假定高度 H_d 以上的干分量折射数 N_d 为零，式（4.61）假定高度在 H_w 以上的湿分量折

射数 N_w 为零，其中 H_d 一般取值为 43 km，而 H_w 可取值为 11 km。

对对流层延时干分量而言，高度 h 低于 H_d 时的干分量折射数 N_d 的值，可借助如下经验公式估算[16]：

$$N_d = N_{d0}\left(\frac{H_d - h}{H_d}\right)^4 \tag{4.62}$$

式中，N_{d0} 是地面上的干分量折射数，其值可依据式（4.57）进行测定。关于参数 H_d 的值，霍普菲尔德（Hopfield）在分析全球高空气象探测资料后，总结了如下的一个经验公式[9]：

$$H_d = 40\,136 + 148.72 \times (T_k - 273.16) \tag{4.63}$$

于是，根据式（4.57）和式（4.62），我们就可由式（4.60）的积分运算得到以下对流层延时干分量 T_{zd} 的估算公式：

$$T_{zd} = 1.552 \times 10^{-5} \frac{P_0}{T_{k0}} H_d \tag{4.64}$$

式中，P_0 与 T_{k0} 分别代表地面上高度为零的位置的总大气压与热力学温度。天顶向对流层延时干分量 T_{zd} 的值大致为 2.3 m，约占天顶向总对流层延时 T_z 的 90%。

因为大气湿度随地域和气候的不同而变化，所以建立一个统一且有效的湿分量折射数模型比较复杂、困难。然而，天顶向对流层延时湿分量 T_{zw} 一般很小，仅约为 20 cm。霍普菲尔德建立了以下一个类似于式（4.62）的湿分量折射数 N_w 的近似模型：

$$N_w = N_{w0}\left(\frac{H_w - h}{H_w}\right)^4 \tag{4.65}$$

式中，地面上的湿分量折射数 N_{w0} 可依据式（4.58）进行测定。类似地，根据式（4.58）和式（4.65），我们可从式（4.61）的积分运算得到如下天顶向对流层延时湿分量 T_{zw} 的估算公式：

$$T_{zw} = 0.0746 \frac{e_{00}}{T_{k0}^2} H_w \tag{4.66}$$

需要说明的是，在从积分式（4.60）与（4.61）到估算公式（4.64）与（4.66）的推导过程中，我们假定用户接收机所在的高度为零，因此积分路径是从 0 分别到 H_d 与 H_w。读者可自行推导高度不为零的接收机受到的天顶方向上的对流层延时干分量与湿分量的估算公式。

估算出天顶方向上的对流层延时分量 T_{zd} 和 T_{zw} 后，就必须分别将它们乘以相应的倾斜率，得到信号传播方向上的对流层延时 T，即

$$T = T_{zd} F_d + T_{zw} F_w \tag{4.67}$$

干分量倾斜率 F_d 与湿分量倾斜率 F_w 的估算存在多种模型[4]，以下是一种比较精确的流行模型[1]：

$$F_d = \frac{1}{\sin\sqrt{\theta^2 + \left(\frac{2.5\pi}{180}\right)^2}} \tag{4.68}$$

$$F_w = \frac{1}{\sin\sqrt{\theta^2 + \left(\frac{1.5\pi}{180}\right)^2}} \tag{4.69}$$

式中，θ 是卫星在用户接收机位置的以弧度为单位的高度角。

由于卫星播发的导航电文中不包含关于对流层延时的模型及其参数，因此现实中存在多种对流层延时的模型[3, 5, 10, 12]。考虑到让 GPS 接收机测量、获得实时的气象资料通常非常昂贵或者不切实际，一种简单可行的方法是直接假定天顶方向上的对流层延时干分量 T_{zd} 和湿分量 T_{zw} 均为已知常数。又如，文献[16]中给出了如下以米为单位的对流层延时模型：

$$T = \frac{2.47}{\sin\theta + 0.0121} \tag{4.70}$$

式中，θ 仍为卫星的高度角。

由式（4.67）计算得到的对流层延时 T 可作为已知量出现在 GPS 观测方程式（4.10）和（4.17）中，这个估算值 T 与信号的真正对流层延时的差是 GPS 测量值中的对流层延时误差。对流层延时在天顶方向上约为 2.6 m，在低于 10°的高度角方向上可达 20 m，而在没有实时气象资料的情况下，依据模型校正后，天顶方向上的对流层延时误差一般为 0.1～1 m。

4.3.5 多路径

多路径现象是指接收机天线除了接收到一个从 GPS 卫星发射后直线传播的电磁波信号，还可能接收到一个或多个该电磁波被周围地物反射的信号，每个反射信号又可能是被一次或多次反射后到达天线的。在前面的图 4.6 中，接收机天线接收到一个直射波和一个被一次反射后的反射波。事实上，多路径与大家熟悉的光的反射属于同一种现象。对于 L 波段的 GPS 载波信号而言，金属和水面等均是良好的反射体。

在第 2 章中，我们曾用式（2.28）来表达 GPS 卫星发射的三个信号。因为在本节中信号的载波初相位无关紧要，所以接收到的式（2.28）中的任意一个信号的直射波 $s_d(t)$ 均可简写成[16]

$$s_d(t) = Ap(t)\sin(2\pi ft) \tag{4.71}$$

式中，A 为信号振幅，$p(t)$ 是值为±1 的数据码与伪码的异或和，f 是考虑多普勒效应后的载波频率。该直射波信号的第 i 个反射波 $s_i(t)$ 可表达成

$$s_i(t) = \alpha_i Ap(t-\tau_i)\sin\left(2\pi f(t-\tau_i) + \Delta\varphi_i\right) \tag{4.72}$$

式中，α_i 是反射波的衰减系数，τ_i 是反射波 i 相对于直射波的传播延时，$\Delta\varphi_i$ 是信号在各个反射面反射前后的相位变化之和。上式事实上假定了接收到的反射波载波频率仍然等于 f，但也可以理解成 $\Delta\varphi_i$ 包括由直射波与反射波的多普勒频率差导致的初相位变化。这样，反射波 i 相对于直射波的总相位变化 φ_i 为

$$\varphi_i = \Delta\varphi_i - 2\pi f\tau_i \tag{4.73}$$

若接收机实际接收到的信号 $s(t)$ 是直射波及其多个可能的反射波的叠加，则 $s(t)$ 可表达成

$$\begin{aligned} s(t) &= s_d(t) + \sum_i s_i(t) \\ &= Ap(t)\sin(2\pi ft) + \sum_i \left[\alpha_i Ap(t-\tau_i)\sin\left(2\pi ft + \varphi_i\right)\right] \end{aligned} \tag{4.74}$$

针对 GPS 多路径效应的各种理论分析普遍采用式（4.74）所示的多路径信号模型。相对于直射波，每个反射波 i 的特征基本上可用其衰减系数 α_i、传播延时 τ_i 和载波相位变化 φ_i 三个参量来完整描述[16]。

与相应的直射波相比，多路径信号的一个重要特征是其传播路径较长，因此会较迟到达接收天线。这样，多路径信号的传播延时 τ_i 通常总是一个正值，短则几十米，长则几百米。一般来说，低仰角卫星信号发生多路径现象的概率，要比高仰角卫星信号发生多路径现象的概率大。卫星仰

角越高，产生的多路径延时通常越短，并且功率越强。因为信号被无源反射体反射后的强度变弱，且反射波需要穿过比直射波更长的传播途径才能到达天线，所以接收机接收到的反射波信号强度通常要比相应的直射波信号弱，即衰减系数α_i的值通常小于 1，但也有例外。如果直射波信号在其传播途径因需要穿透浓厚的树叶层等障碍物而强度变弱很多，那么反射波信号的功率就有可能比直射波信号强。虽然直射波在上式表达的接收信号模型中必然存在，但是如果直射波被建筑物等挡住，那么天线甚至可能只接收到某个卫星信号的反射波而没有其直射波。对 C/A 信号来说，由于它的 L1 载波波长只有 19 cm，因此由一个比波长长很多的多路径延时τ_i引起的反射波i的相位变化量 φ_i，可视为一个值在 0°至 360°之间的随机数。相位变化量 φ_i 随时间变化的快慢状况是反射波的另一个特征。

我们知道，接收机内部复制 C/A 码，然后将该复制码与其接收到的 GPS 信号做相关运算，最后根据所得的 C/A 码自相关函数的峰值来测量码相位。如果接收到的 GPS 信号是由直射波和多个反射波叠加而成的，那么接收机内部复制的 C/A 码会同时与直射波和各个反射波做相关运算，使原本只反映直射波码相位情况的三角形自相关函数主峰遭到变形甚至损坏，进而降低码相位（以及伪距）的测量精度，严重时还会导致码相位失锁和卫星信号失踪。

多路径不仅严重影响着接收机对伪距测量值的准确度，而且对载波相位的准确测量也有一定程度的干扰。图 4.9 是直射波与一个反射波i的叠加相量图，该图将 $p(t-\tau_i)$ 相对于 $p(t)$ 的正负号差异转换成相位差后加到了 φ_i 值中。当直射波与反射波信号成分的叠加在接收机内部与复制 C/A 码进行相关运算时，被检的合成信号相对于原本被检的直射波信号的相位变化量θ_e为[16]

$$\theta_e = \arctan\left(\frac{\alpha_i R(\tau-\tau_i)\sin\varphi_i}{R(\tau)+\alpha_i R(\tau-\tau_i)\cos\varphi_i}\right) \quad (4.75)$$

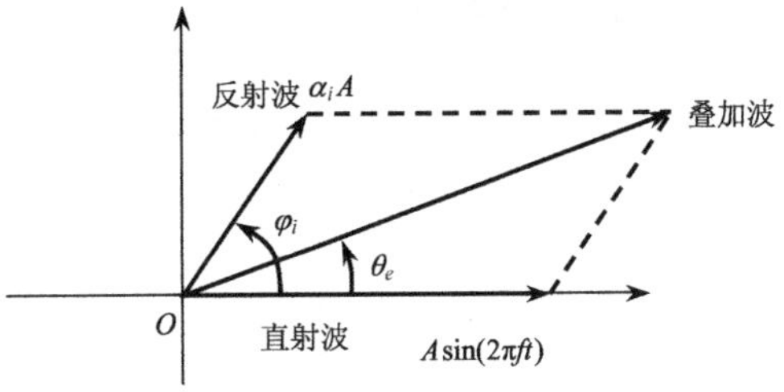

图 4.9　直射波与反射波的向量叠加

式中，$R(\tau)$代表 C/A 码的自相关函数。若不计$R(\tau-\tau_i)$与$R(\tau)$之间的差异，则上式可简化成

$$\theta_e = \arctan\left(\frac{\sin\varphi_i}{\alpha_i^{-1}+\cos\varphi_i}\right) \quad (4.76)$$

可见，当 φ_i 为 0°时，反射波与直射波同相，二者叠加的结果使接收信号的功率增强，因此这种情况下的多路径对接收机来说是有益的；当 φ_i 为 180°时，反射波与直射波反相，二者叠加的结果使接收信号的功率减弱。由于反射波的相位变化量 φ_i 在不同时刻、不同地方是随机的，因此叠加后接收信号的振幅与相位也出现不稳定现象。多路径除了引起载波相位的测量误差，时强时弱的叠加波信号极可能导致接收机最终对卫星载波信号失锁。

这种由多路径引起的使 GPS 接收机对信号的测量值产生误差及对信号的跟踪造成困难的影响，被称为**多路径效应**，而不同强度、延时与相位状态的反射波会引起不同程度的多路径效应。一般来说，短延时多路径的效应难以被接收机抑制或消除，它比延时长的多路径更具有危害性。对动态接收机来说，多路径误差值的大小显得相当随机；对静态接收机来说，多路径误差值并不呈正态分布，而随卫星的移动略呈周期为几分钟的正弦波动。由多路径引起的伪距误差一般为 1～5 m，载波相位误差为 1～5 cm。由于多路径误差值很难被预测、估计，因此我们一般将它们包含在 GPS 观测方程式（4.8）的ε_ρ中和式（4.16）的ε_ϕ中。多路径已成为 GPS 特别是差分 GPS（见 4.4 节）系统中最主要的误差源，我们将在 12.4 节中继续详细介绍多路径效应及降低与消除多路径效应的多种方法。

4.3.6 接收机噪声

这里所指的接收机噪声具有相当广泛的含义，它包括天线、放大器和各部分电子器件的热噪声、信号量化误差、卫星信号间的互相关性、测定码相位与载波相位的算法误差，以及接收机软件中的各种计算误差等。接收机噪声具有随机性，其值的正负、大小通常很难确定。一般来说，由接收机噪声引起的伪距误差在 1 m 以内，载波相位误差约为几毫米。与多路径效应类似，接收机噪声误差通常也包含在 GPS 观测方程式（4.8）的 ε_ρ 中和式（4.16）的 ε_ϕ 中。

最后需要指出的是，我们所说的从卫星到用户接收机的距离，实际上是指卫星天线零相位中心点到接收机天线零相位中心点的距离。如果接收机天线零相位中心点与我们关心的用户或用户接收机位置不重合，那么这一差异必须加到接收机定位给出的天线零相位中心位置上。如果忽略这一差值，或者测量得到的差值与真实值不吻合，那么这一偏差最终将表现为 GPS 定位误差。不同类型的用户接收机有着不同的天线零相位中心位置偏差，其值一般在 5 mm 以内。在后面的叙述中，我们认为这一偏差很小，或者已被正确处理，因此后面不再考虑用户、用户接收机与接收机天线零相位中心点等各个位置之间的差异。

4.4 差分 GPS 的原理

减小 GPS 测量误差显然是提高 GPS 定位精度的措施之一，而差分 GPS（DGPS）是一种应用广泛且行之有效地降低甚至消除各种 GPS 测量误差的方法。例如，第 7 章中介绍的广域增强系统（WAAS）和局域增强系统（LAAS）均属于差分 GPS 系统。就定位精度而言，差分 GPS 至少可达到 GPS 精密定位服务这一水平。

差分 GPS 的基本工作原理主要是卫星时钟误差、卫星星历误差、电离层延时与对流层延时具有的空间相关性和时间相关性。对处在同一地域内的不同接收机来说，它们的 GPS 测量值中包含的上述 4 种误差成分近似相等或者高度相关。我们通常将其中的一个接收机作为参考接收机，并且称该接收机所在地为*基准站*（或*基站*），于是该接收机也就常被称为*基准站接收机*。基准站接收机的位置是预先精确知道的，于是我们就可以准确计算从卫星到基准站接收机的真实几何距离。如果将基准站接收机对卫星的距离测量值与这一真实几何距离相比较，那么它们的差就等于基准站接收机对这一卫星的测量误差。由于同一时刻、同一地域内的其他接收机对同一卫星的距离测量值有相关或相近的误差，因此如图 4.10 所示，如果基准站将接收机的测量误差通过电波发射台播送给流动站（用户）接收机，那么流动站就可利用接收到的基准站接收机的测量误差来校正流动站接收机对同一卫星的距离测量值，进而提高流动站接收机的测量和定位精度，这就是差分 GPS 的基本工作原理。我们通常将这种由基准站播发的用来降低甚至消除流动站 GPS 测量误差的校正量称为*差分校正量*。

显然，流动站接收机离基准站接收机越近，同一卫星信号到两个接收机的传播途径就越近，两个接收机之间的测量误差的相关性通常就越强，差分系统的工作效果随之就越好。我们通常将这个流动站与基准站之间的距离称为*基线长度*。例如，一个局域差分系统的基线长通常为 20～100 km。表 4.1 列出了基线长度为几十千米情况下各种 GPS 测量误差差分前后的大小情况。

同一卫星的时钟偏差对不同的接收机来说是相同的，因此差分技术基本上能够全部消除卫星时钟偏差。如 1.3 节指出的那样，美国政府停止实行 SA 政策的技术考虑之一，就是差分技术能够消除卫星时钟 SA 干扰对 GPS 测量的影响。卫星钟差变化相当缓慢，以 1～2 mm/s 的速度变化。

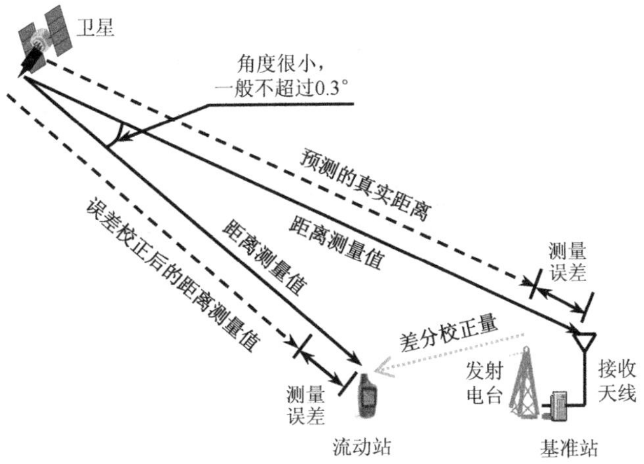

图 4.10　差分 GPS 工作原理

表 4.1　各种误差源在单点 GPS 与差分 GPS 系统中的特性

误 差 源	变化时间常数	单点 GPS 中的误差大小	差分 GPS 中的误差大小
卫星时钟	约 5 min	模型校正后的误差均方差约为 2 m	0 m
卫星星历	约 1 h	三维位置误差均方差为 3～5 m，卫星与接收机连线方向上的误差均方差约为 2 m	误差均方差约为 0.1 m
电离层延时	约 10 min	海平面天顶方向上的延时为 2～10 m，模型校正后为 1～5 m；电离层对码相位与载波相位的影响大小相等、方向相反	双频测定后误差均方差约为 1 m，差分误差约为 0.2 m
对流层延时	约 10 min	海平面天顶方向上的延时约为 2.6 m，模型校正后的误差为 0.1～1 m	误差均方差约为 0.2 m
多路径	约 100 s	在干净且温和的环境下，码相位误差为 0.5～1 m，载波相位误差为 0.5～1 cm	不同接收机之间的多路径不相关
接收机噪声	白噪声	码相位误差均方差为 0.25～0.5 m，载波相位误差均方差为 0.1～0.2 cm	不同接收机之间的接收机噪声不相关

卫星星历误差存在很强的空间和时间相关性。如果流动站接收机到基准站的距离(基线长度)为 100 km，那么这一距离对运行高度约为 20 200 km 的中轨卫星来说，只相当于角度为 0.3°的信号传播路径差，因此卫星空间位置误差在这两条十分相近的传播路径上的投影差也很小。如图 4.11 所示，点 S 代表某卫星的真实位置，点 S' 是根据星历计算出来的卫星位置，二者的差 ε_s 为星历误差。假设基准站接收机 R 至卫星位置点 S 与 S' 的距离分别为 r_r 与 r_r'，用户接收机 U 至卫星位置点 S 与 S' 的距离分别为 r_u 与 r_u'，其中接收机至卫星的距离远大于基线长度 b_{ur}，则该卫星星历误差在点 R 与点 U 处引起的伪距误差 ε_r 与 ε_u 分别为

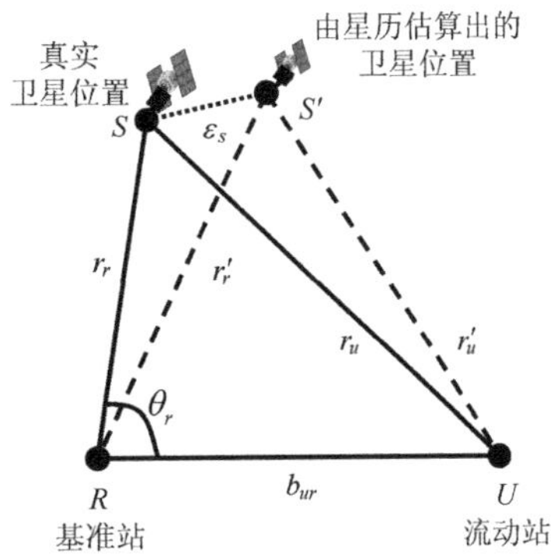

图 4.11　卫星星历误差分析

$$\varepsilon_r = r_r' - r_r \tag{4.77}$$

$$\varepsilon_u = r_u' - r_u \tag{4.78}$$

而它们之间的差是差分后的星历误差 $\mathrm{d}r$，即

$$\mathrm{d}r = \varepsilon_r - \varepsilon_u \tag{4.79}$$

差分星历误差 $\mathrm{d}r$ 的一个保守估算公式为[11, 16]

$$|\mathrm{d}r| \leqslant \frac{b_{ur}}{r_r}|\varepsilon_s| \tag{4.80}$$

上式表明差分星历误差 $\mathrm{d}r$ 与基线长度 b_{ur} 成正比。另外，卫星星历误差随时间的变化很缓慢。大致在 30 分钟的时段内，三维星历误差以 2～6 cm/min 的速度线性增长[15]。

若电离层与对流层相对稳定，则它们的延时随时间变化的幅度小且缓慢。对角度差只有 0.3°的不同信号传播路径来说，它们的延时都具有高度的空间相关性。例如，在相距 100 km 的情况下，基准站和流动站的电离层延时差为 3 cm 量级。这样，对单频接收机而言，差分就是降低电离层延时误差的一种极其有效的手段。电离层延时还具有良好的时间相关性，它基本上在 24 小时内只完成一个周期的变化。然而，如果电离层不稳定，例如近年来发现的“电离层风暴”，那么电离层延时的相关性和差分技术的基本假设就会被破坏，以致威胁到差分系统的性能，7.1.4 节将对电离层风暴做一些简单介绍。

对高仰角卫星来说，两个不同信号传播途径方向上的对流层延时差大致与基线长度 b_{ur} 成正比。当基线长度为 100 km 时，不同方向上的对流层延时差为 2 cm 量级。当流动站与基准站处在不同高度时，差分后的对流层延时误差会增大至米级。当局部气流稳定时，对流层延时的时间相关性较高，但在气流变动激烈并且特别对低仰角卫星来说，对流层延时每分钟内的变化量可达米级。

多路径情况在基准站与流动站可能完全不同，也就是说，多路径的空间相关性较弱，但是它有时会呈几分钟的时间相关性。不同接收机之间的接收机噪声通常不呈任何相关性，且同一接收机中的接收机噪声在时间上也不相关，而是一种变化很快的随机噪声。因此，多路径与接收机噪声对 GPS 测量值的影响不能通过差分得到改善；相反，由它们引起的基准站接收机测量误差会错误地成为差分校正值的一部分而播发给各个流动站接收机，使得流动站接收机的这两部分测量误差不减反增。考虑到接收机噪声通常比多路径误差小，于是多路径就成为差分系统特别是短基线、基于载波相位测量值的差分系统的主要误差源。为了降低基准站接收机的多路径效应与接收机噪声，基准站通常配备有高性能 GPS 接收机和高性能天线，且接收机天线通常安装在地势高而开阔的位置。

4.5 伪距与载波相位的组合

4.2.3 节中对比了伪距与载波相位测量值，它们各有优势。本节首先介绍经载波相位平滑后的伪距，目的是结合这两种测量值的优点；然后介绍一种用伪距来粗略估算载波相位测量值中的整周模糊度值的方法。

4.5.1 载波相位平滑伪距

前面说过，基本上所有 GPS 接收机都利用精确、平滑的载波相位测量值来对粗糙但无模糊度的伪距进行不同程度的平滑，本节所要介绍的正是经载波相位平滑后的伪距 ρ_s。

历元 k 的伪距观测方程式（4.9）与载波相位观测方程式（4.16）可以分别改写成

$$\rho_k = r_k + c\left(\delta t_{u,k} - \delta t_k^{(s)}\right) + I_k + T_k + \varepsilon_{\rho,k} \tag{4.81A}$$

$$\phi_k = \lambda^{-1}\left[r_k + c\left(\delta t_{u,k} - \delta t_k^{(s)}\right) - I_k + T_k\right] + N + \varepsilon_{\phi,k} \tag{4.81B}$$

式（4.81B）假定在我们讨论的时段内，接收机一直锁定载波，不发生载波失锁和失周，因此载波相位测量值中的整周模糊度 N 在各个时刻的值保持不变。若对相邻两个历元的伪距与载波相位分别进行相减，则得

$$\Delta\rho_k = \Delta r_k + c\left(\Delta\delta t_{u,k} - \Delta\delta t_k^{(s)}\right) + \Delta I_k + \Delta T_k + \Delta\varepsilon_{\rho,k} \tag{4.82A}$$

$$\lambda\cdot\Delta\phi_k = \Delta r_k + c\left(\Delta\delta t_{u,k} - \Delta\delta t_k^{(s)}\right) - \Delta I_k + \Delta T_k + \lambda\cdot\Delta\varepsilon_{\phi,k} \tag{4.82B}$$

式中，差分量 $\Delta\rho_k$ 与 $\Delta\phi_k$ 的定义分别为

$$\Delta\rho_k \equiv \rho_k - \rho_{k-1} \tag{4.83A}$$

$$\Delta\phi_k \equiv \phi_k - \phi_{k-1} \tag{4.83B}$$

式（4.82）中的其他各个差分量的定义与式（4.83）相类似。在从式（4.81B）到式（4.82B）的演变过程中，整周模糊度 N 被抵消，且波长 λ 被移到了等号的左边。

对比式（4.82A）与式（4.82B）可见：如果电离层延时变化量 ΔI_k 很小，那么伪距变化量 $\Delta\rho_k$ 与以距离为单位的载波相位变化量 $\lambda\cdot\Delta\phi_k$ 理论上应该相等，只不过前者包含的误差量 $\Delta\varepsilon_{\rho,k}$ 较大，一般是后者误差量 $\lambda\cdot\Delta\varepsilon_{\phi,k}$ 的上百倍。事实上，$\Delta\phi_k$ 就是历元 $k-1$ 到 k 期间的积分多普勒，其精度高达厘米级，且没有模糊度。因为伪距变化量 $\Delta\rho_k$ 与积分距离差 $\lambda\cdot\Delta\phi_k$ 理论上相互接近、相等，所以二者应能通过某种方式整合起来，合成出一种既无模糊度又相对平滑的距离测量值。

整合这两种测量值的一种方法为[7]

$$\rho_{s,k} = \frac{1}{M}\rho_k + \frac{M-1}{M}\left[\rho_{s,k-1} + \lambda\left(\phi_k - \phi_{k-1}\right)\right] \tag{4.84}$$

上式就是被广泛应用的借助载波相位测量值来平滑伪距测量值的平滑器公式。该平滑器输出的结果 $\rho_{s,k}$ 被称为时间 k 的载波相位平滑伪距，而 M 被称为平滑时间常数。M 值越大，ρ_s 就越依赖于载波相位变化量，ρ_s 也就越平滑。接收机通常有一个默认的 M 值，也有可能允许用户自行设置 M 值，它一般取值为 20～100 个历元（秒）。

式（4.84）要求接收机持续地锁定载波相位。如果接收机发生失锁或失周现象，那么载波相位测量值中的整周模糊度值 N 就会发生跳变，此时就必须重置平滑器。接收机一般使用其锁定载波相位后的第一个伪距测量值 ρ_1 来初始化 ρ_s 的值，即

$$\rho_{s,1} = \rho_1 \tag{4.85}$$

图4.12所示为伪距在平滑前后的一个实例。因为伪距值很大，所以为了显示平滑器的效果，图中的点画线代表由式（4.83A)算出的伪距差分量 $\Delta\rho_k$ ，而不直接是伪距 ρ_k 。图中的另一条曲线是相应的载波相位平滑伪距 $\rho_{s,k}$ 的差分量 $\Delta\rho_{s,k}$ ，即 $\rho_{s,k} - \rho_{s,k-1}$。需要说明的是，图 4.12 所示的只是平滑伪距数据中的中间一段，即平滑器的初始化发生在图中的 0 历元之前。

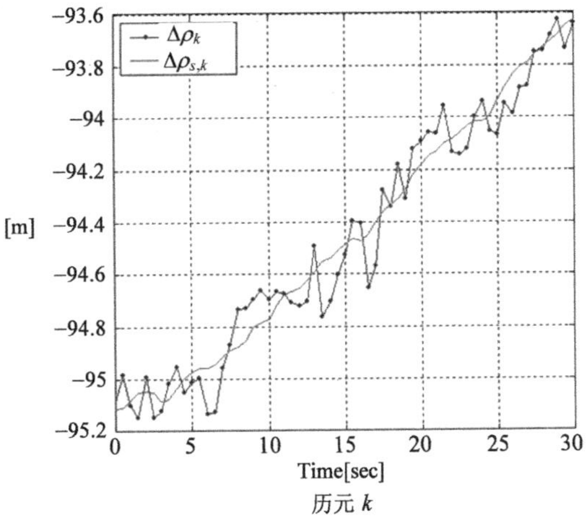

图 4.12　经载波相位平滑前后的伪距

尽管式（4.84）已被广泛地接受和应用，但该平滑器还存在以下两个根本性的缺点：

（1）它假定电离层延时保持不变，但这一点不一定总是近似正确的。一方面，如果电离层延时发生了较快、较大的变化，那么由于电离层对伪距与载波相位测量值的作用相反，因此事实上有两倍的电离层延时变化量误差进入平滑后的伪距 $\rho_{s,k}$；另一方面，即使是对缓慢变化的电离层延时而言，如果平滑器运行了很长时间却没有得到重置，那么它也会在平滑伪距 $\rho_{s,k}$ 中逐渐积累相当可观的电离层延时总变化量误差。

（2）如果平滑伪距初始值 $\rho_{s,1}$ 有一个较大的偏差，那么平滑器需要较长时间的运行才能逐步消除该偏差。因此，该平滑器的初始值 $\rho_{s,1}$（伪距 ρ_1）应尽可能准确。

为了获取一个较正确的初始值 $\rho_{s,1}$，我们可以下公式首先尽量多估算几个 $\rho_{s,1}$ 的初始值[14]：

$$\rho_{s,1,k} = \rho_k - \lambda(\phi_k - \phi_1) \tag{4.86}$$

然后将它们的平均值作为初始值 $\rho_{s,1}$，即

$$\rho_{s,1} = \frac{1}{K}\sum_{k=1}^{K}\rho_{s,1,k} \tag{4.87}$$

如果平滑器有一个准确的初始值 $\rho_{s,1}$，那么更为大胆的整合方式是用载波相位变化量 $\Delta\phi_k$ 完全取代伪距变化量 $\Delta\rho_k$，即[8]

$$\rho_{s,k} = \rho_{s,1} + \lambda\left(\phi_k - \phi_1\right) \tag{4.88}$$

事实上，若 M 值为无穷大，则式（4.84）就变成式（4.88）。

在多数情况下，GPS 接收机输出的伪距测量值实际上是载波相位平滑伪距 ρ_s，而不直接是伪距 ρ。如果载波相位测量值不直接用在定位算法中，那么定位算法中的伪距量基本上是 ρ_s；如果载波相位（或多普勒频移）测量值也直接用在定位、定速算法中，那么定位算法所用的伪距可能是 ρ，但也可以是 ρ_s，二者的主要区别在于不同的平滑方式与程度。因此，后面在介绍 GPS 定位算法时，可能不再特意指出所用的伪距量究竟是 ρ 还是 ρ_s。

4.5.2 整周模糊度估算

4.5.1 节利用了载波相位来平滑伪距，本节简单介绍一种利用伪距来粗略地确定载波相位测量值中整周模糊度 N 的值的方法。

比较式（4.81A）与式（4.81B），可得以下伪距 ρ_k 与载波相位 ϕ_k 的近似关系式：

$$\rho_k \approx \lambda(\phi_k - N) \tag{4.89}$$

因此，一种简单估算整周模糊度值 N 的方法为[14]

$$\hat{N} = \left[\phi_k - \frac{\rho_k}{\lambda}\right] \tag{4.90}$$

式中，“[ ]”代表四舍五入的取整运算，即上式得到一个整周模糊度 N 的整数型估算值 $\hat{N}$。

显然，上述估算方法相当粗略。例如，假定伪距 ρ_k 的测量误差为 5 m，载波 L1 的波长约为 19 cm，那么整周模糊度的估算值 $\hat{N}$ 的误差可达 26 周。第 7 章中将详细介绍多种可用于差分 GPS 系统中的整周模糊度确定法。

参考文献

[1] 周忠谟，易杰军，周琪. GPS 卫星测量原理与应用[M]. 北京：测绘出版社，1997.

[2] ARINC Research Corporation, Navstar GPS Space Segment / Navigation User Interfaces, ICD-GPS-200C, El Segundo, CA, January 14, 2003.

[3] Black H., “An Easily Implemented Algorithm for the Tropospheric Range Correction,” Journal of Geophysical Research, Vol. 83, pp. 1825-1828, April 1978.

[4] Black H., Eisner A., “Correcting Satellite Doppler Data for Tropospheric Effects, ” Journal of Geophysical Research, Vol. 89, No. D2, pp. 2616-2626, 1984.

[5] Collins J., Langley R., “Mitigating Tropospheric Propagation Delay Errors in Precise Airborne GPS

Navigation, " Proceedings of the IEEE Position Location and Navigation Symposium, Atlanta, GA, pp. 582-589, April 22-26, 1996.

[6] Harigae M., Yamaguchi I., Kasai T., Igawa H., Nakanishi H., Murayama T., Iwanaka Y., Suko H., "Abreast of the Waves: Open-Sea Sensor to Measure Height and Direction, " GPS World, May 2005.

[7] Hatch R., "The Synergism of GPS Code and Carrier Measurements", Proceedings of the Third International Geodetic Symposium on Satellite Doppler Positioning, New Mexico State University, February 1982.

[8] Hatch R., Sharpe R., Yang Y., "An Innovative Algorithm for Carrier-Phase Navigation, " Proceedings of ION GNSS, Long Beach, CA, September 21-24, 2004.

[9] Hopfield H., "Tropospheric Effect on Electromagnetically Measured Range: Prediction from Surface Weather Data." Radio Science, Vol. 6, No. 3, pp. 357-367, 1971.

[10] Janes H., Langley R., Newby S., "Analysis of Tropospheric Delay Prediction Models: Comparisons with Ray Tracing and Implications for GPS Relative Positioning, " Bulletin Géodésique, Vol. 65, No. 3, pp. 151-161, 1991.

[11] Kaplan E., Understanding GPS: Principles and Applications, Second Edition, Artech House, Inc., 2006.

[12] Mendes V., Langley R., "A Comprehensive Analysis of Mapping Functions Used in Modeling Tropospheric Propagation Delay in Space Geodetic Data, " Proceedings of the International Symposium on Kinematic Systems in Geodesy, Geomatics and Navigation, pp. 87-98, Canada, August 30–September 2, 1994.

[13] Milliken R., Zoller C., "Principle of Operation of NAVSTAR and System Characteristics," Navigation: Journal of the Institute of Navigation, Vol. 25, No. 2, Summer 1978.

[14] Misra P., Enge P., Global Positioning System - Signals, Measurements, and Performance, Ganga-Jamuna Press, 2001.

[15] Olynik M., Petovello M., Cannon M., Lachapelle G., "Temporal Variability of GPS Error Sources and Their Effect on Relative Positioning Accuracy, " The ION National Technical Meeting, San Diego, CA, January 2002.

[16] Parkinson B., Spilker J., Axelrad P., Enge P., Global Positioning System: Theory and Applications, American Institute of Aeronautics and Astronautics, 1996.

第 5 章　GPS 定位原理与精度分析

我们在第 3 章中计算了 GPS 卫星的空间位置坐标，在第 4 章中获得了从卫星到接收机的距离测量值，它们是接收机实现 GPS 单点绝对定位必备的两个条件。5.1 节简单复习牛顿迭代及其线性化方法，它可用来求解非线性方程和非线性方程组。5.2 节简单回顾最小二乘法，它是求解超定矩阵方程的常用工具。5.3 节首先解释利用伪距实现绝对定位的原理，然后详细分析一种常用的伪距定位算法，即在每次牛顿迭代中用最小二乘法求解线性化后的矩阵方程，最后介绍一种通过添加辅助方程来实现二维定位的方法。5.4 节首先通过对 GPS 定位误差进行均方差分析得到一个关于 GPS 定位精度的重要结论，即 GPS 定位精度与 GPS 测量误差的大小和各颗可见卫星在空间的几何分布情况有关，接着引入用于定量描述卫星几何分布好坏的精度因子（DOP）这个相当常用的概念，最后简单介绍用于改善卫星几何分布的伪卫星技术。5.5 节介绍接收机自主正直性监测（RAIM）及几种常用的算法。5.6 节简单讨论 GPS 接收机的多普勒定速算法。5.7 节介绍 GPS 授时与校频的几种测量方法。

5.1　牛顿迭代及其线性化方法

第 1 章给出了利用伪距实现 GPS 绝对定位的方程式(1.1)，它是一个关于接收机位置(x,y,z)的非线性方程式。牛顿迭代法是用于求解非线性方程和非线性方程组的一种常用方法，每次牛顿迭代主要包括以下运算：首先将各个方程式在一个根的估计值处线性化，然后求解线性化后的方程组，最后更新根的估计值[2]。本节简单介绍牛顿迭代及其线性化方法，对此有基础的读者可跳过本节的内容。

为简单起见，我们从一元非线性方程的求解开始介绍。假设我们要求解以下非线性方程式的根 x：

$$f(x)=0 \tag{5.1}$$

式中，$f(x)$ 是一个关于未知数 x 的非线性函数。给定一个根的估计值 x_{k-1}，如果 $f(x)$ 在点 x_{k-1} 附近连续且可导，那么 $f(x)$ 在点 x_{k-1} 处的泰勒展开式为[3]

$$f(x)\approx f(x_{k-1})+f'(x_{k-1})\cdot(x-x_{k-1}) \tag{5.2}$$

式（5.2）只保留了泰勒展开式中的一阶余项，忽略了其他各个高阶余项，而 $f'(x_{k-1})$ 代表 $f(x)$ 的一阶导数在 x_{k-1} 的值，即

$$f'(x_{k-1})=\left.\frac{\mathrm{d}f(x)}{\mathrm{d}x}\right|_{x=x_{k-1}} \tag{5.3}$$

这样，非线性方程式（5.1）就近似地转换为以下一个线性方程式：

$$f(x_{k-1})+f'(x_{k-1})\cdot(x-x_{k-1})=0 \tag{5.4}$$

如果一阶导数值 $f'(x_{k-1})$ 不等于 0，那么求解上述线性方程式就相当简单、直接。牛顿迭代法将线性方程式（5.4）的解 x 作为原非线性方程式（5.1）的解的更新值 x_k，即

$$x_k=x_{k-1}-\frac{f(x_{k-1})}{f'(x_{k-1})} \tag{5.5}$$

有了更新后的解 x_k，方程式（5.1）就可以在点 x_k 处线性化，然后重复上述计算，得到再次更新后的解 x_{k+1}。经过多次这样的循环迭代后，就可以得到非线性方程（5.1）的数值解。这一求解过程就是牛顿迭代法，其迭代计算的收敛速度与函数 $f(x)$ 的特点有关。

牛顿迭代法也可用来求解多元非线性方程组，其求解过程与以上求解一元非线性方程（5.1）的过程完全相同，即给出方程组解的初始估计值，将各个非线性方程在该估计值处线性化，然后求解线性化后的方程组，得到方程组解的更新值，接着重复这种运算，直到满足要求的精度为止。

例如，某系统有一个输入量 u 和一个输出量 v，它们的关系可用以下非线性函数来描述：

$$v = f(x, y, z, u) \tag{5.6}$$

式中，x，y 和 z 是三个待定的函数系数。为了确定这三个系数，我们对该系统进行多次测定：当系统输入为 u_1 时系统输出为 v_1，当输入为 u_2 时输出为 v_2，等等。假设我们共测定了 N 对数据，那么这些数据对集中在一起就可组成以下的 N 个方程式：

$$\begin{cases} v_1 = f(x, y, z, u_1) \\ v_2 = f(x, y, z, u_2) \\ \quad\vdots \\ v_N = f(x, y, z, u_N) \end{cases} \tag{5.7}$$

这是一个三元非线性方程组。在用牛顿迭代算法求解方程式（5.7）的三个未知系数 x，y 和 z 的第 k 次迭代中，假设解(x, y, z)的初值为$(x_{k-1}, y_{k-1}, z_{k-1})$，那么式（5.7）中的每个方程式都可在点$(x_{k-1}, y_{k-1}, z_{k-1})$处线性化。以方程组中的第 n 个方程为例，该方程的泰勒展开式为

$$\begin{aligned} v_n \approx\ & f(x_{k-1}, y_{k-1}, z_{k-1}, u_n) + \frac{\partial f(x_{k-1}, y_{k-1}, z_{k-1}, u_n)}{\partial x}(x - x_{k-1}) + \\ & \frac{\partial f(x_{k-1}, y_{k-1}, z_{k-1}, u_n)}{\partial y}(y - y_{k-1}) + \frac{\partial f(x_{k-1}, y_{k-1}, z_{k-1}, u_n)}{\partial z}(z - z_{k-1}) \end{aligned} \tag{5.8}$$

式中，

$$\frac{\partial f(x_{k-1}, y_{k-1}, z_{k-1}, u_n)}{\partial x}$$

是函数 $f(x, y, z, u_n)$ 关于 x 的偏导在点$(x_{k-1}, y_{k-1}, z_{k-1})$的值，即

$$\frac{\partial f(x_{k-1}, y_{k-1}, z_{k-1}, u_n)}{\partial x} = \left.\frac{\partial f(x, y, z, u_n)}{\partial x}\right|_{\substack{x = x_{k-1} \\ y = y_{k-1} \\ z = z_{k-1}}} = \left.\frac{\partial f(x, y_{k-1}, z_{k-1}, u_n)}{\partial x}\right|_{x = x_{k-1}} \tag{5.9}$$

这样，非线性方程组（5.7）就近似地转换为用矩阵形式表达的以下线性方程组：

$$\boldsymbol{G} \cdot \Delta\boldsymbol{x} = \boldsymbol{b} \tag{5.10}$$

式中，

$$\boldsymbol{G} = \begin{bmatrix} \dfrac{\partial f(x_{k-1}, y_{k-1}, z_{k-1}, u_1)}{\partial x} & \dfrac{\partial f(x_{k-1}, y_{k-1}, z_{k-1}, u_1)}{\partial y} & \dfrac{\partial f(x_{k-1}, y_{k-1}, z_{k-1}, u_1)}{\partial z} \\ \dfrac{\partial f(x_{k-1}, y_{k-1}, z_{k-1}, u_2)}{\partial x} & \dfrac{\partial f(x_{k-1}, y_{k-1}, z_{k-1}, u_2)}{\partial y} & \dfrac{\partial f(x_{k-1}, y_{k-1}, z_{k-1}, u_2)}{\partial z} \\ \vdots & \vdots & \vdots \\ \dfrac{\partial f(x_{k-1}, y_{k-1}, z_{k-1}, u_N)}{\partial x} & \dfrac{\partial f(x_{k-1}, y_{k-1}, z_{k-1}, u_N)}{\partial y} & \dfrac{\partial f(x_{k-1}, y_{k-1}, z_{k-1}, u_N)}{\partial z} \end{bmatrix} \tag{5.11}$$

$$\Delta \boldsymbol{x} = \boldsymbol{x} - \boldsymbol{x}_{k-1} = \begin{bmatrix} x \\ y \\ z \end{bmatrix} - \begin{bmatrix} x_{k-1} \\ y_{k-1} \\ z_{k-1} \end{bmatrix} \tag{5.12}$$

$$\boldsymbol{b} = \begin{bmatrix} v_1 - f(x_{k-1}, y_{k-1}, z_{k-1}, u_1) \\ v_2 - f(x_{k-1}, y_{k-1}, z_{k-1}, u_2) \\ \vdots \\ v_N - f(x_{k-1}, y_{k-1}, z_{k-1}, u_N) \end{bmatrix} \tag{5.13}$$

$\boldsymbol{G}$ 常被称为雅可比矩阵。将方程组表达成矩阵形式，不但写起来简洁、方便，而且有助于我们运用成熟的矩阵理论知识来分析方程组的特性并求解方程组。5.2 节介绍如何将 $\Delta \boldsymbol{x}$ 从矩阵方程式（5.10）中求解出来。求得 $\Delta \boldsymbol{x}$ 后，非线性方程组（5.7）的解就可从 $\boldsymbol{x}_{k-1}$ 更新为 $\boldsymbol{x}_k$ ，即

$$\boldsymbol{x}_k = \boldsymbol{x}_{k-1} + \Delta \boldsymbol{x} \tag{5.14}$$

如果更新后的解 $\boldsymbol{x}_k$ 尚未达到求解精度，那么 $\boldsymbol{x}_k$ 可作为第 $k+1$ 次迭代的起点，继续进行上述牛顿迭代运算。

本节以求解只含三个未知数的方程组（5.7）为例的原因仅是表达方便，而牛顿迭代法本身并未限制被求解方程组中的未知数个数和方程式个数。

5.2 最小二乘法

在 5.1 节求解多元非线性方程组的每次牛顿迭代过程中，非线性方程组被线性化后，问题的关键变成了求解线性矩阵方程式（5.10）。本节以求解线性矩阵方程式（5.10）为例，简单介绍用以求解超定矩阵方程的最小二乘法（LS）和加权最小二乘法（WLS），对此有基础的读者可跳过本节的内容[1, 49]。

在式（5.10）中，$\boldsymbol{G}$ 是一个 $N \times 3$ 的矩阵。如果 $N < 3$ ，即式（5.10）中的方程式个数少于未知数个数时，那么该方程组有无数个解；如果 $N \geqslant 3$ 但矩阵 $\boldsymbol{G}$ 的秩仍小于矩阵 $\boldsymbol{G}$ 的列数（等于 3），那么该方程组也有无数个解。GPS 定位对这些有无数个解的情况基本上不感兴趣。

如果 $N = 3$ 且矩阵 $\boldsymbol{G}$ 满秩，即有效方程式的个数等于未知数的个数，那么该方程组存在唯一解，高斯（1777—1855）消元法是其中一种相当常用的矩阵方程求解算法。无论用何种算法求解，我们均将方程式（5.10）的解 $\Delta \boldsymbol{x}$ 记为

$$\Delta \boldsymbol{x} = \boldsymbol{G}^{-1} \boldsymbol{b} \tag{5.15}$$

式中，$\boldsymbol{G}^{-1}$ 代表矩阵 $\boldsymbol{G}$ 的逆矩阵。

如果 $N > 3$ 、矩阵 $\boldsymbol{G}$ 满秩且有效方程式的个数多于未知数的个数，那么该超定方程组无解，但这是 GPS 接收机实现定位希望的情形，而且这是经常发生的情形。最小二乘法被广泛地应用于求解这类超定方程组，它的解 $\Delta \boldsymbol{x}$ 能使方程组（5.10）中的各个方程式的等号左右两边之差的平方和最小。对上节所举的例子来说，最小二乘法的解 $\Delta \boldsymbol{x}$ 使得各个函数值 $f(x, y, z, u_n)$ 与实际输出测量值 v_n 之差的平方和最小。

下面推导最小二乘法。若将式（5.10）中各个方程式等号左右两边之差的平方和记为 $P(\Delta \boldsymbol{x})$，则有

$$\begin{aligned} P(\Delta \boldsymbol{x}) &\equiv \left\| \boldsymbol{G} \cdot \Delta \boldsymbol{x} - \boldsymbol{b} \right\|^2 = (\boldsymbol{G} \cdot \Delta \boldsymbol{x} - \boldsymbol{b})^{\mathrm{T}} (\boldsymbol{G} \cdot \Delta \boldsymbol{x} - \boldsymbol{b}) \\ &= \Delta \boldsymbol{x}^{\mathrm{T}} \boldsymbol{G}^{\mathrm{T}} \boldsymbol{G} \Delta \boldsymbol{x} - \Delta \boldsymbol{x}^{\mathrm{T}} \boldsymbol{G}^{\mathrm{T}} \boldsymbol{b} - \boldsymbol{b}^{\mathrm{T}} \boldsymbol{G} \Delta \boldsymbol{x} + \boldsymbol{b}^{\mathrm{T}} \boldsymbol{b} \\ &= \Delta \boldsymbol{x}^{\mathrm{T}} \boldsymbol{G}^{\mathrm{T}} \boldsymbol{G} \Delta \boldsymbol{x} - 2 \Delta \boldsymbol{x}^{\mathrm{T}} \boldsymbol{G}^{\mathrm{T}} \boldsymbol{b} + \boldsymbol{b}^{\mathrm{T}} \boldsymbol{b} \end{aligned} \tag{5.16}$$

式中，矩阵 $\boldsymbol{G}^{\mathrm{T}}\boldsymbol{G}$ 对称、正定、可逆，因此 $P(\Delta\boldsymbol{x})$ 存在最小值。为了找到一个 $\Delta\boldsymbol{x}$ 使得 $P(\Delta\boldsymbol{x})$ 的值最小，式（5.16）对 $\Delta\boldsymbol{x}$ 求导得[48]

$$\frac{\mathrm{d}P(\Delta\boldsymbol{x})}{\mathrm{d}(\Delta\boldsymbol{x})}=2\boldsymbol{G}^{\mathrm{T}}\boldsymbol{G}\Delta\boldsymbol{x}-2\boldsymbol{G}^{\mathrm{T}}\boldsymbol{b} \tag{5.17}$$

当导数值 $\frac{\mathrm{d}P(\Delta\boldsymbol{x})}{\mathrm{d}(\Delta\boldsymbol{x})}$ 为零时，$P(\Delta\boldsymbol{x})$ 达到最小值。根据式（5.17），很容易得到使 $\frac{\mathrm{d}P(\Delta\boldsymbol{x})}{\mathrm{d}(\Delta\boldsymbol{x})}$ 等于零时的 $\Delta\boldsymbol{x}$ 值为

$$\Delta\boldsymbol{x}=(\boldsymbol{G}^{\mathrm{T}}\boldsymbol{G})^{-1}\boldsymbol{G}^{\mathrm{T}}\boldsymbol{b} \tag{5.18}$$

上式中的 $\Delta\boldsymbol{x}$ 就是矩阵方程式（5.10）的最小二乘法解。如果矩阵 $\boldsymbol{G}$ 可逆，那么式（5.18）实质上可以简化成式（5.15）。

考虑到不同的输出值 v_n 有着不同大小的测量误差，我们可对每个输出测量值 v_n 设定一个权重 w_n，并且希望权重 w_n 越大的输出值 v_n 在最小二乘法的解中起更加重要的作用。需要指出的是，各个输出测量值之间的权重大小是相对而言的。通常，若 v_n 的测量误差较小，则与其对应的权重值 w_n 应该较大，而一种在实际应用中较为流行的方案是将权重 w_n 取值为相应输出值 v_n 的测量误差标准差 σ_n 的倒数[24]，即

$$w_n=\frac{1}{\sigma_n} \tag{5.19}$$

这样，设置好各个测量值的权重后，将式（5.10）中的各个方程式乘以相应的权重，矩阵方程（5.10）变成

$$\boldsymbol{WG}\cdot\Delta\boldsymbol{x}=\boldsymbol{Wb} \tag{5.20}$$

式中，权重矩阵 $\boldsymbol{W}$ 为如下的一个 $N\times N$ 的对角阵：

$$\boldsymbol{W}=\begin{bmatrix} w_1 & & & \\ & w_2 & & \\ & & \ddots & \\ & & & w_N \end{bmatrix} \tag{5.21}$$

当然，如果不同测量值的误差之间存在相关性，那么 $\boldsymbol{W}$ 就不再是一个对角阵。

现在运用最小二乘法来求解矩阵方程（5.20）。这一次，我们直接套用矩阵方程（5.10）的最小二乘法解的公式（5.18），得到方程（5.20）的最小二乘法解为

$$\Delta\boldsymbol{x}=(\boldsymbol{G}^{\mathrm{T}}\boldsymbol{C}\boldsymbol{G})^{-1}\boldsymbol{G}^{\mathrm{T}}\boldsymbol{C}\boldsymbol{b} \tag{5.22}$$

式中，

$$\boldsymbol{C}=\boldsymbol{W}^{\mathrm{T}}\boldsymbol{W} \tag{5.23}$$

我们通常将式（5.22）称为加权最小二乘法对方程（5.10）的解。若权重的取值按式（5.19）进行，则矩阵 $\boldsymbol{C}$ 相当于输出值（$\boldsymbol{b}$）的协方差矩阵 $\boldsymbol{Q}_{\boldsymbol{b}}$（见附录 C）的逆，即

$$\boldsymbol{C}=\boldsymbol{Q}_{\boldsymbol{b}}^{-1} \tag{5.24}$$

在这种情况下，我们可以推导出式（5.22）给出的最小二乘法解 $\Delta\boldsymbol{x}$ 的协方差矩阵 $\boldsymbol{Q}_{\Delta\boldsymbol{x}}$ 为

$$\boldsymbol{Q}_{\Delta\boldsymbol{x}}=(\boldsymbol{G}^{\mathrm{T}}\boldsymbol{Q}_{\boldsymbol{b}}^{-1}\boldsymbol{G})^{-1} \tag{5.25}$$

下面举一个最小二乘法解的简单例子，这个例子将在第 6 章中再次提到。

【例 5.1】 我们使用直尺测量一张桌子的长度，由于桌子的边沿不光洁，测量时直尺又可能与桌沿不垂直，再加上读数误差等多种原因，我们决定在桌子的不同边沿处多次测量桌子的长度，目的是最后得到一个比较准确的测量值。假设测量了 N 次，相应的测量值分别为 $y_1, y_2, \cdots, y_N$ 米，且假设每次测量值的误差分布是一样的，各个测量值 y_i 的误差方差均为 σ_y^2 平方米。试用加权最小二乘法计算桌子长度的最优估计值。

解：如果 x 代表桌子的真实长度，那么我们可以得到以下一组方程：

$$\begin{cases} x = y_1 \\ x = y_2 \\ \quad\vdots \\ x = y_N \end{cases} \tag{5.26A}$$

它的矩阵形式为

$$\boldsymbol{G}x = \boldsymbol{b} \tag{5.26B}$$

式中，

$$\boldsymbol{G} = \begin{bmatrix} 1 \\ \vdots \\ 1 \end{bmatrix}_{N\times 1}, \quad \boldsymbol{b} = \begin{bmatrix} y_1 \\ \vdots \\ y_N \end{bmatrix}_{N\times 1} \tag{5.26C}$$

我们用加权最小二乘法求解这个超定方程组。因为各个测量值的误差方差相等，所以它们的权重 w_n 也相等。若 w_n 根据式（5.19）取值为 σ_y^{-1}，则由式（5.21）和式（5.23）得

$$\boldsymbol{C} = \begin{bmatrix} \sigma_y^{-2} & & \\ & \ddots & \\ & & \sigma_y^{-2} \end{bmatrix}_{N\times N} \tag{5.26D}$$

这样，我们就可直接套用公式（5.22），得到

$$x = (\boldsymbol{G}^{\mathrm{T}}\boldsymbol{C}\boldsymbol{G})^{-1}\boldsymbol{G}^{\mathrm{T}}\boldsymbol{C}\boldsymbol{b} = \frac{\sigma_y^2}{N}\boldsymbol{G}^{\mathrm{T}}\boldsymbol{C}\boldsymbol{b} = \frac{y_1 + y_2 + \cdots + y_N}{N} \tag{5.26E}$$

上式表明，桌子长度测量问题的加权最小二乘法解正好等于所有测量值的平均值。最后，我们套用公式（5.25），得到该加权最小二乘法解的误差方差 Q_x 为

$$Q_x = (\boldsymbol{G}^{\mathrm{T}}\boldsymbol{C}\boldsymbol{G})^{-1} = \frac{\sigma_y^2}{N} \tag{5.26F}$$

上式表明，尽管每个测量值的误差方差为 σ_y^2，但加权最小二乘法解的误差方差已降低至 σ_y^2/N。

5.3 伪距定位

本节首先阐述 GPS 接收机利用伪距实现 GPS 定位、定时的原理，然后详细介绍一种常用的定位算法——最小二乘法，最后讨论实现二维定位的方法及意义。要强调的是，本节的定位算法和 5.4 节的定位误差方差分析是求解 GPS 位置、速度和时间（PVT）算法的核心内容。

5.3.1　伪距定位原理

在 4.1 节中，我们得到了伪距观测方程式（4.10）。因为本章的定位算法要同时处理接收机对多颗卫星的测量值，所以我们将式（4.10）改写成

$$\rho^{(n)} = r^{(n)} + \delta t_u - \delta t^{(n)} + I^{(n)} + T^{(n)} + \varepsilon_\rho^{(n)} \tag{5.27}$$

式中，$n = 1, 2, \cdots, N$ 是卫星或卫星测量值的临时编号，而不是第 1 章中介绍的卫星 SVN 或 PRN 编号。在当前观测时刻，我们假定接收机共对 N 颗可见卫星有伪距测量值。与式（4.10）被改写成式（4.11）和式（4.12）相类似，我们可由式（5.27）定义误差校正后的如下伪距测量值 $\rho_c^{(n)}$：

$$\rho_c^{(n)} = \rho^{(n)} + \delta t^{(n)} - I^{(n)} - T^{(n)} \tag{5.28}$$

和校正后的如下伪距观测方程式：

$$r^{(n)} + \delta t_u = \rho_c^{(n)} - \varepsilon_\rho^{(n)} \tag{5.29}$$

如图 5.1 所示，式（5.29）中的 $r^{(n)}$ 是接收机到卫星 n 的几何距离，即

$$r^{(n)} = \left\| \boldsymbol{x}^{(n)} - \boldsymbol{x} \right\| = \sqrt{(x^{(n)} - x)^2 + (y^{(n)} - y)^2 + (z^{(n)} - z)^2} \tag{5.30}$$

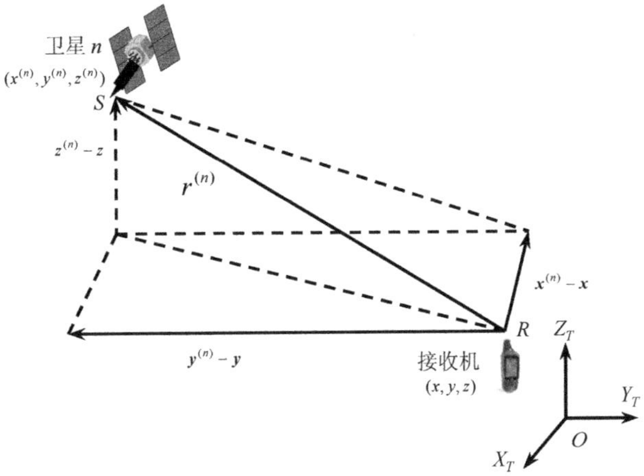

图 5.1　从接收机指向卫星的观测向量

式中，$\boldsymbol{x} = [x, y, z]^{\mathrm{T}}$ 为未知的接收机位置坐标向量，$\boldsymbol{x}^{(n)} = [x^{(n)}, y^{(n)}, z^{(n)}]^{\mathrm{T}}$ 为卫星 n 的位置坐标向量。如果先将未知的伪距测量误差量 $\varepsilon_\rho^{(n)}$ 从式（5.29）中省去，那么 GPS 定位、定时算法的本质就是求解如下的一个四元非线性方程组：

$$\begin{cases} \sqrt{(x^{(1)} - x)^2 + (y^{(1)} - y)^2 + (z^{(1)} - z)^2} + \delta t_u = \rho_c^{(1)} \\ \sqrt{(x^{(2)} - x)^2 + (y^{(2)} - y)^2 + (z^{(2)} - z)^2} + \delta t_u = \rho_c^{(2)} \\ \qquad \vdots \\ \sqrt{(x^{(N)} - x)^2 + (y^{(N)} - y)^2 + (z^{(N)} - z)^2} + \delta t_u = \rho_c^{(N)} \end{cases} \tag{5.31}$$

其中的每个方程式都对应一颗可见卫星的伪距测量值。在上述整个方程组中，各颗卫星的位置坐标值$(x^{(n)}, y^{(n)}, z^{(n)})$可依据它们各自播发的星历计算获得，误差校正后的伪距 $\rho_c^{(n)}$ 则由接收机测量得到，因此方程组中只有剩下的接收机位置三个坐标分量(x, y, z)和接收机钟差 δt_u 是要求解的未知量。如果接收机有 4 颗或以上可见卫星的伪距测量值，那么式（5.31）就至少由 4 个方程

式组成，接收机就可以求解出方程组中的 4 个未知量，从而实现 GPS 定位、定时。这就是 GPS 伪距定位、定时的基本原理。通俗地讲，GPS 定位的基本原理是三角学，即通过测量接收机到多颗位置已知的卫星的距离，再根据简单的三角关系推算出接收机自身的位置。我们将式（5.31）称为伪距定位、定时方程组，4 个未知量也常被称为定位、定时方程的状态变量。

除了定位，GPS 接收机还能为用户定时，这自然是 GPS 的另一个重大功能。GPS 定位将接收机钟差 δt_u 当成一个待求的未知变量，这通常可让频率稳定性一般的晶体振荡器作为接收机的频率、时间源，进而降低接收机的生产成本。从这一角度来看，接收机为了达到定位目的而不得不同时求解接收机钟差 δt_u。如果我们能够尽力保持接收机时钟与 GPS 时间同步，那么接收机最少只要 3 颗可见卫星就能实现三维定位[50]。因为 GPS 定位与定时通常是紧密联系在一起的，所以后面在谈到定位算法时，多数情况下实际上指的是定位、定时算法。

为了理解基于三角学的定位原理，下面举一个二维定位的简单例子，GPS 的三维定位事实上是平面二维定位的推广。

【例 5.2】 在图 5.2 所示的 X-Y 平面内，两个信号发射源 S_1 与 S_2 分别位于点(4, 0)与点(0, 4)，用户大致在以原点为中心、半径为 1 的圆周内外附近活动。与 GPS 接收机的测量原理相类似，例中的用户接收机根据信号传播时间测量出其到信号发射源的距离。假如接收机测得其到发射源 S_1 与 S_2 的距离分别为 $\sqrt{17}$ 与 5，且假设用户信号接收机与两信号发射源的时钟严格同步，求用户接收机的位置坐标。

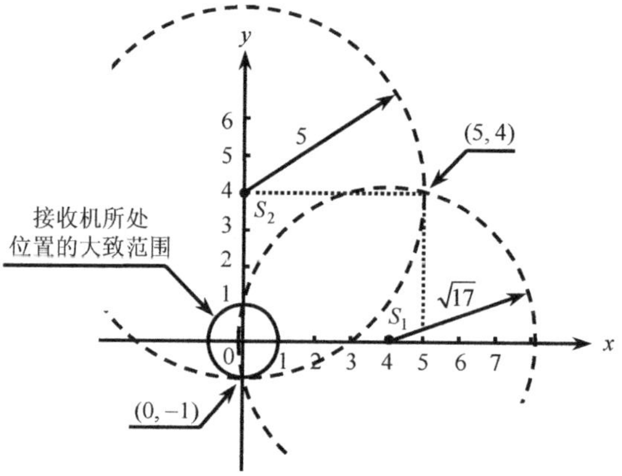

图 5.2　平面二维定位的三角学原理

解： 因为用户接收机到信号发射机 S_1 与 S_2 的距离分别为 $\sqrt{17}$ 与 5，所以如果在 X-Y 平面内分别以 S_1 与 S_2 为圆心、以 $\sqrt{17}$ 与 5 为半径画圆周，那么两个圆周的交点就是用户接收机的位置，这一定位机制正是三角学的基本原理。三角学的这一定位基本原理相当于求解以下数学方程式：

$$\begin{cases}\sqrt{(x-4)^2+(y-0)^2}=\sqrt{17}\\ \sqrt{(x-0)^2+(y-4)^2}=5\end{cases} \tag{5.32}$$

式中，(x, y)代表我们想要求解的用户接收机的位置坐标。上式与 GPS 定位、定时方程式（5.31）表达的含义相同，不同的只是在本例子中接收机钟差假定为 0。通过求解，我们得到方程式（5.32）的两个根为(0, −1)和(5, 4)。如图 5.2 所示，点(0, −1)凑巧位于离原点为 1 的圆周上，而点(5, 4)与题中对用户活动范围的假设明显不符，因此接收机的二维定位结果为(0, −1)。

5.3.2　伪距定位算法

本节要介绍的求解伪距定位方程组（5.31）的算法，正是本章前面介绍过的牛顿迭代法，而最小二乘法又用于求解每次牛顿迭代循环中的线性矩阵方程式。在 GPS 领域，这一伪距定位算法通常被称为最小二乘法，但这一命名显然不太合理。在各种伪距定位算法中，最小二乘法是一种比较简单、基本而又有着广泛应用的重要方法。

有了 5.1 节和 5.2 节的数学基础，理解这一伪距定位算法就应该相当容易。考虑到这一定位算法的重要性，我们还将对其的每步计算予以详细介绍。在每个定位时刻（或历元），最小二乘法的定位计算可以分成以下几步。

第 1 步：准备数据与设置初始解

对所有的可见卫星 n，收集它们在同一测量时刻的伪距测量值 $\rho^{(n)}$，计算测量值 $\rho^{(n)}$ 中的各项偏差、误差成分的校正量 $\delta t^{(n)}, I^{(n)}$ 和 $T^{(n)}$，然后根据式（5.28）计算误差校正后的伪距测量值 $\rho_c^{(n)}$。同时，对所有的可见卫星 n，根据它们的星历计算出经地球自转校正后的卫星空间位置坐标$(x^{(n)}, y^{(n)}, z^{(n)})$。

在开始进行牛顿迭代前，还需要给出接收机当前位置坐标的初始估计值 $\boldsymbol{x}_0 = [x_0, y_0, z_0]^{\mathrm{T}}$ 与接收机钟差初始估计值 $\delta t_{u,0}$。

如果接收机在上一个定位时刻已成功地解得定位结果，那么这次定位的初始估计值自然可以采用上一个定位结果，包括接收机位置坐标与钟差值。如果还知道用户在上一个定位时刻的运动速度，那么据此推算出接收机当前位置的估计值也未尝不可。类似地，如果知道接收机时钟的频漂，那么我们可以对钟差初值进行类似的推算。这种情况对接收机来说不仅最经常发生，而且通常也是最简单、最理想的一种。

然而，如果接收机在此前的近期一段时间内尚未实现定位，那么此刻对接收来说是首次定位。对于首次定位，钟差初始值 $\delta t_{u,0}$ 一般可设置为 0，接收机坐标初始值(x_0, y_0, z_0)的估算问题则分为以下几种情况。

（1）接收机一般允许用户输入其所在的位置和时间。如果用户确信其输入的位置坐标是大致正确的，那么该输入值就可作为接收机位置坐标的初始估计值。这种外界输入值的含义其实是相当广泛的，它可以是在接收机启动前就存留在接收机记忆单元中的定位值，也可以是由无线通信网络提供的辅助信息。

（2）接收机此时应该已对多颗可见卫星进行了跟踪、测量，并且计算了它们的空间位置。这样，我们就可以计算出所有可见卫星位置坐标的平均值，然后将该平均值在地面上的投影作为接收机位置坐标的初始估计值。

（3）接收机初始位置的各个坐标分量也可全部简单地设置为零。即使是从零出发，牛顿迭代法一般也只需几次迭代循环就能收敛。

第 2 步：非线性方程组线性化

我们用 k 代表当前历元正在进行的牛顿迭代次数，即 $k-1$ 是当前历元已经完成的迭代次数，$k=1$ 代表第一次迭代。

在当前历元的第 k 次牛顿迭代中，方程组（5.31）中的各个非线性方程可在$[\boldsymbol{x}_{k-1}, \delta t_{u,k-1}]^{\mathrm{T}}$ 处线性化。以方程组中的第 n 个方程式为例，该方程式等号左边的第一项正是式（5.30）表达的非线性函数 $r^{(n)}$，而求函数 $r^{(n)}$ 对 x 的偏导，得

$$\frac{\partial r^{(n)}}{\partial x}=\frac{-(x^{(n)}-x)}{\sqrt{(x^{(n)}-x)^2+(y^{(n)}-y)^2+(z^{(n)}-z)^2}}=\frac{-(x^{(n)}-x)}{r^{(n)}} \tag{5.33}$$

如图 5.1 所示，$r^{(n)}$ 是卫星 n 在用户接收机位置的观测向量的长度，$(x^{(n)}-x)$ 是该观测向量的 X 分量，于是 $\frac{x^{(n)}-x}{r^{(n)}}$ 就等于单位观测向量 $\boldsymbol{I}^{(n)}$ 的 X 分量 $\boldsymbol{I}_x^{(n)}$，即

$$\frac{\partial r^{(n)}}{\partial x}=\frac{-(x^{(n)}-x)}{r^{(n)}}=\frac{-(x^{(n)}-x)}{\left\|\boldsymbol{x}^{(n)}-\boldsymbol{x}\right\|}=-\boldsymbol{I}_x^{(n)} \tag{5.34}$$

类似地，我们可求出函数 $r^{(n)}$ 分别对 y 和 z 的偏导值，它们分别等于单位观测向量 $\boldsymbol{I}^{(n)}$ 的 Y 和 Z 分量的反向，即

$$\begin{bmatrix}\frac{\partial r^{(n)}}{\partial x}\\ \frac{\partial r^{(n)}}{\partial y}\\ \frac{\partial r^{(n)}}{\partial z}\end{bmatrix}=\frac{-1}{r^{(n)}}\begin{bmatrix}x^{(n)}-x\\ y^{(n)}-y\\ z^{(n)}-z\end{bmatrix}=\frac{-(\boldsymbol{x}^{(n)}-\boldsymbol{x})}{\left\|\boldsymbol{x}^{(n)}-\boldsymbol{x}\right\|}=-\boldsymbol{I}^{(n)}=\begin{bmatrix}-\boldsymbol{I}_x^{(n)}\\ -\boldsymbol{I}_y^{(n)}\\ -\boldsymbol{I}_z^{(n)}\end{bmatrix} \tag{5.35}$$

我们注意到式（5.31）中的各个方程式的等号左边已经是一个关于 δt_u 的线性函数，或者说各方程式等号左边对 δt_u 的偏导值为 1。这样，套用 5.1 节中的相关公式，可得方程组（5.31）在 $[\boldsymbol{x}_{k-1},\delta t_{u,k-1}]^{\mathrm{T}}$ 处线性化后的矩阵方程式为

$$\boldsymbol{G}\begin{bmatrix}\Delta x\\ \Delta y\\ \Delta z\\ \Delta\delta t_u\end{bmatrix}=\boldsymbol{b} \tag{5.36}$$

式中，

$$\boldsymbol{G}=\begin{bmatrix}-\boldsymbol{I}_x^{(1)}(\boldsymbol{x}_{k-1}) & -\boldsymbol{I}_y^{(1)}(\boldsymbol{x}_{k-1}) & -\boldsymbol{I}_z^{(1)}(\boldsymbol{x}_{k-1}) & 1\\ -\boldsymbol{I}_x^{(2)}(\boldsymbol{x}_{k-1}) & -\boldsymbol{I}_y^{(2)}(\boldsymbol{x}_{k-1}) & -\boldsymbol{I}_z^{(2)}(\boldsymbol{x}_{k-1}) & 1\\ \vdots & \vdots & \vdots & \vdots\\ -\boldsymbol{I}_x^{(N)}(\boldsymbol{x}_{k-1}) & -\boldsymbol{I}_y^{(N)}(\boldsymbol{x}_{k-1}) & -\boldsymbol{I}_z^{(N)}(\boldsymbol{x}_{k-1}) & 1\end{bmatrix}=\begin{bmatrix}-[\boldsymbol{I}^{(1)}(\boldsymbol{x}_{k-1})]^{\mathrm{T}} & 1\\ -[\boldsymbol{I}^{(2)}(\boldsymbol{x}_{k-1})]^{\mathrm{T}} & 1\\ \vdots & \vdots\\ -[\boldsymbol{I}^{(N)}(\boldsymbol{x}_{k-1})]^{\mathrm{T}} & 1\end{bmatrix} \tag{5.37}$$

$$\boldsymbol{b}=\begin{bmatrix}\rho_c^{(1)}-r^{(1)}(\boldsymbol{x}_{k-1})-\delta t_{u,k-1}\\ \rho_c^{(2)}-r^{(2)}(\boldsymbol{x}_{k-1})-\delta t_{u,k-1}\\ \vdots\\ \rho_c^{(N)}-r^{(N)}(\boldsymbol{x}_{k-1})-\delta t_{u,k-1}\end{bmatrix} \tag{5.38}$$

而 $-\boldsymbol{I}_x^{(n)}(\boldsymbol{x}_{k-1})$ 代表 $r^{(n)}$ 对 x 的偏导在 $\boldsymbol{x}_{k-1}$ 处的值，即

$$-\boldsymbol{I}_x^{(n)}(\boldsymbol{x}_{k-1})=\frac{-(x^{(n)}-x_{k-1})}{r^{(n)}(\boldsymbol{x}_{k-1})}=\frac{-(x^{(n)}-x_{k-1})}{\left\|\boldsymbol{x}^{(n)}-\boldsymbol{x}_{k-1}\right\|}=\left.\frac{\partial r^{(n)}}{\partial x}\right|_{\boldsymbol{x}=\boldsymbol{x}_{k-1}} \tag{5.39}$$

由式（5.37）可见，雅可比矩阵 $\boldsymbol{G}$ 只与各颗卫星相对于用户的几何位置有关，因此 $\boldsymbol{G}$ 通常被称为几何矩阵。

为了加深对矩阵方程式（5.36）的理解，我们再次仔细检查其中的每个方程式。为了简化讨论，我们假设接收机时钟与 GPS 时间同步，且该方程组的牛顿迭代法只需迭代一次就能收敛。考虑式（5.36）中的每个（如第 n 个）方程式，等号左边是单位观测向量的反向 $[-\boldsymbol{I}_x^{(n)},-\boldsymbol{I}_y^{(n)},-\boldsymbol{I}_z^{(n)}]^{\mathrm{T}}$

与$[\Delta x, \Delta y, \Delta z]^{\mathrm{T}}$的内积，其中($\Delta x$, Δy , Δz)是图 5.3 所示的用户在相邻两个观测时刻之间从 A 点运动到 B 点的坐标变化量。因为与接收机到卫星 n 的距离 $r^{(n)}$ 相比，用户位移量通常非常小，所以卫星在 A 点与 B 点的观测向量可认为是相互平行的。我们知道，用户位移向量$[\Delta x, \Delta y, \Delta z]^{\mathrm{T}}$与单位观测向量反向的内积等于此位移在观测向量反向上的投影。因此，式（5.36）中的每个方程代表的含义为：用户位移量在卫星观测反方向上的投影，等于由此位移引起的卫星与用户之间的距离变化量。伪距定位的过程，实际上是依据接收机到各颗卫星的距离变化量来反推用户的运动位移向量。

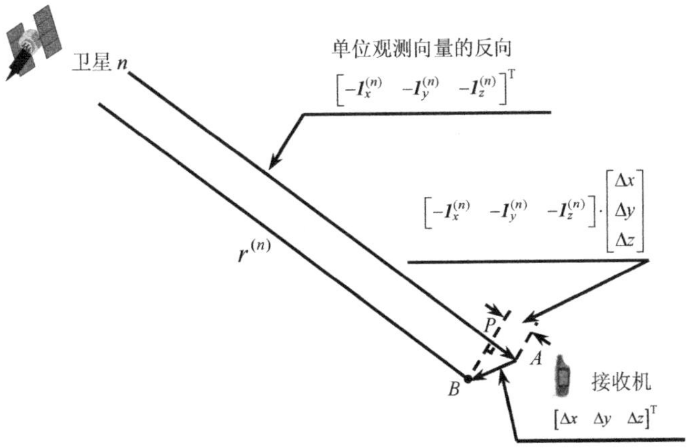

图 5.3 用户位移在卫星观测方向上的投影

式（5.36）中的每个方程关于接收机钟差$\Delta\delta t_u$的系数均为 1，因为接收机钟差$\Delta\delta t_u$是各个卫星距离测量值中的公共偏差部分，它在定位计算中实际上是吸收向量 $\boldsymbol{b}$ 中各元素的平均值。

第 3 步：求解线性方程组

这一步的任务是利用最小二乘法求解 GPS 伪距定位线性矩阵方程式（5.36）。套用最小二乘法的求解公式（5.18），可得式（5.36）的最小二乘法解为

$$\begin{bmatrix} \Delta x \\ \Delta y \\ \Delta z \\ \Delta\delta t_u \end{bmatrix} = (\boldsymbol{G}^{\mathrm{T}}\boldsymbol{G})^{-1}\boldsymbol{G}^{\mathrm{T}}\boldsymbol{b} \tag{5.40}$$

如果各个卫星测量值的误差方差及权重已被确定，那么我们也可运用加权最小二乘法来求解式（5.36）。为了提高定位精度，一部分 GPS 接收机事实上采用加权最小二乘法作为 GPS 定位方程的求解算法。

第 4 步：更新非线性方程组的根

按照式（5.14），我们可得如下更新后的接收机位置坐标 $\boldsymbol{x}_k$ 和钟差值 $\delta t_{u,k}$：

$$\boldsymbol{x}_k = \boldsymbol{x}_{k-1} + \Delta\boldsymbol{x} = \boldsymbol{x}_{k-1} + \begin{bmatrix} \Delta x \\ \Delta y \\ \Delta z \end{bmatrix} \tag{5.41A}$$

$$\delta t_{u,k} = \delta t_{u,k-1} + \Delta\delta t_u \tag{5.41B}$$

第 5 步：判断牛顿迭代的收敛性

若牛顿迭代已收敛到所需的精度，则牛顿迭代法可终止循环运算，并将当前这次迭代计算后的更新值（ $\boldsymbol{x}_k$ 和 $\delta t_{u,k}$ ）作为接收机此时刻的定位、定时结果；否则，k 值增 1，并返回至第

2 步重复进行一次牛顿迭代计算。要判断牛顿迭代是否收敛，一般可检查此次迭代计算得到的位移向量 $\Delta\boldsymbol{x}$ 的长度 $\|\Delta\boldsymbol{x}\|$ 或 $\sqrt{\|\Delta\boldsymbol{x}\|^2+(\Delta\delta t_u)^2}$ 的值是否已经小到一个预先设定的门限值[53]。

类似于例 5.2，牛顿迭代法有时会收敛到一个远离地球的天际端。如果以上伪距定位计算给出的解与常识明显不符，那么 GPS 定位算法必须返回第 1 步，并恰当地调整接收机位置的初始估计值，然后重新进行一次完整的牛顿迭代运算，使其最后收敛至一个在地表附近的合理值为止。

在该定位算法的第 1 步，我们准备好了各个误差量、校正后的伪距测量值和卫星位置坐标等，然后这些值将一直不变地用在各次牛顿迭代中。然而，我们知道，大气层延时等误差与接收机的位置和时间有关，因此严格地从理论上讲，当每次牛顿迭代更新接收机的位置与钟差值后，大气层延时等误差量需要重新估算。此外，因为 GPS 信号从卫星到接收机的实际传播时间值也得到了更新，所以卫星位置坐标中的地球自转校正量也应相应地予以重新计算。这样一来，每次牛顿迭代所需的计算量会很大。如果每次牛顿迭代都得到很大的更新值 $\Delta\boldsymbol{x}$ 和 $\Delta\delta t_u$，那么第 1 步中的这些相关值确实需要重新计算；否则，如果 $\Delta\boldsymbol{x}$ 和 $\Delta\delta t_u$ 的值很小，那么为了减少计算量，这些值可不必重新计算。另外，4.3.2 节也对是否需要重复计算地球自转校正量的问题做了一定的解释。在实际应用中，如果接收机处于连续定位状态，那么 $\Delta\boldsymbol{x}$ 和 $\Delta\delta t_u$ 的长度通常很小，大致为几米，最多为几百米。在这种情况下，接收机一般不需要重新计算各项误差校正量，而认为它们的值在各次牛顿迭代中保持不变，这对伪距定位精度几乎没有影响。

最后需要指出的是，虽然上述定位算法看起来毫无破绽，但实际上它的正常运行隐含着如下一个前提：接收机时钟必须准确到一定程度，一般来说接收时间误差不能超过 10 ms。这个接收机绝对时间误差不同于测量值中的公共接收机钟差 δt_u，我们将在 12.3.4 节解释这一接收机绝对时间误差问题，并在 13.3.3 节讨论一种解决方案。

5.3.3 二维定位及其辅助方程

以上两节分别介绍了 GPS 接收机三维定位的基本原理与具体算法。然而，接收机除了替用户进行三维定位，有时也可进行仅限于水平方向的二维定位。

接收机进行二维定位的主要原因通常是，接收机在当时只有 3 颗可见卫星的有效测量值。在城市峡谷环境中，由于卫星信号可能被建筑物挡住，使得接收机只有 3 颗卫星可见的情况时有发生。另外，将在 5.5 节中介绍的接收机自主正直性监测功能会检测、排除一些错误的卫星信号测量值，这也可能使有效卫星测量值的个数减少。若方程组（5.31）只包含三个方程式，则它不够用来求解 4 个未知数，也就是说接收机不能完成三维定位。然而，如果我们能将方程组未知数的个数减少至三个，那么三个方程仍能求解出三个未知数。一种相当普遍的降元法是给定接收机的高度值，使未知的接收机位置坐标分量数目从三个减至两个，这样接收机就从原先的三维定位降为二维定位，更准确地说是二维水平定位[35]。如果处理恰当，那么有二维定位结果一般要远比没有定位结果理想得多。

现实生活中也有一些特殊应用只要求二维定位，如用户的活动仅限于一个水平面的情况。在用户接收机的高度值固定并且已知或可经测定的情况下，接收机只需求解水平方向的两个位置坐标分量。减少未知数的个数可以相应地增加方程组（5.31）中的信息冗余度，进而提高接收机在水平方向上的定位精度。再极端一点的例子是在 5.7 节中提到的时间接收机，这类接收机通常安装在某个固定点，因此接收机事实上只需进行总维数为 1（时间维）的定时计算。

由此可见，解决二维定位问题的关键是如何准确给定接收机的高度值。如果用户接收机的高度真实值已知，那么高度的取值问题就相当简单；如果接收机稍早前刚实现三维定位，那么在假定用户位置的高度变化很小或者说很慢的情况下，高度估计值可认为是过去时刻的高度定位值；如果此时刻对接收机来说是首次定位，那么高度估计值可用气压计量出[25, 33]，或由电子地图给出（见 9.2.2 节）；如果接收机对用户的高度没有概念，那么高度估计值可取海平面高度或陆地平均高度等。显然，如果用户高度被限定为一个错误值，那么由此得到的二维定位结果就会在水平方向上出现相应的偏差[44]。

以上是二维定位的基本思想。然而，因为我们所说的用户位置的高度是指其在大地坐标系中的高度值 h，或者站心坐标系中的天顶向值 Δu，而 h 或 Δu 并不直接对应于 WGS-84 直角坐标系 X, Y 或 Z 分量中的任何一个，所以在定位方程组（5.31）中的三个未知坐标分量 x , y 与 z 没有一个可以直接视为已知数而被剔除。事实上，二维定位方法通常不是通过减少未知数的个数来完成的，而是通过增加方程式的个数来完成的。具体来说，在方程组（5.31）的线性化矩阵方程式（5.36）中，我们可以增加一个方程式来限制用户高度值的变化，即要求式（5.36）的解$(\Delta x, \Delta y, \Delta z)$对应的用户高度变化量 Δu 等于 0，

$$\Delta u = 0 \tag{5.42}$$

根据坐标变换公式（3.15），上式等价于

$$\begin{bmatrix}\cos\phi\cos\lambda & \cos\phi\sin\lambda & \sin\phi & 0\end{bmatrix}\begin{bmatrix}\Delta x \\ \Delta y \\ \Delta z \\ \Delta\delta t_u\end{bmatrix} = 0 \tag{5.43}$$

这样，将方程式（5.43）添加到式（5.36）中后，4 个方程就可以求解 4 个未知数，从而实现二维定位。如果伪距定位方程组建立在站心坐标系中，那么式（5.42）直接就是需要添加的方程式。

除了三星二维定位，这种添加辅助方程式的思路可进一步推广到两颗甚至一颗卫星的定位算法中[6]。假如可见卫星数目降至两颗，那么为了实现定位，定位方程组除了需要上述高度辅助方程，还需要添加一个辅助方程式。通常，这个方程式可以认定用户的运动方向保持不变，也可以根据某种钟差模型来估算、限定接收机钟差的变化量。若用辅助方程来表达用户的运动方向不变这个含义，则站心坐标系中的 Δe 与 Δn 的比例应保持不变。接收机钟差模型一般用一个二次多项式来描述过去一段时间内的钟差大小[36]。具体地讲，当可见卫星数目足够多时，接收机可通过多个时刻的定位、定时运算法掌握接收机时钟的运行情况，并用一条二次型曲线逼近这些随时间变化的钟差样点；当可见卫星数目减少时，该二次型钟差模型就可用来预测接收机的钟差值，并由此得到一个辅助方程式。假如可见卫星数目降至一颗，那么接收机需要同时对用户高度、运动方向、运动速度或者接收机钟差等状态进行假设，而每条假设都可生成一个辅助方程式，直至足以求解方程组。

可见，以上被迫添加辅助方程式的一个主要目的是，将不足以实现三维定位的情况转换为二维或更低维定位，进而提高定位有效率。因为每个辅助方程需要对用户运动或接收机时钟状态做各种假设，而若这些假设持续时间过长，那么它们很可能会偏离用户与接收机时钟的真正运行状况，所以我们在做这些假设时通常还需要考虑它们的有效期。

事实上，在接收机有足够多完成三维定位的卫星测量值的情况下，我们仍然可在定位方程组中主动地添加辅助方程式，进而提高定位精度等性能。例如，对高度值变化缓慢的运动状态来说，主动添加一个限制用户高度值变化的辅助方程式可以平滑定位结果，提高定位精度；对车载用户来说，由于车辆的横向运动通常比纵向运动小很多，因此主动添加一个用来限制用户横向位置变化的辅助方程式可以使定位解更平滑[22]。

不论是被迫还是主动，在定位方程组中添加恰当的辅助方程式的这一思路都很重要。在 9.6 节中，地图匹配将通过添加基于地图信息的辅助方程式来实现。

5.4 定位精度分析

在 5.3 节的讨论中，我们未考虑式（5.29）中的测量误差项 $\varepsilon_\rho^{(n)}$。考虑到误差的发生在现实中不可避免，我们在本节分析测量误差项 $\varepsilon_\rho^{(n)}$ 对 GPS 定位精度的影响。定位精度分析需要用到概率、随机变量及随机过程等方面的基础知识，读者可以阅读附录 C 和其他各种参考书籍。

5.4.1 定位误差的方差分析

假如保留式（5.29）中的测量误差项 $\varepsilon_\rho^{(n)}$，那么矩阵定位方程式（5.36）就得改写成

$$\boldsymbol{G}\begin{bmatrix}\Delta x+\varepsilon_x\\ \Delta y+\varepsilon_y\\ \Delta z+\varepsilon_z\\ \Delta\delta t+\varepsilon_{\delta t_u}\end{bmatrix}=\boldsymbol{b}+\boldsymbol{\varepsilon}_\rho \tag{5.44}$$

式中，$\boldsymbol{\varepsilon}_\rho$ 代表测量误差向量，即

$$\boldsymbol{\varepsilon}_\rho=\begin{bmatrix}-\varepsilon_\rho^{(1)} & -\varepsilon_\rho^{(2)} & \cdots & -\varepsilon_\rho^{(N)}\end{bmatrix}^{\mathrm{T}} \tag{5.45}$$

而 $\varepsilon_x,\varepsilon_y,\varepsilon_z$ 和 $\varepsilon_{\delta t_u}$ 代表误差向量 $\boldsymbol{\varepsilon}_\rho$ 引起的定位、定时误差。式（5.44）的最小二乘法解为

$$\begin{bmatrix}\Delta x+\varepsilon_x\\ \Delta y+\varepsilon_y\\ \Delta z+\varepsilon_z\\ \Delta\delta t_u+\varepsilon_{\delta t_u}\end{bmatrix}=(\boldsymbol{G}^{\mathrm{T}}\boldsymbol{G})^{-1}\boldsymbol{G}^{\mathrm{T}}\boldsymbol{b}+(\boldsymbol{G}^{\mathrm{T}}\boldsymbol{G})^{-1}\boldsymbol{G}^{\mathrm{T}}\boldsymbol{\varepsilon}_\rho \tag{5.46}$$

根据式（5.40），可由上式推导出

$$\begin{bmatrix}\varepsilon_x\\ \varepsilon_y\\ \varepsilon_z\\ \varepsilon_{\delta t_u}\end{bmatrix}=(\boldsymbol{G}^{\mathrm{T}}\boldsymbol{G})^{-1}\boldsymbol{G}^{\mathrm{T}}\boldsymbol{\varepsilon}_\rho \tag{5.47}$$

式（5.47）表明了测量误差与定位误差的关系。在上述推导中，我们假定测量误差和定位误差均很小，因此它们对方程组线性化的影响可以忽略不计。

为了计算定位误差的均值与方差，我们首先要给出一个关于测量误差的模型。从第 4 章对各种测量误差的介绍中可以看出，要准确、实时地掌握测量误差的概率分布情况，不是一件简单、可行的工作。为了简化定位精度的理论分析，我们对测量误差的模型做了如下两点假设[37]：

（1）各颗卫星的测量误差 $\varepsilon_\rho^{(n)}$ 均有相同的正态分布，且均值为 0、方差为 σ_{URE}^2，即

$$E(\varepsilon_\rho^{(n)})=0 \tag{5.48}$$

$$V(\varepsilon_\rho^{(n)})=\sigma_{URE}^2 \tag{5.49}$$

式中，$n=1,2,\cdots,N$。这样，测量误差向量 $\boldsymbol{\varepsilon}_\rho$ 的均值为

$$E(\boldsymbol{\varepsilon}_\rho)=\begin{bmatrix}0 & 0 & \cdots & 0\end{bmatrix}^{\mathrm{T}}=\boldsymbol{0} \tag{5.50}$$

方差 σ_{URE}^2 通常称为用户测距误差（URE）的方差。如果每个卫星测量值中从卫星到接收机的各部分误差相互独立，那么 σ_{URE}^2 就等于各部分测量误差方差的总和，即[37]

$$\sigma_{URE}^2=\sigma_{CS}^2+\sigma_P^2+\sigma_{RNM}^2 \tag{5.51}$$

式中，σ_{CS} 是由 GPS 地面监控部分产生的卫星星历和卫星钟差模型的误差标准差，其值约为 3 m，σ_P 是信号在传播途径上的大气延时校正误差标准差，其值约为 5 m，σ_{RNM} 是与接收机和多路径有关的测量误差标准差，其值约为 1 m。这样，用户测距误差标准差 σ_{URE} 就大致等于 5.9 m。在实际中，接收机必须根据卫星信号的强弱、卫星仰角高低和接收机跟踪环路的运行状态及在 2.5.4 节中介绍的 URA 值等指标，对不同时刻、不同卫星测量值的 σ_{URE} 进行估算。

（2）不同卫星间的测量误差互不相关。这样，测量误差向量 $\boldsymbol{\varepsilon}_\rho$ 的协方差矩阵 $\boldsymbol{K}_{\varepsilon_\rho}$ 就为对角阵，

$$\boldsymbol{K}_{\varepsilon_\rho}=E\left(\left(\boldsymbol{\varepsilon}_\rho-E(\boldsymbol{\varepsilon}_\rho)\right)\left(\boldsymbol{\varepsilon}_\rho-E(\boldsymbol{\varepsilon}_\rho)\right)^{\mathrm{T}}\right)=E(\boldsymbol{\varepsilon}_\rho\boldsymbol{\varepsilon}_\rho^{\mathrm{T}})$$
$$=\begin{bmatrix}\sigma_{URE}^2 & 0 & \cdots & 0\\ 0 & \sigma_{URE}^2 & \cdots & 0\\ \vdots & \vdots & \ddots & \vdots\\ 0 & 0 & \cdots & \sigma_{URE}^2\end{bmatrix}=\sigma_{URE}^2\boldsymbol{I} \tag{5.52}$$

式中，$\boldsymbol{I}$ 是一个 $N\times N$ 的单位矩阵。这个假设在现实中不总是十分确切的，譬如在某些时候，根据电离层延时模型校正后的电离层延时误差会主导接收机对各颗卫星的测量误差，而不同卫星之间的电离层模型校正误差可能存在很高的相关性，于是不同卫星间的测量误差就彼此相关。

以上两个假设可极大地简化对定位误差协方差矩阵的推导。由式（5.47）、式（5.48）和式（5.52）得[21]

$$\begin{aligned}\mathrm{Cov}\left(\begin{bmatrix}\varepsilon_x\\ \varepsilon_y\\ \varepsilon_z\\ \varepsilon_{\delta t_u}\end{bmatrix}\right)&=E\left(\begin{bmatrix}\varepsilon_x\\ \varepsilon_y\\ \varepsilon_z\\ \varepsilon_{\delta t_u}\end{bmatrix}\begin{bmatrix}\varepsilon_x & \varepsilon_y & \varepsilon_z & \varepsilon_{\delta t_u}\end{bmatrix}\right)\\ &=E\left((\boldsymbol{G}^{\mathrm{T}}\boldsymbol{G})^{-1}\boldsymbol{G}^{\mathrm{T}}\boldsymbol{\varepsilon}_\rho\left((\boldsymbol{G}^{\mathrm{T}}\boldsymbol{G})^{-1}\boldsymbol{G}^{\mathrm{T}}\boldsymbol{\varepsilon}_\rho\right)^{\mathrm{T}}\right)\\ &=(\boldsymbol{G}^{\mathrm{T}}\boldsymbol{G})^{-1}\boldsymbol{G}^{\mathrm{T}}E(\boldsymbol{\varepsilon}_\rho\boldsymbol{\varepsilon}_\rho^{\mathrm{T}})\boldsymbol{G}(\boldsymbol{G}^{\mathrm{T}}\boldsymbol{G})^{-1}\\ &=(\boldsymbol{G}^{\mathrm{T}}\boldsymbol{G})^{-1}\sigma_{URE}^2\\ &=\boldsymbol{H}\sigma_{URE}^2\end{aligned} \tag{5.53}$$

式中，矩阵 $\boldsymbol{H}$ 定义为

$$\boldsymbol{H}=\left(\boldsymbol{G}^{\mathrm{T}}\boldsymbol{G}\right)^{-1} \tag{5.54}$$

$\boldsymbol{H}$ 通常被称为权系数阵，它是一个 4×4 的对称矩阵。

式（5.53）清晰地表明，测量误差的方差 σ_{URE}^2 被权系数阵 $\boldsymbol{H}$ 放大后转变成定位误差的方差。可见，GPS 定位精度与以下两方面的因素有关：

（1）*测量误差*。测量误差的方差 σ_{URE}^2 越大，定位误差的方差也越大。

（2）*卫星的几何分布*。矩阵 $\boldsymbol{G}$ 和 $\boldsymbol{H}$ 完全取决于可见卫星的个数及其相对于用户的几何分布，而与信号的强弱或接收机的好坏无关。权系数阵 $\boldsymbol{H}$ 中的元素值越小，测量误差被放大成定位误差的程度就越低。

因此，为了提高 GPS 定位精度，必须从降低卫星的测量误差和改善卫星的几何分布两方面入手。

5.4.2　精度因子

在 5.4.1 节末尾，我们得到了这样一个重要结论：测量误差的方差被权系数阵 $\boldsymbol{H}$ 放大后变成了定位误差的方差。在导航学中，我们一般喜欢用精度因子（DOP）这个概念来表示误差的放大

倍数，而 GPS 接收机通常也将精度因子值随同定位结果一起输出，以供用户参考。

精度因子可从权系数阵 $\boldsymbol{H}$ 中获得。式（5.53）的等号左边是定位误差协方差矩阵，其对角线元素是对应各个定位误差分量的方差，即 $\sigma_x^2, \sigma_y^2, \sigma_z^2$ 和 $\sigma_{\delta t_u}^2$。如果 h_{ii} 代表权系数阵 $\boldsymbol{H}$ 的对角线元素，其中 $i=1, 2, \cdots, 4$，那么式（5.53）中等号左右两边的对角线元素存在如下关系：

$$\begin{bmatrix} \sigma_x^2 & & & \\ & \sigma_y^2 & & \\ & & \sigma_z^2 & \\ & & & \sigma_{\delta t_u}^2 \end{bmatrix} = \begin{bmatrix} h_{11} & & & \\ & h_{22} & & \\ & & h_{33} & \\ & & & h_{44} \end{bmatrix} \sigma_{URE}^2 \tag{5.55}$$

上式清晰地表明，定位误差各个分量的方差被 $\boldsymbol{H}$ 中相应的对角元素放大。例如，三维空间定位误差的标准差 σ_P 等于

$$\sigma_P = \sqrt{\sigma_x^2 + \sigma_y^2 + \sigma_z^2} = \sqrt{h_{11} + h_{22} + h_{33}}\,\sigma_{URE} = \text{PDOP} \cdot \sigma_{URE} \tag{5.56}$$

式中，空间位置精度因子（PDOP）的值为

$$\text{PDOP} = \sqrt{h_{11} + h_{22} + h_{33}} \tag{5.57A}$$

即 σ_P 是 σ_{URE} 放大 PDOP 倍后的值。类似地，我们可以定义

$$\text{TDOP} = \sqrt{h_{44}} \tag{5.57B}$$

$$\text{GDOP} = \sqrt{h_{11} + h_{22} + h_{33} + h_{44}} = \sqrt{\text{tr}(\boldsymbol{H})} \tag{5.57C}$$

式中，TDOP 被称为钟差精度因子，GDOP 被称为几何精度因子，而 tr 代表矩阵迹运算符。

为了定义水平方向与竖直方向上的定位精度因子，我们需要将地心直角坐标系中的各个定位误差分量转换到站心坐标系中。假如 GPS 定位误差在站心坐标系中东、北和天三个方向上的分量分别为 $\varepsilon_e, \varepsilon_n$ 和 ε_u，那么

$$\begin{bmatrix} \varepsilon_e \\ \varepsilon_n \\ \varepsilon_u \end{bmatrix} = \boldsymbol{S} \cdot \begin{bmatrix} \varepsilon_x \\ \varepsilon_y \\ \varepsilon_z \end{bmatrix} \tag{5.58}$$

式中，$\boldsymbol{S}$ 是 3.1.5 节中的坐标变换矩阵。若考虑钟差误差分量 $\varepsilon_{\delta t_u}$，则上式可扩展为

$$\begin{bmatrix} \varepsilon_e \\ \varepsilon_n \\ \varepsilon_u \\ \varepsilon_{\delta t_u} \end{bmatrix} = \begin{bmatrix} \boldsymbol{S} & \boldsymbol{0} \\ \boldsymbol{0}^{\text{T}} & 1 \end{bmatrix} \cdot \begin{bmatrix} \varepsilon_x \\ \varepsilon_y \\ \varepsilon_z \\ \varepsilon_{\delta t_u} \end{bmatrix} \tag{5.59}$$

有了坐标变换式（5.59），就能很容易地借助式（5.53）推导出以下表达在站心坐标系中的定位误差协方差矩阵：

$$\text{Cov}\left(\begin{bmatrix} \varepsilon_e \\ \varepsilon_n \\ \varepsilon_u \\ \varepsilon_{\delta t_u} \end{bmatrix}\right) = \begin{bmatrix} \text{S} & \boldsymbol{0} \\ \boldsymbol{0}^{\text{T}} & 1 \end{bmatrix} \cdot \boldsymbol{H} \cdot \begin{bmatrix} \boldsymbol{S}^{\text{T}} & \boldsymbol{0} \\ \boldsymbol{0}^{\text{T}} & 1 \end{bmatrix} \sigma_{URE}^2 = \tilde{\boldsymbol{H}} \sigma_{URE}^2 \tag{5.60}$$

式中，

$$\tilde{\boldsymbol{H}} = \begin{bmatrix} \boldsymbol{S} & \boldsymbol{0} \\ \boldsymbol{0}^{\text{T}} & 1 \end{bmatrix} \cdot \boldsymbol{H} \cdot \begin{bmatrix} \boldsymbol{S}^{\text{T}} & \boldsymbol{0} \\ \boldsymbol{0}^{\text{T}} & 1 \end{bmatrix} \tag{5.61}$$

类似于 $\boldsymbol{H}$ 是表达在地心地固直角坐标系中的权系数阵，$\tilde{\boldsymbol{H}}$ 是表达在站心坐标系中的权系数阵。

如果 $\tilde{h}_{ii}$ 代表权系数阵 $\tilde{\boldsymbol{H}}$ 的对角线元素，那么根据式（5.60），我们可以定义如下的 DOP 值：

$$\text{HDOP} = \sqrt{\tilde{h}_{11} + \tilde{h}_{22}} \tag{5.62A}$$

$$\text{VDOP} = \sqrt{\tilde{h}_{33}} \tag{5.62B}$$

$$\text{PDOP} = \sqrt{\tilde{h}_{11} + \tilde{h}_{22} + \tilde{h}_{33}} \tag{5.62C}$$

$$\text{TDOP} = \sqrt{\tilde{h}_{44}} \tag{5.62D}$$

$$\text{GDOP} = \sqrt{\tilde{h}_{11} + \tilde{h}_{22} + \tilde{h}_{33} + \tilde{h}_{44}} = \sqrt{\text{tr}(\tilde{\boldsymbol{H}})} \tag{5.62E}$$

式中，HDOP 被称为水平位置精度因子，VDOP 被称为高程精度因子。因为坐标变换不改变一个向量的长度，所以由式（5.62C）～式（5.62E）计算得到的 PDOP、TDOP 和 GDOP 值分别与前面由式（5.57A）～式（5.57C）得到的值一致。有了 DOP 值，各个方向上的定位误差标准差就可表达成

$$\sigma_H = \text{HDOP} \cdot \sigma_{URE} \tag{5.63A}$$

$$\sigma_V = \text{VDOP} \cdot \sigma_{URE} \tag{5.63B}$$

$$\sigma_P = \text{PDOP} \cdot \sigma_{URE} \tag{5.63C}$$

$$\sigma_{\delta t_u} = \text{TDOP} \cdot \sigma_{URE} \tag{5.63D}$$

$$\sigma_G = \text{GDOP} \cdot \sigma_{URE} \tag{5.63E}$$

在相同的测量误差条件下，较小的 DOP 值就意味着较小的定位误差。

事实上，如果我们将站心坐标系中的用户位移量作为伪距定位方程组中的状态变量，那么相应的几何矩阵和权系数阵也就自然地直接表达在站心坐标系中。运用 3.1.5 节中的坐标变换知识，可以很容易推导出式（5.36）在站心坐标系中的如下等价方程式：

$$\tilde{\boldsymbol{G}} \begin{bmatrix} \Delta e \\ \Delta n \\ \Delta u \\ \Delta \delta t_u \end{bmatrix} = \boldsymbol{b} \tag{5.64}$$

式中，状态向量 $[\Delta e \quad \Delta n \quad \Delta u \quad \Delta \delta t_u]^{\mathrm{T}}$ 是待求解的量，向量 $\boldsymbol{b}$ 的值仍等于式（5.38），几何矩阵 $\tilde{\boldsymbol{G}}$ 变为

$$\tilde{\boldsymbol{G}} = \begin{bmatrix} -\cos\theta^{(1)}\sin\alpha^{(1)} & -\cos\theta^{(1)}\cos\alpha^{(1)} & -\sin\theta^{(1)} & 1 \\ -\cos\theta^{(2)}\sin\alpha^{(2)} & -\cos\theta^{(2)}\cos\alpha^{(2)} & -\sin\theta^{(2)} & 1 \\ \vdots & \vdots & \ddots & \vdots \\ -\cos\theta^{(N)}\sin\alpha^{(N)} & -\cos\theta^{(N)}\cos\alpha^{(N)} & -\sin\theta^{(N)} & 1 \end{bmatrix} \tag{5.65}$$

式中，$\theta^{(n)}$ 与 $\alpha^{(n)}$ 分别是卫星 n 的仰角与方位角。这样，站心坐标系中的权系数阵 $\tilde{\boldsymbol{H}}$ 就直接等于

$$\tilde{\boldsymbol{H}} = \left(\tilde{\boldsymbol{G}}^{\mathrm{T}}\tilde{\boldsymbol{G}}\right)^{-1} \tag{5.66}$$

式（5.65）和式（5.66）再次表明，几何矩阵 $\tilde{\boldsymbol{G}}$ 和权系数阵 $\tilde{\boldsymbol{H}}$ 只与卫星相对于用户接收机的空间几何分布有关。

我们在 5.3.3 节中体会了以站心坐标系中的 $\Delta e, \Delta n$ 和 Δu 作为定位方程状态变量带来的方便，本节对 DOP（特别是 HDOP 和 VDOP）的计算又突出了站心坐标系的优点。因此，很多接收机选取 $\Delta e, \Delta n$ 和 Δu 作为定位方程的状态变量，而不选取地心地固坐标系中的 Δx , Δy 和 Δz 。不管

状态变量是选择在站心坐标系中还是选择在地心地固坐标系中，接收机定位算法一般需要在这两套坐标系统间做多次的变换。

需要说明的是，在计算权系数阵 $\boldsymbol{H}$（或 $\tilde{\boldsymbol{H}}$）时，各个不同卫星测量值的权重应暂且认为是相等的。即使某接收机采用加权最小二乘法作为定位算法，它仍应该用（等权的）最小二乘法来计算 DOP 值，这是 DOP 值定义的需要。这样，尽管不同接收机之间的定位算法和定位性能或许各不相同，但是如果它们在各自的定位算法中用了同一套可见卫星，那么它们输出的 DOP 值应该是相等的。

为了让读者对 GPS 定位精度和精度因子值有较为直观的印象，我们收集了天线置于房顶的 GPS 接收机连续 24 小时内的定位结果输出，其中测绘后的接收机天线位置是已知的。接收机每秒定位一次，但为了减少数据量，我们在 24 小时内以每分钟一次的频率收集 GPS 定位结果，图 5.4 所示为这些定位结果在水平方向上的误差情况。在这组静态定位测试数据中，接收机在水平方向上的定位误差标准差 σ_H 为 1.905 m。虽然该图未给出接收机在竖直方向上的定位精度情况，但是这组数据中竖直方向上的定位误差标准差 σ_V 为 4.703 m，明显大于 σ_H。

为计算方便起见，我们常用一个一定百分比可能性的圆误差（CEP）来描述水平方向上的定位误差情况，这个百分比通常取为 50%或 95%，其中 50%又经常作为默认的百分比值。如果 50%的 GPS 定位结果在水平方向上的误差小于某个值，那么这个值就被称为 *50%可能性的圆误差*，也就是说，50%可能性的圆误差值对应于水平方向上定位误差的中间值（注意不是平均值）。类似地，我们常用一个一定百分比可能性的球误差（SEP）来描述三维定位误差情况。在上述测试数据组中，50%可能性的圆误差为 3.686 m，50%可能性的球误差为 7.277 m。

图 5.5(a)给出了上述一组测试数据中的可见卫星的数目，其值在 6 至 10 之间。在美国大陆地区，约在 98%的时间内能看到平均 5 颗或以上的 GPS 卫星[7]。图 5.5(b)相应地给出了这 24 小时内的 PDOP、VDOP 和 HDOP 的变化情况，其中所有的 HDOP 值均小于同一时刻的 VDOP 值，这也是 GPS 在水平方向上的定位精度通常高于竖直方向上的定位精度的主要原因。由于接收机天线放在屋顶上，因此这组数据中的可见卫星数目一直保持得较多，各个 DOP 值也一直稳定在一个较小的值。对照图 5.5(a)与图 5.5(b)，我们可以大致看出如下规律：可见卫星数目越多，相应的 DOP 值一般来说就越小。

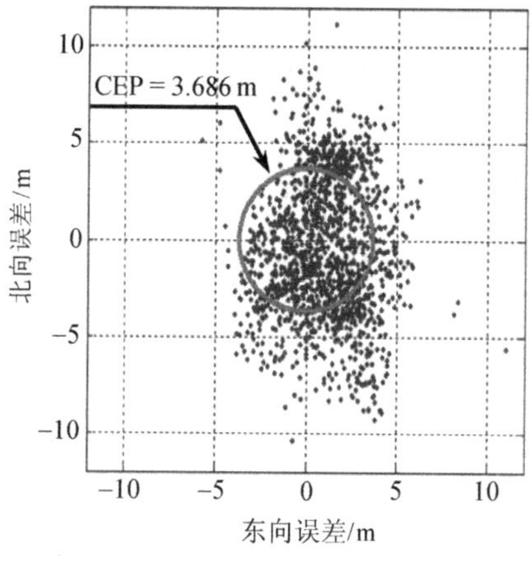

图 5.4　静态定位精度

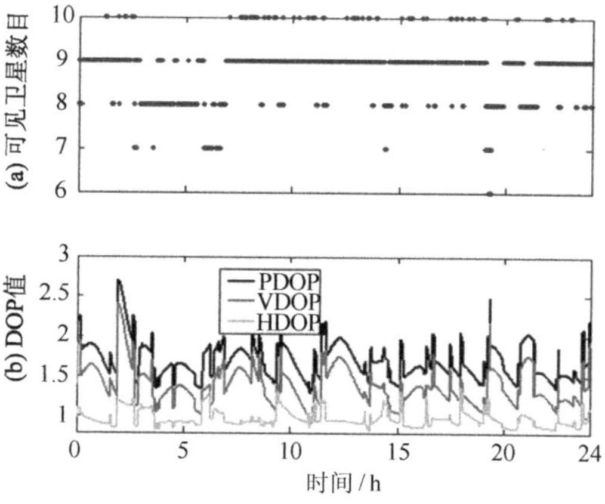

图 5.5　可见卫星数目和 DOP 值

需要说明的是，在上述测试过程中，接收机的卫星仰角滤角设置为 5°。仰角滤角是一个门限值，任何仰角低于这个滤角值的卫星将都被“过滤”而不用于定位计算。一般来说，低仰角卫星信号的大气延时校正误差可能很大，且它的多路径效应可能很严重，因此我们通常认为低仰角卫星对改善 DOP 值的益处抵不上其带来的较大测量误差和定位误差的坏处。有些接收机允许用户自行设定卫星仰角滤角值，其值一般在 5°至 10°之间。

5.4.3 卫星几何分布

5.4.2 节告诉我们：一方面，在相同的测量误差条件下，较小的 DOP 值可使 GPS 定位结果有着较小的误差；另一方面，各个 DOP 值可从权系数阵 $\boldsymbol{H}$（或 $\tilde{\boldsymbol{H}}$）那里获得，而决定权系数阵的几何矩阵 $\boldsymbol{G}$ 只与可见卫星的几何分布情况有关。因此，当可见卫星的几何分布有着较小的 DOP 值时，它是一个较好的卫星几何分布。本节讨论什么样的卫星空间几何分布有较小的 DOP 值。

为便于形象地描述不同的卫星几何分布对 DOP 值与定位精度的不同影响，我们从较简单的二维平面定位来开始解释[37]。如图 5.6 所示，在二维平面定位中，用户与两颗卫星的位置均在同一个平面内。假定接收机钟差为零，那么用户接收机只要有两颗可见卫星的测量值就能实现二维定位，而二维定位的算法可参考 5.3.1 节中的例 5.2。在图 5.6 中，粗实线是以卫星为中心、以对该卫星的距离测量值为半径的圆弧，而未知的卫星距离测量误差被认为在两条细圆弧线之间。这样，用户的真实位置普在两条粗实线的交点上，而阴影部分代表着由测量误差造成的定位结果的可能范围。在图 5.6(a)中，两颗卫星在用户位置的观测向量相互垂直，因此阴影部分的面积小而集中；而在图 5.6(b)中，两颗卫星相对于用户位置来说差不多位于同一个角落，尽管此时卫星测量误差与图 5.6(a)中的完全相同，但是阴影部分的面积明显增大，且最大可能的定位误差会非常大。可见，图 5.6(a)中的卫星几何分布比图 5.6(b)中的要好，事实上它也是二维平面定位中最好的一种几何分布。

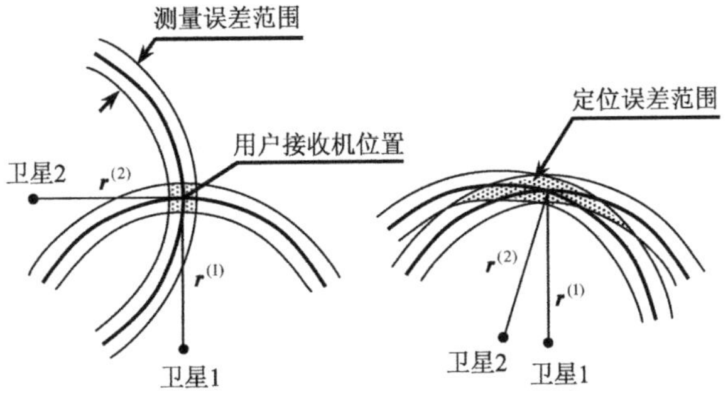

(a)几何分布较好 (b)几何分布较差

图 5.6 二维平面定位中的卫星几何分布

在 GPS 三维定位中，卫星几何分布情况与相应 DOP 值的关系也遵循类似的规律。如图 5.7 所示，当卫星分布在用户的 4 周时，这种几何分布情况较好，相应的 GDOP 值较小；否则，当卫星集中在一处或在一条直线上时，这种几何分布较差，相应的 GDOP 值较大[13]。

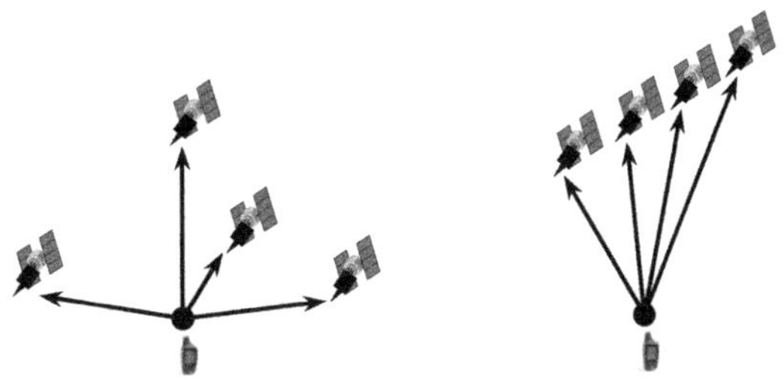

(a)几何分布较好 (b)几何分布较差

图 5.7 三维定位中的卫星几何分布

【例 5.3】 计算由 4 颗卫星组成的上述最佳几何分布的各种 DOP 值[53]。

解： 如果可见卫星的最小仰角为零，那么文献[43]告诉我们，由 4 颗卫星组成的最佳几何分布是当一颗卫星位于用户正上方而另外 3 颗卫星均匀分布在用户所在的水平面上的情形。在以用户为原点的站心坐标系中，位于正上方的那颗卫星的仰角为 90°，无意义的方位角表达成 $\alpha^{(1)}$，其余 3 颗卫星的仰角均为 0°，方位角假设分别为 0°, 120°与 240°。需要说明的是，因为我们不计算东向或北向的 DOP 值，所以均匀分布在水平面上的 3 颗卫星与东向坐标轴的相对位置关系不影响 5.4.2 节中定义的那些 DOP 值。这样，根据式（5.65）可得

$$\tilde{\boldsymbol{G}} = \begin{bmatrix} -\cos 90^\circ \sin\alpha^{(1)} & -\cos 90^\circ \cos\alpha^{(1)} & -\sin 90^\circ & 1 \\ -\cos 0^\circ \sin 0^\circ & -\cos 0^\circ \cos 0^\circ & -\sin 0^\circ & 1 \\ -\cos 0^\circ \sin 120^\circ & -\cos 0^\circ \cos 120^\circ & -\sin 0^\circ & 1 \\ -\cos 0^\circ \sin 240^\circ & -\cos 0^\circ \cos 240^\circ & -\sin 0^\circ & 1 \end{bmatrix} = \begin{bmatrix} 0 & 0 & -1 & 1 \\ 0 & -1 & 0 & 1 \\ \frac{\sqrt{3}}{2} & \frac{1}{2} & 0 & 1 \\ -\frac{\sqrt{3}}{2} & \frac{1}{2} & 0 & 1 \end{bmatrix} \tag{5.67A}$$

将上述 $\tilde{\boldsymbol{G}}$ 代入式（5.66）得

$$\tilde{\boldsymbol{H}} = \left(\begin{bmatrix} 0 & 0 & -1 & 1 \\ 0 & -1 & 0 & 1 \\ \frac{\sqrt{3}}{2} & \frac{1}{2} & 0 & 1 \\ -\frac{\sqrt{3}}{2} & \frac{1}{2} & 0 & 1 \end{bmatrix}^{\mathrm{T}} \begin{bmatrix} 0 & 0 & -1 & 1 \\ 0 & -1 & 0 & 1 \\ \frac{\sqrt{3}}{2} & \frac{1}{2} & 0 & 1 \\ -\frac{\sqrt{3}}{2} & \frac{1}{2} & 0 & 1 \end{bmatrix} \right)^{-1} = \begin{bmatrix} \frac{3}{2} & 0 & 0 & 0 \\ 0 & \frac{3}{2} & 0 & 0 \\ 0 & 0 & 1 & -1 \\ 0 & 0 & -1 & 4 \end{bmatrix}^{-1} = \begin{bmatrix} \frac{2}{3} & 0 & 0 & 0 \\ 0 & \frac{2}{3} & 0 & 0 \\ 0 & 0 & \frac{4}{3} & \frac{1}{3} \\ 0 & 0 & \frac{1}{3} & \frac{1}{3} \end{bmatrix} \tag{5.67B}$$

于是各种 DOP 值为

$$\mathrm{HDOP} = \sqrt{\frac{2}{3} + \frac{2}{3}} = \frac{2}{\sqrt{3}} = 1.155 \tag{5.67C}$$

$$\mathrm{VDOP} = \sqrt{\frac{4}{3}} = 1.155 \tag{5.67D}$$

$$\mathrm{PDOP} = \sqrt{\frac{2}{3} + \frac{2}{3} + \frac{4}{3}} = 2\sqrt{\frac{2}{3}} = 1.633 \tag{5.67E}$$

$$\mathrm{TDOP} = \sqrt{\frac{1}{3}} = 0.577 \tag{5.67F}$$

$$\mathrm{GDOP} = \sqrt{\frac{2}{3} + \frac{2}{3} + \frac{4}{3} + \frac{1}{3}} = \sqrt{3} = 1.732 \tag{5.67G}$$

如果位于同一水平面上的 3 颗卫星的方位角分别为 β, $\beta + 120°$与 $\beta + 240°$，其中 β 为任一角度，那么读者可以验证此时的 DOP 值依然与以上计算结果相吻合。

考虑到获得权系数阵 $\boldsymbol{H}$（或 $\tilde{\boldsymbol{H}}$）需要相当的计算量，我们可以偶尔使用如下方法来大致判断哪种卫星几何分布具有较小的 GDOP 值。假设每颗可见卫星与用户接收机之间均相隔单位距离，那么以各颗卫星和接收机为顶点，可以组成一个以接收机为锥顶的单位边长的锥形多面体，而该多面体的体积大致与 GDOP 值成反比[23]。该多面体包围的空间体积越大，GDOP 值就越小，卫星的几何分布也就越好。

当接收机通过计算发现某时刻的 HDOP 或 PDOP 值很大时，为避免输出一个误差可能很大的定位结果，接收机一般会放弃三维甚至二维定位。需要强调的是，DOP 只与卫星几何分布有关，而与测量误差无关，也就是说，大的 DOP 值并不必定意味着大的定位误差。因为如果 GPS 测量误差保证很小，那么在大 DOP 值情况下的定位结果应该完全正常。

因为地球对 GPS 电磁波信号来说是不透明的，所以可见卫星通常总出现在接收机的上方一侧，而不像在水平方向上那样卫星可以分布在用户的前后左右。因此，高程精度因子 VDOP 值

通常总大于水平位置精度因子 HDOP 值，这也就是大家熟知的 GPS 在竖直方向上的定位精度通常低于其在水平方向上的定位精度的原因。

因为各颗可见卫星均在用户接收机的上方一侧，所以用户高度值的变化对各个卫星伪距测量值的影响差不多相同。5.3.2 节指出，接收机钟差能够吸收各个伪距测量值变化的公共部分，而 GPS 定位结果中的高度坐标分量也近似地具有这种吸收不同伪距测量值公共部分的能力，因此高度坐标分量与接收机钟差之间存在很高的相关性[38]。在卫星几何分布较差和测量误差较强的情况下，最小二乘法可能会将部分接收机钟差值变化错误地当成用户高度值变化，或者反过来，将用户高度值变化错误地当成接收机钟差值变化。如果我们能够模拟、预测接收机钟差，然后在 GPS 定位方程组中添加一个关于接收机钟差变化的辅助方程，那么 VDOP 值就会明显变小，进而相应地提高高度定位精度。

需要略做说明的是，因为早期的接收机没有能力跟踪 GPS 卫星星座中的所有可见卫星信号，而只能跟踪有限颗（如 4 颗或更多）卫星的信号，所以接收机可能不得不考虑如何在所有可见卫星中挑选出 4 颗（或更多颗）作为信号跟踪对象，选择的标准之一通常是获得最优的卫星几何分布。然而，基于最优 4 颗卫星组合的定位结果通常没有基于所有可见卫星的定位结果那样准确。

5.4.4 伪卫星

伪卫星是安装在地面、天空或舰船上的能够发射类似于 GPS 信号的 GPS“卫星”[40, 47, 55]。伪卫星技术是一种通过安装伪卫星而人为地改善卫星几何分布的方法，它对 GPS 卫星可见性较差的室内、地下、火星上等地方有着重要的应用。采用伪卫星技术对于帮助实现 GPS 定位的优势主要体现在两方面：一是增加可见卫星的颗数，提高定位有效率；二是改善卫星的空间几何分布，减小 PDOP 值，提高定位精度。此外，利用伪卫星可以帮助确定卫星载波相位测量值的整周模糊度，进而实现精密定位[11]。伪卫星还用来提高 GPS 定位系统的正直性，而多颗伪卫星一起甚至可以组成一个独立的定位系统。

同时，伪卫星也会给 GPS 接收机的正常运行带来一定的困难，而这在一定程度上会制约伪卫星在现实中的应用和发展。利用伪卫星技术必须考虑以下方面的问题[10, 39]。

（1）伪卫星给接收机带来了一个被称为近/远的问题。第 10 章中将讲到，信号在某点的强度与该点离信号源的距离的平方成反比。因为 GPS 卫星总是离地面很远，所以卫星信号的强度对地面上的用户来说相对比较恒定。然而，伪卫星信号是另一种情形：在相距不远的两个不同地方，伪卫星信号强度的差异可能很大。离伪卫星稍远一些，伪卫星信号可能微弱到接收机无法接收到；离伪卫星稍近一些，伪卫星信号可能强烈到伪码之间的互相关性将干扰接收机对其他 GPS 卫星信号正常的捕捉与跟踪，使得接收机捕捉、跟踪实际上并不存在的卫星信号。“近/远”问题本质上是一个互相关干扰问题，它将在 13.4 节中讨论。这样，在设计伪卫星信号，应该尽量降低“近/远”问题的严重性。

（2）伪卫星信号数据的编码设计上应尽量使得利用伪卫星信号的接收机软件改动较小。

（3）伪卫星中的频率振荡器存在一个与 GPS 时间同步的问题。

此外，由于伪卫星的高度与仰角一般较低，因此多路径效应会相当严重，且对流层延时可能会成为最大的误差源之一[59]。如果将伪卫星用在差分系统中，那么信号从伪卫星到流动站接收机与到基准站接收机的两条传播途径之间的差别可能很大，以至于两台不同接收机之间的测量误差不再存在相关性，使得差分系统的工作原理不再成立。

5.5 接收机自主正直性监测

1.5 节中定义了定位系统的正直性，即系统出现故障而不适于导航时能够及时警告用户的能力，这些故障可能是卫星上的电子故障、卫星播发的卫星星历与时钟模型错误、异常大气层延时、多路径及接收机故障等。在各种异常测量误差可能随时发生的假定下，正直性监测功能就是将异常定位误差的发生控制在一定范围和一定概率内。需要强调的是，尽管定位错误一般是由测量错误造成的，且监测定位错误的方法很多也是通过监测测量错误实现的，但是正直性真正关心的是定位错误，而不是卫星的距离测量错误。

本节首先介绍正直性监测的不同类型，然后重点讨论其中的一类，即接收机自主正直性监测（RAIM）的多种算法。

5.5.1 正直性监测的概念

2.5 节提到，卫星播发的导航电文中包含一定的正直性信息，如卫星健康状况和 URA 值等。然而，由于 GPS 地面监控部分一般需要 15 分钟至 2 小时来判定某颗卫星是否存在故障、鉴定故障原因、决定解决方案直至采取纠正措施，所以这一监测过程通常远远不能满足民用航空等高安全性导航系统对正直性的实时要求[12]。尽管不同安全、精度等级的导航系统对正直性的要求有所差异，但在 10 s 甚至 3 s 内完成监测故障到警告用户的整个过程则是比较常规的要求[14]。

系统的正直性监测大致可从以下三方面入手[43]。

（1）建立一个地面监测站网络，专门用于监测 GPS 卫星的健康状况，然后将有关卫星正直性的监测结果通过某种形式传送给用户接收机。例如，对第 7 章中介绍的广域增强系统（WAAS）来说，其正直性监测功能就是这种监测站网络型的。

（2）执行接收机自主正直性监测（RAIM），让用户接收机自身对卫星测量值进行正直性监测。尽管一个监测站网络与单个用户接收机相比拥有更丰富的资源与信息，可以使得正直性监测更为准确、迅速，但由于监测站通常难以知道用户接收机实际遭受的多路径和当地的电磁干扰等具体情况，所以它不能替代 RAIM。只有用户接收机本身才有机会将各种当地、实际的信息综合起来，并且以此检测它的卫星信号测量值是否出现差错。

（3）在卫星上设置正直性监测功能，让卫星自己监测其发射的信号，然后将监测结果播发给用户[57, 60]。

这里只详细探讨第二类正直性监测方法。广义上的 RAIM 算法泛指那些用于定位、定时接收机的算法，而对专门应用于授时、校频的 GPS 时间、频率接收机（见 5.7 节）来说，它们的正直性监测功能可以特称为时间接收机自主正直性监测（TRAIM）[16]。RAIM 通常体现为接收机内部的一些软件算法，让接收机在进行定位计算的同时执行这些 RAIM 算法。尽管 RAIM 算法层出不穷，但是它们的基本原理大都出于检查各个卫星测量值之间的一致性。RAIM 算法本质上需要回答以下两个问题：一是判断一组测量数据是否包含错误测量值；二是如果包括，那么判断哪个测量值是错误的。可见，RAIM 实际上是故障检测与排除（FDE）算法在 GPS 定位中的应用。好的 RAIM 算法不但应该具有较高的正确检测出故障状态的可靠性能，而且具有较高的正确鉴定出错误测量值的可分性能[19]。此外，有些 RAIM 还能对当前 GPS 定位值的可靠程度进行估算，如估算定位结果误差或误差均方差等。

为了检查各个测量值之间的一致性，RAIM 算法需要有冗余信息。卫星测量值个数的冗余度越高，卫星的几何分布越好，RAIM 算法的可靠性和可分性通常就越高。一般来说，只有当接收机在同一时刻至少获得 5 个卫星测量值时，RAIM 算法才能有效地执行。因此，除了具有可靠性和可分性，RAIM 算法还有一个有效性问题，即接收机在所有可能发生的情况下能够有效进行 RAIM 运算与分析的概率。如果利用伽利略卫星和 GLONASS 系统中的卫星测量值，或者借助于气压表、罗兰（LORAN）导航、惯性传感等非卫星测量值，那么 GPS 接收机的 RAIM 有效性可得到提高[20, 45, 46, 56]。

RAIM 算法通常首先构筑、计算一个或多个测试量，然后将测试量（或者其绝对值）的大小与预先设定的门限值进行比较：如果测试量超过门限值，那么相应的测量数据组或某个测量值是错误的；否则，一切正常。可见，门限过紧时，RAIM 算法易将一些原本正常的测量值和系统状态假报成错误与故障，造成虚警（FA）；反之，门限过松时，RAIM 算法易变得检测不出错误测量值和故障状态，造成漏警（MD）。这样，RAIM 算法的性能就与门限值的大小有着极大的关系，而门限值大小的选取也时常成为算法的关键与难点。一般来说，一个系统对 RAIM 算法的虚警率预先有一定的要求，而决定门限值大小的通常做法是让 RAIM 算法首先满足要求的虚警率。在相同虚警率的条件下，不同 RAIM 算法有着不同的漏警率。较好的 RAIM 算法在满足规定的低虚警率的同时，有着较低的漏警率。

接下来的几节介绍几种简单且应用广泛的 RAIM 算法。对其他思路、形式的 RAIM 算法，读者可以参阅文献[8, 15, 51, 52]等。

5.5.2　伪距残余检测法

在式（5.36）中，向量 $\boldsymbol{b}$ 的每个分量都等于接收机对相应卫星的距离测量值 $\rho_c^{(n)}$ 减去几何距离预测值 $r^{(n)}(\boldsymbol{x}_{k-1})$ 与接收机钟差预测值 $\delta t_{u,k-1}$ 之和，我们通常将这种测量值与预测值之间的差称为残余，这里的向量 $\boldsymbol{b}$ 可以被更准确地称为*伪距残余*[17, 18]。从最小二乘法的整个计算过程来看，该定位算法实际上是通过逐步调节用户接收机的位移量和钟差变化，将各颗卫星的定位前伪距残余 $\rho_c^{(n)} - r^{(n)}(\boldsymbol{x}_0) - \delta t_{u,0}$ 最终变成平方和意义上最小的定位后伪距残余 $\rho_c^{(n)} - r^{(n)}(\boldsymbol{x}_K) - \delta t_{u,K}$，其中我们假定第 K 次迭代后牛顿迭代法收敛。因为初始接收机位置 $\boldsymbol{x}_0$ 和接收机钟差 $\delta t_{u,0}$ 来自上一定位时刻的定位结果，所以对当前定位时刻来说，$\rho_c^{(n)} - r^{(n)}(\boldsymbol{x}_0) - \delta t_{u,0}$ 是定位前伪距残余。相应地，$\rho_c^{(n)} - r^{(n)}(\boldsymbol{x}_K) - \delta t_{u,K}$ 是定位后伪距残余，其中的 $\boldsymbol{x}_K$ 和 $\delta t_{u,K}$ 是当前定位时刻的定位结果。

这些定位前和定位后伪距残余一定程度上提供了关于伪距测量值和定位质量好坏的一些信息。因为卫星和用户的运动均有一定的连续性，所以同一卫星在不同时刻的残余值应有一定的可比性，且不同卫星在同一时刻的残余值也应可以相互比拟。检查定位前与定位后残余值的 RAIM 方法，分别称为*定位前残余检测法*与*定位后残余检测法*，它们通常将残余绝对值与一个预先设定的门限值进行比较，进而检测并排除错误测量值。门限值大小的设置一般需要通过大量的实际测试与性能分析来得到优化。

定位前与定位后这两种残余检测法各有优缺点[61]。若某时刻接收机只有 4 个（或少于 4 个）卫星测量值，则方程式（5.36）不再超定，定位后的所有 4 个残余分量值应刚好全部等于零，使得定位后残余检测法失去有效性。在有足够多的卫星测量值的情况下，如果某测量值确实出错，那么该错误测量值首先会破坏定位结果，接着影响各个卫星测量值的定位后残余，最后可能导致错误测量值的问题严重性看起来变低，同时使其他正确测量值看起来变得略欠正常。在虚警率保持不变的条件下，定位后残余检测法的另一个缺点使得其漏警率变高。

与定位后残余检测法不同，定位前残余检测法不要求测量值的个数必须多于 4 个，但它的最大缺点是依赖上一时刻的定位结果。如果上一时刻的定位值不准确，或者由于用户的高速运动使其当前位置远离上一时刻的定位值，那么定位前残余检测法就很难断定一个绝对值较大的残余是否真的是由测量错误引起的。为了尽量使上一时刻的定位值接近用户的当前位置，我们一般可以根据上一时刻的用户运动速度来推测用户的当前位置，然后用这个位置预测值来计算定位前残余。考虑到接收机钟差是各个测量值残余的公共部分，各个定位前残余的平均值通常可作为当前时刻的接收机钟差估计值，然后将此平均值从各个定位前残余中减去，最后将它们与残余门限值进行比较。

对于定位后残余检测法，我们事实上不一定要先求解出定位方程式（5.36）后才计算定位后残余。假定用户位置与接收机钟差的变化量很小，那么定位前后的几何矩阵 $\boldsymbol{G}$ 可认为是相等的，牛顿迭代法迭代一次后即可收敛，而方程式（5.36）的加权最小二乘法的解可以表达成

$$\begin{bmatrix} \Delta x \\ \Delta y \\ \Delta z \\ \Delta \delta t_u \end{bmatrix} = (\boldsymbol{G}^{\mathrm{T}}\boldsymbol{C}\boldsymbol{G})^{-1}\boldsymbol{G}^{\mathrm{T}}\boldsymbol{C}\boldsymbol{b} \tag{5.68}$$

式中，$\boldsymbol{b}$ 为定位前残余向量。我们在此选用加权最小二乘法求解定位方程式，目的是使这里的分析具有广泛的代表性。不难理解，定位后残余向量 $\hat{\boldsymbol{b}}$ 等于

$$\hat{\boldsymbol{b}} = \boldsymbol{b} - \boldsymbol{G}\begin{bmatrix} \Delta x \\ \Delta y \\ \Delta z \\ \Delta \delta t_u \end{bmatrix} = \boldsymbol{b} - \boldsymbol{G}(\boldsymbol{G}^{\mathrm{T}}\boldsymbol{C}\boldsymbol{G})^{-1}\boldsymbol{G}^{\mathrm{T}}\boldsymbol{C}\boldsymbol{b} = \boldsymbol{S}\boldsymbol{b} \tag{5.69}$$

式中，矩阵 $\boldsymbol{S}$ 定义为

$$\boldsymbol{S} = \boldsymbol{I} - \boldsymbol{G}(\boldsymbol{G}^{\mathrm{T}}\boldsymbol{C}\boldsymbol{G})^{-1}\boldsymbol{G}^{\mathrm{T}}\boldsymbol{C} \tag{5.70}$$

式（5.69）表明，不必求解定位方程式，我们可以通过矩阵 $\boldsymbol{S}$ 将定位前残余 $\boldsymbol{b}$ 直接转换成定位后残余 $\hat{\boldsymbol{b}}$，然后检查定位后残余 $\hat{\boldsymbol{b}}$ 中的各个分量值。若某个残余分量的绝对值大于门限值，则相应的测量值被认为是错误的。排除错误测量值后，我们可以重新进行定位后残余检测和定位计算。

5.5.3 最小平方残余法

接着 5.5.2 节的分析，如果我们仍然使用 $\hat{\boldsymbol{b}}$ 代表定位后残余向量，那么相应的残余平方加权和（WSSE）ε_{WSSE} 定义为[42, 43, 58]

$$\varepsilon_{WSSE} = (\boldsymbol{W}\hat{\boldsymbol{b}})^{\mathrm{T}}(\boldsymbol{W}\hat{\boldsymbol{b}}) = \hat{\boldsymbol{b}}^{\mathrm{T}}\boldsymbol{C}\hat{\boldsymbol{b}} \tag{5.71}$$

也就是说，标量 ε_{WSSE} 等于加权后的残余向量的长度的平方。因为由加权最小二乘法得到的定位解可使加权残余 $\boldsymbol{W}\hat{\boldsymbol{b}}$ 的各分量的平方和 ε_{WSSE} 最小，所以 ε_{WSSE} 值的大小体现了各个测量值之间的一致性程度。最小平方残余法是一种将残余平方加权和 ε_{WSSE} 作为检测量的 RAIM 算法，它通过检查 ε_{WSSE} 值是否过大来判断各个测量值之间的一致性。若 ε_{WSSE} 过大，大于某个门限值，则这些测量值之间不一致，即其中的某些测量值是错误的。

假设式（5.45）所示的伪距测量误差向量 $\boldsymbol{\varepsilon}_\rho$ 中的各个分量是相互独立的，且呈均值为零的正态分布，同时对角型权重矩阵 $\boldsymbol{W}$ 中的各元素又按式（5.19）取值，那么加权残余向量 $\boldsymbol{W}\hat{\boldsymbol{b}}$ 的各分量平方和 ε_{WSSE} 呈自由度（DOF）为 $N-4$ 的 χ^2 分布，其中 N 为卫星测量值的个数[4, 30, 42]。由于加权最小二乘法定位计算中有 4 个独立有效的控制方程式，因此 χ^2 分布的自由度不是 N 而是 $N-4$。

知道检测量 ε_{WSSE} 的概率分布后，我们就很容易根据要求的虚警率 P_{fa} 来确定相应的门限值 T_{WSSE}。如果定位计算用了 7 个卫星测量值，即 N 等于 7，那么在所有 7 个测量值均正常的情况下，ε_{WSSE} 值应呈自由度为 3 的 χ^2 分布，而图 5.8 所示的是该分布的概率密度函数。图中右下角的阴影部分代表测量值全部正常情况下 ε_{WSSE} 值大于 11.344 8 的概率，而对自由度为 3 的 χ^2 分布，这部分概率正好等于 0.01。因此，若某系统要求最小平方残余法的虚警率 P_{fa} 不高于 1%，则 ε_{WSSE} 的门限值 T_{WSSE} 应不小于 11.344 8。事实上，我们可改用 $\sqrt{\varepsilon_{WSSE}}$ 作为检测量，于是相应的门限值就等于 3.3682（$\sqrt{11.3448}$）。同样，读者也可自行求出以 $\sqrt{\varepsilon_{WSSE}/(N-4)}$ 作为检测量的门限值。由于各个卫星测量值的误差均方差不可能被估计得十分准确，因此门限值 T_{WSSE} 的大小设置实际上还要通过各种测试加以优化。需要指出的是，这里选取 0.01 作为虚警率 P_{fa} 的原因是，便于在图中比较容易地显示这部分阴影的面积，而一些实际运行的系统可能要求 P_{fa} 低于 10^{-5} 或者更低。

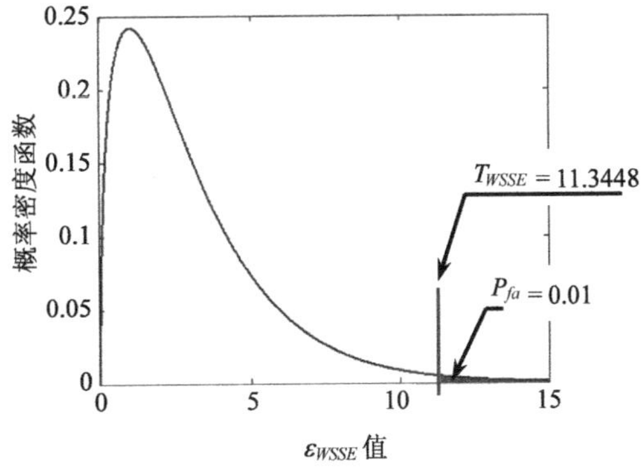

图 5.8　自由度为 3 的 χ^2 分布

最小平方残余法是一种故障检测法，它一般需要与 5.5.2 节的残余检测法一起完成故障的检测与排除。

5.5.4　最大解分离法

本节简单介绍另一种用来检测故障的最大解分离法[9]。如果接收机有 $N \geqslant 5$ 个卫星测量值，那么这 N 个测量值可分成 N 组，每组包含相互不同的 $N-1$ 个测量值。由于每组仍有足够多实现 GPS 定位的测量值，因此总共可以得到 N 个不同的定位值。假定这 N 个测量值中最多只有一个是错误的，如果这 N 个测量值全部正确，那么这 N 个定位值应该相差不大，且一起集中在接收机真实位置值附近；否则，如果其中一个测量值出错，那么只有一个不利用该测量值的定位值是正确的，而其他 $N-1$ 个定位值均受到此错误测量值的影响，导致这 N 个定位值不再集中在接收机真实位置值附近而显得比较发散。最大解分离法计算这 N 个定位解两两之间的距离，并将其中的最大距离作为检测量，然后通过比较这个最大距离检测量与一个相应门限值的大小，判断测量值是否全部正常。如果最大距离值大于门限值，那么最大解分离法断定某个测量值出错，此时的定位结果就相应地被认为是不可靠的。

最大解分离法的缺点很明显，比如它需要很大的计算量，且一般不能直接将错误测量值从其他正常值中分离出去。文献[28]通过分析这 N 个定位值的分布情况，完成了故障的检测和排除。

5.6　多普勒定速

1.1 节中提到，子午卫星系统通过测量卫星信号的多普勒频移来实现定位，然而由相对运动引起的多普勒频移可更好地用来实现定速。关于多普勒频移及其形成机制的介绍见 4.2.2 节。

将式（5.27）对时间求导，得

$$\dot{\rho}^{(n)} = \dot{r}^{(n)} + \delta f_u - \delta f^{(n)} + \varepsilon_{\dot{\rho}}^{(n)} \tag{5.72}$$

式中，δf_u 是未知的接收机时钟频漂，$\delta f^{(n)}$ 是可根据式（4.26）计算得到的卫星 n 的时钟频漂。

考虑到大气延时变化率 $\dot{I}^{(n)}$ 和 $\dot{T}^{(n)}$ 的值一般很小，它们在上式中可以忽略不计，但也可以说误差项 $\varepsilon_{\dot{\rho}}^{(n)}$ 已将 $\dot{I}^{(n)}$ 和 $\dot{T}^{(n)}$ 包括进去。关于用户与卫星之间的几何距离变化率 $\dot{r}^{(n)}$，式（4.20）给出了它与速度的关系，即

$$\dot{r}^{(n)} = \left(\boldsymbol{v}^{(n)} - \boldsymbol{v}\right) \cdot \boldsymbol{I}^{(n)} \tag{5.73}$$

式中，$\boldsymbol{v}^{(n)}$ 是卫星的运行速度，3.5 节中具体地给出了它的计算方法，$\boldsymbol{I}^{(n)}$ 仍是卫星在用户位置的单位观测向量，它已由式（5.35）给出，而未知的 $\boldsymbol{v} = [v_x \quad v_y \quad v_z]^{\mathrm{T}}$ 是要求解的用户运动速度。

以上两式表明伪距变化率 $\dot{\rho}^{(n)}$ 反映着卫星与用户之间的相对运动速度，而在获得多个卫星伪距变化率测量值的条件下，接收机有可能从中解算出用户运动速度 $\boldsymbol{v}$。由于伪距测量值比较粗糙，因此伪距变化率通常不是通过对相邻时刻的伪距进行差分得到的。GPS 接收机的多普勒频移测量值 $f_d^{(n)}$ 能更精确地体现伪距变化率 $\dot{\rho}^{(n)}$ 的大小，它们的关系为

$$\dot{\rho}^{(n)} = -\lambda f_d^{(n)} \tag{5.74}$$

另外，多普勒频移与积分多普勒测量值的关系式（4.21）表明，对积分多普勒（或载波相位）测量值进行差分也可以得到伪距变化率，即

$$\dot{\rho}^{(n)} = \lambda\left(\phi_k^{(n)} - \phi_{k-1}^{(n)}\right) \tag{5.75}$$

式中，下标“k”与“$k-1$”均代表测量历元。事实上，载波相位测量值的差分与多普勒频移测量值之间还是有区别的：多普勒频移测量值反映用户在某个时刻的瞬时速度，但是这种测量值相对来说比较粗糙；相反，载波相位是 GPS 接收机给出的一种精度最高的距离测量值，它的差分反映用户在该差分时段内的平均速度。也就是说，虽然载波相位测量值的差分在反映用户运动状态变化方面有一定的延时，但由它计算得到的速度值要平滑一些。多普勒频移与载波相位这两种测量值均可用来求解用户的运动速度，而基于接收机输出的测量值状况和用户的动态模型等因素考虑，不同接收机的定速算法可能对二者有不同的选择倾向。不论采取何种选择，我们都在此一并用 $\dot{\rho}^{(n)}$ 代表伪距变化率测量值。

将式（5.73）代入式（5.72），整理后得

$$-\boldsymbol{v} \cdot \boldsymbol{I}^{(n)} + \delta f_u = \left(\dot{\rho}^{(n)} - \boldsymbol{v}^{(n)} \cdot \boldsymbol{I}^{(n)} + \delta f^{(n)}\right) - \varepsilon_{\dot{\rho}}^{(n)} \tag{5.76}$$

式中，等号左边是未知量 $\boldsymbol{v}$ 和 δf_u，等号右边除了误差量 $\varepsilon_{\dot{\rho}}^{(n)}$，其余各项都是已知的，式中的各个参量值均可统一地以米/秒为单位。这样，如果接收机有 N 个卫星测量值，且每个测量值都可产生一个如式（5.76）所示的定速方程式，那么这 N 个方程式可组成如下矩阵方程：

$$\boldsymbol{G}\begin{bmatrix} v_x \\ v_y \\ v_z \\ \delta f_u \end{bmatrix} = \dot{\boldsymbol{b}} + \boldsymbol{\varepsilon}_{\dot{\rho}} \tag{5.77}$$

相当凑巧的是，上述 GPS 定速方程式中的矩阵 $\boldsymbol{G}$ 与定位方程式（5.36）中的几何矩阵 $\boldsymbol{G}$ 刚好完全相同，其值等于式（5.37）。因为计算矩阵 $\boldsymbol{G}$ 需要知道用户的当前位置，所以我们通常先定位再定速。对比式（5.76）与式（5.77）可知，多普勒频移（确切地说是距离变化率）残余向量 $\dot{\boldsymbol{b}}$ 中的第 $\boldsymbol{n}$ 个分量等于校正后的多普勒频移测量值 $\dot{\rho}^{(n)} + \delta f^{(n)}$ 减去卫星运行速度的投影量 $\boldsymbol{v}^{(n)} \cdot \boldsymbol{I}^{(n)}$。

最小二乘法同样可用来求解 GPS 定速方程式（5.77），定速精度的理论分析也可类似于 5.4 节中

的定位精度理论分析那样进行。由于多普勒频移与载波相位的测量误差比伪距测量误差低一至两个数量级，因此 GPS 定速通常比 GPS 定位更精确，约 95%的 GPS 定速结果可达 0.2 m/s 的精度。因为 GPS 定速值相对精确，所以接收机通常用定速值来平滑最小二乘法的定位值，使最后输出的定位结果更加连续、准确，6.2 节将介绍这种平滑技术。

上述多普勒定速方法假定包含用户位置信息的几何矩阵 $\boldsymbol{G}$ 是已知的，如果 $\boldsymbol{G}$ 未知，那么问题的本质就变成与子午卫星系统工作原理相同的多普勒定位。在用户接收机静止不动时，多普勒定位相对简单。文献[29]中探讨了 GPS 的多普勒定位问题，它认为在无线通信网络辅助的情况下，GPS 多普勒定位可能存在一些价值。

5.7　定时、授时与校频

前面提到，GPS 接收机能够同时实现定位和定时。准确地讲，定时是指根据参考时间标准对本地时钟进行校准的过程。定位算法求解出接收机钟差 δt_u 后，将 δt_u 代入式（4.1）就可得到接收机定位时刻 $t_u(t)$ 对应的 GPS 时间 t 。要知道 GPS 时间 t 对应的协调世界时（UTC），可用 t 值替代式（3.25）中的 t_E 得到 UTC 值。由 GPS 接收机得到的 UTC 时间的误差均方差约为 20 ns。

今天，GPS 已成为授时与校频的主要工具[34]。授时是指将标准时间播发到异地的过程，校频在这一节中笼统地指授频与比较两频率。我们通常将专门用于提供时间与频率信号的 GPS 接收机分别称为 GPS 时间接收机与频率接收机，以区别于通常意义上的 GPS 定位接收机。

GPS 时间与频率接收机通常安装在一个固定点，是静止不动的，其坐标可以是已知的，也可以由接收机启动后首先自动地进行自我定位得到。时间接收机有的直接给出精确时间与日期，有的输出与 UTC 同步的秒脉冲（PPS）。我们知道，频率与时间互成倒数。频率接收机通常有一个温控晶体（OCXO）或铷原子等高性能振荡器，产生一个如 5 MHz、10 MHz 等标准频率的信号，或者提供一个应用于通信系统中的 1.544 MHz、2.048 MHz 等频率信号。

根据接收机对卫星测量值的不同运作方式，GPS 授时与校频方法大致分为单向测量、共视测量和载波相位技术 3 种[32]。

（1）单向测量技术是用 GPS 接收机接收 GPS 卫星信号，对卫星测量值进行处理，然后输出用于授时或校频的标准时间或标准频率信号。若接收机的天线位置已知，则接收机只需利用一颗卫星的伪距测量值，就能由式（5.27）解出接收机钟差 δt_u ；否则，接收机可以使用多颗卫星的测量值，再根据本章前面介绍的定位、定时算法算出 δt_u 。得到 δt_u 后，时间或频率接收机就可输出相应的时间或频率信号。可见，单向测量技术的本质是用 GPS 时间来校准时钟或振荡器频率。因为 GPS 地面监控部分的一部分功能是保持 GPS 时间与 UTC 同步，所以 GPS 接收机输出的时间和频率信号具有很高的长期精度。

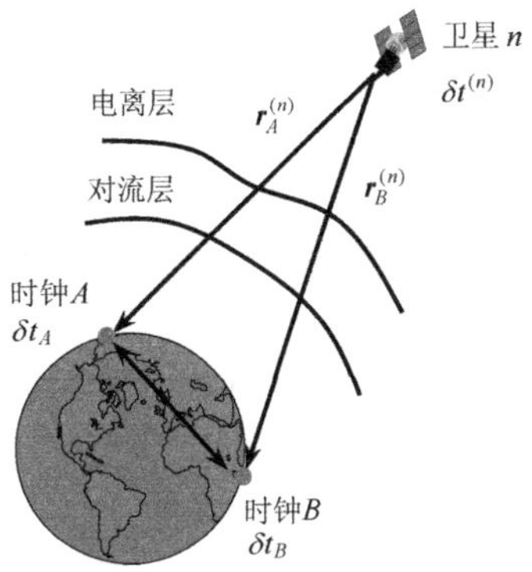

图 5.9　共视测量技术

（2）共视测量技术是指地球上任意两地（或多地）的 GPS 接收机同时对同一颗卫星的时间信号进行测量，进而比较位于两地的时钟或振荡器频率[54]。如图 5.9 所示，*位于 A 地和 B 地*的 GPS 接收机同时测量卫星 n 的信号，两地的接收机分别有如下伪距观测方程式：

$$\rho_A^{(n)} - r_A^{(n)} = \delta t_A - \delta t^{(n)} + I_A^{(n)} + T_A^{(n)} + \varepsilon_{\rho A}^{(n)} \tag{5.78A}$$

$$\rho_B^{(n)} - r_B^{(n)} = \delta t_B - \delta t^{(n)} + I_B^{(n)} + T_B^{(n)} + \varepsilon_{\rho B}^{(n)} \tag{5.78B}$$

式中，$\rho_A^{(n)}$ 与 $\rho_B^{(n)}$ 分别是两台接收机对卫星 n 的伪距测量值，两台接收机到卫星的几何距离 $r_A^{(n)}$ 与 $r_B^{(n)}$ 是已知的，两地的电离层和对流层延时值可根据 4.3 节中的相关公式进行估算。两台接收机的测量数据经交换后，对比得

$$\left(\rho_A^{(n)} - r_A^{(n)}\right) - \left(\rho_B^{(n)} - r_B^{(n)}\right) = (\delta t_A - \delta t_B) + \Delta I_{AB}^{(n)} + \Delta T_{AB}^{(n)} + \Delta\varepsilon_{\rho AB}^{(n)} \tag{5.79}$$

式中，等号右边第一项($\delta t_A - \delta t_B$)是接收机 A 与 B 的钟差之差。算出位于 A 地与 B 地的 GPS 接收机时钟之差后，就可对分别处于 A 地与 B 地的两个时钟进行间接比较。可见，共视法的原理类似于 4.4 节中的差分 GPS。当两台接收机相距较近时，它们的测量误差公共部分基本上能被抵消，于是共视法能取得更好的比较效果[31]。

国际上一直用共视法来比较异地之间的时钟与频率。例如，3.2.1 节说过，国际原子时（TAI）是对世界各国的原子钟产生原子时的加权平均值，事实上，各处的原子钟数据大部分是通过对 GPS 卫星使用共视法收集而来的。

共视法可分为单通道共视法和多通道共视法两种。早期，由于在空间中运行的 GPS 卫星不多，且接收机最多只能跟踪一颗卫星，因此两地的接收机要预先商量好何时对哪颗卫星进行单通道共视测量[5]。虽然现在的 GPS 接收机能够同时跟踪多颗卫星，但是单通道共视法仍被广泛地应用。对于多通道共视法，两地的接收机不需要预先商量，各自可以测量多颗可见卫星的信号[62]。只要两地的位置相距不是很远，一般来说它们之间就至少同时有一颗共同的可见卫星，它们的时钟与频率就可以得到连续比较。

（3）载波相位技术利用 GPS 双频接收机以单向或共视形式对卫星的载波相位信号进行测量，目的是在进行国际性的时钟与频率比较时，尽量降低卫星测量误差。对载波相位技术感兴趣的读者，可参阅文献[26, 27, 41]等。

参考文献

[1] 居余马，胡金德，林翠琴，王飞燕，邢文训. 线性代数[M]. 2 版. 北京：清华大学出版社，2002 .

[2] 李庆扬，王能超，易大义. 数值分析[M]. 北京：清华大学出版社，2001.

[3] 盛祥耀，居余马，李欧，程紫明. 高等数学[M]. 2 版. 北京：高等教育出版社，1985.

[4] 盛骤，谢式千，潘承毅. 概率论与数理统计[M]. 3 版. 北京：高等教育出版社，2001.

[5] Allan D., Weiss M., “Accurate Time and Frequency Transfer during Common-View of a GPS Satellite, ” Proceedings of the 34th Annual Frequency Control Symposium, pp. 334-346, 1980.

[6] Bonsen G., Ammann D., Ammann M., Favey E., Flammant P., “Continuous Navigation – Combining GPS with Sensor-Based Dead Reckoning, ” GPS World, April 2005.

[7] Braff R., Shively C., Zeltser M., “Radionavigation System Integrity and Reliability, ” Proceedings of the IEEE, Special Issue on Global Navigation Systems, Vol. 71, No. 10, October 1983.

[8] Brown R., Hwang P., “GPS Failure Detection by Autonomous Means within the Cockpit, ” Proceedings of the Annual Meeting of the Institute of Navigation, Seattle WA, pp. 5-12, June 24-26, 1986.

[9] Brown R., McBurney P., “Self-Contained GPS Integrity Check Using Maximum Solution Separation as the Test Statistic, ” Proceedings of the Satellite Division First Technical Meeting, The Institute of Navigation, Colorado Springs, CO, pp. 263-268, 1987.

[10] Cobb H.S., GPS Pseudolites: Theory, Design, and Applications, Ph.D. Thesis, Department of Aeronautics and

Astronautics, Stanford University, September 1997.

[11] Cohen C., Pervan B., Cobb H.S., Lawrence D., Powell J.D., Parkinson B., “Real-Time Cycle Ambiguity Resolution using a Pseudolite for Precision Landing of Aircraft with GPS, ” Proceedings of the 2nd International Symposium on Differential Satellite Navigation Systems, Amsterdam, Netherlands, April 1993.

[12] Da R., Lin C.F., “Failure Detection and Isolation Structure for Global Positioning System Autonomous Integrity Monitoring, ” Journal of Guidance, Control, and Dynamics, Vol. 18, No. 2, March-April 1995.

[13] Dana P., “Global Positioning System Overview, ” Department of Geography, University of Colorado, Boulder, CO, 1999.

[14] Federal Aviation Administration, Specification: Category I Local Area Augmentation System Ground Facility, FAA-E-2937A, Washington D.C., April 17, 2002. Available at: http://gps.faa.gov/Library/Data/LAAS/LGF2937A.PDF

[15] Gao Y., “Reliability Assurance for GPS Integrity Test, ” ION GPS, Salt Lake City, UT, pp. 567-574, September 22-24, 1993.

[16] Geier G.J., King T., Kennedy H., Thomas R., McNamara B., “Prediction of the Time Accuracy and Integrity of GPS Timing, ” Proceedings of the 49th IEEE International Frequency Control Symposium, San Francisco, CA, pp. 266-274, 1995.

[17] Hatch R., Sharpe R., Yang Y., “A Simple RAIM and Fault Isolation Scheme, ” Proceedings of ION GPS, Portland, OR, September 2003.

[18] Hatch R., Sharpe R., Yang Y., “An Innovative Algorithm for Carrier-Phase Navigation,” Proceedings of ION GNSS, Long Beach, CA, September 21-24, 2004.

[19] Hewitson S., “GNSS Receiver Autonomous Integrity Monitoring: A Separability Analysis,” ION GPS/GNSS, Portland, OR, September 9-12, 2003.

[20] Hewitson S., Wang J., “GNSS Receiver Autonomous Integrity Monitoring (RAIM) Performance Analysis,” University of New South Wales, Sydney, Australia.

[21] Kaplan E., Understanding GPS: Principles and Applications, Second Edition, Artech House, Inc., 2006.

[22] Kohli S., Chen S., Cahn C., Chansarkar M., Turetsky G., “Pseudo-Noise Correlator for GPS Spread-Spectrum Receiver, ” US Patent 0146065, October 10, 2002.

[23] Krauter A., “Role of the Geometry in GPS Positioning, ” Periodica Polytechnica Ser. Civil Engineering, Vol. 43, No. 1, pp. 43-53, 1999.

[24] Krumvieda K., Cloman C., Olson E., Thomas J., Kober W., Madhani P., Axelrad P., “A Complete IF Software GPS Receiver: A Tutorial About the Details, ” ION GPS, Salt Lake City, UT, pp. 789-829, September 2001.

[25] Kyle T., Atmospheric Transmission, Emission and Scattering, Pergamon Press, 1991.

[26] Larson K., Levine J., “Carrier-Phase Time Transfer, ” IEEE Transactions on Ultrasonics, Ferroelectronics and Frequency Control, Vol. 46, No. 4, pp. 1001-1012. 1999.

[27]Larson K., Levine J., “Time Transfer Using the Phase of the GPS Carrier, ” IEEE Transactions On Ultrasonics, Ferroelectronics and Frequency Control, Vol. Ph45, No. 3, pp. 539-540, 1998.

[28] Lee Y.C., “Analysis of Range and Position Comparison Methods as a Means to Provide GPS Integrity in the User Receiver, ” Proceedings of the Annual Meeting of the Institute of Navigation, Seattle, WA, pp. 1-4, June 24-26, 1986.

[29] Lehtinen A., Doppler Positioning with GPS, Master Thesis, Tampere University of Technology, Finland, 2002.

[30] Leon-Garcia A., Probability and Random Processes for Electrical Engineering, Second Edition,

Addison-Wesley Publishing Company, 1994.
[31] Lewandowski W., Azoubib J., "GPS+GLONASS: Toward Subnanosecond Time Transfer," GPS World, November 1998.
[32] Lombardi M., Nelson L., Novick A., Zhang V., "Time and Frequency Measurements Using the Global Positioning System, " Cal Lab: The International Journal of Metrology, July-August-September 2001.
[33] Lutgens F., Tarbuck E., The Atmosphere: An Introduction to Meteorology, 9th Edition, Prentice Hall, 2004.
[34] Matsakis D., "Time Transfer Methodologies for International Atomic Time (TAI)," U.S. Naval Observatory, Washington, DC.
[35] Megellan Corporation, "GPS Companion, " 690928 A, 2000.
[36] Misra P., "The Role of the Clock in a GPS Receiver, " GPS World, April 1996.
[37] Misra P., Enge P., Global Positioning System - Signals, Measurements, and Performance, Ganga-Jamuna Press, 2001.
[38] Misra P., Pratt M., Burke B., Ferranti R., "Adaptive Modeling of Receiver Clock for Meter-Level DGPS Vertical Positioning, " Proceedings of the ION GPS, Palm Springs, CA, September 12-15, 1995.
[39] Morley T., Augmentation of GPS with Pseudolites in a Marine Environment, Master Thesis, Department of Geomatics Engineering, University of Calgary, Alberta, Canada, May 1997.
[40] Ndili A., "GPS Pseudolite Signal Design, " Proceedings of the ION GPS, Salt Lake City, UT, pp. 1375-1382, September 1994.
[41] Nelson L., Levine J., Hetzel P., "Comparing Primary Frequency Standards at NIST and PTB, " Proceedings of the IEEE/EIA International Frequency Control Symposium and Exhibition, pp. 622-628, 2000.
[42] Parkinson B., Axelrad P., "Autonomous GPS Integrity Monitoring Using the Pseudorange Residual, " Navigation, Vol. 35, No. 2, pp. 255-274, 1988.
[43] Parkinson B., Spilker J., Axelrad P., Enge P., Global Positioning System: Theory and Applications, American Institute of Aeronautics and Astronautics, 1996.
[44] Ptasinski P., Ceceja F., Balachandran W., "Altitude Aiding for GPS Systems Using Elevation Map Datasets, " Journal of Navigation, Vol. 55, No. 3, pp. 451-462, 2002.
[45] Romay-Merino M., Alarcon A., Villares I., Monseco E., "An Integrated GNSS Concept, Galileo & GPS, Benefits in Terms of Accuracy, Integrity, Availability and Continuity, " ION GPS, Salt Lake City, UT, pp. 2114-2124, September 11-14, 2001.
[46] Sang J., Kubik K., "A Probabilistic Approach to Derivation of Geometrical Criteria for Evaluating GPS RAIM Detection Availability, " ION GPS, Kansas City, MO, pp. 511-517, September 16-19, 1997.
[47] Stone J., LeMaster E., Powell J. D., Rock S., "GPS Pseudolite Transceivers and Their Applications, " ION National Technical Meeting, San Diego, CA, January 25-27, 1999.
[48] Strang G., Introduction to Applied Mathematics, Wellesley-Cambridge Press, 1986.
[49] Strang G., Linear Algebra and its Applications, Third Edition, Wellesley-Cambridge Press, 2003.
[50] Sturza M., "GPS Navigation Using Three Satellites and a Precise Clock, " Navigation: Journal of the Institute of Navigation, Vol. 30, No. 2, 1983.
[51] Sturza M., "Navigation System Integrity Monitoring Using Redundant Measurements, " Navigation, Vol. 35, No. 4, pp. 483-501, 1988-1989.
[52] Sturza M., Brown A., "Comparison of Fixed and Variable Threshold RAIM Algorithms, " Proceedings of the Third International Technical Meeting of the Institute of Navigation, Colorado Springs, CO, pp. 437-443,

September 19-21, 1990.

[53] Tsui J., Fundamentals of Global Positioning System Receivers: A Software Approach, Second Edition, John Wiley & Sons, 2005.

[54] United States Naval Observatory, "USNO GPS Time Transfer, " January 3, 2006.

[55] Van Dierendonck A.J., "GPS Ground Transmitters for Test Range Applications, " ION GPS Conference, Colorado Springs, CO, September 1989.

[56] Van Dyke K., "RAIM Availability for Supplemental GPS Navigation, " Proceedings of the 48th Annual Meeting of the Institute of Navigation, Washington, D.C., June 29-July 1, 1992.

[57] Vioarsson L., Pullen S., Green G., Enge P., "Satellite Autonomous Integrity Monitoring and its Role in Enhancing GPS User Performance, " ION GPS, Salt Lake City, UT, September 11-14, 2001.

[58] Walter T., Enge P., "Weighted RAIM for Precision Approach, " ION GPS, Palm Springs, CA, September 12-15, 1995.

[59] Wang J.J., Wang J., "Tropospheric Delay Estimation for Pseudolite Positioning, " Journal of Global Positioning Systems, Vol. 4, No. 1-2, pp. 106-112, 2005.

[60] Wolf R., "Onboard Autonomous Integrity Monitoring Using Intersatellite Links, " ION GPS, Salt Lake City, UT, September 19-22, 2000.

[61] Xie G., Jambulingam S., "Method and Apparatus for Improving Fault Detection and Exclusion Systems, " US Patent 0139263, June 21, 2007.

[62] Zhang V., Parker T., Weiss M., Vannicola F., "Multi-Channel GPS/GLONASS Common-View between NIST and USNO, " Proceedings of the International IEEE Frequency Control Symposium, 2000.

第 6 章　卡尔曼滤波及其应用

第 5 章介绍了 GPS 定位原理和最小二乘法定位算法。尽管最小二乘法能在含有误差与噪声的各个测量值之间寻求一个最优点，使所有测量值的残余平方和最小，但由于不同时刻的不同测量误差与噪声在最小二乘法计算后转换为相应时刻的不同定位误差与噪声，因此最小二乘法的定位结果通常显得既粗糙又杂乱。滤波是一种降低、分离信号中所含噪声量的技术，本章详细讲解卡尔曼滤波技术及其作为另一种 GPS 定位算法的应用。

我们首先在 6.1 节中回答定位导航系统可以通过滤波提高性能的原因。6.2 节简单介绍α-β滤波算法，它能简便而又比较有效地平滑最小二乘法的定位结果，同时与卡尔曼滤波之间存在一定的内在联系。6.3 节详细介绍卡尔曼滤波技术，主要包括卡尔曼滤波模型与算法、滤波参数的作用、滤波数值计算方面的考虑及非线性卡尔曼滤波等多个方面。6.4 节介绍从连续或离散时间系统的系统函数出发建立卡尔曼滤波模型的一种通用方法。6.5 节介绍 GPS 定位的几种卡尔曼滤波模型。6.6 节介绍几种与卡尔曼滤波有很大渊源的其他滤波技术。

本章介绍的内容理论性很强，但涉及的知识有很强的应用性。另外，本书后面的多个章节也要用到本章的卡尔曼滤波知识。

6.1　滤波的意义

在第 5 章中，我们用最小二乘法（或加权最小二乘法）实现了 GPS 定位，接着分析了定位精度，并且从中认识到由含有随机误差的测量值引起的定位误差也是一个随机变量。由于最小二乘法未将不同时刻的定位值联系起来以相互制约，因此最小二乘法的定位结果通常显得相当粗糙、杂乱。例如，当用户在一个水平面上做匀速直线运动时，最小二乘法的定位解可能显示出用户的位置在空间中左右、上下晃动，甚至可能前后摆动；然而，对于接收机连续多个的定位结果，从整体上看，用户的运动轨迹可能基本上还是匀速直线运动。可以想象，如果这些最小二乘法的解经过一定的滤波处理，那么接收机完全有机会输出更加平滑、准确的定位结果。事实上，除了在定位域内应用滤波技术，GPS 接收机通常还同时对距离测量值进行一定程度的滤波，比如早在 4.5.1 节中介绍的载波相位平滑伪距算法和将在第 11 章中介绍的信号跟踪环路滤波器等。

定位导航系统之所以可以采用滤波技术，其中的一个根本原因是物体的惯性。牛顿第一运动定律描述了物体的惯性，指出任何物体都将保持静止或沿一条直线做匀速运动，直至作用到它上面的力迫使其改变这种状态为止。即使物体受到外力的作用，其运动状态的变化也是逐步的，是需要时间的。飞机启动后不可能一下子达到飞快的速度，汽车不可能一下子刹车而停住，轮船也不可能一下子完成掉头转向这一过程。即便是行人，其运动通常也有一定的方向性，就算行人故意不停地、随机地改变运动方向，其行踪也有一定的连续性，一般不可能一下子从一楼跳到五楼，或者原先出现在北京天安门广场，瞬间又出现在王府井。定位导航系统必须面对所有物体的运动都遵循牛顿定律的这一事实，而定位导航滤波技术则利用了这个事实。

与此同时，交通运输工具在有些机械设计上通常也会限制其运动的随机性和异常性。比如汽车，它的最大可能的加速度受到其能产生的最大马力的制约，汽车轮胎的存在基本上不允许汽车出现横向滑动，且汽车在转向设计上对汽车能转的最大方向角也做了一定程度的限制。

正是由于物体运动的连续性和运动变化的缓慢性，各种定位导航系统才非常适合应用滤波技术。所谓滤波，是指将一个信号中的某些成分过滤掉，而保留需要的信号成分。滤波器的设计需要对物体的运动做一些理性的、常规的假设。对某些做非理性、非常规运动的物体来说，如果滤波器不能对物体的运动建立一个恰当、确切的模型，那么滤波器的效果可能不理想，或者说该滤波器这时是不适用的。

不同的领域、不同的定位导航系统应当选用适当种类的滤波器。在 GPS 领域中，本章将要介绍的 α-β 滤波和卡尔曼（Kalman）滤波技术一直受到人们的高度关注，在实际中也有着广泛的应用。它们的一个共同特点是，将用户在相邻时刻的位置状态联系起来，克服最小二乘法在不同时刻的定位值之间不相互关联的缺点，使滤波后的定位结果显得更平滑、准确。

6.2　α-β 滤波

尽管 α-β 位置滤波器是一种相当古老的滤波器，但是因为它既简单又有效，所以在实际中仍然有着广泛的应用，这正是我们要介绍 α-β 位置滤波器的原因之一。α-β 滤波实质上是卡尔曼滤波的一种稳态形式，掌握 α-β 滤波有助于我们在 6.3 节中更好地理解卡尔曼滤波及其优越性，这是我们介绍 α-β 位置滤波器的原因之二。

假设一列标量 $\tilde{x}_1, \tilde{x}_2, \tilde{x}_3, \cdots$ 是测量到的随时间变化的用户位置在某坐标系中的一个坐标分量值，譬如 WGS-84 地心地固直角坐标系中的 X 分量或大地坐标系中的纬度值等，在第 5 章中计算得到的 GPS 接收机最小二乘法（或加权最小二乘法）定位解也可视为一种位置测量值。因为这一列测量值或者由最小二乘法得到的定位解一般很粗糙，所以我们希望它们经过滤波后看起来变得平滑一些，且滤波结果通常也更加接近物体的真实位置坐标值。

假设 $\hat{x}_{k-1}$ 和 $\hat{\dot{x}}_{k-1}$ 是 α-β 位置滤波器得到第 $k-1$ 个位置测量值 $\tilde{x}_{k-1}$ 后的滤波结果，其中 $\hat{x}_{k-1}$ 是滤波器对用户真实位置 x_{k-1} 的估计值，$\hat{\dot{x}}_{k-1}$ 是滤波器对用户真实速度 $\dot{x}_{k-1}$ 的估计值，那么 α-β 位置滤波器先用速度值 $\hat{\dot{x}}_{k-1}$ 来预测用户在第 k 个测量时刻的位置，即[18, 35]

$$\hat{x}_k^- = \hat{x}_{k-1} + \hat{\dot{x}}_{k-1} T_s \tag{6.1}$$

式中，T_s 是相邻两个测量时刻之间的时间间隔。我们用上标“∧”代表估计值，以区别于上标“~”代表的实际测量值，$\hat{x}_k^-$ 中的右上标“−”代表滤波器得到并利用测量值 $\tilde{x}_k$ 之前的先验估计值。式（6.1）表明，α-β 位置滤波器假定用户在每个测量间隔时段内的运动速度保持不变，即速度先验估计值 $\hat{\dot{x}}_k^-$ 为

$$\hat{\dot{x}}_k^- = \hat{\dot{x}}_{k-1} \tag{6.2}$$

得到第 k 个历元的位置测量值 $\tilde{x}_k$ 后，α-β 位置滤波器使用下面两个公式更新当前时刻用户位置和速度的估计值：

$$\hat{x}_k = \hat{x}_k^- + \alpha\left(\tilde{x}_k - \hat{x}_k^-\right) \tag{6.3}$$

$$\hat{\dot{x}}_k = \hat{\dot{x}}_k^- + \frac{\beta}{T_s}\left(\tilde{x}_k - \hat{x}_k^-\right) \tag{6.4}$$

式中，α 和 β 是两个值固定的滤波系数。由式（6.3）可见，α-β 位置滤波器试图在位置先验估计值 $\hat{x}_k^-$ 与最新得到的测量值 $\tilde{x}_k$ 之间进行平衡，而式（6.4）对速度做类似的考虑。系数 α 与 β 的

值越大，滤波器对当前测量值的权重就越高。α-β 位置滤波器稳定的充要条件如下[7]：

$$0<\alpha\,,\quad 0<\beta<4-2\alpha \tag{6.5}$$

通常，滤波系数 α 和 β 均取值为小于 1 的正数。在适当的前提假设下，α 与 β 的最优化值之间存在一定的关系[16, 39]。

式（6.1）～式（6.4）可用矩阵形式简洁地表达为[38]

$$\hat{\boldsymbol{x}}_k^- = \begin{bmatrix} 1 & T_s \\ 0 & 1 \end{bmatrix} \hat{\boldsymbol{x}}_{k-1} \tag{6.6}$$

$$\hat{\boldsymbol{x}}_k = \hat{\boldsymbol{x}}_k^- + \begin{bmatrix} \alpha \\ \beta/T_s \end{bmatrix} \left(\tilde{x}_k - [1 \quad 0]\hat{\boldsymbol{x}}_k^- \right) \tag{6.7}$$

式中，向量 $\hat{\boldsymbol{x}}_k^- = [\hat{x}_k^- \quad \hat{\dot{x}}_k^-]^{\mathrm{T}}$，而 $\hat{\boldsymbol{x}}_k = [\hat{x}_k \quad \hat{\dot{x}}_k]^{\mathrm{T}}$。我们将在 6.3.3 节中对比以上的 α-β 滤波计算公式与卡尔曼滤波的稳态计算公式。

上述 α-β 位置滤波器根据用户在每小段时间内匀速运动的假设来平滑位置测量值，α-β 滤波器同样也可用来平滑用户的运动速度。如果速度测量值的一个坐标分量作为 α-β 滤波器的输入，那么 α-β 速度滤波器实际上是用一个恒加速度的运动模型来对此速度分量测量值进行滤波的。

与 α-β 滤波器属于同一类型的还有 α 位置滤波器和 α-β-γ 位置滤波器。α-β-γ 位置滤波器假定用户运动的加速度在一小段时间内不变[29]，而 α 位置滤波器不再估算物体的运行速度或加速度。我们在 5.6 节中介绍 GPS 定速算法时曾指出，接收机给出的用户速度值通常要比位置值精确。因此，为了利用接收机速度测量值的这种优越性，我们可将前面 α-β 位置滤波器中的速度估计值 $\hat{\dot{x}}_{k-1}$ 直接用相应时刻的接收机速度测量值替代，此时的 α-β 位置滤波器实际上变成了 α 位置滤波器。因为 α 位置滤波器简单地借用了速度测量值来平滑位置测量值，所以常被称为平滑器。事实上，第 4 章中以式（4.84）代表的载波相位平滑伪距的方法正是应用了这种平滑器。α 滤波的另一种形式是速度值理论上等于零时的情况，此时式（6.3）变为

$$\hat{x}_k = \hat{x}_{k-1} + \alpha\left(\tilde{x}_k - \hat{x}_{k-1}\right) = (1-\alpha)\hat{x}_{k-1} + \alpha\tilde{x}_k \tag{6.8}$$

即滤波值 $\hat{x}_k$ 是平滑一系列静态测量值 $\tilde{x}_k$ 的结果。

α-β 滤波技术的缺点之一是，它是一维滤波。由于一个 α-β 滤波器只对用户位置（或速度）的一个坐标分量单独进行滤波，因此一个三维运动的滤波问题就需要三个相互独立运行的 α-β 滤波器，这会使得用户位置（或速度）的三个分量之间失去应有的相互联系。无论是 α 滤波器、α-β 滤波器还是 α-β-γ 滤波器，它们均用一个恒定的滤波系数对用户运动状态的先验估计值与实际测量值进行加权平均，而没有考虑不同时刻的测量值可能有着不同大小的测量误差，这是 α-β 滤波器的缺点之二。对于这两个问题，卡尔曼滤波技术均有效地给予了解决。

6.3 卡尔曼滤波

1960 年，匈牙利数学家卡尔曼（1930—）发表了一篇关于离散数据线性滤波递推算法的论文，这意味着卡尔曼滤波技术的诞生[25]。随着数字计算技术的迅速发展和对卡尔曼滤波器的深入研究，卡尔曼滤波技术已广泛地应用于各个领域的信号与数据处理。例如，GPS 地面监控部分的主控站正是利用卡尔曼滤波器来估算各颗卫星的星历参数和时钟校正模型参数的[42]。

有关卡尔曼滤波的文献相当丰富，其中文献[4, 20, 21, 31, 46]可作为本章的参考资料。需要提醒的是，本节的内容时常用到附录 C 中关于随机变量、随机过程方面的知识。

6.3.1 滤波模型

卡尔曼滤波所要解决的问题是如何对一个离散时间线性系统的状态进行最优估算，本节先从这类线性系统的卡尔曼滤波模型谈起。

考虑一个具有多个输入量（又称控制量）和多个输出量（又称观测量）的离散时间线性动态系统，其控制过程一般可用以下的线性差分方程式表示：

$$\boldsymbol{x}(t_k)=\boldsymbol{A}(t_k,t_{k-1})\boldsymbol{x}(t_{k-1})+\boldsymbol{B}(t_{k-1})\boldsymbol{u}(t_{k-1})+\boldsymbol{w}(t_{k-1}) \tag{6.9}$$

式中，t_k 代表第 k 个测量时刻或第 k 个测量历元对应的时间，$\boldsymbol{u}$ 代表系统的输入向量，$\boldsymbol{x}$ 代表系统的状态向量，$\boldsymbol{w}$ 代表过程噪声向量，$\boldsymbol{A}(t_k,t_{k-1})$ 代表从 t_{k-1} 到 t_k 时刻的状态转移矩阵，$\boldsymbol{B}(t_{k-1})$ 代表 t_{k-1} 时刻系统输入量与系统状态之间的关系矩阵。系统的输入量 $\boldsymbol{u}$ 是一个可选项，即有些系统可以没有输入量，比如用户 GPS 接收机这个定位系统通常可视为没有任何输入。

状态转移矩阵 $\boldsymbol{A}(t_k,t_{k-1})$ 与输入关系矩阵 $\boldsymbol{B}(t_{k-1})$ 在不同的时刻可以不同，但是为了简化公式表达，以后我们认为它们的值是固定不变的。这样，式（6.9）就可简写成

$$\boldsymbol{x}_k=\boldsymbol{A}\boldsymbol{x}_{k-1}+\boldsymbol{B}\boldsymbol{u}_{k-1}+\boldsymbol{w}_{k-1} \tag{6.10}$$

式中，$\boldsymbol{x}_k$ 代表 $\boldsymbol{x}(t_k)$，而其余各个参量的含义与此相类似。式（6.10）被称为卡尔曼滤波的状态方程，它描述了系统状态如何随时间变化，是系统的动态模型，图 6.1 的左半部分等价地描述了这一系统的控制过程。

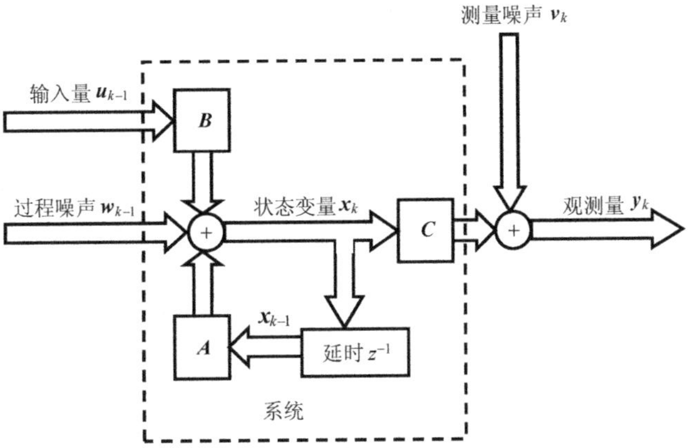

图 6.1 卡尔曼滤波的系统模型

由多个状态变量组成的状态向量 $\boldsymbol{x}_k$ 全面描述了系统在当前时刻的运行状况，它们的值通常是未知的，但一般是我们想要了解、掌握的。各个状态变量必须具有可观性，即它们的值能够直接或间接地反映在对系统的观测量中，而我们应用卡尔曼滤波器的目的正是实现从系统观测量 $\boldsymbol{y}_k$ 来估算系统状态 $\boldsymbol{x}_k$。卡尔曼滤波假定系统的状态向量 $\boldsymbol{x}_k$ 与观测向量 $\boldsymbol{y}_k$ 之间在以下线性关系：

$$\boldsymbol{y}_k=\boldsymbol{C}\boldsymbol{x}_k+\boldsymbol{v}_k \tag{6.11}$$

式中，$\boldsymbol{C}$ 代表观测量与系统状态之间的关系矩阵，$\boldsymbol{v}_k$ 代表测量噪声向量。式（6.11）被称为卡尔曼滤波的测量方程，它描述了当前的系统测量值与系统状态之间的关系，图 6.1 的右半部分也等价地描述了这一系统的测量过程。尽管卡尔曼滤波允许测量关系矩阵的值随时间变化，但是为简化起见，我们在上式中将它视为一个常系数阵 $\boldsymbol{C}$。

卡尔曼滤波使用上述的一个状态方程式（6.10）和一个测量方程式（6.11）来完整地描述一个线性动态系统，它们是该线性动态系统的数学模型。对一个有 L 个输入变量、M 个观测变量及

N个状态变量的系统来说，卡尔曼滤波器涉及以下一些系统参变量：

（1）$\boldsymbol{x}_k$：一个由N个状态变量$(x_{1,k}, x_{2,k}, \cdots, x_{N,k})$组成的$N\times1$的状态向量。

（2）$\boldsymbol{u}_k$：一个由L个输入变量$(u_{1,k}, u_{2,k}, \cdots, u_{L,k})$组成的$L\times1$的输入向量。

（3）$\boldsymbol{y}_k$：一个由M个观测变量$(y_{1,k}, y_{2,k}, \cdots, y_{M,k})$组成的$M\times1$的观测向量。

（4）$\boldsymbol{w}_k$：一个由N个过程噪声$(w_{1,k}, w_{2,k}, \cdots, w_{N,k})$组成的$N\times1$的过程噪声向量。

（5）$\boldsymbol{v}_k$：一个由M个测量噪声$(v_{1,k}, v_{2,k}, \cdots, v_{M,k})$组成的$M\times1$的测量噪声向量。

（6）$\boldsymbol{A}$：一个$N\times N$的状态转移矩阵。

（7）$\boldsymbol{B}$：一个$N\times L$的输入关系矩阵。

（8）$\boldsymbol{C}$：一个$M\times N$的测量关系矩阵。

向量$\boldsymbol{w}_k$中的各个过程噪声变量代表系统输入量$\boldsymbol{u}_k$包含的及由系统内部产生的随机噪声误差。卡尔曼滤波假定向量$\boldsymbol{w}_k$中的每个过程噪声变量是一个均值为零的正态白噪声，即

$$E(\boldsymbol{w}_k)=\boldsymbol{0} \tag{6.12}$$

$$\mathrm{Cov}(\boldsymbol{w}_k)=E(\boldsymbol{w}_k\boldsymbol{w}_k^{\mathrm{T}})=\boldsymbol{Q} \tag{6.13}$$

也就是说，$\boldsymbol{w}_k$的概率分布是$N(0,\boldsymbol{Q})$。过程噪声向量$\boldsymbol{w}_k$的协方差矩阵$\boldsymbol{Q}$是一个$N\times N$的对称矩阵，但它不一定是对角阵。

向量$\boldsymbol{v}_k$中的各个测量噪声变量代表系统观测量$\boldsymbol{y}_k$包含的随机测量误差与噪声。卡尔曼滤波假定每个测量噪声变量也是一个均值为零的正态白噪声，即

$$E(\boldsymbol{v}_k)=\boldsymbol{0} \tag{6.14}$$

$$\mathrm{Cov}(\boldsymbol{v}_k)=E(\boldsymbol{v}_k\boldsymbol{v}_k^{\mathrm{T}})=\boldsymbol{R} \tag{6.15}$$

也就是说，$\boldsymbol{v}_k \sim N(\boldsymbol{0},\boldsymbol{R})$。同样，测量噪声向量$\boldsymbol{v}_k$的协方差矩阵$\boldsymbol{R}$是一个$M\times M$的对称矩阵，但它不一定是对角阵。

尽管噪声向量$\boldsymbol{w}_k$和$\boldsymbol{v}_k$的值是未知的，但是它们的协方差矩阵$\boldsymbol{Q}$和$\boldsymbol{R}$对卡尔曼滤波器来说是已知的。尽管协方差矩阵$\boldsymbol{Q}$和$\boldsymbol{R}$的值一般会随时间变化，但是为简化公式表达，我们这里认为它们都是一个常系数矩阵。此外，卡尔曼滤波假定过程噪声向量$\boldsymbol{w}_k$中的各个分量与测量噪声向量$\boldsymbol{v}_k$中的各个分量互不相关，即

$$E(\boldsymbol{w}_i\boldsymbol{v}_j^{\mathrm{T}})=\boldsymbol{0} \tag{6.16}$$

式中，整数i和j均为任一有效历元。

6.3.2 滤波算法

卡尔曼滤波用一套数学递推公式对系统状态进行最优估计，使系统状态的估计值有最小均方误差（MMSE）。假设$\hat{\boldsymbol{x}}_{k-1}$代表第$k-1$个历元时卡尔曼滤波器对系统状态$\boldsymbol{x}_{k-1}$的最优估计值，那么在同时给出输入量$\boldsymbol{u}_{k-1}$和观测量$\boldsymbol{y}_k$的条件下，我们在本节中推导第$k$个历元时卡尔曼滤波器对系统状态$\boldsymbol{x}_k$的最优估计值$\hat{\boldsymbol{x}}_k$。与 6.2 节中的表达方式相同，上标“∧”依然代表估计值。

从$\hat{\boldsymbol{x}}_{k-1}$和$\boldsymbol{u}_{k-1}$出发，卡尔曼滤波利用状态方程式（6.10）来预测第k个历元时的状态$\boldsymbol{x}_k$，即

$$\hat{\boldsymbol{x}}_k^- = \boldsymbol{A}\hat{\boldsymbol{x}}_{k-1}+\boldsymbol{B}\boldsymbol{u}_{k-1} \tag{6.17}$$

因为估计值$\hat{\boldsymbol{x}}_k^-$还未得到测量值$\boldsymbol{y}_k$的验证，所以$\hat{\boldsymbol{x}}_k^-$通常被称为先验估计值，并用右上标“−”代表先验。先验估计误差$\boldsymbol{e}_k^-$定义为系统状态的真实值$\boldsymbol{x}_k$与其先验估计值$\hat{\boldsymbol{x}}_k^-$的差，即

$$\boldsymbol{e}_k^- = \boldsymbol{x}_k - \hat{\boldsymbol{x}}_k^- \tag{6.18}$$

先验估计误差 $\boldsymbol{e}_k^-$ 的协方差阵 $\boldsymbol{P}_k^-$ 被称为状态均方误差阵（或误差协方差阵），它可直接根据协方差的定义而表达成

$$\boldsymbol{P}_k^- = E(\boldsymbol{e}_k^- \boldsymbol{e}_k^{-\mathrm{T}}) \tag{6.19}$$

有了对当前状态 $\boldsymbol{x}_k$ 的先验估计值 $\hat{\boldsymbol{x}}_k^-$，我们就可根据测量方程式（6.11）认为第 k 个历元的观测量值应等于 $\boldsymbol{C}\hat{\boldsymbol{x}}_k^-$ 加上未知的测量噪声 $\boldsymbol{v}_k$。观测量的实际值 $\boldsymbol{y}_k$ 与其预测值 $\boldsymbol{C}\hat{\boldsymbol{x}}_k^-$ 的差，即

$$\boldsymbol{r}_k = \boldsymbol{y}_k - \boldsymbol{C}\hat{\boldsymbol{x}}_k^- \tag{6.20}$$

被称为观测量的残余。接着，卡尔曼滤波将先验估计值 $\hat{\boldsymbol{x}}_k^-$ 与观测量残余 $\boldsymbol{r}_k$ 的线性组合作为对状态 $\boldsymbol{x}_k$ 的最优估计值 $\hat{\boldsymbol{x}}_k$，即

$$\hat{\boldsymbol{x}}_k = \hat{\boldsymbol{x}}_k^- + \boldsymbol{K}_k \boldsymbol{r}_k = \hat{\boldsymbol{x}}_k^- + \boldsymbol{K}_k(\boldsymbol{y}_k - \boldsymbol{C}\hat{\boldsymbol{x}}_k^-) \tag{6.21}$$

式中，系数矩阵 $\boldsymbol{K}_k$ 被称为卡尔曼滤波增益。因为实际观测量 $\boldsymbol{y}_k$ 已核对、校正了估计值 $\hat{\boldsymbol{x}}_k$，所以 $\hat{\boldsymbol{x}}_k$ 通常被称为后验估计值。

类似于式（6.18）和式（6.19），我们将后验估计值 $\hat{\boldsymbol{x}}_k$ 的误差 $\boldsymbol{e}_k$ 定义为

$$\boldsymbol{e}_k = \boldsymbol{x}_k - \hat{\boldsymbol{x}}_k \tag{6.22}$$

将后验估计误差 $\boldsymbol{e}_k$ 的均方误差阵 $\boldsymbol{P}_k$ 定义为

$$\boldsymbol{P}_k = E(\boldsymbol{e}_k \boldsymbol{e}_k^{\mathrm{T}}) \tag{6.23}$$

由附录 C 可知，上述后验估计均方误差阵 $\boldsymbol{P}_k$ 中的各个对角线元素分别对应于各个状态变量估计值的均方误差。我们下面要做的是推导出增益矩阵 $\boldsymbol{K}_k$ 的最优值，使得均方误差阵 $\boldsymbol{P}_k$ 的对角线元素之和最小，由此得到的卡尔曼滤波状态估计值 $\hat{\boldsymbol{x}}_k$ 有最小均方误差，相应地，卡尔曼滤波器在此意义上也就是一种最优的滤波器。

为了推导 $\boldsymbol{K}_k$，我们要先对 $\boldsymbol{e}_k$ 与 $\boldsymbol{P}_k$ 进行一些整理。将式（6.11）、式（6.18）和式（6.21）代入式（6.22），整理后得

$$\boldsymbol{e}_k = (\boldsymbol{I} - \boldsymbol{K}_k \boldsymbol{C})\boldsymbol{e}_k^- - \boldsymbol{K}_k \boldsymbol{v}_k \tag{6.24}$$

然后将式（6.15）、式（6.19）和式（6.24）代入式（6.23），整理后得

$$\boldsymbol{P}_k = \boldsymbol{P}_k^- - \boldsymbol{K}_k \boldsymbol{C} \boldsymbol{P}_k^- - (\boldsymbol{K}_k \boldsymbol{C} \boldsymbol{P}_k^-)^{\mathrm{T}} + \boldsymbol{K}_k(\boldsymbol{C}\boldsymbol{P}_k^- \boldsymbol{C}^{\mathrm{T}} + \boldsymbol{R})\boldsymbol{K}_k^{\mathrm{T}} \tag{6.25}$$

在对式（6.25）的推导过程中，我们需要利用先验估计误差 $\boldsymbol{e}_k^-$ 与当前历元的测量噪声 $\boldsymbol{v}_k$ 之间互不相关的假设。

为了对上式中 $\boldsymbol{P}_k$ 的对角线元素之和进行求导，我们要借助以下两个求导公式[31, 44]：

$$\frac{\mathrm{d}\big(\mathrm{tr}(\boldsymbol{F}\boldsymbol{G})\big)}{\mathrm{d}\boldsymbol{F}} = \boldsymbol{G}^{\mathrm{T}} \tag{6.26}$$

$$\frac{\mathrm{d}\big(\mathrm{tr}(\boldsymbol{F}\boldsymbol{H}\boldsymbol{F}^{\mathrm{T}})\big)}{\mathrm{d}\boldsymbol{F}} = 2\boldsymbol{F}\boldsymbol{H} \tag{6.27}$$

式中，$\boldsymbol{F}, \boldsymbol{G}$ 和 $\boldsymbol{H}$ 可为任意矩阵，但是式（6.26）中的乘积 $\boldsymbol{F}\boldsymbol{G}$ 必须为方阵，而式（6.27）中的 $\boldsymbol{H}$ 必须为对称阵。运算符“tr”是矩阵的求迹算子，即计算矩阵的对角线元素之和。

式（6.25）表明，$\boldsymbol{P}_k$ 或者说 $\mathrm{tr}(\boldsymbol{P}_k)$ 是一个关于 $\boldsymbol{K}_k$ 的二次型函数。因为 $(\boldsymbol{C}\boldsymbol{P}_k^- \boldsymbol{C}^{\mathrm{T}} + \boldsymbol{R})$ 正定，所以关于 $\boldsymbol{K}_k$ 的二次型函数 $\mathrm{tr}(\boldsymbol{P}_k)$ 存在最小值。将 $\mathrm{tr}(\boldsymbol{P}_k)$ 对 $\boldsymbol{K}_k$ 求导，并使其导数值等于零，我们

就可得到使 $\mathrm{tr}(\boldsymbol{P}_k)$ 值最小的 $\boldsymbol{K}_k$ 的解，即

$$\frac{\mathrm{d}\left(\mathrm{tr}(\boldsymbol{P}_k)\right)}{\mathrm{d}\boldsymbol{K}_k}=-2(\boldsymbol{C}\boldsymbol{P}_k^-)^{\mathrm{T}}+2\boldsymbol{K}_k(\boldsymbol{C}\boldsymbol{P}_k^-\boldsymbol{C}^{\mathrm{T}}+\boldsymbol{R})\equiv\boldsymbol{0} \tag{6.28}$$

得

$$\boldsymbol{K}_k=\boldsymbol{P}_k^-\boldsymbol{C}^{\mathrm{T}}(\boldsymbol{C}\boldsymbol{P}_k^-\boldsymbol{C}^{\mathrm{T}}+\boldsymbol{R})^{-1} \tag{6.29}$$

再将式（6.29）中的 $\boldsymbol{K}_k$ 代回式（6.25）中，得

$$\boldsymbol{P}_k=\left(\boldsymbol{I}-\boldsymbol{K}_k\boldsymbol{C}\right)\boldsymbol{P}_k^- \tag{6.30}$$

在此，我们将卡尔曼滤波的递推算法总结一下。如图 6.2 所示，卡尔曼滤波算法可分为预测和校正两个过程。

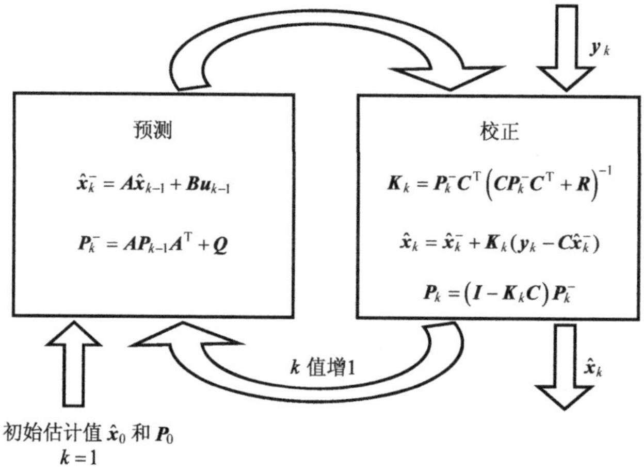

图 6.2　卡尔曼滤波的递推算法

（1）预测。预测过程又称时间更新过程，它在上（第 $k-1$）个历元状态估计值的基础上，利用系统的状态方程来预测当前这（第 k）个历元的状态值。这一过程涉及以下两个公式：

$$\hat{\boldsymbol{x}}_k^-=\boldsymbol{A}\hat{\boldsymbol{x}}_{k-1}+\boldsymbol{B}\boldsymbol{u}_{k-1} \tag{6.31}$$

$$\boldsymbol{P}_k^-=\boldsymbol{A}\boldsymbol{P}_{k-1}\boldsymbol{A}^{\mathrm{T}}+\boldsymbol{Q} \tag{6.32}$$

其中，式（6.31）只是重复了式（6.17），它利用状态方程来预测当前的系统状态。在卡尔曼滤波中，每个状态估计值必须跟随一个用来衡量该状态估计值可靠性的均方误差阵。在预测状态时，由于过程噪声 $\boldsymbol{w}_k$ 的值未知，因此状态先验估计值的均方误差阵计算公式（6.32）添加了过程噪声的协方差 $\boldsymbol{Q}$，以降低状态先验估计值的可靠性及保持均方误差阵的正确性。完成这一预测过程后，系统的状态估计均方误差通常会变大。

（2）校正。校正过程又称测量更新过程，它利用实际测量值来校正经上一步预测得到的状态先验估计值。这一过程涉及以下三个公式：

$$\boldsymbol{K}_k=\boldsymbol{P}_k^-\boldsymbol{C}^{\mathrm{T}}(\boldsymbol{C}\boldsymbol{P}_k^-\boldsymbol{C}^{\mathrm{T}}+\boldsymbol{R})^{-1} \tag{6.33}$$

$$\hat{\boldsymbol{x}}_k=\hat{\boldsymbol{x}}_k^-+\boldsymbol{K}_k(\boldsymbol{y}_k-\boldsymbol{C}\hat{\boldsymbol{x}}_k^-) \tag{6.34}$$

$$\boldsymbol{P}_k=(\boldsymbol{I}-\boldsymbol{K}_k\boldsymbol{C})\boldsymbol{P}_k^- \tag{6.35}$$

其中，式（6.33）就是我们前面推导出的卡尔曼增益计算公式（6.29），而式（6.34）和式（6.35）

对系统的状态估计值及其均方误差进行更新。在这一过程中，由于状态估计值得到了实际测量值的验证，因此它的均方误差值变小，即可靠性增加。卡尔曼滤波器综合、平衡了它的先验估计和实际测量两方面的信息，使测量更新后的状态估计值具有最小的均方误差。

如图 6.2 所示，卡尔曼滤波器需要外界提供系统状态及其均方误差的初始估计值，且要求状态初始估计值 $\hat{\boldsymbol{x}}_0$ 为当时状态真实值的均值，即

$$\hat{\boldsymbol{x}}_0 = E(\boldsymbol{x}_0) \tag{6.36}$$

而相应的状态均方误差的初始估计值 $\boldsymbol{P}_0$ 满足

$$\boldsymbol{P}_0 = E((\boldsymbol{x}_0 - \hat{\boldsymbol{x}}_0)(\boldsymbol{x}_0 - \hat{\boldsymbol{x}}_0)^{\mathrm{T}}) \tag{6.37}$$

卡尔曼滤波不但给出了系统状态的估计值 $\hat{\boldsymbol{x}}_k$，而且给出了这个估计值的均方误差 $\boldsymbol{P}_k$。可以证明，系统状态真实值 $\boldsymbol{x}_k$ 的均值与方差分别等于后验估计值 $\hat{\boldsymbol{x}}_k$ 与 $\boldsymbol{P}_k$，即

$$E(\boldsymbol{x}_k) = \hat{\boldsymbol{x}}_k \tag{6.38}$$

$$E(\boldsymbol{e}_k\boldsymbol{e}_k^{\mathrm{T}}) = \boldsymbol{P}_k \tag{6.39}$$

其中，式（6.38）表明卡尔曼滤波器可提供系统状态的无偏估计。代表状态估计值可靠性的均方误差 $\boldsymbol{P}_k$ 的重要性，并不亚于状态估计值 $\hat{\boldsymbol{x}}_k$。如果状态估计的均方误差 $\boldsymbol{P}_k$ 过大，比如超过了一个门限值，那么我们就应该对此时的滤波结果 $\hat{\boldsymbol{x}}_k$ 保持警惕，甚至放弃利用该滤波结果。卡尔曼滤波的这种同时提供 $\hat{\boldsymbol{x}}_k$ 和 $\boldsymbol{P}_k$ 的特点在各种实际应用中很受欢迎，而这一特点是 α-β 位置滤波器所没有的。

下面我们回过头来讨论卡尔曼增益的意义。在式（6.33）中，由于测量关系矩阵 $\boldsymbol{C}$ 和测量误差协方差矩阵 $\boldsymbol{R}$ 均假定为常系数阵，因此在第 k 个历元的增益值 $\boldsymbol{K}_k$ 只是一个关于状态估计均方误差阵 $\boldsymbol{P}_k^-$ 的函数。假设 $\boldsymbol{P}_k^-$ 值很大，大得使 $\boldsymbol{R}$ 值相对于 $\boldsymbol{C}\boldsymbol{P}_k^-\boldsymbol{C}^{\mathrm{T}}$ 而言趋于零，那么增益 $\boldsymbol{K}_k$ 值就趋于 $\boldsymbol{C}^{-1}$，相应地，式（6.34）中的状态估计值 $\hat{\boldsymbol{x}}_k$ 就基本上等于 $\boldsymbol{C}^{-1}\boldsymbol{y}_k$。也就是说，如果先验估计值 $\hat{\boldsymbol{x}}_k^-$ 相对不可靠或者测量值 $\boldsymbol{y}_k$ 相对很准确，那么由式（6.33）计算得到的增益值会使状态估计 $\hat{\boldsymbol{x}}_k$ 倾向于信任 $\boldsymbol{y}_k$ 而减少对 $\hat{\boldsymbol{x}}_k^-$ 的依赖，这自然相当合情合理。反过来，假如先验估计值 $\hat{\boldsymbol{x}}_k^-$ 相对很可靠或者测量值 $\boldsymbol{y}_k$ 相对很粗糙，也就是说，$\boldsymbol{C}\boldsymbol{P}_k^-\boldsymbol{C}^{\mathrm{T}}$ 值相对于 $\boldsymbol{R}$ 而言很小，那么增益 $\boldsymbol{K}_k$ 的值就趋于零，相应地，状态估计值 $\hat{\boldsymbol{x}}_k$ 就倾向于信任 $\hat{\boldsymbol{x}}_k^-$ 而减少对 $\boldsymbol{y}_k$ 的依赖，这同样十分合乎逻辑。与 α-β 位置滤波器采用恒定滤波系数不同，卡尔曼滤波器能够根据状态估计协方差与测量误差协方差的相对大小，自动、即时地调节增益值，进而实现对系统状态的最优估计。

卡尔曼滤波器的最优运行，要求外界为滤波器提供的过程噪声方差 $\boldsymbol{Q}$ 和测量噪声方差 $\boldsymbol{R}$ 是准确的，否则卡尔曼增益和状态估计等参量不会达到它们的最优值，甚至可能引起滤波器发散。例如，若输入滤波器的过程噪声方差值 $\boldsymbol{Q}$ 严重小于其真实值，则卡尔曼增益值也将严重偏小，致使测量值中所含的信息不能被及时、全部地反映到状态估计值上，最终导致滤波器发散。对各个时刻的过程噪声和测量噪声方差值进行准确估算，是卡尔曼滤波器设计、调试中重要而又困难的一步。

6.3.3　举例与讨论

自卡尔曼滤波算法被提出以来，人们对它的研究一直在不断地丰富与深入。本节通过几个简单的例子继续对卡尔曼滤波的多个方面进行探讨。

【例 6.1】 在 5.2 节的例 5.1 中，我们曾用最小二乘法算出了桌子长度的最优估计值。对例 5.1 中的同一组桌子长度测量值，试用卡尔曼滤波器估算桌子的长度。

解：这一问题的状态方程和测量方程可建立为

$$\begin{cases} x_k = x_{k-1} \\ y_k = x_k + v_k \end{cases} \tag{6.40A}$$

对照 6.3.1 节中的卡尔曼滤波模型，该问题中 $A=1, B=0, C=1$ 和 $Q=0$，而测量噪声 v_k 的方差 R 仍假定为恒定值 σ_y^2。在套用卡尔曼滤波计算公式（6.31）~（6.35）之前，我们将系统状态 x（桌子长度）及其均方误差的初始值分别设置为 $\hat{x}_0$ 和 P_0。这样，在 $k=1$ 时，就有

$$\hat{x}_1^- = 1\times\hat{x}_0 = \hat{x}_0 \tag{6.40B}$$

$$P_1^- = 1\times P_0\times 1 = P_0 \tag{6.40C}$$

$$K_1 = \frac{P_1^-}{P_1^- + \sigma_y^2} = \frac{P_0}{P_0 + \sigma_y^2} \tag{6.40D}$$

$$\hat{x}_1 = \hat{x}_0 + \frac{P_0}{P_0+\sigma_y^2}(y_1 - \hat{x}_0) = \frac{\sigma_y^2\hat{x}_0 + P_0 y_1}{P_0+\sigma_y^2} \tag{6.40E}$$

$$P_1 = \left(1 - \frac{P_0}{P_0+\sigma_y^2}\right)P_0 = \frac{P_0\sigma_y^2}{P_0+\sigma_y^2} \tag{6.40F}$$

接着，我们可以类似地算出 $\hat{x}_2$ 和 P_2、$\hat{x}_3$ 和 P_3 等。表 6.1 中列出了卡尔曼滤波在多个历元的计算结果，其中最后一行的 $\hat{x}_k$ 和 P_k 值是利用所有 N 个测量值后的桌子长度估计值及其误差均方差。

表 6.1 测量桌子长度的卡尔曼滤波计算表

k	K_k	$\hat{x}_k$	P_k
1	$\frac{P_0}{P_0+\sigma_y^2}$	$\frac{\sigma_y^2\hat{x}_0 + P_0 y_1}{P_0+\sigma_y^2}$	$\frac{P_0\sigma_y^2}{P_0+\sigma_y^2}$
2	$\frac{P_0}{2P_0+\sigma_y^2}$	$\frac{\sigma_y^2\hat{x}_0 + P_0(y_1+y_2)}{2P_0+\sigma_y^2}$	$\frac{P_0\sigma_y^2}{2P_0+\sigma_y^2}$
⋮	⋮	⋮	⋮
N	$\frac{P_0}{NP_0+\sigma_y^2}$	$\frac{\sigma_y^2\hat{x}_0 + P_0(y_1+y_2+\cdots+y_N)}{NP_0+\sigma_y^2}$	$\frac{P_0\sigma_y^2}{NP_0+\sigma_y^2}$

与最小二乘法相比，上述卡尔曼滤波的计算过程体现了递推算法的优越性：与最小二乘法需要等到收集完所有测量值后才能进行状态估算不同，卡尔曼滤波无须等到测量结束才能开始运行，而是每得到一个新的测量值，卡尔曼滤波就可对系统状态估计值更新一次，且前面所有测量值的信息都已包含在当前的状态及其均方误差估计值中。在测量桌子长度的例子中，我们或许没有什么时间紧迫感，等到测量全部结束后再来计算桌子长度一般来说没什么不妥，然而对于定位、导航等实时性、动态性强的应用来说，我们必须在测量的同时进行实时滤波估算，此时卡尔曼滤波的递推算法就显得尤为重要。为了改进最小二乘法需要等到收集完所有测量值才能开始计算的缺点，递归最小二乘法（RLS）应运而生，它在形式上非常接近卡尔曼滤波[16]。一般来说，递推算法所需的计算量相对较少。

由表 6.1 可见，随着卡尔曼滤波递推次数 k 的逐渐增大，初始的状态估计值 $\hat{x}_0$ 及其均方误差估计值 P_0 对滤波器的影响逐渐消失，$\hat{x}_k$ 与 P_k 的值均逐渐趋于例 5.1 中的最小二乘法解，然而这并不意味着值 $\hat{x}_0$ 与 P_0 的大小可以任意地给定。首先，它们的值应该满足关系式(6.36)与式(6.37)，

否则卡尔曼滤波估计值的精度会在很长一段时间内一直受到这些错误初始值的影响；其次，即使初始值 $\hat{x}_0$ 与 P_0 满足上述两式，$\hat{x}_0$ 一般也不可以是精度任意低的估计值。由于实际中的系统大多是非线性的，因此若将非线性系统在远离其状态真实值的一点处线性化，则这一线性化过程会引入很大的误差，使卡尔曼滤波算法收敛速度过慢甚至引起发散。非线性系统的卡尔曼滤波问题将在 6.3.5 节中讨论。

表 6.1 还表明，随着测量次数 k 的增加，卡尔曼滤波增益 K_k 与状态均方误差 P_k 均单调地变小并趋于零。由于该例中的系统过程噪声严格等于零，因此状态估计均方误差值在卡尔曼滤波的时间更新前后保持不变，于是状态均方误差值随着测量更新的进行而逐步减小。有关状态均方误差值在过程噪声不等于零时的变化情况，我们将在下一个例子中探讨。

顺便提一下，卡尔曼滤波与维纳（Wiener）滤波相比也具有优越性[36, 47]。维纳滤波器只限于处理平稳（见附录 C）的标量信号，并且要等到收集完所有测量值后才能开始进行滤波计算，而卡尔曼滤波器能处理非平稳的向量信号。

【例 6.2】 考虑以下的一个系统模型：

$$\begin{cases} x_k = x_{k-1} + w_{k-1} \\ y_k = x_k + v_k \end{cases} \tag{6.41}$$

对照卡尔曼滤波模型，这里 $A=1, B=0$ 和 $C=1$。假定系统状态初始估计值 $\hat{x}_0$ 的均方误差 P_0 等于 4，过程噪声 w_k 与测量噪声 v_k 的方差分别为常数 Q 与 R。当 $Q=0.5$ 和 $R=1$ 时，求状态均方误差值 P_k 在各个时刻的卡尔曼滤波递推计算中的变化情况，然后重复计算 $Q=0.1$ 和 $R=1$ 时的 P_k 值变化情况。

解： 本题给出了套用公式（6.31）～（6.35）所需的各个参数值，然而，由于只要求计算状态均方误差值，所以在每个历元（如第 k 个）的卡尔曼滤波递推过程中只涉及以下三个计算公式：

$$P_k^- = P_{k-1} + Q \tag{6.42A}$$

$$K_k = \frac{P_k^-}{P_k^- + R} \tag{6.42B}$$

$$P_k = (1 - K_k)P_k^- \tag{6.42C}$$

将 P_0, Q 和 R 的值一起代入以上各式，就可得到各个历元的先验均方误差 P_k^- 与后验均方误差 P_k，图 6.3 中的虚线与实线分别描述了均方误差在上述两组 Q, R 值下的变化情况。

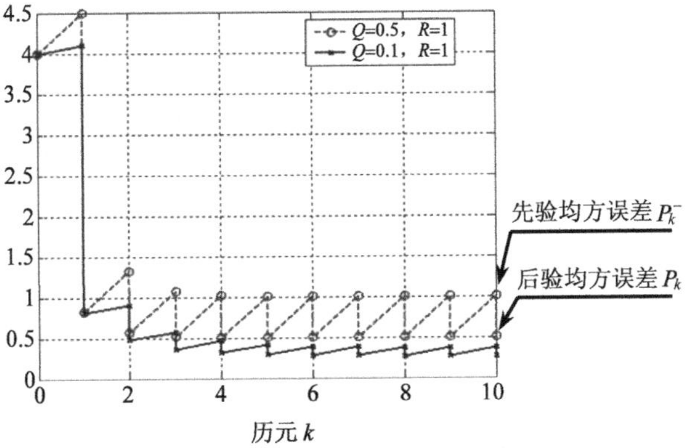

图 6.3　例 6.2 中的系统状态估计的均方误差值

由图 6.3 可见，在每个历元递推计算的预测过程之后，均方误差由 P_{k-1} 增加到 P_k^-，而在得到系统测量值的验证后，均方误差又由 P_k^- 减小到 P_k。先验、后验均方误差值在各个历元递推计算中上下起伏地变动，这是卡尔曼滤波器运行时的正常现象。

因为这个例子中的过程噪声和测量噪声的方差均是常数，所以系统的均方误差最后收敛于一个稳态值。下面求解后验均方误差 P_k 的稳态值。从 P_{k-1} 出发，根据式（6.42）得

$$\begin{aligned} P_k &= (1-K_k)P_k^- \\ &= \left[1-\frac{(P_{k-1}+Q)}{(P_{k-1}+Q)+R}\right](P_{k-1}+Q) \\ &= \frac{R(P_{k-1}+Q)}{P_{k-1}+Q+R} \end{aligned} \tag{6.43}$$

在稳定状态，P_{k-1} 的值应等于 P_k，于是上式可改写成

$$P = \frac{R(P_k+Q)}{P_k+Q+R} \tag{6.44}$$

上式经整理后得

$$P_k^2 + QP_k - RQ = 0 \tag{6.45}$$

当 $Q=0.5, R=1$ 时，我们可由式（6.45）解得 P_k 的稳态值等于 0.5；当 $Q=0.1, R=1$ 时，可类似地解得 P_k 的稳态值等于 0.27。可见，这些理论稳态值均与图 6.3 中的递推计算结果相一致。

【例 6.3】 试用卡尔曼滤波处理 6.2 节中讨论的一维位置滤波问题，要求继续将由位置 x_k 与速度 $\dot{x}_k$ 组成的向量 $[x_k \quad \dot{x}_k]^{\mathrm{T}}$ 作为滤波器的系统状态向量 $\boldsymbol{x}_k$，将位置测量值 $\tilde{x}_k$ 作为系统观测量，并比较该问题的 α-β 滤波计算公式与卡尔曼滤波的稳态状态估算公式。

解： 若我们仍假定用户在两个相邻测量时刻之间恒速运行，则卡尔曼滤波模型可建立为

$$\boldsymbol{x}_k = \begin{bmatrix} 1 & T_s \\ 0 & 1 \end{bmatrix} \boldsymbol{x}_{k-1} + \boldsymbol{w}_{k-1} \tag{6.46A}$$

$$y_k = \tilde{x}_k = [1 \quad 0]\boldsymbol{x}_k + v_k \tag{6.46B}$$

上述模型的基本思想与 6.2 节中的几乎完全一致，不同的只是在卡尔曼滤波器中我们还考虑了随时间变化的过程噪声和测量噪声。确定滤波模型后，我们就可根据相应的卡尔曼滤波递推计算公式进行滤波计算。假如过程噪声协方差阵和测量噪声方差均不随时间而发生变化，那么上述卡尔曼滤波模型存在稳态解。例 6.2 给出了一种求解系统状态估计均方误差稳态值的方法，类似地，我们可以求解出这一例子的卡尔曼滤波稳态形式。如果 $\boldsymbol{K}$ 代表卡尔曼增益稳态值，那么由式（6.46A）和式（6.46B）可得以下稳态卡尔曼滤波对系统状态的估算公式：

$$\hat{\boldsymbol{x}}_k^- = \begin{bmatrix} 1 & T_s \\ 0 & 1 \end{bmatrix} \hat{\boldsymbol{x}}_{k-1} \tag{6.46C}$$

$$\hat{\boldsymbol{x}}_k = \hat{\boldsymbol{x}}_k^- + \boldsymbol{K}\left(\tilde{x}_k - [1 \quad 0]\hat{\boldsymbol{x}}_k^-\right) \tag{6.46D}$$

比较以上稳态卡尔曼滤波状态估算公式（6.46C）和（6.46D）与 α-β 滤波公式（6.6）和（6.7），发现两者相当接近。如 6.2 节一开始指出的那样，α-β 滤波实际上是卡尔曼滤波的一种稳态形式。若 α-β 滤波器中的滤波系数取值为[24, 28, 39]

$$\begin{bmatrix} \alpha \\ \beta / T_s \end{bmatrix} = \boldsymbol{K} \tag{6.46E}$$

则 α-β 滤波器就变成稳态形式的卡尔曼滤波器，从而使得 α-β 滤波器取得最佳滤波效果。

6.3.4　滤波数值计算

对当今发达的计算机技术来说，以式（6.31）～式（6.35）为代表的卡尔曼滤波递推算法相当简单，甚至相当优美。尽管如此，卡尔曼滤波算法的数值计算问题仍然值得我们关注。此外，我们在本节中仍然继续探讨卡尔曼滤波器其他诸多方面的问题。

计算机常用一个 16 位或 32 位的二进制数来表示一个数值，在数值计算中由有限位数据引起的这种量化误差可视为一种噪声信号[5]。为了补偿量化误差对滤波计算的影响，我们在建立系统滤波模型时，通常会特意增大滤波器的过程噪声[31]。即使一个状态变量理论上是固定值，它在滤波模型中对应的过程噪声量也不应绝对等于零。

计算机的有限位精度还可能造成状态均方误差阵 $\boldsymbol{P}_k$ 在多次滤波更新后变得不再对称和正定。为了保证 $\boldsymbol{P}_k$ 是对称的和正定的，防止卡尔曼滤波器发散，平方根卡尔曼滤波算法应运而生[19, 32, 34]。顾名思义，平方根卡尔曼滤波算法的根本思想是将 $\boldsymbol{P}_k$ 分解成平方根形式，然后将对 $\boldsymbol{P}_k$ 的所有操作实际上变成对 $\boldsymbol{P}_k$ 平方根阵的操作。例如，一种相当流行的平方根卡尔曼滤波算法形式是将 $\boldsymbol{P}_k$ 矩阵进行 UD 分解，即[3]

$$\boldsymbol{P}_k = \boldsymbol{U}_k \boldsymbol{D}_k \boldsymbol{U}_k^{\mathrm{T}} \tag{6.47}$$

式中，$\boldsymbol{U}_k$ 是一个对角线元素全为 1 的上三角阵，$\boldsymbol{D}_k$ 是对角阵。这样，在卡尔曼滤波计算中，所有对 $\boldsymbol{P}_k$ 的操作实际上就成为对 $\boldsymbol{U}_k$ 和 $\boldsymbol{D}_k$ 的操作，并用 $\boldsymbol{U}_k$ 和 $\boldsymbol{D}_k$ 来计算卡尔曼增益 $\boldsymbol{K}_k$ [10]。这种 UD 分解算法能够自动保证 $\boldsymbol{P}_k$ 的对称与正定，卡尔曼滤波算法也变得较为稳定，但是这一分解也使得卡尔曼滤波计算看上去复杂许多，计算量增大。在许多实际应用中，如果系统的各个状态变量具有一定的可观性，并且过程噪声又被建模得比较充分，那么我们其实不必过分担心卡尔曼滤波算法的不稳定性[16]。

卡尔曼滤波器选取的系统状态向量一般有两种形式，即完整型状态向量 $\boldsymbol{x}$ 和状态校正向量 $\Delta\boldsymbol{x}$ [26]。完整型状态向量包括位置、速度、钟差等参量，相应的状态校正向量包括位移、速度变化、钟差校正等参量，也就是说，状态校正向量一般是完整型状态向量在两个测量时刻之间的变化量。通常，完整型状态变量的绝对值较大，而状态校正变量的绝对值较小。选用状态校正向量 $\Delta\boldsymbol{x}$ 作为卡尔曼滤波器系统状态向量的处理方法与第 5 章线性化后的最小二乘法相似，即 $\Delta\boldsymbol{x}$ 的估计值在每个历元的递推计算开始前设置为零，而在计算结束时将 $\Delta\boldsymbol{x}$ 的值加到相应的完整型状态向量 $\boldsymbol{x}$ 上。因此，若选用状态校正向量 $\Delta\boldsymbol{x}$，则滤波计算会处理一些值较小且包含更多零的数据，这有利于减少运算量和计算误差。

在卡尔曼滤波的校正过程中，式（6.33）包含矩阵求逆运算，所需的计算量较大，而标量测量依次处理法是一种相当流行的、能够避免矩阵求逆运算的解决方案。标量测量依次处理法将 k 时刻观测向量 $\boldsymbol{y}_k$ 中的各个分量 $y_{1,k}, y_{2,k}, \cdots, y_{M,k}$ 视为测量时间间隔为零的一系列标量测量值，然后对各个标量测量值依次进行处理[16, 31]。具体地讲，在开始根据式（6.33）进行测量更新之前，先将 $\hat{\boldsymbol{x}}_k^-$ 与 $\boldsymbol{P}_k^-$ 分别记为 $\hat{\boldsymbol{x}}_{0,k}$ 与 $\boldsymbol{P}_{0,k}$，即

$$\hat{\boldsymbol{x}}_{0,k} = \hat{\boldsymbol{x}}_k^- \tag{6.48}$$

$$\boldsymbol{P}_{0,k} = \boldsymbol{P}_k^- \tag{6.49}$$

同时将测量关系矩阵 $\boldsymbol{C}$ 的 M 个 $1\times N$ 的行向量分别记为 $\boldsymbol{c}_1, \boldsymbol{c}_2, \cdots, \boldsymbol{c}_M$，即

$$\boldsymbol{C}=\begin{bmatrix}\boldsymbol{c}_1\\ \boldsymbol{c}_2\\ \vdots\\ \boldsymbol{c}_M\end{bmatrix} \tag{6.50}$$

我们假定标量测量值 $y_{m,k}$（$m=1, 2, \cdots, M$）的噪声方差为 r_m，且不同标量测量值之间的噪声互不相关，那么测量噪声的协方差阵 $\boldsymbol{R}$ 是一个对角阵，即

$$\boldsymbol{R}=\begin{bmatrix}r_1 & & & \\ & r_2 & & \\ & & \ddots & \\ & & & r_M\end{bmatrix} \tag{6.51}$$

接着，标量测量依次处理法对 k 时刻的 M 个标量测量值 $y_{m,k}$ 依次用以下的一套公式逐个地进行状态与均方误差阵校正：

$$\boldsymbol{k}_{m,k}=\frac{\boldsymbol{P}_{m-1,k}\boldsymbol{c}_m^{\mathrm{T}}}{\boldsymbol{c}_m\boldsymbol{P}_{m-1,k}\boldsymbol{c}_m^{\mathrm{T}}+r_m} \tag{6.52}$$

$$\hat{\boldsymbol{x}}_{m,k}=\hat{\boldsymbol{x}}_{m-1,k}+\boldsymbol{k}_{m,k}(y_{m,k}-\boldsymbol{c}_m\hat{\boldsymbol{x}}_{m-1,k}) \tag{6.53}$$

$$\boldsymbol{P}_{m,k}=(\boldsymbol{I}-\boldsymbol{k}_{m,k}\boldsymbol{c}_m)\boldsymbol{P}_{m-1,k} \tag{6.54}$$

其中，式（6.52）等号右边的分母是一个标量，因此它不需要像式（6.33）那样进行矩阵求逆运算。用式（6.52）～式（6.54）处理完 $y_{1,k}$ 后，再处理 $y_{2,k}, y_{3,k}, \cdots$，直至处理完 $y_{M,k}$，最后将得到的 $\hat{\boldsymbol{x}}_{M,k}$ 与 $\boldsymbol{P}_{M,k}$ 分别赋给 k 时刻校正后的状态及其均方误差阵，即

$$\hat{\boldsymbol{x}}_k=\hat{\boldsymbol{x}}_{M,k} \tag{6.55}$$

$$\boldsymbol{P}_k=\boldsymbol{P}_{M,k} \tag{6.56}$$

无论是采用标量测量依次处理法，还是采用原先的向量处理法，二者最后得到的结果 $\hat{\boldsymbol{x}}_k$ 和 $\boldsymbol{P}_k$ 应该是一致的，但是由标量测量依次处理法产生的各个卡尔曼增益向量 $\boldsymbol{k}_{m,k}$ 一般不与由式（6.33）得到的增益矩阵 $\boldsymbol{K}_k$ 中的列向量相对应。在标量测量依次处理算法中，只要各个 $\boldsymbol{c}_m$, r_m 与标量测量值 $y_{m,k}$ 之间正确地一一相应，最后的测量校正结果就与各个标量测量值的先后排列顺序无关。

标量测量依次处理法的另一个优点是，它给接收机执行 RAIM 算法（见 5.5 节）提供了一个良好的机会[16, 31]。我们将式（6.52）中等号右边的分母记为 $\sigma_{m,k}^2$，即

$$\sigma_{m,k}^2=\boldsymbol{c}_m\boldsymbol{P}_{m-1,k}\boldsymbol{c}_m^{\mathrm{T}}+r_m \tag{6.57}$$

并将式（6.53）中等号右边的($y_{m,k}-\boldsymbol{c}_m\hat{\boldsymbol{x}}_{m-1,k}$)记为 $b_{m,k}$，即

$$b_{m,k}=y_{m,k}-\boldsymbol{c}_m\hat{\boldsymbol{x}}_{m-1,k} \tag{6.58}$$

可见，$b_{m,k}$ 其实是实际测量值与预测值的差，即测量残余。若卡尔曼滤波器运行一切正常，则残余 $b_{m,k}$ 应当呈均值为 0、方差为 $\sigma_{m,k}^2$ 的正态分布。在这种概率分布的假设下，若 $|b_{m,k}|/\sigma_{m,k}$ 小于一个门限值，则可认为测量值 $y_{m,k}$ 是正常的；否则，我们认为 $y_{m,k}$ 是一个错误测量值，必须将其去除，包括免去该错误测量值对系统状态及其均方误差阵的校正，接着处理下一个标量测量值

$y_{m+1,k}$，而不需要从第一个标量测量值重新开始。当然，向量处理法也可进行类似的残余检测，但是如果完成式（6.33）～式（6.35）的所有测量更新计算后，检测出其中的某个测量值是错误的，那么首先需要删除 $\boldsymbol{C}$ 和 $\boldsymbol{R}$ 中对应于该错误测量值的相关行列，然后重复测量更新的所有运算。因此，与向量处理法相比，同样的残余检测 RAIM 算法在标量测量依次处理法中显得较为方便和高效。如果有多个测量值连续多个时刻被检测为错误值，那么卡尔曼滤波器对当前系统状态的估算就可能出了问题，此时我们或许需要重置滤波器。需要指出的是，卡尔曼滤波器也可采用类似于 5.5.3 节中介绍的 χ^2 测试法进行正直性监测[14, 15]。

标量测量依次处理法假定测量噪声协方差阵 $\boldsymbol{R}$ 是如式（6.51）所示的一个对角阵，但是，如果各个测量噪声之间相关，那么 $\boldsymbol{R}$ 就不再是对角阵。在这种情况下，为了使卡尔曼滤波的校正过程仍然能够进行标量测量依次处理，对 $\boldsymbol{R}$ 进行正交分解是一个可行的解决方案。如果对称阵 $\boldsymbol{R}$ 可以正交分解成[3]

$$\boldsymbol{R} = \boldsymbol{U}\boldsymbol{D}\boldsymbol{U}^{\mathrm{T}} \tag{6.59}$$

式中，$\boldsymbol{U}$ 为正交矩阵，即 $\boldsymbol{U}^{\mathrm{T}}\boldsymbol{U} = \boldsymbol{I}$，$\boldsymbol{D}$ 为对角阵，那么将测量方程式（6.11）等号左右两边同时乘以 $\boldsymbol{U}^{\mathrm{T}}$，得

$$\boldsymbol{U}^{\mathrm{T}}\boldsymbol{y}_k = \boldsymbol{U}^{\mathrm{T}}\boldsymbol{C}\boldsymbol{x}_k + \boldsymbol{U}^{\mathrm{T}}\boldsymbol{v}_k \tag{6.60}$$

若我们分别定义新的观测向量 $\boldsymbol{y}'_k$、测量矩阵 $\boldsymbol{C}'$ 和测量噪声向量 $\boldsymbol{v}'_k$ 为

$$\boldsymbol{y}'_k = \boldsymbol{U}^{\mathrm{T}}\boldsymbol{y}_k \tag{6.61A}$$

$$\boldsymbol{C}' = \boldsymbol{U}^{\mathrm{T}}\boldsymbol{C} \tag{6.61B}$$

$$\boldsymbol{v}'_k = \boldsymbol{U}^{\mathrm{T}}\boldsymbol{v}_k \tag{6.61C}$$

则式（6.60）可改写成

$$\boldsymbol{y}'_k = \boldsymbol{C}'\boldsymbol{x}_k + \boldsymbol{v}'_k \tag{6.62}$$

式中，新的测量噪声向量 $\boldsymbol{v}'_k$ 的协方差 $\boldsymbol{R}'$ 为

$$\boldsymbol{R}' = \mathrm{Cov}(\boldsymbol{v}'_k) = E(\boldsymbol{v}'_k\boldsymbol{v}'^{\mathrm{T}}_k) = E(\boldsymbol{U}^{\mathrm{T}}\boldsymbol{v}_k\boldsymbol{v}_k^{\mathrm{T}}\boldsymbol{U}) = \boldsymbol{U}^{\mathrm{T}}\boldsymbol{R}\boldsymbol{U} = \boldsymbol{D} \tag{6.63}$$

这样，变换后的测量方程式（6.62）不但仍然符合卡尔曼滤波模型中的测量方程式（6.11）的形式，而且其测量噪声 $\boldsymbol{v}'_k$ 的协方差阵 $\boldsymbol{R}'$ 又是一个对角阵 $\boldsymbol{D}$，于是卡尔曼滤波的测量校正过程就可根据变换后的 $\boldsymbol{y}'_k, \boldsymbol{C}'$ 与 $\boldsymbol{D}$ 值进行标量测量依次处理。

卡尔曼滤波假定不同时刻的测量噪声之间互不相关，但是卫星星历误差、大气延时和多路径等可能时常在一段时间内的测量值中引入一个共同的偏差。为了应对这种有色测量噪声，我们可在系统状态向量中添加用来估算测量偏差的状态变量。因为估计测量偏差值的大小不但不是我们的最终目标，而且它们的可观性一般也很差，所以我们又希望尽可能地去掉这些状态变量。施密特-卡尔曼滤波就是一种不在状态向量中添加测量偏差变量但又考虑它们对系统状态估计影响的方法，它对卡尔曼滤波递推计算公式进行了修改，但修改后的计算公式变得较为复杂[12, 37, 43]。

关于测量值的另一个问题是，有时候系统没有任何有效测量值，比如 GPS 接收机会遇到所有卫星信号被建筑物挡住的情况。卡尔曼滤波器可以相当容易地处理这种没有测量值的情况，即照常进行状态及其均方误差的时间更新过程，并且省略测量更新过程。然而，若系统缺少测量值的持续时间过久，或者由此导致的状态估计均方误差过大，则我们应该否定滤波结果的有效性，甚至重置卡尔曼滤波器。若某一时刻的测量值个数 M 小于状态变量个数 N，则卡尔曼滤波的整个计算过程可以照常进行，而这一特点可用来实现 GPS 接收机的一星和二星定位，提高定位有

效率。类似于 5.3.3 节介绍的在最小二乘法中添加辅助方程式的做法，我们同样可在卡尔曼滤波中添加辅助方程式，每个辅助方程式相当于一个标量测量值。

6.3.5 非线性滤波

卡尔曼最初提出的滤波理论仅适用于具有线性测量方程的线性控制系统，但是我们在实际中遇到的问题经常是非线性的。一个离散时间非线性系统及其非线性测量可用以下两个方程式来描述：

$$\boldsymbol{x}_k = \boldsymbol{f}(\boldsymbol{x}_{k-1}, \boldsymbol{u}_{k-1}, \boldsymbol{w}_{k-1}) \tag{6.64}$$

$$\boldsymbol{y}_k = \boldsymbol{h}(\boldsymbol{x}_k, \boldsymbol{v}_k) \tag{6.65}$$

式中，$\boldsymbol{f} = [f_1 \quad f_2 \quad \cdots \quad f_N]^{\mathrm{T}}$ 与 $\boldsymbol{h} = [h_1 \quad h_2 \quad \cdots \quad h_M]^{\mathrm{T}}$ 均是一列非线性函数向量。非线性卡尔曼滤波算法通常有扩展卡尔曼滤波（EKF）和线性卡尔曼滤波两种形式，这两种形式的算法，特别是扩展卡尔曼滤波，极大地拓宽了卡尔曼滤波的适用范围。本节首先重点介绍扩展卡尔曼滤波，然后简单阐述线性卡尔曼滤波的思路。

扩展卡尔曼滤波的基本思路是，假定卡尔曼滤波对当前系统状态的估计值非常接近其真实值，在当前状态估计值处对非线性函数 $\boldsymbol{f}$ 与 $\boldsymbol{h}$ 进行泰勒展开并且实现线性化[46]。关于泰勒展开及其线性化方法，请读者回顾 5.1 节。

具体地讲，假如 $\hat{\boldsymbol{x}}_{k-1}$ 是扩展卡尔曼滤波在第 $k-1$ 个历元的系统状态估计值，相应的均方误差阵为 $\boldsymbol{P}_{k-1}$，那么在历元 k 的状态预测过程中，状态先验估计值 $\hat{\boldsymbol{x}}_k^-$ 仍可直接由非线性方程式（6.64）得到，即

$$\hat{\boldsymbol{x}}_k^- = \boldsymbol{f}(\hat{\boldsymbol{x}}_{k-1}, \boldsymbol{u}_{k-1}, \boldsymbol{0}) \tag{6.66}$$

与式（6.17）将式（6.10）中的未知过程噪声 $\boldsymbol{w}_{k-1}$ 当成零一样，上式对式（6.64）做了相同的处理。

从非线性方程式（6.64）出发，通常很难直接推导出 $\hat{\boldsymbol{x}}_k^-$ 的均方误差阵 $\boldsymbol{P}_k^-$ 的估计值。在此，我们将式（6.64）在$(\hat{\boldsymbol{x}}_{k-1}, \boldsymbol{u}_{k-1}, \boldsymbol{0})$处线性化，得到

$$\begin{aligned} \boldsymbol{x}_k &\approx \boldsymbol{f}(\hat{\boldsymbol{x}}_{k-1}, \boldsymbol{u}_{k-1}, \boldsymbol{0}) + \boldsymbol{A}_{k-1}(\boldsymbol{x}_{k-1} - \hat{\boldsymbol{x}}_{k-1}) + \boldsymbol{W}_{k-1}\boldsymbol{w}_{k-1} \\ &= \hat{\boldsymbol{x}}_k^- + \boldsymbol{A}_{k-1}\boldsymbol{e}_{k-1} + \boldsymbol{W}_{k-1}\boldsymbol{w}_{k-1} \end{aligned} \tag{6.67}$$

式中，雅可比矩阵 $\boldsymbol{A}_{k-1}$ 是函数 $\boldsymbol{f}(\boldsymbol{x}, \boldsymbol{u}, \boldsymbol{w})$ 对 $\boldsymbol{x}$ 的偏导在$(\hat{\boldsymbol{x}}_{k-1}, \boldsymbol{u}_{k-1}, \boldsymbol{0})$处的值，即

$$\boldsymbol{A}_{k-1} = \frac{\partial \boldsymbol{f}(\boldsymbol{x}, \boldsymbol{u}, \boldsymbol{w})}{\partial \boldsymbol{x}}\bigg|_{\boldsymbol{x}=\hat{\boldsymbol{x}}_{k-1}, \boldsymbol{u}=\boldsymbol{u}_{k-1}, \boldsymbol{w}=\boldsymbol{0}} \tag{6.68}$$

具体地讲，矩阵 $\boldsymbol{A}_{k-1}$ 在第 i 行、第 j 列的值 $A_{k-1,i,j}$ 为

$$A_{k-1,i,j} = \frac{\partial f_i([x_1 \quad x_2 \quad \cdots \quad x_N]^{\mathrm{T}}, \boldsymbol{u}, \boldsymbol{w})}{\partial x_j}\Bigg|_{\substack{x_1=\hat{x}_{1,k-1}, x_2=\hat{x}_{2,k-1}, \cdots, x_N=\hat{x}_{N,k-1} \\ u_1=u_{1,k-1}, u_2=u_{2,k-1}, \cdots, u_L=u_{L,k-1} \\ w_1=w_2=\cdots=w_N=0}} \tag{6.69}$$

类似地，雅可比矩阵 $\boldsymbol{W}_{k-1}$ 是函数 $\boldsymbol{f}(\boldsymbol{x}, \boldsymbol{u}, \boldsymbol{w})$ 对 $\boldsymbol{w}$ 的偏导在$(\hat{\boldsymbol{x}}_{k-1}, \boldsymbol{u}_{k-1}, \boldsymbol{0})$处的值，即

$$\boldsymbol{W}_{k-1} = \frac{\partial \boldsymbol{f}(\boldsymbol{x}, \boldsymbol{u}, \boldsymbol{w})}{\partial \boldsymbol{w}}\bigg|_{\boldsymbol{x}=\hat{\boldsymbol{x}}_{k-1}, \boldsymbol{u}=\boldsymbol{u}_{k-1}, \boldsymbol{w}=\boldsymbol{0}} \tag{6.70}$$

后验估计误差 $\boldsymbol{e}_{k-1}$ 的定义见式（6.22），而根据先验估计误差的定义式（6.18），式（6.67）可改写成

$$\boldsymbol{e}_k^- = \boldsymbol{A}_{k-1}\boldsymbol{e}_{k-1} + \boldsymbol{W}_{k-1}\boldsymbol{w}_{k-1} \tag{6.71}$$

这样，$\boldsymbol{e}_k^-$ 与 $\boldsymbol{e}_{k-1}$ 和 $\boldsymbol{w}_{k-1}$ 就呈线性，由此可得以下先验估计均方误差阵 $\boldsymbol{P}_k^-$ 的计算公式：

$$\boldsymbol{P}_k^- = \boldsymbol{A}_{k-1}\boldsymbol{P}_{k-1}\boldsymbol{A}_{k-1}^{\mathrm{T}} + \boldsymbol{W}_{k-1}\boldsymbol{Q}_{k-1}\boldsymbol{W}_{k-1}^{\mathrm{T}} \tag{6.72}$$

在以上推导中，我们不再认为矩阵 $\boldsymbol{A}_{k-1}, \boldsymbol{W}_{k-1}$ 和过程噪声 $\boldsymbol{w}_{k-1}$ 的协方差矩阵 $\boldsymbol{Q}_{k-1}$ 是常系数阵。

接着在扩展卡尔曼滤波第 k 个历元的测量更新阶段，首先将非线性测量方程式（6.65）在点 $(\hat{\boldsymbol{x}}_k^-, \boldsymbol{0})$ 处线性化，即

$$\begin{aligned}\boldsymbol{y}_k &\approx \boldsymbol{h}(\hat{\boldsymbol{x}}_k^-, \boldsymbol{0}) + \boldsymbol{C}_k(\boldsymbol{x}_k - \hat{\boldsymbol{x}}_k^-) + \boldsymbol{V}_k\boldsymbol{v}_k \\ &= \boldsymbol{h}(\hat{\boldsymbol{x}}_k^-, \boldsymbol{0}) + \boldsymbol{C}_k\boldsymbol{e}_k^- + \boldsymbol{V}_k\boldsymbol{v}_k\end{aligned} \tag{6.73}$$

式中，

$$\boldsymbol{C}_k = \frac{\partial \boldsymbol{h}(\boldsymbol{x}, \boldsymbol{v})}{\partial \boldsymbol{x}}\bigg|_{\boldsymbol{x}=\hat{\boldsymbol{x}}_k^-, \boldsymbol{v}=\boldsymbol{0}} \tag{6.74}$$

$$\boldsymbol{V}_k = \frac{\partial \boldsymbol{h}(\boldsymbol{x}, \boldsymbol{v})}{\partial \boldsymbol{v}}\bigg|_{\boldsymbol{x}=\hat{\boldsymbol{x}}_k^-, \boldsymbol{v}=\boldsymbol{0}} \tag{6.75}$$

而 $\boldsymbol{h}(\hat{\boldsymbol{x}}_k^-, \boldsymbol{0})$ 可以理解成测量向量 $\boldsymbol{y}_k$ 的预测值，相应的测量残余向量 $\boldsymbol{b}_k$ 为

$$\boldsymbol{b}_k = \boldsymbol{y}_k - \boldsymbol{h}(\hat{\boldsymbol{x}}_k^-, \boldsymbol{0}) \tag{6.76}$$

这样，式（6.73）就可改写成

$$\boldsymbol{b}_k = \boldsymbol{C}_k\boldsymbol{e}_k^- + \boldsymbol{V}_k\boldsymbol{v}_k \tag{6.77}$$

上述线性化后的测量方程式（6.77）形式上已与式（6.11）相一致。假想一个由式（6.77）表示的线性测量系统，其状态向量为 $\boldsymbol{e}_k^-$，状态均方误差阵为 $\boldsymbol{P}_k^-$，测量向量为 $\boldsymbol{b}_k$，那么我们可以直接利用线性卡尔曼滤波测量更新式（6.33）～（6.35）来对这个假想系统的状态进行校正。具体地讲，由卡尔曼增益公式（6.33）得

$$\boldsymbol{K}_k = \boldsymbol{P}_k^-\boldsymbol{C}_k^{\mathrm{T}}(\boldsymbol{C}_k\boldsymbol{P}_k^-\boldsymbol{C}_k^{\mathrm{T}} + \boldsymbol{V}_k\boldsymbol{R}_k\boldsymbol{V}_k^{\mathrm{T}})^{-1} \tag{6.78}$$

再由式（6.34）得到状态 $\boldsymbol{e}_k^-$ 的校正量为

$$\boldsymbol{K}_k(\boldsymbol{b}_k - 0) = \boldsymbol{K}_k(\boldsymbol{y}_k - \boldsymbol{h}(\hat{\boldsymbol{x}}_k^-, \boldsymbol{0})) \tag{6.79}$$

式中，测量向量 $\boldsymbol{b}_k$ 的预测值等于我们希望的 $\boldsymbol{0}$，而由式（6.79）得到的状态 $\boldsymbol{e}_k^-$ 的校正量恰好等于原非线性系统状态先验估计值 $\hat{\boldsymbol{x}}_k^-$ 的校正量，即

$$\hat{\boldsymbol{x}}_k = \hat{\boldsymbol{x}}_k^- + \boldsymbol{K}_k(\boldsymbol{y}_k - \boldsymbol{h}(\hat{\boldsymbol{x}}_k^-, \boldsymbol{0})) \tag{6.80}$$

最后，由式（6.35）得

$$\boldsymbol{P}_k = (\boldsymbol{I} - \boldsymbol{K}_k\boldsymbol{C}_k)\boldsymbol{P}_k^- \tag{6.81}$$

图 6.4 对以上扩展卡尔曼滤波的算法流程进行了总结[46]。

下面简单介绍另一种形式的非线性卡尔曼滤波，即线性卡尔曼滤波。扩展卡尔曼滤波与线性卡尔曼滤波的主要区别是：前者将非线性函数 $\boldsymbol{f}$ 与 $\boldsymbol{h}$ 在滤波器对当前系统状态 $\boldsymbol{x}_k$ 的最优估计值处线性化，后者因为预先知道非线性系统的实际运行状态 $\boldsymbol{x}_k$ 大致按照要求、希望的轨迹 $\bar{\boldsymbol{x}}_k$ 变化，所以这些非线性函数在 $\boldsymbol{x}_k$ 点的值可以表达为 $\bar{\boldsymbol{x}}_k$ 处的泰勒展开式，从而完成线性化[16]。

线性卡尔曼滤波需要预先知道系统状态的运行轨迹，而这一条件在一定程度上限制了它的应用范围。例如，对定位导航系统来说，因为用户的运动情况通常是不可预测的，所以 GPS 接收机能够采用的是扩展卡尔曼滤波算法，而不是线性卡尔曼滤波。然而，与扩展卡尔曼滤波相比，

线性卡尔曼滤波有一个突出的优点，即它的非线性函数 $\boldsymbol{f}$ 与 $\boldsymbol{h}$ 在各个泰勒展开点 $\bar{\boldsymbol{x}}_k$ 处的偏导值可以是预先算好的，这可以减少系统实时运行时的计算量。此外，如果扩展卡尔曼滤波对系统状态的估计发生严重偏差，那么非线性函数在该错误的状态估计值处线性化会导致扩展卡尔曼滤波性能降低，甚至导致滤波器发散，因此从这方面讲，线性卡尔曼滤波显得相对保守与稳定。考虑到扩展卡尔曼滤波通常可得到相当准确的状态估计值，它的滤波性能事实上要好于线性卡尔曼滤波。在解决一些实际滤波问题的各种滤波技术中，扩展卡尔曼滤波已成为应用最广泛的一种。

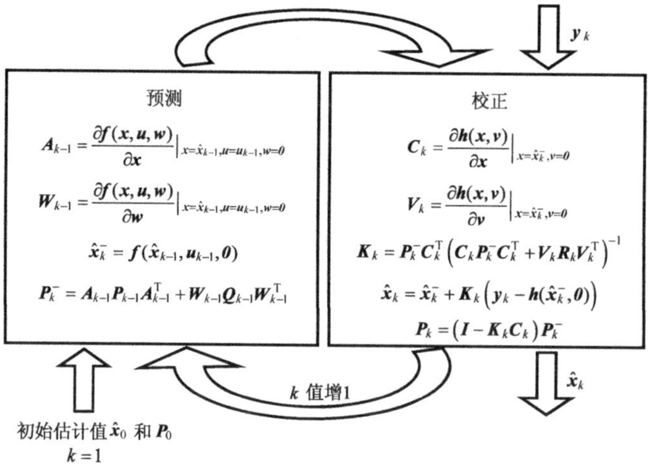

图 6.4　扩展卡尔曼滤波的递推算法

卡尔曼滤波需要假定系统的过程噪声与测量噪声均为正态白噪声，但是一个正态白噪声经非线性变换后通常不再是正态白噪声，这就破坏了扩展卡尔曼滤波与线性卡尔曼滤波的前提假设[46]。因此，尽管卡尔曼滤波器在所有线性滤波器中是最优的一个，但是在处理非线性系统或非正态白噪声问题时，卡尔曼滤波器不再是一个最优滤波器，一个非线性滤波器的滤波性能可能会更好[31]。

6.4　系统模型的建立

上节的讨论是从离散时间型线性差分方程式（6.10）和式（6.11）分别表示的系统控制过程和系统测量过程出发的，然而，现实中的系统控制过程很多表现为连续时间型。例如，GPS 接收机的用户是在连续时间系统中运动的，而接收机上的时钟也可以说是连续运行的。本节首先介绍一种如何将线性时不变(LTI)连续时间系统的系统函数 $H(s)$ 转换为卡尔曼滤波模型方程式(6.10)和式（6.11）的方法，接着介绍一种将离散时间系统的系统函数 $H(z)$ 转换为卡尔曼滤波模型方程式的方法。本节要用到拉普拉斯（简称拉氏）变换和 Z 变换方面的知识，读者可以分别参考附录 D 和附录 E。

6.4.1　连续时间系统的建模

考虑以下的一个单输入、单输出线性时不变连续时间系统：

$$H(s)=\frac{Y(s)}{U(s)}=\frac{a_1 s^{N-1}+a_2 s^{N-2}+\cdots+a_N}{s^N+b_1 s^{N-1}+\cdots+b_N} \tag{6.82}$$

式中，$U(s)$ 与 $Y(s)$ 分别是系统输入信号 $u(t)$ 与输出信号 $y(t)$ 的拉普拉斯变换函数，$H(s)$ 被称为该系统的系统函数。为了通过系统的状态变量将系统的输入量与输出量联系起来，我们将式（6.82）拆写成

$$J(s)=\frac{1}{s^N+b_1s^{N-1}+\cdots+b_N}U(s) \tag{6.83}$$

$$Y(s)=(a_1s^{N-1}+a_2s^{N-2}+\cdots+a_N)J(s) \tag{6.84}$$

式中，$J(s)$ 是一个临时的中间信号。

若将式（6.83）改写成

$$U(s)=(s^N+b_1s^{N-1}+\cdots+b_N)J(s) \tag{6.85}$$

并且假定系统的初始状态全部为零，则对上式进行拉氏反变换可得

$$u(t)=j^{(N)}(t)+b_1j^{(N-1)}(t)+\cdots+b_Nj(t)=j^{(N)}(t)+\sum_{i=1}^{N}b_ij^{(N-i)}(t) \tag{6.86}$$

式中，$j(t)$ 是中间信号 $J(s)$ 的拉氏反变换，$j^{(i)}(t)$ 是 $j(t)$ 对 t 的 i 阶导数。假如我们定义系统的状态向量 $\boldsymbol{x}(t)$ 为

$$\boldsymbol{x}(t)=\begin{bmatrix}x_1(t)\\x_2(t)\\\vdots\\x_N(t)\end{bmatrix}\equiv\begin{bmatrix}j(t)\\j^{(1)}(t)\\\vdots\\j^{(N-1)}(t)\end{bmatrix} \tag{6.87}$$

那么该状态向量 $\boldsymbol{x}(t)$ 对时间 t 的一阶导数为

$$\dot{\boldsymbol{x}}(t)=\begin{bmatrix}j^{(1)}(t)\\j^{(2)}(t)\\\vdots\\j^{(N)}(t)\end{bmatrix}=\begin{bmatrix}j^{(1)}(t)\\j^{(2)}(t)\\\vdots\\u(t)-\sum_{i=1}^{N}b_ij^{(N-i)}(t)\end{bmatrix}=\begin{bmatrix}x_2(t)\\x_3(t)\\\vdots\\u(t)-\sum_{i=1}^{N}b_ix_{N-i+1}(t)\end{bmatrix} \tag{6.88}$$

而上式可用矩阵形式表达成

$$\dot{\boldsymbol{x}}(t)=\begin{bmatrix}0&1&0&\cdots&0\\0&0&1&\cdots&0\\\vdots&\vdots&\vdots&\ddots&\vdots\\0&0&0&\cdots&1\\-b_N&-b_{N-1}&-b_{N-2}&\cdots&-b_1\end{bmatrix}\boldsymbol{x}(t)+\begin{bmatrix}0\\0\\0\\\vdots\\1\end{bmatrix}u(t) \tag{6.89}$$

同时，我们也对式（6.84）进行拉氏反变换，得

$$\begin{aligned}y(t)&=a_1j^{(N-1)}(t)+a_2j^{(N-2)}(t)+\cdots+a_Nj(t)\\&=a_1x_N(t)+a_2x_{N-1}(t)+\cdots+a_Nx_1(t)\end{aligned} \tag{6.90}$$

上式也可用矩阵形式表达成

$$y(t)=\begin{bmatrix}a_N&\cdots&a_2&a_1\end{bmatrix}\boldsymbol{x}(t) \tag{6.91}$$

再将式（6.91）离散化后得

$$y_k = \begin{bmatrix} a_N & \cdots & a_2 & a_1 \end{bmatrix} \boldsymbol{x}_k \tag{6.92}$$

式中，连续时间信号的离散过程可由式（E.1）代表的采样方法实现，并且假定信号采样周期等于 T_s。

这样，由系统函数 $H(s)$ 表示的一个 N 阶微分方程式（6.82），就等价地变成了由 N 个一阶微分方程式组成的矩阵方程式（6.89）和一个离散时间型测量方程式（6.92）。这种变换有利于我们进行系统分析与实现，变换后得到的式（6.89）和式（6.92）一起常被称为系统的状态空间模型。至此，我们给出如下一个用于描述连续时间系统的通用型状态空间模型：

$$\dot{\boldsymbol{x}}(t) = \boldsymbol{F}\boldsymbol{x}(t) + \boldsymbol{G}\boldsymbol{e}(t) \tag{6.93}$$

$$\boldsymbol{y}_k = \boldsymbol{C}_k \boldsymbol{x}_k + \boldsymbol{v}_k \tag{6.94}$$

与前面推导出的式（6.89）和式（6.92）相比，通用型状态空间模型方程式（6.93）和（6.94）本质上没有差别，不同的只是将输出量从一个标量 y_k 换成了一个多维向量 $\boldsymbol{y}_k$，同时通用型模型又考虑了噪声向量 $\boldsymbol{e}(t)$ 和测量噪声向量 $\boldsymbol{v}_k$ 的影响。为了简化接下来的公式表达，以上通用型模型省略了系统输入量。事实上，若在式（6.93）中保留系统输入量，则它在系统中的作用，特别是在公式的推导与表达方面，与噪声 $\boldsymbol{e}(t)$ 的作用十分相似。卡尔曼滤波认为噪声向量 $\boldsymbol{e}(t)$ 中的各个分量之间相互独立，且每个分量都是一个高斯白噪声，因此 $\boldsymbol{e}(t)$ 的自相关函数具有以下形式：

$$R_e(\tau) = E\left[\boldsymbol{e}(t+\tau)\boldsymbol{e}^{\mathrm{T}}(\tau)\right] = \boldsymbol{W}\delta(\tau) \tag{6.95}$$

式中，$\delta(t)$ 是冲激函数，$\boldsymbol{W}$ 是对角阵，且对角线上的各个元素值等于相应噪声分量的功率谱密度的幅值（见附录 C）。为了进一步简化公式推导，我们假定 $\boldsymbol{F}$ 与 $\boldsymbol{G}$ 均是常系数矩阵。通用型状态空间模型可非常贴切地用来描述 GPS 接收机的工作方式：用户接收机的运动状态（位置、速度等）随时间的变化可用一个微分方程式来表达，而接收机每隔一定时间获取与其当前运动状态有关的伪距、载波相位等离散型卫星信号测量值。

接下来的公式推导任务是将状态空间模型中的连续时间型微分方程式（6.93）转换成离散型卡尔曼滤波的状态方程式（6.10），这种转换并不是通过简单、直接的采样离散完成的。这里采用的方法是首先对微分方程式进行拉氏变换，以便在复频域中解出系统状态 $\boldsymbol{X}(s)$，然后将 $\boldsymbol{X}(s)$ 拉氏反变换为时域中的原函数 $\boldsymbol{x}(t)$，最后对连续时间型函数 $\boldsymbol{x}(t)$ 进行周期采样，达到离散的目的。同时，这一离散方法对过程噪声协方差 $\boldsymbol{Q}$ 值大小的选取也具有指导意义。

对连续时间型微分式（6.93）进行拉氏变换，得

$$s\boldsymbol{X}(s) - \boldsymbol{x}(0^-) = \boldsymbol{F}\boldsymbol{X}(s) + \boldsymbol{G}\boldsymbol{E}(s) \tag{6.96}$$

上式可整理成

$$(s\boldsymbol{I} - \boldsymbol{F})\boldsymbol{X}(s) = \boldsymbol{x}(0^-) + \boldsymbol{G}\boldsymbol{E}(s) \tag{6.97}$$

经矩阵求逆后得

$$\boldsymbol{X}(s) = (s\boldsymbol{I} - \boldsymbol{F})^{-1}\boldsymbol{x}(0^-) + (s\boldsymbol{I} - \boldsymbol{F})^{-1}\boldsymbol{G}\boldsymbol{E}(s) \tag{6.98}$$

对上式进行拉氏反变换，可得时域内的系统状态向量 $\boldsymbol{x}(t)$。若上式中的零时刻对应于时间 t_0，则 $(s\boldsymbol{I} - \boldsymbol{F})^{-1}$ 的拉氏反变换可以表达成

$$\boldsymbol{A}(t, t_0) \equiv \boldsymbol{A}(t - t_0) = \boldsymbol{A}(t)\big|_{t=t-t_0} \equiv L^{-1}\left\{(s\boldsymbol{I} - \boldsymbol{F})^{-1}\right\}\Big|_{t=t-t_0} \tag{6.99}$$

于是接着对式（6.98）等号右边第二项应用拉氏变换的卷积定理可得

$$L^{-1}\left\{(s\boldsymbol{I}-\boldsymbol{F})^{-1}\boldsymbol{G}\boldsymbol{E}(s)\right\}=\int_{t_0}^{t}\boldsymbol{A}(t-\tau)\boldsymbol{G}\boldsymbol{e}(\tau)\mathrm{d}\tau=\int_{t_0}^{t}\boldsymbol{A}(t,\tau)\boldsymbol{G}\boldsymbol{e}(\tau)\mathrm{d}\tau \tag{6.100}$$

这样，式（6.98）的拉氏反变换就为

$$\boldsymbol{x}(t)=\boldsymbol{A}(t,t_0)\boldsymbol{x}(t_0)+\int_{t_0}^{t}\boldsymbol{A}(t,\tau)\boldsymbol{G}\boldsymbol{e}(\tau)\mathrm{d}\tau \tag{6.101}$$

而我们可通过数值差分的方法将 $\boldsymbol{x}(t)$ 从式（6.101）中求解出来。若以测量过程的采样周期 T_s 作为差分步长，则上式可变成如下的差分方程式：

$$\boldsymbol{x}(t_k)=\boldsymbol{A}(t_k,t_{k-1})\boldsymbol{x}(t_{k-1})+\int_{t_{k-1}}^{t_k}\boldsymbol{A}(t_k,\tau)\boldsymbol{G}\boldsymbol{e}(\tau)\mathrm{d}\tau \tag{6.102}$$

或者写成

$$\boldsymbol{x}_k=\boldsymbol{A}_{k-1}\boldsymbol{x}_{k-1}+\boldsymbol{w}_{k-1} \tag{6.103}$$

式中，$\boldsymbol{w}_{k-1}$ 代表式（6.102）等号右边第二项的噪声响应，其协方差 $\boldsymbol{Q}_{k-1}$ 为

$$\begin{aligned}\boldsymbol{Q}_{k-1}&=E(\boldsymbol{w}_{k-1}\boldsymbol{w}_{k-1}^{\mathrm{T}})\\&=E\left(\int_{t_{k-1}}^{t_k}\boldsymbol{A}(t_k,\tau)\boldsymbol{G}\boldsymbol{e}(\tau)\mathrm{d}\tau\cdot\int_{t_{k-1}}^{t_k}\boldsymbol{e}^{\mathrm{T}}(\eta)\boldsymbol{G}^{\mathrm{T}}\boldsymbol{A}^{\mathrm{T}}(t_k,\eta)\mathrm{d}\eta\right)\\&=\int_{t_{k-1}}^{t_k}\int_{t_{k-1}}^{t_k}\boldsymbol{A}(t_k,\tau)\boldsymbol{G}E\left[\boldsymbol{e}(\tau)\boldsymbol{e}^{\mathrm{T}}(\eta)\right]\boldsymbol{G}^{\mathrm{T}}\boldsymbol{A}^{\mathrm{T}}(t_k,\eta)\mathrm{d}\eta\mathrm{d}\tau\\&=\int_{t_{k-1}}^{t_k}\boldsymbol{A}(t_k,\tau)\boldsymbol{G}\boldsymbol{W}\boldsymbol{G}^{\mathrm{T}}\boldsymbol{A}^{\mathrm{T}}(t_k,\tau)\mathrm{d}\tau\end{aligned} \tag{6.104}$$

上式中的推导利用了噪声 $\boldsymbol{e}(t)$ 具有冲激形式的自相关函数式（6.95）。这样，连续时间系统的状态空间模型式（6.93）与式（6.94）就转换为如下离散形式的方程式：

$$\boldsymbol{x}_k=\boldsymbol{A}_{k-1}\boldsymbol{x}_{k-1}+\boldsymbol{w}_{k-1} \tag{6.105}$$

$$\boldsymbol{y}_k=\boldsymbol{C}_k\boldsymbol{x}_k+\boldsymbol{v}_k \tag{6.106}$$

这与如式（6.10）和式（6.11）描述的卡尔曼滤波模型相一致。需要指出的是，式（6.104）还给出了系统过程噪声 $\boldsymbol{w}_k$ 的协方差 $\boldsymbol{Q}_k$ 的取值。我们将在 6.5 节中举一个实际例子来进一步解释上述对连续时间系统建立离散卡尔曼滤波模型的方法。

6.4.2 离散时间系统的建模

考虑下面的一个单输入、单输出线性时不变离散时间系统：

$$H(z)=\frac{Y(z)}{U(z)}=\frac{a_1z^{N-1}+a_2z^{N-2}+\cdots+a_N}{z^N+b_1z^{N-1}+\cdots+b_N} \tag{6.107}$$

式中，$H(z)$ 是该系统的系统函数，$U(z)$ 与 $Y(z)$ 分别代表系统输入 $u(n)$ 信号与输出 $y(n)$ 信号的 Z 变换。为了通过系统的状态变量将系统的输入量与输出量联系起来，我们将式（6.107）拆写成如下两式：

$$J(z)=\frac{1}{z^N+b_1z^{N-1}+\cdots+b_N}U(z) \tag{6.108}$$

$$Y(z)=(a_1z^{N-1}+a_2z^{N-2}+\cdots+a_N)J(z) \tag{6.109}$$

式中，$J(z)$ 是一个临时的中间信号。

我们将式（6.108）改写成

$$U(z)=(z^N+b_1z^{N-1}+\cdots+b_N)J(z) \tag{6.110}$$

对上式进行 Z 反变换得

$$\begin{aligned} u(n) &= j(n+N) + b_1 j(n+N-1) + \cdots + b_N j(n) \\ &= j(n+N) + \sum_{i=1}^{N} b_i j(n+N-i) \end{aligned} \tag{6.111}$$

式中，$j(n)$ 是中间信号 $J(z)$ 的 Z 反变换。假如我们定义系统的状态向量 $\boldsymbol{x}(n)$ 为

$$\boldsymbol{x}(n) = \begin{bmatrix} x_1(n) \\ x_2(n) \\ \vdots \\ x_N(n) \end{bmatrix} = \begin{bmatrix} j(n) \\ j(n+1) \\ \vdots \\ j(n+N-1) \end{bmatrix} \tag{6.112}$$

那么该状态向量 $\boldsymbol{x}(n)$ 的左移序列 $\boldsymbol{x}(n+1)$ 为

$$\boldsymbol{x}(n+1) = \begin{bmatrix} j(n+1) \\ j(n+2) \\ \vdots \\ j(n+N) \end{bmatrix} = \begin{bmatrix} x_2(n) \\ x_3(n) \\ \vdots \\ u(n) - \sum_{i=1}^{N} b_i x_{N+1-i}(n) \end{bmatrix} \tag{6.113}$$

而上式可进一步表达成

$$\boldsymbol{x}(n+1) = \begin{bmatrix} 0 & 1 & 0 & \cdots & 0 \\ 0 & 0 & 1 & \cdots & 0 \\ \vdots & \vdots & \vdots & \ddots & \vdots \\ 0 & 0 & 0 & \cdots & 1 \\ -b_N & -b_{N-1} & -b_{N-2} & \cdots & -b_1 \end{bmatrix} \boldsymbol{x}(n) + \begin{bmatrix} 0 \\ 0 \\ 0 \\ \vdots \\ 1 \end{bmatrix} u(n) \tag{6.114}$$

另一方面，我们对式（6.109）进行 Z 反变换，得

$$\begin{aligned} y(n) &= a_1 j(n+N-1) + a_2 j(n+N-2) + \cdots + a_N j(n) \\ &= a_1 x_N(n) + a_2 x_{N-1}(n) + \cdots + a_N x_1(n) \end{aligned} \tag{6.115}$$

上式也可用矩阵形式表达成

$$y(n) = \begin{bmatrix} a_N & \cdots & a_2 & a_1 \end{bmatrix} \boldsymbol{x}(n) \tag{6.116}$$

如果再考虑系统的过程噪声和测量噪声，那么由式（6.114）和式（6.116）描述的离散时间系统模型就与式（6.10）和式（6.11）描述的卡尔曼滤波模型相一致。

6.5 GPS 定位的卡尔曼滤波算法

通过对本章前几节内容的学习，读者对卡尔曼滤波器应当有了相当程度的认识。本节运用卡尔曼滤波算法来求解 GPS 位置、速度和时间（PVT）。

我们知道，卡尔曼滤波与第 5 章中介绍的最小二乘法的主要区别是：前者利用状态方程将不同时刻的系统状态联系起来，而后者孤立地求解每个不同时刻的系统状态。此外，GPS 的卡尔曼滤波测量方程与最小二乘法中的定位、定速方程事实上没有差别，因此状态变量与状态方程的选取很大程度上决定了 GPS 卡尔曼滤波算法的特点和性能。因此，本节将注意力集中在 GPS 卡尔曼滤波状态方程的建立上。

6.5.1 接收机时钟模型

第5章告诉我们，接收机时钟偏差是用于GPS定位的各个卫星伪距测量值的公共误差部分，而接收机时钟频率漂移（简称频漂）是用于GPS定速的各个卫星多普勒频移测量值的公共误差部分。因为接收机的钟差与频漂之间是简单的积分关系，所以它们经常一起作为卡尔曼滤波的系统状态变量。

图6.5(a)所示为一种相当自然的接收机时钟模型，它的两个状态变量是接收机钟差δt_u和频漂δf_u，e_t与e_f分别代表钟差噪声与频漂噪声[40]。该模型可用如下状态空间微分方程式来描述：

$$\dot{\boldsymbol{x}}(t)=\begin{bmatrix}0 & 1\\ 0 & 0\end{bmatrix}\boldsymbol{x}(t)+\begin{bmatrix}1 & 0\\ 0 & 1\end{bmatrix}\boldsymbol{e}(t) \tag{6.117}$$

式中，状态向量为$\boldsymbol{x}(t)=[\delta t_u \quad \delta f_u]^{\mathrm{T}}$，噪声向量为$\boldsymbol{e}(t)=[e_t \quad e_f]^{\mathrm{T}}$。我们通过下面的一个例子来将上述连续时间型微分方程式（6.117）转换成卡尔曼滤波模型中的离散时间型状态方程。

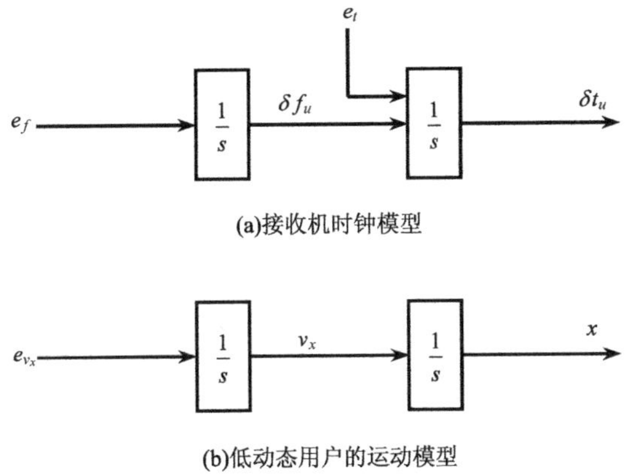

图6.5 接收机时钟和用户运动模型

【例6.4】 试将图6.5(a)中的接收机时钟模型对应的状态空间微分方程式（6.117）转换成类似于式（6.10）的差分形式的卡尔曼滤波状态方程式。随后，假定接收机钟差噪声e_t与频漂噪声e_f的功率谱密度分别为S_t与S_f，试求状态方程中的过程噪声向量$\boldsymbol{w}_k$的协方差矩阵$\boldsymbol{Q}_k$。

解： 我们套用6.4.1节中的相关公式来求解系统的状态方程及其过程噪声协方差$\boldsymbol{Q}_k$。首先，将式（6.117）与通用型状态空间模型方程式（6.93）对比，得到矩阵$\boldsymbol{F}$与$\boldsymbol{G}$的值分别为$\begin{bmatrix}0 & 1\\ 0 & 0\end{bmatrix}$与$\begin{bmatrix}1 & 0\\ 0 & 1\end{bmatrix}$。然后，由式（6.99）得

$$\begin{aligned}\boldsymbol{A}_c &\equiv \boldsymbol{A}(t_k,t_{k-1})=L^{-1}\left\{(s\boldsymbol{I}-\boldsymbol{F})^{-1}\right\}\Big|_{t=t_k-t_{k-1}}\\ &=L^{-1}\left\{\begin{bmatrix}s & -1\\ 0 & s\end{bmatrix}^{-1}\right\}\Bigg|_{t=T_s}=L^{-1}\left\{\begin{bmatrix}\frac{1}{s} & \frac{1}{s^2}\\ 0 & \frac{1}{s}\end{bmatrix}\right\}\Bigg|_{t=T_s}\\ &=\begin{bmatrix}1 & t\\ 0 & 1\end{bmatrix}\Bigg|_{t=T_s}=\begin{bmatrix}1 & T_s\\ 0 & 1\end{bmatrix}\end{aligned} \tag{6.118A}$$

式中，T_s 是状态方程的差分步长，在这里它刚好等于测量过程的采样周期。接着，由式（6.103）可得如下的接收机时钟卡尔曼滤波模型状态方程：

$$\boldsymbol{x}_k = \boldsymbol{A}_c \boldsymbol{x}_{k-1} + \boldsymbol{w}_{k-1} \tag{6.118B}$$

式中，$\boldsymbol{w}_{k-1}$ 是由噪声 $\boldsymbol{e}(t)$ 引起的过程噪声向量，而根据式（6.95）可得噪声向量 $\boldsymbol{e}(t)$ 对应的 $\boldsymbol{W}$ 阵等于 $\begin{bmatrix} S_t & 0 \\ 0 & S_f \end{bmatrix}$。最后，由式（6.104）可得

$$\begin{aligned}
\boldsymbol{Q}_{k-1} &= \int_{t_{k-1}}^{t_k} \boldsymbol{A}(t_k,\tau)\boldsymbol{G}\boldsymbol{W}\boldsymbol{G}^{\mathrm{T}}\boldsymbol{A}^{\mathrm{T}}(t_k,\tau)\mathrm{d}\tau \\
&= \int_{t_{k-1}}^{t_k} \begin{bmatrix} 1 & t_k-\tau \\ 0 & 1 \end{bmatrix}\begin{bmatrix} 1 & 0 \\ 0 & 1 \end{bmatrix}\begin{bmatrix} S_t & 0 \\ 0 & S_f \end{bmatrix}\begin{bmatrix} 1 & 0 \\ 0 & 1 \end{bmatrix}^{\mathrm{T}}\begin{bmatrix} 1 & t_k-\tau \\ 0 & 1 \end{bmatrix}^{\mathrm{T}} \mathrm{d}\tau \\
&= \int_{t_{k-1}}^{t_k} \begin{bmatrix} S_t + S_f(t_k-\tau)^2 & S_f(t_k-\tau) \\ S_f(t_k-\tau) & S_f \end{bmatrix}\mathrm{d}\tau = \int_0^{T_s} \begin{bmatrix} S_t + S_f\eta^2 & S_f\eta \\ S_f\eta & S_f \end{bmatrix}\mathrm{d}\eta \\
&= \begin{bmatrix} S_tT_s + S_f\dfrac{T_s^3}{3} & S_f\dfrac{T_s^2}{2} \\ S_f\dfrac{T_s^2}{2} & S_fT_s \end{bmatrix}
\end{aligned} \tag{6.118C}$$

因为该模型中各个相关的矩阵均为常系数阵，所以过程噪声 $\boldsymbol{w}_k$ 的协方差 $\boldsymbol{Q}_k$ 也不随时间发生变化，其值为

$$\boldsymbol{Q}_c \equiv \boldsymbol{Q}_k = E(\boldsymbol{w}_k\boldsymbol{w}_k^{\mathrm{T}}) = \begin{bmatrix} S_tT_s + S_f\dfrac{T_s^3}{3} & S_f\dfrac{T_s^2}{2} \\ S_f\dfrac{T_s^2}{2} & S_fT_s \end{bmatrix} \tag{6.118D}$$

事实上，例 6.4 解得的接收机时钟模型状态方程式（6.118B）和如式（6.118D）所示的过程噪声协方差经常出现在各种参考文献中[40]。对噪声量功率谱密度的取值问题，我们一方面可以参考相关仪器、仪表性能说明书上的有关数据，另一方面可对噪声信号做自相关运算来进行估算。

6.5.2 用户运动模型

不同特点的用户运动形式可用不同的状态方程模型来描述。运动状态方程既要尽可能真实、完整地描述用户的运动规律，又要控制状态向量的维数，以减少计算量。

对静态接收机来说，因为它的运动速度为零，所以由用户位置的三个坐标分量(x, y, z)和接收机的两个时钟变量$(\delta t_u, \delta f_u)$组成的一个五维状态向量 $\boldsymbol{x}$ 足以描述接收机的运行状态。在形式上如同式（6.105）的状态方程中，状态向量为[40]

$$\boldsymbol{x} = [x \quad y \quad z \quad \delta t_u \quad \delta f_u]^{\mathrm{T}} \tag{6.119}$$

常系数状态转移矩阵为

$$\boldsymbol{A} = \begin{bmatrix} \boldsymbol{I}_{3\times 3} & \boldsymbol{0} \\ \boldsymbol{0} & \boldsymbol{A}_c \end{bmatrix} \tag{6.120}$$

过程噪声向量 $\boldsymbol{w}_k$ 的协方差矩阵为

$$\boldsymbol{Q} = \begin{bmatrix} \boldsymbol{Q}_p & \boldsymbol{0} \\ \boldsymbol{0} & \boldsymbol{Q}_c \end{bmatrix} \tag{6.121}$$

而 $\boldsymbol{A}$ 中的子矩阵 $\boldsymbol{A}_c$ 与 $\boldsymbol{Q}$ 中的子矩阵 $\boldsymbol{Q}_c$ 分别是 6.5.1 节中关于接收机时钟的状态转移矩阵与过程噪声协方差矩阵，它们的值分别等于式（6.118A）与式（6.118D）。尽管静态接收机的位置保持不变，但是为了补偿数值计算中引入的量化（见 6.3.4 节）等若干误差，$\boldsymbol{Q}_p$ 的值不应等于零，否则卡尔曼滤波器运行不久后就会忽略测量值的作用。

对行人、汽车、舰船等低动态性能的载体来说，它们的接收机运行情况一般可用 8 个状态变量来描述，即 3 个位置分量(x, y, z)、3 个速度分量(v_x, v_y, v_z)和接收机时钟的 2 个变量$(\delta t_u, \delta f_u)$。在仍用式（6.105）表达的系统状态方程中，其状态向量为[40]

$$\boldsymbol{x} = [x \quad y \quad z \quad v_x \quad v_y \quad v_z \quad \delta t_u \quad \delta f_u]^{\mathrm{T}} \tag{6.122}$$

常系数状态转移矩阵为

$$\boldsymbol{A} = \begin{bmatrix} \boldsymbol{I}_{3\times3} & T_s \boldsymbol{I}_{3\times3} & \boldsymbol{0} \\ \boldsymbol{0} & \boldsymbol{I}_{3\times3} & \boldsymbol{0} \\ \boldsymbol{0} & \boldsymbol{0} & \boldsymbol{A}_c \end{bmatrix} \tag{6.123}$$

图 6.5(b)所示为 X 坐标分量上的位置 x 与速度 v_x 之间的关系模型，显然它与图 6.5(a)中的接收机钟差与频漂之间的关系模型很接近。因此，参照时钟模型的过程噪声协方差式（6.118D），我们很容易得到该 X 坐标分量上的状态向量 $[x \quad v_x]^{\mathrm{T}}$ 对应的协方差矩阵 $\boldsymbol{Q}_x$ 如下：

$$\boldsymbol{Q}_x = \begin{bmatrix} S_{v_x} \dfrac{T_s^3}{3} & S_{v_x} \dfrac{T_s^2}{2} \\ S_{v_x} \dfrac{T_s^2}{2} & S_{v_x} T_s \end{bmatrix} \tag{6.124}$$

式中，S_{v_x} 为 X 坐标分量上的速度噪声（加速度）功率谱密度值。因为接收机的位置、速度和时钟变量一起组合成了系统的状态向量，所以这个卡尔曼滤波器可以同时实现 GPS 的定位、定速与定时，而我们将这种 GPS 定位、定速与定时的卡尔曼滤波算法简称为 GPS 卡尔曼滤波定位算法。

对飞机、导弹等具有高动态性的载体系统来说，滤波器状态向量除了包括以上低动态性载体系统的 8 个状态变量，通常还要添加 3 个坐标分量上的加速度变量。若 $[x \quad v_x \quad a_x]^{\mathrm{T}}$ 为 X 坐标分量方向上包含位置、速度和加速度 3 个变量的状态向量，则相应的状态转移矩阵为

$$\boldsymbol{A}_x = \begin{bmatrix} 1 & T_s & T_s^2/2 \\ 0 & 1 & T_s \\ 0 & 0 & 1 \end{bmatrix} \tag{6.125}$$

6.5.3　卡尔曼滤波定位算法

我们在以上两节中选定了系统的状态向量，并且建立了卡尔曼滤波状态方程，本节的任务是建立卡尔曼滤波测量方程。

GPS 接收机的测量值主要包括伪距和多普勒频移（或者积分多普勒），我们需要建立这些测量值与前面已选定状态变量之间的关系，而 GPS 测量值的观测方程式实际上已经给出了这种关系。接收机空间位置与时钟钟差状态变量的可观性主要通过 GPS 伪距得到体现，因此接收机的各个如式（5.27）所示的卫星伪距观测方程式可作为卡尔曼滤波测量方程式。如果系统的状态向量中还包括速度，那么如式（5.72）所示的以接收机运动速度和时钟频漂为函数的各个卫星多普勒频移观测方程式，也应作为卡尔曼滤波测量方程组的一部分。经必要的线性化后，这些伪距与

多普勒频移测量方程式一起最终可以写成形如式（6.11）的卡尔曼滤波测量方程。不难想象，这个卡尔曼滤波测量方程实际上是第 5 章中的最小二乘法定位与定速方程组的合并。

卡尔曼滤波器要求给出伪距和多普勒频移等 GPS 测量值的误差方差，事实上，准确地确定 GPS 测量值的误差方差不是一项轻松的任务。理论上讲，一个测量值的误差方差可认为是卫星星历误差、大气延时误差、多路径、接收机信号跟踪误差、噪声等所有各部分误差方差之和。因此，我们可以根据卫星导航电文中的 URA 值（见 2.5.4 节）、卫星仰角、卫星信号强度、接收机信号跟踪状况和当时当地的环境情况等各种可能获知的信息，一一估算出各项误差量的方差，然后将综合出的测量误差方差交给接收机进行定位运算。在实践中，我们常通过实验来测定测量误差方差，然后建立一个关于信号信噪比（见 10.2.2 节）或者卫星仰角的测量误差方差函数。关于如何建立测量噪声协方差矩阵 $\boldsymbol{R}$ 的一些讨论，请读者参阅文献[1, 30, 48]等。

建立 GPS 定位的卡尔曼滤波模型及其方程式后，我们就可以进行卡尔曼滤波递推计算。图 6.6 描述了状态方程与测量方程在卡尔曼滤波定位计算中的相互关系[31]。在每个定位历元，卡尔曼滤波器首先利用状态方程预测接收机当前的位置、速度和钟差等状态；然后，根据这一状态先验估计值及卫星星历提供的卫星位置与速度，卡尔曼滤波器就可预测 GPS 接收机对各颗卫星的伪距与多普勒频移值，而这些测量预测值与接收机的实际测量值之间的差形成测量残余；最后，卡尔曼滤波的校正过程通过处理测量残余，得到系统状态估计值的校正量及校正后的最优估计值。6.3.4 节中说过，如果多个时刻有多个卫星测量残余的绝对值过大，那么很可能是卡尔曼滤波的状态估计值出现了严重偏差，此时系统状态与滤波器一般需要重置。

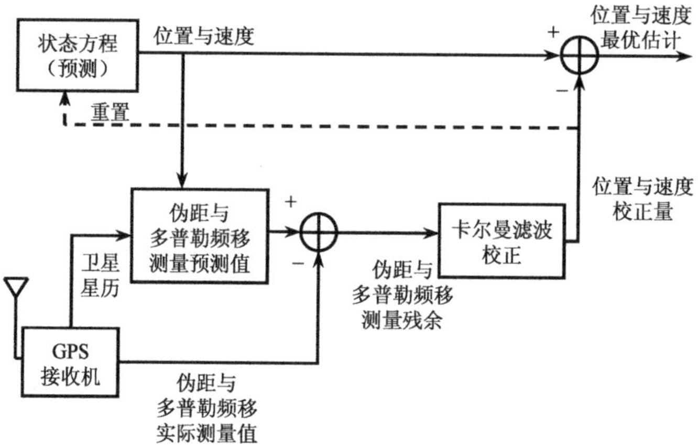

图 6.6　GPS 定位的卡尔曼滤波算法流程

6.6　其他滤波技术

卡尔曼滤波是一种应用相当广泛的滤波方法，但是它既需要假定系统是线性的，又需要认为系统中的各个噪声与状态变量都是高斯分布的，而这两条并不总是确切的假设限制了卡尔曼滤波器在现实生活中的应用。

虽然扩展卡尔曼滤波要将非线性系统线性化，但是只有当非线性函数在泰勒展开点附近呈相对线性的情况下，该算法才比较稳定。对某些非线性系统来说，计算线性化过程中的雅可比矩阵并不简单。此外，扩展卡尔曼滤波器时，给人的感觉常是难以调节有关的滤波参数，在实际中应用起来并不容易[23]。

不敏卡尔曼滤波器（UKF，又称无味卡尔曼滤波器）是针对非线性系统的一种改进型卡尔曼滤波器[23]。不敏卡尔曼滤波处理非线性系统的基本思路是不敏变换，而不敏变换从根本上讲是一种描述高斯随机变量在非线性变换后的概率分布情况的方法。不敏卡尔曼滤波认为，与其将一个非线性变换（或函数）线性化、近似化，不如将高斯随机变量非线性变换后的概率分布情况用高斯分布来近似那样简单，因此不敏卡尔曼滤波算法没有非线性化这一步骤。在每个定位历元，不敏卡尔曼滤波器按照一套公式产生一系列样点，每个样点均配有一个相应的权重，这些带权的样点被用来完整地描述系统状态向量估计值的分布情况，它们代替了原先卡尔曼滤波器中的状态向量估计值及其协方差。不敏卡尔曼滤波器让这些样点一一经历非线性状态方程与测量方程，然后将这些经过非线性变换后的样点按照它们的权重综合出对当前时刻的系统状态向量估计值。与扩展卡尔曼滤波器相比，不敏卡尔曼滤波一般能够提供更准确的滤波定位结果，但它需要的计算量更多。

扩展卡尔曼滤波与不敏卡尔曼滤波一定程度上可以解决一些非线性系统的滤波问题，但是对于强非线性、非高斯系统，卡尔曼滤波器一般会变得难以胜任。于是，随着计算机运算能力的增强，粒子滤波器和多态滤波器等正在逐步替代那些基于寻找更贴切的载体运动模型和建立更精准的噪声模型的方法，这里简单介绍粒子滤波和多态滤波两种技术。

基于贝叶斯（Bayesian）推理和序列蒙特卡罗（Monte Carlo）方法，粒子（Particle）滤波器是一种适用于强非线性、无高斯假设的统计滤波器，它不对系统模型做包括线性处理在内的任何变化，而在统计上、数值上得到系统最优估计的近似解[2, 17, 22, 41]。具体地说，粒子滤波器用一些随机样本即“粒子”来代表系统状态变量的后验概率密度函数，并为每个粒子赋予一个相应的权重。这种粒子与不敏卡尔曼滤波器中的样点有些相似，但是二者也有明显的区别：首先，不敏卡尔曼滤波器的样点及其权重是按照一定的公式产生的，而粒子是随机的；其次，为了完整地描述一个非高斯分布，粒子的数量通常要比样点数量多一两个量级。在每个历元，粒子滤波器首先根据状态方程算出各个粒子的预测值，然后根据测量残余来更新各个粒子的权重，系统状态估计值等于所有粒子的加权和，最后对粒子进行重采样。粒子滤波器算法目前面临的一个主要问题是重采样步骤带来的粒子枯竭，但是同时我们在实际应用中又希望限制粒子数目，以尽可能地控制计算量增加的程度。

卡尔曼滤波假定状态转移矩阵、测量关系矩阵及各种高斯噪声的协方差等所有滤波参数是已知的，但是，事实上，要及时、准确地知道它们在不同时刻的值通常是相当困难的，因此我们非常希望卡尔曼滤波器能够自动地预测、调整这些参数。多态自适应（MMA）卡尔曼滤波器是一种受到广泛关注的滤波器，它由多个并联且同时运行的卡尔曼滤波器组成[11, 13, 33]。在这组卡尔曼滤波器中，每个滤波器对未知的滤波参数分别做出相互不同的假设，然后各自按照自己的模型假设进行滤波计算，多态自适应滤波器最后对系统状态的各个估计值进行加权，并以此作为最优估计值输出。因为每个卡尔曼滤波器各自有着不同值的滤波参数，所以我们希望它们中的某个总能比较准确地描述系统在某个时段或环境下的实际运行状况。如果确实是这样，那么该卡尔曼滤波器一般应该表现为产生较小的测量残余，而它的权重在整组滤波器中会自动地得到提升。交互式多模型-概率数据关联滤波器（IMM-PDAF）是另一种备受关注的多态滤波器，它对一个运动物体系统建立多个不同的运动模型，认为系统总是在这些不同的模型之间切换，并且让每种运动模型与一个有适当参数值的概率数据关联滤波器相对应，对跟踪密集杂波情况下的高机动目标来说，它具有良好的滤波效果[6, 8, 9, 27, 45]。

参考文献

[1] 蔡艳辉，程鹏飞，李夕银. 用卡尔曼滤波进行 GPS 动态定位[J]. 测绘通报，2006(7).

[2] 何友，修建娟，张晶炜，关欣. 雷达数据处理及应用[M]. 北京：电子工业出版社，2006.

[3] 居余马，胡金德，林翠琴，王飞燕，邢文训. 线性代数[M]. 2 版. 北京：清华大学出版社，2002.

[4] 赵树杰，赵建勋. 信号检测与估计理论[M]. 北京：清华大学出版社，2005.

[5] Oppenheim A, Schafer R, Buck J. 离散时间信号处理：Discrete-Time Signal Processing[M]. 刘树棠，黄建国，译. 2 版. 西安：西安交通大学出版社，2000.

[6] Abolmaesumi P., Sirouspour M.R., “An Interacting Multiple Model Probabilistic Data Association Filter for Cavity Boundary Extraction from Ultrasound Images, ” IEEE Transactions on Medical Imaging, Vol. 23, No. 6, pp. 772-784, June 2004.

[7] Amishima T., Ito M., Kosuge Y., “Stability Condition and Steady-State Solution of Various α-β Filters for Linear FM Pulse Compression Radars, ” Electronics and Communications in Japan, Part 3, Vol. 87, No. 6, 2004.

[8] Bar-Shalom Y., Kirubarajan T., Lin X., “Probabilistic Data Association Techniques for Target Tracking with Applications to Sonar, Radar and EO Sensors, ” IEEE Aerospace and Electronic Systems Magazine, Vol. 20, No. 8, August 2005.

[9] Bar-Shalom Y., Lin X., Kirubarajan T., Estimation with Applications to Tracking and Navigation: Theory Algorithms and Software, John Wiley & Sons, 2001.

[10] Bierman G., Factorization Methods for Discrete Sequential Estimation, Dover Publications, Inc., 2006.

[11] Blair W., Bar-Shalom Y., “Tracking Maneuvering Targets with Multiple Sensors: Does More Data Always Mean Better Estimates?” IEEE Transactions on Aerospace and Electronic Systems, Vol. 31(1), pp. 450-456, 1996.

[12] Brown R., Hwang P., Introduction to Random Signals and Applied Kalman Filtering - with Matlab Exercises and Solutions, Third Edition, John Wiley & Sons, Inc., 1997.

[13] Caputi M., “A Necessary Condition for Effective Performance of the Multiple Model Adaptive Estimator, ” IEEE Transactions on Aerospace and Electronic Systems, Vol. 31(3), pp. 1132-1138, 1995.

[14] Da R., Lin C.F., “Failure Detection and Isolation Structure for Global Positioning System Autonomous Integrity Monitoring, ” Journal of Guidance, Control, and Dynamics, Vol. 18, No. 2, March-April 1995.

[15] Da R., Lin C.F., “Sensitivity Analysis Algorithm for the State Chi-Square Test, ” Journal of Guidance, Control, and Dynamics, Vol. 19, No. 1, January-February 1996.

[16] Farrell J., Barth M., The Global Positioning System and Inertial Navigation, McGraw-Hill, 1999.

[17] Gilks W., Richardson S., Spiegelhalter D., Markov Chain Monte Carlo in Practice, Chapman & Hall, 1996.

[18] Gray J., Foster G., “Filter Coefficient Selection Using Design Criteria, ” Proceedings of the 28th Southeastern Symposium on System Theory, 1996.

[19] Grewal M., Andrews A., Kalman Filtering: Theory and Practice, Prentice-Hall, 1993.

[20] Grewal M., Andrews A., Kalman Filtering: Theory and Practice Using MATLAB, Second Edition, John Wiley & Sons Inc., 2001.

[21] Grewal M., Weill L., Andrews A., Global Positioning Systems, Inertial Navigation, and Integration, John Wiley & Sons Inc., 2001.

[22] Gustafsson F., Gunnarsson F., Bergman N., Forssell U., Jansson J., Karlsson R., Nordlund P., “Particle Filters for Positioning, Navigation and Tracking, ” IEEE Transactions on Signal Processing, Vol. 50, No. 2, 2002.

[23] Julier S., Uhlmann J., “A New Extension of the Kalman Filter to Nonlinear Systems, ” Proceedings of AeroSense: The 11th International Symposium on Aerospace/Defense Sensing, Simulation and Controls, 1997.

[24] Kalata P., “The Tracking Index: A Generalized Parameter for alpha-beta and alpha-beta-gamma Target Trackers, ” IEEE Transactions on Aerospace and Electronic Systems, Vol. AES-20, No. 2, pp. 174-182, March 1984.

[25] Kalman R., “A New Approach to Linear Filtering and Prediction Problems, ” Transactions of the ASME – Journal of Basic Engineering, Vol. 82, pp. 35-45, March 1960.

[26] Kaplan E., Understanding GPS: Principles and Applications, Second Edition, Artech House, Inc., 2006.

[27] Kirburajan T., Bar-Shalom Y., Blair W., Watson G, "IMMPDAF for Radar Management and Tracking Benchmark with ECM, " IEEE Transactions on Aerospace and Electronic Systems, 34(4), pp. 1115-1134, 1998.

[28] Kosuge Y., Ito M., "α-β Filters Derived from a Tracking Method Using a Weighted Measurement Covariance Matrix, " SICE Annual Conference in Sapporo, August 4-6, 2004.

[29] Kosuge Y., Ito M., Okada T., Mano S., "Steady-State Errors of an α-β-γ Filter for Radar Tracking, " Electronics and Communications in Japan, Part 3, Vol. 85, No. 12, 2002.

[30] Leandro R., Santos M., "Stochastic Models for GPS Positioning - An Empirical Approach, " GPS World, February 2007.

[31] Levy L., Applied Kalman Filtering with Emphasis on GPS-Aided Systems, Navtech Seminars & GPS Supply, VA, 2005.

[32] Levy L., "Simple Covariance and Square Root Covariance Smoothers for the General Linear State Space Model, " Proceeding of the Conference on Information Sciences and Systems, The Johns Hopkins University, Baltimore, MD, 1995.

[33] Magill D., "Optimal Adaptive Estimation of Sampled Stochastic Processes, " IEEE Transactions on Automatic Control, Vol. AC-10(4), pp. 434-439, 1965.

[34] Maybeck P., Stochastic Models, Estimation, and Control, Vol. 1, Academic Press, 1979.

[35] Munu M., Harrison I., Wilkin D., Woolfson M., "Target Tracking Algorithms for Phased Array Radar, " Radar and Signal Processing, IEE Proceedings-F, 139(5), October 1992.

[36] Nehorai A., Morf M., "A Mapping Result Between Wiener Theory and Kalman Filtering for Nonstationary Processes, " IEEE Transactions on Automatic Control, Vol. AC-30, No. 2, February 1985.

[37] Novoselov R., Herman S., Gadaleta S., Poore A., "Mitigating the Effects of Residual Biases with Schmidt-Kalman Filtering, " Eighth International Conference on Information Fusion, Philadelphia, PA, July 2005.

[38] Ogle T., Blair W., "Derivation of a Fixed-Lag, Alpha-Beta Filter for Target Trajectory Smoothing, " Proceedings of the 34th IEEE Southeastern Symposium, 2002.

[39] Painter J., Kerstetter D., Jowers S., "Reconciling Steady-State Kalman and Alpha-Beta Filter Design, " IEEE Transactions on Aerospace and Electronic Systems, Vol. 26, No. 6, November 1990.

[40] Parkinson B., Spilker J., Axelrad P., Enge P., Global Positioning System: Theory and Applications, American Institute of Aeronautics and Astronautics, 1996.

[41] Ristic B., Arulampalam S., Gordon N., Beyond the Kalman Filter – Particle Filters for Tracking Applications, Artech House, 2004.

[42] Scardera M., "The Navstar GPS Master Control Station's Kalman Filter Experience," Flight Mechanics/ Estimation Theory Symposium 1990, NASA Conference Proceedings CP3102, 1991.

[43] Schmidt S., "Application of State-Space Methods to Navigation Problems, " in C. Leondes, Editor, Advances in Control Systems, New York, Academic Press, 1966.

[44] Strang G., Introduction to Applied Mathematics, Wellesley-Cambridge Press, 1986.

[45] Wang X., Challa S., Evans R., "Gating Techniques for Maneuvering Target Tracking in Clutter, " IEEE Transactions on Aerospace and Electronic Systems, 38(3), pp. 1087-1097, 2002.

[46] Welch G., Bishop G., "An Introduction to the Kalman Filter, " University of North Carolina, April 5, 2004.

[47] Wiener N., The Extrapolation, Interpolation and Smoothing of Stationary Time Series, with Engineering Applications, New York: Wiley, 1949.

[48] Wieser A., "How Important Is GNSS Observation Weighting?" InsideGNSS, January/February 2007.

第 7 章　差分定位和精密定位

前两章分别用最小二乘法与卡尔曼滤波实现了 GPS 的单点绝对定位，但是 GPS 在很多方面的性能还不尽如人意，特别是 GPS 定位精度和定位有效率。一方面，GPS 单点定位的精度大致为 20 m，而这并不能满足船舶进出港和飞机降落等应用对定位导航精度的要求；另一方面，GPS 卫星信号很容易受到建筑物的阻挡，使得 GPS 接收机在人口稠密的城市峡谷环境中经常因可见卫星数目不足而不能完成定位。在其他外界系统或资源的辅助下，GPS 的这些问题有可能得到解决。本章与接下来的两章分别介绍用来提高 GPS 性能的三种技术：差分定位、GPS 与航位推测系统的组合，以及 GPS 定位值的电子地图匹配。

宏观上讲，差分定位和基于载波相位测量值的精密定位，主要通过增强 GPS 系统来提高 GPS 定位性能，而接收机只是为了利用这些增强服务而配合地做出一些软/硬件设计的补充和调整。7.1 节介绍差分 GPS，包括其种类、差分校正量的产生和几套实际的差分系统。7.2 节分析精密定位系统的单差、双差和三差三种差分方式，指出精密定位的本质是求解载波相位测量值中的整周模糊度，并且顺便提及载体姿态角的确定和精密单点定位这两个相关议题。由于多频信号测量值的组合为整周模糊度的求解提供了契机，因此 7.3 节首先讨论多频测量值的通用型线性组合，然后具体查看宽巷、窄巷和超宽巷三种特殊组合。7.4 节探讨多种整周模糊度的求解方法，包括天线位置交换、几何多样性、利用伪距的取整估算、LAMBDA 算法和逐级模糊度确定法等。

7.1　差分定位

1.5 节中指出，GPS 标准定位服务的单点定位（绝对定位）在水平与竖直方向上的定位精度于 95%的时间里能够分别达到 13 m 与 22 m，但是这远未达到航空导航等一些应用系统对米级甚至米内级定位精度的要求。第 4 章中讨论了各种 GPS 测量误差源及其特点，第 5 章的理论揭示了影响 GPS 单点定位精度的因素之一是 GPS 测量误差，考虑到卫星星历误差、电离层延时和对流层延时等误差成分的空间相关性，4.4 节提出了差分 GPS（DGPS）的概念，以有效地消除或降低 GPS 测量误差，进而使差分定位精度明显高于单点定位精度。

对差分 GPS 基本原理的阐述见 4.4 节，本节进一步对差分 GPS 技术做以下三方面的介绍：一是差分系统的种类，二是差分校正量的产生，三是几种实际的差分系统。本节的部分内容参考了文献[4, 35]等。

7.1.1　差分的种类

如图 4.10 所示，差分 GPS 系统包含一个或多个安装在已知坐标位置点上的 GPS 接收机作为基准站接收机，通过基准站接收机对 GPS 卫星信号进行测量而计算出差分校正量，然后将差分校正量播发给位于差分服务范围内的用户（又称流动站）接收机，提高用户接收机的定位精度。尽管不同的差分系统均基于这个相同的思路，但是它们仍然可能具有不同的运行环境、操作方式和服务性能。差分 GPS 系统可从以下多个方面进行分类。

（1）根据系统服务的地理范围来分，差分 GPS 通常被分为局域、区域和广域三大类，它们分别对应不同长度的基线距离。一般来说，虽然基准站与用户接收机之间基线距离较短的局域差分系统有着较小的差分服务覆盖面积，但是它的定位精度较高；反之，虽然基线距离较长的广域差分系统有着较大的服务覆盖区域，但是它的定位精度相对有所降低。

考虑到差分系统的出发点主要是消除卫星时钟、卫星星历、电离层延时和对流层延时误差，我们可以这样理解所谓的基线长短：如果这些误差量经差分校正后的残余小于多路径和接收机噪声，那么这些误差成分在用户与基准站位置的空间相关性较高，而此时的基线可认为是短基线，否则就为长基线。我们一般认为几十千米以下的基线是短基线，而长基线可达几百千米甚至上千千米。显然，基线长短与否还要看电离层和对流层的稳定度等状况。由于对流层延时的局部性较强，因此在用户与基准站两端最好利用对流层延时模型等方法对各自的测量值分别同时进行对流层延时误差校正，使对流层延时不再成为差分校正量的一部分，进而让差分系统容忍更长的基线距离。

局域差分系统的基线长度一般为 10～100 km，定位精度可达米级甚至米内级。广域差分系统的服务范围可以覆盖整个大陆板块甚至全球，而区域差分系统的服务覆盖面积介于局域与广域差分系统的覆盖面积之间。

（2）根据予以差分校正的目标参量不同，差分 GPS 主要分为位置差分、伪距差分、载波相位平滑后的伪距差分及载波相位差分 4 种。

位置差分系统认为基准站接收机的定位误差与用户接收机的定位误差相关，于是它将基准站接收机的定位值与经精密测绘得到的真实位置值之差，作为差分校正量并播发出去，以便直接校正用户接收机定位值。例如，9.4.4 节介绍的道路精简滤波地图匹配算法就近似地采用了这种位置差分技术。虽然位置差分的思路相当简单，但是它有如下一个严重的缺陷：为了让不同位置的基准站接收机与用户接收机更大程度地拥有相同的定位结果误差，两台接收机必须至少采用同一种定位算法和同一套卫星测量值组合，而这在实际操作中会遇到许多困难。具体地讲，一方面，基准站接收机和所有利用其差分服务的用户接收机不但应采用如前面介绍的最小二乘法或卡尔曼滤波等同一种定位算法，而且算法中的各个参数值也要尽量一致；另一方面，不管基准站处与各个用户处的卫星可见情况是否相同，所有用户接收机的定位算法必须与基准站接收机的定位算法选用数目和 PRN 编号完全相同的一套卫星测量值，其中的一种解决方案是让基准站播发对应所有各种不同可见卫星组合的位置差分校正量。可以想象，位置差分系统的运行不如想象的那样简单，且其性能也不够理想，因此实际上很少被差分系统采用。

与差分校正量在定位领域内的位置差分不同，其他三种差分技术的差分校正量均在测距领域内，这也是本章一开始默认地对 GPS 测量值进行差分校正的那种。由于载波相位测量值的精度要比伪距测量值的精度高出几个数量级，因此基于载波相位的差分系统通常具有最高的定位精度，可以用来实现精密定位。除了高精度，载波相位测量值的另一个主要特点是其包含的整周模糊度，而事实上我们将发现，利用载波相位测量值实现精密定位的根本任务，正是求解出载波相位测量值中的整周模糊度。载波相位平滑后的伪距已在 4.5.1 节介绍，它的特点是没有整周模糊度，其精度介于伪距与载波相位测量值的精度之间。一般来说，基于伪距的差分系统可以获得分米级的定位精度，而基于载波相位的差分系统的定位精度最高可达毫米级。

（3）根据用户接收机的定位结果形式来分，差分 GPS 定位可分为绝对定位和相对定位两种。在绝对定位中，基准站接收天线的位置坐标需要被事先精确地确定，而利用差分服务的用户接收机可以求解出其天线位置在同一坐标系统中的定位值；相反，相对定位系统可以不需要知道基准站接收天线的精确位置坐标，用户也不十分关注它的绝对位置坐标，用户接收机解得的定位结果是相对于基准站位置的位移向量（基线向量）。当然，在相对定位系统中，如果基准站接收天线的精确位置坐标已知，那么根据解得的基线向量值，用户接收机自然也可获得绝对定位值。

用户接收机是获得绝对定位值还是获得相对定位值的一个操纵因素是，基准站播发的差分校正量的内容：如果基准站播发测量值的差分校正量，那么用户接收机可以根据差分校正后的测量值算出它的绝对定位值；如果基准站播发的不是测量值的差分校正量，而直接播发其接收机的测量值，那么用户接收机对来自基准站接收机和其本身的两方面测量值进行组合，进而算出基线向量值而实现相对定位。

（4）根据进行差分操作的级数不同，差分 GPS 可分为单差、双差和三差三种，它们通常出现在相对定位系统中。单差由两个 GPS 测量值经一次差分得到，单差的差分为双差，而双差的再一次差分为三差。如果对测量值多进行一级差分组合，那么组合测量值中的更多测量误差成分就会被消除。

（5）根据用户接收机的运动状态不同，差分 GPS 定位可分为静态定位和动态定位两种。在测绘等静态定位应用中，由于用户接收机静止不动，完成整周模糊度的确定和定位结果的求解一般不存在时间上的紧迫性，差分系统甚至可以长时间（如 1 小时以上）地持续收集卫星信号测量值，然后对这些测量值做后处理。事实上，静态定位对卫星信号进行长时间的测量通常还有可能让接收机估算出载波相位测量值中的失周大小，并以此修复遭失周影响的载波相位测量值。基于载波相位测量值的静态定位是一种精度最高的 GPS 定位方式，定位精度可达毫米级。

对动态定位应用来讲，由于差分系统的用户相对于基准站运动，因此它通常要迅速地求解出整周模糊度，实时地完成定位，定位精度可达厘米级。实时动态（RTK）定位是一种为动态用户实时地完成精密相对定位的技术，它能获得分米级以上的定位精度，在农业、建筑和工程测绘等方面有着重要应用。由于受到通信和误差存在空间相关性的限制，RTK 系统中基准站与流动站之间的基线长度应小于 10 km，很少超过 20 km，且基准站的位置必须是已知的[48]。RTK 两端的 GPS 接收天线需要有一定的抗多路径功能，它们的接收机同时对卫星的伪距和载波相位进行测量，而 VHF 或 UHF 频段的无线电可用于基准站与流动站之间的通信。

（6）根据用户是否要求实时性定位的不同，差分 GPS 可分为实时处理和测后处理两类。许多实时差分系统是短基线系统，而长基线差分系统一般允许做后处理。

接下来的几节首先探讨差分系统中作为基准站与用户接收机之间界面的差分校正量，特别是它的产生与利用，然后介绍多种正处于研发或运行阶段的实际差分系统。

7.1.2 差分校正量

本节以基于伪距测量值的差分绝对定位为例，介绍基准站产生伪距差分校正量的算法和用户接收机利用差分校正量的操作。

假设某颗卫星（编号为 i）t 时刻的地心地固位置坐标为$(x^{(i)}, y^{(i)}, z^{(i)})$，测绘得到的基准站（编号为 r）接收天线的位置坐标为(x_r, y_r, z_r)，则从基准站 r 到卫星 i 的几何距离 $r_r^{(i)}$ 为

$$r_r^{(i)} = \sqrt{(x^{(i)} - x_r)^2 + (y^{(i)} - y_r)^2 + (z^{(i)} - z_r)^2} \tag{7.1}$$

若基准站接收机对该卫星的伪距测量值为 $\rho_r^{(i)}$，则参照伪距观测方程式（4.9），$\rho_r^{(i)}$ 可表达成

$$\rho_r^{(i)} = r_r^{(i)} + c(\delta t_r - \delta t^{(i)}) + I_r^{(i)} + T_r^{(i)} + \varepsilon_{\rho,r}^{(i)} \tag{7.2}$$

因为差分运算涉及多台接收机和多颗卫星，所以本章继续采用如下的上、下标规则：用圆括号内的上标（如 i 和 j 等）代表卫星编号，用下标（如 r 和 u）代表不同的接收机。

因为基准站 r 的位置是已知的，且卫星位置又可根据星历计算出来，所以任一时刻基准站 r 至

卫星 i 的几何距离 $r_r^{(i)}$ 能被精确地计算出来。如果计算所得的真实几何距离为 $r_r^{(i)}$，伪距测量值为 $\rho_r^{(i)}$，那么它们之间的差就是伪距测量误差，而这个测量误差值正是差分系统的基准站所要播发的关于卫星 i 的伪距差分校正量 $\rho_{corr}^{(i)}$，即

$$\rho_{corr}^{(i)} = r_r^{(i)} - \rho_r^{(i)} \tag{7.3}$$

可见，差分校正量 $\rho_{corr}^{(i)}$ 实际上是以下多个测量误差量和偏差量之和：

$$\rho_{corr}^{(i)} = -c(\delta t_r - \delta t^{(i)}) - I_r^{(i)} - T_r^{(i)} - \varepsilon_{\rho,r}^{(i)} \tag{7.4}$$

依据式（7.3）计算出伪距差分校正量 $\rho_{corr}^{(i)}$ 后，基准站将 $\rho_{corr}^{(i)}$ 播发给位于其差分服务范围内的所有用户接收机。

与此同时，假如某台用户接收机（编号为 u ）对卫星 i 的伪距测量值为 $\rho_u^{(i)}$，为了消除或降低 $\rho_u^{(i)}$ 中的测量误差，用户接收机可将接收到的差分校正量 $\rho_{corr}^{(i)}$ 补加到自身的伪距测量值 $\rho_u^{(i)}$ 上，得到差分校正后的伪距测量值 $\rho_{u,c}^{(i)}$，即

$$\rho_{u,c}^{(i)} = \rho_u^{(i)} + \rho_{corr}^{(i)} \tag{7.5}$$

然后，它就可以根据对多颗卫星的差分校正后的伪距测量值 $\rho_{u,c}^{(i)}$ 实现绝对定位。

为了分析差分校正后的伪距测量值 $\rho_{u,c}^{(i)}$ 的误差情况，我们将用户接收机的伪距测量值 $\rho_u^{(i)}$ 写为类似于式（7.2）的形式，即

$$\rho_u^{(i)} = r_u^{(i)} + c(\delta t_u - \delta t^{(i)}) + I_u^{(i)} + T_u^{(i)} + \varepsilon_{\rho,u}^{(i)} \tag{7.6}$$

再将式（7.6）和式（7.4）代入式（7.5），得

$$\rho_{u,c}^{(i)} = r_u^{(i)} + c\delta t_{ur} + I_{ur}^{(i)} + T_{ur}^{(i)} + \varepsilon_{\rho,ur}^{(i)} \tag{7.7}$$

式中，$\delta t_{ur}, I_{ur}^{(i)}, T_{ur}^{(i)}$ 与 $\varepsilon_{\rho,ur}^{(i)}$ 分别为

$$\delta t_{ur} = \delta t_u - \delta t_r \tag{7.8A}$$

$$I_{ur}^{(i)} = I_u^{(i)} - I_r^{(i)} \tag{7.8B}$$

$$T_{ur}^{(i)} = T_u^{(i)} - T_r^{(i)} \tag{7.8C}$$

$$\varepsilon_{\rho,ur}^{(i)} = \varepsilon_{\rho,u}^{(i)} - \varepsilon_{\rho,r}^{(i)} \tag{7.8D}$$

如果用户与基准站之间的基线距离较短，以至于卫星 i 在这两个观察点的电离层延时 I 和对流层延时 T 均分别相互近似相等，即 $I_{ur}^{(i)}$ 和 $T_{ur}^{(i)}$ 均为零，那么式（7.7）可简写成

$$\rho_{u,c}^{(i)} = r_u^{(i)} + c\delta t_{ur} + \varepsilon_{\rho,ur}^{(i)} \tag{7.9}$$

式中，δt_{ur} 可视为一个与用户接收机钟差 δt_u 性质一样的所需求解的未知变量，而 $\varepsilon_{\rho,ur}^{(i)}$ 代表主要由基准站与用户两端的多路径和接收机噪声引起的测量误差。

比较式（7.6）中的伪距测量值 $\rho_u^{(i)}$ 和式（7.9）中的差分校正后的伪距测量值 $\rho_{u,c}^{(i)}$，可以看出以下几点：首先，在短基线情形下，差分校正后的伪距测量值 $\rho_{u,c}^{(i)}$ 不再包含电离层延时和对流层延时误差；其次，卫星钟差 $\delta t^{(i)}$ 在差分校正后被彻底根除，这正是差分系统能有效抵制 GPS 曾经实施过的选择可用性（SA）政策（见 1.3 节）的缘故；最后，虽然卫星星历误差隐含在根据星历计算得到的几何距离 $r_u^{(i)}$（和 $r_r^{(i)}$）中，而未直接出现在以上的一些相关公式中，但是我们可以设想将此计算得到的几何距离表达成真正的几何距离 $r_u^{(i)}$ 加上星历误差 $g_u^{(i)}$ 而出现在式(7.6)中，即

$$\rho_u^{(i)} = r_u^{(i)} + g_u^{(i)} + c(\delta t_u - \delta t^{(i)}) + I_u^{(i)} + T_u^{(i)} + \varepsilon_{\rho,u}^{(i)} \tag{7.10}$$

那么经差分校正后的伪距测量值 $\rho_{u,c}^{(i)}$ 就相应地变成

$$\rho_{u,c}^{(i)} = r_u^{(i)} + g_{ur}^{(i)} + c\delta t_{ur} + I_{ur}^{(i)} + T_{ur}^{(i)} + \varepsilon_{\rho,ur}^{(i)} \tag{7.11}$$

与电离层延时误差一样，短基线情形下的星历误差经差分校正后基本上被全部抵消。由于差分技术能够基本消除测量值中空间相关性较强的电离层延时、对流层延时、卫星钟差和星历误差，因此利用差分校正后的伪距 $\rho_{u,c}^{(i)}$ 来实现定位通常要比单点定位具有更高的准确度。

由附录 C 可知，如果对两个互不相关且具有相同概率分布的正态随机变量做加减运算，那么结果的均方差是原先单个随机变量均方差的 $\sqrt{2}$ 倍。考虑到多路径和接收机噪声的空间不相关性，差分校正后伪距 $\rho_{u,c}^{(i)}$ 的噪声量 $\varepsilon_{\rho,ur}^{(i)}$ 通常要比原伪距 $\rho_u^{(i)}$ 的噪声量 $\varepsilon_{\rho,u}^{(i)}$ 高，且 $\varepsilon_{\rho,ur}^{(i)}$ 的均方差可以近似地视为 $\varepsilon_{\rho,u}^{(i)}$ （或 $\varepsilon_{\rho,r}^{(i)}$ ）均方差的 $\sqrt{2}$ 倍。虽然差分能够消除测量值中的误差和偏差，但是差分校正后的测量值具有较强的噪声量，这是差分技术的一大缺点。

要再次指出的是，因为用户接收机利用差分校正后的伪距测量值 $\rho_{u,c}^{(i)}$ 解得的作为定位结果一部分的钟差 δt_{ur} 不再是用户接收机本身的钟差 δt_u，而是用户接收机钟差 δt_u 与基准站接收机钟差 δt_r 的差，所以用户接收机不能根据这个解得的钟差值 δt_{ur} 更正接收机时间而获得当前的 GPS 时间。为了能让用户接收机获得准确的时间值，基准站可以先估算出接收机钟差 δt_r，然后播发从 $\rho_{corr}^{(i)}$ 中扣除 δt_r 这部分偏差后的差分校正量。扣除 δt_r 后，伪距差分校正量 $\rho_{corr}^{(i)}$ 的绝对值通常变小，这也就相应地减少了播发 $\rho_{corr}^{(i)}$ 所需的字节数。

因为伪距差分校正量 $\rho_{corr}^{(i)}$ 的大小随着时间的推移而变化，而用户接收机一方面不一定与基准站接收机在同一时刻对卫星信号进行测量，另一方面有可能发生短暂性地接收不到基准站播发的内容包含差分校正量信息的无线电信号的情况，所以基准站仅播发有限时间点上的差分校正量时常难以让用户接收机充分、有效地利用差分服务资源。为了解决这个问题，基准站除了播发 t_m 时刻的伪距差分校正量 $\rho_{corr}^{(i)}(t_m)$，通常还计算、播发该时刻的伪距变化率校正量 $\dot{\rho}_{corr}^{(i)}(t_m)$。这样，若用户接收到 t_m 时刻的差分校正参数 $\rho_{corr}^{(i)}(t_m)$ 和 $\dot{\rho}_{corr}^{(i)}(t_m)$，则 t 时刻的伪距校正量 $\rho_{corr}^{(i)}(t)$ 可以按照以下公式算出：

$$\rho_{corr}^{(i)}(t) = \rho_{corr}^{(i)}(t_m) + \dot{\rho}_{corr}^{(i)}(t_m) \cdot (t - t_m) \tag{7.12}$$

然后根据式（7.5）对伪距测量值进行差分校正。自然，由上式计算得到的伪距校正量 $\rho_{corr}^{(i)}(t)$ 的准确度通常会随时间 t 与 t_m 之差的增加而降低。因为差分校正量从产生、播发、接收直至被应用于用户接收机差分定位计算的这一系列过程，必定需要经历一定的时间，所以 GPS 测量误差的时间相关性对差分系统的正常运行也具有重要意义，而上式假定了这种时间相关性的存在。

因为多路径信号缺乏空间相关性，所以多路径通常成为差分系统的主要误差源。当基准站与流动站之间的基线距离变长时，电离层延时和对流层延时的空间相关性随之降低，于是它们的差分误差就有可能超过多路径误差而在差分系统误差源中占主导地位。因此，如 7.1.1 节指出的那样，如果基准站和流动站两端分别同时采用当地的对流层延时模型而对对流层延时进行估算，那么如此解决对流层延时空间低相关性问题后的差分系统可以获得更高的定位精度，或者在满足相同定位精度的条件下，它能够允许更长的基线距离。

以上介绍的差分校正是对 GPS 测量值的标量校正，它常见于局域差分系统中，而广域差分系统采用向量校正，即对测量值中的卫星时钟、电离层延时等多个误差成分分别提供差分校正量。为了扩展一个局域差分系统的服务覆盖面积并提高定位精度，三个或更多个服务覆盖面有部分重

叠的基准站可组成区域差分系统。在区域差分系统中，当流动站接收机接收到来自系统中多个基准站的差分校正量后，一般可以首先分别根据来自各个基准站的差分校正量计算出定位值，然后将这些定位值的加权平均作为最后的定位结果[40]。假设 n 个定位值的误差互不相关，那么它们的等权平均值的误差均方差就减小为原定位误差均方差的 $1/\sqrt{n}$ ，这说明增加基准站数目有利于提高区域差分系统的定位精度。

7.1.3 局域差分系统

目前有多个政府性和商业性差分 GPS 系统处于研发之中或已投入运行，这里有必要简单介绍其中的几个实际系统。本节介绍美国的海事差分 GPS、局域增强系统（LAAS）和联合精密进近与着陆系统（JPALS）等几种局域差分系统，7.1.4 节介绍广域增强系统。

美国海岸警卫队（USCG）于 1999 年建成并投入运行的海事差分 GPS（MDGPS）是一个局域差分系统，它通常被简称为 DGPS。海事差分 GPS 系统为包括美国大陆、北美洲五大湖、波多黎各、阿拉斯加部分地区、夏威夷岛和密西西比河盆地等的大片地区免费提供差分校正和 GPS 正直性信息服务，主要应用于港口靠泊和进港引导、水文测量，以及监测和控制港口交通等[25]。该系统主要由两个控制中心站、近百个岸基远程广播站、基准站和正直性监测站组成，在 285～325 kHz 的海洋无线电信标频率波段播发遵循无线电技术海事服务委员会（RCTM SC104）格式标准的差分校正信号[57]。位于这一波段的无线电信号以地波（见 2.1 节）的形式传播，能够绕过障碍物并且传播很长的距离，通常每个基准站可为周边几千米至几百千米的区域提供服务。为了利用这个海事差分 GPS 服务，用户不但需要一台 GPS 接收机来应用差分校正量并实现 GPS 定位，而且需要一台额外的无线电接收机接收海事差分 GPS 播发的差分校正信号。海事差分 GPS 的定位精度要求在 95%的时间里达到 10 m，其实际定位精度一般都能够达到 1～3 m。当然，具体的定位精度必定还与用户接收机到基准站的距离远近和差分校正量的无线电播发延时长短等因素有关。

海事差分 GPS 的成功让美国决定发展国家差分 GPS（NDGPS）服务系统，以将差分 GPS 服务扩展到美国的所有地面区域，最终让国家差分 GPS 和海事差分 GPS 一起对地面和海上用户提供一个统一的、高可靠性的差分 GPS 服务[12]。美国以外的许多国家都在积极准备仿建美国的海事差分 GPS 系统，或者与美国一道对标准的差分 GPS 服务进行现代化改造，以便大幅提升重要海洋航道上的运输安全。

在安全性要求极高的航空业中，目前仅靠 GPS 并不能满足航路导航、终端导航和起飞降落等操作对航空导航系统准确性、正直性、连续性和有效性的要求，局域增强系统和 7.1.4 节介绍的广域增强系统正是为了满足这些航空导航要求而建立的 GPS 增强系统。除了海事差分 GPS 系统，局域增强系统（LAAS）是局域差分系统的另一个典型例子，它是正在由美国联邦航空局（FAA）主持研发的地基型 GPS 增强系统，其服务主要针对机场范围的飞机精确进近着陆、起飞和终端区域的各种操作。如图 7.1 所示，LAAS 主要由一个地面设施站、多个 GPS 基准站、数据广播站和可能的机场伪卫星组成，其成本要比仪表着陆系统的低。该系统通过数据广播站在甚高频（VHF）波段向外播发差分校正量和机场进近程序信息，服务覆盖一个半径约为 45 km 的机场区域。经 LAAS 差分校正后，GPS 在水平与竖直方向上的定位精度均可达到 1 m 以内。对有关 LAAS 的更多介绍，读者可参阅文献[17]，有关其一类、二类和三类（Category I/II/III）精确进近对系统准确性、正直性、连续性和有效性的要求，读者可参阅文献[20, 56]，而有关其差分校正和正直性监测算法，读者可参阅文献[63, 64]等。

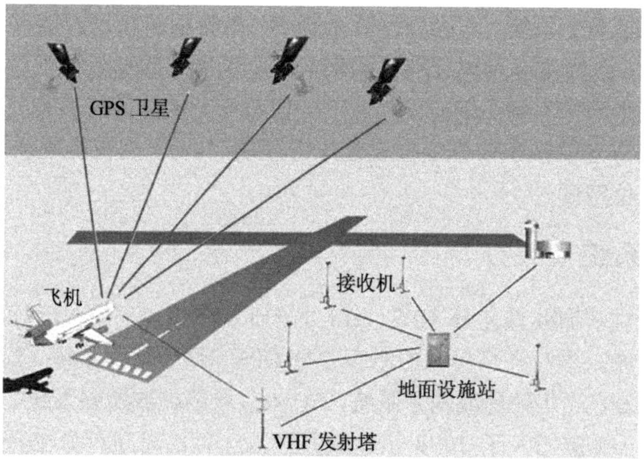

图 7.1　局域增强系统示意图

联合精密进近与着陆系统（JPALS）是美国空军正为所有军种的飞机提供进近导航服务而研制的一套系统，它是一个局域增强系统，如图 7.2 所示的航母飞机着舰系统是 JPALS 的一个海军型版[16, 38, 46]。与民用局域增强系统不同，军用 JPALS 的运行环境有以下两个战争特点：一是全天候条件下的着陆基地可能会晃动不定，也可能是经简易修建而成的；二是系统周围可能存在很强的电磁干扰。

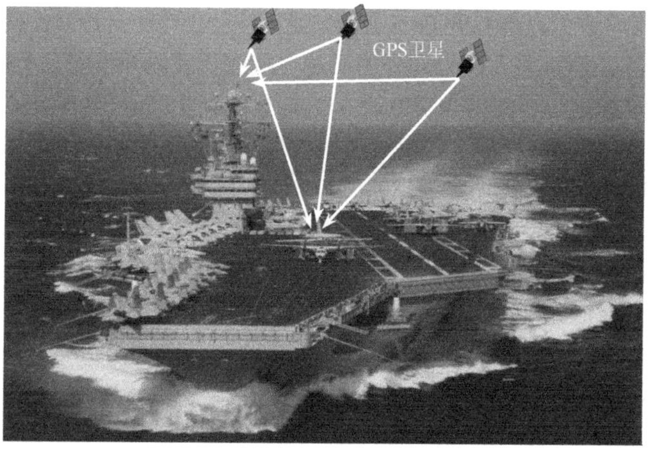

图 7.2　联合精密进近与着陆系统示意图

7.1.4　广域差分系统

局域差分系统利用数目不多的基准站为一个局部地区提供满足一定精度要求的差分服务，而广域差分 GPS（WADGPS）通过部署多个基准站，为一个更大范围的地区（如洲际甚至全球）提供米级定位精度的差分服务。为避免部署数目过多的基准站，同时也为避免定位精度过多地依赖于用户与附近某个基准站之间的距离，广域差分 GPS 在操作运行上有两个明显不同于局域差分 GPS 的特点：第一，它不再对卫星伪距产生一个标量型的误差差分校正量，而产生一个误差校正向量，也就是说，它对伪距测量值中的各个误差成分分别提供差分校正；第二，它是一个集中式系统，通过收集、分析来自系统内所有基准站的丰富信息，对伪距中的各个不同误差组成部分分别产生更为准确的差分校正量或差分校正模型。流动站根据接收到的差分校正量或者差分校正模型，计算出各部分测量误差校正，并将它们整合在一起形成一个伪距误差校正量。广域差分校正量的精度在整个服务区域内的不同地方大致相同，它不再与用户附近是否存在基准站密切相关，然而精度在其服务区域的边缘地带可能会略有下降。

已于 2003 年正式投入运行的广域增强系统（WAAS）是美国联邦航空局（FAA）开发的一个星基型广域差分 GPS，它利用地球同步轨道卫星来播发差分校正量，为整个美国和加拿大、墨西哥的部分地区免费提供 WAAS 差分服务[49]。WAAS 能使 GPS 在 95%的时间里提供约 7 m 的水平与竖直定位精度，主要用于航路导航和非精密进近等与生命安全相关的运作。在 WAAS 不能满足如主要导航和着陆等操作要求的地方，LAAS 可以作为补充与替代。

如图 7.3 所示，WAAS 主要包括约 25 个位置横跨整个美国的地面基准站、位于东西海岸的两个主站和两颗地球同步轨道卫星，其中地面基准站和主站一起组成一个地面监测网。每个基准站都配备有双频 GPS 接收机、原子钟和气象站，其中基准站接收天线的位置坐标经精密测绘后是已知的。WAAS 的运行机制大致如下：首先，各个基准站跟踪、接收 GPS 卫星信号，并将 GPS 测量值、卫星星历和当地气象信息等数据通过地面监测网传输给主站；接着，根据来自多个基准站的测量数据，主站估算出卫星在轨道运行中的真实位置、卫星时钟状况、电离层延时和对流层延时，并将前三种误差的差分校正量和卫星正直性评价结果打包成信息语句，经由地面信号发射系统上传给 WAAS 地球同步轨道卫星；然后，WAAS 卫星将这些信息语句按 GPS 导航电文的形式调制到 GPS 信号所在的 L1 频率波段上，并向地面发射；最后，用户接收机接收和利用 WAAS 信号，以此提高定位性能。

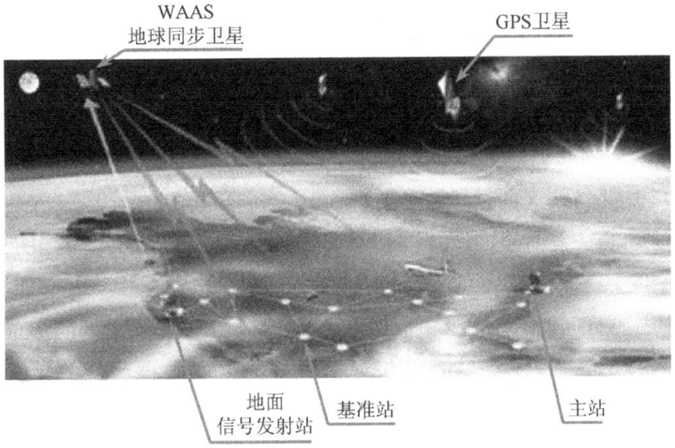

图 7.3　广域增强系统示意图

前面提到，WAAS 向量化伪距误差，将伪距误差分解成卫星星历误差、卫星钟差误差和电离层延时误差三部分。利用已知位置的多个基准站对卫星信号的测量值，根据一个相当复杂的卫星运行方程式，WAAS 能够精确地确定卫星的轨道位置及其时钟状态，进而与 GPS 卫星播发的卫星星历相对照，计算出卫星星历误差和卫星钟差误差[44]。与卫星星历误差和卫星钟差误差不同，电离层延时的大小在地面上的不同观测点通常是不同的，于是 WAAS 向地面播发图 7.4 所示格网点位置天顶方向上的电离层延时值。在这个电离层格网中，整个地球表面沿经度方向被依次分成九条格网带，即第 0 带至第 8 带，每条格网带东西宽 40°，并且各自包含 201 个格网点（其中例外的是只含 200 个格网点的第 8 带）。除了这九条格网带，未显示在图中的第 9 带和第 10 带分别给北极地区和南极地区提供 192 个格网点。为了应用 WAAS 电离层延时，用户接收机需要首先找出其所在位置点附近的几个 WAAS 电离层格网点，然后利用 WAAS 给出的这些电离层格网刺穿点（通常为 4 点或 3 点）的电离层延时进行插值，计算出所在位置点的天顶电离层延时，最后乘以倾斜率（见 4.3.3 节），得到在卫星观察方向上的电离层延时。

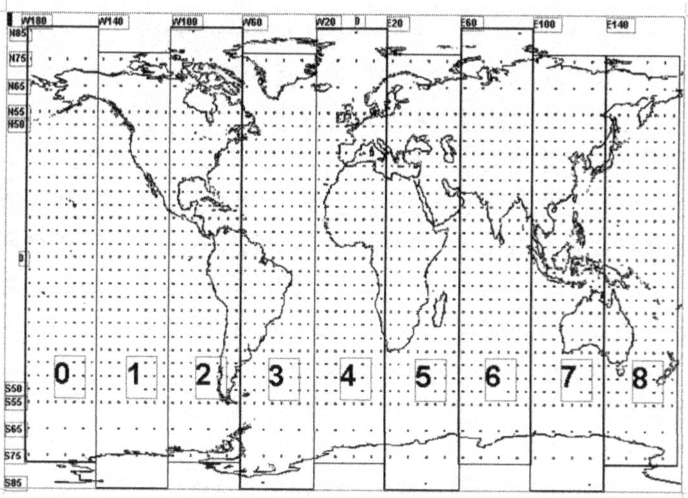

图 7.4　WAAS 电离层格网点

在 WAAS 差分校正向量的三个分量中，电离层延时校正量的幅值通常占主导地位。近年来，随着“电离层风暴”现象不断被发现，它们对 WAAS 和 LAAS 的正直性影响受到人们的日益关注。电离层风暴是指在太阳活动等影响下，电离层中的电子数总量（TEC）在很短（如几千米）的水平距离内发生不稳定或急剧变化，导致天顶方向上的电离层延时在这一短距离内相差很大（如近 10 m），进而使得电离层延时失去空间相关性。我们常用一个电离层斜坡模型来描述电离层风暴，相关的研究可以参阅文献[5, 13, 41]等。

WAAS 地球同步轨道卫星不但播发针对 GPS 卫星信号的差分校正量和正直性信息，使之成为星基增强系统的空间转发平台，而且发射类似于 GPS 的测距信号，以增加地面上可见 GPS 卫星的数目和接收机的定位有效率。WAAS 卫星在 GPS 的 L1 载波频率上向地面播发信号，调制在 WAAS 载波信号上的是 C/A 码与经 Viterbi 编码后的导航电文数据比特的异或相加组合码，其数据传播率为 500 个符号每秒。在接收机一端，被解调的每秒 500 个符号需要经 Viterbi 译码后才能恢复成 250 bps 的原始 WAAS 导航电文，而 WAAS 导航电文数据码经 Viterbi 编码后具有较强的前向纠错（FEC）功能[60]。如图 7.5 所示，在 1 s 长、共计 250 比特的一个 WAAS 导航电文子帧中，前 8 比特是用于子帧同步的同步码，随后的 6 比特是值为 0～63 的电文编号，它指出了该子帧中包含的电文信息类型及其格式，最后的 24 比特是奇偶检验码。WAAS 的同步码总长 24 比特，被分成 8 比特长的三段，依次作为连续三个子帧的同步码，随后子帧的同步码重复这种分配形式。我们知道，GPS 导航电文的 1 个子帧长 6 s，也就是说，GPS 的 1 个子帧时间对应 6 个 WAAS 子帧。WAAS 卫星发射信号时，试图与 GPS 卫星信号之间保持如图 7.5 所示的同步，即每个 GPS 子帧的起始沿总与某个同步码为 01010011 的 WAAS 子帧的起始沿对齐。WAAS 是按照本身的 WAAS 网络时间操作运行的，而 WAAS 网络时间与 GPS 时间之间的差通常被控制在 50 ns 内。

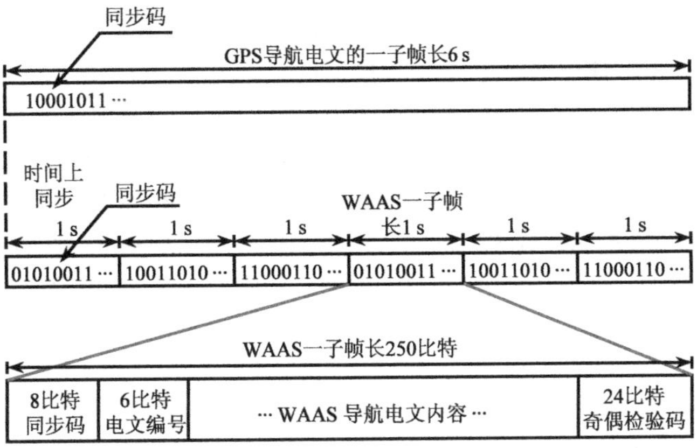

图 7.5　WAAS 信号结构

包括 WAAS 在内的广域差分的一个优点是，利用数目较少的基准站为广大地区的用户提供定位精度为几米的差分服务，WAAS 还具有其他许多优点。因为由 WAAS 卫星播发的 WAAS 信号频率及其结构与 GPS 卫星信号相一致，所以与接收海事差分 GPS 信号需要一副额外的天线和接收机不同，我们可以利用原本的一台 GPS 接收机来接收、处理 WAAS 射频信号，且只要在接收机软件上略做修改就可解调出 WAAS 差分校正量，使 GPS 接收机变得与 WAAS 兼容。因为 WAAS 卫星与地球同步，所以静态接收机在地面上接收到的 WAAS 载波信号只呈现幅值一般小于 210 Hz 的多普勒频移，这种小幅值的多普勒频移有利于接收机对 WAAS 卫星信号的捕获与跟踪。然而，WAAS 的主要缺点之一是 WAAS 卫星数目较少，目前只有两颗。尽管 WAAS 地球同步轨道卫星播发的信号能够覆盖很大一片地球表面，但是在高纬度地区，WAAS 卫星的仰角一直很低。此外，WAAS 信号很容易被障碍物挡住，因此它对地面导航的辅助效果不是最佳的。

星基着陆系统一直是一个热门话题，很多国家的政府也正致力开发类似于美国 WAAS 的卫星定位星基增强系统（SBAS），如日本的多功能卫星增强系统（MSAS）和欧洲的静地星导航重叠服务（EGNOS）等。需要指出的是，目前包括 WAAS, EGNOS 和 MSAS 在内的各种星基增强系统，均遵循航空无线电委员会（RTCA）规定的信号结构规则，它们之间相互兼容[49]。中国正在开发的卫星导航增强系统(SNAS)利用北斗导航系统的通信链路向中国及其周边地区播发 GPS 差分定位信息和卫星正直性信息，这标志着中国在建立卫星定位星基增强系统领域已跻身于世界先进行列。

7.2　精密定位系统

我们知道，码相位的测量精度约为 1 m，而载波相位测量值的精度可达几毫米。因此，对定位精度要求为厘米级和毫米级的精密定位系统来说，伪码测量值显然无法单独胜任，载波相位测量值就成了必需品。精密定位实际上是指基于载波相位测量值的精密相对定位，它是差分定位的另一种形式。在精密相对定位系统中，基准站并不播发关于 GPS 测量值的差分校正量，而直接播发它的 GPS 测量值，然后让用户接收机将这些测量值与其自身对卫星的测量值经差分运算组合起来，最后利用组合后的测量值求解出基线向量而完成相对定位。基于载波相位测量值的精密相对定位是 GPS 定位中精度最高的一种定位方式，它在大地测量、海空导航和精细农业等方面有着十分重要的应用。如 4.2.3 节指出的那样，虽然伪距一直被认为是赖以实现 GPS 定位的主要测量值，但是精密相对定位的广泛应用正使得载波相位测量值越来越重要。

在差分系统中，由于 GPS 测量值的差分校正量变化缓慢，因此由基准站播发的差分校正量的有效期能以分钟计；相反，在相对定位系统中，由于基准站播发的直接是 GPS 测量值，而这些距离测量值变化很快，其中仅由卫星运动引起的距离变化率就达 1000 m/s（见 13.1.3 节），也就是说，距离测量值每毫秒可以变化 5 个载波波长，因此相对定位系统需要关注的另一个问题是，如何保证用户接收机与基准站接收机之间时钟的同步性。考虑到基准站接收机的 GPS 测量值从产生和播发到被用户接收机的接收和应用这一过程一般需要 1～2 s，且这两端的接收机测量历元在时间上又可能存在差异，用户接收机通常需要对接收到的基准站接收机的测量值做插值、外推处理。

作为差分系统的一种形式，相对定位系统希望通过对来自用户接收机和基准站接收机的载波相位测量值进行线性组合（包括差分组合）来消除测量值中的公共误差部分，而单差、双差、三差这三种组合方式能够依次消除更多的测量误差成分。图 7.6 所示为这三种差分组合方式涉及的接收机数目、卫星数目及测量历元数目情况，接下来的几节对此做详细探讨。

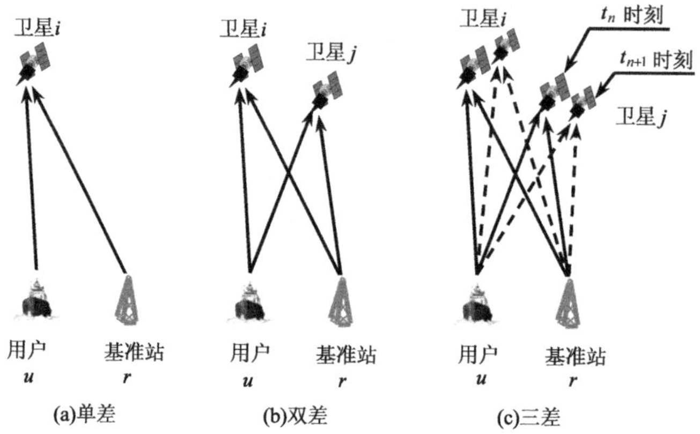

图 7.6 单差、双差和三差示意图

7.2.1 单差

如图 7.6(a)所示，每个单差测量值只涉及两台接收机在单个时刻对同一颗卫星的测量值，它是站间（接收机之间）对同一颗卫星测量值的一次差分。单差不但可以用来根除测量值中的卫星钟差，而且在短基线情形下能够基本消除大气延时误差。

如图 7.7 所示，两台相距不远的用户接收机 u 和基准站接收机 r 同时跟踪一颗编号为 i 的卫星，我们在本节中对单差的讨论暂不考虑卫星 j。参照载波相位观测方程式（4.16），以波长为单位的接收机 u 与 r 对卫星 i 的载波相位测量值 $\phi_u^{(i)}$ 与 $\phi_r^{(i)}$ 可分别表达成

$$\phi_u^{(i)} = \lambda^{-1}\left(r_u^{(i)} - I_u^{(i)} + T_u^{(i)}\right) + f\left(\delta t_u - \delta t^{(i)}\right) + N_u^{(i)} + \varepsilon_{\phi,u}^{(i)} \tag{7.13A}$$

$$\phi_r^{(i)} = \lambda^{-1}\left(r_r^{(i)} - I_r^{(i)} + T_r^{(i)}\right) + f\left(\delta t_r - \delta t^{(i)}\right) + N_r^{(i)} + \varepsilon_{\phi,r}^{(i)} \tag{7.13B}$$

式中，载波频率 f、波长 λ 与光速 c 三者之间的关系见式（2.1）。在上述载波相位观测方程式中，等号右边除了包含接收机位置信息的几何距离是我们希望求解的参量，其余各项误差参量实际上不是我们真正关心的。如果这些误差参量能通过某种手段消除，那么它们的值就不必求解出来，而差分组合技术正好基于这一思路。

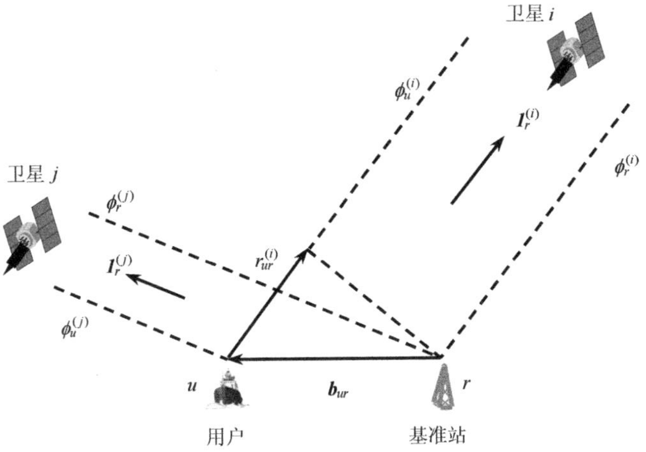

图 7.7　单差与双差的形成

我们将用户接收机 u 与基准站接收机 r 之间对卫星 i 的单差载波相位测量值 $\phi_{ur}^{(i)}$，定义为它们的载波相位测量值之差，即

$$\phi_{ur}^{(i)} = \phi_u^{(i)} - \phi_r^{(i)} \tag{7.14}$$

将式（7.13A）和式（7.13B）代入上述单差计算公式，得

$$\phi_{ur}^{(i)} = \lambda^{-1}\left(r_{ur}^{(i)} - I_{ur}^{(i)} + T_{ur}^{(i)}\right) + f\delta t_{ur} + N_{ur}^{(i)} + \varepsilon_{\phi,ur}^{(i)} \tag{7.15}$$

式中， δt_{ur} , $I_{ur}^{(i)}$ 和 $T_{ur}^{(i)}$ 的定义见式（7.8），而剩下的几项参量也可类似地定义为

$$r_{ur}^{(i)} = r_u^{(i)} - r_r^{(i)} \tag{7.16A}$$

$$N_{ur}^{(i)} = N_u^{(i)} - N_r^{(i)} \tag{7.16B}$$

$$\varepsilon_{\phi,ur}^{(i)} = \varepsilon_{\phi,u}^{(i)} - \varepsilon_{\phi,r}^{(i)} \tag{7.16C}$$

显然，由两个整数相减得到的单差整周模糊度 $N_{ur}^{(i)}$ 仍是一个整数，一旦 $N_{ur}^{(i)}$ 的值被正确地求解出来，单差载波相位 $\phi_{ur}^{(i)}$ 就成为既没有模糊度又具有高精度的单差距离测量值。

式（7.15）表明，卫星钟差 $\delta t^{(i)}$ 单差后被彻底消除，而单差测量噪声 $\varepsilon_{\phi,ur}^{(i)}$ 的均方差却增大到原载波相位测量噪声 $\varepsilon_{\phi,u}^{(i)}$ （或 $\varepsilon_{\phi,r}^{(i)}$ ）均方差的 $\sqrt{2}$ 倍。接收机钟差之差 δ_{ur} 对不同卫星来说是相同的，它将通过 7.2.2 节的双差消除。式（7.15）还表明，如果我们要求基于载波相位测量值的相对定位的精度达到厘米级，那么单差载波相位测量值 $\phi_{ur}^{(i)}$ 所含的误差也应被控制在厘米级内。如果单差的测量误差超过半个波长（约 10 cm），那么随后对单差整周模糊度 $N_{ur}^{(i)}$ 的求解很可能引入一个整波长的错误。

若用户与基准站相距不远，则单差电离层延时 $I_{ur}^{(i)}$ 约等于零，而当两者又位于同一高度时，单差对流层延时 $T_{ur}^{(i)}$ 也会接近零。这样，对短基线系统来说，式（7.15）可进一步简化成

$$\phi_{ur}^{(i)} = \lambda^{-1} r_{ur}^{(i)} + f\delta t_{ur} + N_{ur}^{(i)} + \varepsilon_{\phi,ur}^{(i)} \tag{7.17}$$

与 7.1.2 节一样，虽然卫星星历误差未出现在以上对单差观测方程式的推导过程中，但是这一误差成分经过单差后实际上也被基本消除。

当接收机锁定某一卫星信号时，它对该卫星信号的载波相位测量值中的整周模糊度值就保持不变；反过来，当接收机对信号失锁再重捕时，整周模糊度在信号失锁前后通常不再是同一个值。有时接收机表面上对信号保持锁定，但其载波相位测量值实际上发生了失周现象，即整周模糊度

在数值上有某个整数周的跳变。本章假定考虑的所有卫星信号全被持续锁定，于是各个载波相位测量值的整周模糊度均相应地保持不变。

考虑到相对定位的目标是求解出基线向量 $\boldsymbol{b}_{ur}$，我们现在试图将基线向量 $\boldsymbol{b}_{ur}$ 与单差载波相位测量值 $\phi_{ur}^{(i)}$ 联系起来。如图 7.7 所示，用户与基准站到卫星 i 的单差几何距离 $r_{ur}^{(i)}$，等于用户到基准站的基线向量 $\boldsymbol{b}_{ur}$ 在基准站对卫星 i 观测方向 $\boldsymbol{I}_r^{(i)}$ 上投影长度的相反数，即

$$r_{ur}^{(i)} = -\boldsymbol{b}_{ur} \cdot \boldsymbol{I}_r^{(i)} \tag{7.18}$$

式中，点号"·"代表点积（又称内积）运算符。对我们正在考虑的短基线系统来说，由于 GPS 卫星离基准站和用户的距离远大于基线长度，因此在用户位置与在基准站位置对同一卫星的观测向量可认为是相互并行的。当然，如果基线很长，那么用户位置与基准站位置的卫星观测方向会有一些差别，上述公式就需要做相应的修改。假设用户与基准站接收机共同对 M 颗不同的卫星产生测量值，且它们组成的在同一时刻的 M 个单差载波相位测量值为 $\phi_{ur}^{(1)}, \phi_{ur}^{(2)}, \cdots, \phi_{ur}^{(M)}$，那么相应的 M 个单差载波相位观测方程式可排列在一起，组成一个如下的矩阵方程式：

$$\begin{bmatrix} \phi_{ur}^{(1)} \\ \phi_{ur}^{(2)} \\ \vdots \\ \phi_{ur}^{(M)} \end{bmatrix} = \lambda^{-1} \begin{bmatrix} -(\boldsymbol{I}_r^{(1)})^{\mathrm{T}} & 1 \\ -(\boldsymbol{I}_r^{(2)})^{\mathrm{T}} & 1 \\ \vdots & \vdots \\ -(\boldsymbol{I}_r^{(M)})^{\mathrm{T}} & 1 \end{bmatrix} \begin{bmatrix} \boldsymbol{b}_{ur} \\ c\delta t_{ur} \end{bmatrix} + \begin{bmatrix} N_{ur}^{(1)} \\ N_{ur}^{(2)} \\ \vdots \\ N_{ur}^{(M)} \end{bmatrix} \tag{7.19}$$

式中，各个测量噪声量 $\varepsilon_{\phi,ur}^{(i)}$ 被省去，而等号右边的系数矩阵与第 5 章伪距定位中的几何矩阵 $\boldsymbol{G}$ 相一致。为了避免与整周模糊度参量相混淆，我们在此特意将测量值的数目记为 M，而不是第 5 章中一直采用的 N。在上述矩阵方程中，三维基线向量 $\boldsymbol{b}_{ur}$ 和单差接收机钟差 δt_{ur} 是需要被求解的未知量，加上 M 个未知的单差整周模糊度，该方程共包含 $M+4$ 个未知数，多于方程式个数 M。然而，一旦确定各个单差整周模糊度的值，基线向量 $\boldsymbol{b}_{ur}$ 就可被精确地求解出来。

我们现在来查看几何矩阵 $\boldsymbol{G}$ 对相对定位的影响。如果将卫星 i 的单差载波相位测量值 $\phi_{ur}^{(i)}$ 在两个相邻测量时刻 t_n 与 t_{n+1} 分别记为 $\phi_{ur,n}^{(i)}$ 与 $\phi_{ur,n+1}^{(i)}$，将这两个时刻如式（7.19）所示的矩阵方程那样相减，有

$$\begin{bmatrix} \phi_{ur,n+1}^{(1)} \\ \phi_{ur,n+1}^{(2)} \\ \vdots \\ \phi_{ur,n+1}^{(M)} \end{bmatrix} - \begin{bmatrix} \phi_{ur,n}^{(1)} \\ \phi_{ur,n}^{(2)} \\ \vdots \\ \phi_{ur,n}^{(M)} \end{bmatrix} = \lambda^{-1}\boldsymbol{G}_{n+1} \begin{bmatrix} \boldsymbol{b}_{ur,n+1} \\ c\delta t_{ur,n+1} \end{bmatrix} - \lambda^{-1}\boldsymbol{G}_n \begin{bmatrix} \boldsymbol{b}_{ur,n} \\ c\delta t_{ur,n} \end{bmatrix} \tag{7.20}$$

式中，单差整周模糊度向量被前后抵消。若 $\Delta\boldsymbol{b}_{ur}$ 与 $\Delta\delta t_{ur}$ 分别代表这两个时刻之间基线向量 $\boldsymbol{b}_{ur}$ 与单差接收机钟差 δt_{ur} 的变化量，即

$$\begin{bmatrix} \Delta\boldsymbol{b}_{ur} \\ \Delta\delta t_{ur} \end{bmatrix} = \begin{bmatrix} \boldsymbol{b}_{ur,n+1} \\ \delta t_{ur,n+1} \end{bmatrix} - \begin{bmatrix} \boldsymbol{b}_{ur,n} \\ \delta t_{ur,n} \end{bmatrix} \tag{7.21}$$

则式（7.20）可改写成

$$\begin{bmatrix} \phi_{ur,n+1}^{(1)} - \phi_{ur,n}^{(1)} \\ \phi_{ur,n+1}^{(2)} - \phi_{ur,n}^{(2)} \\ \vdots \\ \phi_{ur,n+1}^{(M)} - \phi_{ur,n}^{(M)} \end{bmatrix} = \lambda^{-1}\boldsymbol{G}_{n+1} \begin{bmatrix} \Delta\boldsymbol{b}_{ur} \\ c\cdot\Delta\delta t_{ur} \end{bmatrix} + \lambda^{-1}(\boldsymbol{G}_{n+1} - \boldsymbol{G}_n) \begin{bmatrix} \boldsymbol{b}_{ur,n} \\ c\delta t_{ur,n} \end{bmatrix} \tag{7.22}$$

我们从式（7.22）中可以看出以下几点[43]：首先，因为相对定位值变化量（$\Delta\boldsymbol{b}_{ur}$ 和 $\Delta\delta t_{ur}$）前面

的系数矩阵是几何矩阵 $\boldsymbol{G}_{n+1}$，所以如同第 5 章利用伪距求解绝对定位值那样，利用单差载波相位测量值求解相对定位值变化量一般不成问题；其次，因为 $\boldsymbol{G}_{n+1}$ 与 $\boldsymbol{G}_n$ 之差的第四列元素全为零，所以未知量 $\delta t_{ur,n}$ 实际上不再影响方程式（7.22），也就是说，它不能从该方程式中被求解出来；最后，由于相对定位值（$\boldsymbol{b}_{ur,n}$）前面的系数矩阵是两时刻之间的几何矩阵变化量 $\boldsymbol{G}_{n+1}-\boldsymbol{G}_n$，因此当卫星几何分布状况变化很小时，求解相对定位值一般会引入很大的误差。

类似地，我们可将伪距组合成单差伪距测量值。基准站接收机 r 与用户接收机 u 对卫星 i 的伪距观测方程式已分别由式（7.2）与式（7.6）给出，那么在短基线情形下，它们对卫星 i 的单差伪距测量值 $\rho_{ur}^{(i)}$ 的定义及其观测方程式为

$$\rho_{ur}^{(i)}=\rho_u^{(i)}-\rho_r^{(i)}=r_{ur}^{(i)}+c\delta t_{ur}+\varepsilon_{\rho,ur}^{(i)} \tag{7.23}$$

7.2.2 双差

如图 7.6(b)所示，每个双差测量值都涉及两台接收机在同一时刻对两颗卫星的测量值，它在两颗不同卫星的单差之间进行差分，即在站间和星间各求一次差分。我们马上会看到，双差能进一步消除测量值中的接收机钟差。

如图 7.7 所示，假设用户接收机 u 和基准站接收机 r 同时跟踪卫星 i 和卫星 j，那么式（7.17）给出了这两台接收机对卫星 i 的单差载波相位测量值 $\phi_{ur}^{(i)}$，它们对卫星 j 的单差载波相位测量值 $\phi_{ur}^{(j)}$ 为

$$\phi_{ur}^{(j)}=\lambda^{-1}r_{ur}^{(j)}+f\delta t_{ur}+N_{ur}^{(j)}+\varepsilon_{\phi,ur}^{(j)} \tag{7.24}$$

给定同一测量时刻的单差 $\phi_{ur}^{(i)}$ 和 $\phi_{ur}^{(j)}$，由它们组成的双差载波相位测量值 $\phi_{ur}^{(ij)}$ 定义如下：

$$\phi_{ur}^{(ij)}=\phi_{ur}^{(i)}-\phi_{ur}^{(j)} \tag{7.25}$$

将式（7.17）和式（7.24）代入上式，得双差测量值 $\phi_{ur}^{(ij)}$ 的观测方程式为

$$\phi_{ur}^{(ij)}=\lambda^{-1}r_{ur}^{(ij)}+N_{ur}^{(ij)}+\varepsilon_{\phi,ur}^{(ij)} \tag{7.26}$$

式中，

$$r_{ur}^{(ij)}=r_{ur}^{(i)}-r_{ur}^{(j)} \tag{7.27A}$$

$$N_{ur}^{(ij)}=N_{ur}^{(i)}-N_{ur}^{(j)} \tag{7.27B}$$

$$\varepsilon_{\phi,ur}^{(ij)}=\varepsilon_{\phi,ur}^{(i)}-\varepsilon_{\phi,ur}^{(j)} \tag{7.27C}$$

虽然由式（7.25）定义的双差是先求站间差再求星间差得到的，但这与先求星间差再求站间差得到的双差数值上是相等的。式（7.26）表明双差能够彻底消除接收机钟差和卫星钟差，但代价是双差测量值噪声 $\varepsilon_{\phi,ur}^{(ij)}$ 的均方差会增加到原先单差测量噪声 $\varepsilon_{\phi,ur}^{(i)}$ 均方差的 $\sqrt{2}$ 倍，一般约为 1 cm，即大致为 0.05 个载波 L1 的波长。

双差载波相位确定基线向量 $\boldsymbol{b}_{ur}$ 的关键测量值，以下建立双差 $\phi_{ur}^{(ij)}$ 与基线向量 $\boldsymbol{b}_{ur}$ 之间的关系方程式。类似于式（7.18），对于卫星 j，我们有

$$r_{ur}^{(j)}=-\boldsymbol{b}_{ur}\cdot\boldsymbol{1}_r^{(j)} \tag{7.28}$$

将式（7.18）和式（7.28）代入式（7.27A），得

$$r_{ur}^{(ij)}=-\boldsymbol{b}_{ur}\cdot\boldsymbol{1}_r^{(i)}+\boldsymbol{b}_{ur}\cdot\boldsymbol{1}_r^{(j)}=-\left(\boldsymbol{1}_r^{(i)}-\boldsymbol{1}_r^{(j)}\right)\cdot\boldsymbol{b}_{ur} \tag{7.29}$$

再将上式代入式（7.26），得

$$\phi_{ur}^{(ij)} = -\lambda^{-1}\left(\boldsymbol{I}_r^{(i)} - \boldsymbol{I}_r^{(j)}\right)\cdot \boldsymbol{b}_{ur} + N_{ur}^{(ij)} + \varepsilon_{\phi,ur}^{(ij)} \tag{7.30}$$

上式给出了双差 $\phi_{ur}^{(ij)}$ 与基线向量 $\boldsymbol{b}_{ur}$ 之间的关系，其中等号左边 $\phi_{ur}^{(ij)}$ 是根据式（7.25）由同一时刻的 4 个载波相位测量值计算出来的双差载波相位测量值，它是一个已知量，等号右边的 $\boldsymbol{b}_{ur}$ 是一个待求的三维基线向量，双差整周模糊度 $N_{ur}^{(ij)}$ 是一个未知整数。双差重新定义了整周模糊度，即双差测量值中的整周模糊度 $N_{ur}^{(ij)}$ 不再等同于原先单差测量中的整周模糊度 $N_{ur}^{(i)}$ 或 $N_{ur}^{(j)}$。

由于用户和基准站接收机要用两颗不同卫星的载波相位测量值（对两颗不同卫星的单差测量值）才能线性组合成一个双差测量值，如果两台接收机同时对 M 颗卫星有测量值，那么 M 对载波相位测量值（M 个单差测量值）的两两之间共能产生 $M(M-1)$ 个双差测量值，但是只有其中的 $M-1$ 个双差值相互独立。也就是说，双差技术的另一个代价是牺牲一个观测方程式。假设 $M-1$ 个相互独立的双差载波相位测量值被表达成 $\phi_{ur}^{(21)}, \phi_{ur}^{(31)}, \cdots, \phi_{ur}^{(M1)}$，每个双差值有一个类似于式（7.30）的观测方程式，那么这 $M-1$ 个双差观测方程式集中在一起就可组成一个如下的矩阵方程式：

$$\begin{bmatrix} \phi_{ur}^{(21)} \\ \phi_{ur}^{(31)} \\ \vdots \\ \phi_{ur}^{(M1)} \end{bmatrix} = \lambda^{-1} \begin{bmatrix} -\left(\boldsymbol{I}_r^{(2)} - \boldsymbol{I}_r^{(1)}\right)^{\mathrm{T}} \\ -\left(\boldsymbol{I}_r^{(3)} - \boldsymbol{I}_r^{(1)}\right)^{\mathrm{T}} \\ \vdots \\ -\left(\boldsymbol{I}_r^{(M)} - \boldsymbol{I}_r^{(1)}\right)^{\mathrm{T}} \end{bmatrix} \boldsymbol{b}_{ur} + \begin{bmatrix} N_{ur}^{(21)} \\ N_{ur}^{(31)} \\ \vdots \\ N_{ur}^{(M1)} \end{bmatrix} \tag{7.31}$$

式中，双差测量噪声 $\varepsilon_{\phi,ur}^{(i1)}$ 被省略。若接收机能确定上述矩阵方程式中的各个双差整周模糊度值 $N_{ur}^{(i1)}$，则基线向量 $\boldsymbol{b}_{ur}$ 就能由该方程式求解出来，进而实现相对定位。式（7.31）选择编号为1的卫星为双差运算中的参考卫星，因此它的单差值 $\phi_{ur}^{(1)}$ 进入以上所有 $M-1$ 个双差值 $\phi_{ur}^{(i1)}$。不难理解，为了确保各个双差测量值的精确性，参考卫星的单差值应尽可能精确，而具有高仰角的卫星通常成为参考卫星的首选。

类似于双差载波相位测量值的组合机制，对应于不同站间和星间的伪距测量值也可组成双差伪距。在短基线情形下，式（7.23）给出了用户接收机 u 和基准站接收机 r 对卫星 i 的单差伪距观测方程式，而对卫星 j 的单差伪距 $\rho_{ur}^{(j)}$ 可写成

$$\rho_{ur}^{(j)} = r_{ur}^{(j)} + c\delta t_{ur} + \varepsilon_{\rho,ur}^{(j)} \tag{7.32}$$

这样，接收机 u 和 r 对卫星 i 和 j 的双差伪距测量值 $\rho_{ur}^{(ij)}$ 的定义及其观测方程式就为

$$\rho_{ur}^{(ij)} = \rho_{ur}^{(i)} - \rho_{ur}^{(j)} = r_{ur}^{(ij)} + \varepsilon_{\rho,ur}^{(ij)} \tag{7.33}$$

对比式（7.26）与式（7.33）可以看出，双差伪距的优点是其不含整周模糊度，但测量噪声 $\varepsilon_{\rho,ur}^{(ij)}$ 的均方差远高于双差载波相位测量噪声 $\varepsilon_{\phi,ur}^{(ij)}$ 的均方差。在本章随后的分析中，我们假定双差伪距的测量噪声均方差为 1 m，双差载波相位的测量噪声均方差为 0.05 周[43]。

如果两台接收机对 M 颗卫星有伪距测量值，那么 $M-1$ 个相互独立的双差伪距观测方程式可以组成一个如下的矩阵方程式：

$$\begin{bmatrix} \rho_{ur}^{(21)} \\ \rho_{ur}^{(31)} \\ \vdots \\ \rho_{ur}^{(M1)} \end{bmatrix} = \begin{bmatrix} -\left(\boldsymbol{I}_r^{(2)} - \boldsymbol{I}_r^{(1)}\right)^{\mathrm{T}} \\ -\left(\boldsymbol{I}_r^{(3)} - \boldsymbol{I}_r^{(1)}\right)^{\mathrm{T}} \\ \vdots \\ -\left(\boldsymbol{I}_r^{(M)} - \boldsymbol{I}_r^{(1)}\right)^{\mathrm{T}} \end{bmatrix} \boldsymbol{b}_{ur} \tag{7.34}$$

给出足够多的双差伪距测量值后，接收机理论上可由上述矩阵方程式求解出基线向量 $\boldsymbol{b}_{ur}$。类似于 4.5.1 节中的载波相位平滑伪距技术，双差载波相位 $\phi_{ur}^{(ij)}$ 可用来平滑相应的双差伪距 $\rho_{ur}^{(ij)}$，降低双差伪距的测量噪声。事实上，这种平滑技术也可以用卡尔曼滤波来实现，即首先利用双差载波相位测量值的变化量来预测下一时刻的双差伪距滤波值，接着利用实际的双差伪距测量值来校正双差伪距滤波结果[58]。被平滑或滤波后的双差伪距测量值既有较低的测量噪声，又保持着无整周模糊度的优点，我们常将这些测量值代入式（7.34），将解得的基线向量 $\boldsymbol{b}_{ur}$ 作为该基线向量的一个初始估计值。

7.2.3 三差

虽然双差消除了单差中的接收机钟差误差，但是双差载波相位测量值 $\phi_{ur}^{(ij)}$ 仍有一个不是相对定位最终关心的双差整周模糊度 $N_{ur}^{(ij)}$。可以想象，当用户与基准站两端的接收机均持续锁定卫星信号时，这些未知的双差整周模糊度值会保持不变，因此不同时刻的双差载波相位测量值之差可以抵消双差整周模糊度。如图 7.6(c)所示，每个三差测量值涉及两台接收机在两个时刻对两颗卫星的载波相位测量值，它对两个测量时刻的双差再进行差分，最终消除整周模糊度这一未知参量。

假如我们将 t_n 测量时刻的双差载波相位测量值 $\phi_{ur}^{(ij)}$ 记为 $\phi_{ur,n}^{(ij)}$，那么该时刻的三差 $\Delta\phi_{ur,n}^{(ij)}$ 定义为 t_n 与 t_{n-1} 时刻的双差之差，即

$$\Delta\phi_{ur,n}^{(ij)} = \phi_{ur,n}^{(ij)} - \phi_{ur,n-1}^{(ij)} \tag{7.35}$$

根据双差载波相位观测方程式（7.26），可得

$$\Delta\phi_{ur,n}^{(ij)} = \lambda^{-1}\Delta r_{ur,n}^{(ij)} + \Delta\varepsilon_{\phi,ur,n}^{(ij)} \tag{7.36}$$

式中，$\Delta r_{ur,n}^{(ij)}$ 和 $\Delta\varepsilon_{\phi,ur,n}^{(ij)}$ 的定义与式（7.35）相类似，即

$$\Delta r_{ur,n}^{(ij)} = r_{ur,n}^{(ij)} - r_{ur,n-1}^{(ij)} \tag{7.37A}$$

$$\Delta\varepsilon_{\phi,ur,n}^{(ij)} = \varepsilon_{\phi,ur,n}^{(ij)} - \varepsilon_{\phi,ur,n-1}^{(ij)} \tag{7.37B}$$

假定基线向量 $\boldsymbol{b}_{ur}$ 不随时间变化，将双差几何距离 $r_{ur}^{(ij)}$ 与基线向量 $\boldsymbol{b}_{ur}$ 的关系式（7.29）代入式（7.36），得

$$\Delta\phi_{ur,n}^{(ij)} = -\lambda^{-1}\Delta\left(\boldsymbol{I}_{r,n}^{(i)} - \boldsymbol{I}_{r,n}^{(j)}\right)\cdot\boldsymbol{b}_{ur} + \Delta\varepsilon_{\phi,ur,n}^{(ij)} \tag{7.38}$$

考虑到用户与基准站接收机对 M 颗卫星的载波相位测量值能组成 $M-1$ 个相互独立的双差，而每个双差在 t_n 与 t_{n-1} 两个测量时刻的值又能组成一个三差，两台接收机对 M 颗卫星连续两个时刻的载波相位测量值可以相应地组成 $M-1$ 个三差。这 $M-1$ 个如式（7.38）所示的三差载波相位观测方程式集中在一起，可以组成一个如下的矩阵方程式：

$$\begin{bmatrix} \Delta\phi_{ur,n}^{(21)} \\ \Delta\phi_{ur,n}^{(31)} \\ \vdots \\ \Delta\phi_{ur,n}^{(M1)} \end{bmatrix} = \lambda^{-1}\begin{bmatrix} -\Delta\left(\boldsymbol{I}_{r,n}^{(2)} - \boldsymbol{I}_{r,n}^{(1)}\right)^{\mathrm{T}} \\ -\Delta\left(\boldsymbol{I}_{r,n}^{(3)} - \boldsymbol{I}_{r,n}^{(1)}\right)^{\mathrm{T}} \\ \vdots \\ -\Delta\left(\boldsymbol{I}_{r,n}^{(M)} - \boldsymbol{I}_{r,n}^{(1)}\right)^{\mathrm{T}} \end{bmatrix}\boldsymbol{b}_{ur} \tag{7.39}$$

虽然三差可以用来计算基线向量 $\boldsymbol{b}_{ur}$ 而实现相对定位，但是如 7.2.1 节末对式（7.22）的讨论中指出的那样，由于上式等号右边系数矩阵对应的精度因子（DOP）值一般较大，因此利用三差测量

值获得的相对定位的精度不高，除非接收机等到卫星几何分布在前后两个测量时刻发生了显著的变化为止[59]。不过，将多个三差值集中在一起有利于接收机检测出哪些载波相位测量值发生了失周错误。

至此，载波相位测量值中的所有误差和整周模糊度经过三次差分后就被全部消除，然而它也付出了相应的代价，包括差分测量噪声变强、相互独立的差分测量值数目变少以及差分观测方程式中的 DOP 值变差等。如果综合考虑测量误差、噪声和精度因子三方面的因素，那么由高阶差分定位方程得到的定位结果精度未必一定高于由低阶差分定位方程得到的定位结果精度。最后要再次指出的是，在这三种差分测量值中，双差载波相位是用来实现相对定位的关键测量值。

7.2.4 相对定位的根本问题

通过对前几节内容的学习，我们应当认识到利用载波相位测量值实现精密相对定位的根本问题是对测量值中整周模糊度的求解。一旦整周模糊度值被正确地求解出来，载波相位测量值就变成无模糊度的高精度距离测量值，随后的定位问题也就迎刃而解。为了加深理解这一本质，我们考虑以下一个简单的静态一维相对定位问题。

在如图 7.8(a)所示的一维相对定位问题中，静态用户接收机 u 只可能位于一条过基准站接收机 r 的东西方向的直线上，且这两台接收机同时持续地跟踪卫星 i 的信号，而我们希望用户接收机根据两台接收机同时对该卫星的载波相位测量值求解出它们之间的基线长度 b_{ur}。假设用户接收机与基准站接收机在 t_1 时刻对卫星 i 的载波相位测量值分别为 $\phi_{u,1}^{(i)}$ 与 $\phi_{r,1}^{(i)}$，相应的观测方程式分别为式（7.13A）与式（7.13B），那么由此组成的单差测量值 $\phi_{ur,1}^{(i)}$ 的观测方程式就形同于式（7.17）。为了简化这个一维相对定位问题，我们假定用户接收机与基准站接收机的时钟相互同步，于是单差 $\phi_{ur,1}^{(i)}$ 的观测方程式（7.17）可改写成

$$\phi_{ur,1}^{(i)} = \lambda^{-1} b_{ur} \cos\theta_1 + N_{ur}^{(i)} \tag{7.40}$$

式中，θ_1 是基准站位置（等同于用户位置）的卫星观测方向与基线向量之间的夹角，基线长度 b_{ur} 与 θ_1 余弦的乘积为单差几何距离 $r_{ur}^{(i)}$，而噪声量 $\varepsilon_{\phi,ur,1}^{(i)}$ 被略去。

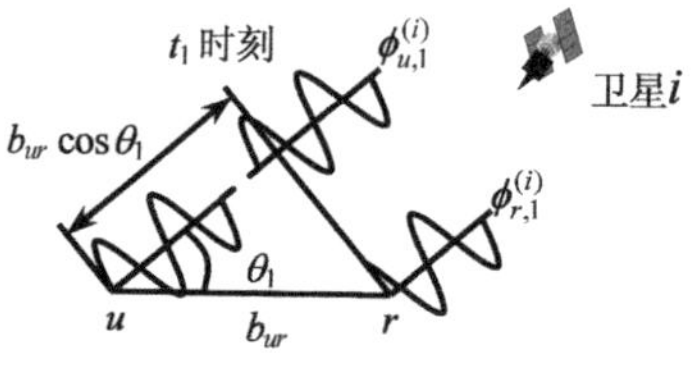

(a)一维相对定位问题

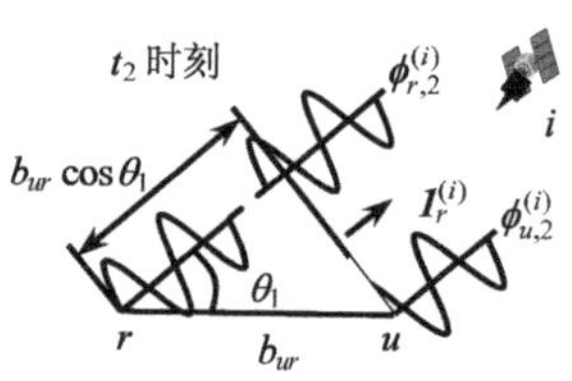

(b)天线位置交换

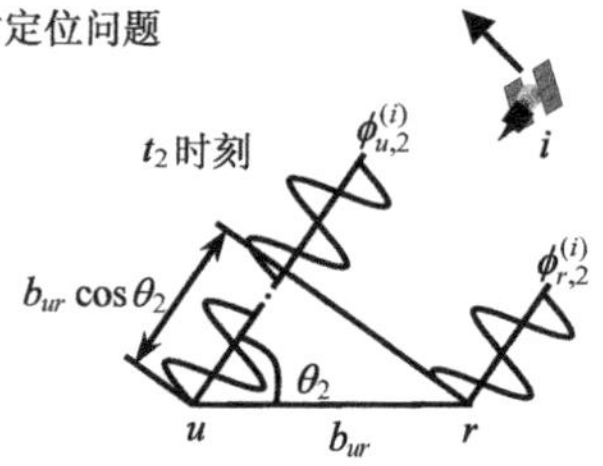

(c)几何多样性

图 7.8　静态一维相对定位问题及其求解

在式（7.40）中，等号左边的 $\phi_{ur,1}^{(i)}$ 是单差测量值，等号右边的夹角 θ_1 可根据基准站位置和卫星位置被准确地计算出来，基线长度 b_{ur} 是要求解的未知量，而整周模糊度 $N_{ur}^{(i)}$ 也是未知的。由

于方程式（7.40）中包含 b_{ur} 和 $N_{ur}^{(i)}$ 两个未知数，因此仅根据单个时刻的单差载波相位测量值是不能完成相对定位的。为了求解出基线长度 b_{ur} 而实现相对定位，用户接收机必须首先确定整周模糊度 $N_{ur}^{(i)}$ 的值。尽管这只是一个简化的一维相对定位问题，但是现实中基于载波相位测量值的三维相对定位问题，归根结底同样是一个整周模糊度的求解问题，只不过后者涉及更多的卫星测量值和更多的未知变量。7.4 节中将继续讨论一维相对定位的求解方法。

在本节的末尾，我们将简单介绍航姿测量和精密单点定位。在前面的一维相对定位问题中，卫星观测方向与基线向量之间的夹角是已知的，而我们希望利用载波相位测量值来求解基线长度；反过来，如果基线长度是已知的，那么我们应同样可以利用载波相位测量值来求解这个夹角。因为这个夹角与接收机载体（如飞机、轮船和汽车等）的姿态角有直接或间接的关联，所以后一种求解过程实质上是对载体姿态（或称航姿）的测定。为了利用 GPS 实现航姿测定，载体上通常安装有两副或多副 GPS 接收天线，且它们之间的距离是经过精心选定和测量过的。为了减小接收机的公共误差，这些天线接收到的信号交由同一台接收机全部处理。GPS/INS 姿态角精密测量系统必须考虑将在 8.1.4 节中提到的杠杆臂补偿，并解决由于接收天线之间的基线与 INS 惯性传感方向不完全一致引起的问题。一旦确定两副天线之间的测量值整周模糊度，载体的运动方位等各种姿态角也就能相应地得到确定[9]。载体姿态测量对车辆、飞机和轮船等载体的自动与安全控制有着重要应用，而利用 GPS 进行载体姿态测量也成为 GPS 的一个重要应用领域[45, 50]。

差分与精密定位至少需要来自两台接收机的测量值，并且要通过差分消除测量误差；然而，对载波相位测量值仅来自单台接收机的非差相定位来说，因为它不具有应用差分技术的资源，所以那些未经差分而被消除的测量误差会导致定位精度下降，但是这种状况正在发生变化。现在，我们可以从国际 GNSS 服务（IGS）那里近乎实时地获得精度非常高（可达厘米级）的 GNSS 卫星轨道和卫星钟差数据信息，再凭借双频接收机测量出的电离层延时，单台接收机的载波相位不经差分也能实现精密定位。我们称这种基于单台接收机而实现精密定位的方法为*精密单点定位*（PPP），其定位精度可达分米级至厘米级。与本章所要重点探讨的差相式精密定位相比，非差相操作给精密单点定位带来了很多优势。由于消除了对基准站的依赖，精密单点定位系统的运行变得简单，成本变低，不再要求用户接收机与基准站接收机对卫星进行同时跟踪和测量，且它的定位精度在不同的地方可以说是一致的，不再受所谓的基线距离长短的影响。当然，精密单点定位在实际应用中也面临不少挑战，其中的一个问题是如何缩短定位前的初始化时间，另一个问题是如何求解载波相位测量值中被卫星和接收机初相位偏差破坏而变成非整数值的整周模糊度。有关精密单点定位的更多介绍，请参阅文献[2, 24, 39]等。

7.3　多频测量值的组合

由 2.6 节可知，GPS 现代化计划将在 L1, L2 和 L5 三个载波频率上同时发射 GPS 信号，它们的频率 f_1, f_2 和 f_5 分别为 1575.42 MHz、1227.60 MHz 和 1176.45 MHz，相应的波长 λ_1, λ_2 和 λ_5 分别约为 19 cm, 24.4 cm 和 25.5 cm，这些值之间存在如下的比率关系：

$$f_1 : f_2 : f_5 = \frac{1}{\lambda_1} : \frac{1}{\lambda_2} : \frac{1}{\lambda_5} = 154 : 120 : 115 \tag{7.41}$$

多频载波相位测量值为整周模糊度的求解提供了契机，本节首先介绍多频测量值的组合，然后在 7.4.5 节中详细分析一种利用组合后的测量值来求解整周模糊度的算法。

7.3.1 线性组合

对不同频率上的载波相位测量值进行组合，实际上是通过拍频组合出新的虚拟测量值。本节首先对多频测量值进行一般意义上的线性组合，然后在接下来的 7.3.2 节中介绍线性组合的三种特殊形式。

为了掌握线性组合而成的测量值中的各个误差成分的情况，我们将在以下的讨论中保留所有各项测量误差，即将双差载波相位测量值 $\phi_{ur}^{(ij)}$ 的观测方程式（7.26）改写成

$$\phi_{ur}^{(ij)} = \lambda^{-1}\left(r_{ur}^{(ij)} + g_{ur}^{(ij)} + T_{ur}^{(ij)} - I_{ur}^{(ij)}\right) + N_{ur}^{(ij)} + \varepsilon_{\phi,ur}^{(ij)} \tag{7.42}$$

式中，$g_{ur}^{(ij)}$ 是双差卫星星历误差（或双差卫星轨道误差），$T_{ur}^{(ij)}$ 是双差对流层延时，$I_{ur}^{(ij)}$ 是双差电离层延时，它们的定义与式（7.27）相类似。同样，双差伪距测量值 $\rho_{ur}^{(ij)}$ 的观测方程式可以由式（7.33）改写成

$$\rho_{ur}^{(ij)} = r_{ur}^{(ij)} + g_{ur}^{(ij)} + T_{ur}^{(ij)} + I_{ur}^{(ij)} + \varepsilon_{\rho,ur}^{(ij)} \tag{7.43}$$

式（7.42）中的双差载波相位测量值 $\phi_{ur}^{(ij)}$ 是以周为单位的，为了方便讨论和表达，我们定义一个以米为单位的双差载波相位测量值 Φ，它与 ϕ 的关系如下：

$$\Phi = \lambda\phi \tag{7.44}$$

这样，式（7.42）就可写成

$$\Phi_{ur}^{(ij)} = r_{ur}^{(ij)} + g_{ur}^{(ij)} + T_{ur}^{(ij)} - I_{ur}^{(ij)} + \lambda N_{ur}^{(ij)} + \varepsilon_{\Phi,ur}^{(ij)} \tag{7.45}$$

因为这一节要处理的数据全部是双差测量值，为了简化表达，我们将省略在双差测量值符号中的一对接收机下标“*ur*”和一对卫星上标“*ij*”。然而，为了区分不同的载波频率，我们将添加一个代表不同载波频率的下标。为了使这里的讨论更具普遍性，我们用“1”“2”和“3”来标注三种不同的频率，它们的一个具体实例是分别对应 L1, L2 和 L5 的三个 GPS 载波频率，且这也是我们所要关心的一种情况。

考虑某台三频接收机，它在某个时刻的三频双差载波相位测量值分别为

$$\phi_1 = \lambda_1^{-1}(r + g + T - I_1) + N_1 + \varepsilon_{\phi,1} \tag{7.46A}$$

$$\phi_2 = \lambda_2^{-1}(r + g + T - I_2) + N_2 + \varepsilon_{\phi,2} \tag{7.46B}$$

$$\phi_3 = \lambda_3^{-1}(r + g + T - I_3) + N_3 + \varepsilon_{\phi,3} \tag{7.46C}$$

相应的双差伪距测量值分别为

$$\rho_1 = r + g + T + I_1 + \varepsilon_{\rho,1} \tag{7.47A}$$

$$\rho_2 = r + g + T + I_2 + \varepsilon_{\rho,2} \tag{7.47B}$$

$$\rho_3 = r + g + T + I_3 + \varepsilon_{\rho,3} \tag{7.47C}$$

根据电离层延时与载波频率的关系方程式（4.43），可得不同载波频率信号上双差电离层延时之间的关系如下：

$$I_2 = \frac{\lambda_2^2}{\lambda_1^2} I_1 \tag{7.48A}$$

$$I_3 = \frac{\lambda_3^2}{\lambda_1^2} I_1 \tag{7.48B}$$

对三频双差载波相位测量值 ϕ_1, ϕ_2 和 ϕ_3 进行线性组合的通用公式可以表达成[21, 67]

$$\phi_{k_1,k_2,k_3} = k_1\phi_1 + k_2\phi_2 + k_3\phi_3 \tag{7.49}$$

式中，系数 k_1, k_2 和 k_3 既可是整数，又可是非整数，我们将上式所示的组合标记成(k_1, k_2, k_3)。将式（7.46）中的各个双差测量值观测方程式代入上式，得到组合测量值的观测方程式为

$$\phi_{k_1,k_2,k_3} = \left(\frac{k_1}{\lambda_1} + \frac{k_2}{\lambda_2} + \frac{k_3}{\lambda_3}\right)(r + g + T) - \left(\frac{k_1}{\lambda_1} + \frac{k_2\lambda_2}{\lambda_1^2} + \frac{k_3\lambda_3}{\lambda_1^2}\right)I_1 + N_{k_1,k_2,k_3} + \varepsilon_{\phi,k_1,k_2,k_3} \tag{7.50}$$

式中，组合测量值 ϕ_{k_1,k_2,k_3} 中的整周模糊度 N_{k_1,k_2,k_3} 为

$$N_{k_1,k_2,k_3} = k_1N_1 + k_2N_2 + k_3N_3 \tag{7.51}$$

当系数 k_1, k_2 和 k_3 均为整数时，未知的整周模糊度 N_{k_1,k_2,k_3} 必定也是整数。

根据式（7.50），我们可以定义组合测量值 ϕ_{k_1,k_2,k_3} 的波长 λ_{k_1,k_2,k_3} 为

$$\lambda_{k_1,k_2,k_3} = \frac{1}{\dfrac{k_1}{\lambda_1} + \dfrac{k_2}{\lambda_2} + \dfrac{k_3}{\lambda_3}} \tag{7.52}$$

可见，系数 k_1, k_2 和 k_3 的不同设置可以构建为不同长短的组合测量值波长 λ_{k_1,k_2,k_3}。因为波长通常定义为一个正数，所以对系数 k_1, k_2 和 k_3 进行取值的一个限制条件为

$$\frac{k_1}{\lambda_1} + \frac{k_2}{\lambda_2} + \frac{k_3}{\lambda_3} > 0 \tag{7.53}$$

我们发现，波长 λ_{k_1,k_2,k_3} 越长，相应组合测量值 ϕ_{k_1,k_2,k_3} 中的整周模糊度值 N_{k_1,k_2,k_3} 越容易被求解。

我们假定在不同频率上的载波相位测量误差相互独立，且以米为单位的测量误差均方差都等于它们的相应波长的 α 倍，那么经过双差后的测量误差均方差增大到波长的 2α 倍，也就是说，双差载波相位测量值 Φ_1, Φ_2 和 Φ_3 的误差均方差可以统一写成[67]

$$\sigma_{\Phi_i} = 2\alpha\lambda_i \tag{7.54}$$

式中，$i = 1, 2, 3$。经如式（7.49）所示的线性组合后，组合测量值 Φ_{k_1,k_2,k_3} 的误差均方差为

$$\sigma_{\Phi_{k1,k2,k3}} = \sqrt{k_1^2 + k_2^2 + k_3^2}\, 2\alpha\lambda_{k_1,k_2,k_3} \tag{7.55}$$

可见，组合测量值的误差均方差 $\sigma_{\Phi_{k1,k2,k3}}$ 除了与原本的载波相位测量噪声有关，还与系数 k_1, k_2 和 k_3 的取值大小有关。对整数系数线性组合而言，组合测量值的误差均方差 $\sigma_{\Phi_{k1,k2,k3}}$ 必定不小于 $2\alpha\lambda_{k_1,k_2,k_3}$。可以想象，较大的误差均方差 $\sigma_{\Phi_{k1,k2,k3}}$ 将不利于求解组合测量值 ϕ_{k_1,k_2,k_3} 中的整周模糊度 N_{k_1,k_2,k_3}。然而，因为组合后的电离层延时等误差残余大小很难被估算，因此决定一个合适的组合测量值误差均方差门限一般来说并不简单。对 7.4.3 节中利用伪距进行四舍五入取整的这类整周模糊度求解算法而言，一个常用的标准是要求载波相位测量误差均方差小于半个相应的载波周长[34]。根据这个标准，一个噪声量被控制得较低的多频测量值线性组合应满足

$$\sigma_{\Phi_{k1,k2,k3}} < \frac{1}{2}\lambda_{k_1,k_2,k_3} \tag{7.56}$$

而上式相当于

$$k_1^2 + k_2^2 + k_3^2 < \left(\frac{1}{4\alpha}\right)^2 \tag{7.57}$$

7.2.2 节曾假设双差载波相位的测量噪声均方差为 0.05 周，也就是说，α 的值假定等于 0.025。当 α 为 0.025 时，$k_1^2 + k_2^2 + k_3^2$ 的值应小于 100。这样，为了控制组合测量值的噪声量，除了满足

式（7.53），组合系数 k_1, k_2 和 k_3 的取值还应受到类似于式（7.57）的约束。

组合测量值 ϕ_{k_1,k_2,k_3} 的观测方程式（7.50）表明，ϕ_{k_1,k_2,k_3} 中以周为单位的电离层延时 I_{k_1,k_2,k_3} 为

$$I_{k_1,k_2,k_3} = \left(\frac{k_1}{\lambda_1} + \frac{k_2\lambda_2}{\lambda_1^2} + \frac{k_3\lambda_3}{\lambda_1^2}\right) I_1 \tag{7.58}$$

它显然也是一个关于系数 k_1, k_2 和 k_3 的函数。为了提高定位精度并有利于整周模糊度的求解，这些系数值应被适当地选择，使组合电离层延时 I_{k_1,k_2,k_3} 尽可能小。特别地，当系数 k_1, k_2 和 k_3 的值满足条件

$$\frac{k_1}{\lambda_1} + \frac{k_2\lambda_2}{\lambda_1^2} + \frac{k_3\lambda_3}{\lambda_1^2} = 0 \tag{7.59}$$

时，组合电离层延时 I_{k_1,k_2,k_3} 理论上等于零，组合测量值不再受电离层的影响，此时称满足式（7.59）的组合为*电离层无关*（IF）组合。例如，整系数(77, –60, 0)是对载波 L1 和 L2 双频测量值的一种电离层无关组合，但它不满足式（7.57）的条件，因此有着很高的测量噪声[11]。

双差几何距离 r、双差卫星星历误差 g 和双差对流层延时 T 的总和常被称为*双差几何误差* G，而式（7.50）表明组合测量值 ϕ_{k_1,k_2,k_3} 中以周为单位的组合几何误差 G_{k_1,k_2,k_3} 为

$$G_{k_1,k_2,k_3} = \left(\frac{k_1}{\lambda_1} + \frac{k_2}{\lambda_2} + \frac{k_3}{\lambda_3}\right)(r + g + T) \tag{7.60}$$

当系数 k_1, k_2 和 k_3 满足条件

$$\frac{k_1}{\lambda_1} + \frac{k_2}{\lambda_2} + \frac{k_3}{\lambda_3} = 0 \tag{7.61}$$

时，组合几何误差 G_{k_1,k_2,k_3} 等于零，此时组合测量值波长 λ_{k_1,k_2,k_3} 为无穷大，称满足式（7.61）的组合为*几何无关*（GF）组合。

不同系数值的组合(k_1, k_2, k_3)能够产生具有不同特性的组合测量值 ϕ_{k_1,k_2,k_3}，对多频测量值进行线性组合的一个重要任务是，在所有有效组合中进行筛选，使相应的组合测量值具有或者接近具有低噪、电离层无关、几何无关和长波长等众多有利于求解整周模糊度与提高相对定位精度的良好特性。例如，整系数组合(1, –6, 5)非常接近电离层无关组合，也能有效压制几何误差，但缺点是具有约半周大的高测量噪声。7.3.2 节介绍三种特殊的线性组合，有关多频测量值线性组合及其特性的更多讨论，请参阅文献[18, 67]等。

7.3.2 窄巷、宽巷和超宽巷组合

我们在 7.4 节中会发现，在相同测量噪声量的条件下，组合测量值的载波波长越长，对其载波相位整周模糊度的求解就越有利。GPS 载波 L1, L2 和 L5 的波长分别为 19 cm, 24.4 cm 和 25.5 cm，通过对这些多频信号测量值进行线性组合，可以人为地创造具有长波长的组合测量值，促进整周模糊度准确而又快速地求解，这就是宽巷化技术。

由传统 L1 和 L2 双频双差载波相位测量值 ϕ_1 和 ϕ_2 组成的双差宽巷载波相位测量值 ϕ_w 定义为

$$\phi_w = \phi_1 - \phi_2 \tag{7.62}$$

也就是说，宽巷组合是(1, –1, 0)组合。直接利用 7.3.1 节中的相关结果，可得双差宽巷测量值 ϕ_w 的观测方程式为

$$\phi_w = \lambda_w^{-1}(r + g + T) - I_w + N_w + \varepsilon_{\phi,w} \tag{7.63}$$

式中，载波波长 λ_w 与频率 f_w 分别为

$$\lambda_w = (\lambda_1^{-1} - \lambda_2^{-1})^{-1} = \frac{c}{f_1 - f_2} \tag{7.64}$$

$$f_w = \frac{c}{\lambda_w} = f_1 - f_2 \tag{7.65}$$

整周模糊度 N_w 为

$$N_w = N_1 - N_2 \tag{7.66}$$

若双差载波相位测量值以米为单位，则宽巷组合的定义式（7.62）变为

$$\Phi_w = \frac{f_1}{f_w}\Phi_1 - \frac{f_2}{f_w}\Phi_2 = \frac{154}{34}\Phi_1 - \frac{120}{34}\Phi_2 \tag{7.67}$$

可见，如果双频 f_1 与 f_2 的值很接近，那么值 f_1 与 f_2 之差 f_w 远小于 f_1 和 f_2，导致波长 λ_w 很长。根据载波 L1 与 L2 的频率和波长值，我们可以计算出由 L1 和 L2 组合而成的宽巷信号的频率 f_w 为 347.82 MHz，相应的波长 λ_w 长达 86.2 cm。由式（7.58）和式（7.60）可知，宽巷组合的电离层无关程度和几何无关程度还能让人接受。

虽然宽巷化能够让双差宽巷载波相位测量值 ϕ_w 中整周模糊度 N_w 的求解变得相对容易，但也要付出代价，即前面多次提到的被放大的测量噪声。继续假定 ϕ_1 与 ϕ_2 之间的测量误差互不相关，且它们以周为单位的误差均方差 σ_{ϕ_1} 与 σ_{ϕ_2} 相等，那么根据式（7.55）可得宽巷测量值 Φ_w 的误差均方差 σ_{Φ_w} 为

$$\sigma_{\Phi_w} = \sqrt{2}\frac{f_1}{f_w}\sigma_{\Phi_1} = 6.41\sigma_{\Phi_1} \tag{7.68}$$

也就是说，双差宽巷载波相位测量值 Φ_w 以米为单位的误差均方差 σ_{Φ_w}，增大为原先 L1 双差载波相位测量误差均方差 σ_{Φ_1} 的 6.41 倍，因此直接利用双差宽巷载波相位测量值 Φ_w 解得的相对定位的精度一般不会很高。

由 L1 和 L2 双频双差载波相位测量值 ϕ_1 和 ϕ_2 组成的双差窄巷载波相位测量值 ϕ_n 定义为

$$\phi_n = \phi_1 + \phi_2 \tag{7.69}$$

也就是说，窄巷组合是(1, 1, 0)组合，它的观测方程式为

$$\phi_n = \lambda_n^{-1}(r + g + T) - I_n + N_n + \varepsilon_{\phi,n} \tag{7.70}$$

式中，载波波长 λ_n 与频率 f_n 分别为

$$\lambda_n = (\lambda_1^{-1} + \lambda_2^{-1})^{-1} = \frac{c}{f_1 + f_2} = \frac{c}{f_n} \tag{7.71}$$

$$f_n = \frac{c}{\lambda_n} = f_1 + f_2 \tag{7.72}$$

若双差载波相位测量值以米为单位，则窄巷组合的定义式（7.69）变为

$$\Phi_n = \frac{f_1}{f_n}\Phi_1 + \frac{f_2}{f_n}\Phi_2 = \frac{154}{274}\Phi_1 + \frac{120}{274}\Phi_2 \tag{7.73}$$

需要提醒的是，这里的下标“n”代表窄巷，而不代表测量历元或其他。

双差窄巷载波相位测量值 ϕ_n 的频率 f_n 是双频 f_1 与 f_2 之和，即 2803.02 MHz，相应的波长 λ_n 变短至 10.7 cm。不难理解，变短的波长 λ_n 不利于求解双差窄巷载波相位测量值 ϕ_n 中的整周模糊度 N_n，事实上，窄巷化的动机也不是帮助求解整周模糊度。关于测量噪声大小的假设与前面相

同时，双差窄巷载波相位测量值 Φ_n 的误差均方差 σ_{Φ_n} 为

$$\sigma_{\Phi_n} = \sqrt{2}\frac{f_1}{f_n}\sigma_{\Phi_1} = 0.795\sigma_{\Phi_1} \tag{7.74}$$

也就是说，双差窄巷载波相位测量值 Φ_n 以米为单位的误差均方差 σ_{Φ_n}，要比原先 L1（和 L2）双差载波相位测量误差均方差 σ_{Φ_1} 小，因此它适用于精密定位。

在前面的宽巷组合中，两个来自不同频率信号的双差载波相位测量值相减后，就会创建一个波长较长的组合载波相位测量值。基于宽巷技术的这种思路，如果给定更多不同频率的测量值，且这些频率值的分布恰当，则具有更长波长的超宽巷测量值就可能被组合出来。考虑到 GPS 的 L1, L2 和 L5 这三个载波的频率值 f_1, f_2 和 f_3（这里将 f_5 写成 f_3）分别等于 1575.42 MHz, 1227.60 MHz 和 1176.45 MHz，三者之间总共可以形成以下三种频率差：

$$f_{w13} = f_1 - f_3 = 398.97\,\text{MHz} \tag{7.75}$$

$$f_{w12} = f_1 - f_2 = 347.82\,\text{MHz} \tag{7.76}$$

$$f_{w23} = f_2 - f_3 = 51.15\,\text{MHz} \tag{7.77}$$

相应的波长 $\lambda_{w13}, \lambda_{w12}$ 和 λ_{w23} 分别为 75.1 cm, 86.2 cm 和 586.1 cm，均大于组合前任何一个单频测量值的波长。若继续将 L1 与 L2 的(1, −1, 0)组合称为宽巷，则根据波长 $\lambda_{w13}, \lambda_{w12}$ 和 λ_{w23} 的长短，我们称 L1 与 L5 的(1, 0, −1)组合为**中巷组合**，而称 L2 与 L5 的(0, 1, −1)组合为**超宽巷组合**。双差超宽巷载波相位测量值具有很小的以周为单位的测量噪声，这对整周模糊度的求解极为有利，但是超宽巷测量值以米计的噪声均方差较高，一般不宜直接应用于精密定位计算。

7.4 整周模糊度的求解技术

我们认识到，利用载波相位测量值进行精密相对定位的根本问题，是求解测量值，尤其是求解双差测量值的整周模糊度。无论是在学术研究上还是在商业利益上，求解 GPS 载波相位测量值中的整周模糊度一直引发着世界各国有关人员的极大兴趣，大量的求解方案不断地被提出。在本节讨论多种整周模糊度求解算法之前，首先介绍这些算法的分类、基本步骤和性能评价等基本状况。

按精密相对定位的应用不同，整周模糊度求解算法大致分成两类：一类是用于接收机可以静止几小时甚至几天的静态定位，另一类是包括实时动态（RTK）在内的非静态定位，.1.1 节末已对 RTK 系统做了简单的介绍。不同的应用系统要求整周模糊度的求解在不同的状态、条件下完成，例如，是静态定位还是动态定位、是长基线还是短基线、是实时处理还是后处理、基线长度是已知的还是未知的等。GPS 载波相位整周模糊度的求解仍是精密 RTK 测绘和导航应用中的一个关键性技术难题，它不但要求移动中的用户接收机在不经过静态初始化的情况下完成整周模糊度的求解，而且要求接收机能容忍不时发生的对卫星信号的跟踪失锁。

按照所用测量值的时间长短来分，整周模糊度求解算法分为单历元（也称快速）和多历元两类。单历元整周模糊度求解算法只用一个测量时刻的测量值就可求解出整周模糊度，但在多路径、大气延时等误差的影响下，这类算法容易收敛至某个局部最小值而非全域最小值，获得正确解的成功率不高；相反，多历元整周模糊度求解算法观察、利用一长段时间内的众多测量值，因此收敛于全域最小值的成功率较高。

不同的整周模糊度求解算法有不同的求解思路，将在 7.4.3 节中介绍的利用伪距帮助估算整周模糊度的取整方法是最简单、最直接的一种，其他算法则集中于求解一个整数型最小二乘问题。

基于求解整数型最小二乘问题的整周模糊度求解算法一般将某个目标函数最小化，如目前应用得最多的是使模糊度残余平方和最小。由于整数型最小二乘问题不存在解析解，因此一类整周模糊度求解算法是依据某种准则通过搜索来确定模糊度的，而在那些基于模糊度残余平方和最小原则的整数型最小二乘估算法中，较为著名的有最小二乘模糊度搜索算法（LSAST）[28]、优化 Cholesky 分解算法[19]、将在 7.4.4 节中介绍的 LAMBDA 算法、快速模糊度搜索滤波法（FASF）[7, 8]、快速模糊度解算法（FARA)[23]、OMEGA 算法[36]、零空间方法[42]等。在这些搜索算法中，被人们广为接受的 LAMBDA 算法不但具有较好的性能，而且其理论体系也比较完善。还有一类将在 7.4.5 节中介绍的整周模糊度求解算法不需要搜索，它利用不同频率的测量值组合出不同波长的测量值，并且逐级确定它们的整周模糊度。关于对整周模糊度求解算法进行分类的更多讨论，请参考文献[1, 31, 37]等。

整周模糊度的求解一般分两步完成：首先通过一定的算法求解出整周模糊度，然后验证解得的整周模糊度值的正确性。模糊度残余值的大小通常用来验证整周模糊度求解值的正误，有的验证方法需要首先求解出最优和次优两个整周模糊度解。关于整周模糊度值的验证过程，请参阅文献[62]等。

评价一个整周模糊度求解算法的好坏时，依据的指标通常是其计算量和准确度。然而，考虑到 GPS 测量数据不同等因素，要公正可靠地比较不同算法的性能事实上是比较难的。例如，对一个 RTK 系统来说，其性能指标表现在很多方面，其中求解整周模糊度的初始化时间、整周模糊度求解的可靠性和定位精度最重要，但这三者是相互关联的，很难撇开一方而比较另一方[66]。

最后，需要指出的是，既然载波相位测量值中的整周模糊度能被求解出来，那么测量值中的周跳错误自然能被检测出来，且还有可能被修复[3]。

7.4.1 交换天线位置

7.2.4 节介绍了一个静态一维相对定位问题，还给出了一个在 t_1 时刻的关于基线长度 b_{ur} 和整周模糊度 $N_{ur}^{(i)}$ 两个未知量的单差观测方程式（7.40）。为了简化对该静态一维相对定位问题的讨论，我们假定在考虑的时段内夹角 θ_1 保持不变，且单差整周模糊度 $N_{ur}^{(i)}$ 的值依旧固定不变。那么，由式（7.40）可知，尽管载波相位测量值 $\phi_u^{(i)}$ 和 $\phi_r^{(i)}$ 随时间变化，但它们之间的单差值 $\phi_{ur}^{(i)}$ 并不随时间改变，也就是说，不同时刻的单差观测方程式与式（7.40）完全相同。因此，让两台接收机在我们考虑的时段内保持静止不动，无助于相对定位的实现。

交换用户与基准站的接收天线的位置，可以人为地改变卫星与基线之间的几何关系，创造出一个新的方程式[47]。如图 7.8(b)所示，在天线位置得到交换后的 t_2 时刻，用户与基准站接收机的载波相位测量值分别变为 $\phi_{u,2}^{(i)}$ 与 $\phi_{r,2}^{(i)}$，由它们组成的单差 $\phi_{ur,2}^{(i)}$ 为

$$\phi_{ur,2}^{(i)} = -\lambda^{-1} b_{ur} \cos\theta_1 + N_{ur}^{(i)} \tag{7.78}$$

将式（7.40）与上式相减，得

$$\phi_{ur,1}^{(i)} - \phi_{ur,2}^{(i)} = 2\lambda^{-1} b_{ur} \cos\theta_1 \tag{7.79}$$

解得基线长度 b_{ur} 为

$$b_{ur} = \frac{\phi_{ur,1}^{(i)} - \phi_{ur,2}^{(i)}}{2\lambda^{-1}\cos\theta_1} \tag{7.80}$$

同时，将上式代回式（7.40）或式（7.78），可以求解出整周模糊度 $N_{ur}^{(i)}$ 的值为

$$N_{ur}^{(i)} = \frac{\phi_{ur,1}^{(i)} + \phi_{ur,2}^{(i)}}{2} \tag{7.81}$$

当然，由上式得到的整周模糊度 $N_{ur}^{(i)}$ 不一定是一个整数。确定 $N_{ur}^{(i)}$ 的值后，任何时刻的单差值 $\phi_{ur}^{(i)}$ 都不再含有整周模糊度，此时不管用户接收机在一维直线上如何运动，都能随即获得高精度的相对定位值。

以上利用单差测量值进行的相对定位假定用户与基准站接收机之间的时钟相互同步，而若两台接收机的时钟不同步，那么可以用能消除接收机钟差的双差载波相位测量值来实现相对定位。假设用户与基准站接收机同时跟踪卫星 i 和 j，那么根据 7.2.2 节给出的双差测量值观测方程式（7.26），可以写出交换天线位置前后的双差测量值，由此也能求解出双差整周模糊度和基线长度。

虽然交换天线位置能够人为地改变卫星与基线之间的几何关系，为求解整周模糊度和基线长度创造条件，但并不是任何一个现实中的应用或系统都具有这种可以相互交换天线位置的许可或机会。此外，交换天线位置的方法本身也存在不少缺陷，比如这一交换天线位置的操作过程要求两台接收机持续地锁定同一个卫星信号。

7.4.2 几何多样性

在用户接收机和基准站接收机分别锁定卫星信号的前提下，卫星的轨道运动引起的几何变化可以为求解整周模糊度和实现相对定位提供另一个契机，这种求解整周模糊度的方法被称为几何多样性。在本节中，我们继续以 7.2.4 节中的静态一维相对定位问题为例来介绍求解整周模糊度的几何多样性技术[32]。

图 7.8(a)所示为卫星 i 与两台接收机之间在时刻 t_1 的几何关系，图 7.8(c)所示为它们在时刻 t_2 的几何关系，尽管用户和基准站的位置未发生任何变化，由于卫星的轨道运动，接收机对卫星的观测方向与基线向量的夹角由时刻 t_1 的 θ_1 变成了时刻 t_2 的 θ_2。类似于时刻 t_1 的单差观测方程式（7.40），时刻 t_2 的单差 $\phi_{ur,2}^{(i)}$ 可表达成

$$\phi_{ur,2}^{(i)} = \lambda^{-1} b_{ur} \cos\theta_2 + N_{ur}^{(i)} \tag{7.82}$$

式中，我们继续假定两台接收机在时刻 t_1 至 t_2 期间持续锁定信号，因此单差整周模糊度 $N_{ur}^{(i)}$ 在这两个时刻的值相等。这样，式（7.40）和式（7.82）一起就可以组成如下一个矩阵方程式：

$$\begin{bmatrix} \phi_{ur,1}^{(i)} \\ \phi_{ur,2}^{(i)} \end{bmatrix} = \begin{bmatrix} \cos\theta_1 & 1 \\ \cos\theta_2 & 1 \end{bmatrix} \begin{bmatrix} \lambda^{-1} b_{ur} \\ N_{ur}^{(i)} \end{bmatrix} \tag{7.83}$$

从中我们可以解得基线长度 b_{ur} 和整周模糊度 $N_{ur}^{(i)}$ 如下：

$$\begin{bmatrix} \lambda^{-1} b_{ur} \\ N_{ur}^{(i)} \end{bmatrix} = \frac{1}{\cos\theta_1 - \cos\theta_2} \begin{bmatrix} 1 & -1 \\ -\cos\theta_2 & \cos\theta_1 \end{bmatrix} \begin{bmatrix} \phi_{ur,1}^{(i)} \\ \phi_{ur,2}^{(i)} \end{bmatrix} \tag{7.84}$$

如果 t_1 至 t_2 的时段与卫星的轨道运行周期相比很短，以至于卫星位置相对于基线的几何关系在该时段内变化甚微，也就是说，角度 θ_1 与 θ_2 的值几乎相等，那么式（7.83）中等号右边系数矩阵的两个行向量接近线性相关。在这种几何多样性不佳的情况下，即使单差测量值 $\phi_{ur,1}^{(i)}$ 和 $\phi_{ur,2}^{(i)}$ 含有很小的噪声或误差，也能在如式（7.84）所示的方程解中引入巨大的定位误差。因此，为了提高方程解的质量，用户接收机需要等到卫星几何发生足够大的变化，这就意味着完成相对定位需要经历一段很长的时间。早期的 GPS 测绘方法采用过这种几何多样性技术，显然它的工作效率低下。此外，由式（7.84）给出的整周模糊度值 $N_{ur}^{(i)}$ 一般来说不会凑巧是一个整数，

这是该方法的又一个缺点。不过，在借助伪卫星的一些差分系统中，几何多样性或许存在一定的实用价值[10]。

7.4.3 利用伪距的取整估算法

比较伪距观测方程式（4.81A）与载波相位观测方程式（4.81B）后，4.5.2 节提出了利用伪距 ρ_k 来帮助求解载波相位 ϕ_k 中的整周模糊度的取整估算法。类似地，比较双差伪距 ρ_1 的观测方程式（7.47A）与双差载波相位 ϕ_1 的观测方程式（7.46A）后，我们可得 ϕ_1 中双差整周模糊度 N_1 的估算值 $\hat{N}_1$ 如下：

$$\hat{N}_1 = \left[\phi_1 - \frac{\rho_1}{\lambda_1}\right] \tag{7.85}$$

式中，“[ ]”表示四舍五入取整运算。因为双差测量值中的几何距离 r、卫星星历误差 g 和对流层延时 T 在式（7.85）中被抵消，因此这种利用伪距的整周模糊度估算法是几何无关的。

利用双差伪距估算整周模糊度值 N_1 的准确度受制于双差伪距测量值 ρ_1 的精度。ρ_1 的精度是如前所述的 1 m 时，由上式得到的整周模糊度估算值 $\hat{N}_1$ 的误差可达 5 个波长，而这对精密定位系统来说不是一个小数字。式（7.85）仅根据单个时刻的双差载波相位和伪距测量值来估算整周模糊度，而为了提高这种估算的准确度，我们可以首先收集多个时刻的整周模糊度估算值，然后将它们的平均值取整后作为最终估计值。不过，参与平均运算的数据必须尽量互不相关，而这一般可以通过加长两个相邻数据点之间的时间间隔来实现。

式（7.85）表明，如果双差伪距 ρ_1 的测量噪声量一定，那么波长 λ_1 越长，求解整周模糊度的取整运算就越可靠，这就是 7.3 节中希望通过宽巷技术组合出长波长测量值的原因。同时，较低的双差载波相位 ϕ_1 的测量噪声量也有利于整周模糊度的求解，而正如式（7.56）指出的那样，四舍五入取整的整周模糊度求解算法要求双差载波相位 ϕ_1 的测量噪声均方差小于半周。

假设我们按 7.3.2 节介绍的那样组合出双差宽巷载波相位测量值 ϕ_w，那么比较它的观测方程式（7.63）与双差伪距 ρ_1 的观测方程式（7.47A），可得如下利用双差伪距 ρ_1 取整估算双差宽巷载波相位测量值 ϕ_w 中整周模糊度 N_w 的公式：

$$\hat{N}_w = \left[\phi_w - \frac{\rho_1}{\lambda_w}\right] \tag{7.86}$$

对此时的多频接收机而言，若双差伪距测量值 ρ_2 比 ρ_1 精确，则 ρ_2 可用来替代上式中的 ρ_1。假定双差伪距 ρ_1 的测量精度仍为 1 m，因为宽巷波长 λ_w 为 86.2 cm，所以由上式得到的整周模糊度值的估算误差约为 1.2 个波长，也就是说，整周模糊度 N_w 的真正值只可能为估算值 $\hat{N}_w$ 邻近的三个整数值中的其中一个。若接收机能利用多个不同时刻的测量值 ϕ_w 和 ρ_1，则整周模糊度的估算精度经平均或滤波处理后还可进一步提高。正确求解出双差宽巷测量值 ϕ_w 的整周模糊度 N_w 后，$\lambda_w(\phi_w - N_w)$ 就相当于变成了高精度的伪距测量值，同时我们还可以求解出原先双频双差测量值 ϕ_1 与 ϕ_2 中整周模糊度 N_1 与 N_2 的值。在式（7.46A）、式（7.46B）和式（7.66）中，只有 r, N_1 和 N_2 三个参量为未知数，其余的各个双差误差量均认为等于零，于是包括整周模糊度 N_1 和 N_2 在内的这些未知量就应能被全部求解出来[15]。

因为超宽巷的波长为 586.1 cm，而载波 L5 上的双差伪距 ρ_3（或载波 L2 上的双差伪距 ρ_2）的测量精度仍假定为 1 m，所以根据类似于式（7.86）的这种利用伪距的取整算法解得的双差超宽巷载波相位测量值整周模糊度的精度可达 0.17 周。也就是说，基本上单个时刻的测量值就可以正确地求解出双差超宽巷载波相位测量值的整周模糊度值。

对多频接收机，我们还可以将不同频率信号上的双差伪距和双差载波相位测量值排列在一起，一并求解出其中的各个整周模糊度值[65]。以双频为例，我们有第一个频率上的双差载波相位和双差伪距观测方程式（7.46A）和（7.47A），加上第二个频率上测量值的观测方程式（7.46B）和（7.47B），这四个方程式包含双差几何距离 r、双差整周模糊度 N_1 和 N_2 三个未知数，而其余的各个误差量在短基线情况下可视为零，于是我们可以利用加权最小二乘法等方法一并求解出 N_1 和 N_2，然后取整。双频测量值给予了检测不同频率测量值之间是否相一致的机会，使得这种整周模糊度求解方法有着较小的整周模糊度估算误差均方差。然而，这种基于双频测量值的整周模糊度求解方法有两个明显的缺陷：一是它未利用对其他卫星的相互独立的双差测量值；二是它未对双频测量值进行宽巷化组合。

7.4.4 LAMBDA 算法

对 RTK 等非静态系统来说，我们希望能够尽可能快速、简单且可靠地完成整周模糊度的求解，但是前面介绍的交换天线位置和几何多样性两种整周模糊度求解方法在多数情况下缺乏实际应用价值，而利用伪距的取整法一般仅对整周模糊度值进行估算。本节介绍的 LAMBDA 算法是一种双差整周模糊度的快速求解法，它可应用于实时动态和静态定位系统，原则上只针对短基线。本节的内容主要参考了文献[6, 14, 52, 53, 54]等。

7.2.2 节给出了某一时刻的双差载波相位定位方程式（7.31），它由接收机对 M 个卫星信号的载波相位测量值生成的 $M-1$ 个双差观测方程式组成，其中包含了 $M-1$ 个相互独立的双差整周模糊度和三维基线向量，共 $(M-1)+3$ 个未知量。我们继续假定接收机锁定了各个卫星信号，也就是说，这 $M-1$ 个相互独立的双差整周模糊度值保持不变。进行静态相对定位时，由于基线向量保持不变，因此对单频接收机来说，每个测量时刻可产生 $M-1$ 个新方程式，而 $(M-1)+3$ 个未知量的值全部保持不变。当用户单频接收机运动时，每个测量时刻在增加 $M-1$ 个新方程的同时，未知量个数也增加三个。无论是对静态相对定位还是对动态相对定位，笼统地说，方程式和未知量的个数会随测量时刻的增加而不断增加，实现相对定位最终仍然需要求解一个与式（7.31）类似的方程式。

方程式（7.31）关于双差整周模糊度是线性的，但通常意义上它关于基线向量 $\boldsymbol{b}_{ur}$ 不是线性的。根据 5.1 节的知识，我们可在迭代求解计算中将一个非线性问题线性化。因此，我们不妨将基于双差载波相位的相对定位方程统一写成如下的线性矩阵形式：

$$\boldsymbol{y} = \boldsymbol{A}(\Delta\boldsymbol{b}_{ur}) + \boldsymbol{B}\boldsymbol{N} \tag{7.87}$$

式中，$\boldsymbol{y}$ 是接收机给出的双差载波相位测量值向量，$\Delta\boldsymbol{b}_{ur}$ 可以理解成未知的基线向量或基线向量校正量，$\boldsymbol{N}$ 是待求解的双差整周模糊度向量，$\boldsymbol{A}$ 和 $\boldsymbol{B}$ 是常系数矩阵，其他一些未知的测量误差和噪声均被忽略。一大类整周模糊度求解算法基于最小二乘原理，它们的最优解($\Delta\boldsymbol{b}_{ur}, \boldsymbol{N}$)能使测量残余的平方和最小，即

$$\min_{\Delta\boldsymbol{b}_{ur},\boldsymbol{N}} \left\|\boldsymbol{y} - \boldsymbol{A}(\Delta\boldsymbol{b}_{ur}) - \boldsymbol{B}\boldsymbol{N}\right\|^2 = \min_{\Delta\boldsymbol{b}_{ur},\boldsymbol{N}} \left(\boldsymbol{y} - \boldsymbol{A}(\Delta\boldsymbol{b}_{ur}) - \boldsymbol{B}\boldsymbol{N}\right)^{\mathrm{T}} \left(\boldsymbol{y} - \boldsymbol{A}(\Delta\boldsymbol{b}_{ur}) - \boldsymbol{B}\boldsymbol{N}\right) \tag{7.88}$$

或者更普遍地说，使测量残余的加权平方和最小，即

$$\min_{\Delta\boldsymbol{b}_{ur},\boldsymbol{N}} \left\|\boldsymbol{y} - \boldsymbol{A}(\Delta\boldsymbol{b}_{ur}) - \boldsymbol{B}\boldsymbol{N}\right\|_{\boldsymbol{C}}^2 = \min_{\Delta\boldsymbol{b}_{ur},\boldsymbol{N}} \left(\boldsymbol{y} - \boldsymbol{A}(\Delta\boldsymbol{b}_{ur}) - \boldsymbol{B}\boldsymbol{N}\right)^{\mathrm{T}} \boldsymbol{C} \left(\boldsymbol{y} - \boldsymbol{A}(\Delta\boldsymbol{b}_{ur}) - \boldsymbol{B}\boldsymbol{N}\right) \tag{7.89}$$

式中，式（5.23）给出了权系数矩阵 $\boldsymbol{C}$ 与权重矩阵之间的关系，如式（5.24）所示，$\boldsymbol{C}$ 通常取值为测量值 $\boldsymbol{y}$ 的误差协方差矩阵 $\boldsymbol{Q}_y$ 的逆，其中 $\boldsymbol{Q}_y$ 是对称且正定的。以最小二乘作为求解准则获得的整周模糊度结果具有最高的正确率，这就使得进行这种无偏估算的 LAMBDA 算法具有很大的吸引力[51]。

如果 $\boldsymbol{N}$ 的值不必为一列整数，那么最小二乘法可直接用来求解式（7.87），得到的浮点数值解$(\Delta\boldsymbol{b}_{ur}, \boldsymbol{N})$可以满足式（7.89）。尽管浮点解不是我们最后需要的整数解，但是它被取整后的值通常可以作为整数解的初始估计值。因为这里的整周模糊度 $\boldsymbol{N}$ 要求为整数，所以式（7.87）的最小二乘解属于整数型最小二乘问题，它的解一般来说没有解析形式[27]。求解整数型最小二乘问题的一类方法是搜索，即首先确定一个整周模糊度向量的搜索空间并且设置一个目标函数，然后计算搜索空间内各个整数值格网点上的目标函数值，最后将那个使目标函数值达到最小的整数值格网点作为整周模糊度的最优解。可见，搜索空间需要大到足以使它必定包含整周模糊度的正确解，而它又必须尽可能地小，以便减少搜索计算量。假设搜索空间是一个 $M-1$ 维的正方体，且在每个维度上搜索浮点解附近的 L 个整数，那么共需要搜索 $(M-1)^L$ 个点，而这在 M 和 L 较大时意味着很大的计算量。

需要指出的是，不管矩阵方程式（7.87）中未知量整周模糊度的个数 $M-1$ 是多大，仅有其中的三个整周模糊度才是相互独立的[28]。假定给出了三维基线向量，那么各个未知整周模糊度的值就可以由相应的观测方程式确定；反过来，假定给出其中的三个整周模糊度的值，那么基线向量和剩余整周模糊度的值也能被一一确定。这实际上给出了一种整周模糊度的求解算法：首先从一个三维基线向量的估计值及其准确度出发，确定三个整周模糊度的搜索空间，然后从每套整周模糊度搜索值出发，反解出基线向量和剩余 $M-4$ 个整周模糊度的浮点值，最后将其中使得 $M-4$ 个整周模糊度浮点解最接近整数的那一套搜索值作为最优解。

上一段简单提及的整周模糊度求解算法存在两个致命的缺陷：一是在解方程时未将所有双差测量值集中在一起来利用测量值的冗余更准确地求解方程；二是未考虑使用不同双差测量值之间的误差相关性来减小搜索空间。由 7.2.2 节可知，因为参考卫星的单差测量值已进入各个双差测量值，所以双差测量值之间存在相关性，也就是说，双差测量值向量 $\boldsymbol{y}$ 的误差协方差矩阵 $\boldsymbol{Q}_y$ 不是一个对角阵。为了提高搜索整周模糊度的计算效率，一方面可以尽力减小搜索空间，另一方面或许要采用一种更为有效的计算残余平方和的算法[37]。在减小搜索空间方面，有的算法通过空间变换将搜索空间变成了一个更加有利于搜索的空间形状，有的算法将搜索空间分层，其中对下层的搜索依赖于相应上层的搜索状况，而 LAMDA 算法同时采用了这两种思路来减小搜索空间。

为便于理解 LAMDA 算法，我们首先介绍求解一个一般性的整数型最小二乘问题。考虑如下一个简单的超定线性方程式：

$$\boldsymbol{y} = \boldsymbol{A}\boldsymbol{x} \tag{7.90}$$

式中，未知向量 $\boldsymbol{x}$ 要求是整数。整数型最小二乘法解 $\boldsymbol{x}$ 通常要求 $\boldsymbol{y}$ 与 $\boldsymbol{A}\boldsymbol{x}$ 之间的距离最短，即

$$\min_{\boldsymbol{x}} \left\| \boldsymbol{y} - \boldsymbol{A}\boldsymbol{x} \right\|_{\boldsymbol{C}}^2 \tag{7.91}$$

我们将满足式（7.91）的整数解 $\boldsymbol{x}$ 记为最优解 $\hat{\boldsymbol{x}}$。如图 7.9 所示，向量 CD 代表 $\boldsymbol{y}$，点 C 至平面 $\boldsymbol{A}$ 中任何一个格网点 E 的向量 CE 代表整数向量 $\boldsymbol{x}$ 对应的 $\boldsymbol{A}\boldsymbol{x}$。作点 D 至平面 $\boldsymbol{A}$ 的垂直投影，投影点为 P，将 $\boldsymbol{y}$ 在平面 $\boldsymbol{A}$ 上的投影向量 CP 记为 $\hat{\boldsymbol{y}}$。在由 D, E 和 P 三点组成的直角三角形中，有

$$\left\| \boldsymbol{y} - \boldsymbol{A}\boldsymbol{x} \right\|_{\boldsymbol{C}}^2 = \left\| \boldsymbol{y} - \hat{\boldsymbol{y}} \right\|_{\boldsymbol{C}}^2 + \left\| \hat{\boldsymbol{y}} - \boldsymbol{A}\boldsymbol{x} \right\|_{\boldsymbol{C}}^2 \tag{7.92}$$

由于上式等号右边的第一项与整数向量 $\boldsymbol{x}$ 的选取无关，因此式（7.91）的最小化问题就变成分别对上式等号右边两项最小化，即首先对第一项最小化而得到最优解 $\hat{\boldsymbol{y}}$，然后最小化第二项而得到最优解 $\widehat{\boldsymbol{x}}$。由 5.2 节可知，对第一项最小化恰好是求解式（7.90）的无整数约束的浮点型最小二乘问题，因此，如果浮点型最小二乘解为 $\hat{\boldsymbol{x}}$，那么 $\hat{\boldsymbol{y}}$ 等于

$$\hat{\boldsymbol{y}} = \boldsymbol{A}\hat{\boldsymbol{x}} \tag{7.93}$$

如果某个整数向量 $\widehat{\boldsymbol{x}}$ 接着能使式（7.92）的第二项最小化，那么 $\widehat{\boldsymbol{x}}$ 就是原先式（7.90）的整数型最小二乘解。

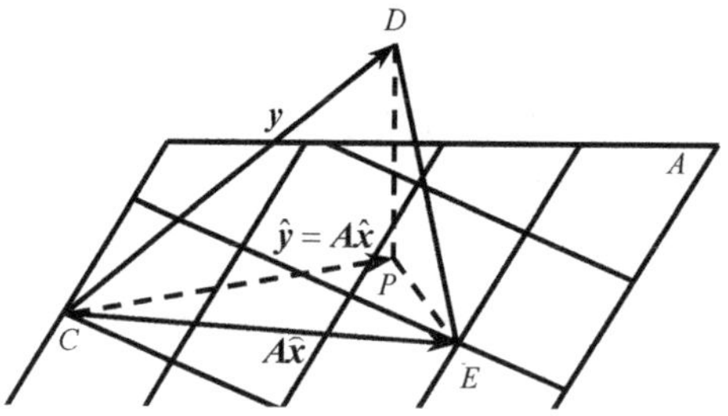

图 7.9　整数型最小二乘问题

有了以上对一般性整数型最小二乘问题的理解，从现在开始我们正式介绍 LAMBDA 算法。为了求解式（7.87），LAMBDA 算法设定了如式（7.89）所示的目标函数，并通过以下的浮点解、整周模糊度估算和整数解三步来完成对该目标函数的最小化。

第 1 步。不考虑整周模糊度 $\boldsymbol{N}$ 的整数要求而直接求解出满足式（7.89）的浮点型加权最小二乘解 $\Delta\hat{\boldsymbol{b}}_{ur}$ 和 $\hat{\boldsymbol{N}}$。这一步的浮点解已由式（5.22）给出，而式（5.25）又给出了这个解的协方差矩阵 $\boldsymbol{Q}_{[\Delta\hat{\boldsymbol{b}}_{ur};\hat{\boldsymbol{N}}]}$，其中 $[\Delta\hat{\boldsymbol{b}}_{ur};\hat{\boldsymbol{N}}]$ 是由竖向量 $\Delta\hat{\boldsymbol{b}}_{ur}$ 和 $\hat{\boldsymbol{N}}$ 先后排在一起组成的竖向量。我们将协方差矩阵 $\boldsymbol{Q}_{[\Delta\hat{\boldsymbol{b}}_{ur};\hat{\boldsymbol{N}}]}$ 分解成如下形式：

$$\boldsymbol{Q}_{[\Delta\hat{\boldsymbol{b}}_{ur};\hat{\boldsymbol{N}}]} = \mathrm{Cov}\begin{bmatrix} \Delta\hat{\boldsymbol{b}}_{ur} \\ \hat{\boldsymbol{N}} \end{bmatrix} = \begin{bmatrix} \boldsymbol{Q}_{\Delta\hat{\boldsymbol{b}}_{ur}} & \boldsymbol{Q}_{\Delta\hat{\boldsymbol{b}}_{ur},\hat{\boldsymbol{N}}} \\ \boldsymbol{Q}^T_{\Delta\hat{\boldsymbol{b}}_{ur},\hat{\boldsymbol{N}}} & \boldsymbol{Q}_{\hat{\boldsymbol{N}}} \end{bmatrix} \tag{7.94}$$

式中，$\boldsymbol{Q}_{\Delta\hat{\boldsymbol{b}}_{ur}}$ 是 $\Delta\hat{\boldsymbol{b}}_{ur}$ 的协方差矩阵，$\boldsymbol{Q}_{\hat{\boldsymbol{N}}}$ 是 $\hat{\boldsymbol{N}}$ 的协方差矩阵，$\boldsymbol{Q}_{\Delta\hat{\boldsymbol{b}}_{ur},\hat{\boldsymbol{N}}}$ 是 $\boldsymbol{Q}_{[\Delta\hat{\boldsymbol{b}}_{ur};\hat{\boldsymbol{N}}]}$ 的右上角部分，它代表 $\Delta\hat{\boldsymbol{b}}_{ur}$ 与 $\hat{\boldsymbol{N}}$ 之间的相关性。

第 2 步。以整数向量 $\boldsymbol{N}$ 与浮点解 $\hat{\boldsymbol{N}}$ 之间的距离平方为目标函数，搜索整周模糊度 $\boldsymbol{N}$，使目标函数达到最小值，即

$$\min_{\boldsymbol{N}} \left\| \boldsymbol{N} - \hat{\boldsymbol{N}} \right\|^2_{\boldsymbol{Q}^{-1}_{\hat{N}}} \tag{7.95}$$

我们将满足上式的整数解记为最优解 $\widehat{\boldsymbol{N}}$。类似于式（7.92），将式（7.91）的最小化分成两部分，第 1 步与这一步实际上也将式（7.89）分成两部分进行最小化。

对如式（7.95）所示的最小二乘问题，若 $\boldsymbol{Q}^{-1}_{\hat{N}}$ 是一个对角阵，则最优整数解 $\widehat{\boldsymbol{N}}$ 相当明显，它直接等于 $\hat{\boldsymbol{N}}$ 的四舍五入取整值。然而，我们在前面已经指出，$\boldsymbol{Q}^{-1}_{\hat{N}}$ 通常不是一个对角阵，这种不同整周模糊度值之间的相关性不再使浮点解 $\hat{\boldsymbol{N}}$ 的取整值为最优解 $\widehat{\boldsymbol{N}}$，于是最优解 $\widehat{\boldsymbol{N}}$ 需要通过搜索才能被找到。LAMBDA 算法规定了如下一个关于整周模糊度 $\boldsymbol{N}$ 整数解的搜索空间：

$$\left\| \boldsymbol{N} - \hat{\boldsymbol{N}} \right\|^2_{\boldsymbol{Q}^{-1}_{\hat{N}}} < T \tag{7.96}$$

式中，T 是一个取值适当的门限。由上式限定的搜索空间是一个多维椭球体，球体内部的整数值格网点是理论上需要一一搜索、考察的对象，其中的一个整数值格网点能满足式（7.95）。

然而，具有实际意义的权系数矩阵 $\boldsymbol{Q}_{\hat{N}}^{-1}$ 对不同测量值有不等的权重。当 $\boldsymbol{Q}_{\hat{N}}^{-1}$ 对不同测量值之间的权重相差太大时，以上椭球形搜索空间会变得相当狭长，使得最优整数解 $\check{\boldsymbol{N}}$ 看上去不一定在浮点解 $\hat{\boldsymbol{N}}$ 附近，而有可能离 $\hat{\boldsymbol{N}}$ 很远，面对这种困境，遍历搜索或许是唯一的手段。为了让最优整数解 $\check{\boldsymbol{N}}$ 出现在浮点解 $\hat{\boldsymbol{N}}$ 附近，相应地将搜索限制在 $\hat{\boldsymbol{N}}$ 附近，提高搜索效率，LAMBDA 算法通过以下 Z 变换，将原先在一个狭长椭球体内对 $\boldsymbol{N}$ 的搜索变成了在一个近似球体空间内对 $\boldsymbol{M}$ 的搜索：

$$\boldsymbol{M}-\hat{\boldsymbol{M}}=\boldsymbol{Z}(\boldsymbol{N}-\hat{\boldsymbol{N}}) \tag{7.97}$$

相应地，式（7.95）等价地变换成

$$\min_{\boldsymbol{N}}\left\|\boldsymbol{N}-\hat{\boldsymbol{N}}\right\|_{\boldsymbol{Q}_{\hat{N}}^{-1}}^{2}=\min_{\boldsymbol{M}}\left\|\boldsymbol{M}-\hat{\boldsymbol{M}}\right\|_{\boldsymbol{Z}^{-\mathrm{T}}\boldsymbol{Q}_{\hat{N}}^{-1}\boldsymbol{Z}^{-1}}^{2} \tag{7.98}$$

式中，权系数矩阵从原先的 $\boldsymbol{Q}_{\hat{N}}^{-1}$ 变为对角阵 $\boldsymbol{Z}^{-\mathrm{T}}\boldsymbol{Q}_{\hat{N}}^{-1}\boldsymbol{Z}^{-1}$。完成用来降低整周模糊度之间相关性的 Z 变换后，LAMBDA 算法才进行实质性的整周模糊度搜索求解。$\boldsymbol{Z}^{-\mathrm{T}}\boldsymbol{Q}_{\hat{N}}^{-1}\boldsymbol{Z}^{-1}$ 的确为一个对角阵时，对式（7.98）的求解会变得相当容易，它的最优整数解 $\check{\boldsymbol{M}}$ 直接等于向量 $\hat{\boldsymbol{M}}$（$\boldsymbol{Z}\hat{\boldsymbol{N}}$）的四舍五入取整值。我们接着可将最优解 $\check{\boldsymbol{M}}$ 反变换成最优整数解 $\check{\boldsymbol{N}}$，即

$$\check{\boldsymbol{N}}=\boldsymbol{Z}^{-1}\check{\boldsymbol{M}} \tag{7.99}$$

由以上的求解过程可以看出，变换矩阵 $\boldsymbol{Z}$ 及其逆矩阵 $\boldsymbol{Z}^{-1}$ 的元素均应为整数，而这不但保证了该变换是一一映射的，而且说明矩阵 $\boldsymbol{Z}$ 和 $\boldsymbol{Z}^{-1}$ 的行列式值均为 1，即变化前后搜索空间的体积保持不变。可是，具有这些特性的变换 $\boldsymbol{Z}$ 很难将 $\boldsymbol{Q}_{\hat{N}}^{-1}$ 对角化，事实上，$\boldsymbol{Z}^{-\mathrm{T}}\boldsymbol{Q}_{\hat{N}}^{-1}\boldsymbol{Z}^{-1}$ 只是一个近似的对角阵。LAMBDA 算法需要对 $\boldsymbol{Q}_{\hat{N}}^{-1}$ 进行一系列整数变换才能完成近似的对角化，然后采用基于 $\mathrm{LDL^T}$ 分解的序贯条件最小二乘法进行搜索，整个计算甚为复杂，具体的计算公式、步骤可参阅本节开头给出的参考文献。简而言之，第 2 步是 LAMBDA 算法的关键，它的输入量基本上只有 $\hat{\boldsymbol{N}}$ 和 $\boldsymbol{Q}_{\hat{N}}$，而输出量是 $\check{\boldsymbol{N}}$。

第 3 步。将整周模糊度最优整数解 $\check{\boldsymbol{N}}$ 代入式（7.87），求解出基线向量 $\Delta\boldsymbol{b}_{ur}$ 的最优“整数”解 $\Delta\check{\boldsymbol{b}}_{ur}$。

相对于 7.4.3 节中利用伪距取整的几何无关整周模糊度估算法而言，LAMBDA 属于几何有关算法。几何有关算法一般通过搜索求解出一组卫星测量值中的整周模糊度，求解的准确度受几何误差的影响。与几何有关算法相比，几何无关算法具有以下优点[29]：第一，它不易受到测量值中对流层延时误差的影响；第二，它的求解是针对某颗卫星的测量值的，而几何有关算法通常需要至少五颗卫星的测量值；第三，它不受用户接收机运动的影响，而几何有关算法对运动中的接收机可能需要推测出位置坐标；第四，由于它的方程求解运算一般有着更多的自由度，因此它可能更容易用来验证整周模糊度求解值的正确性。这些优点使得 RTK 非常倾向于采用几何无关算法。

7.4.5　逐级模糊度确定法

与 7.4.4 节的 LAMBDA 算法将双差载波相位测量值中的各个整周模糊度直接作为求解对象不同，逐级模糊度确定法（CAR）的思路是，基于宽巷测量值的整周模糊度比窄巷测量值的整周模糊度较容易求解的事实，通过对多频测量值进行线性组合，产生一系列不同拍频波长的组合测量值，然后按照从最宽巷组合到最窄巷组合的顺序逐级求解出所有组合中的整周模糊度。逐级模

糊度确定法首先是在对伽利略系统的三个频率信号测量值的组合研究中形成的，然后被扩展应用到现代化后的有三个民用频率信号的 GPS 中[22, 26, 30, 34, 61]。事实上，逐级模糊度确定法可视为 LAMBDA 算法的一种特殊情形，而关于 LAMBDA 算法与逐级模糊度确定法的比较，读者可以参阅文献[55]。

可用于实时动态测量的逐级模糊度确定法在对各级双差载波相位组合测量值的整周模糊度求解中，运用了四舍五入取整法，因此整个算法是几何无关的。逐级模糊度确定法的计算分为如下三个步骤。

第 1 步。利用双差伪距测量值 ρ_3 求解双差超宽巷载波相位测量值 ϕ_{w23} 的整周模糊度。

7.3.2 节的最后提到了波长超长的超宽巷组合(0, 1, −1)，根据式（7.50），我们可以写出由超宽巷组合而成的双差超宽巷载波相位测量值 ϕ_{w23} 的观测方程式为

$$\phi_{w23} = \lambda_{w23}^{-1}(r+g+T) - I_{w23} + N_{w23} + \varepsilon_{\phi,w23} \tag{7.100}$$

式中，双差电离层延时 I_{w23} 以周为单位。比较上式与双差伪距 ρ_3 的观测方程式（7.47C）可知，如果忽略短基线情况下的双差电离层延时残余，那么超宽巷载波相位测量值的整周模糊度 N_{w23} 的值等于

$$N_{w23} = \left[\phi_{w23} - \frac{\rho_3}{\lambda_{w23}}\right] \tag{7.101}$$

因为波长 λ_{w23} 长 586.1 cm，所以在测量值正常时，以上取整算法通常能够得到整周模糊度 N_{w23} 的正确解。

这一步之所以用载波 L5 上的双差伪距 ρ_3 而不用其他频率上的双差伪距测量值，原因是我们假定 L5 上的伪距具有最高的测量精度。对 GPS 来说，因为载波 L5 信号上的伪码率最高，所以接收机对该频率信号上码相位和伪距的测量精度通常也最高，其中的机理将在 12.1.5 节中解释。

正确确定整周模糊度 N_{w23} 的值后，双差超宽巷载波相位测量值 ϕ_{w23} 就成了没有模糊度的精确测量值，具体地说，我们可将 $(\phi_{w23} - N_{w23})\lambda_{w23}$ 视为一种高精度的双差距离测量值 $\hat{\rho}_{w23}$，即

$$\hat{\rho}_{w23} \equiv (\phi_{w23} - N_{w23})\lambda_{w23} = (r+g+T) - \lambda_{w23} I_{w23} + \varepsilon_{\Phi,w23} \tag{7.102}$$

假设各个不同频率上的双差载波相位测量值的误差均方差仍为 0.05 周，那么根据式（7.55）可知，由这一步得到的 $\hat{\rho}_{w23}$ 的误差均方差为 $0.05\times\sqrt{2}$ 周，乘以超宽巷波长 λ_{w23} 后大约相当于 41 cm。如果精密定位系统对该双差距离值 $\hat{\rho}_{w23}$ 的精度不满意，那么转入下一步；否则，以 $\hat{\rho}_{w23}$ 作为精密双差距离并跳到第 3 步。

第 2 步。利用上一步得到的无整周模糊度的双差距离测量值 $\hat{\rho}_{w23}$，求解双差宽巷载波相位测量值 ϕ_{w12} 的整周模糊度。

双差宽巷测量值 ϕ_{w12} 的观测方程式如下：

$$\phi_{w12} = \lambda_{w12}^{-1}(r+g+T) - I_{w12} + N_{w12} + \varepsilon_{\phi,w12} \tag{7.103}$$

将它与式（7.102）进行对比，可得 ϕ_{w12} 中整周模糊度 N_{w12} 的值为

$$N_{w12} = \left[\phi_{w12} - \frac{\hat{\rho}_{w23}}{\lambda_{w12}}\right] \tag{7.104}$$

因为波长 λ_{w12} 长 86.2 cm，$\hat{\rho}_{w23}$ 的误差均方差仅为约 41 cm，所以上式的取整算法不难得到 N_{w12} 的正确解。必要时，可用多个时刻的 $\hat{\rho}_{w23}$ 和 ϕ_{w12} 测量值来提高正确求解 N_{w12} 的可靠性。

类似地，正确确定整周模糊度 N_{w12} 的值后，双差宽巷载波相位测量值 ϕ_{w12} 就成了没有模糊度的精确测量值，具体地说，我们可将 $(\phi_{w12} - N_{w12})\lambda_{w12}$ 视为一种高精度的双差距离测量值 $\hat{\rho}_{w12}$，即

$$\hat{\rho}_{w12} \equiv (\phi_{w12} - N_{w12})\lambda_{w12} = (r + g + T) - \lambda_{w12} I_{w12} + \varepsilon_{\Phi,w12} \tag{7.105}$$

由这一步得到的 $\hat{\rho}_{w12}$ 的误差均方差仍等于 $0.05\times\sqrt{2}$ 周，相当于长约 6 cm，因此极大地精细了对双差几何距离 r 的测量。

第 3 步。利用上一步得到的无整周模糊度的双差距离测量值 $\hat{\rho}_{w12}$，求解载波 L1 上双差载波相位测量值 ϕ_1 的整周模糊度。

与前面两步完全类似，借助于无模糊度的双差距离测量值 $\hat{\rho}_{w12}$，我们可以确定观测方程式如式（7.46A）所示的 L1 双差载波相位测量值 ϕ_1 中的整周模糊度 N_1，即

$$N_1 = \left[\phi_1 - \frac{\hat{\rho}_{w12}}{\lambda_1} \right] \tag{7.106}$$

式中，波长 λ_1 长 19 cm，而 $\hat{\rho}_{w12}$ 的误差均方差约为 6 cm。必要时，可用多个时刻的 $\hat{\rho}_{w12}$ 和 ϕ_1 测量值提高正确求解 N_1 的可靠性。这样，正确确定整周模糊度 N_1 的值后，双差载波相位测量值 ϕ_1 就成了没有模糊度的精确测量值，$(\phi_1 - N_1)\lambda_1$ 就相应地成了双差几何距离 r 的极其精确的测量值，它的误差均方差约等于 0.05 周乘以载波 L1 的波长，即它的精度可达毫米级。

考虑到一些相关的整周模糊度之间存在如下关系：

$$N_{w12} = N_1 - N_2 \tag{7.107}$$

$$N_{w23} = N_2 - N_3 \tag{7.108}$$

式中 N_{w23}，N_{w12} 和 N_1 的值已在以上各步计算中确定，我们可以随即求解出另外两个频率上双差载波相位测量值 ϕ_2 和 ϕ_3 的整周模糊度 N_2 和 N_3 的值。

这样，逐级模糊度确定法的计算步骤就可以归纳如下：首先，利用一个双差伪距测量值求解出一个波长较长的双差载波相位测量值的整周模糊度，得到一个无模糊度的精确距离测量值；然后，利用刚求得的距离测量值，求解出另一个波长较短的双差载波相位测量值的整周模糊度，获得一个无模糊度且精度更高的距离测量值；最后，依次逐级求解，直至求解出原始双差载波相位测量值的整周模糊度。虽然逐级模糊度确定法是几何无关的，但由于它受电离层延时误差和测量噪声的影响，因此只适用于短基线系统[33]。

参考文献

[1] 范建军，王飞雪. 一种短基线 GNSS 的三频模糊度解算（TCAR）方法[J]. 测绘学报，2007, 36(1).

[2] 刘经南，叶世榕. GPS 非差相位精密单点定位技术探讨[J]. 武汉大学学报（信息科学版），2002(3).

[3] 王仁谦，朱建军. 利用双频载波相位测量值求差的方法探测与修复周跳[J]. 测绘通报，2004(6).

[4] 周忠谟，易杰军，周琪. GPS 卫星测量原理与应用[M]. 北京：测绘出版社，1997.

[5] Abdullah M., Strangeways H., Walsh D., “Effects of Ionospheric Horizontal Gradients on Differential GPS, ” Acta Geophys, Vol. 55, No. 4, December 2007.

[6] Chaitin-Chatelin F., Dallakyan S., Frayssé V., “GPS Carrier Phase Ambiguity Resolution with the LAMBDA Method: 1. A Stability Analysis 2. An Exponential Speed-Up, ” CERFACS Final Report, August 15, 2000.

[7] Chen D., Development of a Fast Ambiguity Search Filtering (FASF) Method for GPS Carrier Phase Ambiguity Resolution, Ph.D. Thesis, University of Calgary, Canada, December 1994.

[8] Chen D., Lachapelle G., “A Comparison of the FASF and Least-Squares Search Algorithms for on-the-Fly Ambiguity Resolution, ” Navigation: Journal of the ION, Vol. 42, No. 2, pp. 371-390, 1995.

[9] Cohen C., Parkinson B., “Expanding the Performance Envelope of GPS-Based Attitude Determination, ” ION GPS, Albuquerque, NM, September 11-13, 1991.

[10] Cohen C., Pervan B., Lawrence D., Cobb H.S., Powell J.D., Parkinson B., “Real-Time Flight Testing Using Integrity Beacons for GPS Category III Precision Landing, ” Navigation, Vol. 41, No. 2, Summer 1994.

[11] Collins J., “An Overview of GPS Inter-Frequency Carrier Phase Combinations, ” University of New Brunswick, October 1999.

[12] Cook B., “The United States Nationwide Differential Global Positioning System, ” Proceedings of the National Technical Meeting of the ION, Anaheim, CA, January 26-28, 2000.

[13] Datta-Barua S., Walter T., Pullen S., Luo M., Blanch J., Enge P., “Using WAAS Ionospheric Data to Estimate LAAS Short Baseline Gradients, ” Proceedings of the National Technical Meeting of the ION, San Diego, CA, January 28-30, 2002.

[14] De Jonge P., Tiberius C., “The LAMBDA Method for Integer Ambiguity Estimation: Implementation Aspects, ” Delf University of Technology, The Netherlands, August 1996.

[15] Dedes G., Goad C., “Real-Time cm-level GPS Positioning of Cutting Blade and Earth Moving Equipment, ” Proceedings of the National Technical Meeting of the ION, San Diego, CA, January 24-26, 1994.

[16] Dogra S., Wright J., Hansen J., “Sea-Based JPALS Relative Navigation Algorithm Development, ” ION GNSS, Long Beach, CA, September 13-16, 2005.

[17] Enge P., “Local Area Augmentation of GPS for the Precision Approach of Aircraft, ” Proceedings of the IEEE, Vol. 87, No. 1, January 1999.

[18] Ericson S., “A Study of Linear Phase Combinations in Considering Future Civil GPS Frequencies, ” ION National Technical Meeting, San Diego, CA, January 25-27, 1999.

[19] Euler H., Landau H., “Fast GPS Ambiguity Resolution On-The-Fly for Real-Time Application, ” Proceedings of 6th International Geodetic Symposium on Satellite Positioning, Columbus, OH, March 17-20, 1992.

[20] Federal Aviation Administration, Specification: Category I Local Area Augmentation System Ground Facility, FAA-E-2937A, Washington D.C., April 17, 2002.

[21] Feng Y., Rizos C., “Three Carrier Approaches for Future Global, Regional and Local GNSS Positioning Services: Concepts and Performance Perspectives, ” ION GNSS, Long Beach, CA, September 13-16, 2005.

[22] Forssell B., Martin-Neira M., Harrisz R., “Carrier Phase Ambiguity Resolution in GNSS-2, ” Proceedings of ION GPS, Kansas City, MO, September 16-19, 1997.

[23] Frei E., Beulter G., “Rapid Static Positioning Based on the Fast Ambiguity Resolution Approach FARA: Theory and First Results, Manuscripta Geodaetica, 15(6), 1990.

[24] Gao Y., Chen K., “Performance Analysis of Precise Point Positioning Using Real-Time Orbit and Clock Products, ” Journal of Global Positioning Systems, Vol. 3, No. 1-2, 2004.

[25] Hall G., “USCG Differential GPS Navigation Service.”

[26] Han S., Rizos C., “The Impact of Two Additional Civilian GPS Frequencies on Ambiguity Resolution Strategies, ” Proceedings of the 55th Annual Meeting of the ION, Cambridge, MA, June 27-30, 1999.

[27] Hassibi A., Boyd S., “Integer Parameter Estimation in Linear Models with Applications to GPS, ” IEEE Transactions on Signal Processing, Vol. 46, No. 11, 1998.

[28] Hatch R., “Instantaneous Ambiguity Resolution, ” Proceedings of Kinematic Systems in Geodesy, Surveying, and Remote Sensing, KIS Symposium, Banff, Canada, 1990.

[29] Hatch R., “Method for Using Three GPS Frequencies to Resolve Carrier-Phase Integer Ambiguities, ” US

Patent 6934632 B2, August 23, 2005.

[30] Hatch R., “The Promise of a Third Frequency, ” GPS World, May 1996.

[31] Hatch R., Euler H.J., “Comparison of Several AROF Kinematic Techniques, ” ION GPS, Salt Lake City, UT, September 20-23, 1994.

[32] Hwang P., “Kinematic GPS for Differential Positioning: Resolving Integer Ambiguities on the Fly, ” Navigation: Journal of the Institute of Navigation, Vol. 38, No. 1, Spring, 1991.

[33] Jung J., “High Integrity Carrier Phase Navigation for Future LAAS Using Multiple Civilian GPS Signals, ” ION GPS, Nashville, TN, September 14-17, 1999.

[34] Jung J., Enge P., Pervan B., “Optimization of Cascade Integer Resolution with Three Civil GPS Frequencies, ” Proceedings of ION GPS, Salt Lake City, UT, September 19-22, 2000.

[35] Kaplan E., Understanding GPS: Principles and Applications, Second Edition, Artech House, Inc., 2006.

[36] Kim D., Langley R., “An Optimized Least-Squares Technique for Improving Ambiguity Resolution and Computational Efficiency, ” ION GPS, Nashville, TN, September 14-17, 1999.

[37] Kim D., Langley R., “GPS Ambiguity Resolution and Validation: Methodologies, Trends and Issues, ” Proceedings of the 7th GNSS Workshop - International Symposium on GPS/GNSS, Seoul, Korea, 2000.

[38] Koenig M., Rife J., Gautier J., Pullen S., Enge P., “Development of the JPALS Land-based Integrity Monitor Test Platform, ” Proceedings of the National Technical Meeting of the ION, San Diego, CA, January 24-26, 2005.

[39] Kouba J., Heroux P., “GPS Precise Point Positioning Using IGS Orbit Products, ” GPS Solutions, Vol. 5, No. 2, 2001.

[40] Lapucha D., Huff M., “Multi-Site Real-Time DGPS System Using Starfix Link: Operational Results, ” ION GPS, Albuquerque, NM, September 16-18, 1992.

[41] Luo M., Pullen S., Akos D., Xie G., Datta-Barua S., Walter T., Enge P., “Assessment of Ionospheric Impact on LAAS Using WAAS Supertruth Data, ” Proceedings of the ION 58th Annual Meeting, Albuquerque, NM, June 24-26, 2002.

[42] Martin-Neira M., Toledo M., Pelaez A., “The Null Space Method for GPS Integer Ambiguity Resolution, ” Proceedings of DSNS, Norway, April 24-28, 1995.

[43] Misra P., Enge P., Global Positioning System - Signals, Measurements, and Performance, Ganga-Jamuna Press, 2001.

[44] Montenbruck O., Gill E., Satellite Orbits: Models, Methods, Applications, Springer-Verlag, Germany, 2000.

[45] Parkinson B., Spilker J., Axelrad P., Enge P., Global Positioning System: Theory and Applications, American Institute of Aeronautics and Astronautics, 1996.

[46] Peterson B., Pullen S., Pervan B., McGraw G., Skidmore T., Anderson S., “Investigation of Common Architectures for Land- and Sea-Based JPALS, ” ION GNSS, Long Beach, CA, September 13-16, 2005.

[47] Remondi B., “Performing Centimeter-Level Surveys in Seconds with GPS Carrier Phase: Initial Results, ” Navigation: Journal of the ION, Vol. 32, No. 4, pp. 386-400, 1985.

[48] Rizos C., Han S., “Reference Station Network Based RTK Systems – Concepts & Progress, ” Wuhan University Journal of Nature Sciences, 8(2B), 2003.

[49] RTCA, Inc., Minimum Operational Performance Standards for Global Positioning System/Wide Area Augmentation System Airborne Equipment, RTCA DO-229D, Washington, D.C., December 13, 2006.

[50] Ryu J., State, and Parameter Estimation for Vehicle Dynamics Control Using GPS, Ph.D. Thesis, Department of Mechanical Engineering, Stanford University, December 2004.

[51] Teunissen P., "A Theorem on Maximizing the Probability of Correct Integer Estimation, " Artificial Satellites, 34(1), pp. 3-10, 1999.

[52] Teunissen P., "GPS and Integer Estimation, " Nieuw Archief voor Wiskunde, 5/5(1), pp. 48-53, 2004.

[53] Teunissen P., "Least-Squares Estimation of the Integer GPS Ambiguities, " Invited Lecture in Section IV Theory and Methodology, IAG General Meeting, Beijing, China, 1993.

[54] Teunissen P., "The Least-Squares Ambiguity Decorrelation Adjustment: A Method for Fast GPS Integer Ambiguity Estimation, " Journal of Geodesy, 70:65-82, 1995.

[55] Teunissen P., Joosten P., Tiberius C., "A Comparison of TCAR, CIR and LAMBDA GNSS Ambiguity Resolution, " Proceedings of ION GPS, Portland, OR, September 24-27, 2002.

[56] United States Departments of Defense and Transportation, 2001 Federal Radionavigation Plan.

[57] United States Department of Transportation and United States Coast Guard, Broadcast Standard for the USCG DGPS Navigation Service, COMDTINST M16577.1, April 1993.

[58] Van Graas F., Braasch M., "GPS Interferometric Attitude and Heading Determination: Initial Flight Test Results, " Navigation: Journal of the Institute of Navigation, Vol. 38, No. 4, Winter 1991.

[59] Van Graas F., Lee S-W., "High-Accuracy Differential Positioning for Satellite-Based Systems without Using Code-Phase Measurements, " Navigation: Journal of the Institute of Navigation, Vol. 42, Winter 1995.

[60] Viterbi A.J., Omura J., Principles of Digital Communication and Coding, McGraw-Hill Inc., 1979.

[61] Vollath U., Birnbach S., Landau H., Fraile-Ordonez J., Martin-Neira M., "Analysis of Three-Carrier Ambiguity Resolution (TCAR) Technique for Precise Relative Positioning in GNSS-2, " Proceedings of ION GPS, Nashville, TN, September 15-18, 1998.

[62] Wang J., Stewart M., Tsakiri M., "A Comparative Study of the Integer Ambiguity Validation Procedures, " Earth Planets Space, 52(10), pp. 813-817, 2000.

[63] Xie G., Optimal On-Airport Monitoring of the Integrity of GPS-Based Landing Systems, Ph.D. Thesis, Department of Electrical Engineering, Stanford University, March 2004.

[64] Xie G., Pullen S., Luo M., Normark P-L., Akos D., Lee J., Enge P., Pervan B., "Integrity Design and Updated Test Results for the Stanford LAAS Integrity Monitor Testbed, " Proceedings of the 57th Annual Meeting of the ION, Albuquerque, NM, June 11-13, 2001.

[65] Yang M., Goad C., Schaffrin B., "Real-Time On-the-Fly Ambiguity Resolution Over Short Baselines in the Presence of Anti-Spoofing, " ION GPS, Salt Lake City, UT, September 1994.

[66] Yang Y., Sharpe R., Hatch R., "A Fast Ambiguity Resolution Technique for RTK Embedded Within a GPS Receiver, " ION GPS, Portland, OR, September 24-27, 2002.

[67] Zhang W., Triple Frequency Cascading Ambiguity Resolution for Modernized GPS and GALILEO, Master Thesis, Department of Geomatics Engineering, University of Calgary, July 2005.

第 8 章　GPS 与航位推测系统的组合

第 7 章的差分技术可以极大地提高 GPS 的定位精度，而 GPS 与航位推测（DR）系统的组合主要用来提高 GPS 的定位有效率。

惯性导航系统（INS）简称惯性导航系统，它是一种航位推测系统。8.1 节首先介绍惯性导航系统的基本原理，包括各种常见的惯性传感器、惯性导航的分类及惯性传感测量误差等。8.2 节介绍航位推测系统及其基本原理，重点分析用于车载导航的 ABS 车轮转速传感系统。认识 INS/DR 系统后，8.3 节解释 GPS 与 INS/DR 组合的缘由与意义。8.4 节简单介绍 GPS 与 INS/DR 的组合工具，即互补型卡尔曼滤波和分散卡尔曼滤波等。8.5 节分析 GPS 与 INS/DR 的松性、紧性和深性三种组合方式。

8.1　惯性导航系统

自第二次世界大战以来，在军事和科学研究中有着重要应用价值的导航系统，尤其是惯性导航系统，在各国政府的高度重视下得到了迅猛发展。惯性导航系统通常包括惯性传感器、计算机及在计算机上运行的导航算法，作为惯性导航系统核心部分的惯性传感器现在已成为大多数导弹、潜艇、飞机和轮船等运动载体上的标准器件。本节简单介绍惯性传感器件和惯性导航系统，有关惯性导航更丰富的知识，请参阅相关的专业文献，如文献[1, 14, 20, 23, 25]等。

8.1.1　惯性传感器的种类

惯性导航和航位推测系统通过安装在载体上的惯性传感器来感受、测量载体的运动。惯性传感器按照其传感的物理量，大致分成以下两大类。

（1）*距离传感器*。这是一类可用来测量加速度、速度或位移的传感器，如加速度计、速度计、里程表、多普勒雷达和气压计等。

（2）*角度传感器*。这是一类可用来测量角度变化或方位的传感器，如陀螺仪和磁罗盘等。

不同类型、不同形式的传感器具有不同的工作原理、性能和价格，下面是对一些常见且重要惯性传感器件的简单介绍。

加速度计测量的是载体的运动加速度。弹簧型加速度计将一定质量的物体固定连接到弹簧上，而将弹簧的另一端固定在载体上，通过测量弹簧的伸缩度，根据牛顿第二定律计算出物体（及相应载体）的加速度值。需要注意的是，加速度计必须考虑随高度变化的地球重力场可能对其测量值的影响。目前，许多加速度计的设计正转向采用微机电系统（MEMS）形式。

里程表用来测量车辆或各个车轮的行驶距离，速度计测量的是单位时间内车辆行驶的距离。获得车辆行驶距离的一种方法是，对车辆的变速器转圈进行计数。在配有防抱死制动系统（ABS）的汽车的左右两轮或四轮上，安装有车轮转速传感器，借助于各车轮的转速传感器，ABS 可提高车辆在制动过程中的转向控制能力，防止车轮因制动而抱死，使汽车制动更为安全、有效。车轮转速传感器的基本工作原理如下：在车轮圆周上均匀安装有一排轮齿，车轮的转动带动这些轮齿刷过传感器的探测头，探测头利用机械性或电磁性等方法感应这些轮齿的穿行，通过连续计数穿过的轮齿，传感器就测得了车轮的转圈数，这时我们就可根据车轮的大小和车轮转速传感器的输出值得到汽车行驶的距离或速度。同时，通过比较不同车轮之间的转速，我们还有可能获得汽车的转向。因为现在大部分汽车都配置有 ABS，所以我们将在 8.2.2 节中介绍如何由 ABS 车轮转速传感数据来计算车辆行驶的距离和方位变化。

多普勒雷达是根据 4.2.2 节中介绍的多普勒效应来测量车辆行驶速度的仪器，例如，交通警察通常利用这类多普勒雷达测量仪来监测来往车辆的行驶速度。通过发射信号后接收该信号的反射波，然后比较反射信号与发射信号的频率，多普勒雷达就能测得自身与反射体的相对运动速度。

气压计是一种用来测量气压的器件。由于气压变化反映高度值的变化，因此气压计也是一种距离传感器。

陀螺仪是测量旋转速率或单位时间内角度变化量的仪器，它的惯性工作原理十分简单——旋转的陀螺仪在没有外界扭矩的作用下，旋转的速率和指向在空间中保持不变。陀螺仪可以用来测量某个平面内的旋转速率，三分量陀螺仪是指在空间中相互垂直的三个轴上各安装一台陀螺仪，用以测量物体的三维旋转运动。陀螺仪有多种形式，如挠性陀螺仪、光纤陀螺仪、激光陀螺仪和 MEMS 陀螺仪等。

磁罗盘是用来测量运动绝对方位的仪器，其价格要比陀螺仪低很多。磁罗盘的工作原理是，利用磁针等具有指北（或指南）特性的磁性元件感应地球磁场，并将磁性元件所指的地球磁北极方向与载体的运动方向进行比较，进而确定载体的运动方位。然而，磁性元件的这一工作原理决定了磁罗盘具有易受环境磁场干扰的致命弱点。

陀螺仪和加速度计通常作为惯性导航系统的惯性传感器。作为惯性导航系统中的惯性部分，惯性测量仪（IMU）通常由安装在三个方向相互垂直的轴上的共计三台陀螺仪和三台加速度计组成，每个轴上的一对陀螺仪与加速度计分别用来测量相应方向上的旋转角速度与运动加速度。惯性导航系统获得惯性测量仪的传感数据后，通过计算，可以确定载体在空间中的六个自由度变量，即三个空间位置坐标分量和三个运行姿态角度。图 8.1 以飞机为例画出了三个运行姿态角，即航偏角/方位角（Yaw）、俯仰角（Pitch）和滚动角（Roll）。航偏角确定飞机在水平投影面内的飞行方向，而控俯仰角和滚动角的大小对确保飞机的稳定飞行相当重要[1]。对陆地上的车载导航系统来说，因为路面的前后坡度和左右倾度经常很小且变化缓慢，所以一部分实际应用中的航位推测系统只考虑车辆行驶的方位角，或者最多再让 GPS 接收机单独计算、监控路面高度的变化，但精确、复杂的车载航位推测系统需要进一步考虑另外一个或两个姿态角。

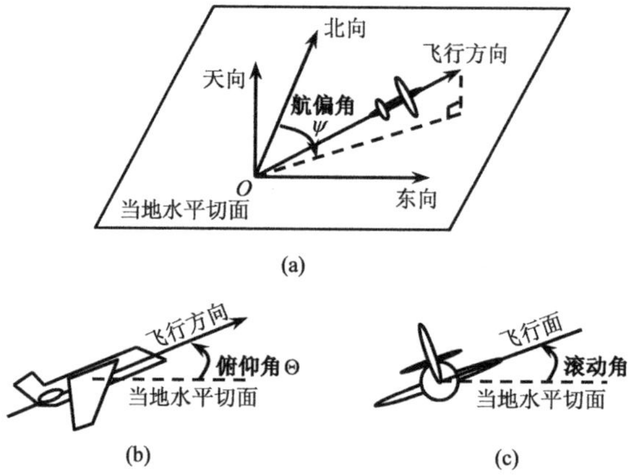

图 8.1　飞机飞行的三个姿态角

8.1.2　惯性导航的分类

目前，惯性导航基本上分为平台式（Gimbaled）和捷联式（Strapdown）两大类。平台式惯性导航有一个借助陀螺仪来实现稳定的物理实体平台，作为惯性导航系统惯性传感器的陀螺仪和加速度计则安装在该平台上，于是无论载体处于何种运动姿态，该平台的三个分轴方向都始终与惯性坐标系的三个分轴方向保持一致。在捷联式惯性导航中，陀螺仪和加速度计直接固定连接到载体上，并且随载体在空间中一起转动，整个系统用以计算机为中心的数学平台代替平台式惯性导航中的常规型物理平台。惯性导航一般根据其采用的陀螺仪类型来决定是选用平台式还是选用捷联式，多数运载火箭采用平台式惯性导航。

与捷联式惯性导航相比，平台式惯性导航的一个主要优点是其固有误差较小。因为在平台式惯性导航中，三个方向相互垂直的加速度计在空间中保持方向不变，所以始终只有竖直方向上的加速度计会受到与地球重力场有关的测量影响，而不像捷联式惯性导航中的三个加速度计测量值都会受到地球重力场的影响。另外，平台式惯性导航中的三个陀螺仪所需承担的工作是单纯地旋转，以保持它们的惯性，而捷联式惯性导航中的陀螺仪还需测量潜在的载体旋转速率。

与平台式惯性导航相比，捷联式惯性导航也有其优越性。因为捷联式惯性导航系统完全固定在载体上，所以该系统在机械设计上比较简单。与捷联式惯性导航不同，为了使平台式惯性导航中的平台保持稳定，在其机械设计上需要精心考虑平台、用于获取姿态数据的平台环架及平台与载体之间的低摩擦性联结等部件。

8.1.3　惯性导航的基本原理

惯性导航的工作原理基于牛顿运动定律，特别是牛顿第一运动定律和第二运行定律[2]。6.1 节中给出了牛顿第一运动定律，即一个不受任何外力的物体保持静止或匀速直线运动状态的惯性定律。牛顿第二运动定律指出，运动的变化与所受的外力成正比，且发生在该力所沿的直线方向上，定量地讲，物体运动的加速度与所受的外力成正比，与物体的质量成反比。

8.1.2 节介绍的各种传感器，无论是机械式的还是微机电式的，它们的测量机理归根结底是这些牛顿运动定律。惯性导航系统利用惯性测量仪中的加速度计测量载体的运动加速度，利用陀螺仪测量载体的旋转角速度，然后通过计算机对这些惯性测量值进行处理，得到载体的位置、速度和姿态。具体地说，给定载体运动状态的初始条件，我们将加速度测量值对时间进行一次积分可得载体的运动速度，对时间进行二次积分可得其空间位置。同样，将旋转角速度测量值对时间进行积分，惯性导航系统可获得载体在空间三维中的姿态角。

惯性导航系统经常涉及各种物理量在不同坐标系之间的变换。例如，平台式惯性导航测量的是载体在惯性参考坐标系中的加速度与旋转角速度，而这些惯性测量值对时间进行积分后的参量需要经过一定的坐标变换，才能得到载体在导航坐标系中的速度、位置和航偏角等信息。对于捷联式惯性导航，我们通常建立一个坐标轴固定在载体上的机体坐标系，即它的坐标轴方向总是选择得与载体的纵横结构框架保持一致，且坐标原点一般与载体的重心吻合，以简化载体的运动方程。然而，表达在机体坐标系中的捷联式惯性导航测量值最终需要变换到导航坐标系中。如图 8.2(a)所示，当飞机的俯仰角和滚动角均为零时，它在机体坐标系中的横、纵速度分量(v_x, v_y)与它在导航坐标系中的东、北速度分量(v_e, v_n)存在以下变换关系：

$$\begin{bmatrix} v_e \\ v_n \end{bmatrix} = \begin{bmatrix} \cos\psi & \sin\psi \\ -\sin\psi & \cos\psi \end{bmatrix} \begin{bmatrix} v_x \\ v_y \end{bmatrix} \tag{8.1}$$

式中，ψ 代表飞机的航偏角。

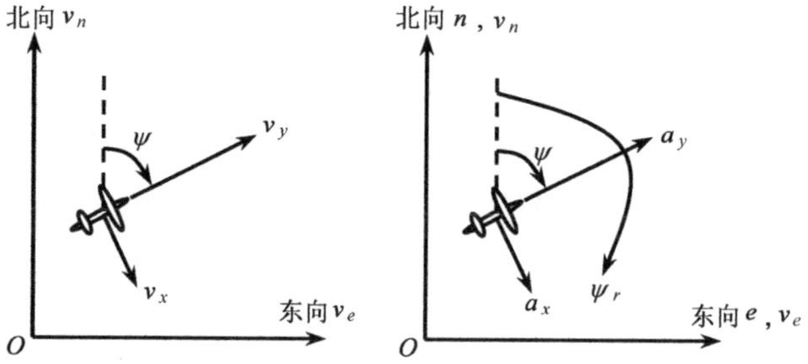

(a)机体坐标系　　(b)测量值和状态变量

图 8.2　惯性导航的坐标系

为了简化公式表达，我们继续考虑载体仅在水平方向上的运动速度与姿态。如图 8.2(b)所示，惯性测量仪的传感测量值与载体的运动状态变量之间可用以下一个微分状态方程式来表示：

$$\begin{bmatrix} \dot{e} \\ \dot{n} \\ \dot{v}_e \\ \dot{v}_n \\ \dot{\psi} \end{bmatrix} = \begin{bmatrix} 0 & 0 & 1 & 0 & 0 \\ 0 & 0 & 0 & 1 & 0 \\ 0 & 0 & 0 & 0 & 0 \\ 0 & 0 & 0 & 0 & 0 \\ 0 & 0 & 0 & 0 & 0 \end{bmatrix} \begin{bmatrix} e \\ n \\ v_e \\ v_n \\ \psi \end{bmatrix} + \begin{bmatrix} 0 \\ 0 \\ a_x \cos\psi + a_y \sin\psi \\ -a_x \sin\psi + a_y \cos\psi \\ \psi_r \end{bmatrix} \tag{8.2}$$

其中，状态向量由导航坐标系中的东向位置坐标 e、北向位置坐标 n、东向速度 v_e、北向速度 v_n 和航偏角 ψ 组成，a_x 和 a_y 为机体坐标系中的加速度传感测量值，ψ_r 为航偏角旋转角速度传感测量值。微分方程式（8.2）实质上描述了载体运动加速度、速度和位置之间的积分关系，求解该方程式可得载体在各个时刻的运动状态。

8.1.4　惯性传感测量误差

8.1.3 节的惯性导航系统微分状态方程式（8.2）忽略了传感测量值中包含的各种误差和噪声。如果在方程式中考虑传感测量误差，这些误差就会通过积分运算逐渐在定位结果中积累。若定位结果未被及时校正、重置，则定位误差可能会无穷大，使得惯性导航系统最终失去使用价值。因此，了解传感测量值的误差状况对惯性导航系统的正常运行具有相当重要的意义。

以陀螺仪为例，图 8.3 列出了它的 6 种主要测量误差形式，其中各分图中的虚线代表陀螺仪的理想工作线，即陀螺仪的输出量应该正好完全反映其实际经受的旋转角速度输入量，而实线描述了相应的误差因素对陀螺仪输入与输出关系的影响[4, 20]。如图 8.3(a)所示，陀螺仪的偏差是一种公共误差量，即不同输入量对应的输出值均有一个大小相同的误差，而通过测量输入量等于零时的陀螺仪输出，我们可以得到该偏差值的大小。陀螺仪的输入、输出间存在一个比例系数，即陀螺仪的读数需要乘以一个比例因子才能转换为旋转角速度，而图 8.3(b)描述的是由对比例系数的值估计不准确引起的测量误差。图 8.3(c)所示的非线性误差，是指陀螺仪对不同大小的输入量有着不同的比例系数。图 8.3(d)所示的非对称误差，是指陀螺仪对不同方向的旋转输入有着不同的响应。如图 8.3(e)所示，陀螺仪在输入量较小时的输出均为零，而我们常称此时的陀螺仪工作在死区。最后，图 8.3(f)描述了陀螺仪的量化误差。

惯性导航系统在工作之前，首先需要利用外界的辅助工具或系统初始化，如平台式惯性导航中的平台方位与导航坐标轴方向之间的对齐、捷联式惯性导航中的机体坐标系与导航坐标系之间的转换计算、惯性传感器测量值比例因子的校准，以及惯性导航系统初始位置、速度与姿态角的确定等初始化工作。若一个惯性导航系统在运行过程中依然能够得到外界辅助系统提供的信息与资源，则系统的状态变量与各个比例因子值还可根据需要而实时地得到重置与校准。GPS 接收机作为替惯性导航系统初始化和实时校正的外界辅助工具时，我们必须考虑惯性传感器与 GPS 接收机天线相位中心之间的位置差，这就是所谓的杠杆臂（Lever Arm）补偿。

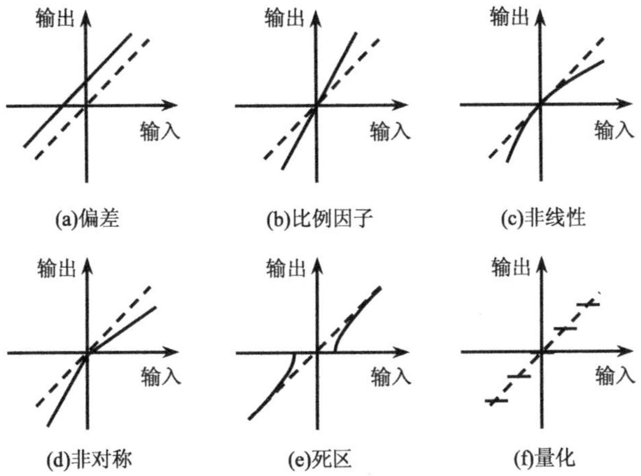

图 8.3　陀螺仪的传感测量误差

不同类型、不同设计的传感器一般有着相近的误差形式，也可能有着各自不同的误差特性。总体上讲，惯性导航系统的误差源分为系统状态初始误差、坐标轴对齐误差、传感补偿误差（图 8.3 中各种形式的误差）及地球重力场模型误差等[24]。

8.2　航位推测系统

航位推测（DR）法在航海定位中的应用已有多个世纪的历史，如今它在车载导航系统中依然扮演着一个重要的角色。本节首先介绍航位推测的定位原理，然后重点讲解可应用于航位推测的 ABS 车轮转速传感器。

8.2.1　航位推测的基本原理

简单地讲，航位推测法就是从物体在上一时刻所处的已知位置出发，根据当前的运行航向和航速推算出物体在当前时刻的位置，然后从当前时刻的位置出发推算出物体在下一时刻的位置，如此重复不已——这就是航位推测定位算法的基本原理。可见，航位推测法的最低需求是航向与航速这两个传感测量值输入，其中航速乘以时间就等于该航向上的运行距离。

假定我们已经测得物体在各个时段的平均航向与航行距离，那么航位推测法的计算过程可用图 8.4 来描述[28]。图中点 A 是由外界辅助定位系统给出的物体运动的起始点，于是从点 A 出发，我们按照 AB 时段测得的航向和航行距离可得到点 B，类似地，可得到以后各个测量时刻的定位结果点 C, D 和 E 等。同时，以各个定位结果点为中心，我们用一个虚线圆周来代表由测量误差引起的定位不定区域，即物体在某个时刻的实际位置应当位于相应圆形不定区域内的某处。考虑到航向与航速测量误差在定位积分计算中不断积累，定位不定区域的面积会随着时间的推移而变得越来越大。如果我们用细实线将各个相邻时刻的定位不定区域圆周沿着它们两边的公切线连接起来，那么物体应当行驶在细实线包围的范围内。考虑到舰船的航行安全，航位推测定位系统必须时刻留意并保证没有任何暗礁等危险地带位于该范围内。当定位不定区域大到一定程度时，航位推测系统就需要外界的帮助而重新确定物体实际所处位置的坐标，同时减小定位不定区域。惯性导航系统是航位推测系统的一种，它的误差积累问题与图 8.4 描述的类似。

下面给出航位推测法的具体计算公式。图 8.5 所示为物体从测量历元 $k-1$ 至历元 k 的运动状态变化情况，假设在这一时段内，DR 传感器测得航偏角变化量与运动距离分别为 ω 与 Δ，而载体在历元 $k-1$ 的东向、北向位置坐标和航偏角状态变量分别为 e_{k-1}, n_{k-1} 和 ψ_{k-1}，那么我们就需要求解载体在历元 k 的状态变量 e_k, n_k 和 ψ_k 的值。对于运动距离 Δ，大多数传感器测量的一般是物体实际行驶的曲线路程，而不是两点之间的直线距离。当相邻两个测量历元之间的时间间隔足够短时，就可认为曲线路程近似地等于直线距离。这样，航位推测定位算法的计算公式为[6]

$$e_k = e_{k-1} + \Delta\sin\left(\psi_{k-1} + \frac{\omega}{2}\right) \tag{8.3}$$

$$n_k = n_{k-1} + \Delta\cos\left(\psi_{k-1} + \frac{\omega}{2}\right) \tag{8.4}$$

$$\psi_k = \psi_{k-1} + \omega \tag{8.5}$$

以上三式实质上是积分运算的离散形式。上述航位推测算法假定物体在一个水平面内运动，8.1.1 节末尾对此假定做了讨论。

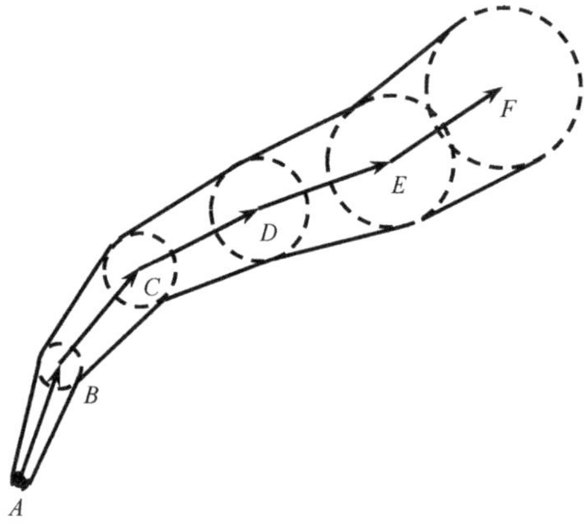

图 8.4　航位推测定位算法及其误差积累

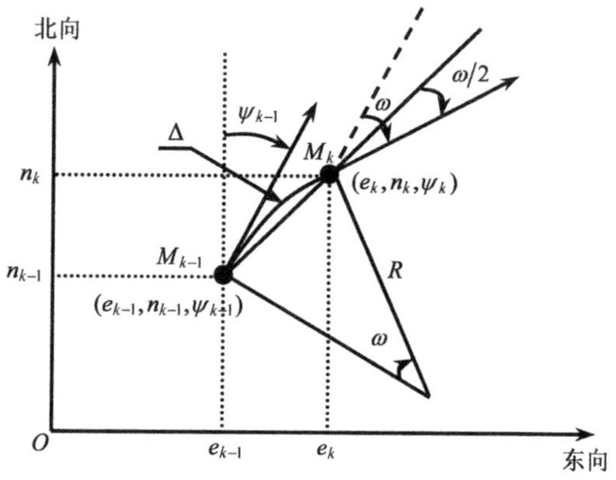

图 8.5　航位推测算法

8.2.2　ABS 车轮转速传感器

8.2.1 节的航位推测法计算公式（8.3）～（8.5）表明，航位推测系统在每个历元都需要有航偏角变化量 ω 和运动距离 Δ 作为测量值输入。在惯性导航系统中，这两个测量值常由陀螺仪和加速度计的传感值经积分后得到；在航位推测系统中，磁罗盘和里程表曾被广泛地用作测量航偏角和运行距离的传感器。随着车载导航系统应用的日益普及和 ABS 逐渐成为多种车型的标准配置，以 ABS 车轮转速传感器作为航位推测传感器就显得愈加重要，以便充分利用资源，降低车载导航系统的生产成本。本节介绍两种处理 ABS 车轮转速传感值来获得汽车行驶方位角变化量 ω 和行驶距离 Δ 的方法。

在配有 ABS 系统的汽车上，通常其左右两轮或全部四轮安装有转速传感器。汽车四轮的几何安装情况如图 8.6(a)所示，其中一对前轮与一对后轮之间的距离为 L，前左右两轮之间的距离为 W_F，后左右两轮之间的距离为 W_R[6]。汽车前轮是转向轮，在汽车转弯时它们的行驶方向与车身纵向成一个夹角 θ，而汽车的两后轮不同，它们的行驶方向总与车身的纵向保持一致。因此，利用两前轮的转速传感值来求汽车的行驶方向变化和行驶距离的计算相对比较复杂，车辆航位推测法通常采用两后轮的转速传感值作为传感输入。同时，汽车的机体坐标原点 M 一般建在后轮轮轴的中点，并且用这一点的运动轨迹来代表汽车车身的行驶状态。

ABS 车轮转速传感器中的一个相当关键的比例因子是，各个轮胎边沿的线速度与其角速度的比率，通过这个比例因子，转速传感器直接输出的圈齿数就能最终转换成车轮的行驶距离。因为车轮周长与当时的温度、轮胎气压、车辆的行驶速度及载重等因素有关，所以车轮周长（或直径）与每轮圈齿数的比例因子不是一个恒定的常数。该比例因子的校准一般可通过与 GPS、里程表或其他速度计等的测量值相比较来完成：一种校准方法是将GPS接收机输出的运行速度与ABS输出的车轮角速度相除得到；另一种方法是让车辆行驶在直道上，利用 GPS 接收机的定位结果来对该比例因子值进行滤波估算[31]。

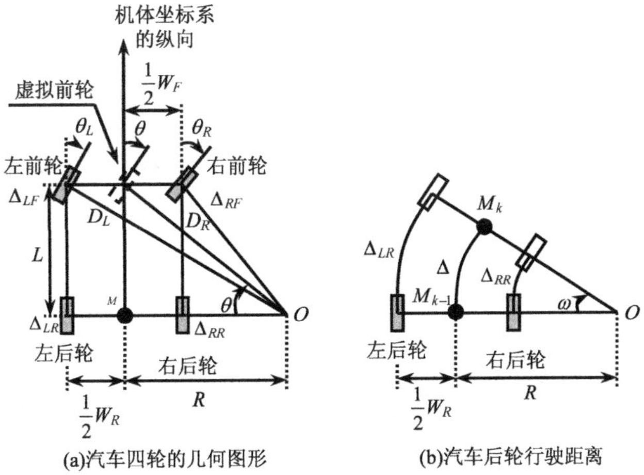

图 8.6　ABS 车轮转速传感系统

差分里程是一种相当流行的处理 ABS 传感数据的方法[31]。图 8.6(b)所示为汽车左右后轮在两个测量时刻间的运动情况，其中汽车后轮的轮轴中点由 $k-1$ 时刻的点 M_{k-1} 运动至 k 时刻的点 M_k，汽车在这一小段时间内的运动轨迹可被视为一个以点 O 为圆心、半径为 R 的圆弧，于是汽车行驶距离 Δ 与行驶方位角变化量 ω 之间存在如下关系[6]：

$$\Delta = R\omega \tag{8.6}$$

假设左后轮与右后轮的转速传感测量值转换成行驶距离后分别 Δ_{LR} 与 Δ_{RR}，那么

$$\Delta_{LR} = \omega\left(R + \frac{W_R}{2}\right) = \Delta + \omega\frac{W_R}{2} \tag{8.7}$$

$$\Delta_{RR} = \omega\left(R - \frac{W_R}{2}\right) = \Delta - \omega\frac{W_R}{2} \tag{8.8}$$

这样，汽车行驶距离 Δ 与行驶方位角变化量 ω 的估算公式分别为

$$\Delta = \frac{\Delta_{LR} + \Delta_{RR}}{2} \tag{8.9}$$

$$\omega = \frac{\Delta_{LR} - \Delta_{RR}}{W_R} \tag{8.10}$$

式（8.9）本质上用左右两车轮行驶距离的平均值作为汽车的行驶距离，式（8.10）解释了我们称此方法为“差分”里程法的原因。当汽车做直线运动（$\omega = 0$）时，上述两式依然成立。

【例 8.1】 考虑某辆装有 ABS 的汽车，它的两后轮的直径均为 0.686 m，两轮相距 1.575 m，ABS 转速传感器每秒输出一个以整齿数计的车轮旋转角距离，且车轮每旋转一圈就相应地输出 47 齿的传感测量值。如果用差分里程法计算车辆行驶方位角的变化量，试估算由转速传感测量值中的量化误差引起的每秒方位角误差的上限值[22]。

解：差分里程法用式（8.10）计算车辆的方位角变化量 ω。可以想象，每秒由量化误差引起的左右轮行驶距离之差（$\Delta_{LR}-\Delta_{RR}$）的最大测量误差为 1 齿，而 1 齿对应的行驶距离为

$$\Delta_{LR}-\Delta_{RR}=\frac{0.686\pi}{47}=0.0459\ \text{m} \tag{8.11A}$$

将上式中的行驶距离量化误差代入式（8.10），得最坏情况下的每秒方位角误差为

$$\frac{0.0459}{1.575}\times\frac{180}{\pi}=1.668\quad[^{\circ}] \tag{8.11B}$$

事实上，量化误差对航位推测系统的影响远小于例 8.1 中的估算值，原因是航位推测系统的积分算法。若这一时刻的量化误差为+1 齿，则下一时刻的量化误差可能偏向于−1 齿，而这类整齿数型的量化误差随着时间的积累应趋于零。文献[10]认为车轮一圈中的齿数对差分里程法的定位精度影响不敏感，而限制定位精度的主要因素之一是行驶路面的粗糙不平。譬如，即使车辆沿直线行驶，如果路面左右两侧的凹凸情况不一致，汽车左右两轮实际碾过的路程就不相等。

差分里程算法一般只利用左右两后轮的传感测量值，然而，如果某汽车的左右两前轮也同时输出转速传感测量值，那么差分里程算法对这些前轮传感数据做类似（但复杂）的处理后，也可以得到 Δ 和 ω。这里顺便给出利用前轮传感数据计算方位角变化量 ω 的公式[10]：

$$\omega=\frac{\Delta_{LF}-\Delta_{RF}}{W_F\cos\theta} \tag{8.12}$$

式中，Δ_{LF} 与 Δ_{RF} 分别是左前轮与右前轮的行驶距离测量值，θ 是两前轮相对于车身纵向的平均转向角测量值。需要说明的是，从一款汽车中获得关于 θ 角的大小信息并不容易。在前后两对车轮均输出有效传感数据的情形下，我们一般可挑选打滑、滑行等误差情况较轻的一对左右轮（通常是非驱动轮或后轮）来进行数据处理。同时，通过比较四轮行驶距离的大小，我们还可能对 ABS 传感测量值进行正直性分析，实时检测是否有的车轮传感测量值出现异常，然后选择测量误差较小的一对车轮作为传感数据来源。

车轮的滑行与打滑是两种不同形式的误差运动。滑行使得 ABS 车轮转速传感器输出的轮胎行驶距离比汽车实际的行驶距离小，它与汽车轮胎的质量和路面状况有关，在汽车加减速时经常发生，通常驱动轮的滑行程度要比非驱动轮严重。与滑行相反，车轮打滑又称空转，它使得 ABS 转速传感器输出的轮胎行驶距离比汽车实际的行驶距离大。

除了在一对前轮与一对后轮之间做出二选一的决定方法，所有四轮的测量值也可放在一起同时参与数据处理，而利用更多的信息通常能让我们更准确地估算出 Δ 和 ω 的值。在介绍一种由文献[6]给出的数据处理方法之前，我们首先将问题简单重述一下。如图 8.6(a)所示，汽车前后轮轴之间的距离为 L，前后两对左右轮之间的距离分别为 W_F 和 W_R，在一小段时间内汽车前后左右四轮的行驶距离测量值分别为 Δ_{LF}, Δ_{RF}, Δ_{LR} 和 Δ_{RR}，当时汽车的前轮平均转向角为 θ 时，我们希望利用这些几何与测量信息估算汽车(后轮轴的中心点 M)的行驶距离 Δ 和行驶方位角变化量 ω。

假定在这一小段时间内汽车的运行轨迹仍是一个半径为 R 的圆弧，那么两个后轮的运行距离测量值与 Δ 和 ω 的关系就已由式（8.9）和式（8.10）给出。为了推导前轮的行驶距离关系式，我

们在图 8.6(a)的前轮轴中点增补一个虚拟前轮，并取其转向角为θ，那么根据式（8.6）和一些几何三角关系可得

$$\tan\theta=\frac{L}{R}=\frac{L\omega}{\Delta} \tag{8.13}$$

如果θ_L与θ_R分别代表左前轮与右前轮的转向角，D_L与D_R分别代表此两轮的转弯半径，那么对于左前轮，我们有

$$\Delta_{LF}=D_L\omega \tag{8.14}$$

$$\cos\theta_L=\frac{R+\frac{W_F}{2}}{D_L} \tag{8.15}$$

$$\tan\theta_L=\frac{L}{R+\frac{W_F}{2}} \tag{8.16}$$

将式（8.14）与式（8.15）相乘，得

$$\Delta_{LF}\cos\theta_L=\omega\left(R+\frac{W_F}{2}\right)=\Delta+\omega\frac{W_F}{2} \tag{8.17}$$

利用式（8.13），式（8.16）可改写成

$$\theta_L=\arctan\left(\frac{L}{R+\frac{W_F}{2}}\right)=\arctan\left(\frac{L}{\frac{L}{\tan\theta}+\frac{W_F}{2}}\right) \tag{8.18}$$

对于右前轮，我们可以类似地得以下关系式：

$$\Delta_{RF}\cos\theta_R=\omega\left(R-\frac{W_F}{2}\right)=\Delta-\omega\frac{W_F}{2} \tag{8.19}$$

$$\theta_R=\arctan\left(\frac{L}{R-\frac{W_F}{2}}\right)=\arctan\left(\frac{L}{\frac{L}{\tan\theta}-\frac{W_F}{2}}\right) \tag{8.20}$$

式（8.18）和式（8.20）表明，我们可以由转向角测量值θ求得θ_L和θ_R。

这样，就可将$\tan\theta$, Δ_{LR}, Δ_{RR}, $\Delta_{LF}\cos\theta_L$和$\Delta_{RF}\cos\theta_R$这六个量视为系统的测量值，式（8.13）、式（8.7）、式（8.8）、式（8.17）和式（8.19）则是它们相应的测量方程式。接着，我们可以利用扩展卡尔曼滤波来估算状态变量Δ和ω，一些实际测试验证了这种数据处理方法的性能要好于仅利用后轮传感测量值的差分里程算法[6]。

8.3 组合的意义

惯性导航系统/航位推测（INS/DR）与 GPS 定位系统在功能特点上存在着很多互补性，而这些互补性主要表现在以下几个方面[14]。

（1）惯性导航系统的运行不依赖于任何外部信息，也不向外部辐射能量，因此具有很好的隐蔽性和鲁棒性，可在空中、地面和水下等环境工作，能达到 100%的定位有效率。惯性导航系统测量的载体运动加速度和旋转角速度等信息是惯性传感器根据牛顿运动定理直接在载体内部感

受得到的，而这种自主和自成一体的运行方式是惯性导航系统的一个最大特点。

相反，GPS 接收机需要持续地接收来自接收机外部 4 颗或更多 GPS 可见卫星的信号后，才有可能实现定位。然而，不但 GPS 电磁波信号的传播容易受到建筑物、树叶、高架桥等自然障碍物的遮挡而中断或削弱，而且接收机会受到各种无意或故意的电磁波干扰、阻塞，这些因素极可能导致接收机的定位精度降低，甚至根本不能实现定位。

（2）惯性导航系统是通过对惯性测量值进行积分实现定位的。因此，虽然惯性传感测量值中的误差、噪声可能非常微小，系统在一小段时间内的相对定位精度也可能很高，但是这些测量误差、噪声在积分计算过程中会随着时间的推移而积累成越来越大的定位误差，在不采取任何措施的情况下定位误差最终会达到无穷大。这种误差逐渐而又无限制积累的缺点，是惯性导航系统的另一个最大特点。

相反，GPS 接收机一旦得到足够多个可供定位的卫星测量值，GPS 在正常情况下的定位精度就约为 20 m，并且总体来说这一级别的定位精度不随时间的推移而改变。

（3）惯性导航系统能够提供精度很高的运动位移量，但是缺少绝对定位功能，因此必须与 GPS、罗兰-C 等某种绝对定位系统相结合才能开始有效工作。惯性导航系统不但需要外界给定载体的运动状态初始值、测定惯性传感器的比例因子以及校正传感器测量偏差等，而且在运行过程中需要不断地得到外界对其定位结果进行实时校正的帮助。

（4）惯性传感器的工作是连续的，传感测量值也几乎是连续的，它的测量采样频率只受限于外界数据采集器的运算速度高低。

相反，GPS 接收机的定位频率相对较低。接收机需要对接收到的 GPS 信号进行一段时间的码相关运算和其他多种积分运算才能确定伪距等测量值，这就限制了 GPS 接收机的测量频率及随后的定位频率。GPS 接收机的定位频率一般约为 1 Hz，即每秒定位一次，较高的定位频率可提升至约 100 Hz[21]。一般来说，低定位频率的 GPS 不适合单独作为一些具有高动态性载体的导航系统。

（5）惯性导航系统能同时给出运动载体的位置和姿态角，但用于定位的 GPS 接收机一般来说不能或者很难获得载体的姿态角信息。

实际上，7.2.4 节已经指出，若将多个 GPS 接收天线安装到载体上，则根据多副接收天线位置的卫星信号载波相位测量值，我们能够推算出载体的姿态角。这样，GPS 就能帮助 INS/DR 系统完成有关姿态角的初始化与实时校正等工作。

（6）惯性传感器的运行受地球重力场的影响，而 GPS 接收机的工作与重力场无关。

（7）惯性传感器价格较贵，且外界对其参数校正的过程又可能相当复杂。与之不同的是，GPS 信号是免费的，且 GPS 接收机的价格已相当便宜。于是，寻找、应用满足性能要求且廉价的惯性传感器件，就成了 GPS 与惯性组合技术的一个努力方向[19]。

INS/DR 与 GPS 定位系统之间互补的上述特点，决定了将它们组合起来的必要性和重要性。二者通过结合，各自取长补短。具体地讲，有如下优点。

（1）在 GPS 信号因受到阻挡、干扰等而造成 GPS 接收机不能定位的情况下，惯性导航系统能够持续提供定位结果，以维持和保证 100%的定位有效率。同时，惯性导航系统还能提供更高的定位频率及用户的姿态角信息。不仅如此，惯性传感值还可帮助检测伪距和多普勒频移等 GPS 测量值是否受到多路径、载波相位失周等的误差影响，以提高 GPS 定位的正直性和准确性[12]。在航空导航领域，GPS 有时必须与其他性能互补的传感系统（如惯性导航系统）相结合，才能满足对正直性的严格要求。

（2）反过来，具有绝对定位功能的 GPS 可将载体运动状态初始值提供给惯性导航系统，帮助校准惯性传感器的各个参数。同时，GPS 对惯性传感测量数据的实时监测可帮助判断传感数据是否正常，对惯性传感器参数的实时校准又可降低惯性导航系统的误差积累速度，限制其误差积累的最大值。

可见，GPS 与 INS/DR 组合不是两部分子系统的简单迭加，组合系统的性能也不等于二者中的最优者。不难想象，其他多种不同的传感测量值或导航系统，如风速计、第 9 章介绍的地图数据及文献[29]展示的视频传感系统等，也可加入 GPS 与 INS/DR 的组合系统，进一步提高整个组合系统的性能[9]。

8.4 组合的工具

INS/DR 需要与一个绝对定位系统组合，其中的 INS/DR 子系统通常至少要拥有一个方向传感器和一个距离传感器，而作为组合系统另一方的绝对定位子系统可以是 GPS、罗兰-C 或其他无线电定位系统。这样，我们就需要一种工具或方法将含有 INS/DR 等多种不同传感系统与诸如 GPS 之类的绝对定位系统组合起来，这种组合工具还应具有方便检测 GPS 和传感器错误测量值的特点，如检测 GPS 多路径误差、车轮打滑和磁罗盘的异常输出等。具有递推计算形式的卡尔曼滤波非常适合融合多种不同传感数据的任务。

第 6 章详细探讨了卡尔曼滤波算法，本节简单介绍用于传感数据融合的两种卡尔曼滤波。

8.4.1 互补型滤波器

如图 8.7(a)所示，$x+e_1$ 和 $x+e_2$ 代表同一信号 x 的两种测量值，我们希望根据这两种测量值更加准确地估算出 x。如果这两种测量值包含的噪声误差具有不同的特点，如 e_1 呈低频噪声，而 e_2 呈高频噪声，那么可用一对互补型滤波器 $1-G(s)$ 与 $G(s)$ 分别对这两个测量值进行滤波，然后将二者的滤波输出相加，得到的结果便是它们的共同信号成分 x 的估计值 $\hat{x}$[8]。在拉氏（见附录 D）复频域内对图 8.7(a)中的互补型滤波器进行分析，得

$$\begin{aligned}\hat{X}(s) &= \big(X(s)+E_1(s)\big)\big(1-G(s)\big)+\big(X(s)+E_2(s)\big)G(s) \\ &= X(s)+E_1(s)\big(1-G(s)\big)+E_2(s)G(s) \\ &= X(s)+E_1(s)-\big(E_1(s)-E_2(s)\big)G(s)\end{aligned} \tag{8.21}$$

上式表明，如果我们能够选择一个恰当的低通滤波器 $G(s)$，那么一方面高通滤波器 $1-G(s)$ 可用来消除低频噪声 e_1，另一方面低通滤波器 $G(s)$ 可用来消除高频噪声 e_2，使得整个滤波器输出 $\hat{x}$ 为信号 x 的最优估计值。

图 8.7(b)中的前馈式互补型滤波器是图 8.7(a)中的一种等价形式，其信号输入、输出关系仍然完全遵从式（8.21）。前馈式互补型滤波器的运行特点是，首先对输入信号相减以形成误差信号 e_1-e_2，然后对此误差信号进行滤波，再后将滤波结果 $\hat{e}_1$（低频噪声信号 e_1 的估计值）前馈给信号测量值 $x+e_1$，最终得到对 x 的估计值 $\hat{x}$。如果图 8.7(b)中的低通滤波器 $G(s)$ 选用卡尔曼滤波器，那么此时的互补型滤波器就常称为互补型卡尔曼滤波器。

我们很容易就可将互补型滤波器推广应用到同一信号的多种测量值的融合与滤波问题中，许多组合导航系统均采用图 8.7(b)所示的互补型卡尔曼滤波器进行数据融合。因为 GPS 测量误差和定位误差一般呈高频特性，而经积分运算后的 INS/DR 定位结果中的误差呈低频特性，所以 GPS 与 INS/DR 的组合导航系统是应用互补型卡尔曼滤波器的一个极佳例子。

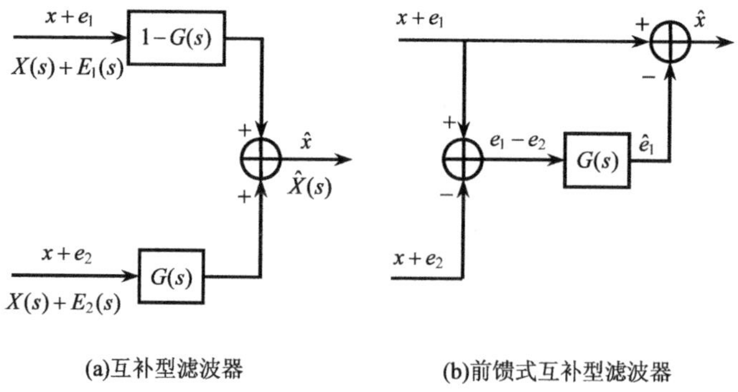

图 8.7　互补型滤波器及其前馈式

8.4.2　分散卡尔曼滤波

第 6 章探讨的卡尔曼滤波器及 8.4.1 节介绍的互补型卡尔曼滤波器均是集中（Centralized）卡尔曼滤波器，它们将伪距、多普勒频移和 INS/DR 传感测量数据等所有测量值送到一个卡尔曼滤波器进行集中处理。由于该卡尔曼滤波器获取了全部测量信息，因此能给出系统状态的最优估计值。然而，过多集中的数据及其处理会导致集中卡尔曼滤波器所需的计算量与内存非常大，且集中卡尔曼滤波器的检错能力较差。

分散（Decentralized）卡尔曼滤波器不但可以克服集中卡尔曼滤波器的以上不足，而且可以更容易地将多个不同子系统组合起来[8, 17]。如图 8.8 所示，分散卡尔曼滤波方法首先各用一个卡尔曼滤波器对每种传感数据进行处理，然后将这些子卡尔曼滤波器的滤波结果作为主卡尔曼滤波器的测量输入。主卡尔曼滤波器可按一套计算公式完成数据融合，但它输出的系统状态估计值对全部传感测量值包含的信息而言一般不再是最优的。由于分散卡尔曼滤波的计算相对简单，因此比较容易进行各种故障检测与排除（FDE）。

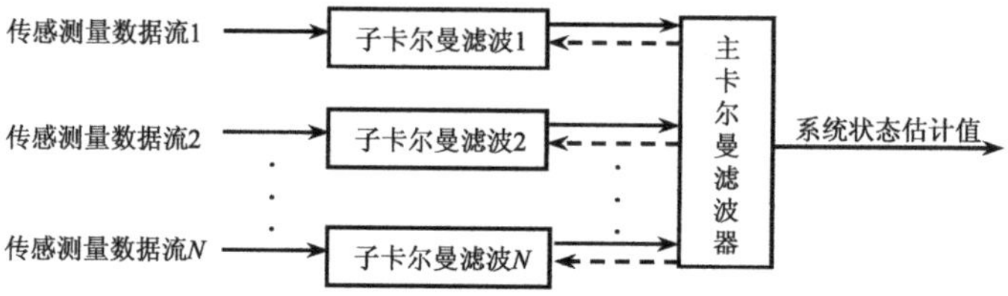

图 8.8　分散卡尔曼滤波器

在分散卡尔曼滤波过程中，各个子卡尔曼滤波器之间相互不交换信息，且子卡尔曼滤波器与主卡尔曼滤波器之间的数据信息传递是单向的。如图 8.8 中的虚线箭头所示，当主卡尔曼滤波器将系统的部分信息反馈给子卡尔曼滤波器时，我们就将这种滤波形式称为联合/联邦（Federated）卡尔曼滤波[26]。联合卡尔曼滤波的信息反馈可帮助子滤波器更准确地判断是否需要重置，而这也破坏了子滤波器原先的最优估计性能。分散卡尔曼滤波器和联合卡尔曼滤波器的设计均需要考虑子滤波器输出结果的时间相关性问题，且要慎重选择各个子滤波器和主滤波器的状态变量。

8.5　组合的方式

8.4 节介绍的互补型卡尔曼滤波器可作为 GPS 与 INS/DR 组合的有力工具，本节讨论在什么层面将二者用卡尔曼滤波器组合起来。根据组合层面的不同，GPS 与 INS/DR 的组合一般来说分为松性组合、紧性组合和深性组合。需要指出的是，不同的文献可能对紧性与深性等组合方式有着不同的定义[18]。

8.5.1 松性组合

设计 GPS 与 INS/DR 组合系统遇到的首要问题通常是，决定二者是在定位领域内进行组合还是在测距领域内进行结合。我们将相互独立运行的 GPS 和 INS/DR 两个导航子系统在位置、速度和姿态角这一定位领域内的组合称为松性（Loose）组合，这是一种最简单的组合方式。

松性组合方式的算法流程如图 8.9 所示，首先，INS/DR 子系统与 GPS 接收机相互独立地进行定位、定速运算；然后，二者的定位结果通过一个前馈式互补型卡尔曼滤波器被整合到一起[26]。INS/DR 子系统对传感测量值做积分定位运算后，输出一个平滑的、以低频噪声为主的用户位置和速度结果，而 GPS 定位结果中所含的噪声呈高频特性，于是两个子系统非常适合经由互补型滤波器组合在一起。在此组合系统中，INS/DR 子系统可运行在较高的定位频率上，而卡尔曼滤波器可以按较低的 GPS 定位频率运行。当 GPS 接收机缺少可见卫星而不能完成定位时，组合系统可以直接输出 INS/DR 子系统的定位结果。如果 GPS 定位的效率较高，那么组合系统对 INS/DR 传感器的质量要求不高；但是，如果 GPS 经常发生长时间不定位的情况，那么传感器就要有较高的质量[3]。如图 8.9 中的虚线所示，松性组合的反馈形式可将两个子系统的定位结果差异反馈给 INS/DR 子系统，以实时地对 INS/DR 传感器进行偏差校正。尽管这种反馈回路不是松性组合所必需的，但它经常出现在利用质量较差的惯性传感器的组合系统中。在图 8.9 中，由于 INS/DR 子系统看起来在组合系统中占主导地位，因此这种组合系统又常被称为 GPS 辅助的 INS/DR 系统。

GPS 与 INS/DR 的组合可极大地提高车载导航系统的定位性能，且 GPS 与 INS 的组合也出现在行人导航系统中[11, 15]。对于车载和行人等陆地导航系统，运动距离与运动方向是两个很关键的物理量。运动方位角常被选作 GPS 与 INS/DR 组合定位系统中的状态变量，对运动方位角的估算误差是引入组合系统定位误差的一个主要因素[16]。

当运动距离 $\varDelta$ 和运动方位角 ψ 被选为松性组合系统中的两个状态变量时，就将 GPS 接收机子系统对这两个状态变量的估算值作为组合系统的测量值输入。根据第 5 章中有关章节的知识可知，GPS 接收机子系统不难输出用户在水平方向上的两个速度分量 v_e 和 v_n 及相应的均方差 σ_{v_e} 和 σ_{v_n}，于是接收机对用户单位时间内的行驶距离 $\varDelta_{gps}$ 与运动方向 ψ_{gps} 的测量值就分别等于

$$\varDelta_{gps} = \sqrt{v_e^2 + v_n^2} \tag{8.22}$$

$$\psi_{gps} = \arctan\left(\frac{v_e}{v_n}\right) \tag{8.23}$$

组合系统中的卡尔曼滤波器在得到 GPS 接收机给出的 $\varDelta_{gps}$ 和 ψ_{gps} 测量值的同时，还需要知道这些测量值对应的方差。假设上述水平方向上的两个 GPS 速度分量计算值互不相关，那么根据附录 C 中有关方差的知识，我们可以推导出如下 $\varDelta_{gps}$ 和 ψ_{gps} 的测量误差方差值公式[30]：

$$\sigma_{\varDelta_{gps}}^2 = \frac{v_e^2\sigma_{v_e}^2 + v_n^2\sigma_{v_n}^2}{\varDelta_{gps}^2} \tag{8.24}$$

$$\sigma_{\psi_{gps}}^2 = \frac{v_n^2\sigma_{v_e}^2 + v_e^2\sigma_{v_n}^2}{\varDelta_{gps}^2} \tag{8.25}$$

因为 INS/DR 子系统与 GPS 接收机子系统均输出用户位置和速度值等，因此这种在定位领域内进行的松性组合方式看起来很直观、自然，它不必对 INS/DR 子系统或 GPS 接收机内部做任何

改动，不用处理伪距、多普勒频移等 GPS 测量值，也不涉及接收机钟差。然而，虽然松性组合系统很容易从 INS/DR 子系统和 GPS 接收机那里获得各自的定位值，但它还需要得到与这些定位值相应的误差方差，而有些 GPS 接收机对外并不提供定位结果误差方差值。其次，GPS 接收机一般需要有 4 颗卫星的测量值才能进行定位，否则就没有定位结果，相应地，此时的组合系统卡尔曼滤波器缺少测量值输入。另外，因为 GPS 接收机输出的定位值一般是接收机内部某种滤波（如也是卡尔曼滤波）算法的结果，所以组合系统还应考虑不同时刻的 GPS 定位值之间的相关性问题。正是由于存在这些缺陷，松性组合不可能是一种最优的组合方式[5]。总体来说，松性组合方式简单、方便，但性能较差。

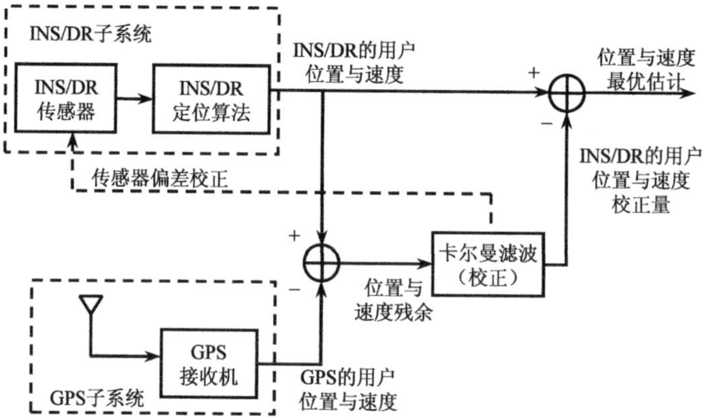

图 8.9　GPS 与 INS/DR 的松性组合

8.5.2　紧性组合

GPS 与 INS/DR 在伪距、载波相位和多普勒频移等测距领域内进行的组合被称为紧性（Tight）组合，它要比松性组合方式复杂一些，但性能通常较好。

紧性组合方式的算法流程如图 8.10 所示，其中 INS/DR 子系统输出位置和速度结果，输出结果然后与 GPS 的伪距、多普勒频移等测量值整合在一起[26]。根据 INS/DR 子系统的定位、定速结果及 GPS 卫星星历，组合系统可以更准确地预测出 GPS 信号的伪距与多普勒频移等，而这些测量预测值与 GPS 实际测量值一起通过相减形成误差信号（残余），接着测量残余经卡尔曼滤波后，就得到 INS/DR 子系统定位、定速结果的校正量。同时，准确的 GPS 测量预测值还可用来有效地检测 GPS 实际测量值的正误，排除那些被多路径影响的错误伪距、由反射波信号引起的异常多普勒频移及由失锁或失周带来的故障载波相位测量值等[7, 13]。另外，INS/DR 子系统的定位输出通常不与 GPS 测量值相关[14]。以上提及的三方面因素均有助于提高 GPS 接收机子系统和整个组合系统的定位性能。

由图 8.10 可见，紧性组合中的 INS/DR 子系统输出的定位、定速结果，相当于给 GPS 接收机提供了载体运动的参考轨迹，这实际上将 GPS 定位这个非线性卡尔曼滤波问题转化成了一个线性化卡尔曼滤波问题。如图中的虚线所示，如果将组合系统的定位信息反馈给 INS/DR 子系统，那么可使 INS/DR 子系统提供的参考轨迹更加接近系统的真实状态，此时的定位问题又演变成了扩展卡尔曼滤波问题。

比较图 8.10 与图 6.6 可以看出，GPS 与 INS/DR 的紧性组合本质上用 INS/DR 子系统及其积分定位算法替换了 GPS 单点滤波定位算法中的基于状态方程的状态预测过程。假如 INS/DR 子系统不存在传感输出或者传感输出中断，我们用一套运动方程来替代 INS/DR 子系统，那么此时的紧性组合实际上变成了如图 6.6 所示的 GPS 接收机单点卡尔曼滤波定位算法[27]。这一对比揭示了组合系统相对于 GPS 单点滤波定位而言的优越性：组合系统中的 INS/DR 子系统能够根据传感测量值实时地掌握载体的运动情况，而 GPS 单点滤波定位中即使是非常合理的运动方程模型，也不能“以一概全”地来描述载体所有各种不同的运动方式。与参加松性组合的 GPS 定位、定速输入数据相比，参加紧性组合的不同时刻的 GPS 测量值之间存在较低的相关性，这是紧性组合的另一个优点。

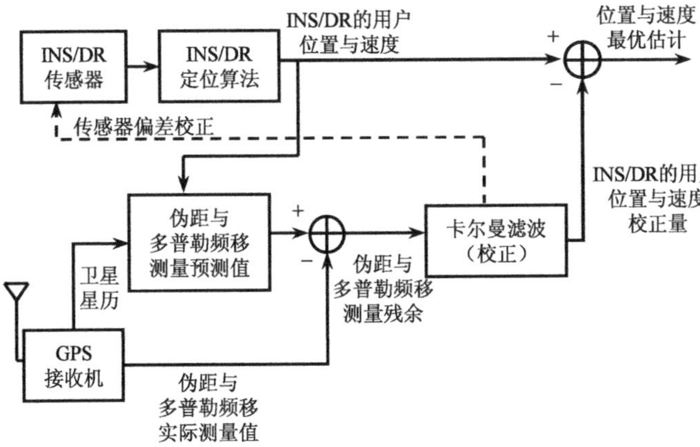

图 8.10　GPS 与 INS/DR 的紧性组合

8.5.3　深性组合

虽然松性和紧性组合能提高定位有效率，且能检测出一些错误的 GPS 和传感器测量值，但这两种组合方式对提高 GPS 接收机跟踪卫星信号的鲁棒性和改善 GPS 测量值的质量基本上没有帮助。深性（Deep）组合又称超紧（Ultra-Tight）组合，它是将 INS/DR 传感测量值反馈给 GPS 接收机的信号跟踪环路，以帮助接收机更好地跟踪卫星信号的载波相位（或频率）和码相位的定位方式。

如图 8.11 所示，深性组合系统一般在紧性组合的基础上，将 INS/DR 子系统的定位、定速结果传递给接收机信号跟踪环路，使接收机实时地掌握载体的最新运动情况，进而准确地预测将要接收到的卫星信号的载波相位（或频率）和码相位[26]。因为这一反馈信息准确地反映了用户接收机的运动状况，所以 GPS 接收机可以相应地减小信号跟踪环路的滤波带宽，降低环路中的测量噪声，提高信噪比（见 10.2.2 节）。相比之下，前两种组合方式中的接收机信号跟踪环路必须维持一个足够大的滤波带宽，才能尽量保证用户突然改变运动状态时能够依然跟踪、锁定各个卫星信号，而较大的滤波带宽也就意味着较高的噪声量。此外，GPS 接收机对卫星信号失锁后，深性组合系统更准确的定位、定速结果又能帮助接收机更快地重锁信号。关于深性组合的卡尔曼滤波模型，请读者参阅文献[5]，12.2.1 节中将继续分析这种深性组合对接收机信号跟踪环路的意义。

因为这种深性组合需要读写 GPS 接收机内部信号跟踪环路软件的相关变量，而非接收机生产商通常不可能有机会对接收机成品中的信号跟踪环路再做任何调整，所以一般来讲，只有接收机生产商才有可能为了提高接收机性能而去实现 GPS 与 INS/DR 的深性组合。然而，这种情况对松性与紧性组合方式来说是不同的。由于 GPS 接收机的输出一般包括用户位置、速度甚至相应的误差均方差值，因此只要确保接收机与 INS/DR 两子系统的输出结果在时间上同步且数值上匹配，实现松性组合的机会就是向任何人都开放的。如果接收机还输出各种 GPS 测量值及其相应的误差均方差，那么就为实现紧性组合提供了必要条件。

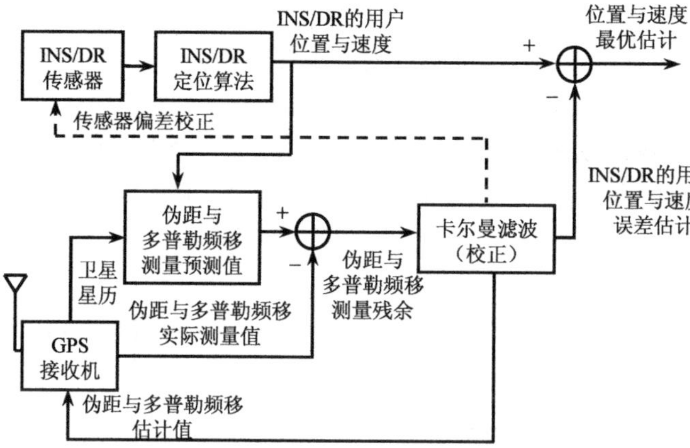

图 8.11　GPS 与 INS/DR 的深性组合

参考文献

[1] 吴森堂，费玉华. 飞行控制系统[M]. 北京：北京航空航天大学出版社，2005.

[2] 张三慧. 大学物理学[M]. 2 版. 北京：清华大学出版社，1999.

[3] Alban S., Akos D., Rock S., Gebre-Egziabher D., "Performance Analysis and Architectures for INS-Aided GPS Tracking Loops, " The ION National Technical Meeting, Anaheim, CA, January 2003.

[4] Andersson D., Fjellstrom J., Vehicle Positioning with Map Matching Using Integration of a Dead Reckoning System and GPS, Linkoping University, Sweden, February 2004.

[5] Babu R., Wang J., "Ultra-Tight GPS/INS/PL Integration: Kalman Filter Performance Analysis, " University of New South Wales, 2005.

[6] Bonnifait P., Bouron P., Crubille P., Meizel D., "Date Fusion of Four ABS Sensors and GPS for an Enhanced Localization of Car-Like Vehicles, " Proceedings of the 2001 IEEE, International Conference on Robotics & Automation, Seoul, Korea, May 21-26, 2001.

[7] Brenner M., "Integrated GPS/Inertial Fault Detection Availability, " Proceedings of ION GPS, Palm Springs, CA, September 1995.

[8] Brown R., Hwang P., Introduction to Random Signals and Applied Kalman Filtering - with Matlab Exercises and Solutions, Third Edition, John Wiley & Sons, Inc., 1997.

[9] Brown A., Lu Y., "Performance Test Results of an Integrated GPS/MEMS Inertial Navigation Package, " Proceedings of ION GNSS, Long Beach, CA, September 2004.

[10] Carlson C., Gerdes J.C., Powell J.D., "Error Sources When Land Vehicle Dead Reckoning with Differential Wheelspeeds, " Navigation, the Journal of the Institute of Navigation, Vol. 51, No. 1, pp. 13-27, Spring 2004.

[11] Cho S.Y., Lee K.W., Park C.G., Lee J.G., "A Personal Navigation System Using Low-Cost MEMS/GPS/Fluxgate, " ION 59th Annual Meeting, Albuquerque, NM, June 23-25, 2003.

[12] Colombo O., Bhapkar U., Evans A., "Inertial-Aided Cycle-Slip Detection/Correction for Precise, Long-Baseline Kinematic GPS, " ION GPS, Nashville, TN, September 14-17, 1999.

[13] Diesel J., Luu S., "GPS/IRS AIME – Calculation of Thresholds and Protection Radius Using Chi-Square Methods, " Proceedings of ION GPS, Palm Springs, CA, September 1995.

[14] Farrell J., Barth M., The Global Positioning System and Inertial Navigation, McGraw-Hill, 1999.

[15] Gabaglio V., “Centralized Kalman Filter for Augmented GPS Pedestrian Navigation, ” Proceedings of ION GPS, Salt Lake City, UT, 2001.

[16] Gabaglio V., Ladetto Q., Merminod B., “Kalman Filter Approach for Augmented GPS Pedestrian Navigation, ” GNSS, Seville, May 8-11, 2001.

[17] Gao Y., Krakiwsky E., Abousalem M., McLellan J., “Comparison and Analysis of Centralized, Decentralized, and Federated Filters, ” Navigation, Vol. 40, No. 1, pp. 69-86, Spring 1993.

[18] Gebre-Egziabher D., “What Is the Difference between ‘Loose’, ‘Tight’, ‘Ultra-Tight’ and ‘Deep’ Integration Strategies for INS and GNSS?” GNSS Solutions, January/February 2007.

[19] Gebre-Egziabher D., Powell J.D., Enge P., “Design and Performance Analysis of an Aided Dead Reckoning Navigation System, ” Gyroscopy and Navigation, Vol. 4, No. 35, pp. 83-92, 2001.

[20] Grewal M., Weill L., Andrews A., Global Positioning Systems, Inertial Navigation, and Integration, John Wiley & Sons Inc., 2001.

[21] Hatch R., Sharpe R., Yang Y., “An Innovative Algorithm for Carrier-Phase Navigation, ” Proceedings of ION GNSS, Long Beach, CA, September 21-24, 2004.

[22] Hay C., “Turn, Turn, Turn-Wheel-Speed Dead Reckoning for Vehicle Navigation, ” GPS World, October 2005.

[23] Jekeli C., Inertial Navigation Systems with Geodetic Applications, Walter de Gruyter, 2001.

[24] Kocaman S., GPS and INS Integration with Kalman Filtering for Direct Georeferencing of Airborne Imagery, Geodetic Seminar Report, Institute of Geodesy and Photogrammetry, Zurich, January 2003.

[25] Lawrence A., Modern Inertial Technology: Navigation, Guidance, and Control, Springer-Verlag New York Inc., November 2001.

[26] Levy L., Applied Kalman Filtering with Emphasis on GPS-Aided Systems, Navtech Seminars & GPS Supply, VA, 2005.

[27] Levy L., “The Kalman Filter: Navigation’s Integration Workhorse, ” The Johns Hopkins University, 1997.

[28] National Imagery and Mapping Agency, The American Practical Navigator: An Epitome of Navigation, Pub. No. 9, Bicentennial Edition, Bethesda, MD, 2002.

[29] Pinder S., Boid D., Sullivan D., Brown A., “Video Updates during GPS Dropouts Using Navigation and Electro/Optic Sensor Integration Technology, ” Proceedings of ION 58th Annual Meeting, Albuquerque, NM, June 2002.

[30] Stephen J., Development of a Multi-Sensor GNSS Based Vehicle Navigation System, Master Thesis, University of Calgary, August 2000.

[31] Zhao Y., Vehicle Location and Navigation Systems, Artech House, Inc., 1997.

第9章　地图匹配

即使 GPS 接收机应用了差分校正且实现了与 INS/DR 的结合，但由于 GPS 定位值和电子地图双方均包含误差，直接显示在电子地图上的 GPS 定位结果也经常不能准确地反映用户的实际位置。面对定位误差和地图误差的干扰，本章要介绍的地图匹配算法的目标是，将用户的 GPS 定位值正确匹配到其实际所在的电子地图道路上。

9.1 节阐述地图匹配的意义，以认识地图匹配的重要性和必要性。9.2 节简单介绍地图投影、数字高程模型和道路网数据库平面模型等一些与地图匹配相关联的基础知识。9.3 节首先综述性地介绍地图匹配算法的各种类型，接着简单讨论一种比较常见的地图匹配算法流程，指出地图匹配算法的关键通常是正确地决定一条相匹配的初始路段。9.4 节至 9.7 节分别探讨几何匹配算法、概率匹配算法、紧性结合匹配算法和综合匹配算法。9.8 节介绍在匹配路段上计算位置匹配点的几种算法。

9.1　地图匹配的意义

随着人们活动范围的扩大和移动通信的发展，一种被称为位置服务（LBS）的业务正在世界多个国家蓬勃兴起。位置服务的宗旨是凭借移动终端和移动网络的配合，帮助移动用户准确地确定其所在的地理位置，进而为用户提供需要的与其位置有关的商业、旅游、交通、医疗和气象等信息服务。位置服务是移动通信与导航技术相融合的一种具有巨大市场潜力的增值服务形式。

同时，各国正在基于现代电子、计算机和通信等技术研究、开发智能交通系统（ITS），实现车辆和道路智能化，建成安全、有效的交通系统。要想成功实现智能交通系统，就要准确地确定车辆当前时刻所在的位置。

无论是对位置服务还是智能交通系统，目前的共识是，倾向于以 GPS 作为定位子系统的技术核心。虽然这一解决方案听起来相当理想且可行，但如第 8 章指出的那样，GPS 在某些方面的定位性能还不尽如人意。例如，在人口稠密、高楼林立的城市峡谷，GPS 卫星信号遭阻挡会使 GPS 定位有效率降低，信号遭反射而引起的多路径效应会使 GPS 定位误差变大。差分 GPS、GPS 与 INS/DR 的组合及地图匹配等技术，是用来切实提高 GPS 定位性能的一些有效途径，我们希望性能得到提高后的 GPS 可以满足位置服务和智能交通等系统对定位子系统性能的要求。

如图 9.1 所示，输入地图匹配算法的数据与信息主要包括 GPS 定位值和电子地图道路网数据库两部分。我们知道，GPS 接收机给出的定位结果正常情况下存在约 20 m 的误差，而城市峡谷中的定位误差有时可达上百米；同时，电子地图也存在各种测量和离散误差。鉴于 GPS 定位误差和电子地图有限精度两方面的原因，如果直接将用户 GPS 接收机给出的定位值显示在电子地图上，那么地图上显示的 GPS 定位点一般来说无法准确地反映用户实际所在的地理位置。例如，在交通道路上行驶的车辆，其车载导航系统的 GPS 定位值未必能落在电子地图显示的道路上，更不必说正好与车辆在行驶路段上的实际地理位置点相吻合，这个问题时常给用户带来不便甚至困惑。地图匹配算法获得 GPS 定位结果和电子地图道路网数据库资源后，假定车辆行驶在交通道路网上，将 GPS 定位结果准确地匹配到电子地图道路网中的某条道路上的某一点[32]。有了地图匹配这一过程，用户就可以清楚地在地图上看到自己所在的道路和位置点。

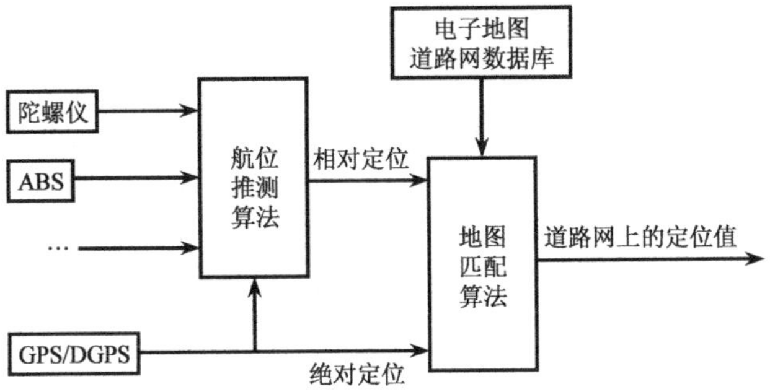

图 9.1　GPS 与地图匹配的关系

地图及地图匹配在各种车载导航系统中有着十分重要的应用：以图像形式表达的导航信息更容易被用户理解；利用电子地图，我们可实现诸如最佳路径搜索等一系列复杂功能；地图匹配自然还有助于提高定位性能，使定位结果更加准确、平滑。车载导航系统一般要求地图匹配后的定位误差在 95%的时间内不超过 20 m。

地图匹配对第 8 章中的 INS/DR 传感器参量的校准也有很高的利用价值[49]。例如，关于 ABS 车轮转速传感器比例因子的校准问题，我们可以比较车轮转速传感器的读数与电子地图道路网数据库给出的路段长度，得到车轮每圈、每齿对应的行驶距离；如果让车辆在地图显示的一条直线路段上行驶，那么陀螺仪给出的任何不为零的角速率读数就是其初始偏差值；在车辆转弯时，根据地图道路网数据库给出的在该转弯口的两条路段之间的方向角夹角，理论上就可以校准陀螺仪的读数比例因子。

9.2　电子地图

地图匹配算法显然要与地图资源及其数据打交道，而交通道路地图是车辆驾驶员与其所用定位技术之间的用户界面[26]。在探讨地图匹配算法前，有必要在本节首先简单介绍电子地图的 UTM 投影系统和数字高程模型，接着介绍与本章地图匹配算法密切相关的电子地图道路网数据库。

9.2.1　UTM 投影系统

将三维的地球表面投影为二维平面图形的方法有多种，但没有一种投影方法能将角度、面积等所有三维特性全部保留在一幅二维平面图形上，没有一种投影方法不包含近似处理。例如，地球的经纬线通常作为多种地图投影的参考线，其中经线在有些地图中是一系列相互平行的直线，而在一些现代地图中是弯曲的。从考虑的范围来看，地球的二维投影分为局部投影和全球投影两种，其中局部投影可提高相应局部地区的地图精度，但一般不适合对全球地区进行投影。

为方便地图用户使用地球表面投影后得到的近似地图，地图测绘者总是将长方形栅格套制在地图上，平行且等距的栅格横线与竖线之间相互垂直。借助于这些栅格网线，我们可以很容易地读出地图上任何一点的经纬度或栅格坐标值[41]。不同的投影方法会形成不同的栅格系统，而不同的栅格系统之间的坐标可以相互转换。

1947 年被美国军方用来制作军用地图的 UTM（Universal Transverse Mercator）系统是一种全球性投影，它具有能够非常准确地投影狭窄区域的特点[8, 49]。UTM 将地球基准椭球面（见 3.1 节）从南纬 80°至北纬 84°的范围沿经度方向划分为 60 个区，每个区（少数几个例外）东西方向宽 6°。

这 60 个区沿东向分别用 1, 2,⋯, 60 标记，第 1 区覆盖从西经 180°（国际日期变更线）至西经 174°的范围，第 60 区覆盖从东经 174°至东经 180°的范围。每个 UTM 区从南到北又分成 20 个带，并分别用字母 C, D,⋯, W, X 表示，其中字母 I 和 O 不包括在内，以免与数字 1 和 0 相混淆。每个带（除了带 X）南北宽 8°，带 C 覆盖从南纬 80°至南纬 72°的范围，带 X 覆盖从北纬 72°至北纬 84°的范围。这样，UTM 就将整个地球表面投影到了近 1200 个平面上。图 9.2 所示为 UTM 栅格系统在欧亚地区的情况，其中北京位于 UTM 中的 50S 区带。

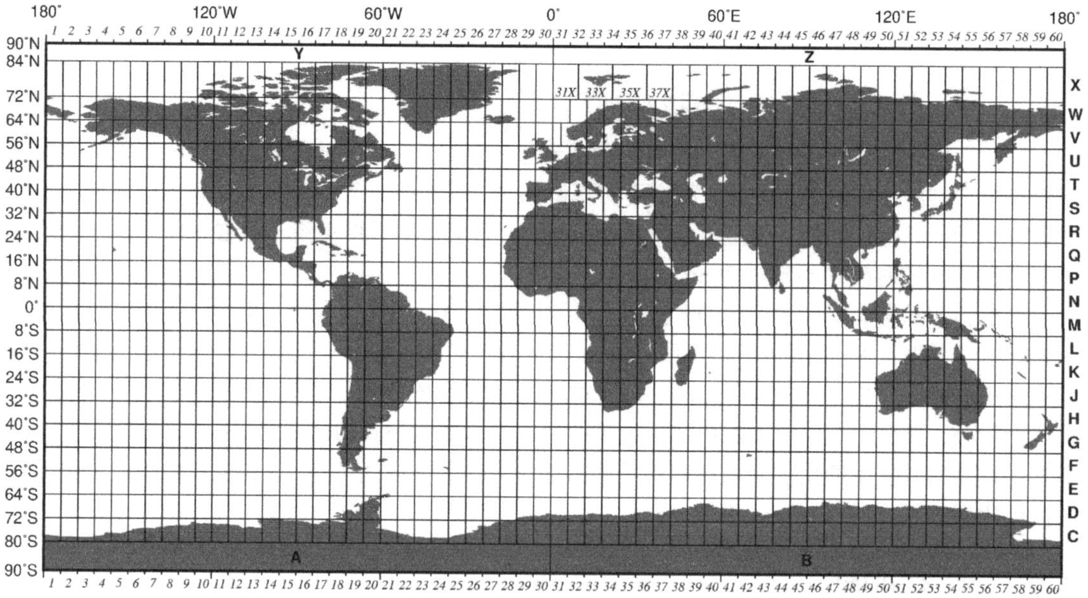

图 9.2 UTM 栅格系统

UTM 区中各点的位置可用该区的栅格坐标系表达成(E, N)，其中东向 E 和北向 N 两坐标轴均以米为单位。为了避免出现负值坐标，每个 UTM 区将该区正中间的子午线与赤道的交点作为参考点，并将参考点的坐标设为(500 000, 10 000 000)。这样，在一个 UTM 区中，参考点以西的所有点的东向坐标就都小于 500 km，参考点以北的所有点的北向坐标就都大于 10 000 km。在用 UTM 的东向、北向坐标值指定一点的位置时，我们还应给出该点所在的 UTM 区号。UTM 坐标系与 WGS-84 大地坐标系之间的坐标转换关系请参阅文献[6]。

由 UTM 投影制成的地图具有在地图上各处等距离比例的特性，这一特性使得 UTM 系统应用起来非常方便。尽管 UTM 坐标系的分区特点给跨区的 UTM 坐标转换带来了不便，但由于基于陆地的导航系统在某个时段内一般只在地面上一个非常小的区域内工作，所以这种分区的 UTM 栅格系统非常适合车载和个人（或称行人）导航系统。在廉价的 GPS 接收机中，GPS 接收机通常将定位结果显示在 UTM 栅格系统中[9]。

9.2.2 数字高程模型

数字高程模型（DEM）是关于地面海拔高度的数字模型，它通常是以规则格网点作为取样参考点的地面高程数据集。不同的数字高程模型数据集一般存在不同的格网大小、精度等级和模型结构等特点，例如，一款数字高程模型的格网大小为 50 m×50 m，高度值误差约为±2.5 m[40]。

由于数字高程模型只提供格网点的地面高度值，因此其他待定点的高程就要通过内插计算才能得到，而数字高程模型的内插法有线性、双线性、双三次和样条插值等多种[13, 14]。高次插值法一般要利用多个采样点的数据，得到的插值精度通常要比简单线性插值法的高。事实上，内插精度主要取决于数字高程模型原始采样点的采样密度和精度，而与采用何种插值方法的关系不大。下面介绍一种相对简单而又精确的双线性插值法。

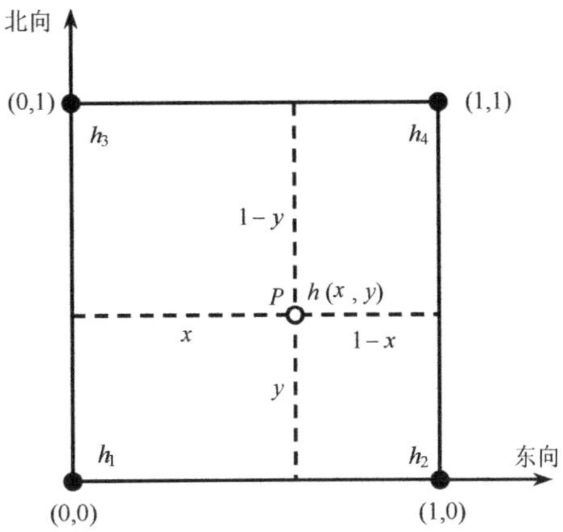

图 9.3　格网元中的双线性插值

图 9.3 中的正方形代表数字高程模型中的一个格网元，其 4 个格网点的高程分别是 h_1, h_2, h_3 和 h_4。为简化公式表达，我们将数字高程模型水平方向上的坐标原点平移到格网元的左下点，并将格网元单位化成一个边长为 1 的正方形。假如待定点 P 位于该格网元内，其单位化后的坐标为 (x, y)，那么由双线性插值法得到的点 P 的高程值 $h(x, y)$ 是

$$\begin{aligned} h(x,y) &= (1-x)(1-y)h_1 + x(1-y)h_2 + (1-x)yh_3 + xyh_4 \\ &= h_1 + (h_2 - h_1)x + (h_3 - h_1)y + (h_1 - h_2 - h_3 + h_4)xy \end{aligned} \tag{9.1}$$

由于数字高程模型能够提供用户所在位置（或区域）的地面高度值，因此可用来帮助减小 GPS 定位结果的误差，特别是高度值的不定区间、检测 GPS 测量错误及实现三星二维定位等。可见，由数字高程模型提供的高度信息对定位系统来说非常宝贵。因为车载导航系统用户的高度通常变化缓慢，考虑到内存容量和成本费用等因素，普通的车载导航系统及其地图匹配算法目前鲜有配备和采用数字高程模型数据库者。

9.2.3　道路网数据库

不同的应用对地图中包含的信息有不同的要求，本章中地图匹配算法需要的实际上是地图上的交通道路网信息。在用计算机描述电子地图道路网数据库的多种方法中，平面模型是被大家普遍采纳的既高效又简单的一种[11, 42]。有关电子地图开发的一些介绍请参阅文献[1, 3]等。

在电子地图道路网数据库的平面模型中，每条道路都由一组二维曲线构成，而用来描述一段道路（后面我们称其为路段）的每条曲线又由两端的顶点和中间的一系列节点组成。例如，图 9.4(a)中的一条曲线路段包含 A, F 两个顶点和 B, C, D, E 四个节点。包含节点的曲线路段中心线就这样用其顶点和节点连接而成的一条折线来近似描述，而不包含任何节点的曲线被称为直线路段。如图 9.4(b)所示，道路交叉口、起点和终点通常作为路段的顶点。对地图匹配算法而言，节点与顶点的区别不大，节点可视为顶点。这样，整个交通道路网就是由许多个顶点及顶点之间的多条直线路段构成的拓扑连接图。

道路网数据库除了提供路段之间的拓扑连接关系，通常还给出各个顶点和路段附带的多种特性，如顶点的位置坐标、路段宽度、限速情况和单/双向情况等，路段的部分特性也可从路段的顶点（和节点）获取。不同数据库包含的数据量和信息种类不尽相同，以满足各种不同目的、不同性能的应用系统的要求。例如，对智能交通系统来讲，道路网数据库至少应能帮助实现从经纬度到具体街道名的地址转换、GPS 定位值的地图匹配、最佳路径选择及实时行程指导等功能[26]。

任何地图及其道路网数据库均存在有限准确度的缺陷。道路网数据库的准确度有如下两方面的含义：一是数据库中的路段位置坐标与它们的真实坐标差大小；二是数据库的新旧程度。因为

道路网平面模型用一条折线来近似描述曲线路段的中心线，所以二者的差势必受到模型中节点的疏密度的影响。由于道路的改造、新建等因素，过旧的道路网数据库很可能不能真实、完整地反映当前的路况。

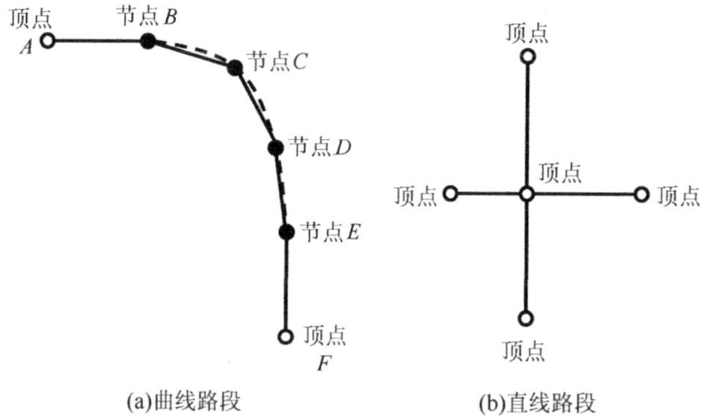

图 9.4　道路网数据库平面模型

9.3　地图匹配算法综述

地图匹配可应用于车载导航系统和个人导航系统。因为随身携带个人导航系统的步行者可以随时、随意地拐入街道两边的建筑，也可以做纯粹的垂直升降运动，而车辆通常行驶在交通道路网上，所以行人的运动状态相对于车辆来说很复杂。本章讨论针对车载导航系统的地图匹配算法，不涉及个人导航系统的地图匹配算法，对后者感兴趣的读者可以参阅文献[17]。

地图匹配分为实时处理与测后处理两种情况。测后处理地图匹配算法是指车辆行驶后，根据行驶途中收集的 GPS 定位结果数据匹配出一整条车辆行驶过的路径[47]。因为测后处理算法不但能“偷”看到车辆将来时刻的 GPS 定位值，以进行最短路径等全局优化处理，而且我们一般又不太计较测后处理所需的计算量大小，所以其性能通常至少要比实时的好。实时性匹配算法自然可充当测后处理算法，而测后处理匹配算法可能需要略做改动后才能用于实时处理。这里只介绍可用于实时处理的地图匹配算法。

在考虑 GPS 定位结果和电子地图道路网数据库这两部分输入信息均包含误差的情况下，地图匹配算法假定车辆行驶在电子地图的交通道路网上，经过一定的计算和判断后，将 GPS 定位结果准确地匹配到道路网中某一路段的某个位置点上[7, 11, 42]。对车载导航系统来说，车辆始终行驶在交通道路网上的这个假定绝大多数情况下是成立的。假如 GPS 定位点附近没有恰当的路段相匹配，那么可能是车辆确实不在道路网上行驶，也可能是地图过于老旧而未包含新建的道路信息，而地图匹配算法在这种情况下一般会放弃地图匹配而直接输出原始的 GPS 定位值。

到目前为止，我们一直将地图匹配算法输入之一的定位信息笼统地称为 GPS 定位结果，而实际上，许多地图匹配算法可能还需要来自 GPS 接收机的诸如定速值、运动方向角及其方差等信息。同时，这种 GPS 定位信息既可以是 GPS 接收机的单点定位结果，又可以是利用了 DGPS 校正量或与 INS/DR 等传感系统组合后的卡尔曼滤波定位结果。认识 GPS 接收机定位、定速等输入信息的多样性后，我们继续笼统地称所有这些输入信息为 GPS 定位结果。类似地，我们假定这里采用的电子地图具有地图匹配算法需要的足够信息，例如有些算法需要知道电子地图中道路网数据的误差方差。另外，我们假定对 GPS 定位结果和电子地图资源做了必要的坐标变换，譬如 GPS 定位值和道路网数据库中的路段顶点位置等都已表达在 UTM 坐标系中，所以 GPS 定位值可以直接与道路网数据库进行匹配。

对不同长短的 GPS 定位周期，地图匹配算法可能采取不同的策略。本章假定 GPS 接收机的定位频率约为 1 次每秒，因此相邻两个定位时刻的车辆位置很可能位于同一路段上，或者至多出现在两条相邻的路段上。如果 GPS 接收机的定位周期较长，譬如每两分钟甚至五分钟输出一个定位值，那么车辆很可能会在相邻的两个定位时刻之间穿越过多条路段，这种情况下的地图匹配算法一般要假定车辆总在两点间的最短路径上行驶，而这与本章所要介绍的地图匹配算法相差甚远。对这种在 GPS 定位周期较长情况下的地图匹配算法，感兴趣的读者可以参阅文献[2, 46]等。

地图匹配算法可谓“百花齐放，百家争鸣”。根据地图匹配算法总体构思的不同，我们将它们大致分为以下四大类[34, 50]。

（1）*几何匹配算法*。这类算法最初只考虑了 GPS 定位点与道路网之间的几何关系，主要体现为点-点匹配法、点-线匹配法和线-线匹配法三种。虽然这些算法简单，但匹配结果不够稳定，路段匹配错误率高，现在基本上已被淘汰。

改良后的几何匹配算法考虑了多个 GPS 定位点、过去时刻的地图匹配结果及道路网的拓扑关系等多方面、多层次的信息，能够更加正确地选取相匹配的路段。与纯几何匹配算法相比，改良型几何匹配算法的性能表现得更稳定，但是它们一般需要更多用以保存车辆过去时刻行驶途径的内存空间，还需要更多的计算量和计算时间。需要说明的是，这里可能会将一些很难归属于其他三类的地图匹配算法划分成改良型几何匹配算法。

（2）*概率匹配算法*。给定车辆在某一路段上的概率，概率匹配算法根据道路网的拓扑关系推算出下一时刻车辆在各条路段上的概率，然后将其中概率最高的一条路段选为相匹配的路段。这类算法通常需要建立一个车辆运动模型，但我们知道，任何一个模型均不能准确、完整地描述车辆所有可能的运动形式。

（3）*紧性组合匹配算法*。以上两类匹配算法都将含有较大误差的 GPS 定位值作为它们的输入，所以 GPS 定位误差的大小直接影响这些匹配算法的性能。紧性组合匹配算法将地图中的道路网信息加到 GPS 的定位计算中，可使误差降低后的 GPS 定位点更容易、更准确地匹配到地图上。因为这类匹配算法主要在 GPS 测距领域内对地图与 GPS 进行结合，所以我们借用第 8 章的术语而称之为*紧性组合匹配算法*，以强调与那些在定位领域内进行结合的地图匹配算法的区别。

（4）*综合匹配算法*。这类算法通过一定的方式将多种匹配测量信息综合起来，以全面、正确地确定一条最相匹配的路段，是目前被大家倾向于采纳的一类地图匹配算法。信息的综合可简单地通过权重来实现，也可借助 D-S 理论或模糊推理等信息理论工具进行。

如何更准确地完成地图匹配是一个很有意思的技术问题。除了上述四大类算法，事实上，凡是能提高匹配性能的任何技巧、方法，均可作为一个匹配算法的一部分。例如，文献[43]利用人工神经元网络提高路段匹配的准确度和可靠性，而文献[20]运用线性回归法对一系列 GPS 定位点用道路网中的一条路段或由多条路段组成的曲线进行逼近，以找到相匹配的车辆行驶路径。

除了设计性能良好的地图匹配算法本身，从整体上完善地图匹配功能的另外两个途径是降低 GPS 定位误差和提高地图精度。提高地图精度是一项长期且烦琐的工作，如增加路段节点数、考虑路面宽度与车道数等。文献[23]将描述道路中心线的路段分别向垂直的两边平移（约 3 m），以此作为路段在来往两个方向上行驶的车道的中心线。

对地图匹配算法而言，启动时的初始匹配和启动后在路段交叉口的匹配，通常既是重点又是难点，大部分地图匹配算法会区别对待这些关键匹配与其他时刻的匹配，因此许多不同种类的地图匹配算法具有大致相近的匹配步骤。图 9.5 所示为一种比较流行的地图匹配算法流程，它将整个匹配过程分为初始匹配和跟踪匹配两个阶段[27, 30]。

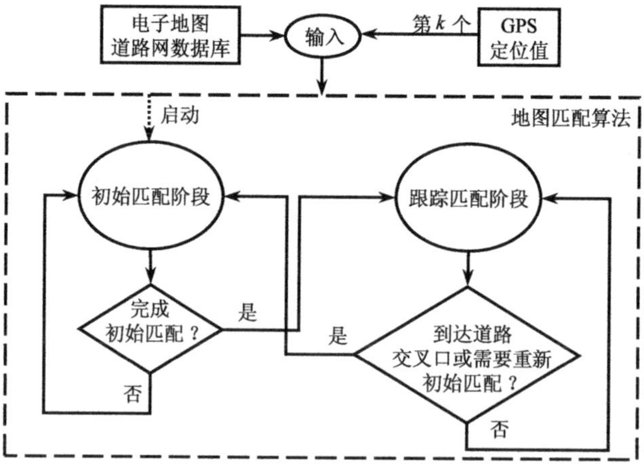

图 9.5　一种比较流行的地图匹配算法流程

匹配算法启动后，随即进入初始匹配阶段。因为一个错误的初始路段匹配时常引起跟踪匹配阶段的一连串错误匹配，所以这一阶段的路段匹配正确性相当重要。为了提高初始路段匹配的正确性，一种常见的做法是在这一阶段首先暂时保留多条可能相匹配的初始路段，然后逐个、逐步地对这些候选路段进行评比和取舍。当遇到道路交叉口时，这批候选路段一般需要被另一批新的路段替换。不同的地图匹配算法按照各自不同的标准，在每个定位时刻对 GPS 定位点与各条候选路段的匹配状况进行评估和打分，经过多个时刻的分数积累（或滤波）后，再逐渐将总分数低于一定门限值的那些路段排除[12, 15, 23, 27, 29, 47]。目前，随着电子地图道路网的日渐精细，被选中的初始匹配候选路段的数目变得越来越多，而最终从多条候选路段中挑选出正确的一条作为初始匹配路段是地图匹配算法中最难的一步。必要时，地图匹配算法可以增加对最可能相匹配的几条候选路段的观察时间，以提高这一阶段正确匹配的可靠性。初始路段被确定后，地图匹配算法随即转入跟踪匹配阶段。

候选路段的选取范围一般是通过参考 GPS 定位误差的大小完成的。我们知道，GPS 接收机在输出定位值的同时，通常还给出相应的误差方差，而地图匹配算法可用 GPS 定位方差值计算出一定置信度下的车辆真实位置范围，并将该范围内的所有路段选为候选匹配路段。下面介绍一种根据 GPS 定位方差值计算相应定位误差范围的方法：假设由诸如卡尔曼滤波等 GPS 定位算法给出的 GPS 定位值是点 $G(e,n)$，它在东向与北向的误差方差分别为 σ_e^2 与 σ_n^2，且在这两个方向上的误差协方差为 σ_{en}，那么相应的定位误差范围可用图 9.6 中的椭圆标识，而该误差椭圆的长半径 a 与短半径 b 分别等于[49]

$$a=\kappa\sqrt{\frac{1}{2}\left(\sigma_e^2+\sigma_n^2+\sqrt{(\sigma_e^2-\sigma_n^2)^2+4\sigma_{en}^2}\right)} \quad (9.2)$$

$$b=\kappa\sqrt{\frac{1}{2}\left(\sigma_e^2+\sigma_n^2-\sqrt{(\sigma_e^2-\sigma_n^2)^2+4\sigma_{en}^2}\right)} \quad (9.3)$$

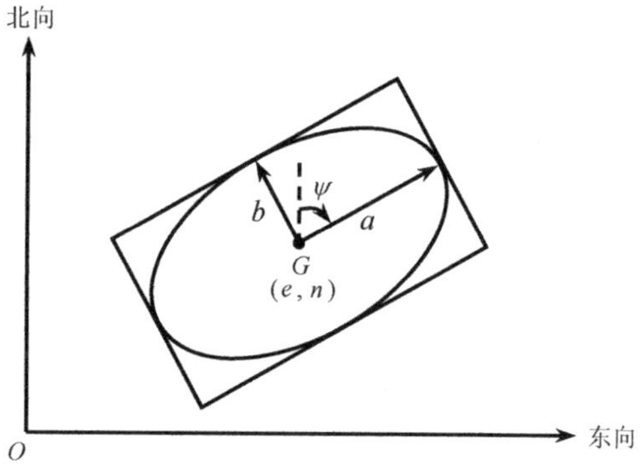

图 9.6　GPS 的定位误差椭圆

且误差椭圆长轴相对于北向的、以弧度为单位的夹角 ψ 等于

$$\psi = \frac{\pi}{2} - \frac{1}{2}\arctan\left(\frac{2\sigma_{en}}{\sigma_e^2 - \sigma_n^2}\right) \tag{9.4}$$

式（9.2）和式（9.3）中的系数κ是放大倍数，文献[49]指出，对置信度为 99%的椭圆误差范围，κ可取值 3.03。某一路段只有一部分包含在 GPS 的定位误差范围内时，它仍然应该被选为相匹配的候选路段。如图 9.6 所示，为了方便判断路段与定位误差范围的几何位置关系，椭圆形的误差范围常被简化为一个矩形[27]。

跟踪匹配相对于初始匹配来说较为简单，它的主要任务是将当前时刻的 GPS 定位点匹配到与上一时刻 GPS 定位点相匹配的同一路段上。当车辆上一时刻的位置匹配点离路段顶点处的交叉路口相距甚远时，我们认为车辆仍在当前的路段上行驶，并且完成在此路段上的匹配。如果二者的距离小于一个门限值，那么车辆可能已驶入其他路段，因此地图匹配算法应当结束当前的跟踪匹配阶段而重返初始匹配阶段，并将所有与该路段顶点有拓扑连接关系的路段作为候选匹配路段。因为车辆和道路均有可能出现 180°的转弯，所以上一时刻的匹配路段仍然应该在考虑之列。另外，如果出现其他原因，譬如 GPS 接收机因信号被阻挡而在一段时间内未输出有效定位值，那么车辆在无 GPS 定位结果的这一时段内可能驶离了原先的匹配路段，因此地图匹配算法在这些情况下通常也要重返初始匹配阶段。9.4.4 节中将进一步讨论这种利用道路网拓扑关系信息的地图匹配算法。

地图匹配问题不存在完美的解决方案，评价一个地图匹配算法的好坏时，主要考察它的实际测试性能。理想地图匹配算法要经得起城市中心等道路网密集且复杂的环境中各种正常或异常驾驶情况下的大量实际测试。

接下来的几节分别介绍几何、概率、紧性组合和综合四类地图匹配算法。介绍各种算法的主要目的不是清楚地描述它们的完整步骤或具体细节，而是理解它们解决问题的根本思路，认识它们的性能优缺点。这样，读者将来在面对一个实际问题时，就能自己综合、开发出一套切实可行且性能良好的地图匹配算法方案。至于各种算法的完整步骤和具体细节等，请读者详细参阅相关的文献。

9.4 几何匹配算法

几何匹配算法主要依据 GPS 定位值与道路网路段的几何相关性来完成匹配。本节首先介绍点-点、点-线和线-线三种纯几何匹配算法，然后探讨考虑了道路拓扑关系等信息和因素的改良型几何匹配算法[6, 30, 46]。

9.4.1 点-点匹配法

点-点匹配法是一种最直观、最简单的几何匹配算法[7, 16, 42]。如果道路网数据库中的所有道路均已离散成长 2～10 m 的路段，那么点-点匹配算法就将 GPS 定位点匹配到离其最近的道路网数据库中的一个路段节点（或顶点）上。如图 9.7(a)所示，点 G 为 GPS 定位点，节点 A_1 是道路网数据库中离点 G 最近的一个节点，这样点-点匹配算法就将点 G 匹配到节点 A_1 上。

GPS 定位值和电子地图两方面的误差，容易导致点-点匹配法发生错误匹配。如图 9.7(b)所示，尽管车辆行驶在路段 A_1A_2 上，且路段 A_1A_2 也是地图上离 GPS 定位点 G 垂直距离最近的一条路段，但由于路段 $B_1B_2B_3$ 上的节点 B_2 离点 G 最近，所以点 G 被误配到节点 B_2 上。为了降低误配率，道路网数据库应增大路段的离散程度，减小节点之间的距离。在图 9.7(b)的例子中，如果将点 G 匹配到离其最近的一条路段上，那么路段 A_1A_2 会被正确选中，而这正是 9.4.2 节所要介绍的点-线匹配法。

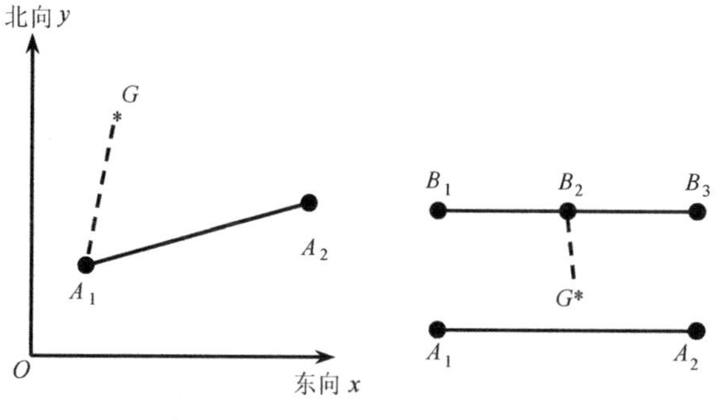

图 9.7 点-点匹配法

9.4.2 点-线匹配法

点-线匹配法的基本思路是，按照某种准则找出与 GPS 定位点相匹配的路段。找到相匹配的路段后，点-线匹配算法就将 GPS 定位点匹配到该路段上，但是这里的位置匹配点不再局限于路段两端的节点，而可以匹配到 GPS 定位点在该路段上的垂直投影。

一种比较距离的点-线匹配法是将 GPS 定位点 G 垂直投影到离其最近的路段上[7, 38, 42]。如图 9.8(a)所示，点 P 是 GPS 定位点 G 在路段 A_1A_2 上的投影，线段 GP 的长度被称为点 G 到路段 A_1A_2 的（垂直）距离。当垂直投影点 P 位于路段 A_1A_2 的延长线上时，一般的做法是将到点 G 最近的一个路段节点（A_1 或 A_2）作为投影点 P。如果在点 G 周围的所有路段中，点G 到路段 A_1A_2 的距离最短，那么定位点 G 就与路段 A_1A_2 相匹配，且投影点 P 就是相应的位置匹配点。

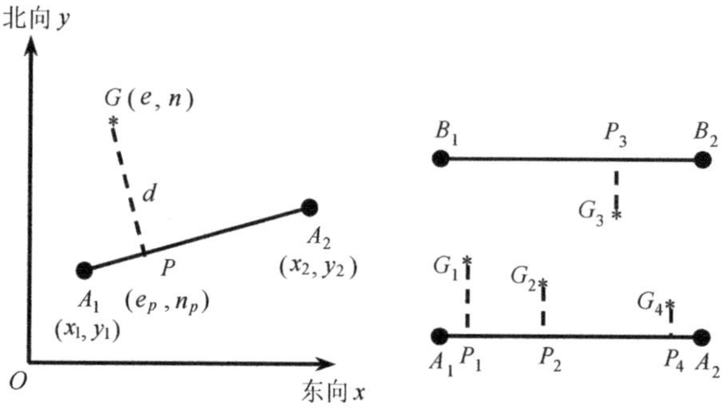

图 9.8 点-线匹配法

假如节点 A_1 与 A_2 的东向、北向坐标值分别为(x_1, y_1)与(x_2, y_2)，那么过点 A_1 和 A_2 的直线方程为

$$(y_1 - y_2)x + (x_2 - x_1)y + (x_1y_2 - x_2y_1) = 0 \tag{9.5}$$

若点 G 的坐标值为(e, n)，则它在上述直线上的垂直投影点 P 的坐标值(e_p, n_p)为[30]

$$e_p = \frac{(x_2 - x_1)\left[e(x_2 - x_1) + n(y_2 - y_1)\right] + (y_2 - y_1)(x_1y_2 - x_2y_1)}{(x_2 - x_1)^2 + (y_2 - y_1)^2} \tag{9.6}$$

$$n_p = \frac{(y_2 - y_1)\left[e(x_2 - x_1) + n(y_2 - y_1)\right] - (x_2 - x_1)(x_1y_2 - x_2y_1)}{(x_2 - x_1)^2 + (y_2 - y_1)^2} \tag{9.7}$$

且点 G 到线段 A_1A_2 的垂直距离（垂线 GP 的长度）d 为

$$d = \frac{|(y_1 - y_2)e + (x_2 - x_1)n + (x_1 y_2 - x_2 y_1)|}{\sqrt{(x_2 - x_1)^2 + (y_2 - y_1)^2}} \tag{9.8}$$

以上这些公式对点-线匹配算法非常有用，后面还会被多次用到。

当 GPS 定位误差较大、道路网稠密或车辆行驶在道路交叉口附近时，这种点-线匹配法和前面的点-点匹配法都很容易将 GPS 定位点匹配到错误路段上。如图 9.8(b)所示，点 G_1, G_2, G_3 和 G_4 是 4 个时间上依次连续的 GPS 定位值，它们对应的真实位置全在路段 A_1A_2 上，但是比较距离的点-线匹配算法会将点 G_3 错误地匹配到路段 B_1B_2 上。

除了上述比较距离的点-线匹配法，另一种形式的点-线匹配法则是比较方向。比较方向的点-线匹配法的工作方式如下：根据 GPS 接收机提供的车辆运动方向值，在当前车辆位置（或 GPS 定位点）附近的所有路段中，找出一条方向与此 GPS 运动方向最接近的路段，然后将 GPS 定位点匹配到这一路段上[42]。由于 GPS 接收机给出的运动方向值不太准确，特别是当车辆低速运动时 GPS 方向值误差通常更大，因此这种匹配算法的性能不是很稳定。

9.4.3 线-线匹配法

与以上两种几何匹配算法仅考虑单个时刻的 GPS 定位值不同，线-线匹配法将一系列 GPS 定位点按时间顺序连成一条折线（这里称之为参考线），然后按照一定的规则计算、比较参考线与附近所有路段的几何相关性，从中将几何相关性最强的一条路段选为相匹配的路段，最后将参考线上的所有 GPS 定位点一起匹配到该路段上。因为多个定位点一起包含的信息通常要比单个定位点更丰富、更稳定，加之具有整体性，所以线-线匹配法可以纠正点-点匹配法和点-线匹配法的一些缺点。与点-线匹配法类似，线-线匹配法也可分为比较距离和比较方向两种选择匹配路段的方式。下面，我们以每两个 GPS 定位点连成一条参考线为例来介绍这两种线-线匹配算法。

比较距离的线-线匹配法首先计算参考线到附近所有路段的距离，然后将参考线上的各个 GPS 定位点一起匹配到距离参考线最近的一条路段上[7, 38, 42]。如果一条参考线到某路段的距离定义为参考线上的各个 GPS 定位点到此路段的垂直距离之和，那么图 9.9(a)中由 GPS 定位点 G_1 和 G_2 组成的参考线 G_1G_2 到路段 A_1A_2 与 B_1B_2 的距离分别为 $d_{1A} + d_{2A}$ 与 $d_{1B} + d_{2B}$。因为图中 $d_{1A} + d_{2A}$ 小于 $d_{1B} + d_{2B}$，即参考线离路段 A_1A_2 较近，所以点 G_1 和 G_2 被同时匹配到路段 A_1A_2 上，且它们在路段 A_1A_2 上的投影点 P_1 和 P_2 可视为相应的位置匹配点。如果该例用比较距离的点-线匹配法求解，那么点 G_1 会被正确地匹配到路段 A_1A_2 上，而点 G_2 会被错误地匹配到路段 B_1B_2 上。

在如图 9.9(b)所示的比较方向的线-线匹配法例子中，参考线 G_1G_2 的方向首先与附近各路段的方向进行比较，然后参考线上的各个 GPS 定位点被一起匹配到与参考线方向最接近的一条路段上[11, 42]。因为参考线 G_1G_2 与路段 A_1A_2 的夹角 α 小于 G_1G_2 与路段 B_1B_2 的夹角 β，即参考线方

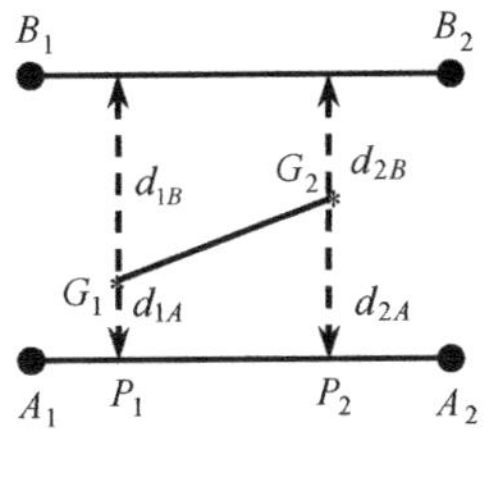

(a)比较距离

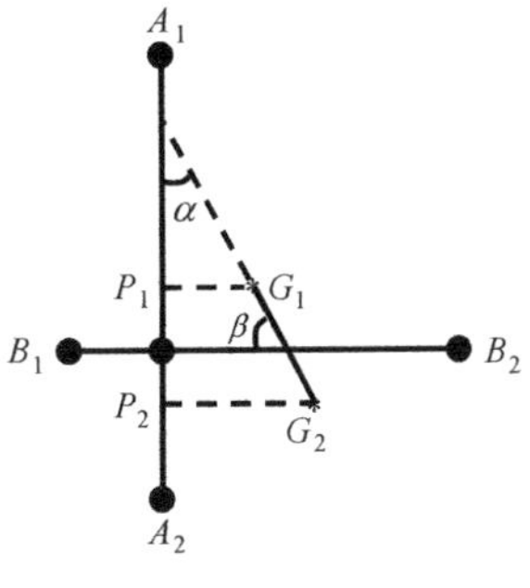

(b)比较方向

图 9.9 线-线匹配法

向与路段 A_1A_2 的方向最接近，所以点 G_1 和 G_2 被正确地匹配到了它们各自在路段 A_1A_2 上的投影点 P_1 和 P_2。由 GPS 定位点组成的参考线方向与车辆的实际行驶方向通常存在一个时大时小的差，使得该匹配算法的性能不很稳定。线-线匹配法也可直接采用由 GPS 接收机给出的车辆运动方向值，但 GPS 运动方向值的误差在车辆低速运动时通常很大。

9.4.4 改良型几何匹配算法

当 GPS 接收机位于视野开阔地带而提供相当准确的定位值时，上面三节介绍的纯几何匹配算法的性能基本是可以的。尽管目前流行的几何匹配算法不可能只是一个纯几何匹配算法，但是这些算法中的许多想法仍然有很高的借鉴价值，如比较 GPS 定位点到附近路段的距离、参考 GPS 定速方向、一起考虑多个 GPS 定位点及将 GPS 定位点匹配到路段的投影点上等。为了进一步提高地图匹配性能，很大一部分匹配算法在考虑 GPS 定位点与道路网路段的几何关系的同时，还考虑了其他的信息与因素，并且精细了匹配过程，我们称这些算法为*改良型几何匹配算法*。

由 GPS 接收机给出的车辆运动速度大小是一个很好的考虑因素。当车辆静止不动时，GPS 定位点一般仍然会显示出随机或有一定方向性的小幅度运动；同时，当车辆静止或低速运动时，GPS 接收机给出的运动速度方向值也不是很可靠。也就是说，如果一个匹配算法只考虑 GPS 定位值和 GPS 运动方向而忽略速度大小信息，那么该算法很容易产生位置点甚至路段的错误匹配。文献[27]中的实际测试表明：当 GPS 速度值大于 3 m/s 时，相应的 GPS 运动方向值基本上是可靠的。当然，这个速度门限值与 GPS 接收机及当时的定位误差情况有关。因此，当地图匹配算法发现 GPS 速度值为零或接近零时，它可以保持上一时刻的匹配结果不动[30]；当车辆低速度行驶且不接近任何道路交叉口时，我们可认为车辆仍在同一路段上行驶，且车辆的行驶方向可以取值为地图给出的路段方向，以利于下一时刻的匹配计算[27]；当 GPS 运动速度大到一定程度时，相应的 GPS 运动方向值接近车辆实际行驶方向的可靠性增加，此时的 GPS 速度方向就可在正确鉴定匹配路段的这一过程中起到帮助作用。

我们已认识到 GPS 速度大小和方向在地图匹配算法中的重要作用，因为 GPS 运动方向发生变化通常意味着车辆正在改变行驶的路段，所以观察 GPS 运动方向的变化量具有相当重要的意义。如果车辆行驶方向变化这一信息得以确认，那么为了尽量避免发生错误匹配，地图匹配算法一般应返回如图 9.5 所示的初始匹配阶段，从中搜索出一条相匹配的新路段。掌握 GPS 运动方向变化量的统计值，对在单个时刻判断车辆运动方向是否发生变化十分关键，文献[27]中的实际测试发现：当车辆在直线路段上行驶时，相邻时刻的 GPS 运动方向值之间的变化量最大可达 20°，但是所有运动方向值总体上没有明显的变化趋势；当车辆转弯时，GPS 运动方向值会出现持续 2～5 s 大于 35°的变化量。当然，这些统计值与不同的 GPS 接收机、道路转弯情况和车辆驾驶状况等有关。为了更加准确地掌握车辆的行驶方向及其大小变化，在地图匹配过程中参考由陀螺仪或磁罗盘提供的车辆行驶方向信息的方法与研究，自然也就屡见不鲜[30, 35]。

电子地图道路网数据库通常提供道路之间的拓扑连接关系，而利用道路网拓扑信息是地图匹配算法防止匹配结果在不同路段间频繁跳动及减少路段匹配错误率的一种非常重要的措施。9.3 节提过，如果上一时刻车辆在某一路段上行驶，那么我们按照常理可以断定，车辆在当前时刻应该有很大的可能性仍然行驶在这一路段上。换句话说，两个相邻时刻的 GPS 定位点匹配到同一路段上的概率，通常要高于分别匹配到两条不同路段上的概率[42]。如果车辆在上一时刻的位置已很靠近路段的一端顶点，那么当前时刻的另一个大概率事件是车辆开始驶入与该路段顶点相连的其他某条路段上。这样，给定一个初始匹配点，我们根据道路网拓扑信息就可很大程度地减少、限定与下一个 GPS 定位点相匹配的候选路段及其数目。显然，道路网拓扑信息可以用来改善前面的点-线和线-

线匹配等算法的性能[7, 42]。需要提醒的是，利用道路网拓扑信息帮助进行路段匹配的前提是上一时刻正确的路段匹配结果。如果上一时刻的 GPS 定位点被匹配到一条错误的路段上，那么利用道路网拓扑信息的匹配算法反而很容易使当前时刻的 GPS 定位点继续被匹配到错误路段上，严重的甚至导致接下来一系列的错误匹配，因此必须谨慎利用过去时刻的地图匹配结果。

如果电子地图道路网数据库资源还包括限速、单向/双向和交叉口转向限制等道路特性信息，那么地图匹配算法可以利用这些道路特性来筛选可能与 GPS 定位点相匹配的候选路段[24, 39]。需要注意的是，利用道路特性信息的前提是假定驾驶员遵守交通规则，且正常、理性地驾驶车辆。假如车辆逆向行驶或者出现在禁止左拐的交叉口左拐等非理性驾驶行为，那么地图匹配算法在利用道路特性信息后反而可能引发错误匹配，因此地图匹配算法必须谨慎使用道路特性信息。

可见，在利用道路网拓扑信息和道路特性信息的各种地图匹配算法中，正确地计算第一个 GPS 定位点的匹配结果，特别是正确地选定第一条匹配路段，通常是整个算法过程的关键一步。关于如何进行初始匹配这个问题，9.3 节做了相当充分的讨论。

一般情况下，地图匹配算法在路段交叉口（包括转弯处）发生错误匹配的概率，要明显高于在其他地段发生匹配的概率。虽然路段交叉口对地图匹配算法来讲是一个难点，但具有丰富道路拓扑等信息的路段交叉口却可用来纠正先前的错误路段匹配并调整路段上位置匹配点。改良型几何匹配算法可从多方面找出 GPS 定位值与该地段道路网间的最大相关性，以提高路段匹配和位置点匹配的准确度。因为路段交叉口如此重要，所以在条件许可时，我们可以借用陀螺仪和 DR 传感器等来帮助鉴定车辆是否接近道路交叉口、监测车辆转弯情况，以及最终帮助解决车辆在这些地段的地图匹配难题[35, 44]。由于电子地图能够给出当前路段在交叉口与其他各道路的夹角，因此通过比较道路间的夹角与陀螺仪等传感器输出的角度变化量，就可判断出车辆穿过交叉口后的行驶路段。

在本节的以下部分，我们介绍一种被称为*道路精简滤波算法*的改良型几何匹配算法，其独具特色地处理 GPS 定位误差的地图匹配过程大致分成以下几步[22, 36, 37, 38]。

（1）算法启动后，GPS 接收机利用可见卫星的测量值及由数字高程模型提供的地面高度完成定位。道路精简滤波算法首次获得 GPS 接收机输出的定位值后，将所有包含在与此 GPS 定位点相距 100 m 的圆周范围内的路段全部选中。假设共有 n 条路段被选中，那么根据 GPS 在正常情况下具有的定位精度可知，车辆应有接近 100%的概率行驶在这 n 条路段中的一条上。对每条候选路段，我们可从道路网数据库中得到形如式（9.5）的路段直线方程式。如图 9.10 所示，若 GPS 定位点 G 的坐标为(e,n)，则由式（9.6）和式（9.7）可以计算出点 G 在候选路段 AB 上的投影点 P 的坐标值(e_p,n_p)，而 d 是点 G 到该路段的垂直距离。

道路精简滤波算法将位置点匹配结果称为*基准点*，我们即刻就会知道如此命名的缘由。在这一步，投影点 $P(e_p,n_p)$被直接视为基准点 $R(\hat{e},\hat{n})$，共得到 n 个分别在不同候选路段上的参考点。如果外界辅助系统能可靠地确定车辆所在的路段和位置，那么道路精简滤波算法在这一步需要做的就是直接从那条路段和那个基准点出发。

（2）以各个基准点作为车辆的真实位置，计算 GPS 定位误差，并将该误差值当作 GPS 定位点在该路段上的 DGPS 位置校正量。这一位置校正的工作原理很像第 7 章介绍的 DGPS，不同的是这里不涉及基准站，地图匹配算法会将其得到的基准点虚拟成基准站位置。我们称这种位置校正量为*虚拟 DGPS 校正量*，其计算方法将在稍后介绍。这样，第（2）步共产生 n 个对应于不同候选路段的虚拟 DGPS 校正量。

（3）获取由 GPS 接收机输出的当前时刻的原始 GPS 定位值(e,n)。

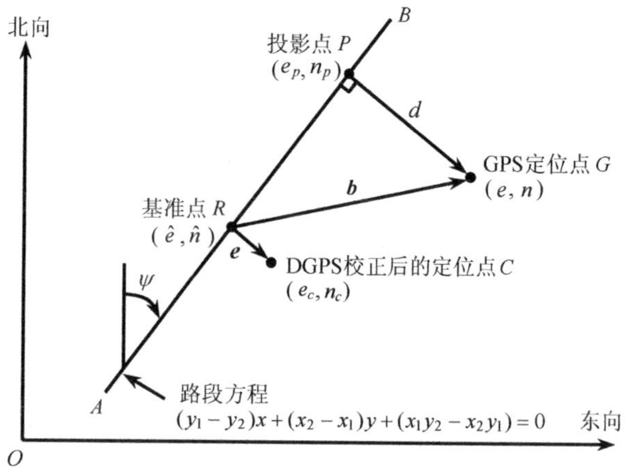

图 9.10　道路精简滤波算法

（4）分别利用第（2）步产生的各个虚拟 DGPS 校正量对当前 GPS 定位点 $G(e,n)$进行校正，共得到 n 个对应于不同候选路段的 DGPS 校正后的定位点 $C(e_c,n_c)$。

（5）将每个 DGPS 校正后的定位点 $C(e_c,n_c)$投影到相应的路段上，共得到 n 个当前时刻的基准点 $R(\hat{e},\hat{n})$。

在每个定位历元，道路精简滤波算法重复从第（2）步至第（5）步的计算过程。对每条正被考虑的候选路段，该算法保存最近 30 个时刻的位置匹配点。考察和评价每条候选路段上的 30 个匹配结果后，道路精简滤波算法根据它们的评分逐时、逐步地取舍某些候选路段，直至剩下一条最有可能相匹配的路段，匹配路段上的基准点就是相应的位置匹配点。这里的取舍规则是，计算各条候选路段与一系列原始 GPS 定位值之间诸如距离、方向等的相关性，衡量、比较各条候选路段被匹配的可能性。如果所考虑的一条候选路段正是车辆实际行驶的路段，那么这种相关性一般来说总是很大；否则，这种相关性必定总是很小。当遇到路段交叉口时，该算法需要返回第（1）步，并加入交叉口的一些新路段，这与图 9.5 所示的匹配算法的常用流程相一致。

可见，虚拟 DGPS 校正是道路精简滤波算法的一大特点。下面解释该算法是如何求解出比较稳定的 DGPS 位置校正量的。如图 9.10 所示，对正被考虑的一条候选路段 AB，当前时刻的 DGPS 位置校正量等于从上一时刻的基准点 $R(\hat{e},\hat{n})$到当前时刻的 GPS 定位点 $G(e,n)$的向量 $\boldsymbol{b}$，这一差分向量 $\boldsymbol{b}$ 可用向量形式表达成

$$\boldsymbol{b}=\begin{bmatrix}b_e & b_n\end{bmatrix}^{\mathrm{T}} \tag{9.9}$$

若 $\boldsymbol{e}$ 代表路段 AB 的法线方向，则单位向量 $\boldsymbol{e}$ 等于

$$\boldsymbol{e}=[\cos\psi \quad -\sin\psi]^{\mathrm{T}} \tag{9.10}$$

式中，ψ 是路段方位角。一方面，向量 $\boldsymbol{b}$ 与 $\boldsymbol{e}$ 的点积相当于 $\boldsymbol{b}$ 在 $\boldsymbol{e}$ 方向上的投影长度，即等于 GPS 定位点 G 到路段 AB 上的投影点 $P(e_p,n_p)$之间的距离 d，

$$d=\boldsymbol{b}^{\mathrm{T}}\cdot\boldsymbol{e}=b_e\cos\psi-b_n\sin\psi \tag{9.11}$$

另一方面，距离 d 也可直接根据 GPS 定位点 G 与投影点 P 的坐标得到，即

$$d=\pm\sqrt{(e-e_p)^2+(n-n_p)^2} \tag{9.12}$$

式中，“±”号的选取与 GPS 定位点 G 是位于路段 AB 的左边还是位于右边有关。事实上，若式（9.8）中省去绝对值运算符，则该式可以同时计算出 d 的正负与大小。这样，对每条候选路段，每个历元

可以产生一个方程式（9.11），于是先前 30 个历元就对应一个由 30 个方程式组成的方程组。如果将方程组中由式（9.12）计算得到的各个 d 视为已知测量值，而路段方位角 ψ 又可由地图直接给出，那么我们可以根据最小二乘法求解出 DGPS 校正向量 $\boldsymbol{b}$ 的两个分量 b_e 和 b_n。道路精简滤波算法原先利用这种虚拟 DGPS 校正来减小 GPS 定位值中的 SA（见 1.3 节）干扰误差，而在 SA 被终止的今天，这种虚拟 DGPS 校正一定程度上仍能用来减小 GPS 定位误差[39]。

另外，文献[39]继续对道路精简滤波算法进行了改进，主要增加了以下两方面的地图匹配功能：首先，因为平面上看起来相交的两条道路（如立交桥、涵洞等）立体上不一定真正相交，所以它利用道路网数据库提供的道路之间的拓扑连接关系信息来帮助进行候选路段的选定与排除；其次，它根据道路单向/双向行驶限制信息来取消考虑那些车辆不可能在某个方向上行驶的路段。我们在本节的前半部分实际上对这两方面的功能做了讨论。

9.5　概率匹配算法

本节简要介绍一种由文献[21]给出的概率匹配算法。其他形式的概率匹配法，请读者参阅文献[19, 32]等。

如图 9.11 所示，假设该算法已断定车辆在路段 AB 上行驶，那么道路网数据库可以给出路段 AB 的方位角 ψ 及其长度 ℓ。因为车辆在该路段上的行驶位置可用距离路段节点 A 的长度 d 来唯一地确定，所以车辆的运动状态可用如下的一维卡尔曼滤波模型来估算：

$$\begin{cases} \boldsymbol{x}_k = \boldsymbol{A}\boldsymbol{x}_{k-1} + \boldsymbol{w}_{k-1} \\ \boldsymbol{y}_k = \boldsymbol{C}\boldsymbol{x}_k + \boldsymbol{v}_k \end{cases} \tag{9.13}$$

式中，系统状态向量 $\boldsymbol{x}$ 可设为 $\begin{bmatrix} d & \dot{d} & \ddot{d} \end{bmatrix}^{\mathrm{T}}$，一阶导数 $\dot{d}$ 和二阶导数 $\ddot{d}$ 分别代表车辆的运动速度和加速度，测量值 $\boldsymbol{y}$ 是 GPS 接收机输出的定位值的东向、北向坐标，测量关系矩阵 $\boldsymbol{C}$ 将车辆位置从 d 变换到东向、北向坐标。关于式（9.13）的更多解释，请读者参阅介绍卡尔曼滤波器的第 6 章。若 γ 代表车辆在该路段上的真实位置点到节点 A 的距离，则 γ 值呈如下正态分布：

$$\gamma \sim N(d, \sigma_d^2) \tag{9.14}$$

式中，σ_d^2 是卡尔曼滤波器对车辆真实位置 γ 的估计值 d 的误差方差。

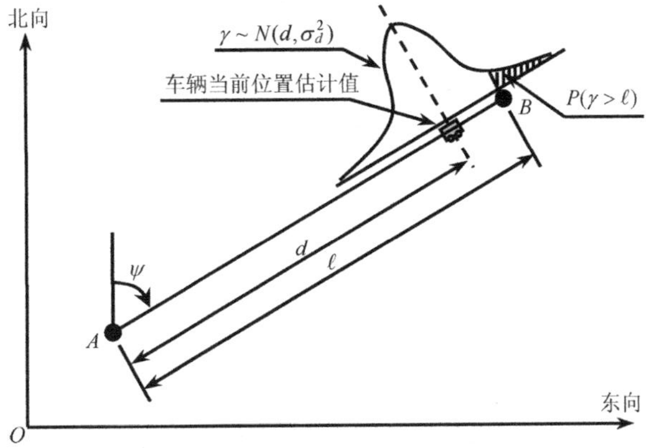

图 9.11　马尔可夫概率匹配模型

上述卡尔曼滤波模型假定路段 AB 上无限长的。根据式（9.14）给出的 γ 值概率分布和路段长度ℓ，我们可以分别计算出车辆在路段 AB 上行驶的概率 $P_\gamma(0<\gamma<\ell)$、车辆由点 B 驶出路段 AB 的概率 $P_\gamma(\gamma>\ell)$ 以及由点 A 驶出路段 AB 的概率 $P_\gamma(\gamma<0)$。假如在节点 B 与路段 AB 相连的其他路段共有 n_B 条，那么车辆离开路段 AB 而驶入 n_B 条路段中任意一条路段的转移概率为 $P_\gamma(\gamma>\ell)/n_B$。类似地，车辆驶入与点 A 相连的其他路段的概率为 $P_\gamma(\gamma<0)/n_A$。这样，车辆可能在上面行驶的候选路段由原先的路段 AB 一下子变成了 $1+n_A+n_B$ 条。在下一时刻，每条候选路段均有一个相应的卡尔曼滤波器来估算车辆在各自路段上的位置及其方差，然后分别计算车辆继续留在各自路段上行驶和转入两端相邻的各条路段上的概率。文献[21]利用马尔可夫（Markov）模型来保存一组所有可能相匹配的候选路段，并通过贝叶斯推理来分配、传播车辆在各条候选路段上行驶的概率。在每个定位时刻，车辆行驶在概率最大的一条候选路段上的卡尔曼滤波位置可以作为最后的地图匹配结果。

卡尔曼滤波的位置估算与马尔可夫的概率分配如以上介绍的那样交叉进行。然而，如果我们对这一计算过程不加任何控制，那么马尔可夫模型维持的候选路段数目会呈指数增长。为了减少计算量，文献[21]提出了两种解决方案：首先，如果车辆从一条路段行驶到另一条相邻路段的转移概率小于一个门限值，那么这条路段的转移概率可以忽略不计；其次，在每个时刻，马尔可夫模型最多只维持一定数目的、匹配概率最大的候选路段。

可见，上述概率匹配算法主要根据 GPS 定位历史和道路网拓扑信息来计算当前车辆在各条路段上行驶的概率，它没有类似于点-点、点-线或线-线那种明显的地图匹配过程。需要指出的是，初始路段的正确选定对该算法来说非常重要。该概率匹配算法的缺点也很明显，如式（9.13）中的卡尔曼滤波状态方程不可能准确、全面地反映车辆的各种行驶状况，且滤波计算过程不简单。

9.6 紧性组合匹配算法

前面两节介绍的各种地图匹配算法都直接以 GPS 定位值作为算法的输入，因此这些算法基本上没有能力检查 GPS 定位值的正直性，更谈不上存在改进 GPS 定位值的准确性的机会。由于 GPS 卫星信号的阻挡问题和多路径效应，GPS 定位值在城市峡谷中的质量可能很差，这不但会相应地降低地图匹配算法在城市峡谷中的匹配准确性，而且为了应对 GPS 定位误差有时可能很大的严峻匹配情形，地图匹配算法及匹配逻辑通常会变得相当复杂。紧性组合匹配算法将电子地图道路网数据库信息应用于 GPS 接收机的定位计算中，以减小 GPS 定位误差，进而让地图匹配问题变得较为容易，同时提高匹配算法的性能。类似于第 8 章中 GPS 和 INS/DR 进行松性与紧性组合之间的区别，紧性组合匹配算法主要在 GPS 测距域内将地图信息与 GPS 结合，其他各种非紧性组合匹配算法在 GPS 定位域内将地图信息与 GPS 结合。本节介绍由文献[34, 35]给出的一种紧性组合地图匹配算法。

与前面介绍的许多地图匹配算法一样，文献[34, 35]中的紧性组合匹配算法也将整个匹配过程分为初始和跟踪两个匹配阶段。在初始匹配阶段，由于缺少近期有效的 GPS 定位值和地图匹配历史，GPS 接收机首先要完全依赖于 GPS 测量值进行定位，然后利用诸如几何匹配算法等完成地图匹配。只有在确信找到了正确的初始匹配路段并转入跟踪匹配阶段后，紧性组合匹配算法才能真正发挥出紧性结合的功效。在跟踪匹配阶段，它将地图信息转换成一个辅助方程式，并将其添加到 GPS 定位方程组中。5.3.3 节对这种添加辅助定位方程式的方法做了介绍，下面解释如何建立分别用于 GPS 定位和定速的地图信息辅助方程式。

如图 9.12 所示，假设该紧性组合匹配算法已经确定车辆在路段 AB 上行驶，而 (x_1, y_1) 与 (x_2, y_2) 分别是路段两端的节点坐标，那么对该路段上的任意一点，其位置坐标 (x, y) 应满足方程式（9.5）。在 5.3.2 节介绍的 GPS 最小二乘法定位算法的第 k 次迭代计算中，假设定位初始值的水平分量坐标为 (e_{k-1}, n_{k-1})，那么我们希望这次迭代结果 (e_k, n_k) 即 $(e_{k-1}+\Delta e, n_{k-1}+\Delta n)$，刚好能够位于路段 AB 上。也就是说，迭代结果应满足方程式（9.5），即

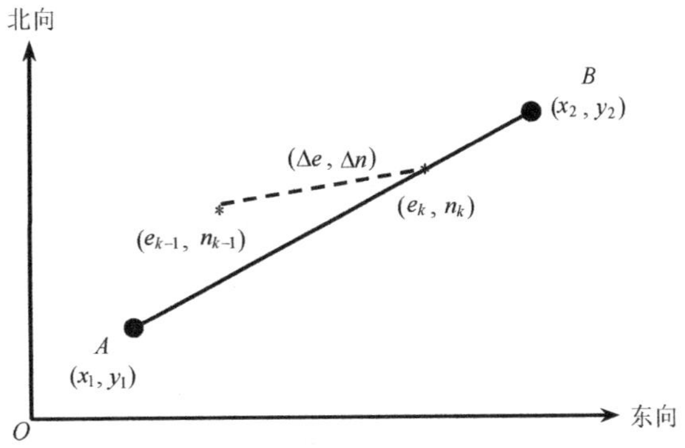

图 9.12　路段辅助定位方程

$$(y_1-y_2)(e_{k-1}+\Delta e)+(x_2-x_1)(n_{k-1}+\Delta n)+(x_1y_2-x_2y_1)=0 \tag{9.15}$$

稍经整理后，得

$$(y_1-y_2)\Delta e+(x_2-x_1)\Delta n=(x_1-x_2)(n_{k-1}-y_1)+(y_2-y_1)(e_{k-1}-x_1) \tag{9.16}$$

而上式可用矩阵形式表达成

$$\begin{bmatrix} y_1-y_2 & x_2-x_1 & 0 & 0 \end{bmatrix}\begin{bmatrix} \Delta e \\ \Delta n \\ \Delta u \\ \Delta\delta t_u \end{bmatrix}=(x_1-x_2)(n_{k-1}-y_1)+(y_2-y_1)(e_{k-1}-x_1) \tag{9.17}$$

这样，式（9.17）就可作为添加到 GPS 定位计算中的地图信息辅助方程式。即使添加此地图信息辅助方程式后的 GPS 定位方程组超定，得到的 GPS 定位结果仍然应该差不多正好位于路段 AB 上，这就使得后续的地图匹配任务变得较为轻松。

类似地，地图信息也可构建成一个 GPS 定速辅助方程式。若车辆在路段 AB 上行驶，则其行驶方向必须与该路段的方向一致，而该方向一致性可用公式表达成

$$(x_2-x_1)v_n=(y_2-y_1)v_e \tag{9.18}$$

式中，v_e 和 v_n 是 GPS 速度的两个水平分量。类似地，上式可用矩阵形式表达成

$$\begin{bmatrix} y_1-y_2 & x_2-x_1 & 0 & 0 \end{bmatrix}\begin{bmatrix} v_e \\ v_n \\ v_u \\ \delta f_u \end{bmatrix}=0 \tag{9.19}$$

接着式（9.19）就可作为添加到 GPS 定速计算中的地图信息辅助方程式。比较上述两个地图信息辅助方程式（9.17）与方程式（9.19），我们发现：第 5 章的定位与定速方程组具有相同的几何矩阵，如果将这两个辅助方程式各自添加到 GPS 的定位与定速方程组中，那么得到的定位与定速方程组对应的几何矩阵依然完全相同。

同理，由数字高程模型给出的地面高度信息也可转换成一个关于车辆所在位置高度值的辅助方程式[28]。对处在跟踪匹配阶段的紧性组合匹配算法来说，由电子地图和数字高程模型信息转化成的 GPS 定位辅助方程式不但增加了 GPS 定位方程组的冗余信息，使检测、排除错误 GPS 测量值的接收机 RAIM 算法更加有效，而且这些信息在短期内会像 INS/DR 传感测量值那样可靠，进而使定位结果更加平滑、稳定。自然，增添一个定位辅助方程式也有助于提高 GPS 接收机的定位有效率。

9.7 综合匹配算法

为了避免因考虑因素单一、片面而造成的错误匹配，提高地图匹配算法性能的努力方向之一是，在匹配算法和匹配逻辑过程中，尽可能地利用地图和 GPS 接收机提供的多方面信息。例如，前面提到的 GPS 定位点与道路网中各路段之间的距离，GPS 速度值的大小与方向，路段的限速、单向/双向特性，交叉口的拓扑连接情况等。然而，由于不同信息之间时常发生相互不支持甚至相互矛盾的情形，因此将多方面因素综合起来考虑不总是轻松的任务。如果对这些矛盾因素的处理缺乏系统化的方法，那么地图匹配判断逻辑不但会变得非常复杂，而且很难做到公正、全面。综合匹配算法通常借助以下两种手段来完成对多方面信息、因素的有效综合[50]。

（1）加权法。加权法是指将所考虑的各项因素的重要程度用权重来表示，然后将加权后的各项因素的评估值之和作为判断路段是否匹配或匹配可能性高低的指标。

（2）信息理论法。地图匹配算法目前的趋势是，倾向于运用信息理论工具，将多样化信息甚至可能相互不一致的信息综合起来，进而做出最佳判断。这里的信息理论法特指 D-S 理论和模糊推理两种。

9.7.1 加权法

加权型地图匹配算法一般先从多方面评价 GPS 定位点与各条候选路段之间的相关性，再对这些相关性评分进行加权综合，最后将综合评分最高的路段选定为相匹配的路段[11, 30, 47]。

下面简单介绍一种由文献[30]给出的加权型匹配算法。对每条候选路段，该算法的加权综合评分 W 由三部分相加组成，即

$$W = W_H + (W_{PD} + W_{PI}) + W_{RP} \tag{9.20}$$

其中，第一部分评分 W_H 用来衡量 GPS 速度方向与路段方位的接近程度，它的计算公式为

$$W_H = A_H \cos(\psi_{gps} - \psi_{map}) \tag{9.21}$$

上式中的 ψ_{gps} 和 ψ_{map} 分别是由 GPS 给出的车辆行驶方向和地图给出的路段方位角，当这两个角度之差的绝对值大于 90°时，W_H 的值是一个负数。

第二部分评分是用 W_{PD} 与 W_{PI} 的和来衡量 GPS 定位点与路段的接近程度，相应的计算公式分别为

$$W_{PD} = \frac{A_P}{d} \tag{9.22}$$

$$W_{PI} = A_P \cos\theta \tag{9.23}$$

式（9.22）中的 W_{PD} 反映了 GPS 定位点到路段的距离远近，二者之间的垂直距离 d 可按式（9.8）计算得到。若计算所得的垂直距离 d 小于一个门限值（比如 1 m），则 d 可取值为该门限值。衡量 GPS 定位点与路段接近程度的另一个评分 W_{PI} 考虑了相邻两时刻的 GPS 定位点之间的连线与路段的相交情况，式（9.23）中的 θ 代表相交形成的锐角（或直角）大小。若两 GPS 定位点的连线与路段不相交，则 W_{PI} 可取值为零。

最后一部分评分 W_{RP} 反映了 GPS 定位点与路段的相对位置关系，其计算公式为

$$W_{RP} = A_{RP} \cos\alpha \tag{9.24}$$

其中，α 是 GPS 定位点到路段顶点（各个候选路段之间的连接点或交叉口）的连线与路段之间的夹角。

上述三部分中的 A_H , A_P 和 A_{RP} 均为相应的权系数，它们的取值与 GPS 定位、定速性能和道路网的拓扑结构复杂程度有关，一般是通过大量的测试得以优化的。在文献[30]给出的一个例子中，A_H 取值为 50，A_P 等于 10，A_{RP} 等于 20。因为方向接近程度与距离接近程度相比通常更能说明问题，所以权系数 A_H 的值大于 A_P 。所有这些权系数值被同时放大或缩小某个倍数不影响此加权型匹配算法的性能。

9.7.2 D-S 理论

Dempster-Shafer（D-S）理论又称证据理论或信念函数理论，它是由 Dempster 于 1967 年提出的一种不确定理论，后又由他的学生 Shafer 加以改进[5, 33]。有关基于 D-S 理论的综合地图匹配算法，读者可参阅文献[24, 45]等。

对于某一命题（或问题），若集合 Θ 代表其所有可能的各种假设（或回答），则集合 Θ 称为该命题的识别框。Θ 的幂集 2^Θ 可以理解为所有 Θ 的子集的集合，而空集 $\varnothing$ 属于幂集 2^Θ 的一个元素。在只考虑识别框 Θ 中的元素有限且互斥的情况下，D-S 理论首先定义了一个从幂集 2^Θ 到实数范围[0, 1]上的基本（Mass）函数 m ，它满足以下两式：

$$m(\varnothing)=0 \tag{9.25}$$

$$\sum_{A\subseteq\Theta} m(A)=1 \tag{9.26}$$

关于一个命题，识别框 Θ 中只有一个假设是正确的或成立的。基于某项证据，基本函数 m 代表各个假设成立的可信度，而一项证据通常对应一个基本函数。基本函数有点像概率，但它不等同于概率。如果我们对某一命题知情不多，那么对它的各项假设设置概率值是一种危险的行为，但根据某项证据对各个假设设置可信度是有意义的。

【例 9.1】 对于“车辆在这条候选路段上行驶吗？”这个问题，它的确切回答只有两种，即“是(Y)”或“否(N)”，试写出该问题的识别框 Θ 及其幂集 2^Θ。

解: $\Theta=\{Y, N\}$，$2^\Theta=\{\varnothing, \{Y\}, \{N\}, \{Y, N\}\}$。实际上，$\{Y, N\}$代表该问题的回答是“可能”。

假如 m 是识别框 Θ 上的一个基本函数，那么相应的信念函数 Bel 和似然函数 Pl 分别定义为

$$\mathrm{Bel}(A)=\sum_{B\subseteq A} m(B) \tag{9.27}$$

$$\mathrm{Pl}(A)=\sum_{B\cap A\neq\varnothing} m(B) \tag{9.28}$$

对任意一个子集 $A\subseteq\Theta$ ，信念度 Bel(A) 代表在证据面前有理由相信假设 A 的程度，而似然度 Pl(A) 代表证据不否定假设 A 的可信度，或者说是对 A 的最大可能的信任程度。信念度与似然度存在以下关系：

$$\mathrm{Pl}(A)=1-\mathrm{Bel}(\bar{A}) \tag{9.29}$$

式中，$\bar{A}$ 为 A 的补集。需要指出的是，信念函数不满足互补律。信念度 Bel(A) 不大于似然度 Pl(A)，而对 A 的真实可信度应当在 Bel(A) 与 Pl(A) 之间。

对某一命题及其识别框 Θ，我们根据某项证据可建立一个基本函数 m_1，从另一项证据出发又可建立另一个基本函数 m_2，而我们希望将这两方面的证据结合起来以利于做出更加正确的判断。D-S 理论用以下公式将基本函数 m_1 和 m_2 结合起来：

$$m(A) \equiv m_1(A) \oplus m_2(A) = \frac{1}{1-\kappa} \sum_{A_i \cap A_j = A} m_1(A_i) m_2(A_j) \tag{9.30}$$

式中，

$$\kappa = \sum_{A_i \cap A_j = \varnothing} m_1(A_i) m_2(A_j) \tag{9.31}$$

得到两项或更多证据结合的基本函数后，我们就可随之计算出结合后的信念度和似然度，其中信念度最大的那个假设被认为是正确的一个。

在文献[24, 25]提供的地图匹配算法中，匹配路段的评选是用 D-S 理论将以下两方面的证据综合起来考虑的：一是 GPS 定位点与路段的距离接近程度，二是 GPS 速度方向与路段方向的接近程度。对每条候选路段是否相匹配这个问题，它的识别框 Θ 和幂集 2^Θ 与例 9.1 中的完全相同。关于距离和方向接近程度两方面的证据，文献[24, 25]主观地建立了大致如图 9.13 所示的基本函数 m_d 和 m_ψ。它们除了分别是距离 d 和方位角差异 $\Delta\psi$ 的函数，原则上还应与 GPS 定位误差方差和速度误差方差等因素有关。

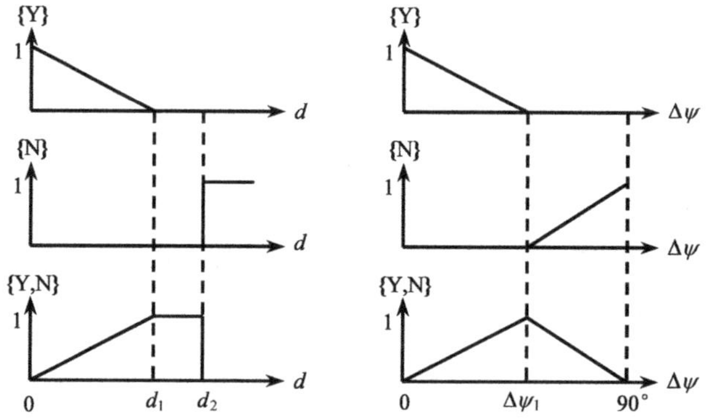

(a)距离接近程度基本函数 m_d (b)方向接近程度基本函数 m_ψ

图 9.13 距离与方向接近程度基本函数

【例 9.2】 假设图 9.13 中的基本函数 m_d 和 m_ψ 在某一定位时刻对某条候选匹配路段的值如表 9.1 所示。

表 9.1 某时刻路段的基本函数值

基本函数值	{Y}	{N}	{Y, N}
m_d	0.72	0	0.28
m_ψ	0.68	0	0.32

表 9.1 中省略了基本函数值为 0 的空集 $\varnothing$ 一列。试求两个基本函数 m_d 和 m_ψ 结合后，分别对 {Y}, {N}和{Y, N}三种假设的信念度与似然度。

解：在应用式（9.30）之前，我们先根据式（9.31）计算系数 κ 的值：

$$\kappa = m_d(\{Y\}) m_\psi(\{N\}) + m_d(\{N\}) m_\psi(\{Y\}) = 0 \tag{9.32A}$$

因此

$$1-\kappa = 1 \tag{9.32B}$$

那么

$$\begin{aligned} m(\{Y\}) &= m_d(\{Y\})m_\psi(\{Y\}) + m_d(\{Y\})m_\psi(\{Y,N\}) + m_d(\{Y,N\})m_\psi(\{Y\}) \\ &= 0.72\times0.68 + 0.72\times0.32 + 0.28\times0.68 \\ &= 0.91 \end{aligned} \tag{9.32C}$$

类似地，可得

$$m(\{N\}) = 0 \tag{9.32D}$$

$$m(\{Y,N\}) = 0.09 \tag{9.32E}$$

最后，根据式（9.27）和式（9.28）得

$$\text{Bel}(\{Y\}) = m(\{Y\}) = 0.91 \tag{9.32F}$$

$$\text{Pl}(\{Y\}) = m(\{Y\}) + m(\{Y,N\}) = 0.91 + 0.09 = 1 \tag{9.32G}$$

类似地，我们可得对{N}的信念度与似然度分别为 0 与 0.09，对{Y, N}的信念度与似然度分别为 0.09 与 1。因为综合后的基本函数对{Y}的信念度很高，所以该路段应是一条相匹配的路段，但当然还要视其他候选路段相匹配的信念度大小而定。

9.7.3 模糊推理

模糊逻辑与推理是建立在由 Zadeh 于 1965 年提出的模糊集理论基础上的一种处理不精确描述的软计算方法，它可以简化计算模型，增加对高噪声甚至相互矛盾的信息的容忍程度[4, 5, 18, 31, 48]。本节简单介绍模糊推理和基于模糊推理的综合地图匹配算法[15, 34]。

模糊集理论的基本思想是将传统集合论中的绝对隶属关系模糊化。假设论域 Θ 代表我们所关心的元素的一个总集合，那么模糊子集（简称模糊集）F 是将 Θ 中的每个元素 x 通过隶属函数映射到范围[0, 1]上的一个实数 $F(x)$，以表示元素 x 隶属于该模糊集 F 的程度。隶属值 $F(x)$ 越大，元素 x 隶属于模糊集 F 的程度就越高。特别地，当 $F(x)$ 等于 0 时，x 非常确定地不隶属于 F；反之，当 $F(x)$ 大到等于 1 时，x 非常确定地隶属于 F。因为一个模糊集必定有一个与之相应的隶属函数，所以我们常用 F 来同时代表一个模糊集及它的隶属函数。为了简化数学表达与运算，隶属函数一般呈梯形或三角形，当然它也可根据需要而被设计成其他更为复杂、精确的函数。

模糊逻辑的核心概念是语言变量。如果将 GPS 定位点到一条候选路段的垂直距离当作一个语言变量，那么该变量可定性地描述成近、中和远三个值。语言变量的每个定性值一般可通过相应的隶属函数对某个数值变量进行操作、计算得到，而这一过程被称为模糊化。若我们省略被描述的对象，则模糊命题可以表达成“<语言变量><定性值>”的形式，例如“距离近”。所有模糊命题成立的精确程度均用语言变量定性值的隶属函数来表示，而模糊命题之间的模糊逻辑操作与对模糊集的操作相一致。假如 A 和 B 为两个模糊集，那么它们的并、交和补逻辑运算公式如下：

$$(A\cup B)(x) = \max\big(A(x), B(x)\big) \tag{9.33}$$

$$(A\cap B)(x) = \min\big(A(x), B(x)\big) \tag{9.34}$$

$$\bar{A}(x) = 1 - A(x) \tag{9.35}$$

事实上，模糊集之间的逻辑运算存在多种定义，以上三式只是一种简单且常用的运算定义形式。

模糊推理的一种重要模式是基于模糊规则的推理。由前提和结论两部分模糊命题组成的模糊规则呈如下形式：

“假如<前提命题>，那么<结论命题>”

其中，前提命题常是多个模糊命题的逻辑组合。例如，在文献[34]的基于模糊推理的地图匹配算

法中，跟踪匹配阶段采用的一个模糊规则为“假如车辆在路段上驶过的行程中等（不靠近路段的两端顶点），GPS 定位点到路段的距离近，且行驶方向变化小，那么该路段的匹配性高”。可见，这一规则的前提部分包含三个模糊命题，它们之间根据逻辑交进行计算。模糊规则通常由专家凭借经验知识制定，并有在系统的调试、运行过程中逐步得到完善。地图匹配算法可从多个方面考察各条候选路段的匹配性，每个考察方面形成一个模糊规则，而多条模糊规则构成一个应用系统的模糊推理知识库。

得到各条模糊规则的结论后，模糊推理的下一步是通过逻辑并运算将各条规则的结论组合起来作为模糊推理结果。这个模糊推理结果最后通常需要通过反模糊化转变成一个对实际系统有意义的数值变量值，而反模糊化有最大隶属度和加权平均等多种方法。模糊控制实际上是周期性地执行一个模糊化、模糊推理和反模糊化的过程。

9.8 匹配路段上的位置点匹配

无论是在初始匹配阶段还是在跟踪匹配阶段，大部分地图匹配算法又将每一时刻的匹配任务分解成两步，即首先决定与 GPS 定位点相匹配（或可能相匹配）的路段，然后在这条路段上尽可能最优地选取一个相匹配的位置点。一般来说，在一条路段上选定一个位置匹配点不像在多条候选路段中正确选定相匹配的一条那样艰巨、攸关。有些地图匹配算法的路段匹配与位置点匹配紧密交织在一起，没有明显地分成相对独立的两步，如点-点匹配法直接得到相匹配的位置点结果，点-线匹配法利用式（9.8）计算 GPS 定位点到路段的垂直距离，而垂直投影点自然就成为相匹配的位置点。事实上，尽管由式（9.6）和式（9.7）计算所得的 GPS 定位点在匹配路段上的垂直投影一般不与车辆的实际位置点重合，但是这个垂直投影点常被多种地图匹配算法当作位置匹配点[11]。在这一节中，我们介绍另外两种确定 GPS 定位点在匹配路段上的位置匹配点的方法[27, 30]。

第一种方法利用 GPS 给出的车辆行驶速度和道路网数据库中的路段方位角来计算车辆在路段上的位置点。假如上一时刻（历元 $k-1$）车辆在某路段上的位置匹配点坐标为$(e_{m,k-1}, n_{m,k-1})$，当前时刻的 GPS 定位点仍被匹配到同一路段上，且此时由 GPS 接收机给出的车辆行驶速度为 v_k，由地图提供的路段方位角为 ψ，那么当前时刻车辆在该路段上的位置匹配点坐标$(e_{m,k}, n_{m,k})$为

$$e_{m,k} = e_{m,k-1} + v_k T \sin\psi \tag{9.36}$$

$$n_{m,k} = n_{m,k-1} + v_k T \cos\psi \tag{9.37}$$

式中，T 为 GPS 接收机定位周期。可见，由上式计算得到的位置匹配点$(e_{m,k}, n_{m,k})$能自动地保证位于该路段上。

如图 9.14 所示，某地图匹配算法已决定将 GPS 定位点 G 匹配到路段 AB 上，点 $P(e_p, n_p)$ 是由式（9.6）和式（9.7）给出的 GPS 定位点 G 在该路段上的投影，而点 $M(e_m, n_m)$是根据式（9.36）和式（9.37）计算得到的当前时刻的位置匹配点。下面要介绍的第二种方法试图将这两个共同位于路段 AB 上的点 P 与点 M 结合起来，以达到对位置匹配点的最优估计。

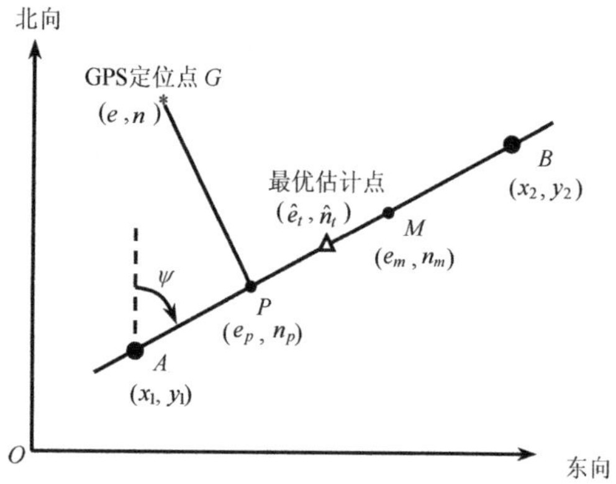

图 9.14 位置匹配点的最优估计

我们不妨首先考虑点 P 与点 M 的东向坐

标分量 e_p 与 e_m。若 e_t 为车辆实际位置的东向分量坐标，则

$$e_p = e_t + w_p \tag{9.38}$$

$$e_m = e_t + w_m \tag{9.39}$$

式中，w_p 与 w_m 分别代表 e_p 与 e_m 包含的误差，且我们假定这两个误差量分别呈以下均值为零的正态分布：

$$w_p \sim N\left(0, \sigma_p^2\right) \tag{9.40}$$

$$w_m \sim N\left(0, \sigma_m^2\right) \tag{9.41}$$

通常，投影点的误差方差 σ_p^2 可认为仅由 GPS 定位精度决定，而 σ_m^2 由 GPS 定速精度和电子地图精度共同决定。我们用 ρ 代表误差 w_p 与 w_m 之间的相关系数（见附录 C），即它们的协方差为

$$\mathrm{Cov}(w_p, w_m) = E(w_p w_m) - 0 = \rho\sigma_p\sigma_m \tag{9.42}$$

给定以上信息和假设，下面需要做的是找出一个关于车辆真实位置东向分量坐标 e_t 的最优估计值 $\hat{e}_t$。e_t 的最优估计 $\hat{e}_t$ 可以简单地是 e_p 与 e_m 的一个线性组合，即[10]

$$\hat{e}_t = k_p e_p + k_m e_m \tag{9.43}$$

式中，k_p 和 k_m 为两个待定的组合系数。这样，估计值 $\hat{e}_t$ 的误差 $\hat{w}_t$ 为

$$\hat{w}_t = \hat{e}_t - e_t = k_p e_p + k_m e_m - e_t = (k_p + k_m - 1)e_t + k_p w_p + k_m w_m \tag{9.44}$$

要使 $\hat{e}_t$ 成为 e_t 的无偏估计，误差 $\hat{w}_t$ 的均值必须等于 0，即

$$E(\hat{w}_t) = 0 \tag{9.45}$$

当

$$k_p + k_m = 1 \tag{9.46}$$

时，式（9.45）成立。在这种无偏估计的情况下，误差 $\hat{w}_t$（$\hat{e}_t$）的方差为

$$\begin{aligned}\mathrm{Var}(\hat{e}_t) = \mathrm{Var}(\hat{w}_t) &= E\left(\left(k_p w_p + (1-k_p)w_m\right)^2\right) - \left(E(\hat{w}_t)\right)^2 \\ &= k_p^2\sigma_p^2 + (1-k_p)^2\sigma_m^2 + 2k_p(1-k_p)\rho\sigma_p\sigma_m\end{aligned} \tag{9.47}$$

为了使 $\hat{w}_t$ 的方差值最小，将上式对 k_p 求导，并令其导数值等于 0，得

$$k_p = \frac{\sigma_m^2 - \rho\sigma_p\sigma_m}{\sigma_p^2 + \sigma_m^2 - 2\rho\sigma_p\sigma_m} \tag{9.48}$$

相应地，

$$k_m = \frac{\sigma_p^2 - \rho\sigma_p\sigma_m}{\sigma_p^2 + \sigma_m^2 - 2\rho\sigma_p\sigma_m} \tag{9.49}$$

将上述 k_p 与 k_m 的值代入式（9.43），就可以计算出最优估计 $\hat{e}_t$。同时，将式（9.48）代回式（9.47），可得如下最优估计 $\hat{e}_t$ 的误差方差值：

$$\mathrm{Var}(\hat{e}_t) = \frac{\sigma_p^2\sigma_m^2(1-\rho^2)}{\sigma_p^2 + \sigma_m^2 - 2\rho\sigma_p\sigma_m} \tag{9.50}$$

假如东向坐标 e_p 与 e_m 中的误差互不相关，即它们的相关系数 ρ 等于 0，那么式（9.43）和式（9.50）就可分别简化成

$$\hat{e}_t = \frac{\sigma_m^2}{\sigma_p^2 + \sigma_m^2} e_p + \frac{\sigma_p^2}{\sigma_p^2 + \sigma_m^2} e_m \tag{9.51}$$

$$\mathrm{Var}(\hat{e}_t) = \frac{\sigma_p^2 \sigma_m^2}{\sigma_p^2 + \sigma_m^2} \tag{9.52}$$

推导位置匹配点北向分量坐标最优估计值 $\hat{n}_t$ 的过程完全与上述过程类似，因此我们直接写出如下计算最优估计值 $\hat{n}_t$ 的公式：

$$\hat{n}_t = \frac{\sigma_m^2}{\sigma_p^2 + \sigma_m^2} n_p + \frac{\sigma_p^2}{\sigma_p^2 + \sigma_m^2} n_m \tag{9.53}$$

式（9.51）和式（9.53）就是车辆位置匹配点的最优估计值$(\hat{e}_t, \hat{n}_t)$的计算公式，该点必定位于匹配路段 AB 上。

参考文献

[1] 李华贵，项志华，李玲，李鹏. 电子地图在车辆导航定位系统中的应用[J]. 现代电子技术，2006(17).

[2] 刘彦挺，吴建平，张鸽. 基于大规模有限 GPS 数据的地图匹配算法[J]. ITS 通讯，2006，总第 28 期.

[3] 吴向华，鲁志安，罗耀玺. 车载 GPS 导航系统中电子地图的建立[J]. 濮阳职业技术学院学报，2006(3).

[4] 章卫国，杨向忠. 模糊控制系统与应用[M]. 西安：西北工业大学出版社，1999.

[5] 朱福喜. 人工智能基础教程[M]. 北京：清华大学出版社，2006.

[6] Andersson D., Fjellstrom J., Vehicle Positioning with Map Matching Using Integration of a Dead Reckoning System and GPS, Linkoping University, Sweden, February 2004.

[7] Bernstein D., Kornhauser A., "An Introduction to Map Matching for Personal Navigation Assistants," New Jersey TIDE Center, 1996.

[8] Dutch S., "The Universal Transverse Mercator System, " University of Wisconsin, December 8, 2003.

[9] Garmin Ltd., An Introduction to Using a Garmin GPS with Paper Maps for Land Navigation, October 2005.

[10] Gelb A., Applied Optimal Estimation, MIT Press, 1974.

[11] Greenfeld J., "Matching GPS Observations to Locations on a Digital Map," Proceedings of the 81st Annual Meeting of the Transportation Research Board, Washington D.C., 2002.

[12] Joshi R., "A New Approach to Map Matching for In-Vehicle Navigation Systems: the Rotational Variation Metric, " Proceedings of the IEEE Intelligent Transportation Systems, 2001.

[13] Kidner D., "Higher-Order Interpolation of Regular Grid Digital Elevation Models, " International Journal of Remote Sensing, Vol. 24, No. 14. pp. 2981-2987, 2003.

[14] Kidner D., Dorey M., Smith D., "What's the Point? Interpolation and Extrapolation with a Regular Grid DEM, " Proceedings of GeoComputation, VA, 1999.

[15] Kim S., Kim J., "Adaptive Fuzzy-Network-Based C-Measure Map-Matching Algorithm for Car Navigation System, " IEEE Transactions on Industrial Electronics, Vol. 48, No. 2, April 2001.

[16] Kim J., Lee J., Kang T., Lee W., Kim Y., "Node Based Map Matching Algorithms for Car Navigation System," Proceedings of the 29th ISATA Symposium, Florence, Vol. 10, pp. 121-126, 1996.

[17] Kitazawa K., Konishi Y., Shibasaki R., "A Method of Map Matching for Personal Positioning Systems", The 21st Asian Conference on Remote Sensing, Taiwan, December 4-8, 2000.

[18] Klir G., Yuan B., Fuzzy Sets and Fuzzy Logic: Theory and Applications, Prentice Hall, 1995.

[19] Krakiwsky E., Harris C., Wong R., “A Kalman Filter for Integrating Dead Reckoning, Map Matching, and GPS Positioning,” Proceedings of the IEEE Position Location and Navigation Symposium, pp. 39.46, 1988.

[20] Lakakis K., Land Vehicle Navigation in an Urban Area by Using GPS and GIS Technologies, Ph.D. Thesis, Department of Civil Engineering, Aristotle University of Thessaloniki, Greece, 2000.

[21] Lamb P., Thiebaux S., “Avoiding Explicit Map-Matching in Vehicle Location, ” 6th ITS World Congress, Canada, November 1999.

[22] Li J., Taylor G., Kidner D., “Accuracy and Reliability of Map Matched GPS Coordinates: Dependence of Terrain Model Resolution and Interpolation Algorithm, ” Proceedings of the 6th AGILE, France, April 2003.

[23] Marchal F., Hackney J., Axhausen K., “Efficient Map-Matching of Large GPS Data Sets - Tests on a Speed Monitoring Experiment in Zurich, ” Switzerland, November 2004.

[24] Najjar M., Bonnifait P., “A Roadmap Matching Method for Precise Vehicle Localization Using Belief Theory and Kalman Filtering, ” The 11th International Conference on Advanced Robotics, Coimbra, Portugal, June 30–July 3, 2003.

[25] Najjar M., Bonnifait P., “A Road-Matching Method for Precise Vehicle Localization Using Belief Theory and Kalman Filtering, ” Autonomous Robots, Vol. 19(2), pp. 173-191, September 2005.

[26] National Imagery and Mapping Agency, The American Practical Navigator: An Epitome of Navigation, Pub. No. 9, Bicentennial Edition, Bethesda, MD, 2002.

[27] Ochieng W., Quddus M., Noland R., “Map-Matching in Complex Urban Road Networks, ” Brazilian Journal of Cartography, Vol. 55-2, 2003.

[28] Ptasinski P., Ceceja F., Balachandran W., “Altitude Aiding for GPS Systems Using Elevation Map Datasets, ” Journal of Navigation, Vol. 55, No. 3, pp. 451-462, 2002.

[29] Pyo J., Shin D., Sung T., “Development of a Map Matching Method Using the Multiple Hypothesis Technique, ” Proceedings of IEEE Intelligent Transportation Systems, 2001.

[30] Quddus M., Ochieng W., Zhao L., Noland R., “A General Map Matching Algorithm for Transport Telematics Applications, ” GPS Solutions, Vol. 7, No. 2, 2003.

[31] Ross T., Fuzzy Logic with Engineering Applications, Second Edition, John Wiley & Sons, 2004.

[32] Scott C., “Improved GPS Positioning for Motor Vehicles Through Map Matching, ” Proceedings of ION GPS, Salt Lake City, UT, September 20-23, 1994.

[33] Shafer G., A Mathematical Theory of Evidence, Princeton University Press, 1976.

[34] Syed S., Development of Map Aided GPS Algorithms for Vehicle Navigation in Urban Canyons, Master Thesis, University of Calgary, Canada, June 2005.

[35] Syed S., Cannon E., “Map-Aided GPS Navigation: Linking Vehicles and Maps to Support Location-Based Services, ” GPS World, November 2005.

[36] Taylor G., Blewitt G., “Road Deduction Filtering Using GPS, ” Proceedings of 3rd AGILE Conference on Geographic Information Science, Finland, May 2000.

[37] Taylor G., Blewitt G., “Virtual Differential GPS & Road Reduction Filtering by Map Matching, ” ION GPS, Nashville, TN, September 14-17, 1999.

[38] Taylor G., Blewitt G., Steup D., Corbett S., Car A., “Road Reduction Filtering for GPS-GIS Navigation, ” Proceedings of 3rd AGILE Conference on Geographic Information Science, Finland, pp. 114-120, 2001.

[39] Taylor G., Uff J., Al-Hamadani A., “GPS Positioning Using Map-Matching Algorithms, Drive Restriction Information and Road Network Connectivity, ” Proceedings of GIS Research UK 9th Annual Conference,

Glamorgan, pp. 114-119, 2001.

[40] United States Department of the Interior, Standards for Digital Elevation Models, National Mapping Division, 1998.

[41] United States Department of the Interior, "The Universal Transverse Mercator (UTM) Grid," U.S. Geological Survey, Fact Sheet 077-01, August 2001.

[42] White C., Bernstein D., Kornhauser A., "Some Map Matching Algorithms for Personal Navigation Assistants, " Transportation Research Part C 8, pp. 91-108, 2000.

[43] Winter M., Taylor G., "Modular Neural Networks for Map-Matched GPS Positioning, " Proceedings of IEEE Web Information System Engineering Conference, Rome, December 2003.

[44] Xu A., Yang D., Cao F., Xiao W., Law C., Ling K., Chua H., "Prototype Design and Implementation for Urban Area In-Car Navigation System, " Proceedings of the IEEE 5th International Conference on Intelligent Transportation Systems, 2002.

[45] Yang D., Cai B., Yuan Y., "An Improved Map-Matching Algorithm Used in Vehicle Navigation System, " Proceedings of the IEEE International Conference on Intelligent Transportation System, 2003.

[46] Yang J., Kang S., Chon K., "The Map Matching Algorithm of GPS Data with Relatively Long Polling Time Intervals, " Journal of the Eastern Asia Society for Transportation Studies, Vol. 6, pp. 2561-2573, 2005.

[47] Yin H., Wolfson O., "A Weight-Based Map Matching Method in Moving Objects Databases, " Proceedings of the 16th International Conference on Scientific and Statistical Database Management (SSDBM), Santorini Island, Greece, pp. 437-438, June 2004.

[48] Zadeh L., "Fuzzy Sets, " Information and Control, Vol. 8, pp. 338-353, 1965.

[49] Zhao Y., Vehicle Location and Navigation Systems, Artech House, Inc., 1997.

[50] Zhou J., "A Three-Step General Map Matching Method in the GIS Environment: Travel/Transportation Study Perspective, " Department of Geography, University of California, 2005.

第 10 章　GPS 接收机及其射频前端

在 GPS 接收机获取各颗可见卫星的伪距、多普勒频移和载波相位等 GPS 测量值后，第 5 章和第 6 章详细介绍了 GPS 的定位和滤波算法；接着，第 7 章、第 8 章和第 9 章分别探讨了用来提高 GPS 定位性能的 DGPS、GPS 与 INS/DR 的组合和地图匹配技术。因为这些算法和技术直接求解出 GPS 用户最关心的定位、定速和定时结果，所以它们都非常重要。如果给定一组数目和质量完全相同的 GPS 测量值，那么采用不同定位算法和技术的接收机可能会获得差别很大的 GPS 定位性能。反过来，如果选定一种 GPS 定位算法和技术，那么如 5.4 节指出的那样，让 GPS 接收机更快地捕获到更多颗可见卫星的信号并从中获得更加精确的 GPS 测量值，是提高 GPS 定位精度的两种有效途径，而这两种有效途径涉及接收机对卫星信号的捕获与跟踪性能。

本章开始探讨 GPS 接收机设计中的另一部分，即 GPS 卫星信号的捕获与跟踪。只有掌握了这部分知识，我们才能从根本上理解前几章用到的伪距和载波相位等测量值究竟是如何获得的，以及卫星导航电文是如何解调出来的；只有掌握了这部分知识，我们才能从多个方面去鉴别 GPS 测量值的好坏，进而在定位算法中正确地区别对待不同质量的测量值，以提高定位性能；只有掌握了这部分知识，我们才能认识到如何去改善 GPS 接收机的灵敏度、首次定位所需时间、抗干扰和多路径抑制等用户非常关心的 GPS 接收机性能。只有加强 GPS 接收机的信号捕获与跟踪能力，我们才能从根本上提高 GPS 接收机的整体性能。

我们分四章来详细介绍 GPS 接收机的信号捕获与跟踪知识。概括地说，第 10 章首先介绍 GPS 接收机的总体构造，然后剖析接收机的射频前端部分；第 11 章深入细致地探讨载波跟踪环路；第 12 章分析码跟踪环路并阐述跟踪环路的总体运行；第 13 章讨论信号的捕获。事实上，我们在 GPS 接收机软/硬件的设计过程中会遇到各式各样的具体问题和困难，而这四章的内容显然不可能涉及接收机设计的所有方面。因此，本书在内容选择上倾向于介绍 GPS 接收机典型设计中的基本构造、功能及一些实现算法，并对多路径、互相关/自相关干扰和弱信号跟踪等一些热门问题做专题论述。虽然本书对 GPS 接收机硬件设计的介绍仅停留在功能流程和模块框架这个层次，而不具体分析某种实际设计采用的硬件电路，但是这四章列出的参考文献提供了大量详细的硬件电路设计信息。

在本章中，10.1 节介绍关于 GPS 接收机的一些概况，主要包括接收机的三个功能模块、信号通道和软件接收机等一些基本概念和知识。10.2 节介绍与接收天线设计有关的自由空间传播公式、串联器件噪声温度的富莱斯公式和 GPS 信号的右旋圆极化等基础理论知识，并且针对性地讲述 GPS 接收天线设计中的几个考虑因素和常见的几种接收天线类型。10.3 节依次讨论接收机射频前端的信号调整、下变频混频、信号放大和模数转换等信号处理过程。

读者马上会了解本部分内容在知识体系方面与前几章内容的不同，因为本部分内容需要读者对概率论、拉普拉斯变换、Z 变换、傅里叶变换、电子电路、信号与系统、控制和通信等多门工程学科具有一定的基础。为让知识层面不同的读者有机会、有能力理解并获取接收机知识，本部分内容在章节安排上采用一种自然且易让人接受的顺序。因为各章之间的知识内容承前启后、联系紧密，所以除了有关多路径、互相关干扰、自相关干扰等的专题论述，我们一般不建议读者跳读。另外，必要时，读者可以复习第 1 章至第 4 章（特别是第 2 章中有关 GPS 信号结构）的内容，附录 C 至附录 G 扼要地给出了这部分内容常用的概率论、各种工程数学变换和采样定理等基础知识。

10.1 GPS 接收机概况

GPS 接收机有军用与民用、C/A 码与 P 码、单频与双频、GPS 与 GNSS 兼容、数字与模拟、授时与测量、手持与车载等多种分类，它们在形式上可以是单台 GPS 接收机，也可以集成或嵌入其他系统。虽然面向不同应用的接收机在设计构造和实现形式上存在一些差异，但是它们内部的基本软/硬件功能块的目标和工作原理大体上是相近的。GPS 接收机归根结底是一种传感器，它的主要任务是感应、测量 GPS 卫星相对于接收机本身的距离及卫星信号的多普勒频移，并从卫星信号中解调出导航电文。由第 1 章～第 4 章可知，GPS 接收机通过码相关运算测得码相位和伪距，并从导航电文中获取用来计算卫星位置和速度的星历参数。有了这两方面的信息，GPS 接收机就可根据第 5 章中的最小二乘法或第 6 章中的卡尔曼滤波等定位算法实现 GPS 定位，并在条件许可的情况下利用第 7 章～第 9 章的各种技术进一步提高 GPS 的定位性能。这样，对 GPS 接收机的整个工作原理而言，就只剩下如何从卫星信号中获取 GPS 测量值和导航电文这部分知识有待介绍。本节将以数字式单频 C/A 码民用 GPS 接收机的设计为例，简单介绍现代 GPS 接收机的基本构造和功能流程，让读者总体认识 GPS 接收机的工作原理和设计。本书不对 L1/L2 双频 GPS 接收机及利用无码或半无码技术获取载波 L2 上 P(Y)信号的方法做任何介绍，对此感兴趣的读者可参阅文献[13, 25, 28, 49]等。

如图 10.1 所示，GPS 接收机的内部结构按其工作流程的先后顺序，通常分为射频（RF）前端处理、基带数字信号处理（DSP）和定位导航运算三大功能模块[15, 23]。

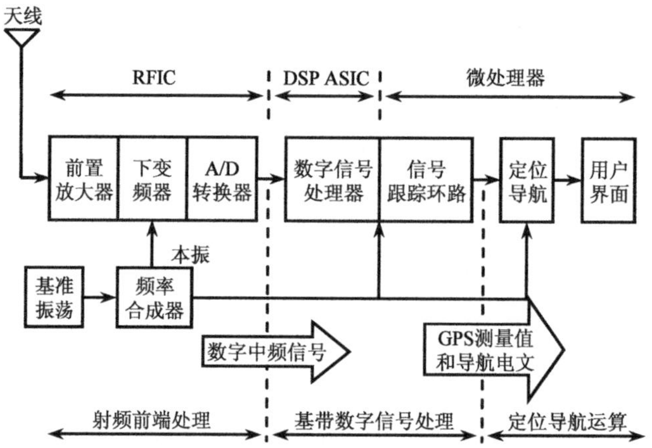

图 10.1 一种典型 GPS 接收机的三大功能模块

射频前端处理模块通过天线接收所有可见 GPS 卫星的信号，经前置滤波器和前置放大器滤波放大后，再与本机振荡器产生的正弦波本振信号混频，下变频成中频（IF）信号，最后经模数（A/D）转换器将中频信号转变成离散时间的数字中频信号。射频前端的这些信号处理功能主要考虑了以下两方面的事实：一是电子器件更容易处理频率较低的信号；二是数字信号处理比模拟信号处理更具优势。第 3 章告诉我们，卫星与接收机之间的相对运动会引起信号载波频率的多普勒效应，即使接收到的卫星信号的载波频率发生偏移。因为这种相对运动状况和相应的多普勒频移量通常是不可预测的，所以射频前端只能将接收到的信号从射频下变频到中频（或近基带），而不直接下变频到真正的基带。同时，考虑到数字电路和数字信号处理的优越性，接收机尽可能将对中频信号的处理安排到 A/D 转换后进行。射频前端电子器件一般集成在专用集成电路

（ASIC）芯片中，我们通常称之为射频集成电路（RFIC）。

基带数字信号处理模块通过处理射频前端输出的数字中频信号，复制出与接收到的卫星信号相一致的本地载波和本地伪码信号，实现对 GPS 信号的捕获与跟踪，从中获得 GPS 伪距和载波相位等测量值，并且解调出导航电文。第 2 章中的图 2.14 表明，在 GPS 卫星信号发射端，GPS 载波信号上调制有 C/A 码和导航电文数据码，那么相应地在 GPS 信号接收端，为了从接收到的卫星信号中调解出导航电文数据码，基带数字信号处理部分需要通过混频彻底剥离数字中频信号中包括多普勒频移在内的载波，并通过 C/A 码相关运算彻底地剥离信号中的 C/A 码，剩下的信号便是经 BPSK 调制的导航电文数据码。一方面，接收机通过载波跟踪环路（简称载波环）不断地调整其内部复制的载波，使复制载波频率（或相位）与数字中频信号中的载波频率（或相位）保持一致，然后经下变频混频实现载波剥离；另一方面，接收机通过码跟踪环路（简称码环）不断地调整其内部复制的 C/A 码，使复制 C/A 码的相位与数字中频信号中的 C/A 码相位保持一致，然后经码相关运算实现 C/A 码剥离。基带数字信号处理模块通常表现为硬件与软件的结合，其中载波解调和 C/A 码解扩通常是由 ASIC 硬件形式的数字信号处理器完成的，而在微处理器中运行的信号跟踪环路控制软件通过计算来调节数字信号处理器的各种操作。因为处理中频信号的功能块是由数字电路经过数字信号处理完成的，所以我们在此介绍的这种接收机被称为数字 GPS 接收机，而早期处理模拟信号的大体积、高能耗模拟 GPS 接收机今天已经绝迹。

由于 GPS 接收天线感应包括所有可见 GPS 卫星信号在内的电磁场信号和干扰，因此由射频前端输出的数字中频信号中相应地混杂有各个卫星信号和其他不能被滤除的干扰。因为不同卫星信号的多普勒频移、C/A 码序列及其相位等信号参量不同，所以接收机必须对各个卫星信号分别进行独立跟踪与处理。接收机基带数字信号处理模块通常采用信号通道的形式，即每个通道处理、捕获、跟踪和测量一颗不同可见卫星的信号。如图 10.2 所示，射频前端输出的数字中频信号作为全部 N 个接收机信号通道的输入，各个通道各自输出其跟踪的那颗卫星的 GPS 测量值和导航电文，所有这些通道上的有效输出最后一并交给定位导航功能模块。因为地面上的任何一点都能同时观察到的 GPS 卫星数目一般不超过 12 颗，所以信号通道数目 N 常是一个值为 8～12 的常数[19]。如果接收机除了跟踪 GPS 卫星，还有意跟踪 WAAS（见 7.1.4 节）和其他 GNSS（见 1.4 节）卫星信号，那么我们在设计接收机时必然需要增加接收机允许支持的最多的信号通道数目 N。

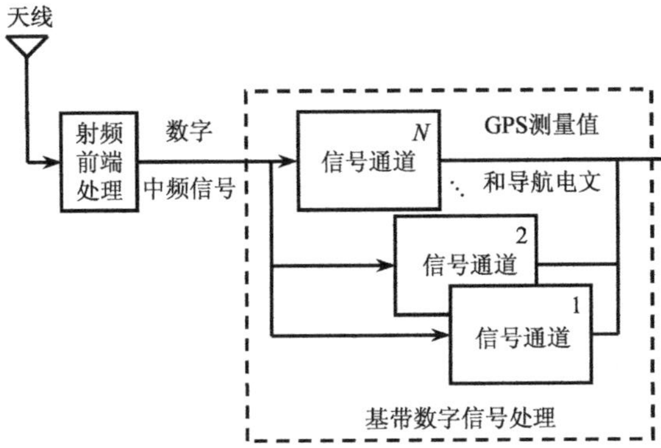

图 10.2　接收机内部的信号通道

尽管不同的信号通道之间基本上是相互独立运行的，但是每个通道均包括前述硬件形式的数字信号处理和软件形式的信号跟踪环路控制两部分，且它们对卫星信号的处理过程也是相同的。考虑到硬件的工作特点，每个通道在进行载波解调和 C/A 码解扩时，需要独占一定的乘法器、相关器和积分器等硬件资源，不同通道独占的硬件则可同时进行高速运算；考虑到软件的运行特点，所有信号通道可以共享一个位于微处理器中的跟踪环路控制软件副本，即各个通道依次利用同一段软件程序对其控制的硬件进行参数的读写、计算和调节，它们各自又有一片内存空间来保存相应硬件的各种参量值。这样，如果仔细推敲，那么信号通道可以分为数字信号处理器中的硬件通道和跟踪环路控制中的软件通道两种。

因为各个通道在进行信号处理时都需要独占一定的硬件资源，所以接收机设计必须根据接收机允许配置的硬件资源的充沛情况来实行某种资源分配策略。按照对总量有限的数字信号处理硬件资源的不同分配策略，接收机可大致分成以下三类[19]。

（1）*序贯通道接收机*。早期的接收机只拥有能组成一个硬件通道的资源，因此这类接收机利用仅有的一条硬件通道逐一、依次地处理各个卫星信号。随着半导体和大规模集成电路等技术的发展，序贯通道接收机今天已不存在。

（2）*复用通道接收机*。这类接收机与序贯通道接收机类似，即二者的有限硬件资源轮流由各个信号通道分享。然而，二者的不同之处是：复用通道接收机可视为一个分时系统，即每个通道占用硬件资源的时间有严格规定，而序贯通道接收机处理完一个卫星信号后再处理另一个卫星信号。尽管硬件资源在每个时刻只能处理一个卫星信号，但是因为每个通道每次占用资源的时间很短，如几毫秒，所以整个接收机看起来似乎是在同时跟踪、处理多个卫星信号。

（3）*并行通道接收机*：这类接收机又称*多通道接收机*，它的硬件资源相当丰富，每个信号通道都可以完全占用一条硬件通道，不同的硬件通道可以同时高速运行。

现代 GPS 接收机通常表现为多通道接收机，一般拥有相当丰富的硬件资源，所包含的并行硬件通道数目与最大可能的可见卫星数目相当，但这不意味着序贯通道接收机与复用通道接收机的设计方式就没有任何借鉴价值。事实上，在并行通道接收机启动后的信号捕获阶段，因为对每个卫星信号的快速搜索需要占用大量的硬件资源，所以为了提高信号搜索效率，降低首次定位所需时间（TTFF），并行通道接收机时常视情况需要而采用一定的资源分享策略。随着数字电路运行频率的提升，复用式设计不但可以降低接收机芯片的硅耗量和生产成本，而且可以提供数目巨大的虚拟并行硬件通道。后面将假定所讨论的接收机是并行通道接收机，且各种软/硬件资源合理且充足。

在基带数字信号处理模块处理数字中频信号后，各个通道分别输出其所跟踪的卫星信号的伪距、多普勒频移和载波相位等测量值，并输出从信号上解调出来的导航电文，这些卫星测量值和导航电文中的星历参数等信息经后续定位导航运算功能模块处理后，接收机最终获得 GPS 定位结果，或者再输出各种导航信息。相对于定位导航软件计算任务，基带数字信号处理中的跟踪环路控制软件任务应当给予更高的执行优先权。接收机的第三大功能模块的各种算法与技术已在第 3 章～第 9 章中做了充分的论述。

以上简单地描述了接收机三大功能模块的总体情况。如图 10.1 所示，接收机中驱动射频前端下变频混频器的本振信号和驱动基带数字信号处理 ASIC 的数字时钟信号，都由同一个基准频率振荡器提供，振荡器产生的基准频率经频率合成器合成后，形成接收机所需的各种频率的本振信号和时钟信号，因此任何基准振荡的频率漂移均会影响到所有信号通道的跟踪与捕获性能。为了降低生产成本并满足 GPS 接收机对基准振荡频率稳定性的要求，大部分接收机通常以精密的石英晶体作为基准频率振荡器，并且一般至少采用温度补偿（TCXO）的形式。接收机上通常还安装有一个实时时钟（RTC），即使关闭了接收机的 GPS 功能，实时时钟仍然能够继续运行，以维持接收机对时间信息的掌握。

如图 10.1 所示的一种 GPS 接收机设计还表明，接收机射频前端通常集成在一块 ASIC 芯片中，基带数字信号处理硬件又集成在另一块 ASIC 芯片中，而信号跟踪环路控制、定位导航运算及用户界面与接口驱动等软件在同一块微处理器芯片中运行，于是这种设计的接收机就由三块芯片组成。如果将微处理器嵌入基带数字信号处理 ASIC 芯片，那么 GPS 接收机就成为二芯形式，这是目前商用 GPS 接收机中比较流行的一种设计方案[48]。随着超大规模集成（VLSI）电路工艺技术的进步，GPS 接收机正朝系统级芯片（SoC）的主流方向发展。系统级芯片是指将微处理器、DSP 芯片、存储器件（ROM、RAM、EEPROM 和闪存等）、晶体振荡频率源、实时时钟、外部标准接口（USB, USART, SPI 等）、模数转换器、射频、供电甚至微机电系统（MEMS）等差别很大的多种复杂数模功能块集成到同一块芯片上。即使是一般意义的系统级芯片，至少也要包括数字系统与模拟电子器件两大块。与多芯系统相比，单片形式的系统级芯片具有较多的优势，它不但能够降低功耗、成本及占用的空间，而且能够提高运行速度。然而，文献[48]认为单芯设计对手机这种产品来说不是很吸引人。因为今天的手机通常由高度集成的射频芯片和数字系统级芯片两部分组成，所以若将 GPS 接收机的射频和数字功能模块分别与手机本身已有的两大电路块结合，则这种设计听起来似乎更合乎逻辑，更能节约生产成本。手机市场是促使 GPS 接收机技术超越单芯设计而转向无芯设计的驱动力之一。

不论是采用单芯形式还是采用多芯形式，以上 GPS 接收机的基带数字信号处理均是由专用集成电路完成的。专用集成电路硬件的主要优点是其强大、高速的运算能力，但是它没有可编程性，缺乏灵活度。专用集成电路设计、生产完成后，GPS 接收机的数字信号处理方式与功能基本上也就固定；否则，如果数字信号处理的电路部分需要做一些改进，就必须重新设计、生产专用集成电路，而这需要较高的费用和较长的周期。在对 GPS 的多个研究、开发领域中，我们经常需要测试应用于接收机中的各种数字信号处理、信号跟踪环路、多路径抑制等算法，甚至研究不同码率的伪码、不同码宽的导航电文数据比特，以及另一种全新的卫星导航信号（如 GPS 的载波 L5 或伽利略卫星信号）对接收机性能的影响。然而，因为这些测试、研究项目时常需要对接收机数字信号处理电路硬件部分做一些相应的改动，所以专用集成电路不灵活的缺点就限制了我们快速、有效分析与验证这些算法改进或信号变化对接收机性能的影响。

软件 GPS 接收机又称软件无线电技术，它全部以软件形式实现基带数字信号处理模块，以最大程度地满足人们在研发 GPS 和 GPS 接收机的过程中对接收机灵活性的要求[8, 14, 22, 27, 39, 46]。图 10.3 比较了各种硬件电路和软件程序在运算速度和灵活性方面的性能[30]。在软件 GPS 接收机中，GPS 输入信号经过一个射频前端处理模块离散成数字中频信号后，数字中频信号不再由任何专用集成电路处理，而被送给微处理器，让采用汇编、C/C++甚至 MATLAB 等编程语言写成的包括基带数字信号处理、信号捕获与跟踪以及定位导航运算等功能的软件程序去执行、处理。因为对各种以软件形式出现的算法进行修改具有相当的灵活性，且软件程序的编译和生成也可在顷刻之间完成，所以软件 GPS 接收机为 GPS 和 GPS 接收机的研发提供了一个高效、良好的平台。例如，如果某软件接收机采用了快速傅里叶变换（FFT）算法批处理一大块信号数据，那么该算法的效果及其对接收机性能的影响就可立刻得到检验。微处理器与个人计算机日益强大的运算能力为软件 GPS 接收机进行测后处理甚至实时处理 GPS 信号创造了条件，然而，由于目前的微处理器尚不能直接处理高达 1575.42 MHz 的 GPS 信号，因此软件 GPS 接收机仍然需要以硬件电路形式实现的射频前端处理模块。

相对于软件 GPS 接收机，我们可将如图 10.1 所示的包含基带数字信号处理 ASIC 芯片的接收机称为硬件 GPS 接收机。尽管我们将以硬件 GPS 接收机为例来介绍 GPS 接收机，但是只要从根本上理解硬件电路功能块的作用与算法，硬件的功能就完全可用软件来替代与实现。如图 10.3 所示，现场可编程门阵列（FPGA）的灵活性介于 ASIC 和软件之间，常见于接收机的初级研发阶段[4]。

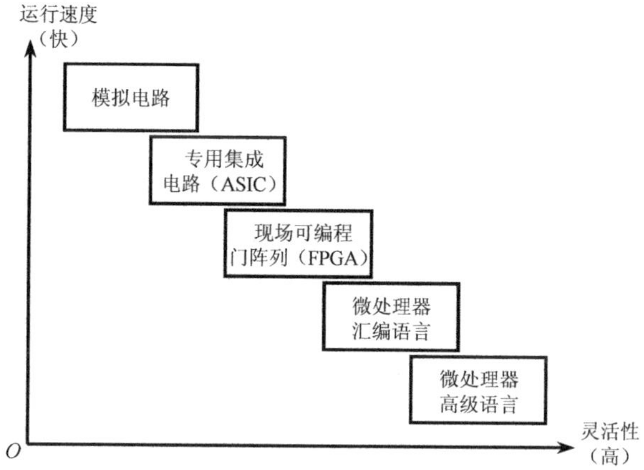

图 10.3　软/硬件的运行速度与灵活性对比

在接收机跟踪某颗可见卫星的信号之前，首先要捕获该卫星信号。然而，如文献[23]指出的那样，如果能够先掌握 GPS 接收机的信号跟踪原理，那么再去理解信号捕获算法就会变得容易很多。当接收机进行信号跟踪处理时，尽管载波环和码环是同时运行且紧密交织在一起的，但是先掌握载波环的工作原理有助于我们更容易地理解码环。为了让读者能够相对轻松、自然地接受信号捕获与跟踪这一大块知识体系，本书的章节安排采用了循序渐进地对接收机进行剖析的顺序，即首先在第 11 章和第 12 章分析信号的跟踪，其中第 11 章针对载波环，第 12 章针对码环，接着在第 13 章探讨卫星信号的捕获。本章随后的两节依次详细介绍接收天线和射频前端处理模块。

10.2　接收天线

接收天线是 GPS 接收机处理卫星信号的首个器件，它将接收到的 GPS 卫星发射的电磁波信号转换成电压或电流信号，供接收机射频前端摄取与处理。因为 GPS 接收机赖以定位的信息基本上全部来自天线接收到的 GPS 卫星信号，所以接收天线的性能直接影响整个接收机的定位性能，它对接收机整体所起的作用与贡献绝对不容忽视。本节首先推导出卫星信号的自由空间传播公式，接着分析在地面上接收到的 GPS 卫星信号的强度、信噪比、载噪比，以及器件的噪声指数等参量，最后简单介绍 GPS 接收机经常采用的天线种类及在天线设计中针对 GPS 信号特点所考虑的多方面因素。关于天线的工作原理和设计等更多方面的知识，请读者参阅相关的专业书籍[6]等。

10.2.1　自由空间传播公式

GPS 卫星通过发射天线向外发射信号，信号的发射和卫星上各种电子器件的运行等所需的电能，全部来自卫星上的太阳能板对太阳能的吸收与转化，过多的太阳能可存储在电池中，供卫星运行到无阳光照射的时段使用。目前，GPS 卫星对调制有 C/A 码的 L1 载波信号的发射功率约为 26.8 W[37]。需要提醒的是，这里所说的信号及其功率，实际上是指载波信号及其功率，调制载波的伪码和数据码体现为信息而非能量。

为了提高信号发射效率，卫星天线在设计上通常会使其信号发射具有一定的指向功能，即原本发散到天线四周各个方向的信号功率被集中起来向地球发射，天线的这种指向性被称为*增益*。在不同的方向上，天线具有不同大小的增益值，根据天线在不同方向上的增益值分布，我们可以画出一幅天线增益图。如图 10.4 所示，如果某个卫星信号（如 C/A 码所在的 L1 载波信号）的发射功率为 P_T，卫星天线在某个方向的增益为 G_T，那么在该方向上与卫星 S 相距为 d 的接收点 R，接收天线单位面积拦截的卫星信号功率就等于发射功率 P_T 除以球面积 $4\pi d^2$ 再乘以增益 G_T，即

$$\psi = \frac{P_T G_T}{4\pi d^2} \tag{10.1}$$

上式所示的单位面积上的接收功率 ψ 通常又被称为**功率流密度**。

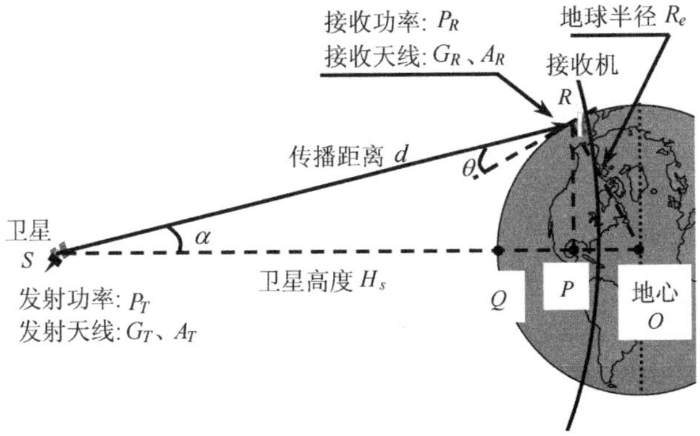

图 10.4　电磁波能量的自由空间传播

同样，用来接收信号的接收天线也有一定的指向性。如果接收天线在某个方向上的有效接收面积为 A_R，那么该接收天线的相应增益 G_R 为

$$G_R = \frac{4\pi A_R}{\lambda^2} \tag{10.2}$$

式中，λ 为信号的波长。在信号发射端，卫星发射天线的有效面积 A_T 与其增益 G_T 之间也遵从类似的关系，即

$$G_T = \frac{4\pi A_T}{\lambda^2} \tag{10.3}$$

事实上，接收天线与发射天线的工作原理是相同的，它们之间的不同是能量传递方向相反。天线的有效接收（或发射）面积与其物理尺寸的大小和形状有关，式（10.2）和式（10.3）揭示了天线设计中的一个基本规则：天线越大，增益越高。这两个公式还表明，对同一副天线来说，载波信号的波长越短或频率越高，天线增益就越高。

因为接收点 R 的卫星信号功率流密度为 ψ，有效接收面积为 A_R，所以点 R 的接收天线接收到的卫星信号功率 P_R 为

$$P_R = \psi A_R = P_T \frac{G_T G_R \lambda^2}{(4\pi d)^2} = P_T \frac{A_T A_R}{(\lambda d)^2} \tag{10.4}$$

上式被称为**自由空间传播公式**，又称**富莱斯（Friis）传播公式**或**链路方程**，它表明了信号发射功率 P_T 与接收功率 P_R 的关系。在工程计算中，式（10.4）通常等价地表达成以下用分贝（见 1.5 节）为单位来表示的链路功率预算方程：

$$P_R = P_T + G_T + G_R + 20\lg\left(\frac{\lambda}{4\pi d}\right) - L_A \tag{10.5}$$

式中，等号左右两边的 P_R 与 P_T 应该有相同的功率单位，如同为 dBm 或 dBW，等号右边倒数第

二项被称为自由空间传播损耗，被新添加到等号右边的最后一项 L_A 代表值约为 2 dB 的大气损耗。信号接收功率 P_R 反映信号的绝对强度，我们常用接收机支持的最低接收信号功率值来衡量接收机的信号捕获与跟踪灵敏度。

【例 10.1】 如图 10.4 所示，某 GPS 卫星 S 向地球发射调制有 C/A 码的 L1 载波信号。我们知道，卫星信号的发射功率 P_T 约为 26.8 W，地球半径 R_e 约为 6371 km，卫星到地面的垂直高度 H_s（线段 SQ 的长度）约为 20 190 km。对地面上采用等向性接收天线的 GPS 接收机 R 来说，卫星 S 在某时刻的仰角 θ 为 5°，且卫星发射天线在该仰角方向上的增益 G_T 为 12.1 dB，大气损耗 L_A 为 2.0 dB。试求该 GPS 接收天线接收到的 GPS 信号的功率大小。

解：等向性接收天线在各个方向上的增益 G_R 均为 1，即 0 dB，于是链路功率预算方程式（10.5）的等号右边只有自由空间传播损耗一项未知。对图 10.4 中的三角形 ORS 应用正弦定理，得

$$\frac{R_e}{\sin\alpha}=\frac{H_s+R_e}{\sin(\theta+90°)} \tag{10.6A}$$

即

$$\alpha=\arcsin\left(\frac{R_e\cos\theta}{H_s+R_e}\right)=\arcsin\left(\frac{6371\times\cos 5°}{20\,190+6371}\right)=13.82° \tag{10.6B}$$

然后对三角形 ORS 应用正弦定理，得

$$\frac{d}{\sin(180°-\alpha-\theta-90°)}=\frac{R_e}{\sin\alpha} \tag{10.6C}$$

那么信号传播距离 d 为

$$d=\frac{R_e\cos(\alpha+\theta)}{\sin\alpha}=\frac{6371\times\cos(13.82°+5°)}{\sin(13.82°)}=25\ 245.21\quad[\text{km}] \tag{10.6D}$$

已知 GPS 载波 L1 的波长 λ 约为 0.19 m，于是自由空间传播损耗等于

$$20\lg\left(\frac{\lambda}{4\pi d}\right)=20\lg\left(\frac{0.19}{4\pi\times 25\ 245.21\times 10^3}\right)=-184.45\quad[\text{dB}] \tag{10.6E}$$

最后，根据式（10.5）可得卫星信号的接收功率 P_R 为

$$P_R=10\lg 26.8+12.1+0-184.45-2.0=-160.07\quad[\text{dBW}] \tag{10.6F}$$

上例表明，地面上的卫星信号强度与卫星仰角有很大的关系。此外，卫星信号强度还与卫星的老旧程度等因素有关[37]，有关 GPS 卫星信号链路功率预算的更多讨论可参阅文献[17, 21]。美国政府性文件[11, 47]声明，对增益为 3 dB 的线极化接收天线（大致相当于 0 dB 增益的右旋圆极化天线[23]）来说，C/A 码所在的 L1 载波信号在地面上的接收功率至少在−160 dBW（−130 dBm）以上，其中线极化和右旋圆极化这些概念将在 10.2.4 节中介绍。

因为自由空间传播损耗与传播距离 d 有关，仰角为 90°的卫星到地面观察点的距离约为 20 190 km，仰角为 0°的卫星到地面观察点的距离约为 25 785 km，所以在这两个观察点观察同一颗卫星时，不同的传播距离会造成约 2.1 dB 的信号接收功率差。作为 CDMA 系统的一种，GPS 希望不同仰角方向上的各个卫星信号到达地面时具有大体相互接近的信号接收强度，以降低接收机处理信号时发生互相关干扰（见 13.4 节）的可能性。为了补偿这种因不同传播距离而引起的信号接收功率差，卫星发射天线在设计上让其信号发射中心方向上的增益略小于周边的增益。例如，在地面上仰角为 5°，40°和 90°的方向上，卫星发射天线的增益分别约

为 12.1 dB, 12.9 dB 和 10.2 dB[34]。这样，虽然在仰角 90°方向上的卫星信号的传播距离最短，但是接收到的卫星信号功率不是最强的。在 GPS 卫星天线增益模式和信号传播距离的双重作用下，地面上接收到的卫星信号功率在卫星仰角大致为 40°时最强[37]。

利用式（10.6B），可以计算出卫星天线只要 13.88°的α 角就能让其信号覆盖整个地球。在实际中，卫星天线发射 L1 载波信号的α 角为 21.3°，因此在高空中飞行的飞机也能接收到 GPS 卫星信号。

10.2.2　信噪比和载噪比

信号接收功率的强弱并不能完整地用来描述信号的清晰度或质量好坏，我们还需要知道信号相对于噪声的强弱。信号的质量常用信噪比（SNR）来衡量，它定义为信号功率 P_R 与噪声功率 N 之比，即

$$\text{SNR} = P_R / N \tag{10.7}$$

信噪比 SNR 没有单位，其值常被表达成分贝形式。显然，信噪比越高，信号的质量就越好。接收机的信号捕获和跟踪性能与其说与信号的绝对功率值有关，不如说与信噪比有关。

考虑到电路中带电粒子的热运动形成热噪声，我们常将噪声功率 N 用一个大小相同的热噪声功率对应的噪声温度 T 来等价地表示，它们之间的关系为

$$N = kTB_n \tag{10.8}$$

式中，N 的单位为瓦特（W），T 的单位为开尔文（K），B_n 是以 Hz 为单位的噪声带宽，玻尔兹曼常数 k 等于 1.38×10^{-23} J/K。

由于噪声功率 N 及相应的信噪比 SNR 与噪声带宽 B_n 的取值大小有关，因此每次给定一个信噪比值后，我们一般应当随即指出其采用的噪声带宽值，而这时常给信噪比的应用带来不便。载波噪声比 C/N_0 简称**载噪比**，其大小与接收机采用的噪声带宽 B_n 无关，因此有利于不同接收机之间的性能对比。载噪比 C/N_0 的定义如下：

$$C/N_0 = P_R / N_0 \tag{10.9}$$

式中，C/N_0 的单位为 Hz（或 dB·Hz），单位为 W/Hz（或 dBW/Hz）的 N_0 等于

$$N_0 = kT \tag{10.10}$$

$N_0/2$ 被称为**噪声功率频谱密度**（见附录 C）。需要说明的是，因为噪声带宽 B_n 通常指代单边频谱带宽值，所以噪声功率频谱密度就被相应地定义为 $N_0/2$ 而非 N_0，系数“1/2”用来强调该噪声功率频谱密度值指代单边。由于信号的正负双边频带总宽为 $2B_n$，因此噪声功率 N 等于 $N_0/2$ 乘以 $2B_n$，即

$$N = N_0 B_n \tag{10.11}$$

如此定义的 N_0 使得式（10.11）不包含 2 或1/2 等任何比例因子，因此该式看起来比较简洁。根据以上各式，我们很容易得到信噪比 SNR 与载噪比 C/N_0 的如下关系：

$$C/N_0 = \text{SNR} \times B_n \tag{10.12}$$

对一般的接收机来说，N_0 的典型值为−205 dBW/Hz，因此载波 L1 上−160 dBW 的 C/A 码信号标称最低接收功率就相当于 45 dB·Hz 的载噪比。室外 GPS 接收信号的 C/N_0 值在范围 35～55 dB·Hz 内变动，其中大于 40 dB·Hz 的一般可视为强信号，而小于 28 dB·Hz 的被视为弱信号。

在以上讨论中，我们一方面假设信号的大部分频谱功率总包含在噪声带宽 B_n 内，因此接收

机在这种不滤除信号的情况下应尽可能地减小噪声带宽 B_n，使噪声功率降低，而信号功率基本保持不变，于是信噪比得到提高；另一方面，我们又认为信号的背景噪声具有远大于我们所关心的 B_n 这个频段的带宽，因此不论 B_n 值是多大，式（10.8）和式（10.11）始终成立。我们通常将这种宽带的背景噪声称为噪声基底。

【例 10.2】 对例 10.1 中接收功率为–160.07 dBW 的 C/A 码信号来说，假定接收机在对该信号进行伪码解扩前后采用的噪声带宽分别为 2.046 MHz 与 100 Hz，在 290 K 的环境温度下，试求该信号分别在伪码解扩前后的信噪比和载噪比。

解：在 290 K 的环境温度下，噪声功率频谱密度 $N_0/2$ 与载噪比 C/N_0 的值分别为

$$N_0 = kT = 1.38\times10^{-23}\times290 = 4.00\times10^{-21}\ \ [\text{W/Hz}] = -203.98\ \ [\text{dBW/Hz}] \tag{10.13A}$$

$$C/N_0 = \frac{P_R}{N_0} = (-160.07)-(-203.98) = 43.91\ \ [\text{dB·Hz}] \tag{10.13B}$$

且这些值均与噪声带宽 B_n 的大小无关。在伪码解扩之前，噪声带宽 B_n 的值被选为 C/A 码信号频谱主峰的带宽 2.046 MHz，而在这一带宽内的噪声功率 N 为

$$N = N_0 B_n = 4.00\times10^{-21}\times2.046\times10^{6} = 8.184\times10^{-15}\ [\text{W}] = -140.87\ [\text{dBW}] \tag{10.13C}$$

相应的信噪比 SNR 为

$$\text{SNR} = \frac{P_R}{N} = (-160.07)-(-140.87) = -19.2\ \ [\text{dB}] \tag{10.13D}$$

在伪码解扩之后，虽然有关噪声的 T，N_0 和 C/N_0 均未发生变化，但信号带宽由原先的 2.046 MHz 压缩到导航电文的 100 Hz。当接收机以 100 Hz 为噪声带宽 B_n 时，噪声功率相应地降低 43.1（$10\lg\dfrac{2.046\times10^6}{100}$）dB，而这与第 2 章中由式（2.26）算出的 C/A 码扩频增益值相一致，于是信噪比 SNR 就由原先的–19.2 dB 增加到 23.9 dB。

需要指出的是，例 10.2 中的 290 K（290 – 273.15 = 16.85℃）通常作为环境温度的默认值，若以此作为噪声基底，则 2 MHz 带宽内的噪声功率一般可估计为–141 dBW[9]。上例表明，天线接收到的 C/A 码信号强度低于环境热噪声基底近 20 dB，也就是说，噪声强度要比 C/A 码信号强度高出近 100 倍，此时如果我们借用频谱分析仪在 L1 波段观察接收到的 GPS 信号，那么看到的全是一片噪声；然而，伪码解扩后，接收信号的强度会变得一举超过噪声基底近 24 dB，此时频谱分析仪能够清晰地展示出接收信号的频谱分布情况。与发生在基带数字信号处理功能块内的伪码解扩类似，随着接收机射频前端信号处理的深入，噪声带宽 B_n 在各级下变频混频和滤波过程中逐步变窄，于是噪声功率不断降低，信噪比不断提升，进而有利于随后的信号捕获与跟踪。

事实上，因为射频元器件本身也产生热噪声，所以在射频前端信号处理过程中，除了噪声带宽 B_n 逐级变窄，另一个变化是信号中的噪声温度 T 逐级上升，以至于形成射频前端损耗。因此，在利用式（10.9）计算载噪比 C/N_0 时，我们还应考虑射频前端损耗，也就是 C/N_0 的值等于以 dBW 为单位的接收信号功率 P_R 减去 N_0，然后减去以 dB 为单位的射频前端损耗 L_{fe}，即

$$C/N_0 = P_R - N_0 - L_{fe}\ \ [\text{dB·Hz}] \tag{10.14}$$

10.2.3 串联器件的噪声指数

10.2.2 节的末尾指出，射频电子元器件在信号处理过程中会将其本身产生的热噪声附加到信号上。噪声指数（NF）用来衡量某一电子器件的噪声性能，它定义为信号进入该器件前和从该器件

输出后的载噪比变化倍数。假定输入信号的噪声温度为环境室温 290 K，那么我们可从噪声指数的上述定义出发，得到器件的噪声指数 F 与其噪声温度 T 的如下关系式：

$$F = 1 + \frac{T}{290} \tag{10.15}$$

$$T = 290(F - 1) \tag{10.16}$$

噪声指数 F 是一个没有单位的标量，其值常表达成分贝的形式。由于噪声指数（或相应的噪声温度）是元器件的固有特性，因此滤波器、放大器等射频元器件通常标出其运行时的噪声指数值。

除噪声指数 F 或噪声温度 T 外，射频元器件的另一个重要性能指标是其**功率放大倍数**或**增益**。电缆线等无源器件的增益 G 小于 1，或者说它们的损耗 L 大于 1。器件的增益 G 与损耗 L 互为倒数，即

$$L = \frac{1}{G} \tag{10.17}$$

电缆损耗与电缆线的长度成正比，电缆线越粗，电缆损耗通常就越低。不难证明，无源器件的噪声指数 F 等于其损耗 L，于是其噪声温度 T 也可表达成

$$T = 290(L - 1) \tag{10.18}$$

自然，整个接收系统的噪声温度取决于系统中各部分器件的噪声性能。在如图 10.5 所示的一个由多个器件串联而成的接收系统中，射频前端分别由天线、电缆和随后的三级器件串联而成，其中 T_a 代表天际背景噪声、太阳辐射和地面反射等所有从外界进入接收天线的噪声温度，从天线到器件 1 的电缆损耗为 L，电缆线后面的第 i 级器件（i 值为 1, 2 和 3）的噪声温度与增益分别为 T_i 与 G_i，我们希望计算出这部分接收系统的总噪声性能。在紧跟天线后面的点 A，接收到的信号功率尚未受到任何线路、器件的损耗或放大，也就是说，点 A 的信号功率直接等于 10.2.1 节中得到的接收功率 P_R。这样，分析串联器件系统噪声性能的一种计算方法就是，首先将接收系统的总噪声温度折算到点 A，然后将在该点折合的噪声温度 T 直接代入式（10.10）和式（10.9），得到该接收系统输出信号的载噪比。

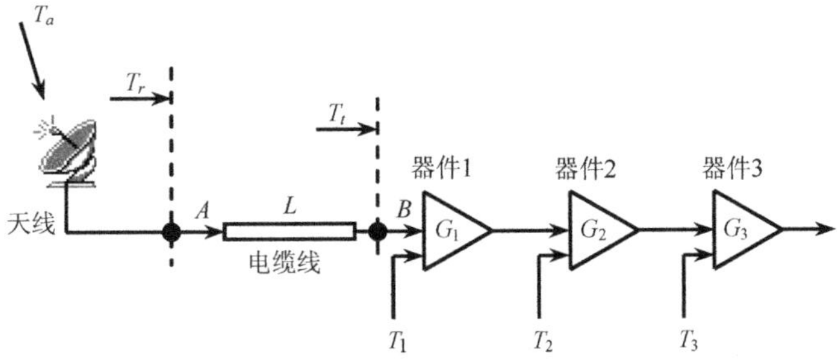

图 10.5　串联器件的噪声分析

不做任何正式推导，我们直接给出如下一个将电缆线后面的三级串联器件的总噪声温度折算到点 B 的等效噪声温度 T_t 的计算公式：

$$T_t = T_1 + \frac{T_2}{G_1} + \frac{T_3}{G_1 G_2} \tag{10.19}$$

上式被称为**富莱斯公式**，它可轻易地推广到计算任意级数串联系统的噪声温度，而我们注意到前

面的电磁波能量自由空间传播公式（10.4）也被称为富莱斯公式。式（10.19）表明，串联器件系统中的首级器件的噪声性能尤为重要，它的噪声温度通常主导整个串联器件系统的噪声温度，而后面几级器件的噪声温度经折算后被缩小，缩小的倍数等于前面几级器件的增益之积。我们接着从电缆线首端（点 A）向信号处理的后方观察，这部分子系统相当于由电缆线和等效噪声温度为 T_t 的组合器件串联在一起，它们一起折算到点 A 的等效噪声温度 T_r 为

$$T_r = 290(L-1) + LT_t \tag{10.20}$$

上式实际上应用了富莱斯公式（10.19），作为第一级器件的无源电缆线的损耗为 L，它的增益与噪声温度分别已由式（10.17）与式（10.18）给出。这样，进入接收系统的折算到点 A 的总噪声温度 T 为

$$T = T_a + T_r \tag{10.21}$$

需要提醒的是，尽管器件增益、损耗和噪声指数等参量常以分贝的形式出现，但它们代入上述一系列计算公式的值应是一般意义上的数值，而不是分贝数。

GPS 接收机的整个信号接收系统的噪声温度与天际背景噪声、天线噪声、线路损耗、环境温度和射频前端噪声等有关，后两者常占主导地位。一般来讲，GPS 接收机的整个接收系统的噪声指数为 3～4 dB。

【例 10.3】 在文献[50]设计的 GPS 接收机中，紧跟天线后面的依次是低噪声放大器、电缆线和射频前端芯片，其中低噪声放大器的噪声指数为 2 dB，增益为 26 dB，电缆线的损耗为 2.5 dB，整个射频前端芯片的噪声指数为 9 dB。试求该接收系统在天线后面的各部分器件的总噪声指数。

解: 对于这个由低噪声放大器、电缆线和射频前端芯片三级器件串联组成的接收系统，我们首先计算出各级器件的噪声温度和增益，然后利用式（10.19）计算出总噪声温度及相应的噪声指数。作为第一级器件的低噪声放大器的噪声温度 T_1 与增益 G_1 分别为

$$T_1 = 290(F_1 - 1) = 290 \times (10^{2/10} - 1) = 169.6 \ \ [\text{K}] \tag{10.22A}$$

$$G_1 = 10^{26/10} = 398.1 \tag{10.22B}$$

作为第二级器件，无源电缆的损耗 L_2、噪声指数 F_2、噪声温度 T_2 与增益 G_2 分别为

$$L_2 = F_2 = 10^{2.5/10} = 1.778 \tag{10.22C}$$

$$T_2 = 290(F_2 - 1) = 290 \times (1.778 - 1) = 225.6 \ \ [\text{K}] \tag{10.22D}$$

$$G_2 = \frac{1}{L_2} = \frac{1}{1.778} = 0.5624 \tag{10.22E}$$

最后，作为第三级器件的射频前端芯片的噪声温度 T_3 为

$$T_3 = 290(F_3 - 1) = 290 \times (10^{9/10} - 1) = 2013.6 \ \ [\text{K}] \tag{10.22F}$$

于是，这三级串联器件折算到天线后的总噪声温度 T_r 为

$$T_r = T_1 + \frac{T_2}{G_1} + \frac{T_3}{G_1 G_2} = 169.6 + \frac{225.6}{398.1} + \frac{2013.6}{398.1 \times 0.5624} = 179.2 \ \ [\text{K}] \tag{10.22G}$$

相应的噪声指数 F_r 为

$$F_r = 1 + \frac{T_r}{290} = 1 + \frac{179.2}{290} = 1.618 \tag{10.22H}$$

或者说噪声指数 F_r 为 2.09 dB（10lg1.618）。

上例进一步表明，天线后面的第一级器件的噪声性能基本上决定了整个接收系统的噪声性能。对于这一规律，式（10.19）从数学上做了最好的解释，同时我们还可以按照如下方式形象地加以理解：因为信号在前几级器件中较弱，在后几级器件中经放大而变强，所以对相同噪声性能的前级器件与后级器件而言，前者对弱信号的影响显然要比后者对强信号的影响大得多。可见，为了抑制器件噪声，除了首级器件必须具有低噪声的良好性能，放大器在整个射频前端中的位置应尽量靠近天线一端，使信号先被放大后再处理。我们将那些含有内置放大器的天线称为*有源天线*，而将放在实质性混频前面的放大器称为*前置放大器*。

10.2.4　右旋圆极化

包括 GPS 载波信号在内的电磁波的特征，可用频率、功率和极化来描述。我们对 GPS 信号的频率和功率已经非常熟悉，而对其极化特性，2.1 节只做了简短的陈述。电磁场理论告诉我们，变化的电场产生磁场，变化的磁场反过来又感应出电场，电磁波的传播是这两方面转换相结合的结果，其中电场强度矢量的方向与电磁波的传播方向始终垂直。电磁波的极化方式定义为其电场强度矢量的方向，具体地说，极化是电场强度矢量端点随时间变化而在一个与电磁波传播方向垂直的静止截面上所做的运动轨迹的几何图形。根据电场强度矢量端点运动轨迹形状的不同，电磁波极化可分为线极化、圆极化和椭圆极化三种。

为了较清楚地理解各种不同的极化方式，我们照常将电场强度矢量 $\boldsymbol{E}$ 分解为两个方向相互垂直的分量 $\boldsymbol{E}_x$ 和 $\boldsymbol{E}_y$，它们均以信号频率在各自的 X 轴和 Y 轴上振动，二者的合成矢量便是 $\boldsymbol{E}$。电场强度的合成矢量 $\boldsymbol{E}$ 笼统地说呈如图 10.6(b)所示的椭圆状，此时我们称电磁波是*椭圆极化的*；当其中一个电场强度分量为零时，电场强度矢量 $\boldsymbol{E}$ 就只在一个方向上振动，此时电磁波呈如图 10.6(a)所示的线极化；当电场强度分量 $\boldsymbol{E}_x$ 与 $\boldsymbol{E}_y$ 的振幅相等且相位相差 90°时，椭圆极化变成如图 10.6(c)所示的圆极化，其电场强度合成矢量 $\boldsymbol{E}$ 的端点运动轨迹随电磁波的传播在空间中呈螺旋形。

在椭圆极化和圆极化中，电场强度矢量 $\boldsymbol{E}$ 的旋转方向有两种可能，我们可用右手来定义、判断它们是左旋的还是右旋的：将右手大拇指指向电磁波的传播方向，如果其余四指的方向与电场强度矢量 $\boldsymbol{E}$ 的旋转方向一致，那么该信号是右旋极化信号，反之为左旋极化信号。也就是说，当我们沿电磁波的传播方向观察时，顺时针方向旋转的圆极化轨迹被称为*右旋圆极化*（RHCP），逆时针方向旋转的圆极化轨迹被称为*左旋圆极化*（LHCP）。如 2.1 节指出的那样，GPS 卫星发射的 GPS 载波信号是右旋圆极化波。

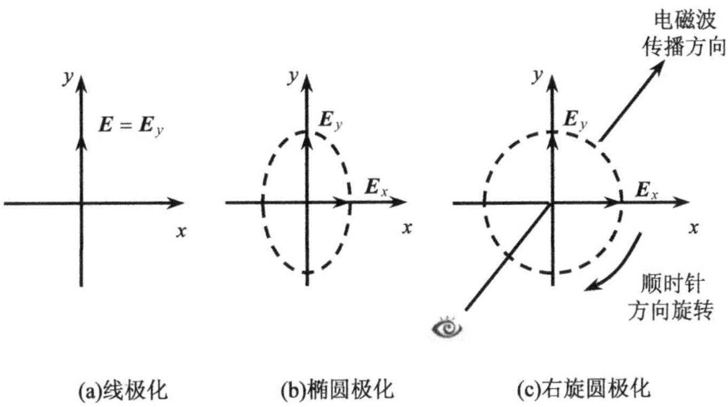

图 10.6　电磁波的三种极化形式

电磁波信号被电磁界面反射后，反射信号的极化状况可能发生变化，电磁场理论可以严格地推导出这种变化。如果信号入射角大于由反射界面的电磁特性决定的布儒斯特（Brwester）角，如钢筋混凝体的布儒斯特角约为 30°，那么右旋圆极化的入射信号被反射后变成左旋圆极化的信号，而左旋圆极化的入射信号经反射后变成右旋圆极化的信号。因此，我们可以得出这样一个粗略的论断：GPS 信号经过奇数次反射后变为左旋圆极化的信号，经过偶数次反射后仍为右旋圆极化的信号。当然，GPS 反射信号一般不再是严格圆极化的信号，而是椭圆极化的信号。此外，每次反射通常能引起信号 180°的载波相位变化，而这种载波相位变化的具体情况自然也与信号的入射角大小有关。

不论是用作接收天线还是用作发射天线，天线的极化状况都是将其视为发射天线后根据其发射信号的极化状况来判断的，即什么样极化形式的天线可用来发射出什么样极化形式的信号。为了使接收天线具有最高的信号接收效率，接收天线的极化形式必须与接收信号的极化形式相一致。例如，为了有效地接收线极化信号，接收天线不但应采用线极化形式，而且天线与信号之间的线极化方向也必须相一致，但是让二者的线极化方向吻合需要对接收天线进行精密的调整。圆极化天线可用来发射或接收圆极化信号，圆极化信号的好处是它消除了调整圆极化接收天线方向的必要性，使得圆极化非常适合于包含有动态性用户的 GPS 系统。右旋圆极化天线用来发射或接收右旋圆极化信号，左旋圆极化天线用来发射或接收左旋圆极化信号。因此，为了与接收到的 GPS 卫星信号的极化方式相匹配，提高接收效率，所有 GPS 接收天线都以右旋圆极化方式工作。

这里介绍 GPS 信号的右旋圆极化特性主要出于如下两个目的：一是指出 GPS 接收天线应该设计成右旋圆极化方式；二是了解 GPS 信号的极化特征在多路径抑制等方面的应用价值。因为 GPS 信号被反射后极化方式发生改变，所以根据实际接收到的 GPS 卫星信号的极化情况，可以大致推断出该信号是否被反射及反射的次数，以此作为抑制多路径的根据。文献[31]通过实验发现，与右旋天线相比，左旋天线接收到的低仰角 GPS 卫星信号（包括反射信号）的功率较强，这佐证了低仰角信号要比高仰角信号更可能是反射信号的事实。因此，多路径抑制性能较好的天线应具有较强的抵制接收左旋圆极化信号的能力。需要指出的是，尽管 GPS 信号被偶数次（如 2 次、4 次等）反射后仍为右旋圆极化信号，但是其功率一般要比被奇数次（如 1 次、3 次等）反射后的左旋圆极化信号弱，因此被偶数次反射后的多路径信号危害相对较小。

事实上，GPS 信号被反射不总是有害无益的。处理恰当的话，多路径信号在某些应用中可视为包含有用信息的信号。例如，GPS 信号可应用于遥感，即通过右旋圆极化和左旋圆极化两种天线接收被反射的 GPS 信号，可以估测出土壤湿度等反射体的一些材料特性[51]。

10.2.5 天线的种类

针对 GPS 卫星信号的特点和 GPS 接收机的测量、定位原理，本节首先浅谈 GPS 接收天线设计中的其他几个考虑因素，然后介绍几种常见的 GPS 接收天线类型。

由 10.2.1 节可知，增益的指向性是天线的一个主要特征。为了提高信号接收能力和抗干扰能力，天线必须具有适用于系统的良好增益分布。例如，对日常生活中应用的手持型 GPS 接收机来说，我们希望其接收天线是例 10.1 中的等向性天线，因此不管我们朝哪个方向把持接收机，等向性天线总能均匀地接收到各个方向的可见卫星信号。然而，对诸如 DGPS 基准站等静止接收系统来说，因为 GPS 卫星信号被地面反射后一般斜向上进入天线，所以减小天线对地平线以下空间方向上的增益有助于降低对反射信号的接收。事实上，减小低仰角方向上的天线增益正是多路径抑制天线（MLA）的主要设计原理。

当然，对天线增益分布的规划，我们还应该考虑其他因素和限制。例如，在基本上不影响接收机的多路径抑制能力的前提下，我们仍然希望天线在低仰角空间方向上有一定的接收能力，以改善可见卫星的几何分布。同时，10.2.1 节已经指出，采用 CDMA 机制的 GPS 希望地面上不同仰角的信号接收功率大体相同，以降低接收机在处理信号时发生互相关干扰的可能性。因此，为了维护不同卫星信号的接收功率的差不大于这个目标，接收天线在设计上应尽量减小不同方向的增益变动。

除了天线的增益分布，我们还应考虑不同应用对天线质量和体积的要求。式（10.2）揭示了天线设计的一条简单但重要的规则：天线的尺寸越大，接收效果就越好。这一规则可以表达成如下的文字公式[40]：

$$\text{增益} \times \text{带宽} \div \text{体积} = \text{常数} \tag{10.23}$$

上式表明，要增大天线的增益与带宽的乘积，就要增大天线尺寸。虽然接收面积越大的天线具有越好的接收效果，但是大多数移动用户希望天线尺寸小、质量轻、价格低廉。随着集成电路技术的进步，GPS 接收机的体积正在变得越来越小，这势必要求 GPS 接收天线也具有更小的尺寸。为了让带有 GPS 功能的手机和各种个人数字助理（PDA）器件具有小巧、轻便的优点，一种 GPS 接收天线的设计方案是将手机或器件的整个机身作为天线的谐振器，但是人体皮肤对天线的近场影响又使得这种设计方式变得困难。另外，为了提高抵抗多路径的性能，接收天线的尺寸通常会变大，设计也变得更复杂。

接收天线分为有源天线和无源天线两种。如 10.2.3 节最后指出的那样，有源天线内置了一个低噪声放大器（LNA），以降低随后的电缆等损耗对信噪比的影响。然而，由于有源天线需要从接收机那里获取直流电源，因此当 GPS 接收机由内置的电池向有源天线提供电能时，接收机有限的电池能量会被加速消耗。无源天线不含有低噪声放大器，因此不需要电源，但是考虑到未经放大的 GPS 信号强度微弱，从无源天线到接收机的电缆长度一般不能超过 1 m。根据 10.2.3 节中陈述的理由，强度微弱的 GPS 卫星信号应尽可能先在紧靠天线的一端得到功率放大，以改善整个接收系统的噪声性能，因此 GPS 接收机往往倾向于采用有源天线。另外，为了改善卫星的可见度，提高接收机的灵敏度，GPS 接收机在条件许可的情况下，一般要对有源天线采用外置形式，如将天线安装在车辆、建筑物外面的顶部，并将天线接收到的信号通过电缆输送给车内、室内的 GPS 接收机。

4.3.6 节说过，因为 GPS 测量值是相对于接收天线的零相位中心点而言的，为了降低 GPS 测量误差，天线的零相位中心点应保持稳定，并且要尽量接近天线的几何中心。然而，对来自不同仰角、方位的卫星信号来说，接收天线的零相位中心事实上可能是不同的，这势必引入 GPS 测量误差和定位误差。因此，我们在设计天线时应尽可能地解决零相位中心的不一致问题[3, 41]。

GPS 接收天线有多种不同的构造类型，如单极、偶极、螺旋、微带和扼流圈天线等，图 10.7 展示了螺旋、贴片和扼流圈三种天线的实物照，其中贴片天线是一种微带天线[2, 40]。不同的天线有着不同的特点，不存在适用于所有不同系统与应用的天线。

在各种 GPS 接收天线中，目前应用最广的两种可能是四螺旋天线和贴片天线[33]。因为这两种天线的体积都较小，所以常被作为 GPS 接收机的内置天线。贴片天线构造简单、价格便宜，对地平线附近的低仰角卫星信号的接收能力相对较差，但是有利于抵抗多路径效应。竖直形状的四螺旋天线灵敏度高，且在地平线附近方向有较高的天线增益，因此它虽然容易受到多路径效应的影响，但是能够比较容易地捕获低仰角卫星信号，进而改善可见卫星在空间中的几何分布[35]。图 10.7(c)所示的扼流圈天线能够极好地抑制接收低仰角卫星信号，优良的多路径效应抵抗性能已成为这种天线的主要特点之一。

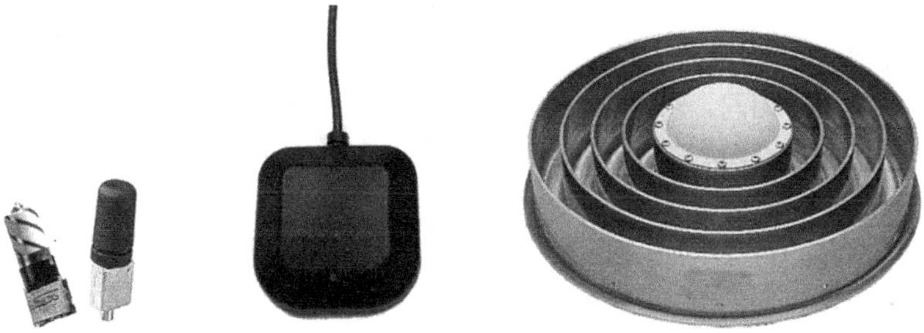

(a)螺旋天线　(b)贴片天线　(c)扼流圈天线

图 10.7　三种常见天线的实物图

除了上述几种常见的类型，GPS 接收天线还有不少热门选项：可控接收模式天线（CRPA）能在卫星方向上形成电子化天线束，使其在提高信号功率增益的同时具有很强的抗干扰能力[18]；原先服务于军方而现在应用于 GPS 特别是 DGPS 基准站的相控阵天线，是由相隔至少半个载波波长的多副天线组成的，它不但能够提高天线增益，而且良好的指向性能够增强对多路径信号接收的抵抗能力，这两方面的因素均有利于提高 GPS 测量精度[16]。除了采用相控阵天线中的空间多样性，接收天线还可采用两副不同极化特性天线（例如一副左旋圆极化而另一副右旋圆极化）的极化多样性、利用多副具有不同方向增益特性天线的角度多样性等各种形式的多样性技术，全面提高接收天线的性能[31]。

10.3　射频前端处理

射频（RF）前端模块位于接收机天线与基带数字信号处理模块之间，主要目的是将接收到的射频模拟信号离散成包含 GPS 信号成分的、频率较低的数字中频信号，并在此过程中进行必要的滤波和增益控制。我们希望接收机射频前端具有低噪声指数、低功耗、高增益和高线性等优点，使输出的数字中频信号具有较高的载噪比，以便让随后的基带数字信号处理模块对信号的跟踪变得更鲁棒，对信号的检测变得更精确。一般来说，噪声对微弱信号的处理有较大的影响，而电路饱和与非线性问题对强信号的处理影响较大。由于地面接收到的 GPS 信号不但强度较低，而且强度变化不大，因此 GPS 接收机射频前端的电路非线性问题一般不突出。因为射频前端工作在高频区，而元器件的能耗随其工作频率的增加而变高，所以射频前端通常是整个 GPS 接收机中能耗最高的。顺便提一下，数字电路的基带数字信号处理模块的功耗与其运行时钟的频率成正比，还与直流供电的电压平方成正比。

GPS 接收机的射频前端基于 1918 年由 Armstrong 发明的超外差接收机技术，主要机理是通过混频将输入的高频信号下变频成较低频率的信号。超外差接收机具有低噪声和多个可调节的设计参数等优点，其缺点主要是所需的模拟滤波器不易集成和电路比较复杂。图 10.8 所示的是一种比较典型的 GPS 接收机射频前端处理流程，它依次分为射频信号调整、下变频混频、中频信号滤波放大及模数转换这几个主要阶段，以下各节分别对这些信号处理阶段进行介绍。这一节的内容主要参考了文献[15, 23, 46]，对低噪声放大器、混频器等射频前端器件及整个射频集成电路的具体设计感兴趣的读者，请参阅文献[1, 13, 38, 42, 45, 50]等。

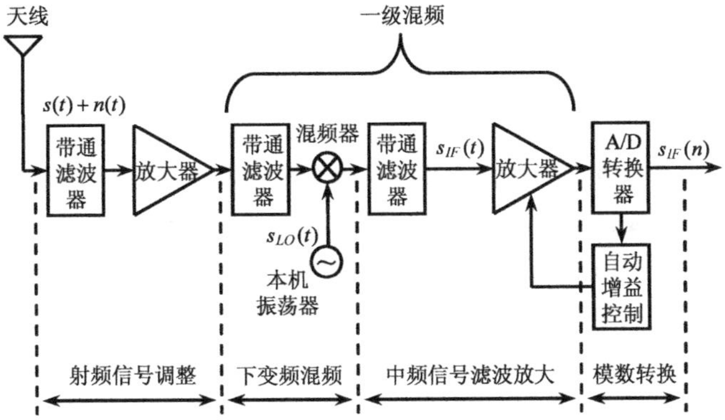

图 10.8　射频前端处理

10.3.1　射频信号调整

由 10.2.1 节和 10.2.2 节可知，接收天线接收到的 GPS 卫星信号功率很弱，信号中不但掺杂有噪声，而且在信号波段内外可能存在各种有意的或无意的干扰信号。因此，射频前端对接收到的卫星信号的第一步处理是信号调整，即利用带通滤波器（BPF）尽可能地滤除 L1 波段之外的各种噪声和干扰，并通过功率放大器对信号进行功率放大。本节着重讨论滤波器，10.3.3 节着重讨论放大器。

我们知道，一颗 GPS 卫星（其 PRN 编号为 i ）播发的信号 $s^{(i)}(t)$ 可以表达成式（2.28）。对 L1 单频民用接收机来说，因为 GPS 的 L2 载波信号成分最终被各级滤波器滤除，且 L1 载波上的 P(Y)码信号与接收机内部复制的 C/A 码进行相关运算后将消逝为噪声，所以为了简化公式表达，我们有理由只关注每颗卫星发射的载波 L1 上的 C/A 码信号。这样，由天线接收到的卫星 i 的信号 $s^{(i)}(t)$ 就可以写成

$$s^{(i)}(t)=\sqrt{2P_C^{(i)}}x^{(i)}(t-\tau^{(i)})D^{(i)}(t-\tau^{(i)})\sin\left(2\pi(f_1+f_d^{(i)})(t-\tau^{(i)})+\theta_1^{(i)}\right) \tag{10.24}$$

式中，$P_C^{(i)}$ 为天线接收到的卫星信号的平均接收功率，其值等于 10.2.1 节中的 P_R ，$x^{(i)}(t)$ 为卫星播发的 C/A 码，$D^{(i)}(t)$ 为数据码，C/A 码 $x^{(i)}$ 和数据码 $D^{(i)}$ 的电平值只可能是±1，$\theta_1^{(i)}$ 为载波初相位，$\tau^{(i)}$ 为信号的传播延时，$f_d^{(i)}$ 为信号的多普勒频移，其值总是远小于 L1 的载波频率 f_1。

式（10.24）只代表一颗卫星发射的 C/A 码信号，于是天线接收到的各个可见 GPS 卫星信号的总和 $s(t)$ 可以写成

$$s(t)=\sum_i s^{(i)}(t) \tag{10.25}$$

虽然在式（10.24）和式（10.25）中未体现出来，但是除了 GPS 信号 $s(t)$，天线接收到的总信号当然还包括各种噪声和干扰，而这些成分可以笼统地表达成一项噪声量 $n(t)$。

然而，式（10.24）在表达上较为烦琐。在讨论接收机的一个信号通道处理某个卫星信号等不引起混淆的情况下，我们将省略当前关心的卫星的所有上标“(i)”，于是式（10.24）可简写成

$$s^{(i)}(t)=Ax(t-\tau)D(t-\tau)\sin\left(2\pi(f_1+f_d)t+\theta\right) \tag{10.26}$$

式中，信号振幅 A 为

$$A=\sqrt{2P_C^{(i)}} \tag{10.27}$$

它决定了信号强度和信噪比等，但不包含数字通信中传递的数据与信息，接收到的信号的初相位 θ 为

$$\theta = \theta_1^{(i)} - 2\pi(f_1 + f_d^{(i)})\tau^{(i)} \tag{10.28}$$

它的值通常是未知的。

因为位于射频前端处理首端的前置滤波器对整个接收系统的噪声指数有很大的影响，所以前置滤波器通常必须具有低噪声的特点。随着信号处理的深入，图 10.8 中的各级滤波器的有效信号通带会变得越来越窄，而射频前端最后一级滤波器的有效通带带宽被称为射频前端带宽 B_{fe}。虽然越窄的射频前端带宽能滤除越多的干扰和噪声，但是 C/A 码信号中更多的高频成分也会被滤除，这就使得 C/A 码信号相应地受到更大的损坏，以至于影响接收信号与复制 C/A 码之间相关运算结果的正确性，第 12 章将讨论码环对码相位的测量精度与射频前端带宽 B_{fe} 的关系。不考虑多普勒频移时，卫星信号 $s^{(i)}(t)$ 呈如图 2.17 所示的功率谱分布，它是一个以 1575.42 MHz 为中心频率的 sinc^2 函数（见附录 F），主峰频宽为 2.046 MHz。为了防止 C/A 码信号发生畸变，GPS 信号中心频率附近至少 2 MHz 的 C/A 码信号频谱必须完全位于射频前端各个滤波器的通带内，且 2 MHz 宽的滤波通带响应必须平稳。因为声表面波（SAW）带通滤波器（BPF）通带响应平稳，且通带边缘陡峭，所以对处理微弱的 GPS 信号来说，滤波性能良好的声表面波带通滤波器常被用来滤除 GPS 信号波段之外的各种干扰和噪声，但是声表面波滤波器的缺点是其不能被集成[20]。

10.3.2 下变频混频

天线接收到的 GPS 卫星射频信号的中心频率约为 1575.42 MHz，而频率如此高的射频信号一般不适合被直接采样离散。下变频混频是指通过混频器将低噪声放大器输出的射频信号与本机振荡器产生的本振信号相乘，滤除乘积中的高频成分后，将载波信号频率从射频降为中频。作为混频结果，中频信号不仅原封不动地保留了原 GPS 射频信号上调制的全部数据与信息，而且适合于被采样离散。由于下变频混频器仍然位于接收系统的较前端，因此其性能对整个接收系统的性能影响很大。下变频混频器的主要设计指标包括高镜像抑制比（IRR）、低噪声指数、高增益、高线性度、高灵敏度和低功耗等多个方面。

混频器分为有源和无源两种。无源混频器构造简单，功耗小，但没有混频增益；有源混频器噪声性能好，考虑到功耗与工作频率的关系，它通常不适合于高频混频。因为 GPS 接收机的设计非常关注信噪比，所以它的混频器一般采用有源混频的形式。

混频器首先频率合成石英晶体基准振荡器产生的周期信号，产生以下本振正弦信号 $s_{LO}(t)$：

$$s_{LO}(t) = A_{LO}\sin(2\pi f_{LO}t + \theta_{LO}) \tag{10.29}$$

式中，A_{LO} 为本振信号的振幅，f_{LO} 为频率，θ_{LO} 为初相位。本机振荡频率 f_{LO} 是混频器的一个关键设计参数，其值可大于射频 f_1（输入信号的频率），也可小于 f_1，但这里只介绍 f_{LO} 小于 f_1 的混频机制。

混频器接着将射频信号 $s(t)$ 与本振信号 $s_{LO}(t)$ 相乘，并且利用低通滤波完成下变频，而这实际上是混频机制的核心。为了简化公式，我们在分析下变频混频机制的过程中继续只考虑 $s(t)$ 中卫星 i 的信号成分 $s^{(i)}(t)$。当卫星 i 的射频信号 $s^{(i)}(t)$ 与本振信号 $s_{LO}(t)$ 相乘时，两者的乘积 $s_{mix}^{(i)}(t)$ 为

$$\begin{aligned} s_{mix}^{(i)}(t) &= s^{(i)}(t)s_{LO}(t) \\ &= Ax(t-\tau)D(t-\tau)\sin\left(2\pi(f_1+f_d)t+\theta\right)A_{LO}\sin(2\pi f_{LO}t+\theta_{LO}) \\ &= \frac{1}{2}AA_{LO}x(t-\tau)D(t-\tau)\begin{pmatrix}\cos\left(2\pi(f_1+f_d-f_{LO})t+\theta-\theta_{LO}\right)- \\ \cos\left(2\pi(f_1+f_d+f_{LO})t+\theta+\theta_{LO}\right)\end{pmatrix}\end{aligned} \tag{10.30}$$

式中，最后一个等号右边频率在 $f_1 - f_{LO}$ 附近的一项是低频信号成分，另一项则是频率比 f_1 高的高频信号成分。当一个低通或带通滤波器对上述混频信号 $s_{mix}^{(i)}(t)$ 滤波后，$s_{mix}^{(i)}(t)$ 中的高频信号成分被滤除，低频信号成分被保留，因此混频器输出的中频信号 $s_{IF}^{(i)}(t)$ 为

$$\begin{aligned} s_{IF}^{(i)}(t) &= \frac{1}{2}AA_{LO}x(t-\tau)D(t-\tau)\cos\left(2\pi(f_1+f_d-f_{LO})t+\theta-\theta_{LO}\right) \\ &= A_{IF}x(t-\tau)D(t-\tau)\sin\left(2\pi(f_{IF}+f_d)t+\theta_{IF}\right) \end{aligned} \tag{10.31}$$

式中，

$$A_{IF} = \frac{1}{2}AA_{LO} \tag{10.32}$$

$$\theta_{IF} = \theta - \theta_{LO} + 90^\circ \tag{10.33}$$

初相位 θ_{IF} 仍然完整地保留了接收信号的原始初相位 θ。要特别指出的是，式（10.31）中的中频频率 f_{IF} 的值为

$$f_{IF} = f_1 - f_{LO} \tag{10.34}$$

若考虑接收信号包含的各个可见卫星信号，则混频得到的中频信号 $s_{IF}(t)$ 为

$$s_{IF}(t) = \sum_i s_{IF}^{(i)}(t) \tag{10.35}$$

这样，卫星信号 $s^{(i)}(t)$ 与频率为 f_{LO} 的本振信号混频后就变成了中频信号 $s_{IF}^{(i)}(t)$，其频率由原先的射频频率 f_1 下变频到中频频率 f_{IF}。一旦决定希望的中频频率 f_{IF} 的值，就可以根据式（10.34）计算出混频器所需产生的本机振荡频率 f_{LO} 的大小。同时，式（10.34）还清晰地表明了接收机晶体振荡器具有稳定振荡频率的重要性。晶体振荡频率（及相应的本机振荡频率 f_{LO}）的任何漂移或抖动，最终都会一一反映到需要做后续处理的中频信号 $s_{IF}(t)$ 上，因此势必影响接收机对各个可见卫星信号的捕获与跟踪性能。

以上在时域中对混频机制的分析可以等价地在频域内进行，且频域分析通常会将这一混频过程描述得更清晰。假定图 10.9(a)代表卫星 i 的射频信号 $s^{(i)}(t)$ 的傅里叶变换 $S^{(i)}(f)$（见附录 F），为了更清晰地表明频域运算过程，我们特意将卫星信号的频谱标识成左右不对称。本振信号 $s_{LO}(t)$ 的傅里叶变换 $S_{LO}(f)$ 是如图 10.9(b)所示的两个冲激函数，其中一个位于 $-f_{LO}$，另一个位于 f_{LO}。$s^{(i)}(t)$ 与 $s_{LO}(t)$ 在时域内相乘相当于它们的傅里叶变换 $S^{(i)}(f)$ 与 $S_{LO}(f)$ 在频域内做卷积运算，卷积结果 $S_{mix}^{(i)}(f)$ 见图 10.9(c)。当卷积结果 $S_{mix}^{(i)}(f)$ 经如图 10.9(d)所示的带通滤波器滤波后，位于 $f_1 + f_{LO}$ 附近的高频成分被滤除，剩下如图 10.9(e)所示的位于 f_{IF}（$f_1 - f_{LO}$）附近的低频信号成分，这就是作为混频结果的中频信号 $s_{IF}^{(i)}(t)$。比较图 10.9(a)与图 10.9(e)可以看出，GPS 信号经混频后，中心频率从原射频频率 f_1 平移到频率较低的中频频率 f_{IF}，其频谱中的信息未遭到任何破坏。

我们在混频前需要抑制镜像频率信号，否则它们会渗入混频后的中频信号波段。如图 10.10(a)所示，假如除了包含中心频率为 f_1 的 GPS 射频信号 $s^{(i)}(t)$，输入混频器的信号还包含一个用虚线描述的、中心频率为 $f_1 - 2f_{IF}$ 的无关信号 $s_{img}(t)$，如图 10.10(c)所示，无关信号 $s_{img}(t)$ 与频率为 f_{LO} 的本振信号混频后产生的一个中频信号正好位于 GPS 中频信号的频带内。这样，虽然图 10.9(d)中的带通滤波器能滤掉中频信号 $s_{IF}^{(i)}(t)$ 占据的频带之外的各种噪声和干扰，但由于它不能滤除也正好位于该中频频带内的任何干扰信号，因此这个无关信号 $s_{img}(t)$ 经混频后就成为 GPS 中频信号 $s_{IF}^{(i)}(t)$ 的干扰信号。对中心频率为 f_1 的射频输入和中心频率为 f_{IF} 的中频输出这种混频来说，

中心频率为 f_1-2f_{IF} 的无关输入信号常被称为镜像信号，我们相应地将镜像频率 f_{img} 定义为

$$f_{img}=f_1-2f_{IF}=f_{LO}-f_{IF} \tag{10.36}$$

类似于射频 f_1 到本振频率 f_{LO} 的距离等于中频频率 f_{IF}，镜像频率 f_{img} 到 f_{LO} 的距离也等于 f_{IF}。因为射频信号和镜像信号混频后在中频频率 f_{IF} 位置相互混合，造成对有用中频信号的干扰与破坏，所以混频器必须提高其镜像抑制性能，降低镜像干扰。

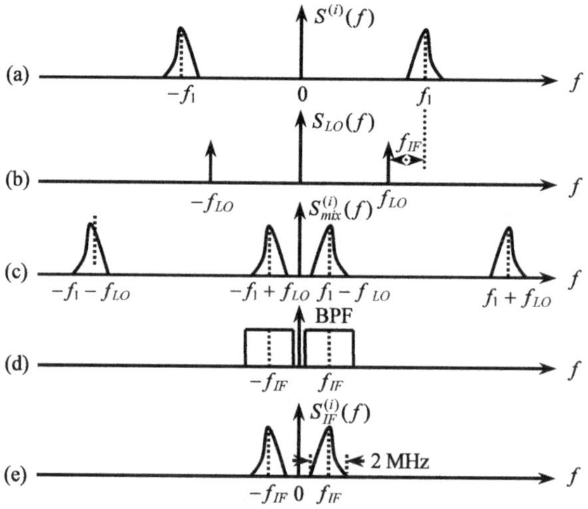

图 10.9　下变频混频的频域分析

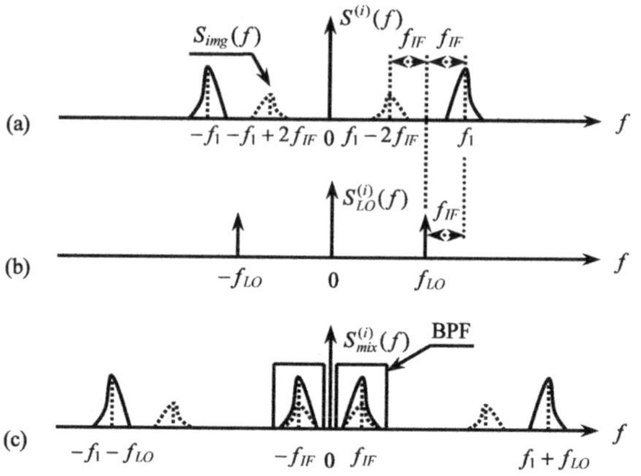

图 10.10　混频中的镜像干扰

在混频过程中，为了避免引入镜像干扰，接收机常在混频前先用带通滤波器尽量滤除各种镜像频率信号。10.3.1 节提到的声表面波滤波器是一个具有低噪特性的带通滤波器，它常被用来滤除 GPS 信号频带之外的镜像信号，例如文献[12]使用了一个位于前置低噪声放大器后面的外置声表面波滤波器。如图 10.8 所示，接收机射频前端在混频前先用一个带通滤波器滤除镜像信号，然后在混频后用另一个带通滤波器滤除不需要的高频成分，因此混频器及其一前一后的两个滤波器通常就成为一级混频的必要组成部分。尽管前面对混频机制的分析曾将混频器视为线性器件，但它实际上是一种非线性器件，会输出一些新生频率的干扰信号，因此混频器后的滤波器也要滤除这些干扰。

下变频可由单级或多级混频完成。单级混频是如图 10.8 所示的那种，它只采用一级混频将射频信号直接转换成最后希望的中频信号（或者甚至近基带信号），这可大幅度减少元器件数目，简化生产过程，降低产品成本。然而，缺少多级滤波器的单级混频也面临着许多问题，例如直流偏差的威胁、自动增益控制（见 10.3.4 节）的困难，以及那些很容易渗入混频结果的众多干扰信号致使的射频前端器件饱和等[44]。尽管单级混频设计正日趋流行，但是为了抑制镜像频率，它一般只输出一个频率较高（30～100 MHz）的中频。

多级混频将多个如图 10.8 所示的一级混频串联起来，使信号频率随各级混频的进展而逐步降低。与单级混频相比，多级混频虽然需要较多数目的元器件，构造复杂，但它能够充分抑制镜像频率信号，抗干扰能力强，且最后一级混频输出的中频频率可以达到一个较低（接近 4 MHz）的数值。例如，对二级混频来说，第一级混频一般首先将射频 L1 下变频到 100～200 MHz 的中频，然后第二级混频再将信号进一步下变频到 1～10 MHz 的中频[42]。我们通过下面的一个实际例子来说明多级混频中的频率规划和镜像频率。

【例 10.4】 文献[50]中的 GPS 接收机射频前端采用了三级混频，第一级混频首先将接收到的 GPS 卫星信号从射频 L1 下变频到 175.42 MHz，然后依次通过随后的两级混频将信号进一步下变频到 35.42 MHz 和 4.309 MHz。对于这种三级混频设计，试求射频信号中所有可能的镜像频率。

解： 在多级混频设计中，因为上一级混频输出的“中频”信号是当前一级混频的输入“射频”信号，所以我们可从最后一级混频出发，分别在每级混频中找出相对于当前一级的“射频”镜像信号，然后将这些镜像频率逐级向上一级递推，最终得到相对于第一级混频的真正射频信号中的所有镜像频率。图 10.11 描述了这种计算过程，它首先根据式（10.34）计算出各级混频所用的本振信号频率 f_{LO}，然后根据式（10.34）和式（10.36）推算出相对于各级混频的镜像频率 f_{img}。图中的计算表明，首级混频共存在 7 个可能的射频镜像频率。

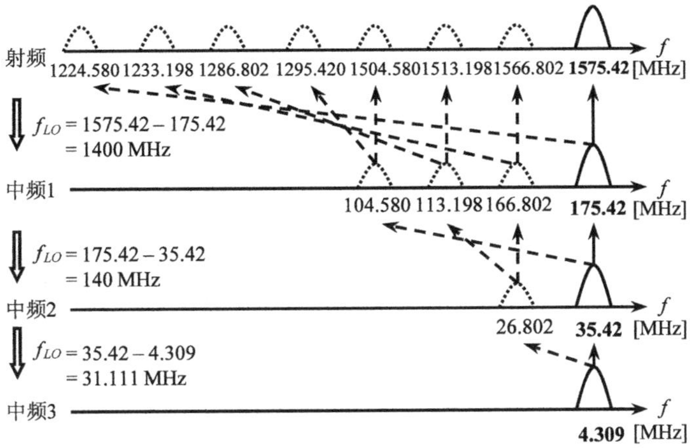

图 10.11　镜像频率的计算图

中频频率 f_{IF} 大小的选择首先要考虑 GPS 信号的带宽（或射频前端带宽 B_{fe}），只有足够高的中频频率才能容纳有一定带宽的 GPS 信号。因为 C/A 码信号频谱主峰宽约 2 MHz，所以中频信号 $s_{IF}(t)$ 的中心频率 f_{IF} 至少应大于 C/A 码频谱主峰的单边频宽，即 1 MHz。对普通商用接收机来说，f_{IF} 的取值一般为几兆赫至十几兆赫。例如，文献[12]中的 GPS 射频前端芯片输出 4.35 MHz 的数字中频信号，而例 10.4 中介绍的产品[50]以 4.309 MHz 作为中频值。对常见的 2.046 MHz 的射频前端带宽 B_{fe} 来说，大致只有 90%的 C/A 码信号能量能够通过接收机射频前端进入跟踪环路[35]。第

12 章将指出，如果接收机采用窄距相关技术，那么 C/A 码信号中的更多高频成分必须被保留，这意味着必须增大射频前端带宽 B_{fe}，且相应地需要一个足够高的中频 f_{IF} 的支持。用来支持窄距相关技术的中频 f_{IF} 有的甚至高达 50 MHz。

此外，采用较高的中频可以降低对混频前镜像抑制滤波器的性能要求，而采用较低的中频不但可以使混频后的滤波与放大功能变得容易实现，而且经 A/D 转换器转换成的数字中频信号的较低数据率可以降低对基带数字信号处理运算速度的要求。根据这一原则，我们可以对单级混频与多级混频的优缺点做进一步的讨论。因为单级混频和级数较少的多级混频只能输出一个频率较高的中频，所以它们均要求随后的基带数字信号处理有较强的运算能力，而目前高速运行的数字信号处理 ASIC 和微处理器为采用单级混频及减少多级混频的级数创造了条件[36]。利用首级高中频混频和末级低中频混频的双方面优势，多级混频既可以降低对首级混频之前的镜像抑制滤波器的要求，又容易实现末级混频之后的滤波与放大功能。决定中频值的大小及选择单级或多级混频的另一个考虑因素是能耗，降低能耗的一种有效途径是减少工作在高频区的元器件数目，且多级混频的能耗通常要比单级混频高[38]。

制定完善的频率规划是保证中频信号质量的一个关键。除了以上那种将射频信号下变频到中频后再采样离散的频率规划，射频前端还可采用的另一种频率规划方式是，直接对射频信号进行采样离散。我们将前一种频率规划称为*下变频方式*，而将后一种频率规划称为*直接数字化方式*。直接数字化频率规划方式的一个最大优点是，不需要混频器和本机振荡器（当然，A/D 转换器仍需要由基准振荡源经频率合成后的时钟信号），且电子技术的进步也使得现在的 A/D 转换器有能力直接对射频信号进行高频采样，但是工作在高频的滤波器、放大器和 A/D 转换器相当昂贵，且随后对高数据率的数字信号进行处理也需要相当繁重的运算量；相反，采用下变频式的频率规划时，射频前端所需的窄通带滤波器较易实现，且工作在低频的放大器和 A/D 转换器的成本也得以降低，但是价格较贵的混频器和本机振荡是不可缺少的组成部分，且任何本振频率的抖动均会一一进入数字中频信号。

在本节最后需要指出的是，除了如图 10.8 所示的混频形式，不少接收机采用如图 10.12 所示的同相/正交（I/Q）形式的混频[43, 46]。在 I/Q 下变频混频过程中，输入信号 $s(t)$ 分别与本振信号的正弦波和余弦波进行相乘混频，并且分别在 I 支路与 Q 支路上输出一个中频信号 $s_{IF,I}(t)$ 与 $s_{IF,Q}(t)$，随后 A/D 转换器分别对这两条支路上的信号进行采样。在这一处理过程中，接收信号上的载波相位信息得以保持。若将 I 与 Q 两条支路上的混频输出分别视为实数与虚数，则 I/Q 下变频混频输出一个复数形式的中频信号 $s_{IF}(t)$，即 $s_{IF,I}(t)+\mathrm{j}s_{IF,Q}(t)$。对于这种射频 I/Q 混频机制，文献[29]给出了一些相应的基带数字信号处理公式，我们在此只提前简单分析跟踪环路进一步对中频信号的（包含多普勒频移在内的）载波剥离处理。假设经 A/D 转换后的数字中频信号 $s_{IF,I}(n)$ 与 $s_{IF,Q}(n)$ 分别表达成

$$s_{IF,I}(n)=Ax(n)D(n)\cos\left(\varphi(n)\right) \tag{10.37}$$

$$s_{IF,Q}(n)=Ax(n)D(n)\sin\left(\varphi(n)\right) \tag{10.38}$$

而由载波数控振荡器（NCO）复制的正弦载波与余弦载波信号分别为

$$u_{os}(n)=\sin\left(\varphi_o(n)\right) \tag{10.39}$$

$$u_{oc}(n)=\cos\left(\varphi_o(n)\right) \tag{10.40}$$

那么为了剥离数字中频信号中的载波，载波剥离器进行如下运算：

$$i(n)=s_{IF,I}(n)\cdot u_{oc}(n)+s_{IF,Q}(n)\cdot u_{os}(n) \tag{10.41}$$

$$q(n)=s_{IF,Q}(n)\cdot u_{oc}(n)-s_{IF,I}(n)\cdot u_{os}(n) \tag{10.42}$$

将式（10.37）～式（10.40）代入上述两式，并运用相应的三角函数公式，得

$$i(n)=Ax(n)D(n)\cos\left(\varphi(n)-\varphi_o(n)\right) \tag{10.43}$$

$$q(n)=Ax(n)D(n)\sin\left(\varphi(n)-\varphi_o(n)\right) \tag{10.44}$$

可见，载波剥离器输出的 $i(n)$ 与 $q(n)$ 中包含输入载波与复制载波的相位差 $\varphi(n)-\varphi_o(n)$ 信息。一方面，它可用来检测、跟踪输入信号的频率和相位；另一方面，当复制载波与输入载波的频率或相位一致时，输入信号中的载波被彻底剥离，随后经伪码 $x(n)$ 剥离后的 $i(n)$ 与 $q(n)$ 就变成了真正的基带信号。

与图 10.12 所示的略有不同，I/Q 混频的另一种等价实现形式是将本振信号分别与输入信号和 90°相变后的输入信号进行相乘混频。不管接收机采用何种混频方式，随后的射频前端处理和基带数字信号处理基本上是一致的。我们在后面各章节将按照图 10.8 所示的射频混频方式进行讨论，而 I 和 Q 支路将在第 11 章的 11.2.5 节开始正式出现。

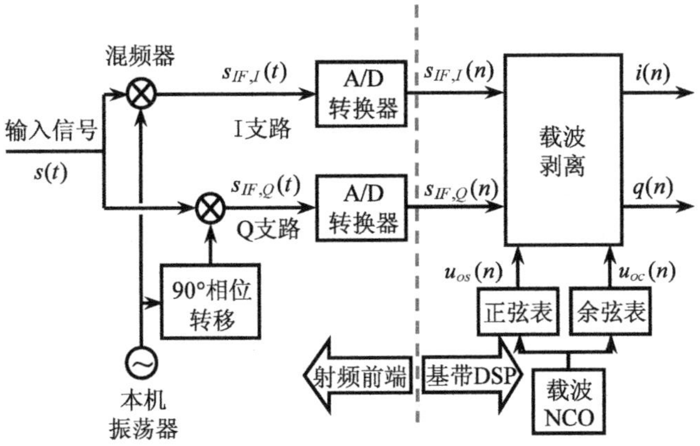

图 10.12　I/Q 下变频混频

10.3.3　中频信号滤波放大

10.3.1 节中讨论了射频前端中的信号滤波，本节讨论射频前端中的信号功率放大，特别是功率放大器在射频前端中的放置及功率放大倍数值。

由 10.2.3 节可知，紧接天线之后的首级器件的噪声性能相当重要，它关系到整个接收系统的噪声指数。因此，选取具有低噪声性能的首级器件就成了设计射频前端部分的一个关键，且高增益的低噪声放大器（LNA）应尽量放在射频前端信号处理的初级阶段。位于混频之前的射频前端首级器件通常有两个选项：一个是具有窄通带的带通滤波器；另一个是增益值为 25～40 dB 的高增益低噪声放大器。若首级器件是一个前置带通滤波器，则 GPS 信号波段外的射频干扰和噪声在放大前先被滤除；若前置低噪声放大器被选作首级器件，则接收机的噪声指数要比前一种方式低 2～3 dB，但是接收信号中可能存在的强干扰被放大后会使电路达到饱和，而这又会让电路新生成一些其他频率的干扰。

如图 10.8 所示，射频前端处理可能采用多级放大器，它们的功率放大倍数（增益值）的选取需要考虑射频前端各个器件的噪声指数、功耗和器件饱和等方面的因素[38]。若将大部分放大器放在混频之前，则由于这些放大器需要工作在射频等高频区，因此它们的成本很高，于是人们偏

向于将各级放大器尽量安排在混频器之后。增益较高的有源天线和紧随其后的低噪声放大器可以用来抑制由混频器渗入的噪声对整个系统噪声指数的影响，但它们会增加这一模块的功耗，且有可能出现使混频器达到饱和的风险；反过来，低增益的有源天线和低噪声放大器可以改善电路的线性化程度和功耗性能，但是这种安排会提高对混频器噪声指数的要求。事实上，噪声指数低的混频器一般需要本振信号幅值较大的本机振荡源，但这反而增加了混频器的功耗。也就是说，与高增益的低噪声放大器配上高噪声指数的混频器这种组合相比，低增益的低噪声放大器配上低噪声的混频器的组合其实在降低功耗方面不占明显的优势。

下面按照文献[46]来讨论并估算射频前端所需的总功率放大倍数。所谓总功率放大倍数，是指考虑了电缆、滤波器、混频器、放大器等各级器件在处理信号过程中的功率损耗或增加后的净增益值。可以想象，如果功率增益过低，那么随后输入 A/D 转换器（ADC）的信号幅值不能激活多位 ADC 的各个输出位；反过来，如果增益过高，那么包含 ADC 在内的多个器件达到饱和，而 ADC 在饱和情况下会输出失去真实信息的最大幅值。因此，估算总功率放大倍数的一个简单规则是，将开始仅约 10 nV 的天线端感应电压信号放大到 ADC 的最大输入电压范围值附近。对 GPS 接收机射频前端来说，因为 GPS 信号强度比噪声还弱，而噪声在信号放大的同时也得到放大，如果将 GPS 信号放大到 ADC 的最大输入值附近，那么放大后的噪声早已使 ADC 饱和。这样，GPS 接收机射频前端处理中的总放大倍数就是将噪声幅值而非信号幅值放大到 ADC 的最大输入值。

【例 10.5】 假设驱动 ADC 各位输出所需的输入电压幅值是 100 mV，ADC 的特征阻抗为 50 Ω，噪声强度为例 10.2 中的−140.87 dBW，求射频前端所需的总功率放大倍数。

解： 由于幅值为 100 mV 的 ADC 驱动电压对应的输入功率为

$$\frac{1}{2}\times\frac{0.1^2}{50}=10^{-4}\quad[\mathrm{W}]\ =-40\quad[\mathrm{dBW}] \tag{10.45A}$$

因此将噪声从−140.87 dBW 放大到−40 dBW 所需的增益为

$$(-40)-(-140.87)=100.87\quad[\mathrm{dB}] \tag{10.45B}$$

10.3.4 模数转换

经过前面几级的混频、滤波和放大等处理后，接收到的 GPS 卫星信号的功率已得到足够的放大，中心频率也已变为较低的中频，这些状况均有利于模数转换器（ADC）对信号做最后一步的模数（A/D）转换。ADC 的性能指标主要包括分辨率、带宽和功耗。对一个 n 位的 ADC 而言，其分辨率等于 2^n，即位数越多的 ADC 具有越高的分辨率。

混频后的中频信号 $s_{IF}(t)$ 经 ADC 采样离散和量化后，得到如下的数字中频信号 $s_{IF}(n)$：

$$s_{IF}(n)=\sum_i s_{IF}^{(i)}(n) \tag{10.46}$$

其中，卫星 i 的信号成分 $s_{IF}^{(i)}(n)$ 为 $s_{IF}^{(i)}(t)$ 的离散、量化形式。根据 $s_{IF}^{(i)}(t)$ 的表达式（10.26），我们可将相应的 $s_{IF}^{(i)}(n)$ 表达成

$$s_{IF}^{(i)}(n)=Ax(n-\tau)D(n-\tau)\sin(\omega_i n+\theta_i) \tag{10.47}$$

其中，等号右边的下标“ i ”寓意为“输入”。数字中频信号 $s_{IF}(n)$ 随后作为基带数字信号处理功能模块的输入信号。

为了防止 ADC 在信号采样过程中发生混叠，采样频率必须满足奈奎斯特采样定理，即采样频率

f_s 必须大于信号最高频率的 2 倍。在对通带信号进行采样时，采样频率可以小于信号最高频率的 2 倍，但它仍然要大于 2 倍的信号带宽 B_{fe}，附录 F 对基带采样和通带采样做了比较详细的介绍。如图 10.9(e)所示，由于中心频率为 f_{IF} 的 GPS 中频信号有约 2 MHz 的主峰频宽，因此采样频率至少为 4 MHz，考虑到射频滤波器的通带过渡带，实际中的 ADC 采样频率一般至少在 5 MHz 以上，即 1 ms 至少要产生 5000 个采样点，相当于每个 C/A 码码片有 4～5 个采样点[8]。显然，随着射频前端带宽 B_{fe} 和中频频率 f_{IF} 的增大，采样频率 f_s 也要予以提高。当射频前端采用如图 10.12 所示的 I/Q 下变频混频方式时，因为中频信号中包括 I 和 Q 两部分，所以满足奈奎斯特定理的分别在 I 和 Q 支路上的最低采样频率不是中频信号带宽 B_{fe} 的 2 倍而是 1 倍，即只需 B_{fe}。

过采样是指采样频率大于奈奎斯特定理要求的采样频率。图 F.1 清晰地表明，采样频率越高，由于采样过程中原信号频谱的相邻副本分得越开，因此过采样可以帮助抵制频率混叠的发生，提高信噪比，降低对采样前抗混叠模拟滤波器过渡带陡峭性的设计要求。同时，过采样还等效地扩展了 ADC 的动态范围（ADC 的分辨率）。例如，文献[32]中的射频前端采用了 4.1304 MHz 的中频，而相应的采样频率高达 16.368 MHz。然而，过采样会使 ADC 的能耗变高，增加随后对数字中频信号处理的运算量。为了既拥有过采样的优点又不增加最后数字中频信号的数据率，模拟信号的数字处理常采用一种先过采样后利用抽取滤波器降低采样率的技术[5, 7]。抽取滤波器实际上分成两步，即首先对采样信号进行低通抗混叠滤波，然后减采样，其中数字式低通抗混叠滤波器要比模拟滤波器容易实现，它可以进一步滤除信号中的干扰和噪声，而减采样输出数据率较低的数字中频信号 $s_{IF}(n)$。我们曾将 ADC 之前的中频信号 $s_{IF}(t)$ 的噪声带宽称为射频前端带宽 B_{fe}，这里我们将减采样后的数字中频信号 $s_{IF}(n)$ 的噪声带宽称为预检带宽 B_{pd} 或相关前带宽。预检带宽 B_{pd} 不可能大于射频前端带宽 B_{fe}，但它至少宽 2.046 MHz，使其对 C/A 码信号频谱主峰来说刚好满足奈奎斯特定理。如果接收机不采用抽取滤波器技术，那么预检带宽就等同于射频前端带宽。需要提醒的是，减采样后的等效采样频率与预检带宽之间仍然应该满足奈奎斯特采样定理。

除了满足奈奎斯特采样定理，采样频率值的选取还要考虑避免与 C/A 码码率同步。由于 C/A 码的码率为 1.023 MHz，因此采样频率不能等于 1.023 MHz 的整数倍[46]。例如，在图 10.13(a)中，信号的采样频率为 5.115 MHz，刚好等于 C/A 码码率 1.023 MHz 的 5 倍，也就是说，每个 C/A 码码片对应于 5 个采样点，相邻两个采样点之间相隔 195.5 ns（1 除以 5.115 MHz）。如图所示，圆点代表采样点，上下两排采样点分别代表两种不同的采样时刻系列。虽然第二排采样点的采样时刻相对于第一排采样点的采样时刻有点向右偏移，但是当采样时刻偏移量小于 195.5 ns 时，这两种采样可能得到完全相同的采样结果。也就是说，在采样频率与 C/A 码码率同步的情况下，接收机能检测出的 C/A 码相位的精确度低于 195.5 ns，相当于伪距测量误差高于 58.7 m，而这一量级的测量误差是绝对不能视而不见的。相对于图 10.13(a)而言，尽管图 10.13(b)中的采样频率变低了，但是因为它与 C/A 码码率不同步，所以这种采样对不同相位的 C/A 码信号有不同的采样结果，而接收机跟踪环路的信号处理有能力估算出这种小于采样周期的码相位偏差量。13.1.3 节中的计算表明，C/A 码的最大多普勒频移为 6.32 Hz，因此 GPS 接收机的采样频率应避免为范围 $(1.023\times10^6 \pm 6.32)$ Hz 内任何值的整数倍。关于通带采样及其采样频率取值的更多讨论，请读者参阅附录 F 和文献[46]等。

对输入的模拟信号进行采样时，ADC 还对采样点的信号大小进行量化。量化的基本原理是，将采样信号与一些门限值进行比较，根据相应的数据位输出是 0 还是 1，模拟形式的采样信号值被量化成用二进制数表示的数据。GPS 接收机射频前端的 ADC 一般采用一位、两位或三位输出，其中低端商用接收机常用窄带一位 ADC，很多接收机采用一至二位 ADC，高端接收机常用 2～

20 MHz 的射频前端带宽加上 1.5 位（3 个电平值）至 3 位的 ADC 采样[42]。对一位 ADC 而言，它的门限值为零，于是采样信号的值被判断成非正即负。图 10.14 所示为一个两位 ADC 对一个正弦波连续时间信号进行量化的情况，它用两个门限值分别确定量化后的符号位和幅值位，这个两位二进制数一共可以形成 4 种不同的输出值，其中幅值位为 1 的样点数目通常被控制为占全部样点数的约 30%[50]。

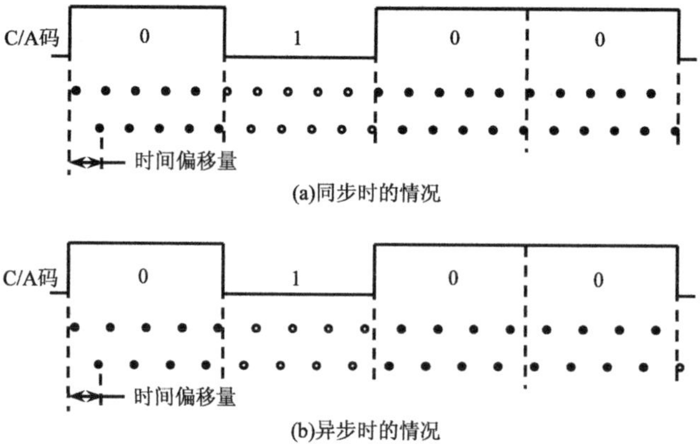

图 10.13　采样频率与 C/A 码码率的关系

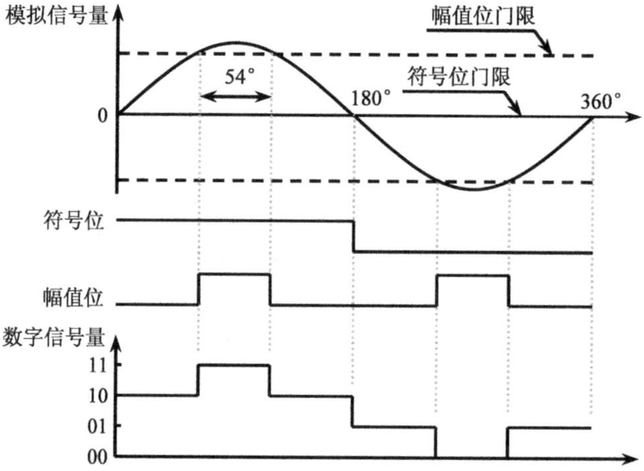

图 10.14　两位 A/D 转换器

因为量化是用一个有限位二进制数值来代表一个无限位的模拟量的，所以二者的差必然在信号中引入量化误差或干扰。增加 ADC 的位数有助于降低量化误差，进而减小由量化误差引起的接收机灵敏度损失[5]。在无限射频前端带宽或采样频率高得不发生频率混叠的情况下，一位 ADC 的量化误差引起的损耗为 1.96 dB，两位 ADC 的量化误差引起的损耗为 0.55 dB，三位 ADC 的量化误差引起的损耗为 0.16 dB；在有限带宽的情况下，一位 ADC 的量化误差损耗约为 3.5 dB，两位 ADC 的量化误差损耗为 1.2 dB，三位 ADC 的量化误差损耗为 0.6 dB。大部分接收机很少采用多于四位的 ADC，因为在多于四位后继续增加位数基本上无助于减小量化损耗[37]。此外，多位 ADC 的设计比较复杂，价格较昂贵，且随后进行数字信号处理的硬件也比较复杂。除了位数多少，ADC 的量化损耗大小还与输入信号的信噪比和中频信号带宽（或采样频率）等因素有关。中频信号频带越宽，量化损耗就越低，但是随之所需的高频采样会增加信号处理的成本。

为了充分利用 ADC 的多位资源，多位 ADC 通常需要配置一级或多级自动增益控制（AGC）[10]。如图 10.8 所示，AGC 放大器常是射频前端的最后一个增益元器件。自动增益控制根据 ADC 的输出情况随时、相应地调节 ADC 之前的滤波增益，使最后一级混频器输出的中频信号幅值（ADC 的输入信号幅值）大致维持为一个常数。这样，当接收信号变弱时，自动增益控制就可提高滤波增益，避免 ADC 输出全为零；当接收信号变强时，自动增益控制又可相应地降低滤波增益，避免 ADC 的输出全为正负最大值。例如，对于图 10.14 中的两位 ADC，不论接收信号的强度如何变化，在 AGC 的调控下，ADC 的输入信号大致有 30%的时间超过正幅值门限或低于负幅值门限，即 ADC 输出的幅值位等于 1 的时间始终维持为约 30%[50]。与多位 ADC 相比，一位 ADC 虽然会造成接收机较大的灵敏度损失，但它设计简单，且不需要 AGC。

ADC 的设计对接收机抗干扰特别是抗连续波（CW）干扰的性能有重大影响，其中多位 ADC 要比一位 ADC 有更好的抗干扰性能[26]。干扰信号通常要比 GPS 信号强很多，它会使接收机电子器件饱和，但是对多位 ADC 而言，由于受到干扰影响的采样点仍然保留着 GPS 信号信息，因此经过恰当的信号处理后，GPS 信号有可能被恢复出来[46]。我们将在 12.5 节中讨论各种对 GPS 接收机的干扰。

ADC 输出的数字中频信号 $s_{IF}(n)$ 随后作为进行信号捕获与跟踪的基带数字信号处理模块的输入量。接收机通常在存储器中收集一定时间长度的数字中频信号数据，并对这段数据进行处理。为了有效地安排输入数据的存储与读取，文献[24]提出了用两块存储器分别轮流进行存储与读取的设计方案：在第一块存储器被选择用来收集输入数据的同时，数字信号处理模块读取第二块存储器中的数据；接着，在第一块存储器收集完数据供数字信号处理模块读取的同时，第二块存储器转而收集输入数据。这两块存储器的容量大小可以根据数字信号处理器的运算速度和存储器的价格决定，一般存储时长 2～20 ms 的数据量。

参考文献

[1] 黄智伟. GPS 接收机电路设计[M]. 北京：国防工业出版社，2006.
[2] 慧聪通信商务网. 卫星导航接收机概述. 2003 年 9 月 2 日.
[3] 杨博雄，陈志高，欧同庚，刘海波，路杰，郑勇，杜瑞林. GPS 卫星天线特性与相位中心一致检定[J]. 大地测量与地球动力学，2005(2).
[4] 张正烜，张其善，寇艳红. GPS 接收机基带信号处理模块的 FPGA 实现[J]. 遥测遥控，2006, 27(4).
[5] Oppenheim A，Schafer R，Buck J. 离散时间信号处理[M]. 刘树棠，黄建国，译. 2 版. 西安：西安交通大学出版社，2000.
[6] Stutzman W, Thiele G. 天线理论与设计[M]. 朱守正，安同一，译. 2 版. 北京：人民邮电出版社，2006.
[7] Abraham C., Fuchs D., “Method and Apparatus for Computing Signal Correlation at Multiple Resolutions, ” US Patent 6704348, March 9, 2004.
[8] Akos D., A Software Radio Approach to Global Navigation Satellite System Receiver Design, Ph.D. Thesis, Ohio University, 1997.
[9] Akos D., Normark P-L., Lee J., Gromov K., Tsui J., Schamus J., “Low Power Global Navigation Satellite System (GNSS) Signal Detection and Processing, ” ION GPS, Salt Lake City, UT, September 19-22, 2000.
[10] Amoroso F., “Adaptive A/D Converter to Suppress CW Interference in DSPN Spread-Spectrum Communications, ” IEEE Transaction on Communications, Vol. 31, pp. 1117-1123, October 1983.
[11] ARINC Research Corporation, NavStar GPS Space Segment/Navigation User Interfaces, IS-GPS-200, El

Segundo, CA., December 7, 2004.

[12] Atmel Corporation, “GPS Front-End IC: ATR0600, ” Rev. 4536G-GPS-09/05.

[13] Behdad N., Choi J., Yang J., “Low IF Front End GPS Receiver, ” University of Michigan, 2003.

[14] Borre K., Akos D., “A Software-Defined GPS and Galileo Receiver: Single-Frequency Approach, ” ION GNSS, Long Beach, CA, September 13-16, 2005.

[15] Braasch M., Van Dierendonck, A.J., “GPS Receiver Architectures and Measurements, ” Proceedings of the IEEE, Vol. 87, No. 1, January 1999.

[16] Brown A., Silva R., “A GPS Digital Phased Array Antenna and Receiver, ” Proceedings of IEEE Phased Array Symposium, Dana Point, CA, May 2000.

[17] Czopek F., Shollenberger S., “Description and Performance of the GPS Block I and II L-Band Antenna and Link Budget, ” ION GPS, Salt Lake City, UT, September 1993.

[18] De Lorenzo D., Gautier J., Enge P., Akos D., “GPS Receiver Architecture Effects on Controlled Reception Pattern Antennas for JPALS, ” ION GNSS, Long Beach, CA, September 2004.

[19] DePriest D., “Why Buy a 12 Channel GPS Receiver?” 1998.

[20] Dynex Semiconductor Ltd., “35.42MHz SAW Filter for GPS Receivers, ” DW9255, October 2001.

[21] Fisher S., Ghassemi K., “GPS IIF – The Next Generation, ” Proceedings of the IEEE, Vol. 87, No. 1, January 1999.

[22] Holm E., Brown A., Slosky R., “A Modular Re-Programmable Digital Receiver Architecture, ” ION 54th Annual Meeting, Denver, CO, June, 1998.

[23] Kaplan E., Understanding GPS: Principles and Applications, Second Edition, Artech House, Inc., 2006.

[24] King T., “Prioritizing Satellite Search Order Based on Doppler Uncertainty, ” US Patent 6642886 B2, November 4, 2003.

[25] Ko J., Kim J., Cho S., Lee K., “A 19-mW 2.6-mm^2 L1/L2 Dual-Band CMOS GPS Receiver, ” IEEE Journal of Solid-State Circuits, Vol. 40, No. 7, July 2005.

[26] Krumvieda K., Cloman C., Olson E., Thomas J., Kober W., Madhani P., Axelrad P., “A Complete IF Software GPS Receiver: A Tutorial About the Details, ” ION GPS, Salt Lake City, UT, pp. 789-829, September 2001.

[27] Ledvina B., Psiaki M., Powell S., Kintner P., “Bit-Wise Parallel Algorithms for Efficient Software Correlation Applied to a GPS Software Receiver, " IEEE Transactions on Wireless Communications, Vol. 3, Issue 5, September 2004.

[28] Liao B., Yuan H., Lin B., “Smoother and Bayesian Filter based Semi-Codeless Tracking of Dual-Frequency GPS Signals, ” Science in China Series F, Vol. 49, No. 4, 2006.

[29] Ma C., Lachapelle G., Cannon M., “Implementation of a Software GPS Receiver, ” ION GNSS, Long Beach, CA, September 21-24, 2004.

[30] Manandhar D., Shibasaki R., “Software-Based GPS Receiver - A Research and Simulation Tool for Global Navigation Satellite System, ” The University of Tokyo, Japan, 2005.

[31] Manandhar D., Shibasaki R., Normark P.L., “GPS Signal Analysis Using LHCP/RHCP Antenna and Software GPS Receiver, ” ION GNSS, Long Beach, CA, September 21-24, 2004.

[32] Manandhar D., Suh Y., Shibasaki R., “GPS Signal Acquisition and Tracking - An Approach towards Development of Software-Based GPS Receiver, ” Technical Report of the Institute of Electronics, Information and Communication Engineers, ITS 2004-16, July 2004.

[33] Mehaffey J., “Antennas for GPS Receivers – Patch and Helix Typical Specification Sheets, ” October 2002.

[34] Misra P., Enge P., Global Positioning System - Signals, Measurements, and Performance, Ganga-Jamuna

Press, 2001.

[35] NovAtel Inc., "Discussions on RF Signal Propagation and Multipath, " APN-008 Rev 1, February 3, 2000.

[36] Parkinson K., Dempster A., Mumford P., Rizos C., "FPGA Based GPS Receiver Design Considerations, " International Symposium on GNSS/GPS, Hong Kong, 2005.

[37] Parkinson B., Spilker J., Axelrad P., Enge P., Global Positioning System: Theory and Applications, American Institute of Aeronautics and Astronautics, 1996.

[38] Piazza F., Huang Q., "A 1.57-GHz RF Front-End for Triple Conversion GPS Receiver, " IEEE Journal of Solid-State Circuits, Vol. 33, No. 2, February 1998.

[39] Rinder P., Bertelsen N., Design of a Single Frequency GPS Software Receiver, Master Thesis, Aalborg University, Denmark, 2004.

[40] Sarantel Ltd., "The Right Antenna Makes GPS Work, " Microwave Product Digest, April 2004.

[41] Schmid R., Rothacher M., "Estimation of Elevation-Dependent Satellite Antenna Phase Center Variations of GPS Satellites, " Journal of Geodesy, Vol. 77, No. 7, p. 440-446, 2003.

[42] Shaeffer D., Shahani A., Mohan S., Samavati H., Rategh H., Del Mar Hershenson M., Xu M., Yue C., Eddleman D., Lee T., "A 115-mW, 0.5-μm CMOS GPS Receiver with Wide Dynamic-Range Active Filters, " IEEE Journal of Solid-State Circuits, Vol. 33, No. 12, pp. 2219-2231, December 1998.

[43] Sokoler I., "Down Conversion Mixer, " US Patent 6073001, June 6, 2000.

[44] Tran J., "How Chip Designers Brought Zero-IF to CDMA Phones, " EE Times, July 3, 2003.

[45] Tso R., McConnell R., "Monolithic GPS RF Front End Integrated Circuit, " US Patent Application Publication 0096004, May 5, 2005.

[46] Tsui J., Fundamentals of Global Positioning System Receivers: A Software Approach, Second Edition, John Wiley & Sons, 2005.

[47] United States Department of Defense, Global Positioning System Standard Positioning Service Performance Standard, October 2001.

[48] Van Diggelen F., Abraham C., "Indoor GPS: the No-Chip Challenge, " GPS World, September 2001.

[49] Woo K., "Optimum Semicodeless Carrier-Phase Tracking of L2, " Journal of the Institute of Navigation, Vol. 47, No. 2, 2000.

[50] Zarlink Semiconductor, "GPS2000: GPS Receiver Hardware Design, " Application Note 855, Issue 2.0, October 1999.

[51] Zavorotny V., Masters D., Gasiewski A., Bartraml B., Katzberg S., Axelrad P., Zamora R., "Seasonal Polarimetric Measurements of Soil Moisture Using Tower-Based GPS Bistatic Radar, " Proceedings of the International IEEE IGARSS, 2003.

第 11 章　载　波　环

在第 10 章中，GPS 接收机天线接收到的卫星信号经射频前端处理后变成了数字中频信号；从本章开始，我们讨论接收机基带数字信号处理功能模块对数字中频信号的处理。接收机的每个信号通道对其跟踪的那颗可见 GPS 卫星的信号处理过程，大体上分成捕获、跟踪、位同步和帧同步 4 个阶段。为便于理解接收机信号通道内部复杂的结构和信号处理功能，我们在本章中首先着重讨论作为信号跟踪环路之一的载波跟踪环路，然后在第 12 章中探讨码跟踪环路、位同步和帧同步，最后在第 13 章中介绍信号的捕获。

首先，11.1 节扼要介绍接收机的信号跟踪原理，指出接收机对信号的跟踪主要是借助载波跟踪环路（简称载波环）和码跟踪环路（简称码环）来实现的，其中载波环通常有相位锁定环路和频率锁定环路两种形式。分析相位跟踪环路的基本工作原理后，11.2 节接着依次介绍环路阶数、环路稳态响应、环路参数、I/Q 解调、相干积分、多种鉴相方法，以及测量误差和跟踪门限。因为接收机中的各种跟踪环路存在作为反馈控制回路的许多共性，而相位锁定环路是我们所要介绍的第一种环路，所以这一节对相位锁定环路的讨论相当详尽、透彻。11.3 节转而介绍频率锁定环路，包括它的基本工作原理、多种鉴频方法以及测量误差和跟踪门限。11.4 节比较相位锁定环路和频率锁定环路，讨论一种用频率锁定环路来辅助相位锁定环路的组合形式。

11.1　信号跟踪原理

接收机在跟踪某颗可见卫星的信号之前，首先要捕获该卫星发送的信号。尽管第 13 章才详细讨论信号的捕获，但是其基本功能简单地讲就是从接收信号中搜索、捕获各颗可见 GPS 卫星的信号，获得当前对这些卫星信号的载波频率和 C/A 码相位的粗略估计值，然后相应的信号通道就从捕获阶段进入跟踪阶段。在本章和第 12 章，我们暂时假定我们关心的某个信号通道成功捕获某个可见卫星信号后，已进入跟踪阶段。

在信号跟踪阶段，信号通道从捕获阶段获得的对当前这个卫星信号载波频率和码相位的粗略估计值出发，通过跟踪环路逐步精细对这两个信号参量的估计，同时输出对信号的各种 GPS 测量值，顺便解调出信号中的导航电文数据比特。简单地讲，接收机对卫星信号的跟踪是一个与该接收信号同步的二维信号的复制过程。第 2 章的图 2.14 告诉我们，GPS 卫星首先利用伪码（主要指 C/A 码）对要播发的数据码进行扩频调制，然后将伪码与数据码的组合码通过 BPSK 机制对载波（主要指 L1）进行调制。在信号接收端，如果接收机内部能够同时复制出相应的载波和伪码信号，且二者分别与接收到的卫星信号中的载波和伪码保持同步与一致，那么复制载波与接收信号进行混频可以实现载波剥离及将信号下变频到基带，而复制伪码与接收信号进行相乘可以实现伪码剥离和信号解扩，这时接收信号中剩下的只是数据码。在跟踪信号的同时，接收机既可以根据复制载波信号的参数获得该卫星信号的多普勒频移和载波相位测量值，又可以根据复制伪码的参数获得该卫星信号的码相位和伪距测量值。

由于卫星与接收机之间的相对运动、卫星时钟与接收机晶体振荡器的频率漂移等原因，接收到的卫星信号的载波频率和码相位会随时间的推移而变化，并且这些变化通常是不可预测的，因此信号跟踪环路一般需要以闭路反馈的形式周期性地连续运行，以实现对卫星信号的持续锁定。

如 10.1 节指出的那样，信号跟踪环路实际上由载波跟踪环路（简称载波环）和码跟踪环路（简称码环）两部分组成，它们分别用来跟踪接收信号中的载波与伪码。

码环通过内部的码发生器尽量复制出一个与接收信号中的 C/A 码相一致的 C/A 码，然后让二者做相关运算，以剥离 GPS 接收信号中的 C/A 码，同时提高原本淹没在噪声中的 GPS 信号的信噪比。基于 C/A 码的良好自相关特性，码环接着检测复制 C/A 码与接收 C/A 码的一致性，进而调整复制 C/A 码的相位，使它在下一时刻仍与接收 C/A 码的相位相一致，2.2 节对 C/A 码的自相关和互相关特性做了介绍。尽管不同卫星同时播发中心频率相同的载波信号，但由于不同卫星信号被不同的 C/A 码调制，因此当接收机的某个信号通道决定跟踪某颗指定的卫星时，只需复制这颗卫星的 C/A 码，并让其与接收信号做相关运算，该通道在 C/A 码良好自相关性的机制作用下，可将这个卫星信号提取出来，同时在接近正交的互相关性机制作用下，将其他卫星信号成分压制为接近零的噪声。为了最大限度地将希望跟踪的那个卫星信号通过 C/A 自相关性机制提取出来，复制 C/A 码的相位必须与接收信号中的 C/A 码相位一致。当它们的相位一致时，自相关值达到最大，而相关运算后的结果信号的功率也达到最大；否则，当二者的相位不一致时，它们的自相关值很小，相关结果信号的功率很低，卫星信号也就很难被码环跟踪。第 12 章中将介绍码环的一种常见实现形式——延迟锁定环路。

作为另一个跟踪环路，载波环的目的是尽力使其复制的载波信号与接收到的卫星载波信号保持一致，进而通过混频机制彻底剥离卫星信号中的载波。如果复制载波与接收载波不一致，那么接收信号中的载波就不能彻底剥离，也就是说，接收信号不能被下变频到真正的基带信号。不仅如此，如果复制载波与接收载波不一致，那么码环得到的 C/A 码自相关幅值也会被削弱。我们知道，接收机射频前端已将接收到的卫星信号从射频下变频到中频。因此，在基带数字信号处理部分，我们所讲的接收信号的载波频率，有时实际上是指射频前端输出的数字中频信号 $s_{IF}(n)$ 的载波频率，而这两个频率的差是一个值固定的射频前端本机振荡频率。因为第 10 章对下变频混频机制做了分析，所以我们首先在本章中探讨包含混频过程的载波环，然后在第 12 章中探讨码环，以便将复杂的接收机跟踪环路结构及其信号处理功能分步介绍得较为自然和更易被人接受。

为了彻底剥离数字中频输入信号中的载波，使其从中频下变频到基带，载波环必定包含一个混频器，且它复制的载波必须与输入载波保持一致。如果载波环通过检测复制载波与输入载波的相位差，然后相应地调节复制载波的相位，使二者的相位保持一致，那么这种载波环的实现形式被称为相位锁定环路；如果载波环通过检测复制载波与输入载波的频率差，然后相应地调节复制载波的频率，使二者的频率保持一致，那么这种载波环的实现形式被称为频率锁定环路。因为部分读者可能在有关通信系统的课程中学习过相位锁定环路，所以本章首先介绍相位锁定环路，然后介绍频率锁定环路。

码环和载波环分别彻底剥离数字中频信号中的 C/A 码和载波后，留存在接收信号中的则是完整无损的导航电文数据比特，2.5 节对导航电文的结构做了详细介绍。为了将导航电文数据比特通过 BPSK 机制解调出来并让一系列比特组成字，接收机在进入信号跟踪阶段后还要完成位同步和帧同步两个阶段的任务。只有找到了数据比特边沿以实现位同步，接收机才能将接收信号逐比特地划分开来。实现位同步后，只有找到了子帧边沿以实现帧同步，相邻的每 30 个数据比特才能被正确地划分成一个个有结构意义的字，并最终从字中解译出有实用价值的导航电文参数。如图 11.1 所示的那样，接收机基带数字信号处理模块处理卫星信号的过程，依次分为捕获、跟踪、位同步和帧同步 4 个阶段[12]。由于信号阻挡、用户接收机的高动态等原因，信号跟踪环路时常失锁甚至丢失正被跟踪的卫星信号。信号丢失后，跟踪、处理卫星信号的信号通道可能又得回到信号捕获阶段，重新完成跟踪、位同步和帧同步这一过程。介绍码环后，第 12 章中将继续讨论位同步和帧同步。

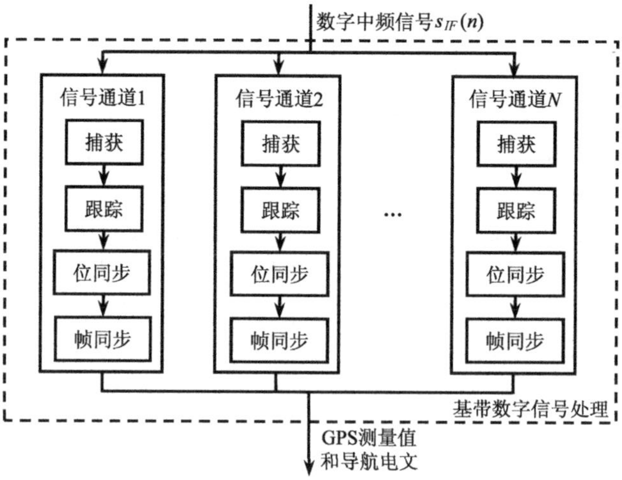

图 11.1　信号通道处理信号的 4 个阶段

同时，图 11.1 再次清晰地表达了 10.1 节中引入的信号通道概念。对相当常见的并行通道接收机来说，不同卫星信号的捕获与跟踪是在接收机的不同信号通道内同时进行的，每个通道有针对性地处理其希望跟踪的那颗卫星的信号。尽管所有通道的输入信号是来自同一个射频前端的数字中频信号 $s_{IF}(n)$，但由于不同卫星信号有着不同的多普勒频移和传播延时，更不必用说调制在信号上的不同序列的 C/A 码，所以要求不同信号通道的运行基本上是相互独立的，如它们各自占用所需的不同硬件资源，各自具有完整的信号跟踪环路和不同的环路控制参数（但跟踪环路控制软件是可以共享的），且它们各自完全可能处于不同的信号处理阶段。考虑到不同的信号通道对数字中频信号的处理机制完全相同，我们有理由仅以某个信号通道为例来介绍信号的捕获、跟踪、位同步和帧同步 4 个处理阶段。深入理解信号通道这个概念后，我们后面时常将接收机信号通道简单且笼统地称为接收机。

11.2　相位锁定环路

相位锁定环路（PLL）简称锁相环，是以锁定输入载波信号的相位为目标的载波环实现形式。锁相环曾被描述为一种接收机技术，现在已被广泛地应用于各种通信系统和仪器设备中，任何需要调制出稳定频率的系统基本上都受益于锁相环技术[25]。从根本上讲，锁相环是一个产生、输出周期信号的电子控制环路，它通过不断地调整输出信号的相位，使输出信号与输入信号的相位时刻保持一致。当输入、输出信号的相位基本保持一致时，我们称锁相环进入锁定状态，且此时的锁相环表现为稳态特性；当输入、输出信号的相位尚未达到一致但正趋于一致时，我们称锁相环运行在牵入状态，且此时的锁相环表现为暂态特性。如果暂态过程不收敛或者干扰过于激烈而导致锁相环未能进入锁定状态，那么我们称锁相环暂时失锁，最终甚至会丢失信号。有关锁相环的文献很多，本节主要参考了文献[2, 10, 13, 15, 18, 21]等。

11.2.1 基本工作原理

锁相环这一概念的出现最早可以追溯到 1919 年，当时由模拟电路制成，而目前大多是数字式的或全数字式的。本节介绍模拟型锁相环的基本构成和工作原理，关于锁相环的电路设计，读者可以参考文献[4]等。

如图 11.2 所示，典型锁相环主要由相位鉴别器（简称鉴相器）、环路滤波器和压控振荡器（VCO）三部分构成。我们将锁相环的输入信号 $u_i(t)$ 及由压控振荡器产生的输出信号 $u_o(t)$ 分别表达成

$$u_i(t) = U_i \sin(\omega_i t + \theta_i) \tag{11.1}$$

$$u_o(t) = U_o \cos(\omega_o t + \theta_o) \tag{11.2}$$

式中，输入信号 $u_i(t)$ 可视为式（10.31）中省去 C/A 码和数据码后的中频信号 $s_{IF}^{(i)}(t)$，输入信号的角频率 ω_i 和初相位 θ_i 及输出信号的角频率 ω_o 和初相位 θ_o 均是关于时间的函数。锁相环的任务就是使它的输出信号 $u_o(t)$ 与输入信号 $u_i(t)$ 的相位保持一致，让输出信号 $u_o(t)$ 看上去像是输入信号 $u_i(t)$ 的一个副本。

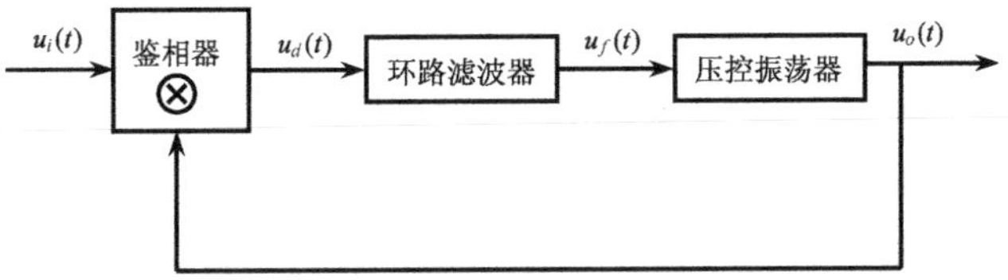

图 11.2 锁相环的基本构成

用来鉴别输入信号 $u_i(t)$ 和输出信号 $u_o(t)$ 的相位差的鉴相器可以是一个乘法器。$u_i(t)$ 与 $u_o(t)$ 经过鉴相器的乘法运算后，鉴相结果信号 $u_d(t)$ 等于

$$\begin{aligned} u_d(t) &= u_i(t)u_o(t) \\ &= U_i U_o \sin(\omega_i t + \theta_i)\cos(\omega_o t + \theta_o) \\ &= K_d \left\{\sin\left[(\omega_i + \omega_o)t + \theta_i + \theta_o\right] + \sin\left[(\omega_i - \omega_o)t + \theta_i - \theta_o\right]\right\} \end{aligned} \tag{11.3}$$

式中，鉴相器的增益 K_d 为

$$K_d = \frac{1}{2}U_i U_o \tag{11.4}$$

锁相环进入锁定状态后，输出信号的角频率 ω_o 应当非常接近输入信号的角频率 ω_i，于是式(11.3)中最后一个等号右边的第一项是角频率约 2 倍于 ω_i 的高频信号成分，第二项是鉴相结果 $u_d(t)$ 中有用的低频（直流）信号成分。

环路滤波器通常是一个低通滤波器，其目的是降低环路中的噪声，使滤波结果既能真实地反映滤波器输入信号的相位变化情况，又能防止因噪声而过激地调节压控振荡器。鉴相器输出信号 $u_d(t)$ 经过一个理想的低通环路滤波器后，其高频信号成分和噪声被滤除，于是滤波器的输出信号 $u_f(t)$ 就等于 $u_d(t)$ 中的低频信号成分，即

$$u_f(t) = K_d K_f \sin\theta_e(t) \tag{11.5}$$

式中，系数 K_f 是滤波增益，相位差 $\theta_e(t)$ 是锁相环输入信号与输出信号的相位差。假如输出信号和输入信号的角频率 ω_o 与 ω_i 相等，那么 $\theta_e(t)$ 的值就等于初相位 θ_o 与 θ_i 的差，即

$$\theta_e(t) = \theta_i - \theta_o \tag{11.6}$$

尽管输入信号的初相位 θ_i 通常随时间的不同而变化，但是当信号被锁相环锁定时，不仅输出信号的角频率 ω_o 等于 ω_i，而且输出信号的初相位 θ_o 也接近 θ_i，即相位差 $\theta_e(t)$ 的值在零附近。这样，环路滤波器在锁相环锁定状态下的输出信号 $u_f(t)$ 的表达式（11.5）就可以近似地改写成

$$u_f(t) \approx K_d K_f \theta_e(t) \tag{11.7}$$

上式表明，鉴相结果的滤波值 $u_f(t)$ 线性正比于输入信号和输出信号的相位差 $\theta_e(t)$。然而，当相位差 $\theta_e(t)$ 的绝对值较大时，从式（11.5）到式（11.7）的线性化过程不再成立。

由鉴相结果得到滤波后，环路滤波器的输出信号 $u_f(t)$ 接着作为输入压控振荡器的控制电压（或电流）信号。压控振荡器的基本功能是，产生一定频率的周期振荡信号 $u_o(t)$，且该信号的频率变化量与控制信号 $u_f(t)$ 的大小成正比。压控振荡器的这一控制关系可以表达成

$$\frac{\mathrm{d}\omega_o(t)}{\mathrm{d}t} = K_o u_f(t) \tag{11.8}$$

式中，系数 K_o 是压控振荡器的增益，$\omega_o(t)$ 是压控振荡器的瞬间输出角频率。我们知道，角频率对时间的积分是相位变化量，因此角频率变化量的积分就相当于初相位的变化量。因此，根据式（11.8），可得压控振荡器输出信号 $u_o(t)$ 的瞬间初相位 $\theta_o(t)$ 为

$$\theta_o(t) = \int_0^t \frac{\mathrm{d}\omega_o(t)}{\mathrm{d}t}\mathrm{d}t = K_o \int_0^t u_f(t)\mathrm{d}t \tag{11.9}$$

上式假定零时刻的初相位 $\theta_o(t)$ 等于零。

可见，只要锁相环输入信号和输出信号的相位差 $\theta_e(t)$ 不为零，不为零的鉴相结果滤波值 $u_f(t)$ 随后就会相应地调整压控振荡器输出信号的频率。锁相环正是通过重复不断地鉴别输入信号与输出信号的相位差并相应地调整输出信号的频率，最终让输出信号相位与输入信号相位保持一致的。

在时域中讨论锁相环的工作原理后，我们现在到拉普拉斯频域中推导锁相环的系统函数，以便对其运行性能进行分析。对式（11.9）进行拉普拉斯变换（见附录 D），可得如下压控振荡器的传递函数 $V(s)$：

$$V(s) = \frac{\theta_o(s)}{u_f(s)} = \frac{K_o}{s} \tag{11.10}$$

式中，$\theta_o(s)$ 与 $u_f(s)$ 分别是 $\theta_o(t)$ 与 $u_f(t)$ 的拉普拉斯变换。图 11.3 描述了整个锁相环在拉普拉斯频域内的信号传递关系，其中初相位 $\theta_i(s)$ 与 $\theta_o(s)$ 分别是系统的输入与输出，鉴相器增益 K_d 的单位是 V/rad，包含滤波增益 K_f 在内的环路滤波器的传递函数是 $F(s)$，压控振荡器增益 K_o 的单位是 rad/V。参照附录 D 中的公式（D.8），可得锁相环的系统函数 $H(s)$ 为

$$H(s) = \frac{\theta_o(s)}{\theta_i(s)} = \frac{\dfrac{KF(s)}{s}}{1+\dfrac{KF(s)}{s}} = \frac{KF(s)}{s+KF(s)} \tag{11.11}$$

式中，环路增益 K 为

$$K = K_d K_o \tag{11.12}$$

与一般的反馈系统不同，锁相环的环路增益值 K 较大。相应地，锁相环的相位差信号 $\theta_e(s)$ 与输入信号 $\theta_i(s)$ 之间的传递函数 $H_e(s)$ 为

$$H_e(s)=\frac{\theta_e(s)}{\theta_i(s)}=\frac{\theta_i(s)-\theta_o(s)}{\theta_i(s)}=1-H(s)=\frac{s}{s+KF(s)} \tag{11.13}$$

需要指出的是，图 11.3 中的锁相环模型继续假定锁相环工作在锁定状态，因此初相位 $\theta_o(t)$ 与 $\theta_i(t)$ 很接近，滤波后的鉴相结果公式（11.5）可以近似地线性化为式（11.7），这时我们可以直接运用公式解析法来分析线性锁相环系统的性能。如果锁相环系统的输入与输出之间不存在这种简单的线性关系，那么使用解析法来分析非线性系统的性能将非常烦琐与困难，仿真通常成为分析运行在非线性区域的锁相环的性能的一种有力工具。

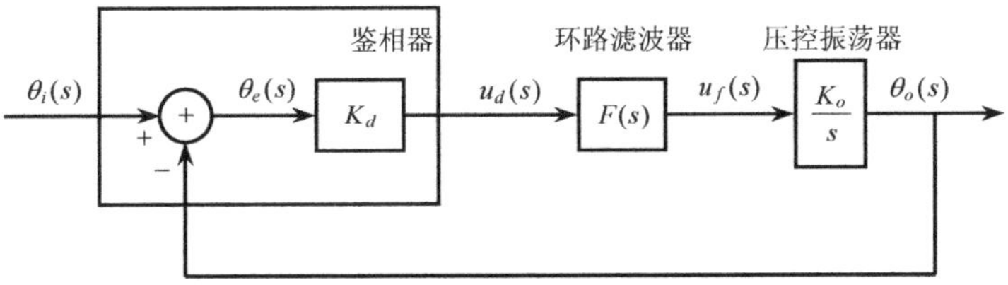

图 11.3　锁相环的拉普拉斯变换方框图

11.2.2　环路阶数

锁相环的系统函数式（11.11）表明环路滤波器 $F(s)$ 基本上决定锁相环的性能，由此可见环路滤波器在锁相环设计中的重要性。按照环路阶数，GPS 接收机可能采用的锁相环大致分为一阶、二阶和三阶三种，下面讨论它们。

（1）一阶环路。当没有环路滤波器时，或者环路滤波器的传递函数 $F(s)$ 为恒定系数

$$F(s)=\frac{1}{K}\omega_n \tag{11.14}$$

时，根据式（11.11）可得一阶锁相环的系统函数 $H(s)$ 为

$$H(s)=\frac{\omega_n}{s+\omega_n} \tag{11.15}$$

我们稍后讨论环路参数 ω_n 的意义。由系统函数式（11.15）可见，一阶环路呈低通滤波特性。

（2）二阶环路。当环路滤波器的传递函数 $F(s)$ 为

$$F(s)=\frac{\tau_2 s+1}{\tau_1 s} \tag{11.16}$$

时，相应的锁相环是二阶的，且其系统函数 $H(s)$ 为

$$H(s)=\frac{K\frac{\tau_2 s+1}{\tau_1 s}}{s+K\frac{\tau_2 s+1}{\tau_1 s}}=\frac{\frac{K\tau_2}{\tau_1}s+\frac{K}{\tau_1}}{s^2+\frac{K\tau_2}{\tau_1}s+\frac{K}{\tau_1}}=\frac{2\xi\omega_n s+\omega_n^2}{s^2+2\xi\omega_n s+\omega_n^2} \tag{11.17}$$

式中，被称为特征频率（或自然频率）的 ω_n 和被称为阻尼系数的 ξ 分别定义为

$$\omega_n=\sqrt{\frac{K}{\tau_1}} \tag{11.18}$$

$$\xi=\frac{\omega_n\tau_2}{2} \tag{11.19}$$

式（11.17）表明，ω_n 和 ξ 这两个环路参数完全决定了二阶锁相环的性能。

利用以上关于ω_n与ξ的定义式，我们可将环路滤波器的传递函数式（11.16）改写成

$$F(s)=\frac{1}{K}\left(2\xi\omega_n+\frac{\omega_n^2}{s}\right) \tag{11.20}$$

或

$$F(s)=\frac{1}{K}\left(a_2\omega_n+\frac{\omega_n^2}{s}\right) \tag{11.21}$$

式中，

$$a_2=2\xi \tag{11.22}$$

若将式（11.22）代回式（11.17）中，则得到如下形式的二阶锁相环系统函数：

$$H(s)=\frac{a_2\omega_n s+\omega_n^2}{s^2+a_2\omega_n s+\omega_n^2} \tag{11.23}$$

（3）三阶环路。形式上类似于式（11.14）和式（11.21），三阶锁相环的环路滤波器传递函数$F(s)$可以表达成

$$F(s)=\frac{1}{K}\left(b_3\omega_n+\frac{a_3\omega_n^2}{s}+\frac{\omega_n^3}{s^2}\right) \tag{11.24}$$

将上式代入式（11.11），得到三阶锁相环的系统函数$H(s)$为

$$H(s)=\frac{b_3\omega_n s^2+a_3\omega_n^2 s+\omega_n^3}{s^3+b_3\omega_n s^2+a_3\omega_n^2 s+\omega_n^3} \tag{11.25}$$

以上得到的一阶、二阶和三阶锁相环的系统函数式（11.15）、式（11.23）和式（11.25），形式上是相互一致的。

比较上述三种不同阶数的锁相环可以看出，锁相环的阶数等于其系统函数$H(s)$的分母中包含的关于s幂的最高次数，同时等于整个闭合环路中积分器（$\frac{1}{s}$）的个数，这一定义同样可以用来判断环路滤波器的阶数[23]。因此，一个N阶锁相环包含一个$N-1$阶的环路滤波器，剩下的一阶来自压控振荡器。图 11.4 所示为上述一阶至三阶锁相环中的环路滤波器方框图，它们分别对应于传递函数式（11.14）、式（11.21）和式（11.24）[26]。

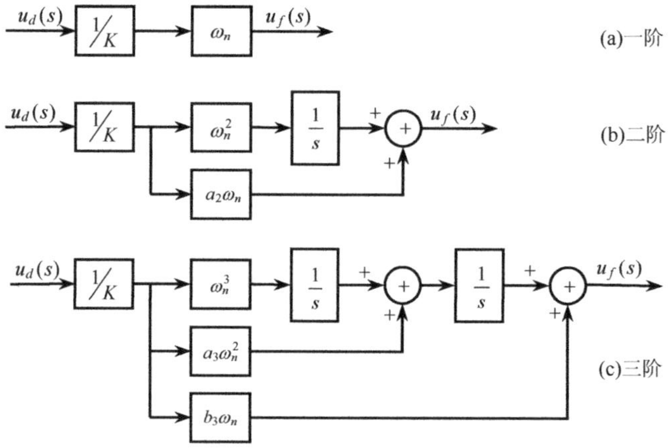

图 11.4　一阶、二阶和三阶锁相环中的滤波器方框图

以上介绍的是连续时间型锁相环，但在目前的实际应用中，由于输入 GPS 接收机锁相环的

不是一个连续的时间信号，而是离散时间型数字中频信号，因此相应的锁相环自然是数字式的。附录 E 告诉我们，连续时间系统可以通过双线性变换转换为离散时间系统，下面以二阶锁相环为例来推导离散时间型系统函数。

如图 11.4(b)所示，连续时间型二阶锁相环的环路滤波器包含一个用 $\frac{1}{s}$ 表示的连续时间型积分器。如果用附录 E 中图 E.1(b)所示的经双线性变换后得到的离散时间型积分器直接替换图 11.4(b)中的积分器，那么图 11.4(b)所示的连续时间型环路滤波器就变成图 11.5 中间部分所示的数字式环路滤波器，其滤波传递函数 $F(z)$ 为

$$F(z)=\frac{u_f(z)}{u_d(z)}=\frac{1}{K}\left(a_2\omega_n+\frac{T_s}{2}\frac{1+z^{-1}}{1-z^{-1}}\omega_n^2\right) \tag{11.26}$$

式中，T_s 为信号采样周期，其值在这里等于输入环路滤波器的数据率，而非第 10 章射频前端处理模块中的 A/D 转换器采样周期。比较滤波传递函数式（11.21）与式（11.26）可以看出，它们的区别仅在于对 $\frac{1}{s}$ 的双线性变换。该数字滤波器的传递函数式（11.26）可以等价地改写成

$$F(z)=\frac{1}{K}\frac{b_0+b_1z^{-1}}{1-z^{-1}}=\frac{1}{K}\left(-b_1+\frac{b_0+b_1}{1-z^{-1}}\right) \tag{11.27}$$

式中，

$$b_0=a_2\omega_n+\frac{T_s}{2}\omega_n^2 \tag{11.28}$$

$$b_1=-a_2\omega_n+\frac{T_s}{2}\omega_n^2 \tag{11.29}$$

而按照式（11.27）中的传递函数 $F(z)$ 搭建起来的环路滤波器方框图，要比图 11.5 中的相应部分显得简单。

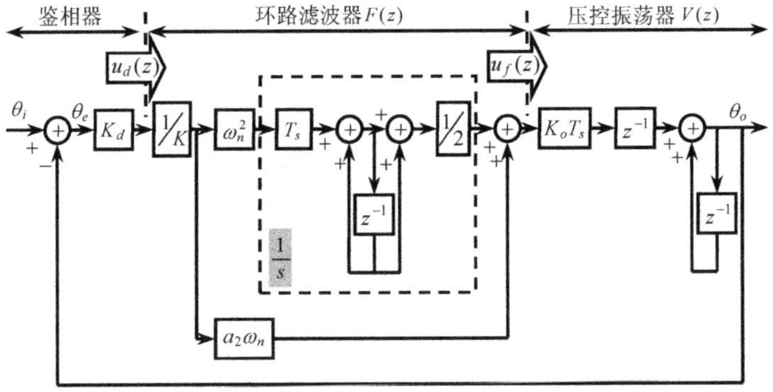

图 11.5　二阶数字式锁相环方框图

对压控振荡器中的连续时间型积分器进行离散的方法，一般与以上采用的双线性变换法略有不同。我们将压控振荡器的积分工作表达式（11.9）离散成

$$\theta_o(n)=K_oT_s\sum_{k=0}^{n-1}u_f(k)=\theta_o(n-1)+K_oT_su_f(n-1) \tag{11.30}$$

这种离散方法更加接近数字式压控振荡器（数控振荡器）的实际运行方式，即输出相位 θ_o 从历元 $n-1$ 至历元 n 的变化量是控制量 $u_f(n-1)$ 施加整个 T_s 时段后的结果。对式（11.30）进行 Z 变换，得到如下数字式压控振荡器的传递函数 $V(z)$：

$$V(z)=\frac{\theta_o(z)}{u_f(z)}=\frac{K_oT_sz^{-1}}{1-z^{-1}} \tag{11.31}$$

图 11.5 右边的压控振荡器方框图部分正是按照上式搭建起来的。

这样，图 11.5 所示的整个数字式二阶锁相环的系统函数 $H(z)$ 就为

$$H(z)=\frac{\theta_o(z)}{\theta_i(z)}=\frac{K_dF(z)V(z)}{1+K_dF(z)V(z)}=\frac{KT_sF(z)z^{-1}}{(1-z^{-1})+KT_sF(z)z^{-1}} \tag{11.32}$$

式中，环路增益 K 的定义见式（11.12）。若将环路滤波器传递函数 $F(z)$ 的具体表达式（11.27）代入上式，则得

$$H(z)=\frac{T_s(b_0z^{-1}+b_1z^{-2})}{(1-z^{-1})^2+T_s(b_0z^{-1}+b_1z^{-2})} \tag{11.33}$$

事实上，上述锁相环系统函数 $H(z)$ 的表达式（11.32）对其他任何阶数同样成立。如果将一个 $N-1$ 阶环路滤波器的传递函数 $F(z)$ 代入式（11.32），那么我们得到相应的 N 阶锁相环的系统函数 $H(z)$。例如，根据式（11.14），我们将数字式一阶锁相环的环路滤波器传递函数写成

$$F(z)=\frac{1}{K}b_0 \tag{11.34}$$

式中，

$$b_0=\omega_n \tag{11.35}$$

接着将式（11.34）代入式（11.32），得到如下的一阶锁相环系统函数：

$$H(z)=\frac{T_sb_0z^{-1}}{(1-z^{-1})+T_sb_0z^{-1}} \tag{11.36}$$

类似地，在借鉴式（11.27）和式（11.34）后，可将一个 $N-1$ 阶环路滤波器的传递函数 $F(z)$ 归纳成

$$F(z)=\frac{1}{K}\frac{\sum_{n=0}^{N-1}b_nz^{-n}}{(1-z^{-1})^{N-1}} \tag{11.37}$$

于是包含此环路滤波器的那个 N 阶锁相环的系统函数 $H(z)$ 为

$$H(z)=\frac{\theta_o(z)}{\theta_i(z)}=\frac{T_s\sum_{n=0}^{N-1}b_nz^{-n-1}}{(1-z^{-1})^N+T_s\sum_{n=0}^{N-1}b_nz^{-n-1}} \tag{11.38}$$

且其误差信号 $\theta_e(z)$ 与输入信号 $\theta_i(z)$ 之间的传递函数 $H_e(z)$ 为

$$H_e(z)=\frac{\theta_e(z)}{\theta_i(z)}=1-H(z)=\frac{(1-z^{-1})^N}{(1-z^{-1})^N+T_s\sum_{n=0}^{N-1}b_nz^{-n-1}} \tag{11.39}$$

我们要在本节末尾指出的是，对作为输入的相位差信号滤波后，高阶环路滤波器除了输出相位差的滤波结果，它的滤波状态变量还包含相位差变化的速度和加速度等高阶信息。例如，在如图 11.4(b)所示的二阶锁相环的滤波器方框图中，位于积分器（$\frac{1}{s}$）之前的信号实际上是对相位差

变化速度（角频率）的滤波结果。此外，11.2.4 节将提出一种基于卡尔曼滤波的跟踪环路滤波算法。

11.2.3　稳态响应

11.2.2 节介绍了锁相环的阶数及其系统函数。锁相环的阶数很大程度上决定了其动态跟踪性能，而从锁相环的系统函数 $H(z)$ 或误差传递函数 $H_e(z)$ 出发，我们可以很方便地分析锁相环在各种动态应力下的稳态响应情况。

假定一个 N 阶锁相环已处于锁定状态，然后对输入信号的初相位突然加入一个干扰或激励，那么我们关心的是锁相环能否最终回到锁定状态及收敛后的跟踪误差大小等问题，这就是锁相环的稳态响应性能分析。相位激励信号通常分解成相位阶跃、频率阶跃和频率斜升等多种基本形式，它们分别对应于不同形式的动态应力。分析锁相环在不同激励下的稳态响应状况，可以了解不同阶数的环路在各种动态应力下的信号跟踪性能。

（1）*相位阶跃激励*。相位阶跃是指相位的简单跳变。发生在零时刻的相位阶跃激励信号 $\theta_i(n)$ 可以表达成

$$\theta_i(n) = \varDelta_\theta u(n) \tag{11.40}$$

式中，$\varDelta_\theta$ 为相位阶跃幅值，$u(n)$ 为单位阶跃序列，而该相位阶跃激励信号的 Z 变换（见附录 E）为

$$\theta_i(z) = \frac{\varDelta_\theta}{1-z^{-1}} = \frac{\varDelta_\theta z}{z-1} \tag{11.41}$$

一个 N 阶锁相环的误差信号 $\theta_e(z)$ 与输入信号 $\theta_i(z)$ 之间的传递函数已由式（11.39）给出，于是锁相环在该相位阶跃激励下的误差响应为

$$\theta_e(z) = H_e(z)\theta_i(z) = \frac{(1-z^{-1})^N}{(1-z^{-1})^N + T_s\sum_{n=0}^{N-1} b_n z^{-n-1}} \frac{\varDelta_\theta z}{z-1} \tag{11.42}$$

利用表 E.2 中的终值定理，可得误差信号 $\theta_e(n)$ 的稳态终值为

$$\lim_{n\to\infty} \theta_e(n) = \lim_{z\to 1}[(z-1)\theta_e(z)] = \lim_{z\to 1}\left((z-1)\frac{(1-z^{-1})^N}{(1-z^{-1})^N + T_s\sum_{n=0}^{N-1} b_n z^{-n-1}} \frac{\varDelta_\theta z}{z-1}\right) = 0 \tag{11.43}$$

式（11.43）表明，在相位阶跃激励下，无论锁相环是一阶的还是多阶的，无论相位阶跃的幅值 $\varDelta_\theta$ 有多大，锁相环误差信号 $\theta_e(n)$ 的稳态终值均等于零。任何阶数的锁相环都能准确无误地跟踪、锁定相位阶跃后的输入信号。

（2）*频率阶跃激励*。频率阶跃是指频率的简单跳变、相位的斜升变化，或者激励信号的相位按时间的一次方关系增长。例如，若接收机实际的晶体振荡频率与其标称振荡频率存在一个恒定的偏差，则这种偏差在一定情况下可视为锁相环输入信号中的频率阶跃。

发生在零时刻的频率阶跃激励信号 $\theta_i(n)$ 可表达成

$$\theta_i(n) = \varDelta_\omega n u(n) \tag{11.44}$$

而它的 Z 变换为

$$\theta_i(z)=\frac{\Delta_\omega z}{(z-1)^2} \tag{11.45}$$

式中，Δ_ω 为频率阶跃幅值。与式（11.43）类似，我们可以利用终值定理计算出锁相环在该频率阶跃激励下的跟踪误差 $\theta_e(n)$ 的稳态终值，即

$$\lim_{n\to\infty}\theta_e(n)=\lim_{z\to1}[(z-1)H_e(z)\theta_i(z)]=\lim_{z\to1}\left(\frac{(1-z^{-1})^{N-1}\Delta_\omega}{(1-z^{-1})^N+T_s\sum_{n=0}^{N-1}b_n z^{-n-1}}\right) \tag{11.46}$$

可见

$$\lim_{n\to\infty}\theta_e(n)=\begin{cases}\dfrac{\Delta_\omega}{T_s b_0}, & N=1\\ 0, & N\geqslant 2\end{cases} \tag{11.47}$$

式（11.47）表明，在频率阶跃激励下，一阶锁相环仍能跟踪信号，但是其输出信号与输入信号之间存在一个恒定的相位跟踪误差，二阶和更高阶锁相环可以准确无误地跟踪频率阶跃信号。

（3）**频率斜升激励**。频率斜升相当于相位的加速度，即频率斜升激励信号的相位按时间的平方关系增长。例如，由 GPS 卫星在椭圆轨道上运行引起的接收信号载波多普勒效应近似地呈频率斜升，因此 GPS 接收机经常遭遇这种形式的激励[18]。

发生在零时刻的频率斜升激励信号 $\theta_i(n)$ 可表达成

$$\theta_i(n)=\frac{1}{2}\Delta_{\dot\omega}n^2u(n) \tag{11.48}$$

其 Z 变换为

$$\theta_i(z)=\frac{\Delta_{\dot\omega}z(z+1)}{2(z-1)^3} \tag{11.49}$$

在该激励下，锁相环误差信号 $\theta_e(n)$ 的稳态终值为

$$\lim_{n\to\infty}\theta_e(n)=\lim_{z\to1}[(z-1)H_e(z)\theta_i(z)]=\lim_{z\to1}\left(\frac{\Delta_{\dot\omega}}{2}\frac{(1-z^{-1})^{N-2}(1+z^{-1})}{(1-z^{-1})^N+T_s\sum_{n=0}^{N-1}b_n z^{-n-1}}\right) \tag{11.50}$$

可见

$$\lim_{n\to\infty}\theta_e(n)=\begin{cases}\infty, & N=1\\ \dfrac{\Delta_{\dot\omega}}{T_s(b_0+b_1)}, & N=2\\ 0, & N\geqslant 3\end{cases} \tag{11.51}$$

式（11.51）表明，在频率斜升激励下，一阶锁相环会最终失锁，二阶锁相环虽然仍能跟踪信号，但会产生一个恒定的相位跟踪误差，而三阶和更高阶锁相环可以进行准确无误的跟踪。

对现实中的 GPS 接收机来讲，接收信号的相位除了时常包含以上三种形式的激励，还可能短暂地、小幅度地出现许多按时间的更高次方变化的激励成分。综合以上三种激励形式下的锁相环稳态响应情况，我们可得出如下结论：一个 N 阶锁相环不但能准确无误地跟踪相位按时间的

$N-1$ 次方或更低次方变化的信号，而且能跟踪相位按时间的 N 次方变化的信号，只不过此时会产生一个值恒定的相位跟踪误差，但是它不能跟踪相位变化按时间的 $N+1$ 次方或更高次方变化的信号。

事实上，N 阶锁相环的稳态跟踪误差 θ_e 可统一地表达成如下形式[10]：

$$\theta_e = \frac{1}{\omega_n^N}\frac{\mathrm{d}^N R}{\mathrm{d}t^N} \tag{11.52}$$

式中，R 代表卫星与接收机之间的连线距离（或者称为相位值），$\frac{\mathrm{d}^N R}{\mathrm{d}t^N}$ 是距离对时间的 N 次导数，而由此计算得到的相位误差 θ_e 的单位与距离 R 的单位相一致。读者可以自己验证，前面分析得到的锁相环跟踪误差式（11.43）、式（11.47）和式（11.51）均与式（11.52）一致。可见，在其他条件相同的情况下，特征频率 ω_n 越高，稳态跟踪误差 θ_e 就越小。

尽管高阶锁相环在高动态应力下有着良好的信号稳态跟踪性能，但在实际中我们仍然应该根据不同的应用来合理地选择环路阶数，以免在接收机设计中出现一些不必要的复杂性[14]。因为一阶锁相环没有能力跟踪频率阶跃激励和频率斜升激励，所以它很少被采用；二阶锁相环常被 GPS 接收机采用，但是它在接收机经常遭受的频率斜升激励下会产生跟踪误差；三阶锁相环也是一种常被采用的环路形式，它不但具有零误差地跟踪频率斜升信号的优点，而且因为它的环路参数较多，所以它在噪声性能的优化上拥有更大的自由度。

以上我们利用 Z 变换的终值定理分析了离散时间型锁相环的稳态响应，文献[13, 23]利用拉普拉斯变换（见附录 D）的终值定理分析了连续时间型锁相环的稳态响应，这两种方法最后得到的结论相同。此外，Z 变换和拉普拉斯变换同样可以用来分析锁相环的稳定性，即锁相环在外界激励的作用下是否收敛，我们将用以下的一个例子来说明。

【例 11.1】 从连续时间型二阶锁相环的系统函数式（11.23）出发，分析该锁相环的稳定性。

解：令系统函数 $H(s)$ 的表达式（11.23）中的分母为零，得

$$s^2 + 2\xi\omega_n s + \omega_n^2 = 0 \tag{11.53}$$

从上述关于 s 的二次方程出发，我们可以解得该系统的两个极点为 $-\omega_n\left(\xi \pm \sqrt{\xi^2-1}\right)$。因为对任何值大于零的 ω_n 和 ξ，这两个极点均位于 s 的左半平面，所以套用附录 D 末尾给出的结论，我们可以断定这个因果型二阶锁相环系统是稳定的。

随着阶数的增加，锁相环容易变得不稳定[23]。一阶和二阶锁相环理论上均无条件稳定，而如果三阶锁相环的参数值选取不当，那么它有可能不稳定。因此，我们在设计中必须对三阶锁相环的稳定性问题给予足够的重视。当三阶锁相环的参数按照 11.2.4 节的表 11.1 取值时，考虑到它的稳定性，所选取的噪声带宽 B_L 必须小于 18 Hz。最后需要指出的是，当连续时间型锁相环离散成数字锁相环后，由硬件延时和滤波计算等因素导致的环路延时会降低锁相环的性能，甚至可能使原本在理论上稳定的锁相环变得不再稳定[22]。

11.2.4　环路参数

11.2.2 节提到特征频率 ω_n 和阻尼系数 ξ 决定了二阶锁相环的特性，11.2.3 节讨论了锁相环的稳态响应性能，本节接着讨论这两个环路参数值的选取对锁相环（实际上也可以是通常意义上的环路）暂态响应性能的影响。暂态响应描述了一个系统在外界激励作用下收敛到稳态过程中的系

统状态变化大小和快慢等情况。

连续时间系统与离散时间系统可分别通过拉普拉斯变换与 Z 变换首先求得系统在频域中的响应，然后通过相应的反变换得到其在时域中的暂态响应，而对比较复杂的系统来讲，它们的暂态响应一般可通过仿真求得数值解。无论采用哪种方法，我们均可得到如图 11.6 所示的二阶锁相环在相位阶跃激励（见 11.2.3 节）下的暂态响应，其中 X 坐标轴是特征频率 ω_n 与时间 t 的乘积，Y 坐标轴是相对于相位阶跃幅值 Δ_θ 的相位误差响应 $\theta_e(t)$，而各条不同的曲线分别对应一个不同的阻尼系数值 ξ。该图表明，不论 ξ 为何值，环路在零时刻开始产生的相位跟踪误差幅值均等于相位阶跃激励幅值 Δ_θ，然后相位误差在振荡过程中逐渐减小，且大致在 $\omega_n t$ 大于 6 时开始收敛而进入稳定状态。可见，环路采用的特征频率 ω_n 越高，它到达稳态所需的时间就越少，即较高的 ω_n 能让系统有响应较快的动态跟踪性能。需要指出的是，一个系统的收敛速度一般定义为其起始的误差响应幅值衰减到一定百分比时所需的时间，这一时间越短，收敛速度就越快。因此，锁相环的收敛速度显然与相位阶跃幅值 Δ_θ 的大小无关。图 11.6 中还体现了阻尼系数 ξ 的大小对锁相环暂态响应特性的影响：在欠阻尼（$0<\xi<1$）情况下，锁相环在阶跃响应过程中发生激烈的振荡，但是系统反应显得较为灵活；在过阻尼（$\xi>1$）情况下，锁相环在阶跃响应过程中发生轻微振荡，稳定性高，但是系统显得反应迟缓。

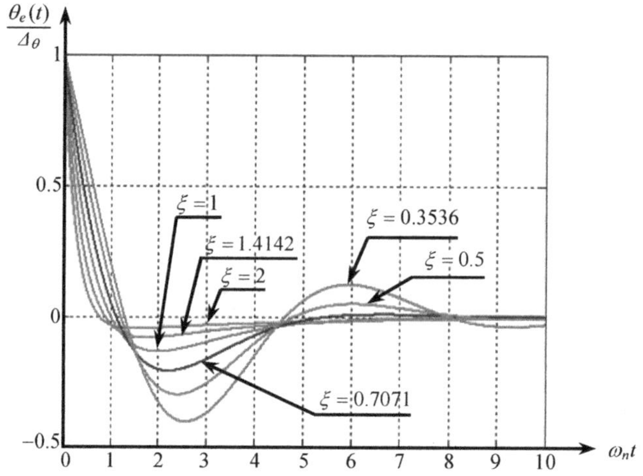

图 11.6　二阶锁相环在相位阶跃激励下的暂态响应

除了在时域中考查环路参数对环路暂态响应特性的影响，我们还可在频域中分析这些参数对环路频率响应特性的影响。由附录 D 可知，将锁相环系统函数 $H(s)$ 中的 s 替换为 $\mathrm{j}\omega$ 后，随即得到其频率响应函数 $H(\mathrm{j}\omega)$。图 11.7 描述了二阶锁相环的幅度频率响应 $|H(\mathrm{j}\omega)|$，它表明：阻尼系数 ξ 越大，环路的通带增益显得越平坦，但增益幅度在阻带段下降得越慢，使得环路对噪声的滤波效果越不理想。

噪声带宽又称**环路带宽**，它控制着进入环路的噪声量的多少。噪声带宽越窄，由于越少频率成分的噪声被允许进入环路，因此环路的滤波效果越好，环路对信号的跟踪就越精确；反过来，噪声带宽越宽，环路的噪声性能越差，信号跟踪就越不精确。以 Hz 为单位的噪声带宽 B_L 一般定义为[5, 23, 24]

$$B_L = \int_0^\infty |H(f)|^2 \,\mathrm{d}f \tag{11.54}$$

式中，因为角频率 ω 与频率 f 之间的关系为

$$\omega = 2\pi f \tag{11.55}$$

故将频率响应函数 $H(\mathrm{j}\omega)$ 中的 ω 用 $2\pi f$ 替换后即可得到 $H(f)$。例如，从一阶锁相环的系统函数 $H(s)$ 式（11.15）出发，我们首先将式中的 s 替换成 $\mathrm{j}2\pi f$，然后根据式（11.54）可以计算出其噪声带宽 B_L 为

$$B_L = \frac{\omega_n}{4} \tag{11.56}$$

类似地，从二阶锁相环的系统函数 $H(s)$ 式（11.23）出发，我们可以求得其噪声带宽 B_L 为

$$B_L = \frac{\omega_n}{2}\left(\xi + \frac{1}{4\xi}\right) \tag{11.57}$$

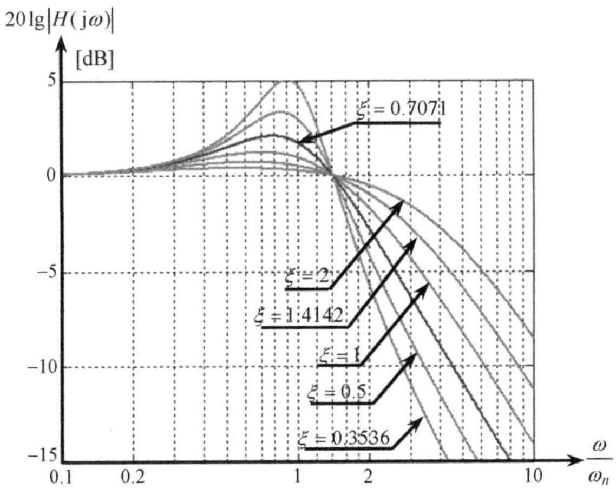

图 11.7　二阶锁相环的幅度频率响应

然而，噪声带宽 B_L 的值不能任意地小。图 11.6 所示的暂态响应振荡过程表明，因为高动态应力会引起接收信号载波频率和相位的大幅度变动，进而引起频率和相位跟踪误差的激烈振荡，所以我们希望环路带宽 B_L 能大到足够容忍这种由于用户运动引起的载波频率和相位的正常波动，以保证环路对信号的持续跟踪；否则，若 B_L 过小，则由高动态应力导致的载波频率和相位变化中的有用高频信号成分有可能同噪声一起被滤除，而这会破坏接收信号的真实性，使环路容易发生信号失锁。可见，环路带宽 B_L 是锁相环的一个重要参量，环路越大带宽，接收机就具有越强的支持用户高动态性的能力，但这同时会降低它的噪声性能。

式（11.57）表明，二阶锁相环的噪声带宽 B_L 与其特征频率 ω_n 呈简单的正比关系，而因为 ω_n 的大小影响环路的收敛速度，所以噪声带宽 B_L 的大小对此也有影响。因此，锁相环参量 ξ 和 B_L 的取值必须对环路的频率响应和暂态响应或者说噪声性能和动态性能两方面做出平衡与妥协。例如，对二阶环路来讲，若给定一个 ω_n 值，则当阻尼系数 ξ 等于 0.5 时，式（11.57）中的噪声带宽 B_L 达到最小值，此时环路应具有最好的噪声性能；然而，阻尼系数 ξ 的最优值通常不是使噪声带宽 B_L 达到最小值时的 0.5，而是选为 0.7071（$\sqrt{2}/2$），此时

$$B_L = 0.53\omega_n \tag{11.58}$$

表 11.1 列出了不同阶数环路（包括锁相环、锁频环和码环）的滤波参数的最优取值方案。在接收机设计过程中，我们通常按照性能要求首先选定环路的阶数和噪声带宽，然后根据表 11.1 计算出各个滤波参数。在实际操作中，我们时常根据接收机要求接收的强度最弱的信号和要求支持的最高用户动态应力来选择恰当的噪声带宽 B_L。例如，从车载型用户的运动状态出发，我们

可估算出接收机载波环与码环的噪声带宽 B_L 应分别设置为 25 Hz 与 1 Hz 数量级。

表 11.1　各阶环路的滤波参数值[10]

环路阶数	环路滤波器参数
一阶	$B_L = 0.25\omega_n$
二阶	$a_2 = 1.414$ $B_L = \dfrac{1+a_2^2}{4a_2}\omega_n = 0.53\omega_n$
三阶	$a_3 = 1.1$ $b_3 = 2.4$ $B_L = \dfrac{a_3 b_3^2 + a_3^2 - b_3}{4(a_3 b_3 - 1)}\omega_n = 0.7845\omega_n$

由于环路噪声带宽 B_L 的取值必须在低噪声与高动态性之间做出艰难的平衡与选择，因此人们自然希望环路的噪声带宽值能随着用户动态应力的强弱不同而实时、自适应地得到调整。为了降低环路噪声，噪声带宽应该在尽可能长的时间内保持为一个较小的值。然而，当接收机检测到变强的用户动态应力时，它随即放宽噪声带宽，以迎合用户的高动态需求，然后当用户动态应力减弱至正常水平时，它又相应地缩小噪声带宽。例如，文献[21]采取了一种较为简单的噪声带宽变化机制，它的锁相环在运行过程中能采用两套不同的环路参数，分别对应两个不同噪声带宽的环路滤波器：一个被称为*牵引滤波器*，环路带宽 B_L 为 110 Hz，ξ 为 0.9；另一个被称为*跟踪滤波器*，环路带宽 B_L 为 15 Hz，ξ 为 0.7071。当接收机信号通道从捕获阶段进入跟踪阶段后，它首先让锁相环采用牵引滤波器，并且让其运行 30 ms，使相位跟踪误差迅速减小，然后锁相环转而采用噪声带宽较窄的跟踪滤波器。

将卡尔曼滤波技术应用于跟踪环路是另一种动态调节环路噪声带宽的方法，这种基于卡尔曼滤波的环路滤波算法同样以环路鉴别器的输出作为测量值输入，以相位差、多普勒频移和多普勒频移变化率作为被估算的滤波状态变量，并用状态方程将这三个变量联系起来[6, 9, 15, 19, 20, 30]。于是，根据测量输入值的噪声情况，卡尔曼滤波器可以自动调节对测量值在滤波结果中的权重或增益，进而得到一个低噪的滤波结果。关于卡尔曼滤波算法，读者可参阅第 6 章。

我们在本节的最后介绍环路的更新周期。环路的更新周期是指环路每隔多长时间对其数控振荡器的输出频率进行一次控制调整，而更新周期的倒数被称为*更新率*。需要说明的是，因为环路内部通常要对输入数据进行一定形式的积分，而且环路鉴别器有可能需要检测多个时刻的数据点才输出一个相对可靠的鉴别结果，所以环路更新率不一定等于输入环路的中频数字信号数据率。由于稍后介绍的相干积分常以 1 ms 为单元，因此包含相干积分功能块的接收机信号跟踪环路的更新周期长为整数个毫秒，比如少则几毫秒，多则上百毫秒。同时，环路更新率必须高到能及时反映接收信号内部任何变化的程度。噪声带宽 B_L 越大，环路允许信号变化得越快，因此环路更新周期必须越短，否则会引起环路的失稳或跟踪性能的下降。环路更新率一般取值为噪声带宽 B_L 的几倍以上，并且至少要满足奈奎斯特采样定理。以上分析同时解释了这样一种常见现象：在同一噪声带宽和环路更新周期的条件下，静态接收机要比高动态接收机能更容易锁定信号。

11.2.5　I/Q 解调

通过前几节的介绍，我们认识了锁相环保持其复制载波与输入载波之间相位一致的运行机理。针对 GPS 信号的 BPSK 调制和强度微弱等特点，GPS 接收机锁相环通常采用 I/Q 解调法来帮助完成对输入信号的载波剥离、鉴相和数据解调等任务。

为了便于理解 I/Q 解调的基本原理，我们先从一个连续时间型锁相环讲起。图 11.8 所示为一个包含 I/Q 解调机制的锁相环，其中作为系统输入的连续时间信号 $u_i(t)$ 可表达成

$$u_i(t) = \sqrt{2}aD(t)\sin(\omega_i t + \theta_i) + n \tag{11.59}$$

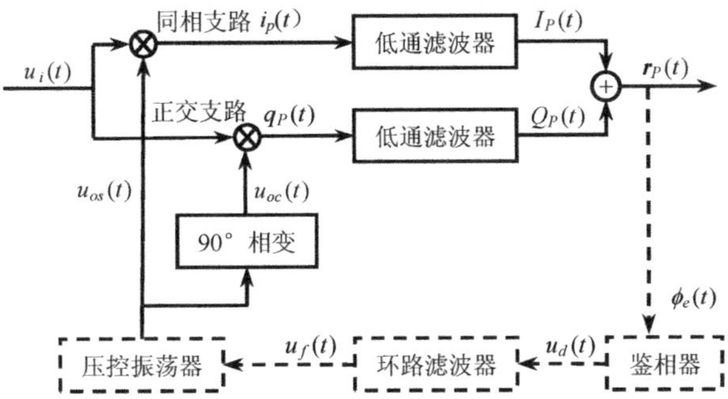

图 11.8 I/Q 解调法

而 $D(t)$ 代表调制在载波上的数据码[12]。可见，式（11.1）与式（11.59）的主要区别在于：前者的信号幅值是一个常数，而后者的幅值是 $\sqrt{2}a$ 乘以包含有信息的值为±1 的数据电平 $D(t)$，其中 $D(t)$ 的正负号随数据码的跳变而变化，n 代表均值为零、方差为 σ_n^2 的高斯白噪声（见附录 C）。与第 10 章的式（10.47）相比，这里的 $u_i(t)$ 省略了调制载波的伪码 $x(t)$，这只是为了讨论的暂时方便，将在第 12 章中介绍的码相关器会剥离输入信号中的伪码。此外，该图中的锁相环与图 11.2 中的锁相环之间还存在一个明显的区别：前者不再像后者那样只复制一份载波信号，而是复制两份相位相差 90°的正弦和余弦载波信号，并让它们各自与输入信号相乘后实现对输入信号的下变频（或载波剥离），而不再仅以鉴相为目的。正弦载波和余弦载波复制信号可分别表达成

$$u_{os}(t) = \sqrt{2}\sin(\omega_o t + \theta_o) \tag{11.60}$$

$$u_{oc}(t) = \sqrt{2}\cos(\omega_o t + \theta_o) \tag{11.61}$$

它们的幅值均不含数据码 $D(t)$，事实上卫星播发的导航电文数据码一般来说是不可预测的。为了简化公式，这里省略了输入信号和各个复制信号幅值中的其他比例系数。我们将输入信号与正弦载波复制信号混频的那条环路分支称为**同相支路**（简称 I 支路），而将输入信号与余弦载波复制信号混频的另一条环路分支称为**正交支路**（简称 Q 支路）。I/Q 解调法的一个功能是将输入信号 $u_i(t)$ 中的数据码 $D(t)$ 解调出来。

这样，当输入信号 $u_i(t)$ 在 I 支路上与正弦载波复制信号 $u_{os}(t)$ 相乘混频时，所得到的乘积就 $i_P(t)$ 为

$$\begin{aligned} i_P(t) &= u_i(t)u_{os}(t) \\ &= \left(\sqrt{2}aD(t)\sin(\omega_i t + \theta_i) + n\right)\sqrt{2}\sin(\omega_o t + \theta_o) \\ &= -aD(t)\left[\cos\left((\omega_i + \omega_o)t + (\theta_i + \theta_o)\right) - \cos\left(\omega_e t + \theta_e\right)\right] + n_{i,P} \end{aligned} \tag{11.62}$$

其中，最后一个等号右边的第一项为高频成分，第二项为低频成分，而 ω_e 和 θ_e 分别为输入信号 $u_i(t)$ 与复制信号 $u_{os}(t)$ 之间的载波频率差和初相位差，即

$$\omega_e = \omega_i - \omega_o \tag{11.63}$$

$$\theta_e = \theta_i - \theta_o \tag{11.64}$$

需要指出的是，混频结果 $i_P(t)$ 中的下标“P”是刚添加的，它代表的含义将在本节的稍后解释。另外，我们还需要对噪声量做一些解释。如式（11.59）所示，输入信号 $u_i(t)$ 的平均功率为 a^2，噪声功率为 σ_n^2，于是输入信号的信噪比（记为 SNR_{pd}）为 a^2/σ_n^2，这与前一章的信噪比计算公式（10.7）完全一致。当输入信号 $u_i(t)$ 在 I 支路上与复制载波 $u_{os}(t)$ 相乘后，我们可以计算出噪声量 $n_{i,P}$ 的功率仍然维持在 σ_n^2，这为我们跟踪噪声量在基带数字信号处理过程中的变化提供了表达上的便利。为了简化公式表达，我们以后尽量省略始终附着在信号上的噪声量。

与 10.3.2 节介绍的混频一样，混频结果 $i_P(t)$ 经低通滤波器滤除其包含的高频成分后，得到如下的滤波结果：

$$I_P(t) = aD(t)\cos(\omega_e t + \theta_e) \tag{11.65}$$

类似地，输入信号 $u_i(t)$ 在 Q 支路上与余弦载波复制信号 $u_{oc}(t)$ 相乘混频后，得到的混频结果 $q_P(t)$ 经低通滤波器滤波后，有

$$Q_P(t) = aD(t)\sin(\omega_e t + \theta_e) \tag{11.66}$$

经低通滤波后的同相信号 $I_P(t)$ 与正交信号 $Q_P(t)$ 合在一起，可写成如下形式的复数相量 $\boldsymbol{r}_P(t)$：

$$\boldsymbol{r}_P(t) = I_P(t) + \mathrm{j}Q_P(t) = aD(t)\mathrm{e}^{\mathrm{j}(\omega_e t + \theta_e)} = A_P(t)\mathrm{e}^{\mathrm{j}\phi_e(t)} \tag{11.67}$$

式中，

$$A_P(t) = aD(t) \tag{11.68}$$

$$\phi_e(t) = \omega_e t + \theta_e \tag{11.69}$$

可见，复数相量 $\boldsymbol{r}_P(t)$ 的幅值 $A_P(t)$ 包含数据码信息，其相位角 $\phi_e(t)$ 反映了输入信号与复制信号之间包含频率差在内的相位差。

既然相量 $\boldsymbol{r}_P(t)$ 的相位角等于输入信号与复制信号之间的相位差 $\phi_e(t)$，那么锁相环计算出 $\boldsymbol{r}_P(t)$ 后也就相当于完成了鉴相任务。稍具体地说，当锁相环得到某一时刻的数据对 $I_P(t)$ 与 $Q_P(t)$ 后，它可运用以下的反正切函数计算出此刻的相位差 $\phi_e(t)$，即

$$\phi_e(t) = \arctan\left(\frac{Q_P(t)}{I_P(t)}\right) \tag{11.70}$$

其中，二象限反正切函数 arctan 返回的角度值在 $-\pi/2$ 至 $+\pi/2$ 之间。在如图 11.9 所示的相量图中，$I_P(t)$ 与 $Q_P(t)$ 分别作为 X 轴（又称 I 轴）与 Y 轴（又称 Q 轴）上的坐标值，那么从坐标原点至数据点$(I_P(t), Q_P(t))$的有向连线正是相量 $\boldsymbol{r}_P(t)$，而 I 轴转至相量 $\boldsymbol{r}_P(t)$ 的角度刚好等于相位差 $\phi_e(t)$。

我们知道，锁相环锁定信号后，相位差 $\phi_e(t)$ 的值基本上在零附近晃动，那么式（11.65）和式（11.66）表明，此时同相信号 $I_P(t)$ 包含的正是数据信号 $D(t)$ 和一些噪声，而正交信号 $Q_P(t)$ 基本上仅是噪声。这就是说，I/Q 解调法通过环路的反馈调节机制使 I 支路输出信号的功率保持最大，同时又使 Q 支路输出信号的功率保持最小。式（11.65）和式（11.66）还表明，当数据电平值 $D(t)$ 发生跳变时，$I_P(t)$ 和 $Q_P(t)$ 的幅值随之发生正负号跳变。考虑到 GPS 导航电文数据比特 1 和

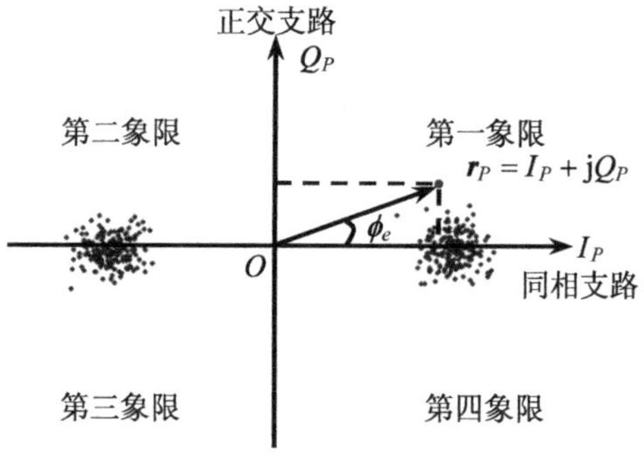

图 11.9　I 和 Q 信号的相量表达

0 的排列近乎随机，若将锁相环输出的数据对$(I_P(t), Q_P(t))$一一标记在相量图中，则多个时刻的数据点叠加到一起会大致呈如图 11.9 所示的分布，即约有一半的数据对集中在正向 I 轴上，而另一半集中在负向 I 轴上。可见，I/Q 解调法不但为锁相环提供了以式（11.70）为代表的一种鉴相方法，而且给予了锁相环一个仅通过观察 $I_P(t)$ 值的正负号而实现数据解调的机会。I/Q 数据解调法可简单地描述如下：若 $I_P(t)$ 值为正，则当前的数据码电平为+1；否则，若 $I_{PS}(t)$ 值为负，则当前的数据码电平为−1。因为接收信号的载波初相位未知，所以由此解调出来的数据有可能被全部反相，即原本为+1 的所有数据电平一律被解调成−1，而原本为−1 的数据电平则一律被解调成+1。对如何解决数据解调中的这个 180°相位模糊度问题，我们将在 12.3.2 节的帧同步中讨论。

顺便提一下，式（11.70）的鉴相法和观察 $I_P(t)$ 值正负号的数据解调法，可合在一起表达成如下的四象限反正切函数鉴相法：

$$\phi_e(t) = \arctan 2\big(Q_P(t), I_P(t)\big) \tag{11.71}$$

其中，四象限反正切函数 arctan2 返回的角度值在 $-\pi$ 至 $+\pi$ 之间。事实上，上式认定复数相量 $\boldsymbol{r}_P(t)$ 的幅值 $A(t)$ 必定为一个正数，否则它就将幅值中的负号转变 180°（或者说是−180°）的相位差而添加到原本真正的相位差 $\phi_e(t)$ 上，同时幅值变正。这样，当 $D(t)$ 为+1 时，式（11.70）和式（11.71）得到相同的相位差值；当 $D(t)$ 为−1 时，由这两个公式计算得到的相位差相差 π 或 $-\pi$。如果式（11.71）计算得到的相位差 $\phi_e(t)$ 位于第一象限或第四象限内，那么 $D(t)$ 为+1，且该 $\phi_e(t)$ 值被直接认为是这一时刻的鉴相结果；否则，如果式（11.71）计算得到的 $\phi_e(t)$ 位于第二象限或第三象限内，那么 $D(t)$ 为−1，且从该 $\phi_e(t)$ 中扣除 180°相位跳变后的值才是这一时刻的鉴相结果。

以上分析了连续时间型 I/Q 解调法。如果将这种 I/Q 解调法应用到数字锁相环中，那么 GPS 接收机的跟踪环路就会大体形成。图 11.10 所示是一种典型的数字式 GPS 接收机载波环，由于它与图 11.8 十分接近，因此在以下的讨论中我们将重点放在两图之间的不同之处[3, 12]。当图 11.10 中的鉴别器用来鉴别输入载波与复制载波之间的相位差时，该载波环就是本节正在讨论的锁相环；当鉴别器用来鉴别输入载波与复制载波之间的频率差时，该载波环就是在 11.3 节中介绍的锁频环。

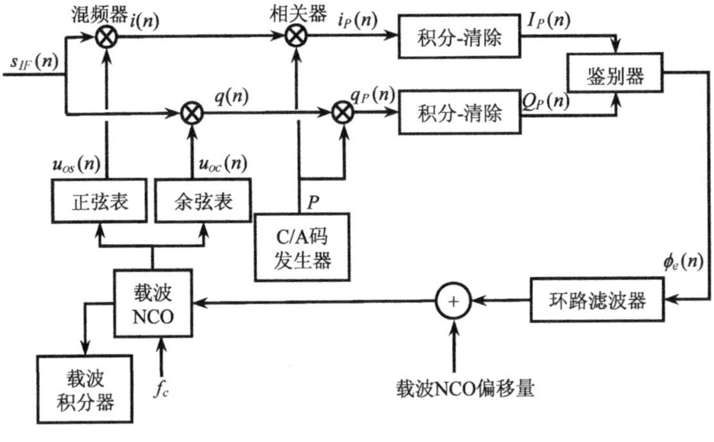

图 11.10 一种典型的载波环

作为压控振荡器的数字化形式，数控振荡器（NCO 或 DCO）用来完成正弦载波和余弦载波的复制工作。载波复制过程通常分解成两步：首先，载波数控振荡器输出一个阶梯形的周期信号，然后，正弦和余弦函数查询表分别将阶梯形信号转换成数字式正弦和余弦载波复制信号。数控振荡器的结构如图 11.11 所示，它实际上是一个由加法器和寄存器组成的相位累加器，而正弦和余弦函数查询表有时也被视为数控振荡器的一部分。

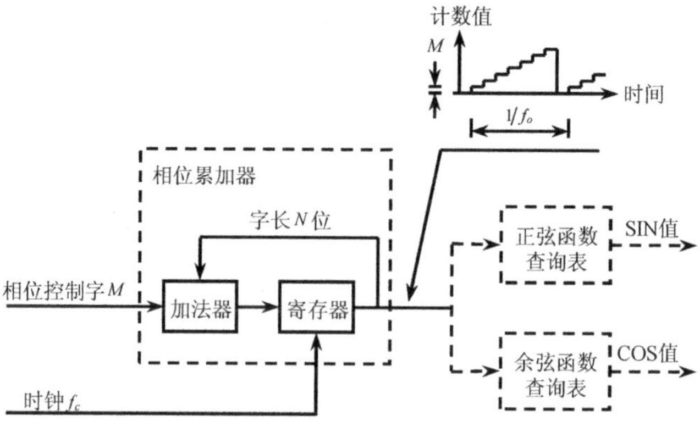

图 11.11　载波数控振荡器

数控振荡器的工作过程可以简单地描述成累加及溢出返零后再累加。如果 M 是作为控制输入的相位增量，f_c 是驱动时钟频率，那么数控振荡器的寄存器计数值每个时钟增加 M，相当于每秒增加 Mf_c。每当寄存器计数值到达最大值，它就溢出返零，于是数控振荡器输出的阶梯形信号就相应地完成了一个周期。对一个 N 位数控振荡器来说，因为寄存器的计数范围为 0 至 2^N-1，所以每秒增加的相位量 Mf_c 一共造成该寄存器 $Mf_c/2^N$ 次的溢出，即阶梯形周期信号的频率 f_o 等于

$$f_o = \frac{Mf_c}{2^N} \tag{11.72}$$

上式表明，调节相位增量值 M 可让数控振荡器输出一个希望的频率值 f_o。当相位增量 M 的值等于 1 时，数控振荡器输出一个值为 $f_c/2^N$ 的最低可能频率，这一频率值被称为该数控振荡器的频率分辨率。

将数控振荡器的阶梯形输出信号转换成数字式正弦波、余弦波信号，是通过相应的函数查询实现的，并且查询表输出的数字式正弦、余弦载波信号的频率正好等于作为输入的阶梯信号的频率 f_o。实现幅度相位转换的查询表保存了阶梯信号输入值与正弦、余弦函数输出值之间的一一对应关系，而利用正弦、余弦函数的自我对称性，我们可以设法降低这些查询表所需的只读存储器（ROM）容量。

我们注意到图 11.10 中的载波环将一个载波数控振荡器偏移量与环路滤波结果加在一起，作为控制载波数控振荡器的相位增量 M，使载波数控振荡器输出一个包含多普勒频移在内的中频。这就是说，在环路滤波器输出为零的情况下，这一控制偏移量刚好使载波数控振荡器的输出频率等于标称中频频率 f_{IF}，而我们以此可推算出这个偏移量的值。

由于接收机接收到的 GPS 信号上调制有 C/A 码，因此在数字中频输入信号 $s_{IF}(n)$ 与正弦和余弦复制载波相乘混频分别生成 $i(n)$ 和 $q(n)$ 后，这些混频结果还必须与接收机内部复制的 C/A 码相乘相关，以剥离接收信号上的 C/A 码。我们知道，只有当复制 C/A 码和接收 C/A 码相互对齐时，它们相乘才能彻底地剥离接收信号中的 C/A 码，并且它们的相关结果 $i_P(n)$ 和 $q_P(n)$ 也只有在这时才能达到最大值，从而保证这些被检信号的强度。图 11.10 中的复制 C/A 码用字母“P”标识，意思是“即时”，以表明接收机努力且刻意地让该即时 C/A 复制码与接收 C/A 码相互对齐，而我们将在第 12 章详细介绍码环是如何实现对接收 C/A 码信号的跟踪的。在本章的讨论中，因为我们多数时候假定相关器能彻底剥离接收信号中的 C/A 码，所以一开始就在如式（11.59）所示的输入信号中省略了 C/A 码，于是这种情况下的混频结果 $i(n)$ 和 $q(n)$ 可视为等同于第 12 章的

相关结果 $i_P(n)$ 和 $q_P(n)$。

对接收信号依次进行载波剥离和伪码剥离后，载波环再用积分-清除器分别对 I 支路和 Q 支路上的相关结果 $i_P(n)$ 和 $q_P(n)$ 进行低通滤波。积分器这一功能环节极大地影响着环路的性能，11.2.6 节将对此予以细致分析。

在本节的最后，我们再谈一下减采样问题。第 10 章的 10.3.4 节曾提到采用过采样-减采样方法的优势，而图 11.12 给出了一种常见的减采样应用方式。在这种方式中，当接收机完成对数字中频信号 $s_{IF}(n)$ 的 I/Q 解调后，I 支路和 Q 支路上的混频结果 $i(n)$ 和 $q(n)$ 分别经过抽取滤波器后，变为采样频率值下降至 f_s' 的 $i'(n)$ 和 $q'(n)$ 信号。我们知道，A/D 转换器对射频前端带宽为 B_{fe} 的模拟中频信号 $s_{IF}(t)$ 进行采样的采样频率 f_s 必须满足奈奎斯特定理。同样，减采样后的信号 $i'(n)$ 和 $q'(n)$ 的数据率 f_s' 与它们的带宽 B_{pd} 之间也应满足奈奎斯特定理，然而考虑到 f_s' 实际上是一个复数采样率，于是 f_s' 与 B_{pd} 之间存在如下关系：

$$B_{pd} = f_s' \tag{11.73}$$

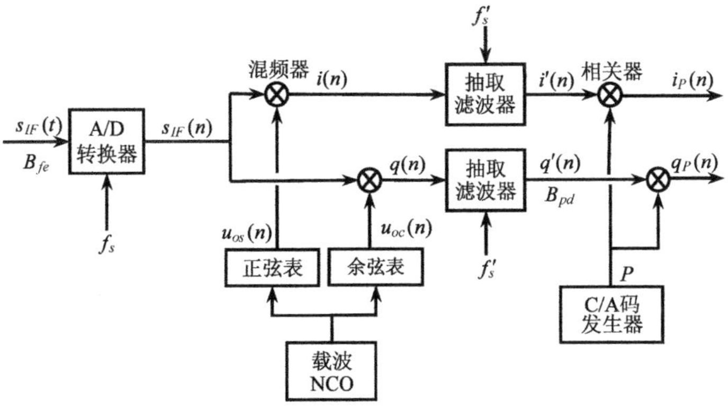

图 11.12　减采样与信号带宽的变化

由于经过抽取滤波器后的 $i'(n)$ 和 $q'(n)$ 信号会进入随后的相关器，因此预检带宽 B_{pd} 又被称为相关前带宽。为统一起见，不管接收机是否采用减采样，我们在以后的章节中一律将相关器前的信号标记成 $i(n)$ 和 $q(n)$，且它们的带宽为预检带宽 B_{pd}，复数数据率为 f_s'。

11.2.6　相干积分

在图 11.10 所示的载波环中，积分-清除器通过积分低通滤波器来消除信号 $i_P(n)$ 与 $q_P(n)$ 中的高频信号成分和噪声，以提高载噪比，它的功能相当于图 11.8 中的低通滤波器。在 I 和 Q 支路上的积分-清除电路的工作过程大致如下：积分器对输入信号 $i_P(n)$ 与 $q_P(n)$ 经过一定时间的积分后，分别输出积分结果 $I_P(n)$ 与 $Q_P(n)$，然后清除器清除积分器中的各个寄存单元，接着进行下一时段的积分，如此重复不断。因为这里的积分运算是将 I 轴与 Q 轴上的信号分开来进行的，而不是将二者混合起来进行的，所以这种积分被称为相干积分，而相应的积分时间被称为相干积分时间 T_{coh}。在接收机的基带数字信号处理过程中，位于相位鉴别之前的那些信号处理通常被称为预检，它主要是指载波剥离（11.2.5 节的 I/Q 解调）后的相关和相干积分，于是相干积分时间 T_{coh} 也就经常被称为预检相干积分时间，或者简称为预检积分（PDI）时间。

在假定输入信号为连续时间型的情况下，我们来分析积分-清除对环路运行的影响。若 t_1 代表积分初始时间，则对式（11.62）所示的相关结果 $i_P(t)$ 进行时间长达 T_{coh} 的积分可得

$$\begin{aligned} I_P(n) &= \frac{1}{T_{coh}} \int_{t_1}^{t_1+T_{coh}} i_P(t)\mathrm{d}t \\ &\approx \frac{1}{T_{coh}} \int_{t_1}^{t_1+T_{coh}} aD(t)\cos(\omega_e t + \theta_e)\mathrm{d}t \\ &= \frac{aD(n)}{\frac{1}{2}\omega_e T_{coh}} \sin\left(\frac{1}{2}\omega_e T_{coh}\right) \cos\left[\omega_e\left(t_1 + \frac{T_{coh}}{2}\right) + \theta_e\right] \end{aligned} \tag{11.74}$$

我们在上式推导过程中做了如下假设。

（1）数据电平 $D(t)$ 在 t_1 至 $t_1 + T_{coh}$ 这一时段内不发生跳变，于是它在这一时段内的值可用一个采样点 $D(n)$ 来表示。

（2）如 11.2.5 节指出的那样，接收信号中的 C/A 码 $x(t)$ 与复制 C/A 码的相位完全一致。这样，当电平值为–1 的 $x(t)$ 与电平值为–1 的复制 C/A 码相乘时结果为 1，而+1 乘以+1 当然也等于 1，于是接收信号中的 C/A 码 $x(t)$ 经相关器后被完全剥离，所得相关结果也等于最大值 1。正因如此，我们在本章的讨论中一直忽略 C/A 码 $x(t)$ 及其自相关结果的幅值。

（3）相干积分时间 T_{coh} 对 $i_P(t)$ 中的高频信号成分来说足够长，于是这个高频信号成分可被积分器滤除。正是由于这个原因，上式在推导计算过程中合理地省略了该高频信号成分，同时在式中相应地出现了约等号。

类似地，对相关结果信号 $q_P(t)$ 进行积分可得

$$\begin{aligned} Q_P(n) &= \frac{1}{T_{coh}} \int_{t_1}^{t_1+T_{coh}} q_P(t)\mathrm{d}t \\ &\approx \frac{aD(n)}{\frac{1}{2}\omega_e T_{coh}} \sin\left(\frac{1}{2}\omega_e T_{coh}\right) \sin\left[\omega_e\left(t_1 + \frac{T_{coh}}{2}\right) + \theta_e\right] \end{aligned} \tag{11.75}$$

我们将 I 和 Q 支路上的上述相干积分结果 $I_P(n)$ 和 $Q_P(n)$ 合在一起，可写成如下的复数相量形式：

$$\begin{aligned} \boldsymbol{r}_P(n) &= I_P(n) + \mathrm{j}Q_P(n) = A_P(n)\mathrm{e}^{\mathrm{j}\phi_e(n)} \\ &= \frac{aD(n)}{\frac{1}{2}\omega_e T_{coh}} \sin\left(\frac{1}{2}\omega_e T_{coh}\right) \mathrm{e}^{\mathrm{j}\left[\omega_e\left(t_1 + \frac{T_{coh}}{2}\right) + \theta_e\right]} \end{aligned} \tag{11.76}$$

而借用附录 F 中的 sinc 函数，上式又可改写成

$$\boldsymbol{r}_P(n) = aD(n)\,\mathrm{sinc}\,(f_e T_{coh})\mathrm{e}^{\mathrm{j}\left[2\pi f_e\left(t_1 + \frac{T_{coh}}{2}\right) + \theta_e\right]} \tag{11.77}$$

式中，角频率差 ω_e 与频率误差 f_e 之间的关系与式（11.55）相一致，而相量幅值 $A_P(n)$ 与相位差 $\phi_e(n)$ 分别定义为

$$A_P(n) = aD(n)\,\mathrm{sinc}\,(f_e T_{coh}) \tag{11.78}$$

$$\phi_e(n) = 2\pi f_e\left(t_1 + \frac{T_{coh}}{2}\right) + \theta_e \tag{11.79}$$

以上推导了连续时间信号的相干积分结果公式，对离散时间信号的相干积分可得到类似的结果。在数字式锁相环中，混频结果 $i(n)$ 和 $q(n)$ 分别与复制 C/A 码相关后得到 $i_P(n)$ 和 $q_P(n)$，而忽略高频信号成分后的相关结果 $i_P(n)$ 和 $q_P(n)$ 可分别表达成

$$i_P(n) = aD(n)\cos\left(\omega_e(n)t(n) + \theta_e\right) \tag{11.80}$$

$$q_P(n) = aD(n)\sin\left(\omega_e(n)t(n) + \theta_e\right) \tag{11.81}$$

式中，角频率差 ω_e 和初相位误差 θ_e 实际上随着时间历元 n 的不同而变化。当这些相关结果 $i_P(n)$ 与 $q_P(n)$ 分别被送入积分器后，积分器进行如下的相加积累运算：

$$I_P(n) = \frac{1}{N_{coh}} \sum_{k=1}^{N_{coh}} i_P(nN_{coh} + k) \tag{11.82}$$

$$Q_P(n) = \frac{1}{N_{coh}} \sum_{k=1}^{N_{coh}} q_P(nN_{coh} + k) \tag{11.83}$$

式中，N_{coh} 为在相干积分时间 T_{coh} 内输入 I（和 Q）支路上的积分器的相关结果个数。事实上，积分器不必如同式（11.82）和式（11.83）那样需要将累加值除以 N_{coh}，然而有时为了避免加法积累器溢出，接收机需要将累加值除以一个不一定等于 N_{coh} 的系数。读者自己可以证明，从式（11.82）和式（11.83）出发，将这些公式中的累加近似地替换成积分，那么最后得到的相干积分结果相量 $\boldsymbol{r}_P(n)$ 与式（11.77）中的完全一致。

既然积分器是一种低通滤波，那么噪声被滤除后的信号就有着较高的信噪比，而我们在此以 I 支路为例来计算信噪比得到提升的量，即积分器的相干积分增益 G_{ci}。我们知道，输入相关器的混频结果信号 $i(n)$ 附有均值为零的高斯白噪声，且经相关器后的相关结果信号 $i_P(n)$ 仍包含均值为零、方差为 σ_n^2 的高斯白噪声。一方面，N_{coh} 个 $i_P(n)$ 相加得到的相干积分结果 $I_P(n)$（除以 N_{coh} 之前）的幅值为 $i_P(n)$ 的 N_{coh} 倍，即信号功率增强了 N_{coh}^2 倍；另一方面，附在 $i_P(n)$ 上的 N_{coh} 个可正可负的噪声同时也加在一起，但是只使得噪声功率（或者说方差）增强了 N_{coh} 倍。考虑到信号功率和噪声功率两方面不同的增长速度，我们可得出信噪比 SNR 在相干积分后增加了 N_{coh} 倍的结论，于是以分贝为单位的相干积分增益 G_{ci} 为

$$G_{ci} = 10\lg N_{coh} \tag{11.84}$$

对信号和噪声同时乘以或除以一个系数并不改变信噪比的值，因此在相干积分计算式（11.82）和式（11.83）中是否将累加值除以 N_{coh} 也就不影响上式的成立。例如，假设我们改说成信号功率在积分器前后保持不变，那么相干积分后的噪声功率必定降低到在积分前的 $1/N_{coh}$。

因为数字相关器进行的 C/A 码相关运算通常持续一个 C/A 码周期，即 1 ms，所以相干积分时间 T_{coh} 至少长为 1 ms，且在实际中通常取值为整数个毫秒。假定相关器进行 1 ms 长的 C/A 码相关运算，那么积分器进行长达 T_{coh} 毫秒的相干积分相当于对相关器输出的 T_{coh} 个相关结果进行累加，于是式（11.84）可改写成

$$G_{ci} = 10\lg T_{coh} \tag{11.85}$$

需要注意的是，虽然我们有时称相干积分时间为 T_{coh} 秒，而有时（如在上式中）称之为 T_{coh} 毫秒，但是读者在联系上下文内容的情况下自会清楚当前讨论的 T_{coh} 的真正单位。

尽管数字相关器将在 12.1.2 节中介绍，但是我们在这里有必要提前指出，相关运算中的累加与相干积分运算中的累加之间的界限有一定的模糊性，它可由接收机设计者来确定。在相干积分时间 T_{coh} 固定不变的情况下，若相关器每次进行的相乘、累加时间变长，则随后每次进行相干积分的相关结果个数就变少。因此，我们可将相关器和相干积分器这两部分累加功能合并起来，而它们的总相干积分增益 G_{coh} 就等于在 T_{coh} 时间内输入相关器的混频结果个数，即

$$G_{coh} = 10\lg(f_s' T_{coh}) \tag{11.86}$$

式中，数据率 f_s' 正是 11.2.5 节最后指出的复数采样频率。

从噪声带宽在相关器前和相干积分器后的变化大小出发，同样可以推导出相干积分增益值公式。尽管信号功率、噪声频谱功率密度 N_0 和载噪比 C/N_0 在相干积分前后没有改变，但是因为在

相关器之前的噪声带宽为 B_{pd}，而相干积分器的滤波带宽可视为 $1/T_{coh}$，所以噪声带宽从 B_{pd} 到 $1/T_{coh}$ 的变窄必定引起噪声功率的降低。由于相干积分增益 G_{coh} 定义为信噪比 SNR 的增加倍数，因此它的值就等于噪声带宽的缩小倍数，即

$$G_{coh} = 10\lg\frac{B_{pd}}{1/T_{coh}} = 10\lg(B_{pd}T_{coh}) \tag{11.87}$$

由式（11.73）可知，上述相干积分增益公式（11.87）与式（11.86）相一致。需要再次指出的是，式（11.84）和式（11.85）计算的是相干积分前后的信噪比增益，而式（11.86）和式（11.87）给出的是从相关前到相干积分后的信噪比增益。这样，信噪比原为 SNR_{pd} 的预检信号经相关器和相干积分器后，其信噪比 SNR_{coh} 变为

$$\text{SNR}_{coh} = \text{SNR}_{pd} + G_{coh} \tag{11.88}$$

且它与载噪比 C/N_0 存在如下关系：

$$\text{SNR}_{coh} = C/N_0 \cdot T_{coh} \tag{11.89}$$

式中，载噪比 C/N_0 的值在预检前和相干积分后没有改变。需要说明的是，式（11.88）忽略了基带数字信号处理过程中的分贝损耗。事实上，数字信号处理过程存在有限数据位带来的量化损耗、导航电文数据比特跳变给相干积分可能带来的损耗、噪声的相关性及接收机中的各种控制误差损耗等，这些损耗的总和一般为 1～2 dB。

【例 11.2】 假设一个传播至室内的 GPS 信号的强度为−160 dBm，噪声频谱功率密度 N_0 为−205 dBW/Hz，预检噪声带宽为 2 MHz，接着接收机进行 20 ms 长的相干积分，其中基带数字信号处理的损耗为 2 dB。试求信号分别在预检前（相关前）和相干积分后的载噪比和信噪比。

解：预检前的载噪比 C/N_0 和信噪比 SNR_{pd} 分别为

$$C/N_0 = \frac{P_R}{N_0} = (-160-30)-(-205) = 15 \quad [\text{dB·Hz}] \tag{11.90A}$$

$$\text{SNR}_{pd} = \frac{C/N_0}{B_{pd}} = 15 - 10\lg(2\times10^6) = -48 \quad [\text{dB}] \tag{11.90B}$$

因为 20 ms 长的相干积分对应的增益为

$$G_{coh} = 10\lg(B_{pd}T_{coh}) = 10\lg(2\times10^6\times0.02) = 46 \quad [\text{dB}] \tag{11.90C}$$

而数字信号处理损耗为 2 dB，所以相干积分后的信噪比 SNR_{coh} 变为

$$\text{SNR}_{coh} = \text{SNR}_{pd} + G_{coh} - 2 = -48 + 46 - 2 = -4 \quad [\text{dB}] \tag{11.90D}$$

载噪比相应地下降到

$$C/N_0 = \frac{\text{SNR}_{coh}}{T_{coh}} = -4 - 10\lg 0.02 = 13 \quad [\text{dB·Hz}] \tag{11.90E}$$

这一例子清楚表明对信号进行相关和积分可以提高信噪比，而实际上它们是接收机能够跟踪微弱 GPS 信号的一个关键因素。只要积分能使信号功率增长得比噪声功率快，接收机就可以通过积分来提高信噪比。第 12 章中将介绍一种被称为非相干的积分方法。

相干积分能提高信噪比，且其增益与相干积分时间 T_{coh} 成正比，然而这不表示接收机跟踪环路可以任意地加长 T_{coh}。相干积分时间长短的选取和相干积分的功效还受到多种因素的限制，而这可以从先前推导出的公式（11.77）谈起。在式（11.77）的推导过程中，我们假定数据电平 $D(t)$ 在相干积分时段内不发生跳变，也就是说，在这一时段内那些输入相关器中的 $i_P(n)$ 与 $q_P(n)$ 必须

对应同一个数据比特；否则，如果积分时段跨越多个数据比特，而不同比特的数据电平又正负不等，那么不同部分的输入数据会在相关和相干积分过程中时加时减，相互正负抵消，使相干积分的效果受到削弱。这样，持续 20 ms 的每个 GPS 数据比特就决定了相干积分时间 T_{coh} 的最大值通常为 20 ms，且必须是在信号通道实现了位同步（见 12.3.1 节）后才可以进行如此长时间的相干积分。在信号通道尚未达到位同步之前，因为数据比特边沿未确定，所以相干积分时段的起始沿一般不可能刚好与数据比特边沿对齐，数据跳变不可避免地会发生在某些相干积分时段内，这势必削弱相干积分效果。因此，在实现位同步之前，信号跟踪环路可采用诸如 1 ms 或 2 ms 等较短的相干积分时间 T_{coh}，使得只有每隔 20 个或 10 个相干积分时段才会横跨两个数据比特，从而有效地保证大多数相干积分结果不受数据比特跳变的影响。我们将在第 13 章探讨接收机如何克服数据比特跳变这个困难而实现长于 20 ms 的相干积分的方法。

比较式（11.79）与式（11.69）可知，相干积分后的相位差 $\phi_e(n)$ 实际上是 $\phi_e(t)$ 在 $t_1 + T_{coh}/2$ 时的值，即信号 $\boldsymbol{r}_P(t)$ 在这一积分时段内的平均相位。更重要的是，式（11.78）表明相干积分结果的幅值 $A_P(n)$ 是如图 11.13 所示的一个关于频率误差 f_e 的 sinc 函数，其中 X 轴为频率差 f_e，它主要是由卫星运动、用户的动态性和接收机晶体振荡频率漂移导致的。可见，相干积分时间 T_{coh} 越长，图中 sinc 函数曲线在 X 轴方向上就越被压缩，于是在相同大小的频率误差 f_e 条件下，相干结果受到的削弱程度一般就越高，使得信号的检测和跟踪变得越困难。因此，为了容忍可能出现的较大的频率误差，接收机跟踪环路应当选用较短的相干积分时间。需要强调的是，式（11.77）中的 $\text{sinc}(f_e T_{coh})$ 这个因子蕴藏着关系到信号捕获和跟踪性能的很多重要信息，而我们对它的理解将在以后的章节中逐步得到巩固与加深。这里的频率误差损耗与第 10 章提到的射频元器件损耗和 ADC 量化误差等一起，组成了 GPS 接收机的信噪比损耗，它小至几分贝，大至十几分贝。

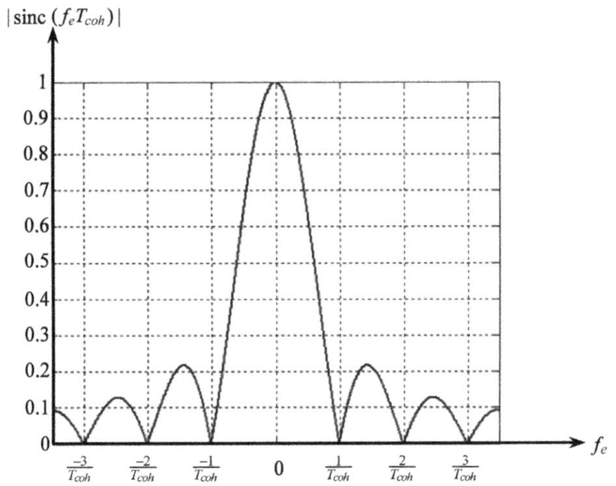

图 11.13　频率差引起的相干结果衰减

【例 11.3】　假设载波跟踪环路的频率误差恒为 5 Hz，在相干积分时间 T_{coh} 分别为 20 ms 和 100 ms 时，试求由该频率误差导致的相干积分损耗。

解：因为由频率误差 f_e 导致的相干积分幅值衰减为 $|\text{sinc}(f_e T_{coh})|$，所以当 T_{coh} 为 20 ms 和 100 ms 时的相干积分功率衰减分别为

$$10\lg \text{sinc}^2(0.02\times 5) = -0.1435 \quad [\text{dB}] \tag{11.91A}$$

$$10\lg \text{sinc}^2(0.1\times 5) = -3.922 \quad [\text{dB}] \tag{11.91B}$$

接收机跟踪环路允许容忍的最大频率误差 f_e 通常设为 $0.44/T_{coh}$，相当于 3 dB 的相干积分损耗[28]。

相干积分时间 T_{coh} 是一个相当关键的接收机设计参数。与环路噪声带宽 B_L 的取值问题类似，相干积分时间 T_{coh} 的取值也是 GPS 接收机设计中的一种妥协处理：一方面，为了增强滤波效果、降低噪声和提高跟踪精度，积分滤波器的通带带宽必须相当窄，也就是说，T_{coh} 的值应该尽量长；另一方面，为了支持用户的高动态性，让跟踪环路能够更大程度地容忍由用户运动导致的频率跟踪误差 f_e，并限制频率误差损耗，积分滤波器的通带带宽必须相当宽，也就是说，T_{coh} 的值应尽量短。可见，相干积分时间 T_{coh} 的取值问题必须兼顾接收机的噪声和动态两方面的性能。

此外，式（11.76）还表明频率误差 f_e 的积分和初相位误差 θ_e 的变化，均会使信号能量分散到 I 和 Q 支路上，导致 I 和 Q 支路上的信号经相干积分后功率仍不够大，而将在第 12 章介绍的非相干积分法正好把 I 和 Q 支路上的能量聚集起来，使得这种积分结果不再受相位差变化的影响。

本节最后要指出的是，相干积分还会降低环路中的数据率和所需的运算量。我们知道，C/A 码接收机射频前端输出一个频率大致为 5～50 MHz 的数字中频信号，即预检前的 $s_{IF}(n)$，$i(n)$ 和 $q(n)$ 的数据率为 5×10^6～50×10^6 个/秒，且每个数据又可能有好几位。因为实时处理如此高频且大量的中频数据即便对高性能的微处理器来说也是一个很大的挑战，所以运行在中频的混频器、相关器及随后的积分-清除器通常以具有高速运算性能的 ASIC 硬件来实现。经过相干积分后，积分-清除器的输出部分运行在真正的数据基带，即每隔 T_{coh}（如每隔 1 ms 甚至 20 ms）输出一对 $I_P(n)$ 和 $Q_P(n)$ 积分值，这就将后续的鉴相、环路滤波等所需处理的数据率降低到 1000 个/秒甚至 50 个/秒，使微处理器变得能更轻松地应付这些运算处理。理解这一数据处理流程后，我们不难想象锁相环的更新周期最短为 T_{coh}，最长为 T_{coh} 的整数倍。

11.2.7 鉴相方法的种类

由图 11.10 可见，预检积分、鉴别器和环路滤波器这三个功能块基本决定了载波环的特性。我们在前面几节中介绍了预检积分和环路滤波及它们对环路的噪声性能和动态性能两方面关键性指标的影响，本节介绍 GPS 接收机锁相环经常采用的多种相位鉴别器。

我们知道，当锁相环处于锁定状态时，复制载波与接收载波之间的相位差 $\phi_e(n)$ 接近零，而卫星信号中的 BPSK 调制机制可使接收信号的载波相位在数据比特电平跳变（如从+1 跳至−1 或从−1 跳至+1）时发生 180°的相变，这对锁相环而言表现为相位差的 180°跳变。鉴相器用来计算接收载波与复制载波之间的相位差 $\phi_e(n)$，其中以式（11.70）代表的二象限反正切函数法等一些鉴相方法可以不受数据跳变的影响，而另一些鉴相方法会受到数据跳变的影响。那些选用适当的鉴相器后能在数据码调制载波信号情况下工作的、对由数据比特跳变引起的 180°载波相变不敏感的锁相环，被称为科思塔（Costas）锁相环。因为 GPS 的 C/A 码信号上通常调制有数据码，所以科思塔锁相环是一种相当普遍的 GPS 接收机载波环。

在第 n 个历元，鉴相器利用相干积分结果 $I_P(n)$ 和 $Q_P(n)$ 来估算当前的相位差 $\phi_e(n)$。在不引起混淆的情况下，我们在以后的公式表达中将尽可能地省略历元编号 n。科思塔锁相环采用的相位鉴别方法主要有以下几种[10]。

（1）二象限反正切函数鉴相器已由式（11.70）给出，它的离散时间型计算公式如下：

$$\phi_e = \arctan\left(\frac{Q_P}{I_P}\right) \tag{11.92}$$

当实际相位差位于−90°至+90°范围内时，鉴相器的工作保持线性，且其输出的鉴相结果与信号幅值无关。二象限反正切函数法是各种科思塔锁相环鉴相器中最准确的一种，但由于该鉴相法需要进行反正切求值，因此它也是计算量最大的一种。

（2）为了避免运算量较大的反正切函数，第二种鉴相器采用如下的计算公式：

$$\phi_e = \frac{Q_P}{I_P} \tag{11.93}$$

可见，上式计算得到的实际上不是 ϕ_e，而是 $\tan\phi_e$。当 ϕ_e 的绝对值较小时，$\tan\phi_e$ 与 ϕ_e 的差不大。由式（11.93）输出的鉴相结果也与信号幅值无关，但它显然不与实际的相位差输入值呈线性关系。

（3）第三种鉴相方法是将 I 与 Q 支路上的信号相乘，即

$$\phi_e = Q_P I_P \tag{11.94}$$

由式（11.74）和式（11.75）可知，上式计算的实际上是 $\sin(2\phi_e)$，而 $\sin(2\phi_e)$ 与 $2\phi_e$ 的值在 ϕ_e 较小时十分接近。这种鉴相方法在信噪较低的情况下仍然具有较好的性能，但其鉴相结果与信号幅值的平方成正比。

（4）最后一种鉴相方法的计算公式为

$$\phi_e = Q_P \cdot \text{sign}(I_P) \tag{11.95}$$

式中，$\text{sign}(x)$ 为符号函数，它返回 x 的正负号，即当 x 小于 0 时得到−1，否则为+1。因此，$\text{sign}(I_P)$ 相当于获得了数据电平值，然后乘以 Q_P 就抵消了数据电平跳变对 Q_P 值正负的影响。该鉴相方法所需的计算量最小，鉴相结果与 $\sin\varphi_e$ 成正比，且还与信号的幅值有关。

图 11.14 比较了三种鉴相器在噪声为零的情况下的输入-输出关系。该图表明：当输入鉴相器的相位差为 0°或±180°时，这些鉴相器的输出均为 0°，说明它们对数据比特跳变所致的 180°载波相变不敏感。该图还表明：当实际相位差输入大于 90°时，这些鉴相器均输出一个小于 0°的鉴相结果，即环路的复制载波相位会被错误地朝相反的方向调整，最终使环路对信号失锁。因此，我们将−90°至+90°这一相位差区间称为这些鉴相器的牵入范围。

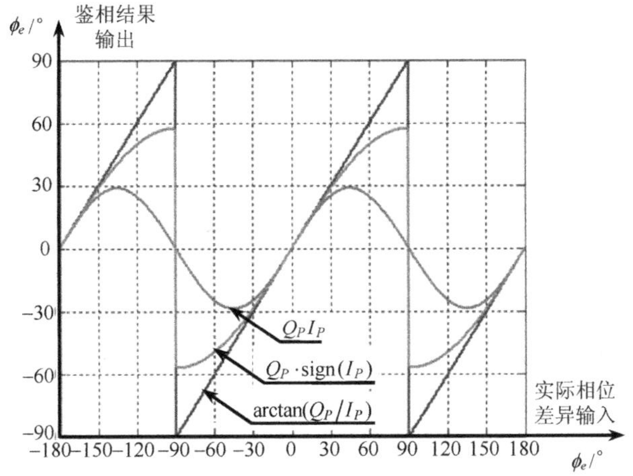

图 11.14　不同科思塔锁相环鉴相器的对比

当 GPS 卫星播发的载波信号不被 50 比特/秒的数据码调制时，接收机载波环可以采用纯锁相环的形式，以得到比科思塔锁相环精度更高的相位测量值。如第 2 章的图 2.18 所示，调制载波 L2 的信号源有三个选项，分别是 C/A 码加数据码、P(Y)码加数据码和 P(Y)码。尽管最后一种不含数据码的调制方式被激活的概率很小，但是文献[1]规定了出现这种方式的可能性。如果卫星信号不含数据码，即由数据跳变引入的 180°载波相变的顾虑被彻底消除，那么纯锁相环不但可以采

用更长的预检相干积分时间 T_{coh} 来降低噪声，而且可以采用四象限反正切函数法来鉴相。作为纯锁相环经常采用的一种鉴相方法，四象限反正切函数法可以根据数据对(I_P , Q_P)计算出值在−180°至+180°之间的相位差角，因此扩大了鉴相器的线性工作区和牵入范围。

我们在 11.2.2 节中介绍了环路滤波器。当锁相环的鉴相结果经过高阶环路滤波器滤波后，锁相环可得到滤波后的相位差及其高阶导数值，如频率差和相位差加速度等，它们均能作为随后载波数控振荡器的控制参量。

11.2.8 测量误差与跟踪门限

既然锁相环通过其数控振荡器复制了一份在相位上与接收载波信号保持一致的载波信号，那它就可根据此复制载波信号或数控振荡器的控制参量推断出接收载波信号的状态，包括接收信号的多普勒频移和积分多普勒这两类测量值。

每隔一个环路更新周期，就用高阶环路滤波器输出的频率差和相位差加速度等参量来调节锁相环载波数控振荡器的输出频率，从理论上讲，数控振荡器的输出频率读数扣除标称中频频率后的值，就是相应卫星信号的多普勒频移测量值。类似地，用环路滤波器输出的相位差来调节载波数控振荡器的输出初相位时，初相位调节量加上多普勒频移测量值对时间的积分，就等于由多普勒频移在该时段内引起的接收信号载波相位变化量，即 4.2 节介绍的积分多普勒测量值 $\mathrm{d}\phi$ 。若给定一个起始时刻和初相位值，则积分多普勒测量值 $\mathrm{d}\phi$ 就变成了可用于高精度差分 GPS 系统中的载波相位测量值 ϕ 。第 7 章曾假定 GPS 接收机对载波相位 ϕ 的测量精度为 0.025 个波长，也就是说， ϕ 的测量精度高达 0.5 cm。

如图 11.10 所示，现实中的锁相环一般用一个载波积分器来跟踪、记录由多普勒频移引起的载波相位变化量，即

$$\phi(n)=\phi(n-1)+\phi_e(n)+f_c T_{PLL} M_e(n) \tag{11.96}$$

式中， $\phi(n)$ 为第 n 次环路更新历元时的载波相位测量值， f_c 为驱动载波数控振荡器的时钟频率，环路更新周期 T_{PLL} 的值不一定等于相干积分时间 T_{coh} ， $\phi_e(n)$ 在这里代表经环路滤波后的相位差，而 $M_e(n)$ 是与多普勒频移相应的那部分载波数控振荡器在每个时钟下的相位增量。事实上，第 n 个历元的相位增量 $M_e(n)$ 也可表达成类似于式（11.96）的累加形式，即 $M_e(n-1)$ 加上当前频率误差滤波值对应的数控振荡器相位增量的调整量。

载波积分器一般将其保存的载波相位测量值 $\phi(n)$ 分成周整数和周内小数两部分。在用户高动态运动等情况下，相位差 $\phi_e(n)$ 有时看起来接近零，锁相环似乎良好地锁定了信号，但是，实际上 $\phi_e(n)$ 并不约等于零，而刚好为 360°的整数倍，这就是 4.2 节提到的失周现象，它会在载波相位测量值中引入一个整数周的误差。因为数据比特跳变会引入 180°的相变，所以更广泛地讲，锁相环会发生失半周现象。

我们知道，接收机基带数字信号处理模块一般每秒一次地将各个通道上的 GPS 测量值提供给后续的定位导航运算模块，然而，由于载波环的更新周期一般为几毫秒至几百毫秒，环路每秒实际上可以输出多个多普勒频移和积分多普勒测量值。针对这种情况，接收机一般可将每秒最后一次环路更新时的多普勒频移作为这一秒的多普勒频移测量值，而将这一秒内的总多普勒频移积分值作为这一秒的积分多普勒测量值。如 4.2.2 节指出的那样，多普勒频移反映的是这一秒末尾接收机与卫星之间的瞬间相对速度，而积分多普勒反映的是这一秒内的平均速度。需要指出的是，接收机通常将不同通道上的测量值推测到同一时刻（如同一个整数秒时刻），关于这一点，读者可参阅 12.3.4 节。

锁相环对信号的测量必然存在误差。锁相环的相位测量误差源包括相位抖动和动态应力误差，而造成相位抖动的误差源又主要分为热噪声、由机械颤动引起的振荡频率抖动以及艾兰均方差三种。

（1）热噪声均方差 σ_{tPLL} 的估算公式为[10, 18]

$$\sigma_{tPLL}=\frac{180°}{\pi}\sqrt{\frac{B_L}{C/N_0}\left(1+\frac{1}{2T_{coh}\cdot C/N_0}\right)} \tag{11.97}$$

上式表明热噪声与环路阶数无关，事实上，11.2.3 节早已指出，环路阶数的选取主要是为了考虑环路的动态性能而非噪声性能。上式还表明，减小噪声带宽 B_L 有利于降低热噪声均方差 σ_{tPLL}，但这会影响环路的动态性能，11.2.4 节对此已做了讨论。

（2）用户运动和接收装置的机械颤动会引起接收机基准振荡频率的抖动，相应的相位抖动均方差 σ_v 大致为 2°。

（3）在 3.2.3 节中介绍的艾兰型晶体振荡频率漂移随着时间的积累也会引入相位抖动噪声，其均方差 σ_A 与衡量频率稳定度的艾兰均方差 $\sigma_A(\tau)$ 和相干积分时间 T_{coh} 的乘积成正比，即

$$\sigma_A=360°\frac{c}{\lambda_1}T_{coh}\sigma_A(\tau) \tag{11.98}$$

若将造成相位抖动的以上三部分误差源综合起来，则总相位抖动均方差 σ_i 可估算成

$$\sigma_i=\sqrt{\sigma_{tPLL}^2+\sigma_v^2+\sigma_A^2} \tag{11.99}$$

当噪声带宽 B_L 逐渐变窄时，热噪声均方差 σ_{tPLL} 逐渐减小，艾兰型相位抖动均方差 σ_A 可能会逐渐占据误差的主导地位。

【例 11.4】　假设某锁相环的噪声带宽 B_L 为 10 Hz，预检相干积分时间 T_{coh} 为 0.01 s，信号载噪比 C/N_0 为 25 dB·Hz（316 Hz），接收机时钟的短期艾兰均方差为 10^{-9}，试求环路中的相位抖动均方差 σ_i。

解：将 $B_L, C/N_0$ 和 T_{coh} 代入式（11.97），得热噪声均方差 σ_{tPLL} 为

$$\sigma_{tPLL}=\frac{180°}{\pi}\sqrt{\frac{10}{316}\left(1+\frac{1}{2\times0.01\times316}\right)}=10.96° \tag{11.100A}$$

同时，将 T_{coh} 和 $\sigma_A(\tau)$ 代入式（11.98），得艾兰型相位抖动均方差 σ_A 为

$$\sigma_A=360°\frac{3\times10^8}{0.19}\times0.01\times10^{-9}=5.684° \tag{11.100B}$$

假定由机械颤动引起的相位抖动均方差 σ_v 为 2°，那么根据式（11.99），得总相位抖动均方差 σ_i 为

$$\sigma_i=\sqrt{10.96^2+2^2+5.684^2}=12.507° \tag{11.100C}$$

对动态应力误差 θ_e 来说，它的稳态值计算公式如式（11.52）所示，但考虑到暂态响应过程中出现的振荡，锁相环产生的最大动态应力误差可能远大于其稳态误差值。假设相位抖动均方差为 σ_i，动态应力误差为 θ_e，那么对锁相环跟踪门限的一种保守估计方法是，三倍相位测量误差均方差不得超过四分之一鉴相牵入范围，即

$$3\sigma_{PLL}=3\sigma_i+\theta_e\leqslant45° \tag{11.101}$$

式中，σ_{PLL} 为相位测量误差均方差，上式中的各项均以度“°”为单位，而 45°等于二象限反正切函数鉴相器的 180°（从–90°至 90°）相位牵入范围的四分之一。

载噪比 C/N_0 越低，σ_{tPLL} 和 σ_i 就越大，环路就越有可能不满足以上的跟踪门限条件公式（11.101）。因此，环路存在这样一个 C/N_0 门限值：只要信号 C/N_0 小于这个门限值，环路就会丧失稳定跟踪该弱信号的能力。这个 C/N_0 值或与之相应的以 dBW（或 dBm）为单位的信号功率值，就是大家惯称的锁相环跟踪灵敏度门限值。除了跟踪灵敏度，式（11.101）事实上也决定了锁相环的动态性能，即当用户动态应力大到一定程度时，环路会对信号失锁。式（11.101）以 15°作为环路测量误差均方差 σ_{PLL} 的门限值，该门限值的大小显然与环路测量值的精度和环路的跟踪灵敏度紧密相关。测量误差均方差门限值越小，环路输出的测量值就越精确，但这也会降低环路对动态和噪声的容忍度。因为环路在跟踪门限值附近的运行不再是线性的，所以此时改用蒙特卡罗等仿真法来分析环路性能显得比较合适。

【例 11.5】 对于一个噪声带宽 B_L 为 18 Hz 的三阶锁相环，假如其滤波参数按照表 11.1 进行选值，且接收机在卫星观测方向上相对于卫星做 10g/s 的加加速度运动，其中重力加速度 g 等于 9.8 m/s²，试求该锁相环在此动态应力作用下产生的稳态相位误差 θ_e。

解： 我们可以直接按照表 11.1 和式（11.52）来计算此三阶锁相环的稳态跟踪误差 θ_e。因为

$$\frac{\mathrm{d}^3R}{\mathrm{d}t^3} = 10g = 10\times 9.8 = 98 \quad [\mathrm{m/s^3}] \tag{11.102A}$$

$$\omega_n = \frac{B_L}{0.7845} = \frac{18}{0.7845} = 22.94 \quad [\mathrm{Hz}] \tag{11.102B}$$

所以

$$\theta_e = \frac{1}{\omega_n^3}\frac{\mathrm{d}^3R}{\mathrm{d}t^3} = \frac{98}{22.94^3} = 8.118\times 10^{-3}\ [\mathrm{m}] = 8.118\times 10^{-3}\times\frac{360^\circ}{0.19} = 15.38^\circ \tag{11.102C}$$

其中，以米为单位的距离值除以载波 L1 的波长（0.19 m）后变为周数，一周对应于 360°。在不计相位抖动均方差 σ_i 的情况下，因为上述动态应力误差值 15.38°小于 45°，所以该锁相环在 10g/s 的动态应力下能够保持对信号的持续跟踪。

从上述例子的计算可以看出：当跟踪门限值固定时，虽然增大噪声带宽 B_L 可提升热噪声均方差 σ_{tPLL}，但同时会增强环路对动态应力的承受能力，这两方面的共同作用可能还会使动态接收机具有更强的信号跟踪能力。

11.3 频率锁定环路

11.2 节指出，当图 11.10 中的鉴别器用来鉴别输入载波与复制载波之间的频率差时，相应的载波环就成了频率锁定环路（FLL）。频率锁定环路简称锁频环，又称自动频率控制（AFC），它是另一种常见的载波环实现形式。这一节的内容主要参考了文献[10]等。

11.3.1 基本工作原理

接收机内部通过锁频环复制一个包含多普勒频移在内的 L1 载波频率（确切地说是 L1 载波中频），使其尽可能地与实际接收到的 GPS 卫星信号中的 L1 载波频率相一致，并让二者相乘混频后彻底剥离接收信号中的载波，使接收信号下变频至中心频率为零的基带信号。由于卫星与接收机在它们的连线方向上的相对运动引起的多普勒频移和接收机基准振荡频率的漂移通常是不可预测的，因此锁频环首先需要鉴别出接收载波与复制载波之间的频率差，然后相应地调节载波数控振荡器输出的复制载波频率，经连续多次循环反馈后，最终使二者的频率达到动态一致。因

为锁频环与锁相环的不同之处主要是它们的鉴别器，所以我们将介绍锁频环基本工作原理的重点放在频率差鉴别和数据解调上，其中频率鉴别器可以简称为鉴频器。

锁频环追求的是让复制载波与接收载波之间的频率保持一致，却不要求二者在相位上保持一致。考虑到用户运动、接收机基准频率漂移和噪声等不定因素，锁频环复制的载波与接收载波之间时不时存在或多或少、或正或负的频率差 $f_e(n)$，导致二者的相位差 $\phi_e(n)$ 随着时间的推移而变化。因此，由式（11.77）给出的相量 $\boldsymbol{r}_P(n)$ 的端点在相量图中会随着时间的推移而旋转，旋转速度与频率差 $f_e(n)$ 成正比。假设在某一时段锁频环完美地锁定了信号，即频率误差严格地等于零，那么尽管相量 $\boldsymbol{r}_P(n)$ 停止旋转，但是这两个载波信号之间的相位仍然可以存在一个恒定的差，即 $\boldsymbol{r}_P(n)$ 可以停留在某个任意角度位置上。在锁频环中，相量 $\boldsymbol{r}_P(n)$ 不一定靠近 I 轴的正向或负向，它的端点可在相量图中发生旋转，或在某个任意相位差角度上保持不动，这是锁频环的正常现象，是与锁相环的一个明显区别。根据相量 $\boldsymbol{r}_P(n)$ 端点的旋转大小和方向，锁频环可以推断出频率差的幅值和正负，这就是锁频环鉴频的基本原理。

假如锁频环的相干与正交支路在第 n 个历元分别输出相干积分值 $I_P(n)$ 与 $Q_P(n)$，相应的四象限相位差为 $\phi_e(n)$，而在第 $n-1$ 个历元的相位差为 $\phi_e(n-1)$，那么角频率误差 $\omega_e(n)$ 可从相邻的这两个历元的相位差变化率估算出来，即

$$\omega_e(n)=\frac{\phi_e(n)-\phi_e(n-1)}{t(n)-t(n-1)} \tag{11.103}$$

其中，相邻的两个历元之间的时间差 $t(n)-t(n-1)$ 正好是相干积分时间 T_{coh}，而 $\omega_e(n)$ 与频率差 $f_e(n)$ 之间的关系如式（11.55）所示。

上述角频率误差估算式（11.103）的成立隐含着这样一个重要的假设，即产生 $\phi_e(n-1)$ 和 $\phi_e(n)$ 的相邻两段相干积分时间必须对应于同一个数据比特时沿。如图 11.15 所示，当相干积分历元 $n-1$ 和 n 位于同一个数据比特时沿下时，相位差从 $\phi_e(n-1)$ 到 $\phi_e(n)$ 的变化纯粹是由频率差引起的，相量 $\boldsymbol{r}_P(n-1)$ 转至 $\boldsymbol{r}_P(n)$ 的角度正是这一相位差变化量 $\phi_e(n)-\phi_e(n-1)$；否则，如果这两段相干积分时间分别位于两个不同的数据比特时沿内，且期间数据比特又发生了跳变，那么原本应是实线表示的相量 $\boldsymbol{r}_P(n)$ 由于数据跳变而反相，变成了如虚线所示的方向，此时相量 $\boldsymbol{r}_P(n-1)$ 转至该虚线的角度不再只是相位差变化量，它还包含一个 180°的相变，接收机若对此处理不当，则会造成鉴频错误。由于数据比特跳变一般来说是不可预测的，因此为了正确地鉴别频率差，确保环路对信号的锁定，用于比较相位差的两段相干积分时间通常必须保持在同一个数据比特时沿下。若相邻两个相干积分时间位于同一个 20 ms 长的数据比特时沿内，则最长的相干积分时间 T_{coh} 只可能是 10 ms，即第一个 T_{coh} 占据数据比特的前半部分，第二个 T_{coh} 占据数据比特的后半部分。当然，锁频环选取 T_{coh} 为 10 ms 的前提是，接收机信号通道进入了帧同步（见 12.3.2 节）状态。

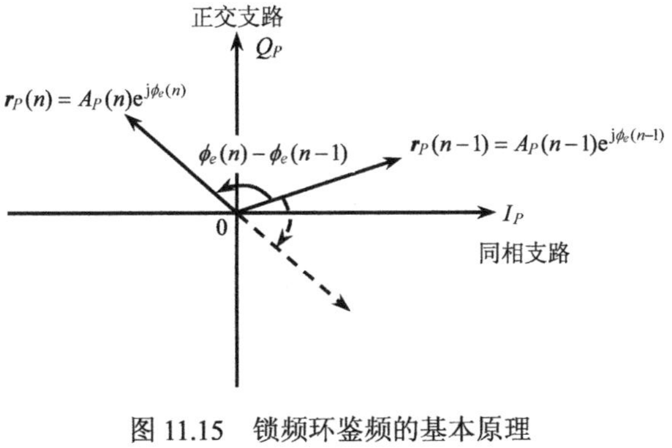

图 11.15　锁频环鉴频的基本原理

式（11.103）的成立还隐含着另一个假设，即角频率误差 $\omega_e(n)$ 的绝对值小于 π/T_{coh}。因为锁频环事先一般不知道相量 $\boldsymbol{r}_P(n)$ 是按逆时针还是按顺时针方向旋转的，并且不知晓究竟转了多少圈，所以相位差变化量 $\phi_e(n)-\phi_e(n-1)$ 的值理论上存在一个 360°的模糊度。不管 $\phi_e(n-1)$ 和 $\phi_e(n)$ 为何值，锁频环能做的就是始终认为相位差变化量 $\phi_e(n)-\phi_e(n-1)$ 在–180°至+180°的范围内；否则，将 $\phi_e(n)-\phi_e(n-1)$ 的值加减 360°的整数倍后转换成一个在该范围内的值，然后代入式（11.103）计算出 $\omega_e(n)$。例如，假设 $\phi_e(n-1)$ 和 $\phi_e(n)$ 的值分别为–150°与 160°，那么尽管 $\phi_e(n)-\phi_e(n-1)$ 的直接计算值为 310°，即相量 $\boldsymbol{r}_P(n)$ 表现为逆时针方向旋转 310°，但是鉴频器将此值减去 360°后变成了–50°，即认为 $\boldsymbol{r}_P(n)$ 按顺时针方向旋转 50°。相位差变化量的这个从–180°至+180°的有效范围，限制鉴频器所能容忍的最大角频率误差 $\omega_e(n)$ 为 $\pm\pi/T_{coh}$，相应地，跟踪频率误差 $f_e(n)$ 必须在 $-1/2T_{coh}$ 至 $+1/2T_{coh}$ 之间；否则，如果实际的相位差变化量超过±180°这个工作范围，而代入式（11.103）中的 $\phi_e(n)-\phi_e(n-1)$ 被取值在±180°之间，那么鉴频结果就会出现差错。例如，当实际相位差变化量为 310°时，由于鉴频器无从知晓这个变化量究竟是–50°, 310°, 670°还是其他值，因此只能认定其值等于–50°，于是鉴频结果 $f_e(n)$ 不但包含一个 $1/T_{coh}$ 赫兹的误差，而且此时的复制载波频率大小被错误地朝相反的方向调整，不久就会导致信号失锁。

11.2.6 节指出，相干积分器的滤波带宽为 $1/T_{coh}$，即采用的 T_{coh} 越长，积分器就有越好的噪声滤除效果；然而，当锁频环以式（11.103）为鉴频器时，其频率牵入范围宽 $1/T_{coh}$（$-1/2T_{coh}\sim+1/2T_{coh}$），也就是说，采用的 T_{coh} 越长，锁频环就有越小的频率牵入范围。例如，当 T_{coh} 为 1 ms 时，相应的频率牵入范围为±500 Hz，而当 T_{coh} 加长至 10 ms 时，频率牵入范围缩小至±50 Hz。如果频率误差 $f_e(n)$ 在锁频器的牵入范围内，那么锁频环的工作呈收敛状。因为 T_{coh} 越短，锁频环就有越大的积分器滤波带宽和频率牵入范围，所以它对由动态应力和噪声等因素引起的频率误差的容忍性就越强。因此，为了有利于环路的初始锁定和支持高动态用户，运行在这些情况下的锁频环一般应采用较短的相干积分时间。同时，这一段的讨论表明，相干积分时间 T_{coh} 的取值在锁频环中仍然需要平衡环路的噪声性能和动态性能。

较短的 T_{coh} 还可以给锁频环带来另一个优势。在信号通道实现位同步前，因为接收机不知道数据比特边沿的位置，所以 T_{coh} 越短，横跨两个数据比特的相干积分数目占总相干积分数目的比例就越小。例如，当 T_{coh} 为 10 ms 时，每两对 I/Q 相干积分结果中的一对就会由于可能的数据比特跳变而遭到破坏；然而，当 T_{coh} 减小至 1 ms 时，每 20 对 I/Q 相干积分结果中只有一对会由于可能的数据比特跳变而遭到破坏，其余的 19 对则不会受到数据比特跳变的任何影响，因此增加了锁频环对信号的成功检测和保持锁定的概率。尽管加长的相干积分时间 T_{coh} 可以降低环路中的噪声量，使输入鉴频器的相位差 $\phi_e(n)$ 愈加低噪，并且由此得到更为精确的鉴频结果，但是因为加长的 T_{coh} 会减少单位时间内输入鉴频器的相位差数目，所以反而有可能降低鉴频结果的正确性和及时性，以至于严重影响锁频环的信号跟踪性能。

利用在同一数据比特时沿下的相邻的两个时刻的 I/Q 相干积分结果，可使鉴频方法免受数据比特跳变的影响，但这种对应于同一个数据比特的 I/Q 相干积分结果必定不包含数据比特电平跳变的任何信息，锁频环也就不可能从中将数据比特解调出来。为了解调出接收信号中的导航电文数据码，锁频环必须利用不同数据比特时沿下的 I/Q 相干积分结果数据对。如图 11.16 所示，在相干积分时间 T_{coh} 为 10 ms、环路更新周期为 40 ms 的情况下，锁频环在每次环路更新时共有 4 对 I/Q 相干积分结果被输入鉴频器。假设某一环路更新期间的 4 对 I/Q 相干积分结果对应的相位差 $\phi_e(n)$ 按照时间先后顺序依次为 $\phi_e(0)$, $\phi_e(1)$, $\phi_e(2)$ 和 $\phi_e(3)$，其中 $\phi_e(0)$ 与 $\phi_e(1)$ 同在第一个比特时沿下，而 $\phi_e(2)$ 与 $\phi_e(3)$ 同在相邻的第二个比特时沿下，那么我们可以根据相位差在 T_{coh} 时段内的变化量 $\phi_e(1)-\phi_e(0)$ 或 $\phi_e(3)-\phi_e(2)$ 估算出频率差 f_e。同时，我们这次更为关注 $\phi_e(2)-\phi_e(1)$，它

不但包含 T_{coh} 时段内的相位差变化量，而且包含由第一个数据比特跳变到可能为不同电平值的第二个数据比特引入的 180°相变。如果用户的运动状态在这一短暂的 40 ms 时间内保持不变，那么将 $\phi_e(2)-\phi_e(1)$ 与 $\phi_e(1)-\phi_e(0)$ ［或 $\phi_e(3)-\phi_e(2)$ ］进行数值上的对比，原则上可以从中推断出 $\phi_e(2)-\phi_e(1)$ 是否包含一个 180°的相变：若二者很接近，则这两个数据比特相同；若二者相差约 180°，则数据比特从第一个到第二个发生跳变。按照这一方法，我们可推断出所有相邻的两个数据比特之间的跳变情况，然后给定首个数据比特的电平值，所有数据码就可依次解调出来，这就是被称为差分解调法的基本思路[17, 18]。考虑到给出的首个数据比特有可能反相，由差分解调法输出的所有数据比特有可能全部反相，而确定解调出的数据码是否反相的问题将在 12.3.2 节的帧同步中解决。虽然锁频环可以利用差分解调法解调出信号中的数据码，但是因为相位差变化量 $\phi_e(n)-\phi_e(n-1)$ 的信噪比比原先的相位差 $\phi_e(n)$ 的信噪比低 3 dB，所以相同条件下锁频环数据解调的比特错误率（BER，又称误码率）要远高于锁相环数据解调的比特错误率。然而，11.4 节将指出，与锁相环相比，锁频环更鲁棒，它的信号跟踪灵敏度更高（能跟踪 C/N_0 更低的信号），于是在锁相环对弱信号失锁的情况下，锁频环的差分解调法或许能成为接收机实现对弱信号进行数据解调的一种可行方案。

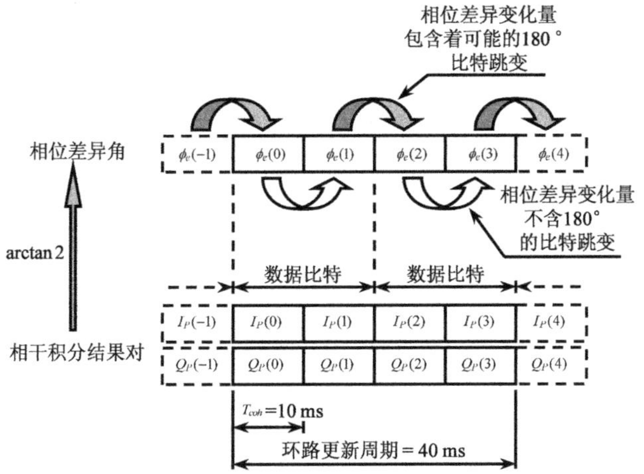

图 11.16 数据比特的差分解调法

11.3.2 鉴频方法的种类

在介绍多种鉴频器之前，我们先定义几个参量。如果将相量 $\boldsymbol{r}_P(n)$ 与 $\boldsymbol{r}_P(n-1)$ 的共轭相乘，即

$$\begin{aligned}\boldsymbol{r}_P(n)\overline{\boldsymbol{r}_P(n-1)} &= \left(I_P(n)+\mathrm{j}Q_P(n)\right)\left(\overline{I_P(n-1)+\mathrm{j}Q_P(n-1)}\right)\\ &= A_P(n)\mathrm{e}^{\mathrm{j}\phi_e(n)}\overline{A_P(n-1)\mathrm{e}^{\mathrm{j}\phi_e(n-1)}}\\ &= A_P(n)A_P(n-1)\mathrm{e}^{\mathrm{j}\left(\phi_e(n)-\phi_e(n-1)\right)}\end{aligned} \tag{11.104}$$

同时将上述乘积表达成

$$\boldsymbol{r}_P(n)\overline{\boldsymbol{r}_P(n-1)} = P_{dot}+\mathrm{j}P_{cross} \tag{11.105}$$

那么上式中的点积 P_{dot} 与叉积 P_{cross} 分别等于

$$\begin{aligned}P_{dot} &= I_P(n-1)I_P(n)+Q_P(n-1)Q_P(n)\\ &= A_P(n-1)A_P(n)\cos\left(\phi_e(n)-\phi_e(n-1)\right)\end{aligned} \tag{11.106}$$

$$\begin{aligned}P_{cross} &= I_P(n-1)Q_P(n)-Q_P(n-1)I_P(n)\\ &= A_P(n-1)A_P(n)\sin\left(\phi_e(n)-\phi_e(n-1)\right)\end{aligned} \tag{11.107}$$

以上两式表明，从历元 $n-1$ 和 n 的 I/Q 相干积分结果出发，我们可以计算出包含相位差变化量 $\phi_e(n)-\phi_e(n-1)$ 信息的点积 P_{dot} 和叉积 P_{cross}。

锁频环采用的频率鉴别方法主要有以下几种。

（1）式（11.103）当然是一种鉴别频率差的方法，但是因为计算相位差 $\phi_e(n-1)$ 和 $\phi_e(n)$ 共需要两次反正切函数运算，所以计算量较大。式（11.106）和式（11.107）表明，相位差变化量 $\phi_e(n)-\phi_e(n-1)$ 的值正好等于复数相量 $P_{dot}+\mathrm{j}P_{cross}$ 在相量图中的相角。因此，为了减少计算量，鉴频计算式（11.103）可以等价地改写成

$$\omega_e(n)=\frac{\arctan 2(P_{cross},P_{dot})}{t(n)-t(n-1)} \tag{11.108}$$

上式只需要计算一次四象限反正切函数。式（11.103）或式（11.108）代表一种最准确的鉴频方法，且它们的鉴频结果与信号幅值无关。

（2）式（11.107）表明，叉积 P_{cross} 与 $\sin(\phi_e(n)-\phi_e(n-1))$ 成正比，而当锁频环锁定信号时，$\phi_e(n)-\phi_e(n-1)$ 的值应该非常接近零，即 $\sin(\phi_e(n)-\phi_e(n-1))$ 的值近似地等于 $\phi_e(n)-\phi_e(n-1)$。于是第二种鉴频器的计算公式为

$$\omega_e(n)=\frac{P_{cross}}{t(n)-t(n-1)} \tag{11.109}$$

该鉴频方法计算量小，但鉴频结果与信号幅值的乘积 $A_P(n-1)A_P(n)$ 成正比。

（3）第三种鉴频器的计算公式为

$$\omega_e(n)=\frac{P_{cross}\cdot\mathrm{sign}(P_{dot})}{t(n)-t(n-1)} \tag{11.110}$$

式中，符号函数 $\mathrm{sign}(\cdot)$ 的定义与式（11.95）中的一样。与上一种鉴频方法不同的是，$\mathrm{sign}(P_{dot})$ 能够检测出数据比特跳变引起的 180°相变，因此这种方法对数据比特跳变不敏感。此外，该鉴频方法计算量较小，但是频率牵入范围仅为 $-1/4T_{coh}\sim+1/4T_{coh}$，且鉴频结果与信号幅值的平方成正比。

图 11.17 中的曲线描述了以上三种鉴频法在相干积分时间 T_{coh} 为 10 ms 时的频率差输入-输出关系，其中环路噪声假定为零。可见，当频率误差较小时，三者的鉴频结果相互之间非常接近。

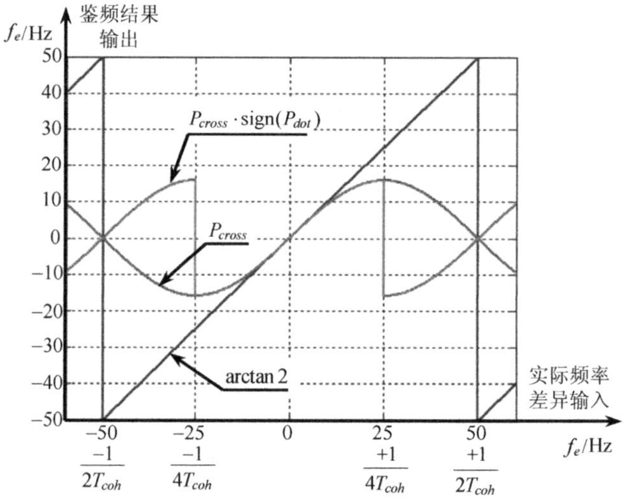

图 11.17　不同鉴频方法的对比

11.3.3 测量误差与跟踪门限

锁频环的频率误差鉴别结果经环路滤波器的滤波后，施加到载波数控振荡器的控制输入端，调节载波数控振荡器的输出频率，以便与接收载波频率保持一致。与锁相环一样，锁频环可以直接从载波数控振荡器上读取其复制的载波频率，从而推断出该接收信号的多普勒频移。除了输出最直接的多普勒频移测量值，锁频环还通过载波积分器输出积分多普勒测量值 $d\phi$。若给定一个初始值，则积分多普勒测量值 $d\phi$ 就变成了载波相位测量值 ϕ。尽管锁频环也产生了载波相位测量值，但是由于它未进行相位差校正，而纯粹经由多普勒频移对时间积分得到，因此这种载波相位测量值没有锁相环的载波相位测量值那样精确。

与锁相环相类似，锁频环的频率测量误差源也包括频率抖动和动态应力误差两部分，其中频率抖动主要由热噪声所致，而由机械颤动和艾兰方差引起的频率抖动量因相对较小而被忽略。

以 Hz 为单位的热噪声频率抖动均方差 σ_{tFLL} 的估算公式为

$$\sigma_{tFLL} = \frac{1}{2\pi T_{coh}}\sqrt{\frac{4FB_L}{C/N_0}\left(1+\frac{1}{T_{coh}\cdot C/N_0}\right)} \tag{11.111}$$

其中，当载噪比 C/N_0 较高时，参数 F 取值为 1；否则，当 C/N_0 较低而使信号跟踪接近门限时，F 可取值为 2。

式（11.52）给出了 N 阶锁相环的稳态相位跟踪误差，对 N 阶锁频环来讲，它的稳态频率跟踪误差 f_e 可通过对式（11.52）求导获得，即

$$f_e = \frac{\mathrm{d}}{\mathrm{d}t}\left(\frac{1}{\omega_n^N}\frac{\mathrm{d}^N R}{\mathrm{d}t^N}\right) = \frac{1}{\omega_n^N}\frac{\mathrm{d}^{N+1} R}{\mathrm{d}t^{N+1}} \tag{11.112}$$

对锁频环跟踪门限的一种保守估计方法是，3 倍的频率测量误差均方差不得超过四分之一的鉴频牵入范围，即

$$3\sigma_{FLL} = 3\sigma_{tFLL} + f_e \leqslant \frac{1}{4T_{coh}} \tag{11.113}$$

式中，σ_{FLL} 为频率测量误差均方差，锁频环的鉴频牵入范围假定为 $-1/2T_{coh} \sim +1/2T_{coh}$。

【例 11.6】 某个二阶锁频环的噪声带宽 B_L 为 4 Hz，预检相干积分时间 T_{coh} 为 10 ms，其他滤波参数的值按表 11.1 选取。若接收机在卫星观测方向上相对于卫星做 10g/s 的加加速度运动，其中重力加速度 g 为 9.8 m/s²，试求该锁频环在此动态应力作用下产生的稳态跟踪误差。

解： 由表 11.1 得

$$\omega_n = \frac{B_L}{0.53} = \frac{4}{0.53} = 7.547 \quad [\text{Hz}] \tag{11.114A}$$

将所有其他参数代入式（11.109），得

$$f_e = \frac{1}{\omega_n^2}\frac{\mathrm{d}^3 R}{\mathrm{d}t^3} = \frac{10\times 9.8}{7.547^2} = 1.721 \quad [\text{m/s}] \tag{11.114B}$$

上述以 m/s 为单位的稳态跟踪误差值除以波长 0.19 m 后等价地转换成 9.058 Hz，它小于跟踪门限值 $1/4T_{coh}$（25 Hz）。

11.4 锁相环与锁频环的对比与组合

前面两节分别介绍了锁相环与锁频环，它们都是接收机可实际采用的、能独立运行的载波环。与选择长的或短的预检积分时间 T_{coh}、宽的或窄的环路带宽 B_L 等参量一样，在选择锁相环或锁频环作为接收机的载波环时，应该综合考虑环路的噪声性能与动态性能两个方面。

如果将锁相环与锁频环进行比较，那么我们知道它们的根本区别是鉴别器的不同，由此就带来如下一些主要的不同特性[7]。

（1）锁相环采用较窄的噪声带宽，能比较紧密地跟踪信号，输出的载波相位测量值相当精确，且解调出的数据比特错误率较低，但它对动态应力的容忍性较差。当噪声较强或所需环路带宽较宽时，锁相环就有可能难以锁定信号。事实上，在锁相环、锁频环和第 12 章的码环中，锁相环是最脆弱的一种环路。

（2）锁频环采用较宽的噪声带宽，动态性能较好，能更鲁棒地容忍用户的高动态应力及射频、多路径和电离层风暴等干扰，能跟踪信噪比更低的信号，且对数据比特跳变较不敏感；然而，它对信号的跟踪略欠紧密，环路噪声较高，输出的载波相位测量值欠精确，且数据解调过程中发生的比特错误率较高。因为锁频环跟踪的是信号的频率，所以对 11.2.3 节讨论的稳态响应来说，$N-1$ 阶锁频环可以获得与 N 阶锁相环相当的性能，即一阶锁频环能够准确无误地跟踪频率阶跃信号，而二阶锁频环能够准确无误地跟踪频率斜升信号（加速度运动）。

认识双方的优缺点后，我们希望载波环在用户动态性较低的情况下能像锁相环那样精确地跟踪和测量载波信号，而在用户动态性较高的情况下能像锁频环那样牢固地锁定信号，或者能快速地重捕和牵入信号。也就是说，我们希望将锁频环与锁相环组合起来去跟踪、测量接收到的载波信号，以充分发挥锁频环和锁相环双方的优势。

锁频环辅助下的锁相环是一种相当常见的锁相环与锁频环的组合方案，其中的锁相环和锁频环同时运行[8, 10, 11, 12, 27]。因为锁频环滤波器输出的频率差要经过积分后才能成为锁相环滤波器输出的相位差，所以一阶锁频环通常用来辅助二阶锁相环，而二阶锁频环通常用来辅助三阶锁相环。图 11.18 所示的是二阶锁频环辅助下的三阶锁相环的滤波部分，其中锁频环与锁相环中由它们各自的环路带宽决定的特征频率 ω_{nf} 与 ω_{np} 通常来说是不同的，读者应仔细观察图中锁频环的信息是如何经过积分后加到锁相环相应的滤波支路上的。由于组合环路中的锁频环能够跟踪接收信号变化中相应于高动态应力的高阶成分，因此在接收信号变化中扣除这部分高阶成分后，组合环路中的锁相环对信号的跟踪与锁定变得相对容易。

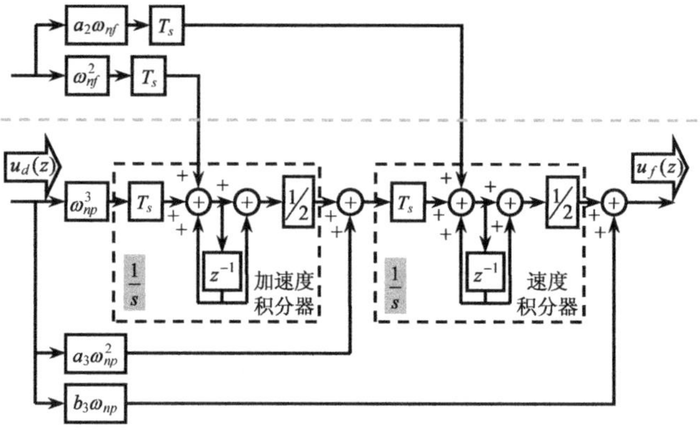

图 11.18　二阶锁频环辅助下的三阶锁相环

我们从图 11.18 可以看出组合环路的灵活性：当输入锁相环的信号为零时，该组合环路就变成了纯粹的锁频环；当输入锁频环的信号为零时，该组合环路就变成了纯粹的锁相环。这样，利用组合环路变换到纯锁相环或纯锁频环的灵活性，接收机可以根据当前情况实时地调整载波环的跟踪策略。首先，当接收机信号通道从捕获阶段切换到跟踪阶段时，因为捕获阶段得到的接收信号载波频率估计值与其真实值之间可能存在一个较大的偏差，且那时位同步尚未实现，所以锁相环不适合用来快速地牵入、跟踪信号，而锁频环却能较轻松地对付这种频率跟踪误差，能更快地将信号牵入稳态跟踪状态；接着，当载波环以锁频环的形式闭合并锁定信号后，它就从纯锁频环形式逐步进入锁频环辅助下的锁相环形式，直至最后的纯锁相环形式，使载波环在锁定信号的前提下在尽可能多的时间内输出纯锁相环的精确相位测量值；最后，当高动态应力等因素使锁相环对锁定信号发生困难时，载波环又可从纯锁相环变换成纯锁频环形式，以尽量维持对信号的跟踪。

结合 11.2.4 节提出的变环路带宽技术，我们可将这种载波环的跟踪策略概括如下[16]：当信号通道从捕获阶段进入跟踪阶段时，载波环以宽带 B_L、短相干积分时间 T_{coh} 的锁频环形式开始闭合环路，然后逐步依次地转变成窄带锁频环和宽带锁相环，直至最后以窄带 B_L、长相干积分时间 T_{coh} 的锁相环形式作为稳态载波环；当信号失锁时，载波环又由窄带锁相环变回宽带锁频环；在信号失踪后，信号通道从宽带锁频环的跟踪阶段重新进入捕获阶段。在不同参数的载波环形式之间进行切换的依据是锁频环和锁相环的锁定检测结果，锁定检测将在 12.2.2 节中讨论。

随着接收机软/硬件资源的丰富，接收机现在有条件采用多个信号跟踪环路来跟踪每颗卫星，从而一方面确保在不同动态应力下维持对信号的锁定，另一方面在尽可能多的时间内对信号进行精确测量。例如，文献[29]让进行精确测量的锁相环和能承受高动态应力的锁频环两条环路同时跟踪同一卫星信号。

参考文献

[1] ARINC Research Corporation, NavStar GPS Space Segment / Navigation User Interfaces, IS-GPS-200, El Segundo, CA., December 7, 2004.

[2] Best R., Phase-Locked Loops: Design, Simulation, and Applications, Fifth Edition, McGraw-Hill, 2003.

[3] Braasch M., Van Dierendonck, A.J., "GPS Receiver Architectures and Measurements, " Proceedings of the IEEE, Vol. 87, No. 1, January 1999.

[4] Curtin M., O'Brien P., "Phase-Locked Loops for High-Frequency Receivers and Transmitters", Analog Dialogue 33-3, 1999.

[5] Gardner F., Phaselock Techniques, Second Edition, John Wiley & Sons, 1979.

[6] Hamm C., Flenniken IV W., Bevly D., Lawerence D., "Comparative Performance Analysis of Aided Carrier Tracking Loop Algorithms in High Noise/High Dynamic Environments, " ION GNSS, Long Beach, CA, September 21-24, 2004.

[7] Hinedi S., "An Extended Kalman Filter Based Automatic Frequency Control Loop, " Telecommunications and Data Acquisition Progress Report 42-95, pp. 219-228, Jet Propulsion Laboratory, California Institute of Technology, Pasadena, CA, 1988.

[8] Jovancevic A., Brown A., Ganguly S., Goda J., Kirchner M., Zigic S., "Real-Time Dual Frequency Software Receiver, " ION GPS/GNSS, Portland, OR, 2003.

[9] Jung H., Psiaki M., Powell S., "Kalman-Filter-Based Semi-Codeless Tracking of Weak Dual-Frequency GPS Signals, " ION GPS/GNSS, Portland, OR, September 2003.

[10] Kaplan E., Understanding GPS: Principles and Applications, Second Edition, Artech House, Inc., 2006.

[11] Kelley C., Cheng J., Barnes J., "OpenSourceGPS: Open Source Software for Learning about GPS, " ION GPS, Portland, OR, September 2002.

[12] Krumvieda K., Cloman C., Olson E., Thomas J., Kober W., Madhani P., Axelrad P., "A Complete IF Software GPS Receiver: A Tutorial About the Details, " ION GPS, Salt Lake City, UT, pp. 789-829, September 2001.

[13] Langton C., "Unlocking the Phase Lock Loop, " Complextoreal.com, 2002.

[14] Lewis P., Weingarten W., "A Comparison of Second, Third, and Fourth Order Phase-Locked Loops, " IEEE Transactions on Aerospace and Electronic Systems, Vol. AES-3, No. 4, pp. 720-727, July 1967.

[15] Lian P., Improving Tracking Performance of PLL in High Dynamic Applications, Master Thesis, Department of Geomatics Engineering, University of Calgary, Canada, November 2004.

[16] Ma C., Lachapelle G., Cannon M., "Implementation of a Software GPS Receiver, " ION GNSS, Long Beach, CA, September 21-24, 2004.

[17] Natali F., "Noise Performance of a Cross-Product AFC with Decision Feedback for DPSK Signals, " IEEE Transactions on Communications, Vol. 34, Issue 3, March 1986.

[18] Parkinson B., Spilker J., Axelrad P., Enge P., Global Positioning System: Theory and Applications, American Institute of Aeronautics and Astronautics, 1996.

[19] Psiaki M., "Smoother-Based GPS Signal Tracking in a Software Receiver, " ION GPS, Salt Lake City, UT, September 11-14, 2001.

[20] Psiaki M., Jung H., "Extended Kalman Filter Methods for Tracking Weak GPS Signals, " ION GPS, Portland, OR, September 2002.

[21] Rinder P., Bertelsen N., Design of a Single Frequency GPS Software Receiver, Master Thesis, Aalborg University, Denmark, 2004.

[22] Statman J., Hurd W., "Digital Phase-Lock Loop Having an Estimator and Predictor of Error, " US Patent 4771250, September 13, 1988.

[23] Stephens D., Phase-Locked Loops For Wireless Communications: Digital, Analog and Optical Implementations, Second Edition, Kluwer Academic Publishers, 2002.

[24] Tsui J., Fundamentals of Global Positioning System Receivers: A Software Approach, Second Edition, John Wiley & Sons, 2005.

[25] Viterbi A.J., "Phase-Locked Loop Dynamics in the Presence of Noise by Fokker-Planck Techniques, " Proceedings of the IEEE, Vol. 51, pp. 1737-1753, December 1963.

[26] Ward P., "An Inside View of Pseudorange and Delta Pseudorange Measurements in a Digital NAVSTAR GPS Receiver, " International Telemetering Conference, San Diego, CA, October 13-15, 1981.

[27] Ward P., "Performance Comparisons between FLL, PLL and a Novel FLL-Assisted-PLL Carrier Tracking Loop under RF Interference Conditions, " Proceedings of the 11th International Technical Meeting of the Satellite Division of the ION, Nashville, TN, pp. 783-795, September 15-18, 1998.

[28] Watson R., Lachapelle G., Klukas R., Turunen S., Pietila S., Halivaara I., "Investigating GPS Signals Indoors with Extreme High-Sensitivity Detection Techniques, " Navigation; Journal of the Institute of Navigation, Vol. 52, No. 4, Winter 2005-2006.

[29] Whight K., "Electronic Navigation Apparatus, " US Patent 6353408, March 5, 2002.

[30] Ziedan N., Garrison J., "Bit Synchronization and Doppler Frequency Removal at Very Low Carrier to Noise Ratio Using a Combination of the Viterbi Algorithm with an Extended Kalman Filter, " ION GPS/GNSS, Portland, OR, September 2003.

第 12 章　码环和基带数字信号处理

码跟踪环路简称码环，其主要功能是保持复制 C/A 码与接收 C/A 码之间的相位一致性，从而得到对接收信号的码相位及其伪距测量值。码环与第 11 章介绍的载波环联系紧密，彼此互相支持，共同组成 GPS 接收机的信号跟踪环路，完成各种基带数字信号处理任务。

首先，12.1 节详细介绍码环，包括其环路结构、相关运算、非相干积分、相位鉴别器及测量误差和跟踪门限等。12.2 节将载波环和码环组合起来，讨论信号跟踪环路运行中的锁定检测。12.3 节解释接收机在跟踪信号的同时所需完成的其他多项基带数字信号处理任务，主要包括位同步、帧同步、奇偶检验和测量值的生成等。12.4 节和 12.5 节是两节专题论述，前者深入探讨多路径对跟踪环路运行的影响和我们可以采取的各种多路径抑制对策，后者简单地讲述对 GPS 信号和 GPS 接收机的各种干扰。

12.1　码环

第 11 章介绍的载波环通过复制一个与接收载波信号的相位或频率相一致的载波，让接收信号与复制载波进行相乘混频，以剥离接收信号中的载波，从中获得对接收载波信号的相位或频率测量值，并解调出接收信号上调制的导航电文数据比特。类似地，码环通过复制一个与接收信号中的伪码（这里通常默认为 C/A 码）相位相一致的伪码，让接收信号与复制伪码相乘相关，以剥离接收信号中的伪码，从中获得 GPS 定位必需的伪距这个重要测量值。因为同为反馈控制回路的码环与载波环存在很多共性，而第 11 章又全面地分析了以锁相环为代表的环路系统，所以本节重点介绍码环具有的个性部分。本节的内容主要参考了文献[22, 46]等。

12.1.1　延迟锁定环路

码环的实现形式通常表现为如图 12.1 所示的延迟锁定环路（DLL）。事实上，我们平常所说的码环指的就是延迟锁定环路，延迟锁定环路已被默认为码环。本节描述延迟锁定环路或码环的基本工作原理和组成结构。

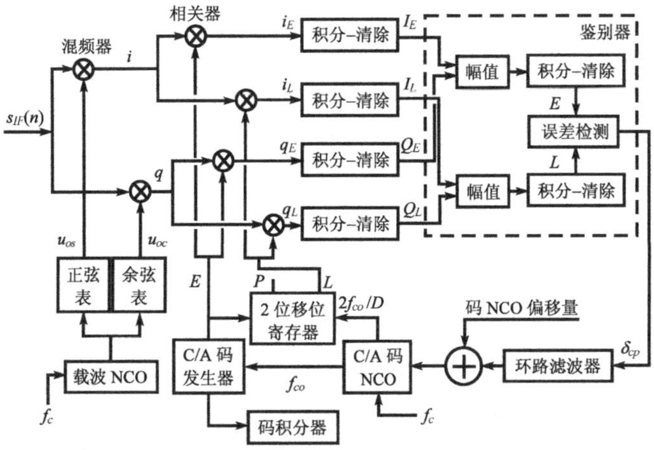

图 12.1　一种典型的码环

第 2 章告诉我们，C/A 码具有良好的自相关和互相关特性：只有当两个相同序列的 C/A 码对齐时，二者之间的相关性才达到最大值；否则，若两个 C/A 码为不同的序列，或者两个相同序列的 C/A 码之间存在相位差，则二者之间的相关性变低，甚至接近零。正是根据这个原理，接收机码环首先通过 C/A 码发生器复制一个其希望跟踪的那颗 GPS 卫星发射的、具有一定相位（也称延迟或时序）的 C/A 码信号，并将这一复制 C/A 码与接收信号做相关运算；然后让码相位鉴别器检测得到的相关结果幅值是否达到最大，并从中估算出复制 C/A 码与接收 C/A 码之间的相位差；最后将滤波后的码相位差作为 C/A 码数控振荡器的控制输入，以相应地调节 C/A 码发生器输出的复制 C/A 码的频率和相位，使复制 C/A 码与接收 C/A 码时刻保持对齐。

尽管码环的用意是将复制 C/A 码与接收 C/A 码之间的相关结果维持在最大值，以此锁定接收信号，但是我们可以想象，如果码环在每个时刻只复制一份 C/A 码，那么由于缺乏可比性，码环会难以判断该份复制 C/A 码与接收信号的相关结果是否真的达到最大。因此，码环一般复制三份（也可以是两份或多份）不同相位的 C/A 码，它们分别称为超前（Early）、即时（Prompt）和滞后（Late）复制 C/A 码，且分别用字母 E, P 和 L 表示，其中超前码的相位比即时码的相位略微超前，滞后码的相位比即时码的相位略微落后，而码环希望即时码与接收 C/A 码之间的相位保持一致。这三份不同相位的复制 C/A 码分别同时与接收信号做相关运算后，码环可以通过比较所得的多个（如 E 和 L 两支路上的）相关结果，从中推算出 C/A 码自相关函数（ACF）主峰顶端的位置。这相当于确定了即时 C/A 码与接收 C/A 码之间的相位差，进而一方面获得对接收信号的码相位测量值，另一方面将码相位差信息反馈给 C/A 码数控振荡器（NCO）而闭合环路。

如图 12.1 所示，作为基带数字信号处理模块输入的数字中频信号 $s_{IF}(n)$ 首先分别同时与 I 支路上的正弦载波复制信号 $u_{os}(n)$ 和 Q 支路上的余弦载波复制信号 $u_{os}(n)$ 相乘，混频生成 $i(n)$ 和 $q(n)$ 信号，使得输入信号中包含多普勒频移在内的中频载波被彻底剥离，也就是说，$i(n)$ 和 $q(n)$ 信号的中心频率被平移到零，但它们此时仍被噪声淹没；然后，I 支路上的混频结果信号 $i(n)$ 分别同时与超前、即时和滞后复制 C/A 码进行时间通常长达 1 ms 的相关运算，生成 i_E, i_P 和 i_L 信号（为了简化表达，我们以后将省略数字信号中的编号 n），Q 支路上的信号 q 也分别同时与这三份复制 C/A 码进行相关而生成 q_E, q_P 和 q_L 信号，此时输入信号中（特别是 P 支路上）的 C/A 码被彻底剥离，解扩后的 i_E, i_P, i_L, q_E, q_P 和 q_L 变成只含数据比特的真正基带信号，且它们的强度一举超过噪声强度；接着，为了进一步提高信噪比，i_E, i_P, i_L, q_E, q_P 和 q_L 经过相干积分时间为 T_{coh} 的积分-清除器后，分别变成 I_E, I_P, I_L, Q_E, Q_P 和 Q_L；后来，根据这六个相干积分结果信号中的 I_E, I_L, Q_E 和 Q_L，码环鉴别器可估算出即时复制 C/A 码与输入 C/A 码之间的相位差 δ_{cp}，并经环路滤波器滤波后作为 C/A 码数控振荡器的控制输入；最后，C/A 码数控振荡器相应地调整其输出频率 f_{co}，而 C/A 码发生器在 f_{co} 的驱动下输出码率和相位得到相应调整的复制 C/A 码。可见，码环的运行和控制过程与第 11 章的载波环非常相似。事实上，第 11 章中关于载波环的系统函数、阶数、稳态响应、暂态响应和参数等理论分析方法与结果同样适用于这里的码环。

一方面是考虑到许多码环鉴别器原则上只需 E 和 L 两条相关支路上的信号作为输入，另一方面是为了强调与第 11 章图 11.10 所示的载波环必须利用 P 支路信号的区别，我们在图 12.1 中故意没有画出 P 相关支路上接收信号与即时复制 C/A 码进行相关等部分的信号处理流程。当码环进入锁定状态后，由于它复制的即时 C/A 码与接收 C/A 码之间的相位保持一致，因此 P 支路上的即时 C/A 码可用来替载波环彻底剥离接收信号中的 C/A 码，使得经载波剥离和伪码剥离后的接收信号中只剩下导航电文数据比特。正是由于码环能复制出与接收 C/A 码相一致的 C/A 码，图 11.10 中载波环的 P 支路复制 C/A 码是由码环提供的。在码环为载波环的正常运行提供帮助的同时，载波环反过来也协助码环的正常运行。第 11 章的式（11.77）告诉我们，如果复制载波与接收载波之间存在频率差，那么它会削弱相干积分的效果，使码环对 C/A 码相关结果的检测变得困难。正是由于载波环能复制出与接收载波相一致的载波，图 12.1 中码环的复制数字正弦载波和余弦载波是由载波环提供的，以帮助码环彻底剥离接收信号中的载波。

接收 C/A 码与复制 C/A 码之间的相关运算，是通过 ASIC 形式的数字相关器实现的，12.1.2 节将介绍相关器的一些情况。因为在每个卫星信号接收通道中，I 和 Q 支路上的信号要分别同时与超前、即时和滞后复制 C/A 码做相关运算，所以每个通道原则上需要 6 个数字相关器。每份不同的复制 C/A 码被输入一个不同的相关器内，与接收信号进行相关运算，即超前码被输入超前相关器，即时码被输入即时相关器，而滞后码被输入滞后相关器。我们把两份不同复制 C/A 码之间的相位差称为相应两个相关器的间距。超前码与即时码之间的相位差通常等于即时码与滞后码之间的相位差，也就是说，超前、即时和滞后三个相关器之间等间距。需要再次强调的是，相关器间距不是相关器硬件之间的物理距离，而是作为输入的复制 C/A 码之间的相位差。如果 d 代表相邻两个相关器之间的间距，D 代表超前与滞后两个相关器之间的间距，那么前后相关器间距 D 是相关器间距 d 的两倍，即

$$D = 2d \tag{12.1}$$

间距 d 和 D 通常以码环跟踪的目标伪码（如 C/A 码或 P(Y)码）的码片为单位，也可以说，它们是一个与 1 伪码码片长度相比的没有单位的比率值。相关器间距 d 是码环的一个非常重要的设计参数，对常规型接收机来说，相关器间距 d 一般为 $\frac{1}{2}$ 码片，相应的前后相关器间距 D 等于 1。

C/A 码发生器可基于第 2 章中图 2.9 所示的数字电路加以实现，实时地产生 C/A 码；另一种产生 C/A 码的方法是直接播放预先保存到接收机记忆单元中的 C/A 码序列。C/A 码发生器复制的超前码经二位移位寄存器移位后依次变成即时码和滞后码，其中码发生器的工作频率为 f_{co}，驱动二位移位寄存器的时钟频率则相应地为 $2f_{co}/D$，由此复制出三份等间距的 C/A 码。

如图 12.1 所示，用来控制码数控振荡器相位增量的输入量，等于码环滤波结果加上码数控振荡器偏移量，而该码数控振荡器偏移量的作用与图 11.10 中载波数控振荡器偏移量的作用相类似，它可使码数控振荡器在码环滤波结果为零的情况下，输出的频率 f_{co} 正好等于 C/A 码的标称码率 1.023 MHz。码数控振荡器的分辨率与其字长有关，它输出的时钟信号用来驱动码发生器，而不必像载波数控振荡器一样还需要经过正弦和余弦查询。

为了加深理解码环利用 C/A 码自相关结果进行鉴相的原理，图 12.2 对这一鉴相过程形象地做了描述。获得接收信号分别与超前、即时和滞后复制 C/A 码的相关相干积分结果 I_E, I_P, I_L, Q_E, Q_P 和 Q_L 后，码环鉴别器首先根据稍后的式（12.8）～式（12.10）计算出自相关幅值 E, P 和 L，然后将这些自相关结果与主峰呈三角形的 C/A 码自相关函数（ACF）曲线对照，检测出复制的即时 C/A 码与接收到的 C/A 码之间的相位差 δ_{cp}。2.2 节告诉我们，C/A 码自相关函数的三角形主峰左右对称，码环鉴相的基本原理正好利用了这种自相关函数主峰的对称性：如果超前与滞后相关器输出的相关幅值 E 与 L 相等，那么位于超前码与滞后码中间的即时码必然与接收 C/A 码在相位上保持一致；否则，如果超前与滞后相关器输出的相关幅值 E 与 L 不等，那么意味着即时码与接收 C/A 码之间的相位不一致，于是码环根据相关幅值 E 与 L 之间的差鉴别出此时即时码与接收 C/A 码之间的相位差 δ_{cp}，然后通过反馈调节机制尽力使下一时刻超前与滞后相关器输出的相关幅值相等。在图 12.2 中，三角形自相关函数曲线上的实心圆点代表即时复制码与接收 C/A 码对齐时的各个自相关结果，而空心圆点代表即时复制码在相位上落后于接收 C/A 码相位时的各个自相关结果。

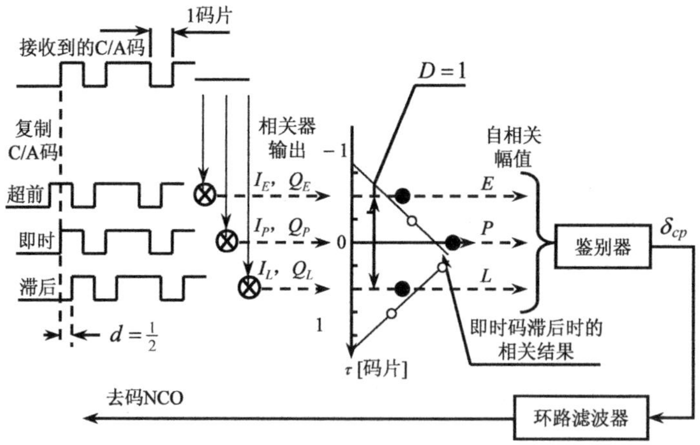

图 12.2　码环鉴相原理

预检积分、鉴别器和环路滤波器决定码环的噪声和动态等重要性能，第 11 章对预检积分做了详细介绍，接下来的几节进一步探讨码环利用自相关幅值进行鉴相的过程，本节的最后介绍码环滤波。码环鉴别器输出的码相位差 δ_{cp} 作为随后环路滤波器的输入信号，以滤除鉴相结果中的高频噪声。因为接收机码环通常采用载波辅助的形式（见 12.2.1 节），所以码环很少采用高阶滤波器对不同时刻的相位差 δ_{cp} 进行滤波。一阶差分滤波器是一种常见的码环滤波方法，它的滤波计算公式如下：

$$\hat{\delta}_{cp}(n) = (1-\alpha)\hat{\delta}_{cp}(n-1) + \alpha\delta_{cp}(n) \tag{12.2}$$

式中，$\hat{\delta}_{cp}(n)$ 代表历元 n 时刻对相位差 $\delta_{cp}(n)$ 的滤波值。可见，上式实际上是 6.2 节中介绍的 α 滤波器，其中 α 为滤波系数，例如它在文献[70]中取值为 0.05。

12.1.2　相关器与自相关函数

接收信号与复制 C/A 码的相关运算由数字相关器完成，相关器是接收机的心脏。若接收信号中的 C/A 码为 $x(n)$，接收机内部复制的 C/A 码为 $y(n)$，则相关器对 $x(n)$ 与 $y(n)$ 进行相关运算后的结果为

$$z(n) = \frac{1}{N}\sum_{k=0}^{N-1} x(k)y(k-n) \tag{12.3}$$

式中，N 为参加相关运算的离散数据点数目，它通常对应着 1 ms 长的采样数据量。

如果一个数字滤波器的单位脉冲响应为 $y(-n)$，那么根据附录 E 的知识和 C/A 码的周期性特点，读者自己可以证明该滤波器对输入信号 $x(n)$ 的滤波相当于进行如上式所示的相关运算。因此，相关器又等价地称为匹配滤波器。只有当 $x(n)$ 与 $y(n)$ 为同一种序列且它们的相位又相互一致时，二者之间的相关结果或者说滤波结果 $z(n)$ 才会出现最大值。若 $x(n)$ 与 $y(n)$ 为同一种序列，则它们之间的相关结果被称为自相关值 $R(\tau)$。由式（12.3）得到的最大自相关值等于 1，但是我们也可以删除式中的因子 $1/N$，而如此定义的最大相关值变为 N。需要指出的是，在接收机基带数字信号处理过程中，若不考虑数值的分辨率（位数）这一因素，则将相关结果等数字信号放大或缩小某个倍数理论上不影响信噪比和信号信息。例如，为了避免在相干积分过程中发生数值溢出，跟踪环路可视情况按一定比率缩小相干积分值[5]。

数字相关器可简单地视为由一个乘法器和随后的一个加法器组成，用以完成如式（12.3）所

示的相关运算。尽管接收机通常进行时长至少为 1 ms 的相关运算，以获取必要的信号处理增益，但这不意味着相关器中的加法器必须持续累加 1 ms。相关器可将 1 ms 长的相关运算分隔成多段，然后让随后的相干积分器将相关器输出的多段相关运算结果累加成 1 ms 长的相关值[5]。因为 C/A 码的码率为 1023 码片/毫秒，而我们假设接收机对每个码片长的接收信号产生两个复数采样点，且不同的接收通道不共享同一个相关器，那么每个相关器在每毫秒内至少需要完成近两千个数据对的相关运算，才能及时处理完接收到的 GPS 卫星信号数据，所以接收机对相关器的运算速度要求很高。事实上，如 10.3.4 节末尾指出的那样，由于接收机通常将接收到的卫星信号数据首先陆续地保存在某个记忆元件上，然后等数据堆积到一定长度时交给相关器处理，于是相关器必须在下一段数据到来之前处理完当前的一段数据，因此相关器的实际运算性能还要高很多。在 13.1.1 节的最后，我们将简单地介绍相关运算的多种不同实现形式。

12.1.1 节指出，每个接收通道上的码环包含 6 个相关器，不同通道、不同支路上的相关器可以同时运行。为了削弱多路径效应并实现信号的快速捕获，现代 GPS 接收机经常配置有成千上万个并行相关器硬件资源，而微电子工艺水平的进步又为此创造了条件。10.1 节提到了复用式设计，这种设计方式可在不增加硅耗量的情况下通过提高时钟频率来等效地提供大量数目的相关器资源。为了降低能耗，各个不同部分的相关器通常可以被自由、独立地关闭或选中运行[92]。在 GPS 接收机基带数字信号处理 ASIC 设计中，设计出运算速度快、成本低和能耗少的相关器是关键任务之一。有关相关器的多种设计理念及其电路图，读者可参阅文献[4, 32, 51]等。

在第 11 章对载波环的讨论中，我们曾假定 P 支路上的复制 C/A 码与接收 C/A 码在相位上保持绝对的一致，认为二者的相关性维持在最大值 1。然而，在本节对码环的讨论中，我们关心的是如何使复制 C/A 码的相位与接收 C/A 码的相位保持一致，且希望通过多条支路上的相关结果估算出二者的相位差 δ_{cp}。因此，这里需要对第 11 章中的有关公式做适当的修改，并考虑不一定等于 1 的 C/A 码自相关值。

假设图 12.1 中的相关器完整地进行 1 ms 长的相关运算，那么以 P 支路（图中未画出）为例，混频结果 $i(n)$ 与 $q(n)$ 分别与即时复制 C/A 码相关后输出的相关结果 $i_P(n)$ 与 $q_P(n)$ 可分别表达成

$$i_P(n) = aD(n)R(\tau_P)\cos\left(\omega_e(n)t(n) + \theta_e\right) \tag{12.4}$$

$$q_P(n) = aD(n)R(\tau_P)\sin\left(\omega_e(n)t(n) + \theta_e\right) \tag{12.5}$$

式中，$D(n)$ 是值为±1 的数据比特电平值，τ_P 为即时复制 C/A 码与接收 C/A 码的相位差（码环希望估算出的 δ_{cp}），$R(\cdot)$ 代表最大值为 1 的 C/A 码自相关函数。可见，上述两式与式（11.80）和式（11.81）的区别就在于，前者考虑了值不一定等于 1 的自相关值 $R(\tau_P)$，而后者认为 $R(\tau_P)$ 等于 1。若对相关结果 $i_P(n)$ 与 $q_P(n)$ 分别进行相干积分，则自相关值 $R(\tau_P)$ 也会相应地出现在相干积分结果 $I_P(n)$ 与 $Q_P(n)$ 中，即

$$I_P(n) = aD(n)R(\tau_P)\,\mathrm{sinc}\,(f_e T_{coh})\cos\phi_e \tag{12.6}$$

$$Q_P(n) = aD(n)R(\tau_P)\,\mathrm{sinc}\,(f_e T_{coh})\sin\phi_e \tag{12.7}$$

式中，ϕ_e 为如式（11.79）定义的载波相位差。我们可以类似地计算出 E 和 L 支路上的相干积分结果 $I_E(n), Q_E(n), I_L(n)$ 和 $Q_L(n)$，它们的值与以上 $I_P(n)$ 和 $Q_P(n)$ 的区别，仅在于前者的自相关值为 $R(\tau_E)$ 和 $R(\tau_L)$，而后者的自相关值为 $R(\tau_P)$。由于超前、即时与滞后复制 C/A 码在相位上逐一落后 d 码片，因此它们分别与接收 C/A 码的相位差 τ_E, τ_P 和 τ_L 也逐一相差 d 码片。

式（12.6）和式（12.7）表明：P 支路上相干积分值 $I_P(n)$ 和 $Q_P(n)$ 的大小除了与频率误差 f_e 和自相关值 $R(\tau_P)$ 有关，还分别与载波环相位跟踪误差 ϕ_e 的余弦值和正弦值成正比。如果载波环采用

的锁相环还未到达稳态，或者载波环采用锁频环的形式，那么相位差 ϕ_e 很可能既不等于零，又不为一个恒定值，于是接收信号能量会随机地分散在 I 支路与 Q 支路上，使得码环不能仅根据 I 支路或 Q 支路上的相干积分值可靠地检测出 C/A 码的相关值大小。为了避免这种过度依赖载波环的工作形式和状态，码环经常采用非相干形式来检测相关结果。它将对应同一 C/A 码相位延时支路（如超前、即时或滞后支路）的 I 和 Q 两分支上的相干积分结果平方后相加，得到的结果被称为 C/A 码的**自相关功率**，该功率的平方根被称为**自相关幅值**。对于超前、即时与滞后支路，C/A 码自相关幅值 $E(n), P(n)$ 与 $L(n)$ 分别等于

$$E(n)=\sqrt{I_E^2(n)+Q_E^2(n)} \tag{12.8}$$

$$P(n)=\sqrt{I_P^2(n)+Q_P^2(n)} \tag{12.9}$$

$$L(n)=\sqrt{I_L^2(n)+Q_L^2(n)} \tag{12.10}$$

若将相应的相干积分值代入以上三式，则得

$$E(n)=aR(\tau_E)\ \left|\text{sinc}(f_eT_{coh})\right| \tag{12.11}$$

$$P(n)=aR(\tau_P)\ \left|\text{sinc}(f_eT_{coh})\right| \tag{12.12}$$

$$L(n)=aR(\tau_L)\ \left|\text{sinc}(f_eT_{coh})\right| \tag{12.13}$$

这样，将 I 支路和 Q 支路上的能量加起来后，尽管 C/A 码自相关幅值 $E(n), P(n)$ 和 $L(n)$ 仍都与 sinc(f_eT_{coh})的绝对值成正比，但是它们不再受复制载波相位正确与否的影响，从而使码环变得更加鲁棒，并在一定程度上独立于载波环。此外，从式（12.11）～式（12.13）还可看出，因为自相关幅值不含数据比特 $D(n)$ 的任何信息，所以对自相关幅值的积分就不再受数据比特长度和数据比特跳变的限制，而这正是 12.1.3 节所要介绍的非相干积分。

需要提醒的是，前面三式中的自相关值 $R(\tau)$ 原本应该以其绝对值 $|R(\tau)|$ 出现，但因为通常以非相干形式出现的码环将自相关幅值作为检测信号，所以在记住自相关幅值体现的是自相关的绝对值后，我们就将这一绝对值符号省略了。如图 12.2 所示，算出 C/A 码的自相关幅值 $E(n), P(n)$ 和 $L(n)$ 后，码环相当于获得了自相关函数 $R(\tau)$ 曲线上相邻间距为 d 的三个采样点 $R(\tau_E), R(\tau_P)$ 和 $R(\tau_L)$。依据这些对自相关函数曲线的采样点，码环可以估算出即时复制 C/A 码与接收 C/A 码的相位差 τ_P（ δ_{cp} ）。既然码环是利用 C/A 码的良好自相关性来实现对接收 C/A 码的检测与跟踪的，那么我们就有必要进一步认识 C/A 码的自相关函数。

第 2 章的图 2.10 给出了零噪声情况下某个 C/A 码自相关函数 $R(\tau)$ 的理论曲线实例，图 12.3(a)是这个 C/A 码自相关函数理论曲线的主峰部分，其中 τ 代表复制（特指即时复制）C/A 码与接收 C/A 码的相位差，确切地讲是复制 C/A 码滞后接收 C/A 码的相位量。当码相位差 τ 位于正负超过 1 码片的一定范围内时，C/A 码的自相关幅值最大不超过 1/1023，比值为 1 的自相关函数的主峰顶端低约 60 dB。为了便于理论分析，图 12.3(a)中的自相关函数主峰部分常被如图 12.3(b)所示的理想曲线代替，其三角形顶端左右两边的自相关函数线段 $R_E(\tau)$ 与 $R_L(\tau)$ 可分别表达成

$$R_E(\tau)=A_R(1+\tau) \tag{12.14}$$

$$R_L(\tau)=A_R(1-\tau) \tag{12.15}$$

因为接收机得到的自相关幅值的大小与接收信号的强弱、载波跟踪频率误差和射频前端带宽等因素有关，所以我们在以上两式中用变量 A_R 而非 1 来代表自相关函数峰值。无论是对图 12.3(a)中的理论曲线还是对图 12.3(b)中的理想曲线，由于三角形自相关函数主峰的各个尖角部分包含无穷多的高频成分，因此若要得到这种自相关结果，则接收机射频前端带宽 B_{fe} 必须为无穷大。

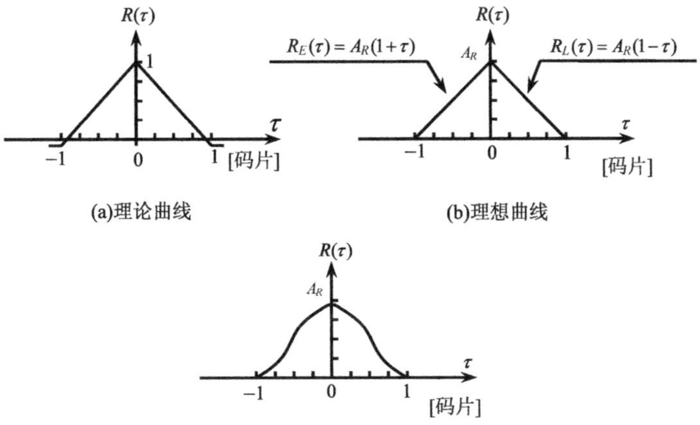

(a)理论曲线　(b)理想曲线

(c)实际曲线示例

图 12.3　C/A 码的自相关函数

然而，第 10 章告诉我们，为了限制噪声和干扰，现实中的接收机采用有限而非无限的射频前端带宽 B_{fe}。有限的射频前端带宽同时滤除 C/A 码信号中的高频成分，导致接收机码环实际输出的非相干积分幅值形成的 C/A 码自相关函数主峰不再是有棱有角的三角形，而是类似于图 12.3(c)所示的有着有限带宽的曲线形状。如该图所示，不但自相关函数主峰的尖角部分被平滑，而且主峰顶端左右两边的斜坡也不是直线，其中自相关幅值在±1/2 码片处偏高，且在主峰顶端处偏低。可以想象，自相关函数主峰顶端的平滑畸变会导致码环难以确定主峰顶端的真正位置，以至于降低对码相位的测量精度。为了获取自相关函数曲线的更多信息，以此提高确定自相关函数主峰顶端位置的精度，一种解决方案是让接收机复制出更多份不同延时的 C/A 码，然后经相关运算后得到自相关函数曲线上的更多采样点。

12.1.3　非相干积分

由式（12.8）～式（12.10）给出的自相关幅值 E, P 和 L 体现了接收 C/A 码在不同相位差时的自相关状况，因此通过检测这些自相关幅值来测量接收 C/A 码相位的方法，理论和实践上都是可行的。为了提高被检数据或被检信号的信噪比，特别是为了跟踪室内等环境中更为微弱的 GPS 信号，接收机码环通常进一步对接收信号进行非相干积分。如图 12.1 所示，非相干积分是在码环鉴别器的积分-清除器中进行的，且一般以软件形式加以实现。

以即时支路为例，假如接收通道在即时支路上每隔一个相干积分时间 T_{coh} 产生一对相干积分结果 $I_P(n)$ 与 $Q_P(n)$，然后码环根据式（12.9）计算出相应的自相关幅值为 $P(n)$，那么非相干积分就是码环对 N_{nc} 个自相关幅值 $P(n)$ 进行相加积累，即

$$P = \frac{1}{N_{nc}} \sum_{n=1}^{N_{nc}} P(n) = \frac{1}{N_{nc}} \sum_{n=1}^{N_{nc}} \sqrt{I_P^2(n) + Q_P^2(n)} \tag{12.16}$$

式中，整数 N_{nc} 被称为非相干积分数目。对于超前和滞后支路，它们的非相干积分值 E 和 L 的计算公式与上式完全相仿。我们接着将式（12.12）代入上式，得到非相干积分值 P 为

$$P = \frac{1}{N_{nc}} a \operatorname{sinc}\left|\operatorname{sinc}(f_e T_{coh})\right| \sum_{n=1}^{N_{nc}} R\left(\tau_P(n)\right) \tag{12.17}$$

上式表明：一方面，在频率跟踪误差 f_e 保持不变的情况下，非相干积分值 P 体现了多个时刻自相关值 $R\left(\tau_P(n)\right)$ 的平均值，仍然可以说与体现码相位跟踪误差的自相关值 $R(\tau_P)$ 成正比；另一方

面，在码相位跟踪误差保持不变的情况下，非相干积分值 P 又与体现频率跟踪误差 f_e 的 $|\text{sinc}|$ 函数值成正比。虽然上式表面上显示了非相干积分结果受频率误差 f_e 的影响，但这一影响实际上直接且全部来自相干积分，而非相干积分本身不受频率误差的影响。

我们将非相干积分时间 T_{nc} 定义为

$$T_{nc} = N_{nc} T_{coh} \tag{12.18}$$

即每个非相干积分值共需要经过 T_{nc} 长的时间积累才能得到，所以 T_{nc} 也被称为积分时间总长。例如，当相干积分时间 T_{coh} 为 10 ms 且 N_{nc} 为 10 时，非相干积分时间 T_{nc} 就等于 100 ms，于是码环每隔 100 ms 就从三条不同延时支路上各自得到一个非相干积分结果，即 E , P 和 L 。将这些非相干积分值代入 12.1.4 节中的码相位鉴别公式，接收机就可估算出码相位差 δ_{cp} 。

需要说明的是，这里 P （还有 E 和 L ）既代表由式（12.9）计算得到的自相关幅值，又代表由式（12.16）计算得到的非相干积分值，但这种做法一般不会引起含义上的任何混淆。首先，由式（12.9）计算得到的自相关幅值可视为由式（12.16）得到的非相干积分的一个特例，它刚好是 N_{nc} 等于 1 时的非相干积分值；其次，若不考虑噪声和信号强度变化等因素，则 N_{nc} 个自相关幅值的平均值仍然等于其中的任何一个自相关幅值，非相干积分并不改变信号的物理意义；最后，码环鉴别器真正检测的信号是非相干积分值，其中 N_{nc} 有可能为 1，而由式（12.9）给出的自相关幅值可视为一个暂时变量。因此，我们以后基本上只谈由式（12.16）给出的非相干积分值。

非相干积分值的计算涉及非线性的平方与开平方运算，而这会加重环路跟踪控制软件的计算负担。为了减少计算量，一般意义上的开平方运算

$$V = \sqrt{I^2 + Q^2} \tag{12.19}$$

可用以下的 Robertson 近似计算法代替[48]：

$$V = \max\left(|I| + \frac{1}{2}|Q|,\ |Q| + \frac{1}{2}|I|\right) \tag{12.20}$$

上式也可以等价地表达成

$$V = \max(|I|,\ |Q|) + \frac{1}{2}\min(|I|,\ |Q|) \tag{12.21}$$

需要指出的是，为了降低计算量，接收机可以采用另一种形式的非相干积分[5]：

$$P^2 = \frac{1}{N_{nc}} \sum_{n=1}^{N_{nc}} P^2(n) = \frac{1}{N_{nc}} \sum_{n=1}^{N_{nc}} \left(I_P^2(n) + Q_P^2(n)\right) \tag{12.22}$$

它对信号功率而非信号幅值进行积累与平均。由式（12.16）和式（12.22）得到的非相干积分值 P 均反映自相关值，只是二者具有不同的概率分布，它们的概率分布情况将在 13.1.4 节中解释。

非相干积分能提高信噪比，是接收机对弱信号进行捕获与跟踪的必要一步。非相干积分增益 G_{nc} 的计算公式为

$$G_{nc} = 10\lg N_{nc} - L_{SQ} \tag{12.23}$$

式中，等号右边的第一项与第 11 章相干积分增益 G_{ci} 的计算公式（11.84）如出一辙，它体现了积分的增益效果，而第二项是下面即将讨论的平方损耗 L_{SQ} 。我们知道，相干积分增益 G_{coh} 是指接收信号从相关前到相干积分后的信噪比增益，相应地，非相干积分增益 G_{nc} 是指从非相干积分前（相干积分后）到非相干积分后的信噪比增益，于是从相关前到非相干积分后的总增益 G_{tot} 为

$$G_{tot} = G_{coh} + G_{nc} \tag{12.24}$$

显然，以上两式的增益值均以 dB 为单位。

虽然非相干积分中的积分运算能增强信噪比，但是积分之前的平方运算会引入平方损耗 L_{SQ}。相干积分不存在平方损耗，平方损耗是非相干积分特有的。假如相干积分结果 I_P 与 Q_P 中的噪声分别为 n_I 与 n_Q，那么根据式（12.9），接收机得到如下的相关信号功率 V^2：

$$\begin{aligned} V^2 &= (I_P + n_I)^2 + (Q_P + n_Q)^2 \\ &= P^2 + \left(2I_P n_I + 2Q_P n_Q\right) + \left(n_I^2 + n_Q^2\right) \end{aligned} \tag{12.25}$$

在 11.2.6 节对相干积分的讨论中，我们认定 n_I 和 n_Q 都是均值为零、方差相等的正态噪声。这样，上式第二个等号右边的第一项就为被检信号的自相关功率，第二项的均值为零，但是第三项 $n_I^2 + n_Q^2$ 的均值不等于零。正是因为平方运算造成 V（或 V^2）中的噪声均值不等于零，所以这种噪声不能被积分器滤除，这就是平方损耗的根源。

针对非相干积分值 V 含有均值不等于零的噪声这种情况，我们将信号 V 的信噪比 SNR_{SQ} 定义为[54]

$$\text{SNR}_{SQ} = \frac{\left[E(V) - E(V_n)\right]^2}{V(V_n)} \tag{12.26}$$

式中，V_n 为式（12.25）中的非相干积分值 V 在信号不存在（P 为零）情况下的值，分母 $V(V_n)$ 则代表 V_n 的方差。附录 C 对信号存在与否两种情况下的非相干积分值 V 和 V_n 的概率分布进行了分析，其中信号不存在时 V_n 呈瑞利分布，而信号存在情况下 V 呈莱斯分布。给定一个自相关幅值 P 及噪声 n_I（和 n_Q）的方差 σ_n^2，那么非相干积分平方前（相干积分后）的信噪比 SNR_{coh} 定义为

$$\text{SNR}_{coh} = \frac{P^2}{\sigma_n^2} \tag{12.27}$$

需要说明的是，上述信噪比 SNR_{coh} 的定义假设信号能量全部集中在一条（I 或 Q）支路上，而前面两章在对射频前端和相干积分处理中的信噪比计算也认定信号只运行在一条通道、支路上，因此上式中的分母不是 $2\sigma_n^2$。给定一个平方前的信噪比 SNR_{coh} 后，我们可以根据式（12.26）及附录 C 中的式（C.31）、式（C.32）和式（C.38）等计算出相应的非相干积分后的信噪比 SNR_{SQ}，于是平方损耗 L_{SQ} 就等于

$$L_{SQ} = \text{SNR}_{coh} - \text{SNR}_{SQ} \tag{12.28}$$

图 12.4 给出了不同 SNR_{coh} 条件下的平方损耗 L_{SQ} 值，其中室内情况下的 SNR_{coh} 值为−20～10 dB。该图表明，平方运算对强度越弱的信号会造成越大的平方损耗。因为 GPS 接收机经相关、相干积分和非相干积分后得到的总处理增益为 G_{tot}，所以基于式（11.88），我们可得接收信号非相干积分后的信噪比 SNR_{nc} 为

$$\text{SNR}_{nc} = \text{SNR}_{coh} + G_{nc} = \text{SNR}_{pd} + G_{tot} \tag{12.29}$$

正是由于平方损耗 L_{SQ} 是对如式（12.27）定义的相干积分后的信噪比 SNR_{coh} 而言的，因此上式可将 SNR_{nc} 与前两章的信噪比（如 SNR_{pd} 和 SNR_{coh}）如此简单地连接起来。

为了抑制平方损耗，信号在非相干积分前必须具有较高的信噪比 SNR_{coh}，而选择较长的相干积分时间 T_{coh} 虽然有助于提高信号相干积分后的信噪比，但也会使相干积分更容易受到频率误差的影响。因此，在非相干积分时间 T_{nc} 固定的情况下，接收机可选择相干积分时间 T_{coh} 和非相干积分数目 N_{nc} 的不同配对组合，从而调和频率误差衰减与平方损耗之间的矛盾，优化接收机的噪声性能。另外，为了降低平方损耗，文献[28, 93]等提出了对相干积分和非相干积分方式进行改进的多种建议。

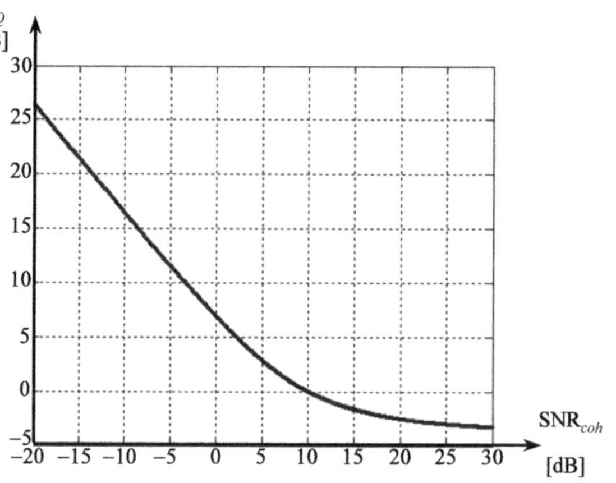

图 12.4　非相干积分的平方损耗

【例 12.1】　在第 11 章 11.2.6 节的例 11.2 中，−160 dBm 的弱信号经 20 ms 长的相干积分后，其信噪比增强到−4 dB。假定码环的跟踪门限要求信号的信噪比最低为 14 dB，试求码环为了达到跟踪该信号的目的所需的非相干积分数目 N_{nc}。

解：因为信号在非相干积分前的信噪比为−4 dB，所以我们根据图 12.4 查得对其进行非相干积分的平方损耗 L_{SQ} 为 10.62 dB。由于码环需要通过非相干积分将−4 dB 的信噪比 SNR_{coh} 至少增加到 14 dB 的 SNR_{nc}，即它需要 18 dB 的非相干积分增益 G_{nc}，因此由式（12.23）可得

$$G_{nc} = 18 = 10\lg N_{nc} - 10.62 \tag{12.30}$$

从而解出 N_{nc} 的值至少为 727.8。若整数 N_{nc} 取值为 728，则相应的非相干积分时间 T_{nc} 为 14.56 s。

相干积分和非相干积分是接收机用以接收微弱 GPS 信号的关键性技术。这两种积分运算之所以被分别称为相干和非相干，主要原因在于考虑参加积分运算的数据是否与 20 ms 长的导航电文数据比特同步，其中要求必须同步的相干积分时间原则上最长只能是 20 ms，而无须同步的非相干积分原则上可以进行无限长的时间。接收机通过一定时间的相干积分和非相干积分来提高接收信号与复制 C/A 码之间相关结果的信噪比，且不论是相干积分值还是非相干积分值，它们都直接反映相关结果的大小。同时，我们在此简单地总结这两种积分的区别。

（1）因为相干积分的输入数据率至少在 1000 Hz 以上，所以相干积分一般是由高速运行的积分-清除器硬件完成的，而输入数据率较低的非相干积分可以用软件来实现。

（2）相干积分受数据比特跳变和频率跟踪误差的影响，而非相干积分不受这些因素的影响，这使得接收机在相干积分后可以进行长时间（如几百毫秒甚至几秒）的非相干积分。

（3）非相干积分会产生相干积分没有的平方损耗，而这有时会限制非相干积分的应用。

12.1.4　鉴相方法的种类

获得超前、即时和滞后支路输出的相干积分结果后，码环鉴别器通常先对它们进行 12.1.3 节介绍的非相干积分，然后利用得到的 C/A 码自相关函数幅值上的非相干积分值 E，P 和 L 这三个（也许是两个或多个）样点估算出码相位差 δ_{cp}，其中码相位差 δ_{cp} 确切地说是复制即时 C/A 码落后接收 C/A 码的相位量。以相关器间距 d 为 1/2 码片的常规接收机为例，我们以下介绍几种常见的码环鉴别器[46, 70]。

（1）非相干超前减滞后幅值法。这种方法简称前减后幅值法，是一种最流行的码相位鉴别

方法。码环前减后幅值鉴别法的计算公式为

$$\delta_{cp} = \frac{1}{2}(E - L) \tag{12.31}$$

上式假定接收机得到的自相关幅值的最大值为 1；否则，我们可对上式进行单位化，得到如下更常用的鉴别公式：

$$\delta_{cp} = \frac{1}{2}\frac{E - L}{E + L} \tag{12.32}$$

（2）*非相干超前减滞后功率法*。它将超前支路与滞后支路上的非相干积分功率相减，即

$$\delta_{cp} = \frac{1}{2}(E^2 - L^2) \tag{12.33}$$

相应地，其单位化后的计算公式为

$$\delta_{cp} = \frac{1}{2}\frac{E^2 - L^2}{E^2 + L^2} \tag{12.34}$$

因为在非相干超前减滞后幅值法中的自相关幅值 E 和 L 需要经过开平方运算才能求得，而这种非相干前超减滞后功率法可以免去开平方运算，所以后者的计算量比前者有所减少；然而，由于自相关幅值曲线与功率曲线不重合，因此非相干超前减滞后功率法会产生一定的鉴相误差。考虑到码环鉴别器的基本思路是让码环朝着使超前支路功率与滞后支路功率相等的方向上调节复制码相位，这种鉴相法最终也会使码环达到稳态。

（3）*似相干点积功率法*。这种鉴别法不再采用非相干积分结果，而直接利用超前、即时和滞后三条支路上的相干积分值。它具体的计算公式为

$$\delta_{cp} = \frac{1}{2}\left((I_E - I_L)I_P + (Q_E - Q_L)Q_P\right) \tag{12.35}$$

上式经 I_P^2 和 Q_P^2 的单位化后变为

$$\delta_{cp} = \frac{1}{4}\left(\frac{I_E - I_L}{I_P} + \frac{Q_E - Q_L}{Q_P}\right) \tag{12.36}$$

似相干点积功率法所需的计算量要比前面两种非相干型鉴别器的低，但它至少需要三对相关器，而不再只是两对。

（4）*相干点积功率法*。第 11 章告诉我们，当载波环采用锁相环的形式且锁相环已工作在稳态时，接收信号的所有功率全都集中在 I 支路上，Q 支路上的信号接近零，这时式（12.35）可改写成

$$\delta_{cp} = \frac{1}{2}\left(I_E - I_L\right)I_P \tag{12.37}$$

其单位化后的计算公式为

$$\delta_{cp} = \frac{1}{4}\frac{I_E - I_L}{I_P} \tag{12.38}$$

由以上两式表达的相干点积功率法计算最简单，但它要求信号的功率集中在 I 支路上。如果载波环采用锁频环，或者作为载波环的锁相环还未达到稳态，那么接收信号的一部分功率会在 Q 支路中流失，使得 I 支路上输出的信号功率未达到最大，进而导致该鉴别器性能的下降。此外，在信号强度较弱的情况下，锁相环解调数据比特的错误率较高，此时 I_P 的正负号不再可靠，导致该鉴别器失效。我们将采用相干点积功率法作为鉴别器的码环称为*相干码环*，现实中的大多数

接收机采用非相干形式的码环及其鉴别器。

可见，以上所有的码相位鉴别方法都可以单位化，而单位化基本上可以消除鉴别器输入、输出之间的比率关系对信号幅值的依赖性，使码环能在信号强度不断变化的状态下正常工作。在假定环路噪声为零且相关器间距 d 为 1/2 码片的情况下，图 12.5 比较了其中三种鉴别器的输入-输出关系曲线。该图表明码环鉴别器的牵入范围和有效码相位差输出值 δ_{cp} 在 $-d$ 至 $+d$ 范围内，因此在应用鉴别器公式计算码相位差前，码环首先要根据自相关幅值 E, P 和 L 之间的相对大小关系确定自相关函数主峰位于超前与滞后相关器对应的码相位之间；否则，对无效的自相关幅值输入，鉴别器应当拒绝工作，此时码相位差和相应的码相位测量值缺省。该图还表明，只有前减后幅值法的输入-输出关系在整个 $-d$ 至 $+d$ 牵入范围内呈线性关系，即它的线性工作区域等于其牵入范围。

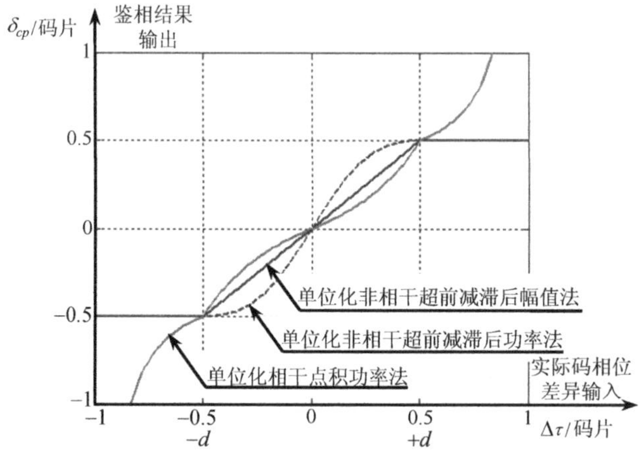

图 12.5　不同码环鉴别器的对比

现在我们来验证非相干前减后幅值法的正确性。需要指出的是，这里介绍的理论验证方法一般也可以用来验证、推导其他的码环鉴别器。与图 12.3(b)相同，图 12.6(a)所示的是 C/A 码自相关函数理论曲线的主峰部分，虽然我们这里以 1/4 码片的相关器间距 d 为例，但 d 实际上可以是其他任何一个有效值。显然，当复制即时 C/A 码与接收 C/A 码的相位一致时，超前与滞后相关器输出的自相关幅值 E 与 L 相等。

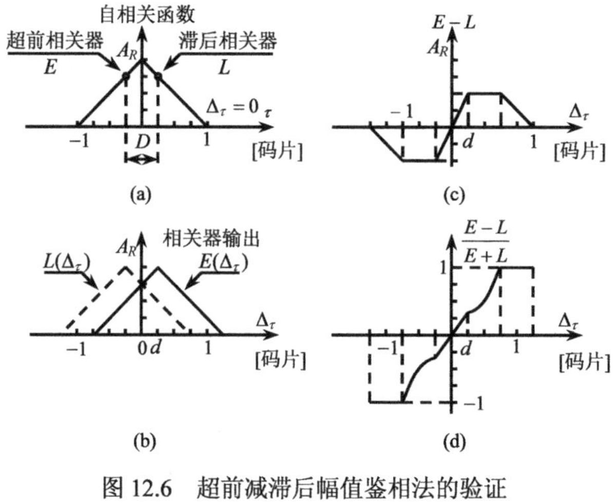

图 12.6　超前减滞后幅值鉴相法的验证

当即时 C/A 码的相位比接收 C/A 码的相位落后 Δ_τ 时，自相关结果 E 与 L 可能不再相等，而图 12.6(b)描述了 E 与 L 的值相对于 Δ_τ 的变化情况。例如，当 Δ_τ 等于零时，E 与 L 的值相等，于是图中的 E 值曲线与 L 值曲线相交于 Y 轴上的同一点；当相位落后量 Δ_τ 略大于零时，超前码相位向接收 C/A 码相位的方向靠近，滞后码的相位会更加落后于接收 C/A 码的相位，于是同样如图 12.6(b)所示，E 值大于 L 值。事实上，根据式（12.14）和式（12.15），我们不难写出自相关幅值 E 与 L 关于相位差 Δ_τ 的函数表达式。例如，当 $d-1 \leqslant \Delta_\tau \leqslant d$ 时的 E 值可写成

$$E(\Delta_\tau) = R_E(-d+\Delta_\tau) = A_R\left(1+(-d+\Delta_\tau)\right) = A_R(1-d+\Delta_\tau) \tag{12.39}$$

而当 $-d \leqslant \Delta_\tau \leqslant 1-d$ 时的 L 值可写成

$$L(\Delta_\tau) = R_L(d+\Delta_\tau) = A_R\left(1-(d+\Delta_\tau)\right) = A_R(1-d-\Delta_\tau) \tag{12.40}$$

根据图 12.6(b)中的 $E(\Delta_\tau)$ 和 $L(\Delta_\tau)$ 曲线，我们很容易得到如图 12.6(c)所示的前减后幅值（$E-L$）曲线。例如，假设 $d \leqslant 1/2$ 码片，那么当 $-d \leqslant \Delta_\tau \leqslant d$ 时的 $E-L$ 值为

$$E-L = A_R(1-d+\Delta_\tau) - A_R(1-d-\Delta_\tau) = 2A_R\Delta_\tau \tag{12.41}$$

这样，根据前减后幅值法计算式（12.31）得到的码相位差 δ_{cp} 为 $A_R\Delta_\tau$。可见，在自相关函数最大幅值 A_R 为 1 且噪声为零的情况下，由非相干前减后幅值法估算出来的码相位差 δ_{cp} 正好等于真实的码相位差 Δ_τ。非相干前减后幅值法的正确性得证。

根据式（12.39）和式（12.40），我们可以进一步验证单位化后的前减后幅值计算公式（12.32）。图 12.6(d)所示的是 $\dfrac{E-L}{E+L}$ 关于 Δ_τ 的函数曲线，当 $-d \leqslant \Delta_\tau \leqslant d$ 时，

$$E+L = A_R(1-d+\Delta_\tau) + A_R(1-d-\Delta_\tau) = 2A_R(1-d) \tag{12.42}$$

于是

$$\frac{E-L}{E+L} = \frac{\Delta_\tau}{1-d} \tag{12.43}$$

上式表明单位化后的 $\dfrac{E-L}{E+L}$ 值不再是一个关于相关结果最大值 A_R 的函数。根据式（12.43），我们很自然地推导出如下鉴别码相位差 δ_{cp} 的公式：

$$\delta_{cp} = (1-d)\frac{E-L}{E+L} \tag{12.44}$$

若用 1/2 替代上式中的 d，则式（12.44）变成前面给出的码相位鉴别式（12.32），于是单位化非相干前减后幅值法的正确性又得到验证。事实上，图 12.5 中的单位化非相干前减后幅值法的输入-输出关系曲线可通过这种方法获得。

我们在本节的最后指出，由于非相干积分值中包含均值非零的噪声基底，因此代入以上非相干码环鉴别器的 E 和 L 值，实际上应是码环鉴别器中相应积分-清除器输出的非相干积分值减去噪声基底。在接收信号较弱的情况下，接收机对噪声基底的准确测量显得尤为重要，否则会影响到码环鉴别结果的正确性和码环的稳定性[90]。

12.1.5 测量误差与跟踪门限

与载波环产生 GPS 测量值的机制类似，既然码环通过其数控振荡器复制了一份在相位上与接收 C/A 码保持一致的 C/A 码，那么它就可根据该复制 C/A 码或码数控振荡器的控制参量推断出接收 C/A 码的相位等状态，从中直接生成对接收信号的码相位测量值。如图 12.1 所示，码环

用一个积分器来跟踪、记录接收 C/A 码的相位，加上鉴别器估算出的码相位差 δ_{cp}，得到值在 0～1023 码片之间的码相位测量值 CP，然后如 4.1 节介绍的那样，根据码相位测量值 CP 和当前 C/A 码周期的时间值组装出最重要的伪距测量值 ρ。

在不考虑多路径和其他干扰的情况下，码环的测量误差源主要包括热噪声所致的码相位抖动和动态应力误差两部分。我们以下对这两部分误差依次进行介绍。

若 σ_{tDLL} 代表热噪声所致的码相位测量误差均方差，则对于非相干前减后功率法，以伪码码片为单位的 σ_{tDLL} 值可用以下公式进行估算[19, 46]：

$$\sigma_{tDLL}=\begin{cases}\sqrt{\dfrac{B_L}{2\cdot C/N_0}D\left(1+\dfrac{2}{(2-D)T_{coh}\cdot C/N_0}\right)}, & D\geqslant\dfrac{\pi}{B_{fe}T_C}\\ \sqrt{\dfrac{B_L}{2\cdot C/N_0}\left(\dfrac{1}{B_{fe}T_C}+\dfrac{B_{fe}T_C}{\pi-1}\left(D-\dfrac{1}{B_{fe}T_C}\right)^2\right)\left(1+\dfrac{2}{(2-D)T_{coh}\cdot C/N_0}\right)}, & \dfrac{1}{B_{fe}T_C}<D<\dfrac{\pi}{B_{fe}T_C}\\ \sqrt{\dfrac{B_L}{2\cdot C/N_0}\dfrac{1}{B_{fe}T_C}\left(1+\dfrac{1}{T_{coh}\cdot C/N_0}\right)}, & D\leqslant\dfrac{1}{B_{fe}T_C}\end{cases}\tag{12.45}$$

式中，B_{fe} 为射频前端带宽，T_C 为伪码码宽（如 C/A 码的码宽为 $1/1023\,\text{ms}$）。上述热噪声误差均方差 σ_{tDLL} 的估算公式看起来比较复杂，但定性地讲，前后相关器间距 D 越窄、环路噪声带宽 B_L 越窄、信号载噪比 C/N_0 越强及相干积分时间 T_{coh} 越长，σ_{tDLL} 值就越小。在 B_L 为 0.2 Hz、T_{coh} 为 0.02 s 及 $B_{fe}T_C$ 为 17 的条件下，图 12.7 根据式（12.45）计算出了热噪声均方差 σ_{tDLL} 在不同前后相关器间距 D 时随载噪比 C/N_0 的变化情况。当 D 为 1 码片时，由热噪声引起的对中等强度信号的码相位测量误差均方差约为 0.02 码片，即 6 m 上下。

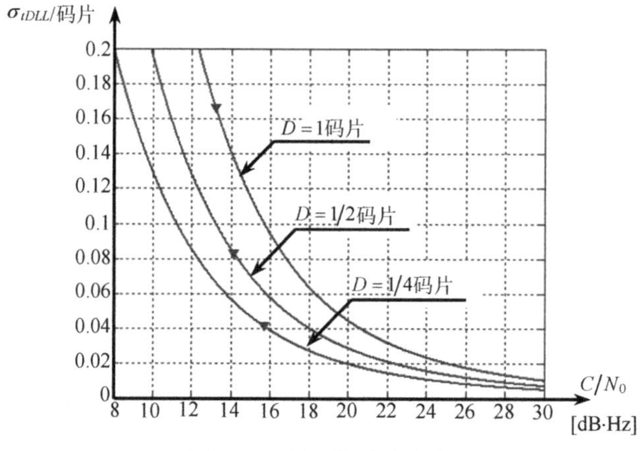

图 12.7　码环热噪声方差

虽然减小前后相关器间距 D 总体上有助于降低码环的热噪声，但其效果还与射频前端带宽 B_{fe} 有关。由 10.3.2 节可知，射频前端带宽 B_{fe} 控制着进入中频的 C/A 码信号功率。B_{fe} 越窄，C/A 码中越多的高频成分被滤除，导致相关器输出的 C/A 码自相关函数曲线的三角形主峰顶点等富含高频成分的部分受到的滤波畸变越严重。如果相关器间距很窄，那么自相关结果幅值 E，P 和 L 会紧密地集中在自相关函数曲线三角形主峰的顶端，这就相应地要求 B_{fe} 增加到足够大的宽度，以尽量保持该三角形顶端的原状，避免在应用 12.1.4 节的鉴别公式时产生巨大的码相位测量误差。

可见，越小的前后相关器间距 D 需要越宽的射频前端带宽 B_{fe} 的支持，而在 B_{fe} 固定的情况下，减小 D 并不能一直有效地降低热噪声均方差 σ_{tDLL}。因此，式（12.45）将 σ_{tDLL} 的估算分成三种情况来表达，当 $D\leqslant 1/(B_{fe}T_c)$ 时，再进一步减小 D 无助于 σ_{tDLL} 的降低。例如，当 B_{fe} 为 8 MHz 时，为了使热噪声均方差 σ_{tDLL} 最小，前后相关器间距 D 可取值为 1/8（接近 $1/(B_{fe}T_c)=0.128$）

码片[22]。

若 $D \geqslant \pi/(B_{fe}T_c)$，则射频前端带宽 B_{fe} 相对于 C/A 码带宽而言很宽，此时我们甚至可以近似地将 B_{fe} 视为无限宽。在假定射频前端带宽 B_{fe} 为无限宽的情况下，文献[83]给出了其他几种鉴别器的热噪声均方差 σ_{tDLL} 的近似估算式，如似相干点积功率法的 σ_{tDLL} 为

$$\sigma_{tDLL} = \sqrt{\frac{B_L D}{2 \cdot C/N_0}\left(1 + \frac{1}{T_{coh} \cdot C/N_0}\right)} \tag{12.46}$$

而相干点积功率法的 σ_{tDLL} 为

$$\sigma_{tDLL} = \sqrt{\frac{B_L D}{2 \cdot C/N_0}} \tag{12.47}$$

比较前面各式可以看出：在相同的条件下，相干点积功率法的热噪声均方差 σ_{tDLL} 小于似相干点积功率法的 σ_{tDLL}，后者又小于非相干前减后功率法的 σ_{tDLL}。载噪比 C/N_0 较高时，以上各种鉴别器之间的性能区别不大。

在式（12.45）中用圆括号括住的包含相干积分时间 T_{coh} 的因子，代表非相干积分的平方损耗，它再次表明增加相干积分时间 T_{coh} 可减小非相干前减后功率鉴别器的平方损耗。虽然减小噪声带宽 B_L 与增加相干积分时间 T_{coh} 均可以降低热噪声均方差 σ_{tDLL}，提高码环跟踪微弱 GPS 信号的能力，但是减小 B_L 的方法比增加 T_{coh} 显得更有效。与式（12.45）相比，式（12.47）中的平方损耗因子值变成了 1，这是由于相干鉴别法不存在平方损耗。

码环受到的动态应力误差 R_e 计算公式实际上已由式（11.52）给出，这里重复如下：

$$R_e = \frac{1}{\omega_n^N}\frac{\mathrm{d}^N R}{\mathrm{d}t^N} \tag{12.48}$$

式中，R_e 与距离 R 的单位保持一致。

对码环跟踪门限的一种保守估计方法是，3 倍码相位测量误差均方差不得超过鉴别器牵入范围的一半，即

$$3\sigma_{DLL} = 3\sigma_{tDLL} + R_e \leqslant d \tag{12.49}$$

式中，σ_{DLL} 为码相位测量误差均方差，非相干前减后鉴别器的牵入范围为 $2d$（从 $-d$ 至 $+d$），且式中各项可均以码片为单位。需要说明的是，码环跟踪门限公式（12.49）假定码环未采用 12.2.1 节介绍的载波辅助码环的形式。

【例 12.2】　考虑某个接收机的三阶码环，其环路噪声带宽 B_L 为 2 Hz，前后相关器间距 D 为 1 码片，其他滤波参数按照表 11.1 取值。若接收机在卫星观测方向上相对于卫星做 10g/s 的加速度运动，其中重力加速度 g 等于 9.8 m/s^2，求该码环在此动态应力作用下产生的稳态跟踪误差 R_e[46]。

解：与第 11 章的例 11.5 极为相似，因为

$$\frac{\mathrm{d}^3 R}{\mathrm{d}t^3} = 10g = 10 \times 9.8 = 98 \quad [\mathrm{m/s^2}] \tag{12.50A}$$

$$\omega_n = \frac{B_L}{0.7845} = \frac{2}{0.7845} = 2.549 \quad [\mathrm{Hz}] \tag{12.50B}$$

所以由式（12.48）可得码相位跟踪误差为

$$R_e=\frac{1}{\omega_n^3}\frac{\mathrm{d}^3R}{\mathrm{d}t^3}=\frac{98}{2.549^3}=5.917\ \ [\mathrm{m}] \tag{12.50C}$$

这相当于 0.02 码片（5.917/293）的误差。在不计热噪声均方差 σ_{tDLL} 的情况下，由于这一跟踪误差小于跟踪门限 0.5 码片（$D/2$），因此该码环能承受 10g/s 的加速度动态应力。

若码环工作在鉴别器的牵入范围外，则此时的码相位差鉴别值一般视为无效的。如果码环连续多个时刻工作在鉴别器的无效区域，那么由于码数控振荡器对复制 C/A 码的相位调整量，极有可能跟不上接收 C/A 码的实际相位变化量，码环最终失锁。在假定 R_e 为零的情况下，图 12.7 利用前面的一些相关公式计算出了以三角形标记的码环跟踪精度门限值，即 D 为 1, 1/2 和 1/4 码片时的跟踪灵敏度门限值分别为 13.19 dB·Hz, 14.14 dB·Hz 和 15.66 dB·Hz。虽然减小 D 有助于提高码环的跟踪灵敏度，但它同时减小了鉴别器的牵入范围，不利于高动态性接收机保持对卫星信号的锁定。

本节最后要指出的是，式（12.45）同样可用于计算跟踪 P(Y)码的码环热噪声。尽管跟踪 C/A 码与跟踪 P(Y)码的码环热噪声均方差 σ_{tDLL} 公式上完全相同，但是因为 σ_{tDLL} 是以码片为单位的，而 P(Y)码的码片长度只是 C/A 码的码片长度的十分之一，所以在设计相同、参数相类比的条件下，跟踪 P(Y)码的码环 σ_{tDLL} 理论上要比跟踪 C/A 码的码环 σ_{tDLL} 小 10 倍。例如，假设接收机码环对码相位的测量精度为 1 码片的 2%，那么它对 C/A 码相位的测量精度约为 6 m，而对 P 码相位的测量精度可达 0.6 m。

12.2 信号的跟踪

第 11 章介绍了作为载波环的锁相环和锁频环，12.1 节介绍了码环。事实上，载波环与码环紧密地交织在一起，相互支持，共同完成对信号的跟踪和测量。本节将接收机中的载波环与码环组合为一个完整的信号跟踪环路，并探讨接收机对跟踪环路的锁定检测。

12.2.1 载波环与码环的组合

图 12.8 所示为一个典型的 GPS 接收机信号跟踪环路的内部结构和信号流程，它表现为图 11.10 所示的载波环和图 12.1 所示的码环的有机组合。经过前面对载波环和码环的细致剖析，我们此时对这个看起来相当复杂的接收机跟踪环路应不会感到困惑。关于接收机跟踪环路的具体电路设计，读者可参阅文献[3, 5, 51]等。

接收机跟踪环路对接收信号的处理过程可简单地描述如下：作为输入的数字中频信号 $s_{IF}(n)$ 首先与载波环复制的载波混频相乘，其中在 I 支路上与正弦复制载波相乘，在 Q 支路上与余弦复制载波相乘；然后，在 I 支路和 Q 支路上的混频结果信号 i 和 q 分别与码环复制的超前、即时和滞后三份 C/A 码做相关运算；接着，相关结果 i_E, i_P, i_L, q_E, q_P 和 q_L 经积分-清除器后分别输出相干积分值 I_E, I_P, I_L, Q_E, Q_P 和 Q_L；再后，即时支路上的相干积分值 I_P 和 Q_P 被当作载波环鉴别器的输入，而其他两条相关支路上的相干积分值时常作为码环鉴别器的输入；最后，载波环和码环分别对它们的鉴别器输出值 ϕ_e（或者 f_e）和 δ_{cp} 进行滤波，并将滤波结果用来调节各自的载波数控振荡器和 C/A 码数控振荡器的输出相位和频率等状态，使载波环复制的载波与接收载波保持一致，同时使码环复制的 C/A 即时码与接收 C/A 码保持一致，保证下一时刻接收信号中的载波和 C/A 码在跟踪环路中仍被彻底剥离。在这一跟踪环路的运行过程中，载波环根据其复制的载波信号状态输出多普勒频移、积分多普勒和载波相位测量值，同时码环根据其复制的 C/A 码信号状态输出码相位和伪距测量值，载波环鉴别器还可额外地解调出卫星信号上的导航电文数据比特。

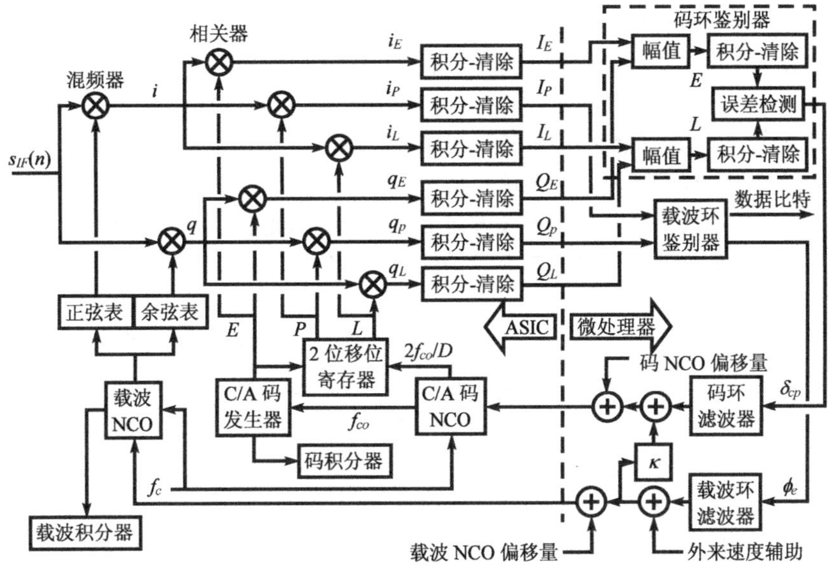

图 12.8　一种典型的接收机跟踪环路

图 12.8 中的一条竖直虚线粗略地将跟踪环路分成硬件和软件两部分，其中虚线以左的功能块一般以 ASIC 硬件形式实现，它输出的数据主要包括相干积分值 I_E, I_P, I_L, Q_E, Q_P 和 Q_L，虚线以右的那部分功能常以在微处理器中运行的软件形式实现。当然，不同接收机设计对某些功能块是以硬件还是以软件形式实现有着不同的考虑。

在图 12.8 所示的跟踪环路中，载波剥离发生在伪码剥离之前。无论是载波剥离在前还是伪码剥离在前，两种方式在理论上和信号跟踪性能上不存在差异，但伪码剥离在前的方式会增大载波剥离的复杂度[46]。现实中的接收机一般采用如图 12.8 所示的先载波剥离、后伪码剥离的设计方式。

对非高精度 GPS 定位系统而言，因为伪距测量值足以用来实现 GPS 定位，且定位计算所需的周内时信息和导航电文数据又可由外界辅助系统（见 13.3.3 节）提供，所以严格地讲，接收机对载波相位的跟踪与测量不是一定必需的。从这层意义上讲，接收机跟踪信号的主要目的是从码环中得到伪距测量值，而载波环只用来帮助码环剥离接收信号中的载波。

跟踪环路的相干积分、非相干积分和环路更新等周期性任务的运行，一般可依据接收机基准时钟并采用中断形式进行时间控制。短中断时间一般是一个 20 ms 的约数，如 1, 2, 5, 10 和 20 ms，而长中断时间一般为 20 ms 的整数倍，如 100 ms 和 1 s 等。载波环和码环的环路更新周期可以不一样，例如文献[48]分别使用了 1 ms 的载波环更新周期和 20 ms 的码环更新周期。在跟踪环路每次得到更新之前，环路中的数控振荡器产生一个恒定的振荡频率，而在环路更新后，它才在输入量的控制下产生另一个恒定的振荡频率。13.1.3 节将从码相位的变化速率这个角度来讨论码环的更新周期。

在不考虑多路径和大气延时等接收机外部误差源的情况下，因为一个 C/A 码码片长 293 m，所以测量精度在 1%码片这一量级的码环输出的码相位测量值可包含大致 3 m 的误差；然而，L1 载波波长仅为 19 cm，那么测量精度为 1%的载波环输出的载波相位的测量误差可小至 2 mm。因此，众所周知，由码环输出的码相位的测量误差远大于由载波环输出的载波相位的测量误差，或者说同以米为单位的码环热噪声均方差远大于载波环热噪声均方差，二者的差别可达 2～3 个数量级。与载波相位测量值相比，虽然由码相位组装成的伪距测量值显得粗糙一些，但是它没有模糊度。有关载波相位与伪距测量值的对比详见 4.2.3 节。

在如图 12.8 所示的跟踪环路中，载波环滤波器的输出结果经过一个比例器 κ 后与码环滤波器的输出结果相加，它们的和用来部分控制 C/A 码数控振荡器的输出状态，码环的这种运行方式被称为**载波辅助**[44, 46]。前面提到，不论是锁相环还是锁频环，载波环的测量精度要比码环的测量精度高好几个数量级。载波环是一种跟踪较紧密的环路，来自载波环的多普勒频移测量值能较为准确、及时地反映接收机在其与卫星连线方向上的相对运动速度。因此，如果这种来自载波环的速度信息被用来辅助码环控制码数控振荡器的输出码率快慢，那么基本上可以完全消除码环所需承受的动态应力，而码环本身仅需纠正剩下的、缓慢变化的码环初始跟踪误差和电离层延时变化等对码相位的影响，进而允许接收机采用一个更为狭窄的码环带宽 B_L，降低码环噪声量和提高码相位的测量精度。为了提高噪声性能和动态性能，码环通常采用载波辅助的形式，且这已成为环路设计中的一种惯用技术。因为载波环替码环消除了用户动态性和接收机基准频率漂移等一些主要的动态应力作用，所以在载波辅助下，码环一般不需要高阶环路滤波器，而经常采用一阶滤波器或者偶尔采用二阶滤波器，且它的环路带宽 B_L 较小，一般为 0.05～2 Hz。因为码环测量精度比载波环低，所以码环通常不能反过来辅助载波环。因为一个载波波长比一个 C/A 码码片短很多，且载波环需要对付所有的动态应力，而载波辅助下的码环所需承受的动态应力较小，所以载波环比码环脆弱。

式（4.19）表明多普勒频移量与信号发射频率成正比。因为载波频率 f_1 为 1575.42 MHz，即 154 f_0，其中 f_0 的定义见 2.1 节，而 C/A 码码率仅为 1.023 MHz，即 0.1 f_0，所以在相同的动态应力情况下，C/A 码信号受到的多普勒频移远小于载波多普勒频移，二者的比率 κ 为

$$\kappa = \frac{0.1 f_0}{154 f_0} = \frac{1}{1540} \tag{12.51}$$

也就是说，图 12.8 中的比率系数 κ 的值等于 1/1540。

除了载波辅助，另一种利用跟踪紧密的载波环来辅助码环的方式是载波相位平滑伪距[22]。这种载波相位平滑伪距的技术早在 4.5.1 节中就做了介绍，它只用来平滑码环输出的伪距测量值，对码环的本身运行没有影响，这既是该技术的缺点，又是它的优点。与此平滑技术不同，在载波辅助码环的形式中，来自载波环的速度辅助已成为码环整体的一部分，深刻地影响着码环的运行，而这一特点至少给码环带来了如下弊端：码环的运行和码相位测量值不再独立于载波环的运行和载波相位测量值，载波环对载波的错误跟踪会连累码环的正常运行。

如载波辅助码环一样，载波环自己也可接受来自外界的速度辅助，这种外来速度辅助信息来自例第 8 章介绍过的惯性测量仪。当外界惯导系统独立自主地获得用户接收机的当前运动速度状态后，接收机可以根据该速度值预测出接收到的载波信号的多普勒频移变化量，进而准确、及时地调整载波数控振荡器的输出频率，这种外界速度信息被用来辅助载波环的做法正是 8.5.3 节介绍的 GPS 与 INS 的深性组合技术。在深性组合中，因为外界惯导系统提供速度信息给载波环，所以载波环本身所需检测、承受的用户动态应力得到降低，其动态性能相应地得到提高。同时，动态应力的降低可让载波环采用一个更窄的环路带宽 B_L，如从传统的 15 Hz 减小到 3 Hz，从而降低环路噪声和提高测量精度。当然，信号跟踪环路带宽的减小也会降低接收机对惯性传感测量误差的校正能力。此外，由于接收信号的强弱并不影响外界惯导系统的正常运行，因此外界速度辅助信息一定程度上能帮助载波数控振荡器保持一个正确的输出频率，使载波环不但能延长对信号的持续锁定时间，而且可以缩短重新锁定信号所需的时间。需要提醒的是，由于只有在接收机与卫星之间观测矢量方向上的相对运动才会影响到跟踪环路关心的接收信号多普勒频移，因此外

来速度辅助信息必须只能反映这一方向上的相对运动情况。关于深性组合的接收机跟踪环路设计，读者可参阅文献[7, 17, 39]等。

除了考虑惯性传感器的价格和尺寸，深性组合更要求传感测量值足够精确。因为载波环本身是一种跟踪较为紧密的环路，所以来自外界惯导系统的速度辅助信息必须既精确又及时，否则会误导跟踪环路并最终导致对信号的失锁。然而，精确的惯导系统通常意味着昂贵的价格。也正是出于这个原因，虽然 GPS 接收机的定位导航功能模块可以求解出用户接收机的运动情况，但是这种大约每秒一次且经常可能存在 1～2 s 延时的定位定速值，是不能胜任作为反馈给接收机跟踪环路的速度辅助信息的。

自第 10 章以来，我们基本上一直认为接收机中的各个不同信号通道独立运行，相互之间没有信息交流，即它们各自需要独立地应付动态应力和接收机基准振荡频率漂移，又独立地产生 GPS 测量值。事实上，不但不同卫星的观测矢量之间具有一定的相关性，而且接收机基准振荡频率漂移会在各个不同信号通道中引入相同的频率干扰，用户动态应力在不同信号通道之间也是共同的。因此，不同通道的运行及其输出的 GPS 测量值之间其实存在一定的相关性。同时，我们前面一直介绍的接收机一方面将 GPS 测量值输出给定位导航模块做定位之用，另一方面又以反馈形式用这些测量值来控制信号跟踪环路的数控振荡器。事实上，接收机的根本目的不在于输出 GPS 测量值，而在于实现定位。考虑到这些因素，向量式锁频环（VFLL）通常将接收机不同信号通道上的各个锁频环通过一个卡尔曼滤波器联系在一起，让卡尔曼滤波器根据各个通道输出的载波鉴别结果和码鉴别结果直接实现定位，然后利用同一个定位结果信息来控制各个通道上的载波数控振荡器和码数控振荡器。以向量式锁频环设计的接收机将数字信号处理与定位导航计算合并在一起，它一方面通过估算并扣除不同通道上的公共频率干扰，使得载波环可以采用更窄的环路带宽，或者说同一带宽的载波环能容忍更高的用户动态应力；另一方面根据多个卫星信号估算出更准确的码相位鉴别结果，使得码环的信号跟踪能力得到提高。换一种说法，向量式锁频环能使接收机在采用低质、低价基准频率振荡器的条件下，保持良好的信号跟踪性能。向量式锁频环在近年来受到很大的关注，有关向量式跟踪环路的更多知识，请读者参考文献[16, 53, 64, 66, 76]等。

在不需要从实时信号中收集卫星导航电文及不需要比如每秒一次的连续定位情况下，GPS 接收机也就不需要以闭环形式连续运行载波环和码环，从而降低了接收机能耗。此外，13.3.2 节还将提出一种以开环形式连续运行的信号跟踪环路。

12.2.2　锁定检测

考虑到卫星信号的阻挡、卫星在视野中的自然升降、用户运动、接收机基准频率漂移和外来干扰等多种因素，接收机跟踪环路发生信号的失锁和锁定（或重锁）现象是不可避免的，且在一定环境下可能会频繁地发生。如果跟踪环路锁定了信号，那么接收机不但应让跟踪环路继续正常运行，而且它们的相位积分器输出的 GPS 测量值还应送给定位导航模块供实现定位之用；否则，如果跟踪环路对信号失锁，那么接收机应让跟踪环路停止输出那些已无效的 GPS 测量值，并判断相应的信号通道是应由跟踪阶段返回重捕阶段还是停止对信号的搜索。可见，正确、及时地判断载波环和码环是否工作在锁定状态对接收机的正常运行非常重要，而错误地决断跟踪环路对信号已经失锁或正在锁定都会全面降低接收机的性能。

跟踪环路的锁定检测器正好用来检测信号锁定的质量好坏，进而判断环路是否正常运行在锁定状态，并相应地决定环路的下一步行动。我们希望锁定检测器做出的锁定判断既迅速又可靠，但是这两方面的性能经常相互对立。尽管锁定检测有多种方法及实现形式，但是这些方法基本上可以归纳成如下思路：实时地检查跟踪环路的状态是否与环路正常跟踪信号时的状态相吻合。前面的多个章节从多方面介绍了环路的理论知识，分析了它们工作在正常信号跟踪状态时的运行特性。如果环路在运行时表现出来的现象与这些特性不一致，那么锁定检测器有理由怀疑跟踪环路对信号失锁。本节所要介绍的码环和载波环的锁定检测方法主要参考了文献[46, 52, 66]。

各种信号跟踪环路均存在跟踪门限或以载噪比 C/N_0 来衡量的跟踪灵敏度门限值，而观察载噪比的大小就成为判断接收机是否正在良好地跟踪真实卫星信号的一个重要准则。若载噪比大于某个门限值，则锁定检测器认为信号跟踪情况良好，否则认为信号失锁。测定载噪比相当于检测码环是否锁定，且良好的载噪比测定法意味着良好的码环锁定检测器，而载噪比的测定方法将在 13.1.5 节中介绍。与检测载噪比相接近，检查相关器的输出功率也可作为一种锁定检测法，例如文献[66]提出将单点或经α 滤波（见 6.2 节）后的相干积分结果信号功率（$I_P^2+Q_P^2$）与一个门限值相比较来判断信号跟踪情况。此外，当码环正常锁定信号时，位于不同码相位延时支路上的非相干积分值除了有足够的功率大小，它们的排列还应大致呈 C/A 码自相关函数主峰的三角形形状，否则暗示着码环可能对信号失锁。

当锁相环锁定信号时，由 I 支路与 Q 支路上的相干积分结果 I_P 与 Q_P 组成的相量，应当始终保持在 I 轴附近抖动；当信号减弱、噪声增强或用户的动态性变高等情况发生时，该相量在 I 轴附近抖动的幅度会逐步变大，在 Q 支路上的信号功率不再接近零。如果相量角度多次超过一定的门限值，或者 Q 支路输出值在一段时间内的方差异常偏大，那么复制载波的频率和相位可能不再与接收载波相一致，信号可能失锁，此时输出的载波相位测量值和解调出来的数据比特也不再视为有效。例如，文献[56]采用一种极为类似的方法来确定锁相环的锁定状况并设置滤波带宽。

当锁频环锁定信号时，其鉴频器检测出来的频率误差 f_e 应在零附近的一个小范围内抖动。因此，如果相量 $I_P+\mathrm{j}Q_P$ 的旋转大小与方向显得杂乱、毫无头绪，或者说频率误差值 f_e 在一段时间内的方差异常偏大，那么锁频环可能对信号失锁。例如，在接收通道刚从捕获阶段切换到跟踪阶段后的几秒内，若载波环的复制频率明显地快速偏离由捕获阶段得到的接收信号频率估计值，则载波环肯定对信号失锁，也许原先就没有成功捕获卫星信号。例如，根据相邻两时刻的 I_P 与 Q_P 值，文献[56]设计了一个锁频环的频率锁定检测器，它将包含频率信息的检测量滤波后与一个门限值做比较，从而决定锁频环的锁定状况及其滤波带宽大小。此外，通过比较码环与锁频环速度状态是否相一致，锁频环的错误锁定也有可能被检测出来。

我们知道，载波环和码环相互交织在一起，一旦其中一个环路失锁，另一个环路一般随后也会失锁。例如，尽管码环比载波环鲁棒，但是当载波环对接收信号的频率失锁时，相干积分及随后非相干积分的效果会由于频率跟踪误差而受到削弱，于是码环也会随之失去对接收 C/A 码信号的锁定。

12.3 基带数字信号处理

如图 11.1 所示，当接收机捕获、跟踪接收信号后，接着要对信号进行位同步和帧同步处理，以便从接收信号那里获得信号发射时间和导航电文，并最终实现 GPS 定位。这样，基带数字信号处理模块除了包含载波剥离、伪码剥离、相关积分和非相关积分等用来完成信号跟踪的功能，还要完成位同步、帧同步、导航电文译码和测量值的组装等一系列任务。

12.3.1 位同步

GPS 接收机对卫星信号进行跟踪的目的，主要是获取对该可见卫星的伪距测量值并解调出卫星信号上的导航电文。我们知道，产生伪距测量值基本上等价于确定接收信号的发射时间，而第 4

章的式（4.13）表明了信号发射时间信息的一部分隐含在接收到的导航电文数据比特中，剩下的部分与当前接收信号在导航电文子帧格式中的位置有关。无论是为了解调出导航电文数据比特还是为了组装成伪距测量值，接收通道从信号捕获进入信号跟踪阶段后，还需要完成位同步，即从接收信号中找到数据比特的边缘，接着实现帧同步，即从接收信号中找到子帧起始边缘。

接收机开始跟踪信号后，虽然码环能鉴别出当前接收信号的码相位值 CP，即它能找出当前接收信号在一个 C/A 码周期中的位置，但是因为一个数据比特对应 20 个 C/A 码周期，所以码相位值并不能指出当前接收信号位于某个数据比特时沿下的第几个 C/A 码周期中。位同步又称比特同步，是指接收通道根据一定算法确定当前接收信号在某个数据比特中的位置，或者等价地说是指确定接收信号中的比特起始边缘位置。在接收通道进入位同步阶段前，由于式（4.13）中的 C/A 码整周期数 c 未知，因此接收机不能获得该信号的发射时间和伪距测量值；同时，由于接收信号中的数据比特边缘尚未确定，因此接收通道自然不能开始解译导航电文。

下面首先回顾第 11 章的载波环进行数据解调的过程。如果载波环的相干积分时间为 1 ms，那么它的鉴别器在鉴相或鉴频的同时，还解调出宽为 1 ms 的数据比特电平值，于是随着载波环的运行，它将输出一串码率为 1000 Hz 的二进制数。考虑到卫星导航电文中的每个数据比特持续 20 ms，接收机接下来的任务是将 1000 Hz 数据流变成正常的 50 Hz（50 bps）数据流，也就是说，要将每 20 个 1 ms 宽的数据合并为一个 20 ms 宽的正常数据比特。在位同步之前，接收机并不知道哪 20 个相继的 1 ms 数据属于同一个比特；反过来，如果接收机能通过数据分析将一连串的 1 ms 数据合理地划分为每 20 个一组，那么位同步也就得以实现。由于载波环在噪声等因素的作用下不可能正确地解调出全部的 1 ms 宽数据电平值，且 20 ms 宽的导航电文数据比特的跳变基本上是随机的，因此接收机要十分可靠地实现位同步其实不是一件轻松的任务。

需要指出的是，我们在刚才的讨论中假定任何一个 1 ms 的相干积分不跨越两个相邻的数据比特，但是在环路刚开始从信号捕获进入信号跟踪阶段时，跨越两个比特进行相干积分的现象会不可避免地发生，且这自然会在相干积分结果中引入损耗。随着码环的运行，码环逐渐正确地估算出接收信号的码相位值，并且时刻保持对接收 C/A 码信号的跟踪，于是根据码环对接收 C/A 码信号的码相位估计值，接收机可以时刻调整相干积分的起始沿，使相干积分的起始沿始终与接收信号中 C/A 码周期的起始沿对齐。因为卫星信号中的 C/A 码时沿与数据比特时沿存在固有的同步关系，所以当每个 1 ms 宽的相干积分时段正好与每个 1 ms 宽的 C/A 码周期重合时，每个数据比特边沿就刚好与某个相干积分的起始沿重合，也就是说，没有一个 1 ms 宽的相干积分会跨越两个数据比特。只要以毫秒计的相干积分时间为 20 的一个约数，那么当位同步实现后，所有相干积分就都可以被调整到不跨越两个数据比特。

位同步算法有多种，它们的思路基本上都出于以下三个事实：第一，在没有噪声的情况下，载波环正确解调出来的 1 ms 宽的比特值在同一个 20 ms 宽的数据比特时沿下应相等，而相邻两个 1 ms 宽的比特值只可能在数据比特边沿处发生跳变；第二，在正常情况下，接收到的卫星信号中所含的导航电文必然存在数据比特跳变；第三，每个 20 ms 宽的数据比特起始沿时间上必定与某个 C/A 码周期中的第一个码片起始沿重合，而这一点在上一段中刚被提及。在 1 ms 宽的相干积分起始沿与 C/A 码周期起始沿对齐的前提下，位同步算法可利用这三个事实来确定数据比特起始沿。

直方图（Histogram）是一种相当基本的位同步算法，我们以下大致按照文献[66]来介绍这种方法。在相干积分时间 T_{coh} 为 1 ms 的情况下，载波环每毫秒输出一个值为 0 或 1 的当前数据比特估计值。如果没有噪声和其他接收机运行错误，那么确定比特边沿这一任务其实相当简单：只要相邻两个 1 ms 宽的数据比特之间发生跳变，那么它们之间的交界沿就是数据比特边沿，且该比特边沿后的每 20 个值应与全部为 0 或全部为 1 的 1 ms 宽的数据比特一起，合并为一个值为 0 或为 1 的 20 ms 宽的正常数据比特。在实际中，由于噪声等原因，1 ms 宽的数据比特流有时并不呈一个清晰而又有规律的模式，因此我们此时就不能简单地凭着 1 ms 宽数据流中的单个跳变来决定比特边沿，否则会发生很高的位同步错误率。如图 12.9 所示，为了观察多个数据比特跳变现象以提高判断比特边沿的可靠性，直方图法首先将载波环输出的 1 ms 宽数据比特流用 1～20 循环编号，其中编号为 1 的首个数据比特是任意选定的，然后逐个统计相邻两毫秒之间的数据跳变情况：若第 i 个数据到第 $i+1$ 个数据发生了跳变，则对应第 $i+1$ 个直方的计数器值加 1，否则计数器值保持不变。这样，处理完 20 ms 的数据后，直方图法就查看统计结果是否为以下两种情况中的一种。

（1）*有一个直方的计数器值达到门限值 N_1*。这种情况如图 12.9 所示的例子一样，因为第 4 个直方的计数器值最大，即数据流中从第 3 毫秒至第 4 毫秒的比特跳变次数最多，且该计数器值又达到了 N_1 次，所以位同步被认为成功实现，其中比特边沿偏差为 3 ms。这样，第 1 至第 3 毫秒属于一个比特，第 4 至第 20 毫秒加上紧随其后的第 1 至第 3 毫秒属于下一个比特，而余下的数据比特分割以此类推。

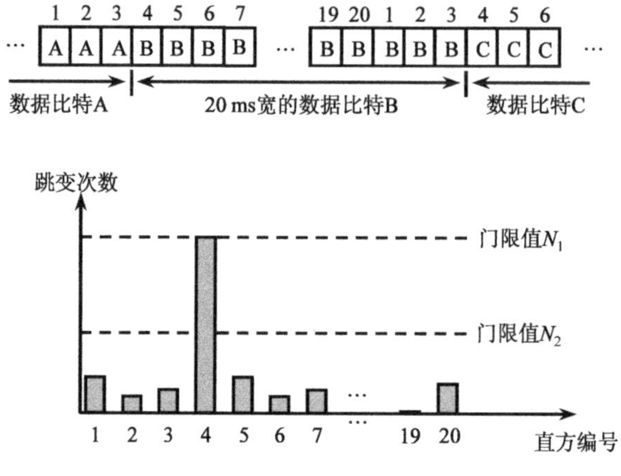

图 12.9　位同步的直方图法

（2）*至少有两个直方的计数器值达到或超过门限值 N_2*。这种情况表明信号强度太弱，或者这段导航电文中包含的数据比特跳变太少，于是位同步失败，所有直方的计数器清零，然后重新开始统计数据跳变。

如果以上两种情况均没有发生，那么接收机继续对数据流进行逐个检查和统计。若载波环在尚未实现位同步之前就出现对信号的失锁，则以上统计过程同样需要清零重启。

在 T_{bs} 秒的统计时间内，20 ms 宽的数据比特共有 $50T_{bs}$ 个。若将 20 ms 宽的二进制导航电文数据比特值视为一种贝努利实验，则对图 12.9 中对应于比特起始边沿的直方来说，它的计数值应该呈二项分布（见附录 C）。假定比特跳变的发生概率为 0.5，那么门限 N_1 可以取值为导航电文数据比特在 T_{bs} 秒内的平均跳变数，即

$$N_1 = 0.5 \times 50T_{bs} = 25T_{bs} \tag{12.52}$$

对其他不与比特边沿对应的直方来说，它们检测到的所谓比特跳变实际上是由载波环比特解调出错引起的。因此，这种比特跳变概率 P_{esc} 等于载波环在相邻两个 1 ms 宽的比特解调中发生一个正确而另一个错误的概率，即

$$P_{esc} = 2P_e(1 - P_e) \tag{12.53}$$

式中，P_e 为载波环发生 1 ms 宽比特解调错误的概率。例如，锁相环 1 ms 宽（T_{coh} 为 1 ms）的比特解调错误概率为

$$P_e = Q\left(\sqrt{2(C/N_0)T_{coh}}\right) \tag{12.54}$$

式中，Q 函数的定义参见附录 C。这些不与比特跳变相对应的直方计数器值也可视为呈二项分布，其中错误发生比特跳变的概率为 P_{esc}，不发生跳变的概率为 $1-P_{esc}$，于是这些直方中的平均跳变次数应为 $50T_{bs}P_{esc}$，均方差 σ 为 $\sqrt{50T_{bs}P_{esc}(1-P_{esc})}$。假定我们以 3σ 来设置门限 N_2 的值，那么它的取值范围应为

$$50T_{bs}P_{esc} \leqslant N_2 \leqslant 25T_{bs} - 3\sqrt{50T_{bs}P_{esc}(1-P_{esc})} \tag{12.55}$$

在实现位同步的统计过程中，直方图法认为信号强度不变，于是门限值 N_1 和 N_2 都可为一个常数。例如，当 T_{bs} 取值为 1 s 时，文献[52]将门限值 N_1 与 N_2 分别设置为 25 和 15，并且认为这些值能满足对大多数不同强度信号的处理要求。为了保证对弱信号进行位同步的可靠性，接收机通常需要增加对弱信号数据比特跳变的统计时间 T_{bs}。

文献[29]给出了另一种用硬件实现的位同步算法。在这种算法中，接收机利用 20 个并行相关器及其相关支路对接收信号进行时间长度均为 20 ms 的相干积分，其中的关键是让这 20 个相关支路的相干积分起始沿分别相差 1 ms，然后检查这 20 个相干积分结果的信噪比。若某条相关支路上的相干积分结果信噪比最小，则相应的相干积分起始沿必定与比特起始沿相差 10 ms，这才使得相干积分结果信噪比由于发生数值正负抵消而变弱；反之，若某条相关支路获得最高的相干积分结果信噪比，则相应的相干积分起始沿必定与比特起始沿对齐，即比特起始沿被找到，位同步实现。

完成位同步后，接收通道就可将对应于同一个导航电文数据比特的每 20 个 1 ms 宽的数据比特合并起来，组成一个个 20 ms 宽的正常数据比特，这就完成了导航电文数据比特的解调。可以想象，数据比特解调必须具有一定的容错性，即属于同一数据比特的 20 个 1 ms 宽的数据比特值不需要相互完全一致，偶尔发生几毫秒的数据解调错误有时可能对整个数据比特的正确解调没有影响。比如，文献[46]中的科思塔锁相环对 20 个 1 ms 长的相干积分值 I_P 进行相加，然后根据和的正负来判断该 20 ms 长的正常数据比特值。假定科思塔锁相环锁定信号，不发生失锁、失周，那么这种方法输出的正常数据比特的比特错误率（BER，也称误码率）P_{be} 为[46]

$$P_{be} = Q\left(\sqrt{2(C/N_0)T_D}\right) \tag{12.56}$$

其中，导航电文数据比特码宽 T_D 为 0.02 s。又如，文献[70]采用了求平均值的方法，它首先将 1 ms 宽的数据比特表达成+1 和–1 的电平值形式，然后，如果 20 个 1 ms 宽的数据比特电平值的平均值不小于+0.9 或不大于–0.9，那么相应的正常数据比特的电平值就等于+1 或–1；否则，如果平均值位于–0.9 至+0.9 之间，那么这一正常数据比特的解调结果就被视为无效，或者先前实现的位同步正确性值得怀疑。

可以想象，当载噪比 C/N_0 较低或用户动态性较强时，锁相环解调出的 T_{coh} 宽数据比特的错误率较高，相应地，比特错误率和位同步错误率也较高。若接收机只能零星地从卫星信号中解调出几个正确的数据比特，则它要从中获得完整的一套卫星时钟校正参数和卫星星历参数就会变得相当困难。此时，虽然接收机在跟踪卫星信号，但是 GPS 定位长久地无法得到实现，下一章介

绍的辅助 GPS（AGPS）技术将从另一角度解决这一难题。

位同步的实现是一个随机过程，接收机通常总有一定的概率发生位同步错误。此外，采样时钟的偏差和频率漂移也有可能造成某毫秒的数据在这个比特时段错误地划分到另一个比特时段。因为位同步错误会在信号发射时间和相应的伪距测量值中引入整数个毫秒的错误，所以位同步错误又常称为*毫秒错误*。由于 1 ms 错误相当于约 300 km 的伪距测量误差，如果含有毫秒错误的伪距测量值不幸被 GPS 定位算法利用，那么将造成巨大的定位误差。考虑到毫秒错误对定位算法来讲通常是一个极其显著的测量误差，且多个信号通道同时发生毫秒错误的概率很低，在卫星伪距测量值足够多的情况下，定位导航运算模块应很容易检测出这种由基带数字信号处理模块引入的毫秒错误[46]。

接收通道进入位同步阶段后，就有机会将相干积分时间扩展到整个数据比特的 20 ms 而又不跨越两个比特。12.3.2 节介绍紧随位同步之后的帧同步。

12.3.2 帧同步

实现位同步后，载波环解调出来的 20 ms 宽的正常数据比特流还存在如下两个问题：一是这些具有 180°相位模糊度的比特值是否应被全部反相，二是如何将这些比特分成每 30 个一组的字。11.2.5 节和 11.3.1 节分别提到锁相环和锁频环解调出来的数据比特存在一个 180°相位模糊度的问题。由于接收机载波环不知道接收到的 GPS 卫星信号的载波初相位，因此在数据解调时，载波环一般首先任意设置首个被解调出来的数据比特值，比如设置为 0 或 1，然后相对于这个初始比特值对随后的接收信号逐个进行数据解调。这样，若载波环正确解调出来的一串数据比特比如为 01101 时，则由卫星实际播发的这些比特值有可能是 01101，也有可能是它们的反相值，即 10010。子帧同步简称帧同步，其目的是确定卫星信号中的子帧边缘，从而不但将载波环解调出来的数据比特流正确地划分成一个一个的字，而且能判定出这些比特是否存在 180°的反相。

2.5 节对导航电文的格式做了介绍，其中每个子帧的第一个字为遥测字，遥测字的前 8 比特是值固定为 10001011 的同步码。第 2 章中的式（2.29）告诉我们，卫星首先对原始数据比特进行海明编码，然后将编码后的比特播发出去。在卫星实际播发的比特中，因为每个子帧最后一个字的最后两个比特始终被控制为 00，所以这两个比特与下一个字（恰好为遥测字）的原始比特放在一起进行编码后，从卫星上实际播发出去的同步码始终为 10001011，而不可能是其反相值[10]。因此，通过逐个搜索被解调出来的数据比特，从中找到与同步码完全相匹配或全部反相的 8 个连续比特，就能确定子帧边缘，这就是接收机实现帧同步的基本思路。同时，若在数据比特流中搜索到了同步码或同步码的反相值而实现帧同步，则数据比特的 180°相位模糊度问题就迎刃而解。

为了快速、可靠地完成帧同步及为随后的电文译码做好准备，帧同步算法还需要考虑如下一些因素。

（1）因为载波环解调出来的数据比特存在 180°相位模糊度，也就是说，比特流中原本为 10001011 的同步码有可能被接收机解调成 01110100，所以接收机需要在比特流中同时搜索同步码和同步码的反相值。若在数据比特流中搜索到同步码的反相值 01110100，则除了同步码被认为已经找到，所有这些由载波环解调出来的数据比特还应被反相，这样它们才变成卫星实际播发的比特值。解决 180°相位模糊度问题后，接收机在随后对比特的处理中就不再担心数据比特是否被反相。

（2）若不考虑某些周期性和相关性，则导航电文数据比特中 0 与 1 的出现可以说是随机的，而由随机产生的 8 个连续比特刚好为同步码的概率为 0.003 9（0.5^8），即任意 8 个连续比特会被误认为是同步码或同步码反相值的概率是 0.007 8。因为 0.007 8 对连续不断的 GPS 接收信号来说不是一个小概率值，所以当帧同步算法在数据比特流中找到同步码或其反相值后，必须进一步对此加以确认，以保证帧同步的可靠性。

（3）除了同步码，帧同步算法还可利用周内时（TOW）、奇偶校验码等导航电文中的其他数据比特信息帮助更快、更可靠地完成帧同步及其确认过程。

需要指出的是，在解调出来的数据比特流中寻找同步码的过程，可以等价地视为同步码与数据比特流进行相关运算，而搜索到绝对值最大的相关值就相当于找到了同步码或其反相值[70]。我们知道，从接收到的所有可见卫星信号的总和中捕获、跟踪某个特定卫星信号的过程，也主要利用了 C/A 码的相关性。可见，相关性和相关运算对 GPS 和 GPS 接收机有着重大的意义。

鉴于以上多方面的考虑，文献[66]给出了以下帧同步算法的步骤。

（1）在数据比特流中逐个比特地搜索 8 比特的同步码及其反相值，直至成功。若将这一过程中的比特搜索、匹配过程视为相关运算，则该过程实际上寻找的是结果为+8 或–8 的（非单位化后的）相关值。

（2）为了验证上一步搜索到的 8 比特真的是同步码而不是由随机比特凑巧组成的，接收通道需要收集接下来的 22 比特，然后利用式（2.29）验证这 30 比特是否满足奇偶检验（详见 12.3.3 节）。一方面，假如这 30 比特（加上上一个字的最后 2 比特）自身不能满足作为一个字的奇偶检验，那么这次匹配到的 8 比特可能不是真正的同步码，于是返回至第 1 步；另一方面，即使这 30 比特满足奇偶检验，随机产生的或含有错误解调的最后 6 比特又有可能凑巧与计算得到的奇偶检验码相同，而能同时满足同步码和奇偶检验的帧同步出错概率为 1.22×10^{-4}，即 $0.007\,8\times0.5^{6}$。考虑到这一概率值尚未足够小，接收机在时间许可的条件下仍应继续验证搜索到的 8 比特真的是同步码。

（3）利用紧接遥测字之后的交接字进一步验证帧同步成功的真实性。如图 2.20 所示，在交接字中可以用来进一步检验帧同步成功的数据比特主要包括以下三项：一是前 17 比特的截短的周内时计数值对应的 GPS 时间应在 0～604 799 s 范围内；二是第 20 至 22 这 3 比特代表的子帧识别标志必须为一个值在 1～5 之间的数；三是整个 30 比特的交接字必须满足奇偶检验。如果这三项检验中的任一项都未能通过，那么帧同步宣告失败，并返回第 1 步重新开始；否则，如果到此为止的所有检验全部通过，那么发生帧同步错误的概率应已很小，接收通道可以开始正常地对解调出来的数据进行收集、解译。然而，因为随机产生的 30 比特仍有可能全部通过这些检验，所以下一步将继续验证帧同步成功的真伪。

（4）收集完下一子帧的交接字后，接收机可以进行最后一道检验：检查该子帧交接字中的前 17 比特代表的截短的周内时计数值比上一子帧中的相应值刚好大 1（注意考虑周内时计数值从最大值返回零的情况）。因为随机数据比特能满足这一条件的概率小至 7.63×10^{-6}（0.5^{17}），所以这一步的检验可谓相当严格。

经过以上四步中的一系列检验及其他可能的额外检验后，若帧同步算法还未能否定在第 1 步中找到的子帧边沿，则帧同步成功完成，否则返回第 1 步重新开始。

12.2.1 节提到，当码环锁定接收信号时，它能完全掌握接收信号中 C/A 码相位的变化状况，于是接收机可以时刻调整跟踪环路相干积分的起始沿，使其保持与接收信号中 C/A 码周期的起始沿重合。实现位同步和帧同步后，码环锁定接收信号中的 C/A 码意味着接收机锁定比特边沿和子帧边沿，而接收机可以维持对接收信号的位同步和帧同步，直到码环对接收信号失锁。当一个卫星信号失锁后得以重锁时，接收机应根据其对该信号发射时间掌握的精确程度来决定是否需要重新进行位同步和帧同步。

3.2.2 节指出，GPS 的地面监控部分保证各颗 GPS 卫星的时钟与 GPS 时间的差异维持在 1 μs 内，因此各颗卫星基本上在同一时刻开始发射它们的子帧起始边沿，但这绝不意味着接收机接收到的不同卫星信号的子帧边沿仍在时间上保持对齐。事实上，离接收机距离较近的 GPS 卫星的子帧边沿会相对较早地到达，距离较远的则较后出现。各颗可见 GPS 卫星离地面上的接收机的距离互不相等，其中最短的距离为 20 192 km，最长的距离可达 25 785 km。也就是说，卫星信号的传播时间分布在 67～86 ms 范围内。因此，与 6 s 长的子帧相比，接收机接收到的各颗卫星的子帧边沿几乎集中在一起，前后相差不超过 19 ms。然而，它们并不对齐，于是接收机一般来说需要对所有不同的卫星信号分别进行帧同步运算[81]。

12.3.3 奇偶检验和电文译码

完成位同步后，接收机可以进行正常 20 ms 宽的数据解调，而在实现帧同步后，它又可以进一步对解调出来的数据比特进行导航电文译码，以得到有实际应用价值的导航电文参数。在电文译码前，接收机还需要对解调出来的以字为单位的数据比特进行奇偶检验，以尽量保证用于译码的数据比特的正确性。同时，奇偶检验过程本身也能在接收机完成译码前，帮助对数据比特进行解码。

2.5.2 节介绍过卫星对所要播发的数据比特采用海明(32, 26)编码方式编码，且编码同时产生 6 比特的奇偶检验码。式（2.29）给出了这种编码的计算公式，其中 d_i 为共计 24 个原始数据比特，而 D_i 是编码后由卫星实际播发的 30 个数据比特。这样，当接收机从接收到的卫星信号中解调出以字为结构单位的数据比特 D_i 后，一方面需要检验每个字中的 30 个数据比特 D_i 是否满足奇偶检验，另一方面需要对 D_i 进行编码的逆向操作，即解码，从而得到原始数据比特 d_i。需要指出的是，这里的数据比特 D_i 已不存在 180°相位模糊度问题，即每个子帧的前 8 比特均是值为 10001011 的同步码。

图 12.10 是由文献[10]给出的一种既进行奇偶检验又进行数据解码的算法流程，它将接收机载波环解调出来的（180°相位模糊度已消除的）连续 32 个数据比特 $D_{29}^-, D_{30}^-, D_1, D_2, \cdots, D_{30}$ 作为输入量，其中 D_1 至 D_{30} 组成一个字，D_{29}^- 和 D_{30}^- 是上一个字的最后两比特。该算法首先根据以下异或公式解调出 24 个原始导航电文数据比特 d_i：

$$d_i = D_{30}^- \oplus D_i\,,\quad i = 1, 2, \cdots, 24 \tag{12.57}$$

然后依照式（2.29）中的最后 6 个子公式计算出 6 比特的奇偶检验码，最后将这 6 个计算得到的奇偶检验码与接收机实际解调出来的 6 比特奇偶检验码（$D_{25}, D_{26}, \cdots, D_{30}$）进行比较：如果二者完全一致，那么奇偶检验通过；否则，奇偶检验失败。如果奇偶检验失败，那么一种可能是帧同步其实尚未成功实现，另一种可能是在接收通道已确认帧同步的前提下，由噪声等原因引起了一个或多个比特的解调错误。有关奇偶检验的更多细节，读者可参阅由文献[12]提供的软件源代码。

式（2.29）中的最后 6 个奇偶检验计算子公式可以等价地表达成如下的矩阵运算：

$$[D_{25}\ D_{26}\ D_{27}\ D_{28}\ D_{29}\ D_{30}]^{\mathrm{T}} = \boldsymbol{H}[D_{29}^-\ D_{30}^-\ d_1\ d_2\ d_3 \cdots d_{23}\ d_{24}]^{\mathrm{T}} \tag{12.58}$$

式中，

$$\boldsymbol{H} = \begin{bmatrix} 10111011000111110011010010 \\ 01011101100011111001101001 \\ 10101110110001111100110100 \\ 01010111011000111110011010 \\ 01101011101100011111001101 \\ 10001011011110101000100111 \end{bmatrix} \tag{12.59}$$

矩阵 $\boldsymbol{H}$ 中的元素值 1 与 0 分别代表相应的比特值 D_{29}^{-}, D_{30}^{-} 和 d_i（$i = 1, 2, \cdots, 24$）是否参与异或相加运算，1 代表参与，0 代表不参与。观察矩阵 $\boldsymbol{H}$ 的元素分布，可以发现如下编码规律：矩阵 $\boldsymbol{H}$ 中的第 2 行至第 5 行基本上分别由它们相应的前一行向右旋转平移一个元素得到。另外，上述矩阵相乘运算可非常有效地利用整数位操作加以完成。

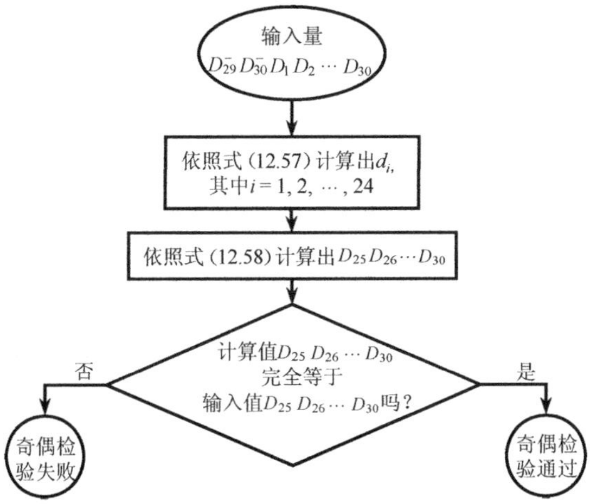

图 12.10　奇偶检验流程

经海明(32, 26)编码后的奇偶检验具有一定的检错与纠错功能，但它对爆发型多比特错误的检错能力不强。若 32 个数据比特（包括 D_{29}^{-} 和 D_{30}^{-}）中只有一个比特出错，则奇偶检验法有能力将引正这一错误比特；若 32 个比特中最多只包含三个错误比特，则这种奇偶检验法一定能够检测出该字出错；若一个字中含有 4 个或更多错误比特，则它有时能而有时不能将此错字成功地检测出来。如果接收通道发现奇偶检验不通过但又未能纠正所有的错误比特，那么作为整个字的这 30 比特一般会被全部放弃，只有满足奇偶检验的一个字才被认为是正确的。

我们知道，接收机载波环解调出来的数据比特流在帧同步后被分成一个一个的字。假设这些比特发生错误的概率等于 12.3.1 节中的误码率 P_{be}，那么由这些比特组成的字相应地也会发生错误，而我们将发生错误字的概率称为误字率（WER）。只有 32 比特全部正确（此时它必定能通过奇偶检验），相应的一个字才正确无误，于是误字率 P_{we} 等于[66]

$$P_{we} = 1 - (1 - P_{be})^{32} \tag{12.60}$$

若接收机对任何不能满足奇偶检验的字一律不试图纠错就放弃，则上述误字率 P_{we} 也就等于解调出来的字不幸被丢弃的概率。

我们注意到 P_{be} 是奇偶检验前的误码率，而当奇偶检验丢弃一部分错误字时，剩下的能满足奇偶检验的这些字中包含误码的概率应大为降低。因为与一个字中发生四个错误比特的概率相比，一个字中发生四个以上错误比特的那部分概率较小，所以在忽略那些小概率后，我们认为能满足奇偶检验但含有错误比特的事件只来自一个字含有四个误码这种情况。假设各个误码的发生事件相互独立，那么 32 比特中包含的错误比特数目呈二项分布（见附录 C），其中发生四个错误比特的概率为 $C_{32}^{4} P_{be}^{4} (1 - P_{be})^{28}$，于是每个比特发生错误的概率就等于

$$P_{be}' = \frac{4}{32} C_{32}^{4} P_{be}^{4} (1 - P_{be})^{28} = 4495 P_{be}^{4} (1 - P_{be})^{28} \tag{12.61}$$

也就是说，P_{be}' 等于接收通道经奇偶检验后输出的数据比特流中的误码率。

一个字通过奇偶检验后，该字的前 24 个解码结果 $d_1, d_2, \cdots, d_{24}$ 应被保存。一个子帧的 10 个字被全部收集完整后，接收机就可按照《GPS 界面控制文件》给出的数据比特格式翻译出导航电文参数[10]。译码的首要任务是从子帧的交接字中获得属于信号播发时间一部分的周内时 TOW。一旦某个接收通道对卫星信号的交接字通过了奇偶检验，则周内时就可从该字的前 17 比特（见图 2.20）获得，于是整个接收机对当前时间的掌握准确程度就可以达到微秒级，从而非常有利于接收机加快完成对其他可见卫星信号的捕获并实现 GPS 定位。

若一个测量值能被用于 GPS 定位运算，则接收机必须至少拥有相应卫星的钟差校正参数和星历参数，也就是说接收机必须至少正确、完整地收集其第一子帧、第二子帧和第三子帧的数据比特。尽管三个子帧总长 18 s，但是接收机解调出来的第一个比特不一定刚好是第一子帧的第一个比特，因此收集完前三个子帧数据比特的平均时间显然要大于 18 s。因为在 30 s 内，接收通道必定经历包括前三个子帧在内的所有五个子帧的数据比特，所以可以认为对前三个子帧数据比特的收集必定在 30 s 内完成。为了实现首次定位，接收机一般来说需要收集至少四颗不同卫星的前三个子帧数据比特，于是包括信号的捕获所需花费的时间在内，接收机冷启动首次定位所需时间的平均值约为 30 s。

12.3.4 测量值的生成

11.2.8 节、11.3.3 节和 12.1.5 节指出，跟踪环路可根据其环路中的数控振荡器和相位积分器产生 GPS 测量值，本节对测量值的产生机理做一些补充说明。

我们知道，实现帧同步后，接收机可根据式（4.13）组装出信号发射时间 $t^{(s)}$，随后可根据式（4.4）和接收机时钟 t_u 生成伪距 ρ。然而，在实现定位之前，接收机有可能对时间值一无所知，于是就涉及如何估计信号接收时间这一问题。尽管众所周知的 GPS 定位原理认为不论接收机钟差如何，只要至少有 4 颗卫星的伪距测量值，接收机就能实现定位、定时，但是这个原理对接收机时钟的准确程度有一定要求。5.3.2 节的最后指出，为了减小非公共的卫星位置计算误差而比较准确地完成 GPS 定位计算，接收机对时间的掌握必须达到几毫秒的准确程度。为此，一种简单的解决办法是，首先让某个接收通道上的卫星信号发射时间 $t^{(s)}$ 加上 70 ms 作为接收时间 t_u，它可让该参考卫星的伪距值（70 ms 乘以光速）大小看上去接近卫星的运行高度，然后根据其他卫星的信号发射时间与该参考卫星信号发射时间之间的前后相对关系一一推导出这些卫星的伪距测量值[21]。需要说明的是，几毫秒误差的接收机时间估算值不会影响卫星轨道计算和最终 GPS 定位值的精度。一旦实现 GPS 定位，接收机钟差就可被准确地求解出来，其误差一般约为几纳秒。

由于信号微弱等原因，接收机在解调导航电文数据比特时会出现很高的误码率，因此虽然接收机或许能持续地跟踪信号，但是它迟迟不能对各个卫星信号实现帧同步，无法从信号中解调出一个完整的信号发射时间 $t^{(s)}$。在这种情况下，如果接收机掌握一定精度的时间值 t_u，那么接收时间 t_u 减去 70 ms 就可作为某个接收通道上的卫星信号发射时间 $t^{(s)}$，并且类似地根据不同卫星信号发射时间之间的前后相对关系，接收机可以一一推导出所有被跟踪卫星的信号发射时间及其伪距测量值。如 5.3.2 节最后指出的那样，如果接收机时间 t_u 不够准确，那么尽管接收机按照这种机制能生成足够多的伪距测量值，但是传统的只含 4 个状态变量（三维接收机位置坐标和接收机钟差 δt_u）的伪距定位算法是不能精确地实现 GPS 定位的。当接收机绝对时间值 t_u（及由此推导出来的各颗卫星的信号发射时间）的误差较大时，5.3.2 节中伪距定位算法的第 1 步就会产生较大的卫星位置计算误差。对不同的卫星而言，由于同一个接收机时间误差会引起大小和方向上均不相等的卫星位置计算误差，也就是说，这些卫星位置误差未能形成一种公共伪距误差，因此接收机钟差 δt_u 不能用来作为这一接收机绝对时间偏差的模型，传统的四状态变量定位算法也就不能求解出接收机绝对时间偏差。因为卫星运动速度在伪距方向上的投影约为 1000 m/s（见 13.1.3 节），所以 1 ms 的接收机绝对时间误差最多造成约 1 m 的伪距误差，相应地，10 ms 的绝对时间误差最多造成约 10 m 的伪距误差，而由此引起的定位误差也在 10 m 量级。因此，只有当接收机对时间掌握的准确程度在 10 ms 量级或更高时，传统的四状态变量定位算法才能得到比较准确的定位结果[84]。13.3.3 节中将给出一种接收机绝对时间误差较大时的定位算法。

虽然接收机射频前端对接收到的所有可见卫星信号的总和进行采样、离散，但由于不同卫星信号的比特和子帧边沿不对齐，且不同接收通道采用的相干积分时间和环路更新周期可能各不相等，因此相互独立运行的不同接收通道很可能在不同时刻完成一定时段的积分后，输出它们各自的 GPS 测量值。为了使基带数字信号处理模块表面上看起来从各个不同的信号通道上输出同一接收时刻的码相位和载波相位等 GPS 测量值，方便随后的定位导航运算，接收机通常需要将来自不同通道的 GPS 测量值推测到同一接收时刻，该同一时刻既可以是相对过去的一个时刻，又可以是一个将来时刻。若将所有测量值推测到同一个过去时刻，则因为接收机完全掌握码数控振荡器和载波数控振荡器过去的调整与运行历史，这种前推方式本身不会引入任何测量误差；相反，若将所有测量值推测到同一个将来时刻，则虽然这种后推方式可能会引入测量误差，但是定位导航模块能获得最新时刻的测量值，以利于接收机和 GPS 应用及时掌握用户的最新动态情况。对差分 GPS 来讲，因为它希望两地不同的接收机输出同一接收时刻的测量值，而两地的接收机时钟通常是异步工作的，所以两地接收机均将测量值推测到同一个 GPS 时间就可解决这一问题。

11.2.4 节指出，载波环与码环的环路带宽 B_L 分别约为 25 Hz 与 1 Hz 量级，那么根据附录 F 中的奈奎斯特采样定理，两环路的数据输出频率大致为 50 Hz 与 2 Hz。许多接收机的 GPS 测量值输出率为 1～10 Hz，随后的定位率一般为每秒一次。考虑到接收机内部的数据通信与处理能力，接收机输出的 GPS 测量值和定位结果一般有 200 ms～2 s 的延时。另外，环路滤波器的存在使得相应环路输出的测量值前后之间具有一定的相关性，例如 0.1 Hz 的码环带宽暗示着前后间隔约为 10 s 以上的码环测量值之间才基本上是相互独立的。

大部分接收机在向外界输出 GPS 定位结果的同时，还输出原始 GPS 测量值。附录 H 将简单地介绍两种常见的接收机数据格式。

12.4 多路径效应及其抑制

4.3.5 节介绍了多路径误差。简单地讲，多路径是指接收机除了接收到卫星信号的直射波，还接收该直射波的一份甚至多份反射波的现象，而多路径对接收机的性能影响被称为多路径效应。尽管多路径信号是直射波及其相应反射波的总和，但是在实践中它又经常专门指代反射波信号。多路径是 GPS 特别是差分 GPS 的主要误差源，没有一款 GPS 接收机不为了提高其定位性能而采取或多或少的多路径抑制措施。因此，通过对前面章节内容的学习而理解接收机的总体构造及其跟踪环路的运行机制后，我们有必要运用这些知识做一个关于多路径的专题讨论，一方面是为了深入分析多路径究竟是如何影响接收机的正常运行的，另一方面是为了探讨用以消除、抑制多路径效应的多种技术。

4.3.5 节指出，一个多路径信号可用相对于直射波信号的幅值衰减、传播延时和相位变化三个参数来描述。为方便讨论，我们在本节考虑如下一种基本上算是最简单的多路径情形：在直射波存在的情况下，相应的反射波只有一条，且反射波的三个多路径参数值在考虑的一段时间内保持不变。有关估算多路径参数的方法，读者可参阅文献[38, 45]等，而有关多路径的实地测试、多路径特征的分析及多路径模型的建立等知识，读者可参阅文献[50, 77]等。为了评价某种多路径抑制技术的性能或者比较不同多路径抑制技术之间的性能差别，我们经常需要按照 3GPP 等规范设定一些多路径情形，然后进行接收机性能测试，最后对接收机的测量误差和定位误差等接收机输出量进行统计、评比[68]。

12.4.1 多路径效应

多路径在不同时间、不同地方通常表现出不同的特征，即便是同一条多路径，它对不同设计的接收机也可能有着不同程度的影响。为了从本质上理解如此纷呈的多路径效应，本节将分析多路径是如何通过接收机跟踪环路来影响码相位和载波相位测量值的。

当某一卫星信号发生多路径现象时，接收天线接收到该信号的直射波及其若干反射波，于是接收机随后处理的射频接收信号是如式（4.74）所示的直射波和反射波的叠加，它一般不能将直射波和混杂在一起的其他各个反射波信号成分区分开来。这样，当接收机的一个信号通道将其跟踪环路复制的 C/A 码与接收信号进行相关运算时，复制 C/A 码实际上分别同时与直射波和反射波进行相关，于是相关器的输出结果就是这些相关值的总和。相应于式（4.74）所示的接收信号，我们可将相关器输出的经相干积分后的自相关函数 $R_{\Sigma}(\tau)$ 表达成

$$R_{\Sigma}(\tau) = R(\tau) + \sum_{i} \alpha_i R(\tau - \tau_i) \cos \varphi_i \tag{12.62}$$

式中，$R(\tau)$ 代表复制 C/A 码与直射波信号之间的自相关函数，α_i，τ_i 和 φ_i 分别为第 i 个反射波相对于直射波的幅值、延时和相位。考虑到反射波的多普勒频移不一定与直射波的多普勒频移相同，式中的反射波幅值 α_i 事实上还包含相对于直射波的相干积分频率误差损耗。当反射波的相对相位 φ_i 为 0°时，我们称该反射波与直射波同相；当 φ_i 为 180°时，我们称该反射波与直射波反相。10.2.4 节指出，同相多路径信号通常是由直射波信号经偶数次反射后得到的，而反相多路径信号通常是经奇数次反射后形成的。

以接收信号只包含直射波和一个反射波的多路径现象为例，图 12.11 描述了反射波同相和反相两种情况下对接收机跟踪环路 I（或 Q）支路上相关结果的影响，其中反射波的幅值 α_i 为 0.5（−6 dB），延时 τ_i 为 1/4 码片，相关器间距 d 为 1/4 码片，噪声假定为零。对于同相反射波的情形，图 12.11(a)上半部分的深色自相关函数曲线是由直射波与复制 C/A 码进行相关得到的，浅色自相关函数曲线是由反射波与复制 C/A 码进行相关得到的，圆点代表跟踪环路上三个相关器对自相关函数曲线的采样值，而图 12.11(a)下半部分是上述两条自相关函数曲线的叠加。前面刚指出，因为接收机一般无法区分直射波与反射波，所以只能将复制 C/A 码与直射波和反射波的叠加信号做相关运算。考虑到相关运算的线性特征，复制 C/A 码与叠加信号的相关结果等于复制 C/A 码与其中各个信号成分相关结果的叠加，也就是说，叠加后的自相关函数曲线上的三个采样点才是跟踪环路实际获得的相关值。假定接收机采用科斯塔锁相环，即在稳态时，环路上的信号能量集中在 I 支路上，而 Q 支路上的能量接近零，那么这三个在 I 支路上的相关结果采样点的绝对值，就可以视为被码环用来鉴相的非相干积分值 E，P 和 L。图 12.11 表明，在跟踪环路理想地锁定直射波信号的前提下，当反射波不存在时，非相干积分值 E 与 L 相等，这证实码环复制的即时 C/A 码的相位正好与接收到的直射波 C/A 码的相位一致；然而，当反射波存在时，非相干积分值 E 与 L 不再相等，使得码环认为其复制的即时 C/A 码的相位与接收到的直射波 C/A 码的相位不一致，导致

码相位鉴别误差和测量误差。图 12.11(b)所示的反相反射波情形与同相情形类似，只不过反相时，复制 C/A 码分别与直射波和反射波的相关结果叠加时实际上是相减。

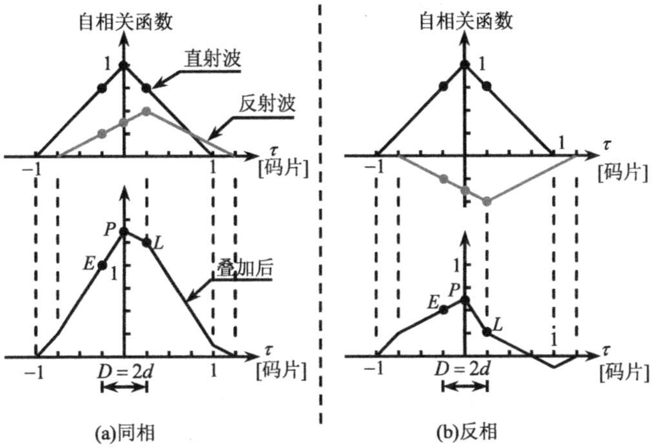

图 12.11　多路径信号对相关结果的影响

理解接收机的相关器是输出复制 C/A 码分别与直射波和各个反射波信号相关结果的叠加值后，我们接着分析由此引起的码相位多路径测量误差。在图 12.12(a)所示的同相反射波情形中，两条浅色折线分别代表相应于直射波和反射波的自相关函数曲线，一条深色折线代表二者叠加后的自相关函数曲线，其中同相反射波的幅值 α_i 为 0.5，延时 τ_i 为 3/4 码片。假定码环理想地锁定直射波信号，且它的超前与滞后相关器输出值 E 与 L 分别等距地位于图中原点的左右两侧，因为直射波的自相关函数曲线关于 Y 轴左右对称，所以当反射波不存在时，码环鉴别器正确地输出值为零的码相位差 δ_{cp}，即码环跟踪误差等于零。前面刚分析了反射波的影响，它的存在会使得接收信号与复制 C/A 码的相关函数曲线不再左右对称，而码环鉴相的基本原理是不断地调节复制 C/A 码的相位，直到超前与滞后相关器输出的相关结果 E 与 L 相等为止，于是这种鉴相机制作用在叠加后不对称的自相关函数曲线上，就会导致码相位鉴别误差和相应的码相位测量误差。如图 12.12(a)所示，由于深色自相关函数曲线上值相等的两点 E_w 与 L_w 刚好在相位延迟上相距 1 码片，如果前后码环相关器间距 D 为 1 码片（d =1/2），那么为了使达到稳态跟踪时的码环输出的超前与滞后相关结果正好是等值的 E_w 与 L_w 两点，以 E_w 与 L_w 为两个端点的水平线段的中点应成为稳态码环即时相关器的码相位值，于是由此多路径引起的码相位测量误差就等于此线段中点至 Y 轴的距离 $\delta_{cp,w}$。同样，图 12.12(a)还标出了当前后相关器间距 D 小于 1 码片时的稳态码相位测量误差 $\delta_{cp,n}$，其中 E_n 与 L_n 为等值的超前与滞后相关结果。在至少如图所示的同一个多路径情况下，稳态码相位测量误差 $\delta_{cp,n}$ 要小于 $\delta_{cp,w}$，即减小相关器间距 d 有利于码环抵制多路径效应。12.4.2 节将继续讨论这种窄距相关器技术。

类似地，图 12.12(b)描述了反相反射波引起码相位测量误差的机制。无论反射波信号是同相的还是反相的，它们在到达接收机的时间上均落后于直射波信号。从图 12.12(a)与图 12.12(b)的比较中可以看出：同相多路径的存在使即时 C/A 码错误地朝相位落后的方向调整，所以伪距测量值偏长；反相多路径的存在使即时 C/A 码错误地朝相位超前的方向调整，所以伪距测量值偏短。也就是说，在直射波信号存在的情况下，多路径效应既可使伪距测量值偏长，又可以使其偏短。如果直射波信号因被阻挡而未能到达接收天线，那么在这种情况下，不论反射波信号的相位如何，多路径效应总是表现为偏长的伪距。

在图 12.12 所示的多路径情形下，无论多路径信号是同相的还是反相的，叠加后的自相关函数峰值与原先只来自直射波的自相关函数峰值均位于同一相位，因此我们仍然希望码环跟踪的是自相关函数峰值。可以想象，在直射波信号被建筑物阻挡、反射波强度较大或有多个反射波存在的情况下，叠加后的自相关函数峰值位置很可能不再对应于直射波信号的码相位。

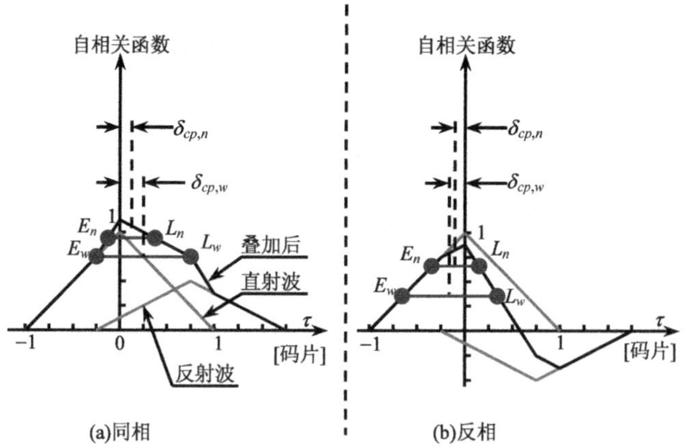

图 12.12　多路径引起的码相位稳态跟踪误差

根据前面对由多路径引起的稳态码环码相位测量误差的分析，我们可计算出如图 12.13 所示的采用不同相关器间距 d 的码相位（或伪距）测量误差，这里的多路径信号依旧只由直射波和一个反射波组成，反射波的幅值 α_i 为 0.5（−6 dB），噪声仍假定为零，X 轴代表多路径延时 τ_i，虚线是在 d 等于 1/2 码片条件下得到的码相位测量误差，相应于实线的 d 等于 0.1 码片。不论 d 为何值，在同相反射波作用下的码相位测量误差是图中值为正的一条折线，在反相反射波作用下的码相位测量误差是值为负的一条折线，当反射波载波相位 φ_i 为其他值时，码相位测量误差位于上下两条折线之间。该图清晰地表明，对于同一个多路径情形，码环采用的相关器间距 d 越窄，码相位多路径测量误差通常就越小。从图中还可看出，当多路径延时大于 $1+d$ 码片时，码相位多路径测量误差等于零。因为这种长延时多路径信号与复制 C/A 码的相关值不再影响超前与滞后相关器的输出，所以基于超前与滞后相关器输出量的码环鉴别器就能不受该多路径的干扰而正常工作。可见，延时短的多路径难以被抑制或消除，它比延时长的多路径通常更具危害性。

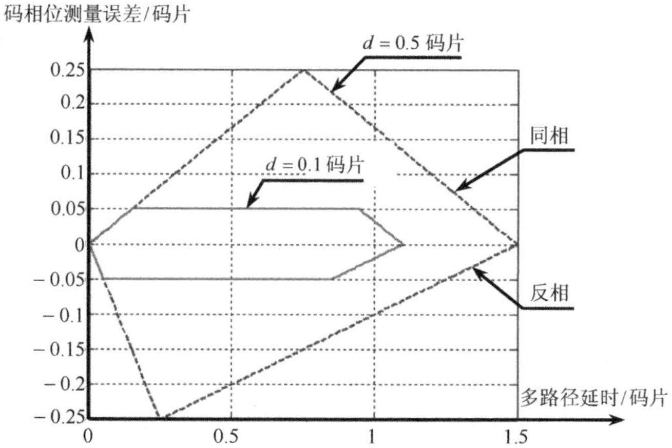

图 12.13　不同相关器间距下的多路径效应

由于非相干积分是非线性运算，因此在相关和相干积分中成立的线性叠加性质在非相干积分中不再成立，即多路径信号的非相干积分结果并不等于相应于直射波和各个反射波信号成分的非相干积分值之和。我们在前面计算码环的稳态多路径误差过程中，叠加信号的非相干积分值曾被视为对应于各个信号成分的非相干积分值的叠加，而这只是出于简化考虑，即非相干积分被近似地视为线性运算。事实上，在许多关于多路径效应的研究中，非相干积分时常被视为线性运算。虽然非相干积分的非线性特点会使码环最后得到的自相关函数曲线发生畸变，但是这至少不影响我们对多路径效应的定性分析。

在带来码相位测量误差的同时，多路径也会给载波相位的测量带来误差。载波环鉴别器赖以工作的输入数据是即时支路上的相关和相干积分结果，而上面讨论的多路径在码环中对超前和滞后支路的影响自然同样适合于即时支路。事实上，第 4 章中的图 4.9 描述了载波环的多路径效应：由于直射波和反射波的相位不一致，二者的叠加波与直射波之间存在相位差，使得载波环在跟踪叠加波时产生相位误差 θ_e。在单个时刻由多路径引起的载波相位测量误差 θ_e 最大不超过 90°，即 1/4 波长或 4.8 cm，而在一般情况下小于 1 cm。这些载波相位测量值的多路径误差远小于图 12.13 中值为 0.25 码片（约 75 m）的码相位多路径测量误差，多路径对码环的影响远大于对载波环的影响。特别地，当反射波与直射波之间的多普勒频移相差较大且超过相干积分器的滤波带宽 $1/T_{coh}$ 时，若载波环还能良好地跟踪直射波，则该反射波能量经相干积分器后会被极大地衰减，以至于可以忽略。然而，若载波环不幸先锁定了反射波，则反射波与直射波之间这种较大的多普勒频移差异也会使接收机忽视直射波的存在，导致一系列严重的信号跟踪与测量错误。

多路径降低了码相位和载波相位的测量精度，从而影响了接收机的信号跟踪性能，增大了导航电文数据比特解调的错误率，随后降低了接收机用户直接关心的 GPS 定位和定速精度。为了提高 GPS 接收机的定位性能，我们有必要采取各种措施尽力抑制或消除多路径效应。

12.4.2　多路径抑制

本节所指的多路径抑制实际上分为抑制和消除两种技术，其中抑制技术是指尽力减小多路径对接收机的影响，消除技术是指理论上完全消除多路径效应。与多路径抑制和消除技术不同，多路径检测方法的核心是首先检测接收信号或 GPS 测量值是否受到多路径的影响，然后让接收机放弃利用那些已受影响的信号成分和测量值，或让接收机采取其他措施来应付已被检测到的多路径误差。为了检测、抑制和消除多路径，我们可在卫星信号设计、接收天线的设计与选址、数字信号处理和定位导航计算四个环节采取多种不同的对策[34, 41, 63]。本节列举一些在这四个环节中的多路径抑制方法和思路，读者事实上可以轻易搜索到有关多路径抑制的大量参考文献。

（1）卫星信号设计。GPS 卫星信号的多路径现象及其效应与载波频率、伪距码率和数据调制方式等信号的结构与参数有很大的关联性，因此设计出具有抗多路径性能的卫星信号是研发卫星导航系统的首要一步。

信号载波频率的高低很大程度上决定了相应电磁波信号的传播、反射和折射等特性，其中 2.1 节介绍了不同频率信号的地波、天波和直射波三种传播形式。尽管信号载波频率值的选取受到多种条约、规定的限制，但是在条件许可的情况下，选取适当的载波频率值甚为关键。例如，对处于特高频波段的波长约为 19 cm 的 GPS 载波 L1 信号来说，任何尺寸上大于几厘米的金属物体均可成为反射体[63]；又如，GPS 的载波 L1 和 L2 信号被反射后均会呈现出漫射现象，使得反射信号强度减弱，这也蕴含了多路径效应的削弱[61]。

高码率的伪码及伪码良好的相关特性，对降低多路径效应起着相当重要的作用。12.4.1 节提到，在相关器间距为 d 的情况下，若多路径信号延时大于 $1+d$ 个码片，则超前、即时和滞后相关器的输出均不会受到该多路径信号的影响。因此，对于具有相同延时（这里延时必须以秒或米为单位，而不再以码片为单位来衡量）的多路径信号，伪码的码率越高、码片越短，相应的码环就能给出多路径误差越小的伪距测量值。换个角度讲，码率越高的伪码具有越强的抵制短延时多路径的性能。例如，在相同的码环技术条件下，因为 P(Y)码的码率是 C/A 码码率的 10 倍，即一个 C/A 码码片长约 300 m，而一个 P(Y)码码片仅长约 30 m，所以 P(Y)码比 C/A 码能抵制延时短于 10 倍的多路径，使得大部分延时稍长的多路径信号对 P(Y)码跟踪环路产生不了破坏作用。另外，选择具有良好自相关和互相关特性的周期尽可能长的伪码系列，对整个定位系统的性能有着十分重大的意义。

伽利略卫星导航系统的卫星信号采用不同于 GPS 的 BPSK 数据调制方式，使得伽利略伪码信号的自相关函数曲线具有不同于 C/A 码自相关函数曲线的主峰形状，具体体现为接收机不同的抗多路径性能。

（2）接收天线的设计与选址。一旦固定 GPS 卫星信号的设计与发射，接下来的多路径抑制就要靠 GPS 接收机本身。因为接收天线是接收机接收与处理卫星信号的第一步，随后接收机处理的信号全部来自接收天线，所以如果作为首个器件的接收天线能够拒绝接收任何多路径射频信号，那么随后的接收机就没有采取多路径抑制措施的必要；反之，如果天线没有能力抵制接收多路径信号，那么要让接收机来应付混杂在接收信号中的多路径一般会变得较为复杂和困难。因此，我们希望接收天线具有良好的多路径抑制性能，其多路径抑制措施主要包括更优良的设计和精心地选址两个方面。

如 10.2 节指出的那样，接收天线在设计上一般通过以下两种方法来抑制多路径[20]：一是利用右旋圆极化天线来拒绝接收经奇数次反射后的左旋圆极化信号，而经偶数次反射后的右旋圆极化信号强度希望已得到很大程度的衰减，于是只剩下直射波信号被天线接收；二是设计出在地平线附近的低仰角区有较小增益的天线，这是多路径抑制天线（MLA）的主要设计思路。例如，扼流圈天线是一款具有良好多路径抵抗性能的天线。此外，利用多副天线的空间多样性技术是消除多路径效应的另一种途径[69]。

由于多路径现象本质上是由信号被反射引起的，除去或回避那些信号反射体可从根本上断绝多路径的发生。若静态接收机的接收天线有选址的自由，则天线的位置最好是视野空旷的地区，其四周能避开建筑物、山脉等各种信号反射体和反射面。

（3）数字信号处理技术。对大多数接收机来说，能自由地选择高性能的接收天线和良好的天线位置并不现实，因此在接收机数字信号处理过程中采取多种措施来抑制多路径效应显得相当现实和有效。特别地，对接收机内部的相关技术和相位鉴别器等跟踪环路的改进，是在这一环节中最常见和最重要的多路径抑制技术。顺便提一下，对天线之后的射频前端做适当的改进也能提高接收机的多路径抑制性能。例如，恰当地选择射频前端带宽 B_{fe} 和各种模拟滤波器，会对随后的自相关函数曲线形状起决定性作用。

利用数字信号处理技术的多路径抑制与消除方法分为两类：一类是估计出各个多路径信号成分的参数，并将这些多路径信号成分从总接收信号中减去而还原出直射波信号；另一类不涉及多路径信号的参数估计，而通常由改进的相关器设置和码环鉴别器直接得到多路径被抑制、消除后的结果。12.4.1 节讨论了多路径对相关器输出的自相关函数值的影响；反过来，如果接收机利用多个相关器采集自相关函数主峰附件左右两侧的样点，然后分析自相关函数曲线的畸变情况，那么接收机从中既有可能检测出接收信号是否被多路径破坏，又有可能推导出多路径和直射波信号成分的相位量[32]。需要指出的是，通过检查自相关函数的曲线波形来检测多路径的方法，也可被 LAAS 等精密定位系统用来检测卫星信号的正直性[60]。

最早由文献[83]提出的窄距相关器，是数字信号处理环节中的一种最基本的多路径抑制技术。由 12.4.1 节的讨论可知，在其他条件相同的情况下，相关器间距 d 越小，由多路径引起的码相位测量误差就越小。除了具有更强的多路径抑制能力，式（12.45）表明窄距相关器还能使码环鉴别器输出的码相位测量值具有较低的热噪声均方差 σ_{tDLL}，也就是说，码相位测量值越精确。相关器间距 d 一般可以小至 0.1 码片甚至 1/16 码片，d 为 0.1 码片时的码相位测量误差均方差约为 10 cm。

由图 12.3(c)可见，当相关器间距 d 为常规的 1/2 码片时，超前和滞后相关器通常工作在自相关函数主峰左右两边最陡峭的部分，这能让码环具有很高的敏感性；然而，当码环采用窄距相关技术时，超前和滞后相关器的相位工作点位于较为平滑的自相关函数主峰顶端附近，于是对复制 C/A 码相位的些许调整不会引起这些相关器输出值的明显变化，即码环的敏感性变低，码相位测量误差增大。因此，为了尽量保持包含高频成分的自相关函数主峰的三角形状并维持码环的敏感性，采用窄距相关器的接收机必须配备较宽的射频前端带宽 B_{fe} 和较高的 ADC 采样频率；同时，射频前端的各级滤波器需要具有良好的滤波性能，如它们的通带平坦、通带与阻带之间的过渡带陡峭等。随着接收机技术的进步，射频前端带宽变得更宽，相关器间距变得更窄。可是，较宽的射频前端带宽允许更多的噪声进入跟踪环路，使得接收机容易受到那些位于 GPS 信号波段内的其他射频的干扰。12.1.4 节说过，码环鉴别器的牵入范围是从 $-d$ 至 $+d$，即相关器间距 d 越宽的码环对噪声和用户动态性具有越强的容忍度，因此窄距相关器减小了码环鉴别器的工作范围，降低了码环的动态性能。虽然窄距相关器能极大地提高码相位的测量精度，但是它无助于载波环的多路径抑制性能。多路径仍是窄距相关型 GPS 接收机的主要误差源。

当多路径不存在时，各个相关器输出值均未受到破坏，于是由这些相关值连接而成的自相关函数曲线应是以主峰顶端为中心左右对称的。如图 12.11 所示，多路径的存在会使自相关函数曲线主峰顶端的左右两边斜率不相等，而两边斜率的差异一定程度上反映了多路径信息。在窄距相关技术之上，多路径消除技术（MET，又称前后斜率法）利用一列 4 个理想情况下能紧密、对称地分布在自相关函数主峰左右的相关器对自相关函数主峰进行采样，并通过分析得到的自相关函数主峰左右两边的斜率推导出多路径信号的情况，进而消除该多路径效应[43, 78]。这四个相关器可按图 12.14 所示的那样排列，其中 E1 与 L1 是一对相距为 $2d_1$ 的窄距相关器，E2 与 L2 是另一对相距为 $2d_2$ 的宽距相关器，一般 d_2 可取值 $2d_1$。如果这四个相关器的输出值分别为 E_1, L_1, E_2 和 L_2，那么接收机可利用两个超前相关器的输出值 E_1 和 E_2 测量出自相关函数主峰左边的斜率 a_E，利用两个滞后相关器的输出值 L_1 和 L_2 测量出主峰右边的斜率 a_L，即

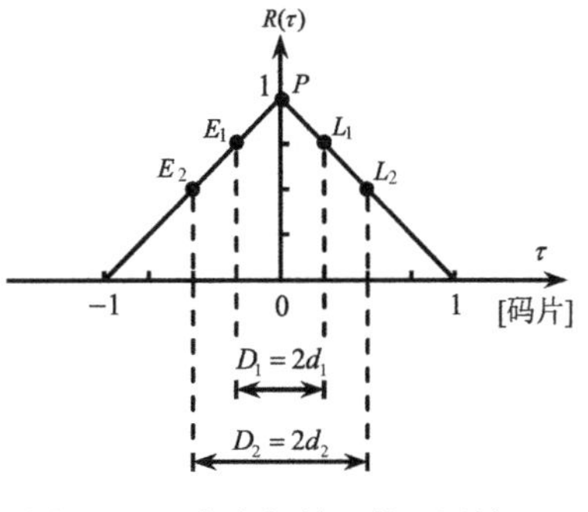

图 12.14　多个相关器的配置情况

$$a_E = \frac{E_1 - E_2}{d_2 - d_1} \tag{12.63}$$

$$a_L = -\frac{L_1 - L_2}{d_2 - d_1} \tag{12.64}$$

然后根据以下公式计算出码相位差：

$$\delta_{cp}=\frac{(E_1-L_1)+d_1(a_E+a_L)}{a_E-a_L} \tag{12.65}$$

上式就是能消除多路径效应的码环鉴别器计算公式。若没有多路径，则左右两边斜率大小相等、符号相反，即 a_L 等于 $-a_E$，此时式（12.65）就与式（12.31）等价。前后斜率法需要假定直射波的信号功率大于其反射波的信号功率，且它不能计算出多路径对载波相位测量值的影响大小。为了避免由自相关函数曲线主峰顶端平滑引起的斜率测量误差，相关器 E_1 与 L_1 的间距不能过窄。

非常接近前后斜率法，双差鉴别器也利用两对超前与滞后相关器的输出结果来鉴别出消除多路径影响后的码相位差，其码相位差计算公式是这四个相关器输出值的线性组合[35, 36, 43, 58]：

$$\delta_{cp}=(E_1-L_1)-\frac{1}{2}(E_2-L_2) \tag{12.66}$$

类似地，考虑到即时相关器的输出值 P 也受到多路径的影响，我们可以利用一些相关器的输出值来合成出多路径抑制后的即时相关器输出值[58]。

因为多路径改变了自相关函数曲线主峰顶端左边的斜率，所以文献[82]提出只用 E_1 和 E_2 两个相关器的输出结果来计算码环的多路径效应。其他用来消除多路径影响的码环鉴别器还有很多种[36]，文献[41]对以上各种码环鉴别器的性能做了对比，认为双差鉴别器的性能总体上最好。尽管这些码环鉴别方法一般都需要假定只有一个多路径信号，但是当其中的某条多路径信号比其余的多路径信号要强很多时，这一假定可视为成立的。

多路径估计延迟锁定环路（MEDLL）是一种软/硬件相结合的多路径信号参数估计法，它能有效地减小码相位和载波相位测量值的多路径效应，消除窄距相关接收机中 90%的多路径效应，性能上非常接近没有多路径时的 GPS 测量精度理论值[79, 80, 86, 87]。在多路径情况下，自相关函数 $R_\Sigma(\tau)$ 如式（12.62）所示，MEDLL 在每个接收通道上用一列窄距相关器采样、测量自相关函数主峰。假设各个相关器在延时 τ_k 处输出一系列的自相关值为 $R_\Sigma(\tau_k)$，那么 MEDLL 对自相关函数曲线主峰波形 $R_\Sigma(\tau)$ 应用最大似然法（ML）反解、估算出各个信号成分的幅值 a_i、延时 τ_i 和相位 ϕ_i，其中延时最小的信号对应于直射波，其他延时较大的一个或多个信号均为多路径。一旦这些信号参数被求解出来，那么它们不但可以用来反馈给跟踪环路的硬件，而且可以用于校正测量值中的多路径误差。MEDLL 的相关器间距不能太窄，以尽量使不同相关器的输出值相互独立。MEDLL 需要额外的相关器和其他硬件资源，且整个最大似然算法的实现相当复杂。因此，文献[59]提出了一种基于自适应滤波的多路径抑制技术，它通过软件估算出直射信号和多个多路径信号的参数，然后在自相关结果中扣除多路径的自相关作用来消除多路径效应。

此外，文献[33, 88, 89]提出了一种称为 Vision 相关器的多路径抑制技术，它通过在时域中细致地观察并捕捉 C/A 码码片从 0 到 1 或从 1 到 0 跳变时的射频信号特点，最优地估算出直射信号和多路径信号的参数。虽然这一技术能有效地抑制延迟短至 10 m 的多路径信号对码相位和载波相位测量值的影响，但是它需要捕捉射频信号在码片跳变期间多个样点所需的硬件，且从射频样点求解直射信号和多路径信号参数的最优估算方法相当复杂。

（4）定位导航计算对测量值的处理。在定位导航计算模块内，对多路径的检测和抑制方法不需要在射频前端和基带数字信号处理模块内对接收信号的处理做任何改动，而只对 GPS 测量值进行分析、处理。这类方法的性能很大程度上决定于测量值的冗余度和噪声量的大小。

由于多路径具有一定的时间相关性，因此对多个历元的伪距测量值进行平滑一般不能降低伪距测量值中的多路径误差。然而，因为载波相位测量值中的多路径误差较小，所以采用载波相位平滑伪距的方法（见 4.5.1 节）可以减小伪距中的多路径误差。尽管多路径误差的均值不一定等于零，但是通过平均，经常也能减小多路径误差[85]。为了减小多路径误差的影响，我们还可对不同时刻的载波相位测量值用一条抛物曲线进行逼近，其中曲线对时间的导数为距离测量值的速度与加速度，且实际测量值与曲线的接近程度可以反映出该测量值的质量高低[34]。

多路径现象的时间相关性还表现为周期性。对静态接收机来说，因为天线及其观测环境固定不变，而 GPS 卫星的轨道运动和地球自转呈周期性，所以每隔 23 小时 56 分，GPS 卫星相对于接收天线的位置重复一次，于是多路径现象应能反映出这一周期性特点。利用这种多路径的周期性特点，我们可以在多个周期的测量中估算出伪距多路径误差值，或者利用上个周期的多路径误差估计值来校正当前周期的伪距测量值[2, 8, 37, 73]。

在测量、定位域内进行的多路径误差检测主要表现为如 5.5 节讨论的接收机自主正直性监测方法，也有通过分析信噪比来检测多路径的方法[11]。此外，通过对大量的多路径误差数据进行统计分析，可以建立一个多路径误差模型，并依据该模型来校正以后测量值中的多路径误差[6, 26, 31, 71, 91]。

12.5　干扰

影响 GPS 信号质量的机制大致分为噪声、失真和干扰三种，其中噪声对我们来说已很熟悉，比如来自滤波器、线路连接等电路损耗的无源噪声和来自半导体的有源噪声，信号失真可由电路的非线性与饱和等现象引起，而干扰将在本节中讨论。虽然采用码分多址（CDMA）的 GPS 信号具有很强的抗干扰能力，一般的 GPS 接收机确实也能承受强度超过 GPS 信号的一定干扰，但是由于 GPS 信号微弱，能影响接收机正常工作的干扰信号的强度绝对值也很小，使得抗干扰性在接收机的设计中得到日益关注。例如，功率为 1 W 的干扰源就有可能瘫痪半径 20 km 内的民用接收机。干扰不但影响射频前端的低噪声放大器、自动增益控制（AGC）和模数转换器（ADC）等元器件的运行，而且影响载波环和码环的信号跟踪运行，使得接收机捕获、跟踪不到信号，最终降低接收机的定位性能。关于干扰对 GPS 接收机影响的实地测试结果与分析，读者可以参考文献[14, 40, 74]等。关于干扰的更多讨论，读者可以参考文献[46, 66]等。

GPS 接收机受到各式各样的干扰，这里要讨论的干扰主要指电磁干扰。接收机接收到的非我们希望接收机接收的电磁信号均属于电磁干扰。干扰一般来说是非故意的，如电视信号、移动通信、雷达、那些与 GPS 同在 L 波段运行的电子仪器散发的信号、12.4 节讨论的多路径，以及将在 13.4 节中进行分析的互相关干扰等[42]。然而，有时一些干扰确实是被故意施加的，我们将故意用来降低、破坏 GPS 接收机运行性能的干扰特称为人为干扰。欺骗干扰是人为干扰的一种，它的目的不是破坏接收机的运行，而是通过发射虚假的 GPS 信号，误导接收机得出错误的定位结果。抵抗对 GPS 信号的人为干扰和欺骗干扰是军用 GPS 接收机设计及应用的一个重大挑战，目前大多数民用接收机的设计对其抗干扰性尚未采取足够的措施。

按照干扰信号带宽相对于 GPS 信号带宽的大小，干扰大致分为窄带和宽带两种。因为 GPS 的 P(Y)码信号带宽要比 C/A 码信号带宽大 10 倍，所以干扰的这种分类是相对的。同一个对 C/A 码信号来说属于宽带的干扰，对 P(Y)码信号来说可视为窄带干扰。窄带干扰的一种极端形式是呈正弦、余弦形式的连续波（CW）干扰，它的能量集中在单个频率（或单音）上。窄带干扰的频率越接近 GPS 信号的中心频率，更确切地说，越接近 GPS 信号功率频谱密度最大幅值对应的频率，它对接收机的影响一般来说就越严重。宽带干扰的一个例子是超宽带（UWB），它是一种高速无线通信的新技术，由于超宽带信号的较大带宽落在 GPS 频带范围内，因此它会干扰 GPS 信号[55]。事实上，即使干扰信号的频段不落在 GPS 信号的频段内，但是干扰过分强烈时，它也有可能使接收机射频前端的低噪声放大器电路饱和而破坏接收机的性能。由于 GPS 信号所在的 L 波段正被其他更多的射频应用系统共享和吞噬，今后的 GPS 信号将受到更为严重的干扰威胁。

连续波干扰是对接收机具有相当威胁的一种干扰，它对接收机运行的影响程度与它的频率、功率、信号功率和噪声功率四个参数有关。尽管接收机对 GPS 信号的解扩同样可使连续波信号扩频，降低连续波信号的功率频谱密度幅值，但是因为解扩过程发生在 ADC 后，而正弦形式的连续波信号在大部分时间里又处在其最大幅值附近，所以 ADC 着实会遭到连续波信号最大幅值的攻击，这就增加了 ADC 的灵敏度损失。因为 C/A 码信号的一个周期长 1 ms，它在频域内呈如图 12.15 所示的一系列相隔 1000 Hz 的线条频谱，所以位于 C/A 码某线条频率上的连续波干扰有可能渗过相关器而影响码相位测量值。

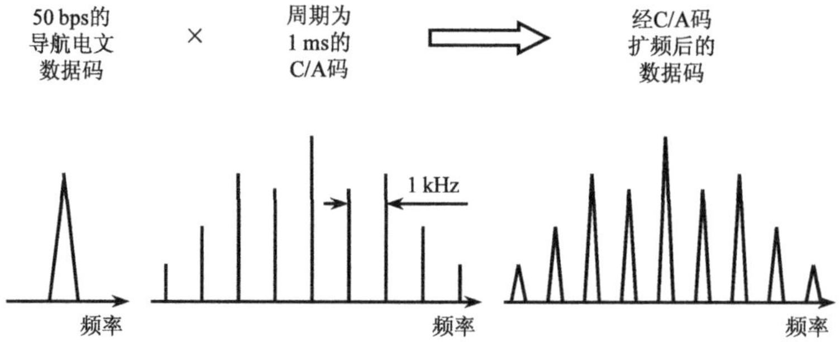

图 12.15　C/A 码的线条频谱

GPS 接收机芯片时常需要与作为宿主的手机等无线通信系统集成，这种集成必须考虑 GPS 系统与无线通信系统之间的相互干扰问题，特别是无线通信系统对信号微弱的 GPS 系统的影响。这些干扰大致分成两类：一类是由两副系统天线之间相互感应引起的外部干扰，另一类是由两个系统电路块之间的共地、共电源和信号辐射等引起的内部干扰[75]。单片系统、片上系统（SoC）内部产生的干扰同样会降低接收机的灵敏度，特别是数字信号处理（DSP）部分产生的数字尖刺会干扰射频前端部分，使接收机的噪声指数变大[30]。

为了对抗、抑制干扰，我们可在接收机的多个层次上采取措施。一般来讲，越到接收机信号处理的后期，抵制干扰就越困难。干扰的检测与抑制可在信号相关前进行，也可在信号相关后进行。相关前的干扰检测与抑制方法主要通过对天线、AGC 和 ADC 部分的改良来进行[9, 13, 23, 24]。考虑到干扰发射源的位置与 GPS 卫星很可能不在同一方向，我们可以采用可控接收模式天线（CRPA）等天线技术来抑制天线在干扰源方向上的敏感度，同时增加 GPS 卫星方向上的增益。为了增强接收机的抗干扰能力，射频前端在设计上应具有能容忍一定干扰的动态范围，采取多级混频以隔离各级之间的增益，并采用声表面波（SAW）高性能滤波器等。10.3.3 节指出，是噪声量而不是 GPS 信号强弱决定输入 ADC 前的信号放大倍数，因此在射频前端的信号处理过程中，如果 AGC 检测出输入 ADC 的信号（我们知道，其实 GPS 信号淹没在噪声中）强度发生了明显提升，那么这必定是由接收到的干扰引起的，此时 AGC 可降低增益，让 ADC 有能力对包含有用信号在内的干扰进行模数转换。可见，AGC 增益的变化大小反映了干扰与噪声的功率比，而这一信息可以提供给接收机随后的功能模块作为参考[46]。为了减少对射频前端的干扰，GPS 接收机设计中的一种习惯做法是将射频前端放在主机芯片板的上端，并用一个金属罩屏蔽保护低噪声放大器和本机晶体振荡器[67]。前面提到了内部干扰和外部干扰，降低内部干扰的一种隔离方法是在 GPS 接收机射频前端添加一个外置高增益低噪声放大器（LNA），而为了抵制外部干扰，GPS

接收机外置低噪声放大器的增益必须较低。对系统集成而言，我们需要仔细地做好电路块的接地、屏蔽等隔离工作，以压制内部干扰，进而允许采用增益较低的低噪声放大器。

窄带干扰切除法是一种利用 FFT（见附录 G）等数字信号处理技术来切除窄带干扰的相关前干扰抑制方法[13, 25]。具体地讲，切除干扰法的基本思路是，首先运用 FFT 将信号从时域转换到频域，然后在频域中检查、比较各个频带上的信号能量，检测出可能的窄带干扰，再将窄带干扰所在位置的频带能量压制到零或噪声这一量级，最后利用 FFT 反变换将窄带干扰被切除后的信号从频域还原到时域。虽然这一处理过程同时切除了窄带干扰频率位置的有用信号，但是我们希望有用信号的能量只损失很小一部分，从而使得接收机对信号的跟踪基本上不受影响。

相关后干扰检测与抑制方法一般是，在信号跟踪或定位导航模块内利用被干扰后的信号或测量值进行，它的一个缺点是要求接收机必须能够跟踪和测量干扰情况下的 GPS 信号。例如，检查相关器输出的功率情况可检测干扰是否存在，而依据多个相关器输出值还可确定连续波干扰的频率；再如，采用自适应环路及利用惯性传感器速度信息来辅助提高信号跟踪灵敏度，使信号跟踪环路能够更大程度地克服、容忍外界干扰；又如，在定位导航域内根据测量值残余进行正直性监测可检测出那些受到干扰影响的测量值[15, 49, 57, 62, 65]。有关窄带干扰对码环影响的分析，读者可参阅文献[18, 72]；有关窄带干扰对载波环影响的讨论，读者可参阅文献[14, 47]。

12.2.2 节提到观察载噪比的大小是判断信号跟踪状况的一种重要手段。因为干扰相当于在 GPS 信号中添加噪声，且干扰信号的功率通常远大于热噪声功率，所以干扰会降低信号的载噪比。然而，当干扰频率非常接近信号载波频率时，接收机可能会错误地输出一个偏高的载噪比值。

4.3.3 节中介绍了电离层延时及其引起的 GPS 测量误差。由于太阳会剧烈喷发能量，大气层在一定条件下是非线性不稳定的，电离层中的电子密度会相应地出现快速、随机的涨落变化，而当 GPS 等电磁波信号穿越电离层这种不均匀体时，信号的振幅和相位会发生快速衰变[1]。我们将这种电离层电子密度快速涨落变化的现象称为*电离层闪烁*，它也是对 GPS 及其接收机的一种干扰。地球赤道地带的电离层闪烁通常要比高纬度地区严重，而高纬度地区的电离层闪烁可能持续较长的时间。电离层闪烁会使接收机在一小段时间内同时对少数几个 GPS 卫星信号的捕获和跟踪发生困难，降低其定位精度，威胁卫星导航系统的安全与可靠性能[27]。

参考文献

[1] 陈丽，冯健，甄卫民. 利用 GPS 进行电离层闪烁研究[J]. 全球定位系统，2006(5).

[2] 郭杭，余敏，薛光辉. GPS 多路径效应实例计算与分析[J]. 测绘科学，2006, 31(5).

[3] 徐业清，朱樟明，杨银堂. GPS 接收机相关器的电路设计[J]. 电子器件，2006, 29(3).

[4] 展放，张君昌. 数字匹配滤波器在直序扩频快速捕获中的应用[J]. 航空电子技术，2003, 34(3).

[5] Abraham C., Fuchs D., “Method and Apparatus for Computing Signal Correlation at Multiple Resolutions, ” US Patent 6704348, March 9, 2004.

[6] Agarwal N., Basch J., Beckman P., Bharti P., Bloebaum S., Casadei S., Chou A., Enge P., Fong W., Hathi N., Mann W., Sahai A., Stone J., Tsitsiklis J., Van Roy B., “Algorithms for GPS Operation Indoors and Downtown, ” GPS Solutions, Vol. 6, pp. 149-160, 2002.

[7] Alban S., Akos D., Rock S., Gebre-Egziabher D., “Performance Analysis and Architectures for INS-Aided GPS Tracking Loops, ” The ION National Technical Meeting, Anaheim, CA, January 2003.

[8] Amiri-Simkooei A., “Separating Receiver Noise and Multipath Effects in Time Series of GPS Baselines Using Harmonic Functions, ” ION GNSS, Long Beach, CA, September 13-16, 2005.

[9] Amoroso F., “Adaptive A/D Converter to Suppress CW Interference in DSPN Spread-Spectrum Communications, ” IEEE Transaction on Communications, Vol. 31, pp. 1117-1123, October 1983.

[10] ARINC Research Corporation, Navstar GPS Space Segment/Navigation User Interfaces, ICD-GPS-200C, El Segundo, CA, January 14, 2003.

[11] Axelrad P., Comp C., Macdoran P., “SNR-Based Multipath Error Correction for GPS Differential Phase, ” IEEE Transactions on Aerospace and Electronic Systems, Vol. 32, Issue 2, April 1996.

[12] Baker D., “How Does ‘Parity Checking’ Used by GPS Satellites Work?” Application Notes, GPS Creations, February 25, 2004.

[13] Balaei A., “Statistical Inference Technique in Pre-Correlation Interference Detection in GPS Receivers, ” ION GNSS, Fort Worth, TX, September 26-29, 2006.

[14] Balaei A., Barnes J., Dempster A., “Characterization of Interference Effects on GPS Signal Carrier Phase Error, ” Proceedings of SSC Spatial Intelligence, Innovation and Praxis, Australia, September 2005.

[15] Bastide F., Chatre E., Macabiau C., “GPS Interference Detection and Identification Using Multicorrelator Receivers, ” ION GPS, Salt Lake City, UT, September 11-14, 2001.

[16] Benson D., “Interference Benefits of a Vector Delay Lock Loop (VDLL) GPS Receiver, ” Proceedings of the ION 63rd Annual Meeting, Cambridge, MA, April 23-25, 2007.

[17] Beser J., Alexander S., Crane R., Rounds S., Wyman J., Baeder B., “TRUNAV: a Low-Cost Guidance/Navigation Unit Integrating a SAASM-Based GPS and MEMS IMU in a Deeply Coupled Mechanization, ” ION GPS, Portland, OR, September 24-27, 2002.

[18] Betz J., “Effect of Narrowband Interference on GPS Code Tracking Accuracy, ” Proceedings of the National Technical Meeting of the ION, Anaheim, CA, January 26-28, 2000.

[19] Betz J., Kolodziejski K., “Extended Theory of Early-Late Code Tracking for a Bandlimited GPS Receiver, ” Navigation: Journal of the Institute of Navigation, Vol. 47, No. 3, pp. 211-226, 2000.

[20] Boccia L., Amendola G., Di Massa G., “Design a High-Precision Antenna for GPS, ” Microwaves & RF, January 2003.

[21] Borre K., Akos D., “A Software-Defined GPS and Galileo Receiver: Single-Frequency Approach, ” ION GNSS, Long Beach, CA, September 13-16, 2005.

[22] Braasch M., Van Dierendonck, A. J., “GPS Receiver Architectures and Measurements, ” Proceedings of the IEEE, Vol. 87, No. 1, January 1999.

[23] Brown A., Atterberg S., Gerein N., “Detection and Location of GPS Interference Sources Using Digital Receiver Electronics, ” Proceedings of the 56th Annual Meeting of the ION, San Diego, CA, June 26-28, 2000.

[24] Bucco G., Trinkle M., Gray D., Cheuk W., “FPGA Implementation of a Single Channel GPS Interference Mitigation Algorithm, ” Journal of Global Positioning Systems, Vol. 3, No. 1-2, pp. 106-114, 2004.

[25] Cantwell R., Matthews J., “Interference Suppressor for a Radio Receiver, ” US Patent 5410750, April 25, 1995.

[26] Chansarkar M., Xie G., Kohli S., “Systems and Methods for Mitigating Multipath Signals, ” US Patent 2008/0309553, December 18, 2008.

[27] Chiou T-Y., Gebre-Egziabher D., Walter T., Enge P., “Model Analysis on the Performance for an Inertial Aided FLL-Assisted-PLL Carrier-Tracking Loop in the Presence of Ionospheric Scintillation, ” Proceedings of the 2007 National Technical Meeting of the ION, San Diego, CA, January 22-24, 2007.

[28] Choi H., Cho D., Yun S., Kim Y., Lee S., “A Novel Weak Signal Acquisition Scheme for Assisted GPS, ” ION GPS, Portland, OR, September 24-27, 2002.

[29] Dafesh P., “Spread Spectrum Bit Boundary Correlation Search Acquisition System, ” US Patent 7042930, May 9, 2006.

[30] Ding H., Koeller J., Maloney J., "A Stacked-Chip Package Optimized Design for a High-Sensitivity GPS Application, " IEEE Electronic Components and Technology Conference, 2005.
[31] Farrell J., Givargis T., "Differential GPS Reference Station Algorithm-Design and Analysis, " IEEE Transactions on Control Systems Technology, Vol. 8, Issue 3, May 2000.
[32] Fenton P., "Pseudorandom Noise Ranging Receiver which Compensates for Multipath Distortion by Making Use of Multiple Correlator Time Delay Spacing, " US Patent 5414729, May 9, 1995.
[33] Fenton P., Jones J., "The Theory and Performance of NovAtel Inc.'s Vision Correlator, " ION GNSS, Long Beach, CA, September 2005.
[34] Fenton P., Townsend B., "NovAtel Communications Ltd. – What's New?" NovAtel Communications Ltd., KIS94, August 1994.
[35] Garin L., Rousseau J., "Enhanced Strobe Correlator Multipath Rejection for Code & Carrier, " Proceedings of ION GPS, Kansas City, MO, pp. 559-568, September 16-19, 1997.
[36] Garin L., Van Diggelen F., Rousseau J., "Strobe & Edge Correlator Multipath Mitigation for Code, " ION GPS, Kansas City, MO, September 17-20, 1996.
[37] Ge L., Han S., Rizos C., "Multipath Mitigation of Continuous GPS Measurements Using an Adaptive Filter, " GPS Solutions, Vol. 4, No. 2, 2000.
[38] Hamila R., Renfors M., "Nonlinear Operator for Multipath Channel Estimation in GPS Receivers, " The 7th IEEE International Conference on Electronics, Circuits and Systems, 2000.
[39] Hamm C., Flenniken IV W., Bevly D., Lawerence D., "Comparative Performance Analysis of Aided Carrier Tracking Loop Algorithms in High Noise/High Dynamic Environments, " ION GNSS, Long Beach, CA, September 21-24, 2004.
[40] Hegarty C., "Analytical Derivation of Maximum Tolerable In-Band Interference Levels for Aviation Applications of GNSS, " Navigation: Journal of the ION, Vol. 44, No. 1, pp. 25-34, 1997.
[41] Irsigler M., Eissfeller B., "Comparison of Multipath Mitigation Techniques with Consideration of Future Signal Structures, " ION GPS/GNSS, Portland, OR, September 2003.
[42] John A. Volpe National Transportation Systems Center for U.S. Department of Transportation, Vulnerability Assessment of the Transportation Infrastructure Relying on the Global Positioning System, August 29, 2001.
[43] Jones J., Fenton P., Smith B.. "Theory and Performance of the Pulse Aperture Correlator, " NovAtel Inc., 2004.
[44] Jovancevic A., Brown A., Ganguly S., Goda J., Kirchner M., Zigic S., "Real-Time Dual Frequency Software Receiver, " ION GPS/GNSS, Portland, OR, 2003.
[45] Kaiser J., "On Teager's Energy Algorithm and its Generalization to Continuous Signals, " Proceedings of the 4th IEEE DSP Workshop, NY, September 1990.
[46] Kaplan E., Understanding GPS: Principles and Applications, Second Edition, Artech House, Inc., 2006.
[47] Karsi M., Lindsey W., "Effects of CW Interference on Phase-Locked Loop Performance, " IEEE Transactions on Communications, Vol. 48, Issue 5, May 2000.
[48] Kelley C., OpenSource GPS, September 25, 2004.
[49] Kim S., Iltis R., "Performance Comparison of Particle and Extended Kalman Filter Algorithms for GPS C/A Code Tracking and Interference Rejection, " Information Sciences and Systems Conference, Princeton University, March 20-22, 2002.
[50] Klukas R., Lachapelle G., Ma C., Jee G-I., "GPS Signal Fading Model for Urban Centres, " IEE Proceedings of Microwaves, Antennas and Propagation, Vol. 150, pp. 245- 252, August 2003.
[51] Kohli S., Chen S., Cahn C., Chansarkar M., Turetsky G., "Pseudo-Noise Correlator for GPS Spread-Spectrum Receiver, " US Patent 0146065, October 10, 2002.

[52] Krumvieda K., Cloman C., Olson E., Thomas J., Kober W., Madhani P., Axelrad P., “A Complete IF Software GPS Receiver: A Tutorial About the Details, ” ION GPS, Salt Lake City, UT, pp. 789-829, September 2001.

[53] Leimer D., Kohli S., “Receiver Phase-Noise Mitigation, ” Proceedings of the ION GPS, pp. 627-632, Nashville, TN, 1998.

[54] Lowe S., “Voltage Signal-to-Noise Ratio (SNR) Nonlinearity Resulting from Incoherent Summations, ” Telecommunications and Mission Operations (TMO) Progress Report 42-137, May 15, 1999.

[55] Luo M., Akos D., Koenig M., Opshaug G., Pullen S., Enge P., Erlandson B., Frodge S., “Testing and Research on Interference to GPS from UWB Transmitters, ” ION GPS, Salt Lake City, UT, September 2001.

[56] Ma C., Lachapelle G., Cannon M., “Implementation of a Software GPS Receiver, ” ION GNSS, Long Beach, CA, September 21-24, 2004.

[57] Macabiau C., Julien O., Chatre E., “Use of Multicorrelator Techniques for Interference Detection, ” Proceedings of the 2001 National Technical Meeting of the ION, Long Beach, CA, January 22-24, 2001.

[58] McGraw G., Braasch M., “GNSS Multipath Mitigation Using Gated and High Resolution Correlator Concepts, ” Proceedings of the National Technical Meeting of the ION, San Diego, CA, January 25-27, 1999.

[59] Minami M., Morikawa H., Aoyama T., “An Adaptive Multipath Mitigation Technique for GPS Signal Reception, ” Proceedings of IEEE Vehicular Technology Conference, Tokyo, Japan, May 2000.

[60] Mitelman A., Phelts E., Akos D., Pullen S., Enge P., “A Real-Time Signal Quality Monitor For GPS Augmentation Systems, ” ION GPS, Salt Lake City, UT, September 19-22, 2000.

[61] National Imagery and Mapping Agency, The American Practical Navigator: An Epitome of Navigation, Pub. No. 9, Bicentennial Edition, Bethesda, MD, 2002.

[62] Ndili A., Enge P., “GPS Receiver Autonomous Interference Detection, ” IEEE Position Location and Navigation Symposium, April 1998.

[63] NovAtel Inc., “Discussions on RF Signal Propagation and Multipath, ” APN-008 Rev 1, February 3, 2000.

[64] Pany T., Kaniuth R., Eissfeller B., “Deep Integration of Navigation Solution and Signal Processing, ” ION GNSS, Long Beach, CA, September 13-16, 2005.

[65] Parkinson B., Axelrad P., “Autonomous GPS Integrity Monitoring Using the Pseudorange Residual, ” Navigation, Vol. 35, No. 2, pp. 255-274, 1988.

[66] Parkinson B., Spilker J., Axelrad P., Enge P., Global Positioning System: Theory and Applications, American Institute of Aeronautics and Astronautics, 1996.

[67] Parkinson K., Dempster A., Mumford P., Rizos C., “FPGA Based GPS Receiver Design Considerations, ” International Symposium on GNSS/GPS, Hong Kong, 2005.

[68] Quant D., “Testing GPS Functions of Mobile Phones, ” EE Times-Asia, May 16-31, 2007.

[69] Ray J., Cannon M., Fenton P., “Mitigation of Static Carrier Phase Multipath Effects Using Multiple Closely-Spaced Antennas, ” Proceedings of ION GPS, Nashville, TN, pp. 1025-1034, September 1998.

[70] Rinder P., Bertelsen N., Design of a Single Frequency GPS Software Receiver, Master Thesis, Aalborg University, Denmark, 2004.

[71] Rlinami M., Morikawa H., Aoyama T., “An Adaptive Multipath Mitigation Technique for GPS Signal Reception, ” IEEE 51st Vehicular Technology Conference, Tokyo, Japan, 2000.

[72] Sampaio-Neto R., Polydoros A., Scholtz R., “Performance of Standard Code-Tracking Loops in the Presence of Dual Tone Interference, ” IEEE Transactions on Communications, Vol. 34, Issue 10, October 1986.

[73] Satirapod C., Khoonphool R., Rizos C., “Multipath Mitigation of Permanent GPS Station Using Wavelets, ” International Symposium on GPS/GNSS, Tokyo, Japan, November 15-18, 2003.

[74] Schnaufer B., McGraw G., “WAAS Receiver Carrier Tracking Loop and Data Demodulation Performance in

the Presence of Wideband Interference, " Navigation: Journal of the ION, Vol. 44, No. 1, pp. 35-42, 1997.

[75] Spiegel S., Thiel A., Nussbaumer S., Kovacs I., Durler M., "Improving the Isolation of GPS Receivers for Integration with Wireless Communication Systems, " IEEE Radio Frequency Integrated Circuits Symposium, 2003.

[76] Spilker J., "Vector Delay Lock Loop Processing of Radiolocation Transmitter Signals, " US Patent 5398034, March 14, 1995.

[77] Steingass A., Lehner A., "Measuring the Navigation Multipath Channel – A Statistical Analysis, " ION GNSS, Long Beach, CA, September 21-24, 2004.

[78] Townsend B., Fenton P., "A Practical Approach to the Reduction of Pseudorange Multipath Errors in a Ll GPS Receiver, " ION GPS, Salt Lake City, UT, September 20-23, 1994.

[79] Townsend B., Fenton P., Van Dierendonck K., Van Nee R., "L1 Carrier Phase Multipath Error Reduction Using MEDLL Technology, " Proceedings of ION GPS, Palm Spring, CA, September 12-15, 1995.

[80] Townsend B., Van Nee R., Fenton P., Van Dierendonck K., "Performance Evaluation of the Multipath Estimating Delay Lock Loop, " Proceedings of the ION National Technical Meeting, Anaheim, CA, 1995.

[81] Tsui J., Fundamentals of Global Positioning System Receivers: A Software Approach, Second Edition, John Wiley & Sons, 2005.

[82] Van Dierendonck A.J., Braasch M., "Evaluation of GNSS Receiver Correlation Processing Techniques for Multipath and Noise Mitigation, " Proceedings of the National Technical Meeting of the ION, Santa Monica, CA, January 14-16, 1997.

[83] Van Dierendonck A.J., Fenton P., Ford T., "Theory and Performance of Narrow Correlator Spacing in a GPS Receiver, " Journal of the Institute of Navigation, Vol. 39, No. 3, pp. 265-283, Fall 1992.

[84] Van Diggelen F., "Method and Apparatus for Time-Free Processing of GPS Signals, " US Patent 6417801, July 9, 2002.

[85] Van Nee R., "Multipath Effects on GPS Code Phase Measurements, " ION GPS, Albuquerque, NM, September 1991.

[86] Van Nee R., "The Multipath Estimating Delay Lock Loop, " Proceedings of the IEEE Second International Symposium on Spread Spectrum Techniques and Applications, pp. 39-42, 1992.

[87] Van Nee R., Siereveld J., Fenton P., Townsend B., "The Multipath Estimating Delay Lock Loop: Approaching Theoretical Accuracy Limits, " Proceedings of the IEEE Position, Location and Navigation Symposium, Las Vegas, NV, 1994.

[88] Weill L., "Achieving Theoretical Accuracy Limits for Pseudoranging in the Presence of Multipath, " ION GPS, Palm Springs, CA, September 1995.

[89] Weill L., "Multipath Mitigation using Modernized GPS Signals: How Good Can it Get?" ION GPS, Portland, OR, September 24-27, 2002.

[90] Xie G., Yuan X., "Noise Floor Independent Delay Lock Loop Discriminator, " ION GNSS, Savannah, GA, September 16-19, 2008.

[91] Yang Y., Hatch R., Sharpe R., "GPS Multipath Mitigation in Measurement Domain and Its Applications for High Accuracy Navigation, " ION GNSS, Long Beach, CA, September 21-24, 2004.

[92] Zarlink Semiconductor, "GPS2000: GPS Receiver Hardware Design, " Application Note 855, Issue 2.0, October 1999.

[93] Zheng B., Lachapelle G., "GPS Software Receiver Enhancements for Indoor Use, " ION GNSS, Long Beach, CA, September 13-16, 2005.

第 13 章　信号捕获

前面两章介绍了信号跟踪环路及其运行。事实上，接收机在跟踪信号之前先要捕获信号，从中粗略地估算出那些可见卫星的信号参数值，帮助接收机初始化跟踪环路并且开始跟踪信号。13.1 节介绍信号捕获的一些概况，包括三维搜索概念、不同启动方式对信号搜索的影响、最大搜索区间、信号检测概率、噪声基底的估算，以及从信号捕获到信号跟踪阶段的切换等。认识信号捕获的整个框架后，13.2 节具体地分析几种信号的捕获方法，包括线性搜索、傅里叶变换并行搜索算法及卫星搜索排序等。13.3 节讨论室内 GPS 对接收机设计的挑战，并且探讨用来捕获弱信号的高灵敏度接收机的三种技术：加长信号积分时间、大块并行相关器和辅助 GPS（AGPS）。13.4 节对高灵敏度接收机容易出现的互相关干扰问题做一个专题论述。最后，13.5 节扼要地展望 GPS 接收机设计的发展趋势。

13.1　信号捕获的概况

我们从前面两章的学习中了解到，为了能让接收机跟踪环路成功地跟踪 GPS 卫星信号，接收机内部初始复制的载波和 C/A 码信号必须与接收信号吻合到一定的程度；否则，若复制信号与接收信号之间的差超过跟踪环路的牵入范围，则环路通常会对信号失锁。因此，接收机在开始信号跟踪之前，首先需要估算出接收信号的载波频率（或者说载波多普勒频移）和码相位这两个参数，然后根据这些信号参数估计值初始化跟踪环路，帮助接收通道展开对信号的跟踪，而信号捕获的目的正是获取所有可见卫星信号的载波频率和码相位的粗略估计值。因为每颗 GPS 卫星在同一频率上播发经不同伪码调制的载波信号，所以这一码分多址（CDMA）运行机制意味着接收机需要相当的时间和计算才能捕获 GPS 卫星信号。本节介绍信号捕获的概况及一些相关的基础理论知识。

13.1.1　三维搜索

我们知道，接收机信号跟踪环路既精密又脆弱。为了让接收机启动后成功地跟踪、锁定某颗可见卫星的信号，接收机必须事先估算出该信号的载波频率和 C/A 码相位值，且这些信号参数估计值的误差必须分别小于载波环和码环的牵入范围，然后接收机根据这些信号参数值初始化跟踪环路的载波数控振荡器和码数控振荡器，这样跟踪环路才能对接收信号进行牵入与镇定，直至最后成功地进入正常的跟踪状态。为了估算某个卫星信号的载波频率和码相位这两个参数值，接收机的信号捕获过程一般是通过对该卫星信号的载波频率和码相位进行扫描式搜索完成的。一旦信号被搜索到并得以确认，那么对该信号的捕获过程也就结束。

尽管 GPS 卫星发射的 L1 载波信号的中心频率为 1575.42 MHz，但是由于卫星与用户接收机在二者连线方向上的相对运动引起的多普勒效应、接收机晶体振荡频率漂移和卫星时钟频漂等因素，接收机实际接收到的卫星载波信号的中心频率一般不再等于信号被发射时的 L1 标称频率，这就需要接收机在载波频率一维内对信号进行搜索。同时，由于卫星到接收机的距离时刻在发生变化，加上接收机时钟相对于 GPS 时间的偏差不固定，因此接收信号的伪码相位值也在时刻改变，这就是接收机需要在码相位一维内对信号进行搜索的原因。

在基带数字信号处理功能模块中，包含多普勒频移的载波频率已下变频到包含多普勒频移的中频。因此，本章谈及的接收信号载波频率实际上有可能指的是中频频率，而对接收信号载波频率的搜索实际上又可以等价地说成是对信号多普勒频移的搜索。因为码相位值实际上是一种时间信息，所以码相位这一维又称时间维。于是，对某个卫星信号的捕获搜索是在由频率和时间组成的二维空间内进行的信号搜索。

在对一个卫星信号进行频率和时间的二维搜索之前，接收机首先需要断定这颗卫星有可能可见而值得对其信号进行搜索。为了提高二维搜索的成功率，加快完成对所有可见卫星信号的捕获，接收机通常借助各种可以获得的信息来判断 GPS 卫星星座中的哪些卫星当前是可见的，然后根据这些卫星可见概率的高低排列出它们的先后搜索顺序。这样，卫星信号的捕获实际上是关于伪码、频率和时间的三维搜索过程。我们称用来确定所要搜索的卫星及其搜索顺序的算法为*天空搜索法*，它会因接收机对卫星及对自身信息掌握程度的不同而有所差异。

接收机对某个卫星信号进行二维搜索的基本操作，与跟踪环路进行信号跟踪的操作基本类似：二者都复制一定频率的载波和一定相位的 C/A 码，然后经混频和相关来检测复制信号与接收信号的相关程度。不同的是，信号捕获过程中的复制信号参数值是根据搜索策略设置的，而信号跟踪过程中的复制信号参数值受环路的精密调节，并且时刻保持与接收信号参数值的一致。只有当接收机内部复制的载波和 C/A 码信号与接收信号一致时，相关器的输出功率才达到最大值，而信号的捕获正是通过检查相关器的输出功率在何种复制载波频率和 C/A 码相位下达到最大来实现的。如果最大输出功率值超过信号捕获门限值，那么对应于该最大功率的复制信号参数值就是信号捕获对当前接收信号的参数估计值。

在图 13.1 所示的三维搜索中，接收机假设按照从伪码号 1 到 32 的顺序依次对各颗卫星进行二维搜索，它对载波频率的搜索步长又称*频带宽度* f_{bin}，每个频带对应于一个载波频率搜索值，而对码相位的搜索步长又称*码带宽度* t_{bin}，每个码带对应于一个码相位搜索值。每个码带与每个频带的交点被称为一个*搜索单元*，接收机在一个搜索单元上搜索时，复制的载波频率与码相位值对应于该搜索单元的中心点。若接收机成功捕获了信号，则它对该信号载波频率的估计误差不大于半个频带宽度，对码相位的估计误差同样不大于半个码带宽度。频带宽度 f_{bin} 一般为几百赫兹，码带宽度 t_{bin} 经常为半个码片。

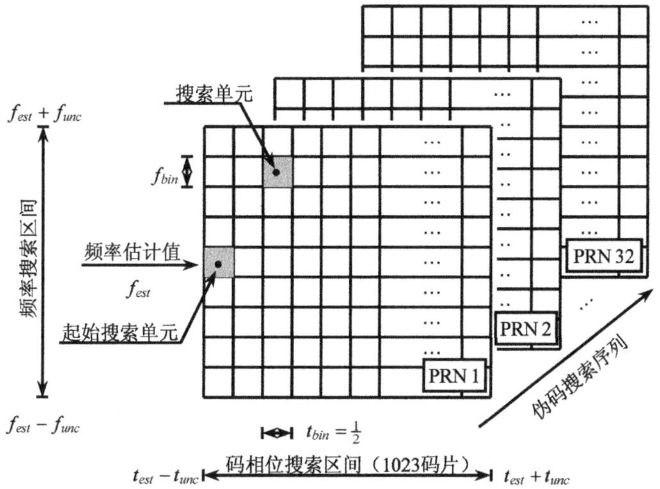

图 13.1　卫星信号的三维搜索

在信号捕获领域，我们常用不定值来表示信号参数值的搜索范围大小，并用不定区间来指定搜索范围，而信号参数的真实值有很高的概率位于这个不定区间内。如果 x_{est} 为信号参数 x（如载波频率或码相位）的中间预测值，x_{unc} 为其不定值，那么以 x_{est} 为中心的左右两边长度各为 x_{unc} 的区间（从 $x_{est}-x_{unc}$ 至 $x_{est}+x_{unc}$）被称为 x 的不定区间。假如接收机在开始进行信号捕获前对信号多普勒频移或码相位的估计误差均方差为 σ，那么以估计值为中间预测值的 $\pm3\sigma$ 范围一般可以作为信号捕获的搜索范围[39]。确定信号参量的不定区间后，接收机就可在这一不定区间内逐个单元地搜索信号，从而避免在其他范围内进行不必要的搜索，提高信号捕获的效率和速度。

对一个信号进行二维搜索的不定区间大小，基本上决定了完成对该信号的搜索所需的时间。如图 13.1 所示，频率不定区间与码相位不定区间包围的面积构成了对一个接收信号的二维搜索范围，其中信号频率与码相位的不定值分别为 f_{unc} 与 t_{unc}，搜索频带与码带宽度分别为 f_{bin} 与 t_{bin}，那么该二维搜索范围包含的搜索单元数目 N_{cell} 为

$$N_{cell}=\frac{(2f_{unc})(2t_{unc})}{f_{bin}t_{bin}} \tag{13.1}$$

或者更严格一些，为

$$N_{cell}=\left(\frac{2f_{unc}}{f_{bin}}+1\right)\frac{2t_{unc}}{t_{bin}} \tag{13.2}$$

以上两式的区别仅在于信号捕获究竟是如何具体地安排搜索频带和码带的。需要指出的是，频带数目和码带数目事实上均应取值为一个整数。驻留时间 T_{dwell} 是指接收机在每个搜索单元上进行一次信号搜索所需的时间。于是，驻留时间乘以搜索单元总数就等于搜索一遍整个不定区间所需的时间 T_{tot}，即

$$T_{tot}=N_{cell}T_{dwell} \tag{13.3}$$

如果接收机在逐个单元的信号搜索过程中确信检测到了信号，那么接收机可以停止搜索二维搜索范围中剩下的那些尚未被搜索过的搜索单元，而声明成功捕获了该信号。假定信号存在且它的参数值随机地分布在二维搜索范围内，那么接收机在声明信号捕获之前，搜索过的搜索单元数目的平均值等于总搜索单元数目的一半，即平均捕获时间 T_{acq} 的估算公式为[45]

$$T_{acq}=\frac{1}{2}N_{cell}T_{dwell} \tag{13.4}$$

平均捕获时间 T_{acq} 被广泛地用来衡量信号捕获的快慢程度，它在实践中通常指接收机从开始搜索到声明捕获首个卫星信号所需的平均时间。接收机对卫星信号的频率和码相位掌握得越准确，也就是说，相应的二维搜索范围越小，搜索单元数目就越少，信号捕获也就完成得越快。除了信号搜索范围的大小，影响信号捕获速度的一些关键因素还包括信号强弱、搜索算法和声明捕获信号的条件[24, 39]。因此，为了减小平均捕获时间，我们除了采用更优越的搜索算法，还可以针对性地从以下三个方面采取措施[13]。

（1）缩小信号搜索范围。信号搜索范围的大小主要与接收机内部保存的数据信息的老旧程度和接收机振荡频率偏差有关。通过接收机保存或由外界向接收机提供接收机捕获信号时所需的关于卫星和接收机本身的各种最新数据信息，接收机可以较准确地估算出各颗卫星的可见状况和可见卫星信号的参数值，从而有效地缩小三维搜索范围。

（2）提高接收信号的信噪比。尽管信号检测要到 13.1.4 节中才加以介绍，但是不难想象，强信号的检测值要比弱信号的检测值更容易超过信号捕获门限值。也就是说，接收机通常能更快、

更可靠地捕获到强信号。这样，凡是能降低信号功率损耗和提高信噪比的措施，一般都有利于接收机对信号的快速捕获，其中加长相干积分时间和非相干积分时间是提高信噪比的重要途径。

（3）采用大块并行相关器。我们注意到式（13.3）和式（13.4）的成立是以接收机在每个时刻只能搜索一个搜索单元为前提的。在其他条件均相同的情况下，若接收机在同一时刻有能力搜索多个单元，则它显然可以更快地完成信号搜索过程。目前，采用大块并行相关器的接收机设计是提高接收机信号处理能力的关键技术之一，它能使接收机同时搜索多个对应于不同码相位的搜索单元。

由于信号捕获的性能与接收机采用的相关技术有很大关系，我们在这里继续 12.1.2 节中关于相关器技术的讨论。相关器配置与实现可大致分成被动式和主动式两种：被动式相关器在信号搜索范围内逐个单元地依次搜索，直至检测到信号，式（13.4）实际上是基于一个被动式相关器进行的信号搜索；主动式相关器主要包括并行相关器、匹配滤波器和 FFT 相关器三种形式[67]。并行相关器对由多个相关支路产生的复制 C/A 码与接收机信号同时进行相关运算，每个相关支路都需要一个独立的相关器及随后的相干积分器[3]。匹配滤波器将延时后的接收信号采样点序列与复制 C/A 码进行相关，数学上等价于并行相关器[21, 48, 70]。基于 FFT 的相关器具有与并行相关器和匹配滤波器等价的频率特性，13.2 节中将介绍其在信号捕获中的应用[38]。

【例 13.1】 假设接收机对某颗卫星信号的频率与码相位的搜索范围分别为±10 kHz 与 1023 码片，并且采用 500 Hz 的频率搜索步长和 0.5 码片的码相位搜索步长，求该二维搜索的搜索单元总数。如果接收机分别配置 1 个和 2046 个并行相关器进行搜索，且在每个搜索单元上的驻留时间为 4 ms，求在这两种相关器配置资源情况下，搜索完整个搜索不定区间所需的信号搜索时间。

解： 我们可直接应用公式（13.2）来计算搜索单元总数 N_{cell}，即

$$N_{cell} = \left(\frac{2f_{unc}}{f_{bin}}+1\right)\frac{2t_{unc}}{t_{bin}} = \left(\frac{2\times 10\ 000}{500}+1\right)\times\frac{1023}{0.5} = 41\times 2046 = 83\ 886 \qquad (13.5A)$$

其中，频带数目与码带数目分别为 41 个与 2046 个。这样，若接收机只有一个相关器来逐个搜索所有单元，则搜索时间 T_{tot} 为

$$T_{tot} = N_{cell}T_{dwell} = 83\ 886\times 0.004 = 335.544\ \ [\mathrm{s}] \qquad (13.5B)$$

相比之下，若 2046 个并行相关器分别同时在 2046 个不同的码带搜索，则搜索时间 T_{tot} 降低至

$$T_{tot} = \frac{335.544}{2046} = 0.164\ \ [\mathrm{s}] \qquad (13.5C)$$

可见，采用并行相关器对实现一个可被人们接受的首次定位所需时间性能具有相当的必要性。

在本节的最后，我们简单地提一下军用 P(Y)码信号的捕获。为了捕获周期很长的 P(Y)码信号，接收机通常必须首先捕获 C/A 码信号，然后从其交接字（见 2.5.3 节）中获取时间信息后搜索 P(Y)码信号。在一些 GPS 信号遭到干扰的环境下，接收机可能不再有能力捕获到 C/A 码信号，此时能直接捕获 P(Y)码信号就显得尤为重要。为了直接捕获 P(Y)码信号，接收机通常需要外界辅助等方式来尽可能地减小搜索范围，同时信号捕获算法的性能也要进一步得到改善。

13.1.2　启动方式

13.1.1 节中的平均捕获时间可以用来衡量信号捕获速度，然而用户更为关心的一个接收机性能应是接收机启动后求解出定位值的快慢。首次定位所需时间（TTFF）是指接收机启动后直至给出第一个 GPS 定位结果所需的时间，它包括接收机对多个卫星信号的捕获、跟踪、位同步、帧同步、数据解调、电文译码及定位运算等一系列过程。与平均捕获时间不同，首次定位所需时

间不但涉及对多个卫星信号捕获的快慢，而且与获取足够多颗卫星有效星历的时间长短有关。在相同的卫星信号条件下，信号搜索范围的大小和首次定位所需时间的长短，与接收机的启动方式有很大的关联性，这正是本节要讨论的内容。

我们知道，在开始进行信号搜索之前，信号捕获首先需要判断各颗 GPS 卫星的可见性，并估算出各颗可见卫星的二维搜索范围。如果接收机拥有有效的卫星历书或星历，那么根据给定的当前时间，接收机可以计算出卫星的位置和速度，然后根据给定的接收机位置，可以进一步计算出卫星的仰角（可见性）、几何距离和多普勒频移。因此，为了有效地确定三维搜索范围，接收机必须至少拥有卫星历书（或者再加上星历）、用户接收机的位置（或者再加上速度）及当前的 GPS 时间值这三方面信息[31]。这三方面信息的老旧或准确程度，直接影响搜索范围的大小，并且只要三者缺一，三维搜索范围就无从算起。

考虑到卫星历书、星历和时间等信息在信号捕获过程中起重要作用，接收机通常在每次关机之前将当前的用户位置、速度、时间、日期、各个有效星历和历书等有用数据信息保存到 ROM、EPROM 等非易失性存储器中，以供下次启动时的信号捕获和定位之用[24]。第 2 章和第 3 章对卫星历书和星历做了介绍，这里再强调一下二者的区别。通常，来自一颗曾经可见卫星的星历只有 4 小时的有效期，而一套历书的有效期不但可以保持半年以，而且包含所有曾经可见和不可见卫星的轨道参数。虽然历书的卫星轨道参数不像星历那样准确，但是这种准确度对用来估算卫星的可见性和卫星信号的多普勒频移来说不成问题。事实上，历书是接收机在大多数启动情况下所拥有并被充分利用的一种资源。考虑到时间信息的重要性，如 10.1 节指出的那样，接收机均有一个内置的实时时钟（RTC），因此即便在接收机关机的情况下，它的实时时钟通常依旧继续运行，以维持对时间信息的掌握。

根据接收机启动时掌握的各种数据信息状况的不同，影响首次定位所需时间长短的接收机启动方式通常分成以下三种[32, 87]。

（1）*冷启动*。冷启动时，接收机不知道当前的时间及所在的位置，且在它的存储器中未保存任何有效的卫星星历与历书。因此，冷启动后的接收机只能处于盲捕状态，即它只能在整个 GPS 星座中逐个依次地搜索所有卫星，并对每颗卫星进行最大范围的二维搜索。捕获信号后，接收机还需要从接收到的卫星信号中实时地解调出星历参数。获得至少 4 颗卫星的测量值及其星历参数后，接收机才能完成定位。在三种启动方式中，冷启动的首次定位所需时间最长，其值一般约为 60 s。

（2）*暖启动*。暖启动是指接收机虽然没有有效星历，但掌握有误差小于 5 分钟的当前时间、误差小于 100 km 的当地位置及有效历书时的启动。根据所拥有的这些信息资源，接收机可以大致地确定三维搜索范围，从而为信号的快速捕获创造一个良好的条件，然而定位计算必需的星历参数仍要靠实时地解调接收信号中的导航电文数据比特而一步步获得。暖启动的首次定位所需时间较短，一般约为 45 s。

（3）*热启动*。如果接收机不但具备暖启动的条件，而且保存有有效星历，那么接收机就可以进行热启动。热启动的接收机不但可以准确地计算出各颗卫星的可见性及其相当小的二维搜索范围，而且捕获一些卫星信号后，接收机只要有足够多的通道完成帧同步而不必等到从接收信号中解调出完整的一套套卫星星历参数，就可凭借这些已有的星历实现定位。例如，假设接收机实现 GPS 定位后立刻（一般在几分钟内）重启，那么接收机就可利用上次关机前保存的信息进行热启动；又如，将在 13.3.3 节中介绍的辅助 GPS 可视为热启动的另一种情形。热启动是三种启动方式中最快的一种，它的首次定位所需时间值一般约为 12 s，甚至更短。

虽然用户希望接收机启动时的首次定位所需时间越短越好，冷启动的首次定位所需时间最长，但是冷启动方式必不可少。如果接收机保存的或由外界提供的数据信息陈旧、失效，甚至存在错误，那么冷启动至少可以让接收机恢复到正常工作状态。

重捕是指接收机在卫星信号跟踪期间，由于卫星信号被阻碍物阻挡，或者由于接收机受到过大的动态应力而短暂地对信号失锁后，试图重新捕获该信号的过程。尽管与接收机启动时的信号捕获有着相同的目标，但是重捕有其独特的优势：首先，因为接收机知道失锁卫星的伪码，所以重捕只是二维搜索而非三维搜索；其次，因为接收机在重捕前曾准确地掌握失锁信号的码相位和多普勒频移值，所以它最多只需按照接收机的动态模型和接收机时钟的频漂模型来确定二维搜索范围，且其他有可能依然保持在锁定状态的信号通道更有助于接收机对其自身状态的掌握；最后，考虑到二维搜索范围较小，接收机对增加到搜索单元上的积分时间与驻留时间有着时间上的许可，因此使得重捕具有比捕获更高的敏感度。当失锁的卫星恢复可见时，重捕过程可在几秒内完成，比捕获要快很多[12]。

13.1.3 搜索范围估算

13.1.2 节中提到，接收机在冷启动时需要对各个卫星信号进行最大范围的二维搜索，本节就来估算 GPS 卫星信号的最大二维搜索范围。我们进行估算的重点是信号的多普勒频移范围，同时会简单地讨论多普勒频移的变化快慢和码相位搜索范围。本节的内容很大程度上参考了文献[74]。

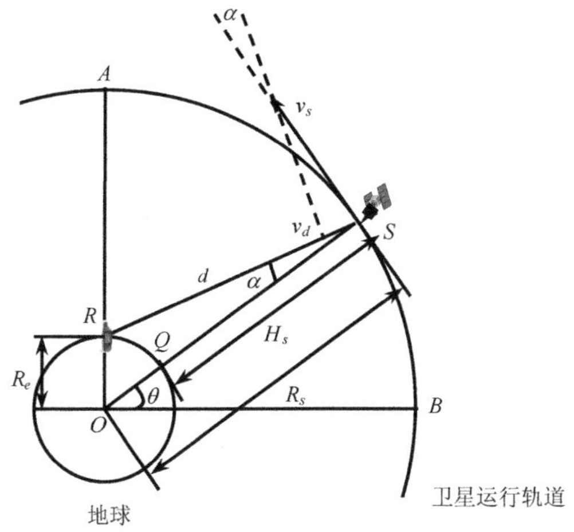

图 13.2 载波多普勒频移最大值的估算

卫星信号的多普勒频移是由用户接收机与卫星在二者连线方向上的相对运动引起的。在假定接收机静止不动的情况下，我们先来估算仅由卫星运动造成的接收信号载波多普勒频移最大值。如图 13.2 所示，地球的最大横截面和卫星运行轨道在这里的估算过程中均可视为标准圆，其中地球半径 R_e 为 6368 km，卫星 S 到地心 O 的距离 R_s（R_e+H_s）为 26 560 km。式（4.20）表明，估算多普勒频移的关键一步是算出卫星运行速度 v_s 在接收机与卫星连线 RS 方向上的投影量 v_d。

为了简化估算过程，我们认为 GPS 卫星在以地心 O 为中心的圆周轨道上做周期为 12 小时的匀速旋转运动，于是它的角速度 $\frac{d\theta}{dt}$ 与线速度 v_s 分别为

$$\frac{d\theta}{dt} \approx \frac{2\pi}{12\times3600} = 1.454\times10^{-4} \quad [\text{rad/s}] \tag{13.6}$$

$$v_s = R_s\frac{d\theta}{dt} = 26\ 560\times10^3\times1.454\times10^{-4} = 3862 \quad [\text{m/s}] \tag{13.7}$$

其中角度值 θ 为 $\angle BOS$ 的大小。假设 $\angle OSR$ 的大小为 α，那么卫星运行速度 v_s 投影到连线 RS 方向上的速度分量 v_d 为

$$v_d = v_s\sin\alpha \tag{13.8}$$

对 ΔOSR 应用正弦定理，得

$$\frac{\sin\alpha}{R_e}=\frac{\sin(90°-\theta)}{d}=\frac{\cos\theta}{d} \tag{13.9}$$

式中，d 为接收机 R 至卫星 S 的距离。再对ΔOSR 应用余弦定理，得

$$d^2=R_e^2+R_s^2-2R_eR_s\cos(90°-\theta)=R_e^2+R_s^2-2R_eR_s\sin\theta \tag{13.10}$$

根据式（13.9）和式（13.10），可将$\sin\alpha$ 表达成一个关于θ且不含 d 的函数，然后将$\sin\alpha$ 值代入式（13.8），得

$$v_d=\frac{v_sR_e\cos\theta}{\sqrt{R_e^2+R_s^2-2R_eR_s\sin\theta}} \tag{13.11}$$

上式给出了投影速度v_d与角度θ之间的关系。

式（13.11）表明，当θ等于 90°（卫星在接收机的天顶方向）时，v_d的值为零，相应的多普勒频移也必定为零，这一结果显然在我们的意料中。因为我们关心的是多普勒频移的最大搜索范围，所以为了求得v_d的最大绝对值，我们在式（13.11）中的等号两边对θ求导，得

$$\frac{\mathrm{d}v_d}{\mathrm{d}\theta}=\frac{v_sR_e\left(R_eR_s\sin^2\theta-(R_e^2+R_s^2)\sin\theta+R_eR_s\right)}{\left(R_e^2+R_s^2-2R_eR_s\sin\theta\right)^{3/2}} \tag{13.12}$$

接着令上述导数值等于零，得

$$\theta=\arcsin\left(\frac{R_e}{R_s}\right)=\arcsin\left(\frac{6368}{26\ 560}\right)=13.87^\circ \tag{13.13}$$

即投影速度v_d的绝对值在上述θ值时达到最大。将这个θ值代入式（13.11），得v_d的最大值v_{dm}为

$$v_{dm}=v_s\frac{R_e}{R_s}=3862\times\frac{6368}{26\ 560}=925.9\ [\text{m/s}] \tag{13.14}$$

上式表明，卫星运动速度在与用户接收机连线方向上投影的最大值接近 1000 m/s。这样，根据式（4.20），我们就可算出卫星投影速度为v_{dm}时引起的载波 L1 的最大多普勒频移绝对值f_{dm}为

$$f_{dm}=\frac{v_{dm}}{c}f_1=\frac{925.9}{3\times10^8}\times1575.42\times10^6=4862\quad[\text{Hz}] \tag{13.15}$$

通过以上计算，我们得到如下结论：对地面上的静态接收机来说，由卫星运动引起的载波多普勒频移值大致在±5000 Hz 范围内。

对非静态接收机来说，用户的运动会引入另一部分多普勒频移。因为 925.9 m/s 的相对速度可产生 4862 Hz 的载波多普勒频移，所以按照这一关系，千米每小时的用户接收机运动最大可产生约 1.46 Hz 的载波多普勒频移[79]。考虑到高速军用飞机的飞行速度可达 340 m/s 音速的几倍，我们姑且认为用户接收机的最大运动速度也是 925.9 m/s，那么这一用户运动速度也会产生值在±5000 Hz 之间的载波多普勒频移。

除了卫星与接收机之间的相对运动，GPS 卫星时钟频漂和接收机晶体振荡频漂，也会影响接收机对接收到的卫星信号载波中心频率偏移量的测量。例如，对标称频率为 1575.42 MHz 的接收机晶体振荡器来说，3.2.3 节计算出 0.25 ppm 的频率偏差率相当于约 400 Hz 的频率偏移量，相应地，1 ppm 的频率偏差率相当于 1575.42 Hz 的频率偏移量。显然，振荡频率偏差的存在不利于接收机正确限定卫星信号的频率搜索范围[24]。

将以上各种因素综合起来，我们可以认为一般陆基运动载体上的接收机接收到的载波信号的

最大多普勒频移量为±10 kHz，而以载波 L1 标称频率 f_1 为中心的 20 kHz 不定区间，通常就作为接收机冷启动时用来捕获 GPS 卫星信号的频率搜索范围。

除了估算频率搜索范围，我们其实还应考虑多普勒频移的变化快慢问题。可以想象，假如接收机在频率一维内的搜索速度跟不上多普勒频移的变化速度，那么会使信号捕获过程变得复杂。根据式（13.12）给出的投影速度 v_d 对 θ 的导数值 $\frac{\mathrm{d}v_d}{\mathrm{d}\theta}$，可得如下 v_d 对时间 t 的导数值：

$$\frac{\mathrm{d}v_d}{\mathrm{d}t}=\frac{\mathrm{d}v_d}{\mathrm{d}\theta}\frac{\mathrm{d}\theta}{\mathrm{d}t} \tag{13.16}$$

式中，角速度 $\frac{\mathrm{d}\theta}{\mathrm{d}t}$ 的值已由式（13.6）给出。从式（13.16）出发，我们不难得到这样一个结论：当 θ 等于 90°时，导数 $\frac{\mathrm{d}v_d}{\mathrm{d}\theta}$ 和 $\frac{\mathrm{d}v_d}{\mathrm{d}t}$ 的绝对值均达到最大，与此对应的 $\frac{\mathrm{d}v_d}{\mathrm{d}t}$ 的最大绝对值等于 0.177 m/s^2。由于多普勒频移 f_d 的时间变化率 $\frac{\mathrm{d}f_d}{\mathrm{d}t}$ 为

$$\frac{\mathrm{d}f_d}{\mathrm{d}t}=\frac{\mathrm{d}\left(\frac{v_d}{c}f_1\right)}{\mathrm{d}t}=\frac{\mathrm{d}v_d}{\mathrm{d}t}\cdot\frac{f_1}{c} \tag{13.17}$$

即 $\frac{\mathrm{d}f_d}{\mathrm{d}t}$ 的最大绝对值与 $\frac{\mathrm{d}v_d}{\mathrm{d}t}$ 的最大绝对值同时发生，因此将相关数值代入上式后，可得 $\frac{\mathrm{d}f_d}{\mathrm{d}t}$ 的最大绝对值为 0.93 Hz/s。对几百赫兹宽的频率搜索步长和仅以秒计的信号捕获时间来说，最大值为 0.93 Hz/s 的多普勒频移变化率是一个相当小的数值。载波多普勒频移的这种缓慢变化非常有利于接收机在频率一维中对信号的捕获、接收机从捕获到跟踪阶段的转换及跟踪环路的更新运行。

类似地，对非静态接收机来说，用户的加速度也会引入另一部分多普勒频移变化率。因为 0.177 m/s^2 的相对加速度会引起 0.93 Hz/s 的多普勒频移变化率，所以按照这一关系，一倍于 g（9.8 m/s^2）的用户加速度运动最大会引起 51.5 Hz/s 的多普勒频移变化率，而几倍于 g 的高动态性载体的加速度运动有可能造成很大的多普勒频移变化率。可见，在卫星与接收机的相对运动中，用户的加速度运动是决定信号多普勒频移变化快慢的主要因素。以 51.5 Hz/s 的多普勒频移变化率为例，假如载波环的带宽为 1 Hz，那么它的环路更新周期必须小于 19.4 ms（1/51.5 s），否则载波环会对信号失锁。除了对信号跟踪产生影响，由用户加速度运动引起的多普勒频移快速变化同样有可能会给信号捕获带来困难。

以上讨论了载波多普勒频移及其变化率。类似地，卫星与接收机之间的相对运动、卫星时钟频漂和接收机基准振荡频率漂移会在 C/A 码信号上引入多普勒频移，使接收机接收到的 C/A 码码率可能不再等于 1023 码片/毫秒的标称值。由于 C/A 码码率 f_C 远小于载波频率 f_1，因此 C/A 码的多普勒频移相应地远低于载波多普勒频移。例如，由卫星运动引起的 C/A 码最大码率偏移量 f_{cdm} 为

$$f_{cdm}=\frac{v_{dm}}{c}f_C=\frac{925.9}{3\times10^8}\times1.023\times10^6=3.16\ \ [\text{Hz}] \tag{13.18}$$

即 3.16 码片/秒。如果我们再考虑用户运动和接收机基准振荡频率漂移，那么接收信号中 C/A 码的码率偏移量最大可达±6.32 Hz。

接收 C/A 码信号的码率偏移要求接收机在信号捕获与跟踪过程中采取适当的措施，否则会影响信号捕获与跟踪的灵敏度。如果接收机码环在复制 C/A 码时不考虑接收 C/A 码信号的码率偏移，那么这种码率偏移会导致原先相位一致的复制 C/A 码与接收 C/A 码之间逐渐积累相位差，破坏环路跟踪灵敏度。假设中频频率为 5 MHz，即数字中频信号的两个相邻数据点的采样时间相隔 200 ns，那么为了避免影响环路的跟踪灵敏度，复制 C/A 码与接收 C/A 码之间的相位希望被

控制在半个采样周期内，即 100 ns。在这种情况下，如果接收机复制一个码率为标称值的 C/A 码，而接收 C/A 码的码率偏移量为 6.32 码片/秒（也就是说，接收 C/A 码相对于复制 C/A 码在相位上偏移 1 码片需要 158.2 ms），那么因为 100 ns 的时间相当于 0.1023 码片，码相位偏移 100 ns 就只需要约 16 ms，即接收 C/A 码每 16 ms 就相对于复制 C/A 码偏移半个采样周期。因此，对高动态接收机来说，码环必须至少每隔 16 ms 检查 C/A 码的跟踪情况。如果接收信号功率较强或者跟踪灵敏度不成问题，那么复制 C/A 码与接收 C/A 码之间的相位差只要被控制在半个码片（码环鉴别器的牵入范围）内，码环就可保持对信号的跟踪。对同为 6.32 码片/秒的 C/A 码码率偏移量来说，因为积累半个码片的相位偏移需要约 79 ms，所以码环此时有条件将更新周期从 16 ms 增长至 20 ms 甚至 40 ms 等。事实上，在 12.2.1 节介绍的跟踪环路中，只要载波环锁定信号，载波辅助码环方式就可自动地对复制 C/A 码的码率做周期性的调整，使得码环允许采用更长的更新周期。除了影响信号的跟踪，多普勒频移及其变化率实际上对信号捕获中的驻留时间长短取值等也有类似的影响。

我们可以类似地计算出 C/A 码码率偏移的最大变化率。由于 C/A 码码率偏移的最大变化率与接收机对接收信号码相位的搜索速度相比显得非常小，因此信号捕获过程一般不考虑这种码率变化现象。

由于 C/A 码很短，一个 C/A 码周期只持续 1 ms，如果接收机对码相位的不定值超过半毫秒，那么这就意味着码相位的实际值可能在 0～1023 码片之间，接收机只得在整个 C/A 码周期内进行搜索，而 1023 码片正是信号捕获在码相位维度内的最大搜索范围。当然，如果接收机能获得误差小于半毫秒的几何距离信息，那么对码相位的搜索范围不必为整个 C/A 码周期，因此有利于信号捕获的快速完成。例如，若接收机对几何距离的预测误差最大为±1500 m，则它对码相位的搜索只需在中间预测值左右各 5（1500/300）码片的范围内进行。

以上介绍了通常应用于冷启动的频率和码相位的两维最大搜索范围。在给定一些有关卫星状态（如卫星位置和速度）、接收机状态（如接收机位置、速度和时钟频漂）和时间信息的条件下，接收机一方面可以估算出信号参量中间值，另一方面可以根据所给信息的不定值推导出二维搜索的不定区间。不论如何，暖启动和热启动的信号搜索范围不可能超过冷启动的搜索范围。

在本节的最后，我们按照文献[35]来简单讨论对非冷启动时频率搜索范围的估算。例如，在给定准确接收机位置的条件下，利用有效卫星星历计算出来的由卫星运动引起的多普勒频移的准确度可达 1 Hz。当接收机位置值不准确时，卫星多普勒频移的计算误差势必相应地增大，二者之间的关系大致为每千米接收机位置误差相当于 1 Hz 的卫星多普勒频移误差。例如，若接收机位置的不定值为 100 km，则利用有效星历计算出来的卫星多普勒频移的不定值为 100 Hz。一种估算接收机位置及其不定值的方法是，将接收机上次关机前的定位值作为当前的接收机位置，相应的不定值等于停机时间乘以一个值被预先设定的最大用户运动速度。至于卫星多普勒频移变化与时间之间的关系，式（13.17）得到了 0.93 Hz/s 的结果。也就是说，如果接收机对时间的掌握存在 1 分钟的不定值，那么由这一因素引起的卫星多普勒频移不定值约为 55.8 Hz。频率不定值的一个重要组成部分是接收机基准频率漂移，而我们知道 1 ppm 的振荡频率误差相当于 1575.42 Hz 的不定值。卫星信号的频率搜索不定值就是这样由各种误差因素而积累、扩展起来的。需要指出的是，接收机位置、接收机基准频率漂移和时间等系统级信息误差会影响所有卫星信号的二维搜索范围。类似地，卫星信号的码相位搜索范围可根据接收机位置误差和时间误差等因素综合出来。

13.1.4 信号检测

与信号跟踪一样，接收机的信号捕获也涉及二维信号的复制。如图 13.3 中的信号捕获电路所示，信号捕获实际上可以运行在如图 12.8 所示的信号跟踪环路电路上，只不过接收机在信号捕获阶段未将跟踪反馈回路闭合，而根据预先设定好的信号搜索捕获策略直接控制与调节载波数控振荡器和 C/A 码数控振荡器，使它们复制出对应于某个搜索单元的载波和 C/A 码信号。与信号捕获不同，在信号跟踪过程中，接收机通过实时鉴相，将得到的跟踪误差信息及时反馈给数控振荡器，精确地复制出与当前接收信号相一致的载波和 C/A 码信号。

如图 13.3 所示，在接收机对某个卫星信号进行捕获的过程中，数字中频信号 $s_{IF}(n)$ 首先分别与一个接收通道的同相支路的正弦和正交支路上的余弦复制载波混频，混频结果与复制 C/A 码相关，相关结果 i 和 q 经过时间为 T_{coh} 的相干积分后生成数据对 I 和 Q，最后经非相干积分后得到非相干积分幅值 V 。信号捕获的非相干检测法通过检测非相干积分幅值 V 的大小来判断接收信号是否已被搜索到：若非相干积分幅值 V 小于捕获门限值 V_t，则信号尚未被搜索到，于是接收机按照既定的搜索步长调节载波数控振荡器和 C/A 码数控振荡器，继续在下一个搜索单元中进行信号搜索与检测；否则，若 V 超过 V_t，则信号被搜索到，接收机接下来一般是进一步确认信号捕获的成功。除了将最大非相干积分幅值与门限值做比较，信号捕获还可将最大非相干积分幅值与次大非相干积分幅值做比较，来帮助检测信号是否被搜索到[7]。

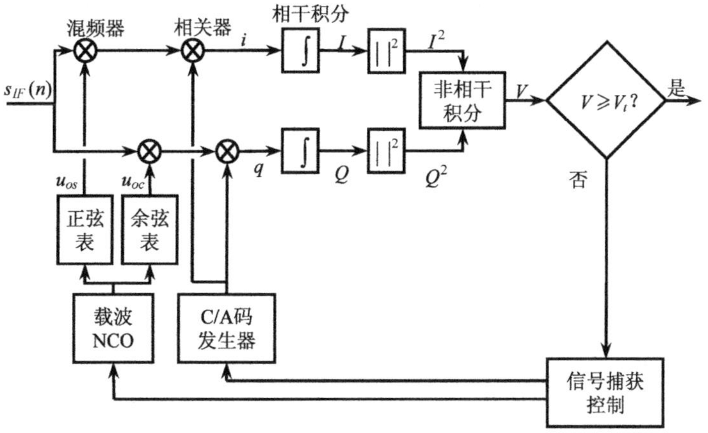

图 13.3　信号捕获电路

为了确定捕获门限值 V_t 的大小，我们必须首先掌握作为检测量的非相干积分值 V 的概率分布情况。由于接收 C/A 码的相位未知，因此在信号捕获过程中运行的数字相关器及其相关支路没有超前、即时或滞后一说。删除式（12.6）和式（12.7）中的下标 P 后，相干积分值 I 与 Q 可分别表达成

$$I(n) = aD(n)R(\tau)\,\mathrm{sinc}\,(f_e T_{coh})\cos\phi_e + n_I \tag{13.19}$$

$$Q(n) = aD(n)R(\tau)\,\mathrm{sinc}\,(f_e T_{coh})\sin\phi_e + n_Q \tag{13.20}$$

式中，a 为信号幅值，τ 为接收 C/A 码相位与搜索码相位的差，f_e 为接收载波频率与搜索频率的差，ϕ_e 为两个载波的相位差。以上两式中的 n_I 与 n_Q 分别代表 I 支路与 Q 支路上均值为零且互不相关的正态噪声，它们的功率（方差）σ_n^2 为

$$\sigma_n^2 = \frac{N_0}{T_{coh}} \tag{13.21}$$

式中，N_0 已 10.2.2 节中介绍。不计噪声时，这个复数型相干积分值 $I(n)+\mathrm{j}Q(n)$ 的幅值为

$$\sqrt{I^2(n)+Q^2(n)} = aR(\tau)\left|\mathrm{sinc}(f_e T_{coh})\right| \tag{13.22}$$

上式表明接收载波与复制载波的相位差 ϕ_e 不影响非相干检测。若非相干积分数目为 N_{nc}，则检测

量V的值为

$$V = \frac{1}{N_{nc}} \sum_{n=1}^{N_{nc}} \sqrt{I^2(n) + Q^2(n)} \tag{13.23}$$

或

$$V^2 = \frac{1}{N_{nc}} \sum_{n=1}^{N_{nc}} \left(I^2(n) + Q^2(n) \right) \tag{13.24}$$

如 12.1.3 节指出的那样，非相干积分的另一种形式是如式（13.24）所示的对相干积分结果的功率的积分，而不一定是如式（13.23）所示的对相干积分幅值的积分。检测量V的概率分布与非相干积分数目N_{nc}的大小有关，我们先从N_{nc}值为 1 时按式（13.23）进行非相干积分的简单情况讲起。附录 C 和 12.1.3 节告诉我们，假定相干积分值$I(n)$与$Q(n)$中的噪声均呈均值为零、方差为σ_n^2的正态分布，且信号幅值因子$D(n)$, $R(\tau)$和$\text{sinc}(f_e T_{coh})$的绝对值均等于 1，那么在卫星信号不存在与存在两种情况下，非相干积分幅值V分别呈瑞利（Rayleigh）分布与莱斯（Ricean）分布[31, 84]。瑞利分布的概率密度函数$f_n(v)$见式（C.30），莱斯分布的概率密度函数$f_s(v)$见式（C.37），图 13.4 画出了这两个函数的曲线的大致轮廓。

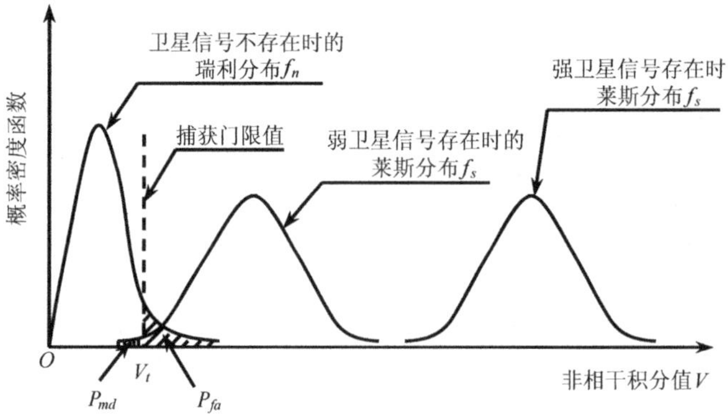

图 13.4　非相干积分值的概率分布

合理地选取捕获门限值V_t的大小，是信号捕获取得良好性能的关键一步：一方面，过小的门限值容易造成虚警（FA），即某卫星信号实际上不存在而接收机声明捕获了该信号，其中噪声、C/A 码自相关函数侧峰和互相关干扰等是造成虚警错误的根本原因；另一方面，过大的门限值容易造成漏警（MD），即接收机捕获不到实际上存在的卫星信号。与 5.5.3 节类似，我们通常首先设置一个所需的信号捕获虚警率P_{fa}，然后根据此虚警率的要求计算出相应的捕获门限值V_t。因为卫星信号不存在时的检测量V呈瑞利分布，所以门限值V_t对应的虚警率P_{fa}大小为

$$P_{fa} = \int_{V_t}^{\infty} f_n(v)\mathrm{d}v = \int_{V_t}^{\infty} \frac{v}{\sigma_n^2} \mathrm{e}^{-\frac{v^2}{2\sigma_n^2}} \mathrm{d}v = \mathrm{e}^{-\frac{V_t^2}{2\sigma_n^2}} \tag{13.25}$$

也就是说[31]，

$$V_t = \sigma_n \sqrt{-2 \ln P_{fa}} \tag{13.26}$$

给定噪声信号功率σ_n^2和虚警率P_{fa}，上式可用来计算捕获门限值V_t。一旦选定门限值V_t，一个实际存在的信号能够被检测出来的检测概率（又称实警率）P_d就为

$$P_d = \int_{V_t}^{\infty} f_s(v)\mathrm{d}v = 1 - P_{md} \tag{13.27}$$

式中，P_{md} 为信号捕获的漏警率。由图 13.4 中门限值 V_t 的设置与相应漏警率 P_{md} 和虚警率 P_{fa} 的大小关系可以看出：当卫星信号较强时，门限值 V_t 的大小设置较为容易，信号捕获能轻松地同时满足一个很小的虚警率 P_{fa} 和一个很小的漏警率 P_{md}；当卫星信号较弱时，因为 V 的莱斯概率分布曲线与信号不存在时的瑞利概率分布曲线有很大一部分重叠在一起，所以若信号捕获要保持一个较小的虚警率 P_{fa}，则漏警率 P_{md} 会较高，弱信号不能被检测出来的概率就增大。

莱斯概率密度函数 $f_s(v)$ 的表达式（C.37）中包含 a 和 σ_n 两个参数，其中 V 的信号功率等于 a^2，噪声功率等于 $2\sigma_n^2$，因此由式（C.41）定义的参量 K 实际上是信噪比 SNR，即

$$\text{SNR} = K = \frac{a^2}{2\sigma_n^2} \tag{13.28}$$

这样，式（13.27）中的检测概率 P_d 实际上是一个关于信噪比 SNR （或载噪比 C/N_0）的函数。如果我们要求信号捕获达到一定值的检测概率 P_d，那么这个函数关系就限定了接收机能捕获到的信号的最小 SNR 值，这就是接收机的信号捕获灵敏度。通常，信号捕获首先会被给定一个虚警率 P_{fa}，于是我们可以根据式（13.26）设置门限值 V_t，然后根据式（13.27）计算出信号捕获在一定相干积分时间 T_{coh} 和载噪比 C/N_0 条件下的检测概率 P_d。我们不难得到如下一个结论：信噪比 SNR 越高，相同虚警率条件下的检测概率 P_d 就越高。事实上，由于信噪比的大小本身也反映信号的存在情况，文献[42]中的几种信号捕获方法简单地将测量得到的信噪比（见 13.1.5 节）与 3 dB 的门限值相比来检测信号是否存在。

以上分析了非相干积分数目 N_{nc} 为 1 时的信号检测概率情况。如果 N_{nc} 不为 1，那么作为检测量的非相干积分值 V 此时就不再呈瑞利分布或莱斯分布。若非相干积分按式（13.24）对 N_{nc} 个相干积分功率进行积累，则当卫星信号不存在时，得到的结果 V^2 呈自由度为 $2N_{nc}$ 的中心卡方（χ^2）分布，而当卫星信号存在时，得到的结果 V^2 呈自由度为 $2N_{nc}$ 的非中心卡方分布[53, 60]。虽然卡方分布是一种较为复杂的概率分布，但是这种概率分布函数存在解析表达式。若非相干积分按式（13.23）对 N_{nc} 个相干积分幅值进行积累，则得到的非相干积分值 V 的概率分布很复杂，它没有解析表达式。然而，因为我们知道 $I(n)^2 + Q(n)^2$ 的概率分布，所以由式（13.23）得到的非相干积分值 V 的概率分布至少可用数值计算法求解出来。此外，无论何种非相干积分方式，如果 N_{nc} 很大，那么根据中心极限定理，非相干积分值 V 或 V^2 接近正态分布，此时信号捕获所需进行的非相干积分数目 N_{nc} 可表达成一个关于 P_{fa}、P_d 和信噪比的解析式[45]。

捕获门限值 V_t 用来检查检测量是否大到足以确保一个小的虚警率。事实上，信号捕获通常还设置一个开除门限，它的值比 V_t 小。当非相干积分后的检测量值 V 低于开除门限时，相应的搜索单元被认为肯定不存在信号，因此在随后的信号搜索过程将这些搜索单元开除，以减小搜索范围和减少计算量[83]。

加长相干积分时间和非相干积分时间可以提高信噪比，进而相应地提高信号捕获灵敏度。我们在此讨论接收机在信号捕获过程中可采用的相干积分时间值 T_{coh} 的长短问题。11.2.6 节指出，在信号跟踪阶段的相干积分时间 T_{coh} 的取值长短，受制于跟踪频率误差和导航电文数据比特 20 ms 的宽度，其中用户接收机的动态性和基准振荡频率的不稳定性是造成频率误差的主要原因。考虑到 C/A 码的 1 个周期长 1 ms，且数字相关器一般进行以 1 ms 为最小时间单元的相关运算，接收机在信号捕获阶段仍以 1 ms 为相干积分的基本时间单元，以获得必要的信号解扩处理增益。对捕获正常强度的接收信号来说，1 ms 长的相干积分时间 T_{coh} 一般是足够的，但是为了提高灵敏度，

信号捕获通常需要加长对接收信号的相干积分时间。因为接收机在信号捕获阶段尚不知道接收信号中数据比特边沿的位置，所以此时的相干积分起始时沿与数据比特边沿之间的相对位置可以认为是随机的。当信号捕获采用 1 ms 长的相干积分时，即使某个 1 ms 的相干积分时段跨越数据比特边沿，接下来的 19 个 1 ms 相干积分时段也必定不会跨越任何数据比特边沿，这可用来对信号进行检测与捕获。信号捕获可采用的相干积分时间最长一般为 10 ms，它可保证任何相邻两个 10 ms 的相干积分值中至少有一个不会受到数据比特跳变的影响。若接收机希望采用等于或超过 20 ms 长的相干积分时间 T_{coh}，则它需要借助数据辅助和剥离技术（见 13.3.1 节）。可见，式（13.19）和式（13.20）假设整个相干积分时段 T_{coh} 全部位于同一个数据比特 $D(n)$ 的时沿下；否则，相干积分效果会由于随机的比特跳变而遭到削弱。综上所述，我们有如下结论：相干积分时间 T_{coh} 在信号捕获阶段的取值范围通常是 1～10 ms，且接收信号越弱，T_{coh} 就需要越长，其中对强信号的捕获通常采用 1～2 ms 长的相干积分时间，而对弱信号的捕获采用 5～10 ms 长的相干积分时间。在一个卫星信号被捕获之前，接收机事实上不知道该信号的强度，于是信号捕获算法一般首先假定正被搜索的信号为正常强度的信号而采用较短的相干积分时间 T_{coh}，然后在捕获不到信号但坚信信号可能存在时，它可以采取加长相干积分时间 T_{coh} 等措施，重新展开对该弱信号的二维搜索[51]。

虽然加长相干积分时间 T_{coh} 有助于接收机捕获到弱信号，但是它也会使信号搜索时间变长。若相干积分时间为 T_{coh}，随后的非相干积分数目为 N_{nc}，则信号捕获在每个搜索单元上进行一次搜索的驻留时间 T_{dwell} 为

$$T_{dwell} = N_{nc} T_{coh} \tag{13.29}$$

13.2.1 节中将指出，频率搜索步长 f_{bin} 的取值应与相干积分时间 T_{coh} 成反比。因此，如果相干积分时间 T_{coh} 增长一倍，那么一方面会使得驻留时间 T_{dwell} 加倍，另一方面会使得频率搜索步长 f_{bin} 缩小至原来的一半，即搜索单元数目 N_{cell} 相应地加倍，于是这两方面的因素造成搜索同一个二维搜索范围所需的时间 T_{tot} 变为原来的四倍。也就是说，由式（13.3）定义的总搜索时间 T_{tot} 与相干积分时间 T_{coh} 的平方成正比。需要指出的是，虽然增加非相干积分数目 N_{nc} 也会加长驻留时间，但是它不增加搜索单元数目。

除了上面的非相干检测，信号捕获还可采用相干检测。在非相干检测中，因为检测量反映了 I 支路和 Q 支路上的信号总功率，所以接收机不必掌握接收信号的载波相位值；在相干检测中，接收机将 I 支路和 Q 支路合并前的相干积分值作为检测量，所以检测的部分任务是估算出接收载波信号的相位值。尽管相干检测的性能要比非相干检测的性能好，并且一般来说具有最高的灵敏度，但是它需要估算频率残余，而这在有些情况下很难实现。

图 13.3 中的信号捕获电路只有一对数字相关器，它在每个时刻只能搜索一个码相位。若信号捕获电路拥有大量的相关器硬件资源，则接收机在信号捕获过程中可以同时对多个码相位进行搜索，从而提高信号捕获速度。

13.1.5 载噪比的测定

为了对信号进行捕获与跟踪，接收机基带数字信号处理模块还需要其他一些辅助功能加以配合。我们知道，信号捕获门限与信噪比 SNR 有着直接的关联，信号跟踪环路的锁定检测和接收机性能的预估也依赖于信噪比的测定，且接收机通常又将载噪比 C/N_0 作为 GPS 测量值的一部分输出，因此对信噪比 SNR 或载噪比 C/N_0 的测量与估算是接收机信号处理的一个重要辅助功能。对相关器输出和相干积分器输出等所含噪声均值为零的信号来说，信噪比 SNR 定义为如式（10.7）所示的信号功率除以噪声功率（或噪声方差），而式（12.26）给出了信号噪声均值不等于零时的

信噪比定义。我们从前面章节的学习中知道了噪声基底、信噪比和载噪比之间的关系，本节介绍几种测定、估算这些量的实现方法。有关其他测定方法及其比较，读者可参阅文献[9, 27]等。

我们既可以实时地根据接收机数据对噪声基底进行测定，又可以简单地在接收机中将噪声基底设为一个常数。根据射频前端放大器的噪声指数、电缆损耗、滤波损耗和系统噪声温度等接收机设计参数，我们可以预先计算出噪声基底的大小，然后将这个恒定的噪声基底估计值用于信号的捕获和跟踪过程。

考虑到接收机的工作环境会随时发生变化，接收机通常需要根据接收机数据实时地测定噪声基底大小。考虑一个信号捕获的二维搜索过程，接收机在每个搜索单元上得到一个作为检测量的非相干积分值 V，然而因为这些 V 值绝大多数是在信号不存在的搜索单元上获得的，也就是说，这些 V 值基本上全部来自噪声，所以对这些（当非相干积分数目 N_{nc} 为 1 时的）V^2 值进行平均或者进行简单的低通滤波（如采用 6.2 节中的 α 滤波），我们就可得到比较可靠的噪声功率（或方差）σ_n^2 [31]。例如，文献[49]利用以下的平均法来计算 σ_n^2：

$$\sigma_n^2 = \frac{1}{2M}\sum_{n=1}^{M} V^2(n) = \frac{1}{2M}\sum_{n=1}^{M}\left(I^2(n) + Q^2(n)\right) \tag{13.30}$$

式中，如 13.1.4 节指出的那样，σ_n^2 是相干积分值 I 或 Q 中的噪声方差。当非相干积分数目 N_{nc} 不为 1 时，σ_n^2 仍可从检测量 V^2 的概率分布中推导出来。为了防止搜索到的信号量错误地进入对噪声方差值 σ_n^2 的估算，接收机可以首先查看当前搜索单元给出的 V 值是否低于捕获门限值 V_t，然后在认定当前 V 值不含信号能量后，才将该 V 值用于上式对 σ_n^2 的估算值更新，同时根据式（13.26）顺便更新门限值 V_t，接着查看下一个搜索单元上的 V 值。

为了彻底避免信号能量进入、破坏对噪声基底的估算，又为了使接收机在信号捕获结束后能继续实时地估算信号的信噪比，另一种噪声基底估算方法是让接收机额外配置一个只含噪声的接收通道，专门利用该噪声通道来估算噪声基底[31]。为此，噪声通道首先需要产生一个无用的伪码，也就是说，这个伪码不是任何一颗 GPS 卫星真正播发的 C/A 码，但它必须与表 2.3 中的所有 C/A 码正交，然后让接收信号与该伪码进行相关运算。于是，这样一条噪声通道支路上的功率（如 I_N）就可被认为是仅由噪声引起的，不含信号能量，其滤波值就是噪声方差 σ_n^2。任何满足这种正交条件的序列均可作为该噪声通道产生的伪码，如图 2.9 中的 G_1 码就是其中的一种选择。

当接收机良好地跟踪某个信号时，原本如式（12.6）和式（12.7）所示的由该信号通道上 I 支路和 Q 支路输出的相干积分值 $I_P(n)$ 和 $Q_P(n)$ 的表达式，可分别简化成如下一个关于载噪比 C/N_0 的函数：

$$I_P(n) = \sqrt{2(C/N_0)T_{coh}}\,\sigma_n \cos\phi_e + n_I \tag{13.31}$$

$$Q_P(n) = \sqrt{2(C/N_0)T_{coh}}\,\sigma_n \sin\phi_e + n_Q \tag{13.32}$$

式中，n_I 和 n_Q 均是均值为零、方差为 σ_n^2 的随机正态噪声。利用式（11.89）和式（13.28），读者可以轻易推导出以上两式。我们时常进一步对以上两式单位化：

$$I_P(n) = \sqrt{2(C/N_0)T_{coh}}\cos\phi_e + n_I \tag{13.33}$$

$$Q_P(n) = \sqrt{2(C/N_0)T_{coh}}\sin\phi_e + n_Q \tag{13.34}$$

式中，n_I 和 n_Q 变为随机标准正态噪声。因为相干积分值 $I_P(n)$ 和 $Q_P(n)$ 是关于载噪比 C/N_0 的函数，且这些值包含均值为零的正态噪声，所以根据概率论的有关定理，我们可通过对相干积分值 $I_P(n)$ 和 $Q_P(n)$ 的统计分析估算出载噪比 C/N_0。需要说明的是，为了正确测量 C/N_0 的值，这些相干积分值必须从即时码环支路上获得，否则码相位差会造成信号能量的流失，使 C/N_0 的估计值偏小。

在跟踪信号期间，接收机可计算如下定义的 Z 值[27]：

$$Z = \frac{\sum_{n=1}^{M}\left(I_P^2(n)+Q_P^2(n)\right)}{2\sum_{n=1}^{M}I_N^2(n)} \tag{13.35}$$

式中，$I_P(n)$ 和 $Q_P(n)$ 为相干积分结果，I_N 为噪声通道上的相干积分结果。与该 Z 值对应的载噪比 C/N_0 等于

$$C/N_0 = \frac{1}{T_{coh}}\left(\frac{M}{M+2}Z-1\right) \tag{13.36}$$

式中，C/N_0 的单位是赫兹而不是 dB·Hz。

由于在接收信号中混杂在一起的信号和噪声成分很难相互分离，接收机通常只能直接测量信号和噪声之和的功率。然而，根据信号加噪声的功率在不同噪声带宽上的差异，我们可以推导出载噪比 C/N_0 [9, 60]。假设接收机的某个接收通道输出经相干积分时间为 T_{coh} 的一系列相干积分值 $I_P(n)$ 和 $Q_P(n)$，那么带宽为 $1/T_{coh}$ 的宽带功率 $P_{wb}(k)$ 定义为

$$P_{wb}(k) = \sum_{n=kM+1}^{kM+M}\left(I_P^2(n)+Q_P^2(n)\right) \tag{13.37}$$

而带宽为 $1/MT_{coh}$ 的窄带功率 $P_{nb}(k)$ 被定义为

$$P_{nb}(k) = \left(\sum_{n=kM+1}^{kM+M}I_P(n)\right)^2 + \left(\sum_{n=kM+1}^{kM+M}Q_P(n)\right)^2 \tag{13.38}$$

我们将窄带功率 $P_{nb}(k)$ 用对应的宽带功率 $P_{wb}(k)$ 来单位化，得到它们的比率 $P_{nw}(k)$ 为

$$P_{nw}(k) = \frac{P_{nb}(k)}{P_{wb}(k)} \tag{13.39}$$

为了降低比率值 $P_{nw}(k)$ 中的噪声量，我们接着对 K 个时刻的 $P_{nw}(k)$ 做平均，其平均值 μ_P 为

$$\mu_P = \frac{1}{K}\sum_{k=1}^{K}P_{nw}(k) \tag{13.40}$$

包含信号和噪声的窄带功率 $P_{nb}(k)$ 和宽带功率 $P_{wb}(k)$ 均为随机变量，两个随机变量比率值的数字特征与这两个随机变量的数字特征之间存在关联[54]。于是，根据概率论中的一些相关定理，我们可以推导出比率值均值 μ_P 与以赫兹为单位的载噪比 C/N_0 之间的如下关系式：

$$C/N_0 = \frac{1}{T_{coh}}\frac{\mu_P-1}{M-\mu_P} \tag{13.41}$$

同时，由上式得到的载噪比 C/N_0 估算值的误差均方差为[27]

$$\sigma(C/N_0) = \frac{1}{T_{coh}}\frac{M-1}{(M-\mu_P)^2}\frac{\sigma(P_{nw})}{\sqrt{K}} \tag{13.42}$$

式中，$\sigma(P_{nw})$ 代表功率比率 $P_{nw}(k)$ 的均方差。例如，在文献[63]中，相干积分时间 T_{coh} 为 0.001 s，M 取值 20，K 取值 50，于是接收机每秒得到一个 C/N_0 的估计值。在这种参数设置下，当载噪比 C/N_0 大于 23 dB·Hz 时，由式（13.41）得到 C/N_0 的估计误差一般小于 1 dB。如果信号较弱，

那么 K 应取一个较大的值。然而，较大的 K 值意味着计算 C/N_0 所用的平均时间较长，这会对 C/N_0 的估算产生延时，使得 C/N_0 值不能及时、正确地反映当前载噪比的真实状况。因此，计算 C/N_0 的平均时间值 K 应建议为一个变量，它应随着 C/N_0 值的起伏而变化[27]。尽管由式（13.41）估算得到的 C/N_0 存在一点偏差，但是该偏差通常要比由噪声引起的误差小很多。与其他载噪比的测量、估算方法相比，这种窄带与宽带功率比值法在弱信号强度下有着较好的性能。

13.1.6　捕获与跟踪之间的转换

笼统地讲，当接收机搜索到某个卫星信号后，对应的接收通道就从捕获阶段进入跟踪阶段；当 12.2.2 节介绍的锁定检测器判定跟踪环路对信号失锁时，接收通道又需要从跟踪阶段返回捕获阶段。本节介绍接收通道在捕获阶段与跟踪阶段之间转换的一些细节。

图 13.5 描述了一种接收通道在捕获阶段与跟踪阶段之间的状态转换情况，接收通道在任一时刻的状态可以是等待、捕获、确认、牵入和跟踪之一[32, 33, 34]。为了提高信号捕获的可靠性和信号参数估计的精确性，接收机成功捕获信号后，还需要依次成功地进入确认和牵入状态才能最后转入信号跟踪状态。需要说明的是，不同的接收机设计或不同的定位模式，完全有可能采用与图 13.5 不同的状态转换流程。

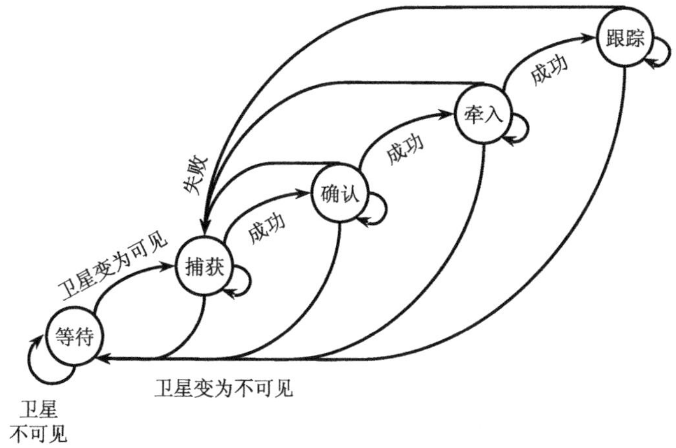

图 13.5　接收通道状态转换图

我们知道，接收机不同通道间的运行基本上相互独立，其中不进行任何信号捕获或跟踪等工作的闲置通道被称为处于等待状态通道。一旦接收机根据卫星历元计算出某颗卫星变得可见或接收机决定搜索某个卫星信号，其中的一个接收通道就从等待状态开始进入捕获状态。

在狭义的捕获状态下，接收机对卫星信号进行二维搜索，多种搜索算法将在 13.2 节详细介绍。如果有一个或多个搜索单元的检测量 V 超过捕获门限值 V_t，那么信号捕获成功，接收通道就从捕获状态转入确认状态[67]；否则，接收通道维持对信号的搜索与捕获，直至卫星变得不可见或接收机决定放弃搜索。由于建筑物阻挡、信号微弱和接收机基准频率漂移等原因，接收机有可能在搜索完一遍整个搜索范围后检测不到应可见的卫星信号，此时接收通道一般采取加长相干积分时间、扩大搜索范围和降低捕获门限值等措施，继续停留在捕获状态对信号进行更深、更广的搜索。

在确认状态下，接收通道停止在其余各个搜索单元中的信号搜索，并将信号搜索的注意力集中在刚才信号被检测与捕获到的一个或多个搜索单元上。接收通道可对这些候选搜索单元进行连续多次的精细搜索与严格检测，以降低信号捕获的虚警率：如果接收机依然能多次（如 10 次中有 8 次）检测到信号，那么确认成功，接收通道转而进入牵入状态；否则，如果所有这些搜索单元上的确认均告失败，那么刚才的信号捕获就被认为是一个虚警，于是接收通道重返捕获状态，并展开对信号更深、更广的搜索。确认捕获的另一种形式是让跟踪环路分辨信号的真伪，即依据对应于各个检测量峰值的信号参数来初始化跟踪环路，并让这些（如每颗卫星最多达 6 个）跟踪环路独立运行，其中跟踪噪声的环路不久就会失锁、消亡，剩下的那个能够保持正常运行的跟踪环路则在跟踪一个真实的卫星信号[58]。

牵入状态又称镇定状态，它属于广义信号捕获阶段的最后一步。接收通道在牵入状态需要完成的主要任务是，从信号捕获得到的信号多普勒频移和码相位粗略估计值出发，首先尽可能地进一步精细这些估计值，然后让跟踪环路开始闭合并展开对信号的跟踪。我们知道，信号捕获对信号参数的估计误差一般为正负半个搜索步长，即码相位参数估计误差通常为 ±1/4 码片，频率参数估计误差大致为几百赫兹。如果接收机能精细这些信号参数估计值，减小它们的误差，那么从这些比较准确的信号参数估计值出发，跟踪环路必定能更快、更鲁棒地将信号牵引到锁定状态。精细多普勒频移和码相位估计值的一种常见方法是，利用多个搜索单元上的搜索结果进行曲线逼近，再从曲线中找出更为精确的信号参数值。例如，接收机得到同一频带上信号位置左右共三个码相位的非相干积分搜索结果后，文献[22]用一个三角形来逼近这三点，并将得到的三角形顶点位置作为码相位的精细估计值；又如，根据接收机在同一码带上信号位置左右共三个不同频带上的非相干积分搜索结果，文献[49]利用 $|\text{sinc}|$ 函数逼近这三点，并将得到的 $|\text{sinc}|$ 函数峰值位置作为多普勒频移的精细估计值，这能将信号多普勒频移估计值精细到几赫兹。在 13.2.1 节中，我们将再次强调二维搜索结果在码带上呈三角形函数及在频带上呈 $|\text{sinc}|$ 函数这一理论。与确认状态相同，精细信号参数估计值的另一种方法是，让接收机在信号捕获末期采用更小的搜索步长，然后在信号参数粗略估计值附近的二维搜索范围内，重新展开类似的信号搜索。有关精细信号参数估计值的其他方法，读者可参阅文献[61]等。

对软件接收机和某些信号捕获情况下的硬件接收机来说，如果接收机在一小段固定的信号采样点上花了很长时间进行信号搜索与捕获，那么转入跟踪阶段时，卫星信号的参数值（主要是码相位而非多普勒频移）实际上由于卫星轨道运动等原因发生了变化，因此通过捕获得到的信号参数值需要外推后才能用来初始化跟踪环路[65]。

因为处于牵入状态的接收通道能够相当准确地估算出接收信号的 C/A 码相位，所以接收通道在牵入状态可以执行的另一个任务是调节相干积分的时间起始沿，使其尽量与一周期 C/A 码的起始沿一致，为随后的位同步和帧同步做好准备[32]。因为信号捕获对码相位的估算值毕竟存在不可避免的误差，所以这种对相干积分起始沿的调整不是一次就能达到完美的效果的。事实上，即使接收机实现了位同步，由于多普勒频移和接收机基准频率漂移均会随着时间的推移而变化，所以接收信号中的 C/A 码起始沿和比特起始沿与接收机复制的 C/A 码起始沿的相对关系也不是固定不变的。在信号跟踪过程中，接收机不但需要随时调整复制 C/A 码的相位，而且要随时调整相干积分的起始沿。

13.2 信号搜索捕获算法

根据上节对信号捕获的一些基本概念和总体框架的介绍，我们知道信号捕获的基本步骤是在如图 13.1 所示的对应不同伪码、频率和码相位的三维搜索单元上进行信号搜索，搜索的主要操作是进行 C/A 码相关运算。相关运算既可在时域内由数字相关器硬件实现，又可在频域内运用数字信号处理（DSP）技术（主要指傅里叶变换）完成。根据相关运算实现方式的不同，信号搜索捕获算法主要分为线性搜索、并行频率搜索和并行码相位搜索三种[1, 64]。接下来的几节介绍这三种二维搜索方法和其他多种新型搜索方法。13.2.5 节简单讨论伪码（卫星编号）一维的搜索排序。

13.2.1　线性搜索

利用数字相关器在时域内对指定卫星信号的多普勒频移和码相位这两维进行扫描式搜索，是一种最基本的信号搜索捕获方法，它通常称为**线性搜索捕获法**，可采用如图 13.3 所示的接收通道信号捕获电路加以实现[39, 64]。事实上，13.1 节中讨论的内容大都是在以线性搜索为信号搜索捕获算法的前提下展开的。线性搜索的优点是，它只需要少数几个数字相关器，且这些相关器随后可用于信号跟踪，因此能降低硬件设计的复杂程度。

确定信号多普勒频移的搜索范围后，线性搜索捕获算法通常从该频率搜索范围中间值对应的频带出发开始搜索，然后左右交替地逐渐对两边的频带进行搜索，直至最后检测出信号或搜索完所有频带。例如，假设多普勒频移的搜索范围为 2±10 kHz，搜索步长设为 500 Hz，那么接收机从多普勒频移为 2 kHz 的中间频带开始搜索，然后依次搜索中心频率为 1.5 kHz, 2.5 kHz, 1.0 kHz 和 3.0 kHz 等的 41 个频带[33]。这种呈“圣诞树”形状的频率搜索顺序有助于提高接收机快速地搜索到卫星信号的概率。

在当前某个频带内搜索信号时，接收机复制一个频率值为该频带中心频率的载波信号，并让其与接收信号混频，以捕获实际频率值位于该频带内的接收信号。由式（13.22）可知，接收载波与复制载波之间的频率差 f_e 会在信号检测量 V 中引入值为 $|\mathrm{sinc}(f_e T_{coh})|$ 的损耗，这会增大信号检测的漏警率，降低信号捕获的灵敏度。为了降低漏警事件发生的概率，接收机通常将相干积分的频率误差损耗限制在 3 dB 以内[13]。因为 $|\mathrm{sinc}(0.443)|$ 等于 $1/\sqrt{2}$，即 −3 dB，所以频率误差的绝对值 $|f_e|$ 不得超过 $0.443/T_{coh}$，即频率搜索带宽 f_{bin} 不得超过 $0.886/T_{coh}$。在实践中，频率搜索带宽 f_{bin} 可取值为[31]

$$f_{bin} = \frac{2}{3T_{coh}} \tag{13.43}$$

式中，系数 2/3 可使相邻两个 3 dB 频带之间存在一定程度的重叠，以进一步避免漏警的发生。上式表明频率搜索带宽 f_{bin} 与相干积分时间 T_{coh} 成反比，因此 13.1.4 节得到了总搜索时间 T_{tot} 与相干积分时间 T_{coh} 的平方成正比的结论。

类似地，减小码带宽度有助于降低漏警率，但也会增加搜索单元数目。确定码相位的搜索范围后，接收机同样要以一定的顺序依次搜索该范围内的各个（或各个小段）码相位。接收机在码相位一维内的搜索，一般不是从码相位搜索范围中间值对应的码带开始的，而是在搜索范围内按照码相位值由小到大的顺序依次对各个码带进行搜索的。因为直射波信号要比反射波信号先到达接收天线，所以对码相位的这种搜索顺序有助于接收机在搜索到多路径信号之前，抢先搜索到直射波信号，以尽量避免对多路径信号的错误捕获[39]。

分别认识到对频率和码相位的搜索顺序后，我们对二维线性搜索顺序还剩下这样一个问题：是先扫描式搜索码相位还是先扫描式搜索频率？线性搜索捕获算法的二维搜索顺序可描述如下：首先从中间频带出发，按码相位由小到大的顺序依次搜索该频带上的所有搜索单元，然后继续搜索下一个频带上的所有搜索单元。

图 13.6 所示为接收机在对某颗卫星进行二维搜索的过程中，实际得到的各个搜索单元上的非相干积分值 V，其中二维搜索范围中心的搜索单元上碰巧出现了一个峰值，它不但明显高于其余各个搜索单元上的检测量幅值，而且超过了捕获门限值 V_t。这样，该卫星信号就被成功捕获，它的多普勒频移与码相位粗略估计值分别为 0 Hz 与 512 码片。

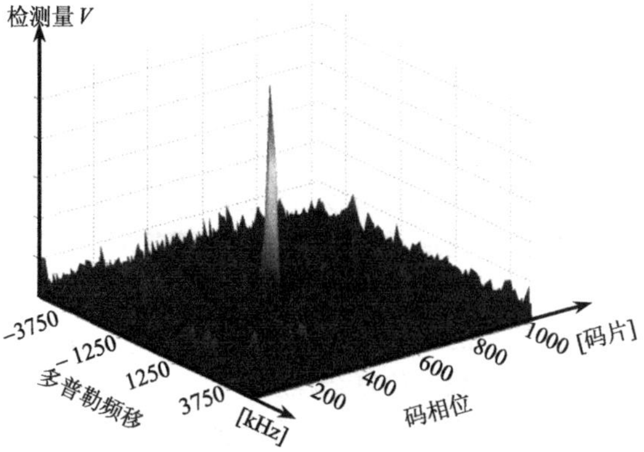

图 13.6　线性搜索结果

式（13.22）表明，在噪声和干扰为零的条件下，非相干积分值是一个关于频率差异 f_e 和码相位差异 τ 的函数。因此，图 13.6 在任何一个多普勒频移位置的剖面都呈如图 13.7(a)所示的三角形 C/A 码自相关函数曲线，且它在任意一个码相位的剖面都呈如图 13.7(b)所示的 $|\text{sinc}|$ 函数曲线。也就是说，同一频带上不同码相位搜索单元给出的检测量是对三角形状的 C/A 码自相关函数曲线的采样点，同一码带上不同频率搜索单元给出的检测量为 $|\text{sinc}|$ 函数曲线的采样点，13.1.6 节提到的在牵入状态下用来精细信号参数估算值的曲线逼近法正是基于这个理论的。

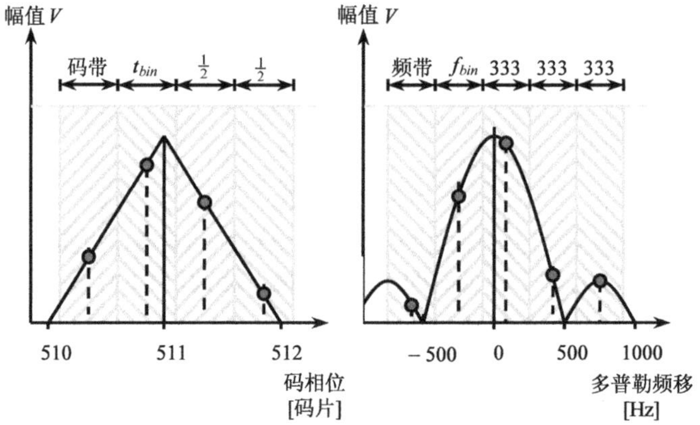

(a) 码相位维上呈三角形函数　　(b) 频率维上呈|sinc|函数

图 13.7　信号搜索结果在二维上的投影

我们从图 13.6 还可以看出，由于噪声的存在，在信号所在搜索单元上得到的检测量有时会受到削弱，在其他搜索单元上的检测量有时表现为峰值，因此 GPS 接收机在一个搜索单元上获得一次阳性检测后，一般不应该立刻就结束信号捕获，否则虚警率会偏高。正是出于这种考虑，接收机可采用如 13.1.6 节介绍的从捕获状态到确认状态的转换。若把这种对捕获信号进行确认的思路体现在信号搜索捕获方法中，则接收机对信号的二维搜索算法通常可分为固定搜索时间和可变搜索时间两种类型[31]。顾名思义，固定搜索时间法是指接收机在每个搜索单元上共搜索一个预先设定的固定时间，然后根据这一时段内对搜索单元的多次搜索结果做出捕获成功与否的判断；与固定搜索时间法不同，可变搜索时间法是指接收机按照一定规则结合当时的检测情况在各个搜索单元上可能搜索一个互不相等的时间，它的总体捕获性能一般要好于固定搜索时间法。不管是固定搜索时间法还是可变搜索时间法，用来提高实警率、降低虚警率的一种手段及其需要付出的代价均是增加搜索时间。

Tong 搜索检测法是一种可变搜索时间形式的线性搜索法，它原则上对那些难以确定信号被捕获成功与否的搜索单元追加更多的搜索时间[31, 39]。如图 13.8 所示的 Tong 搜索检测法流程表明，包含一对 I 与 Q 分支的每条相关支路对应一个 Tong 搜索器，它包含一个计数变量 K，A 与 B 分别是该计数变量的门限值与初始值。首先，当接收机在某个搜索单元中开始搜索信号时，计数变量 K 的值先被预置成 B；接着，每次结束对信号的积分后，该算法比较检测量 V 与捕获门限值 V_t 的大小，也就是说，若 V 超过 V_t，则 K 值加 1，否则 K 值减 1；最后，该算法检查 K 值的大小，确定是否需要继续对当前搜索单元进行搜索。与 0 和门限值 A 相比，K 值的大小会出现以下三种情况：一是 K 值大于 0 但小于 A，此时接收机需要追加一遍对当前搜索单元的搜索；二是 K 值等于 A，此时该算法认为接收机在当前搜索单元中已成功捕获信号，二维搜索随之结束；三是 K 值等于 0，此时接收机放弃对当前搜索单元的搜索，转到下一个搜索单元继续进行如图 13.8 所示的搜索流程。

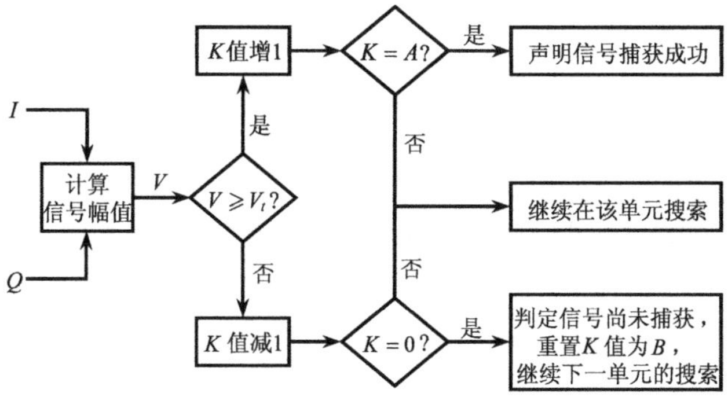

图 13.8　Tong 搜索检测法流程

选取 K 的门限值 A 和初始值 B 的大小时，需要在捕获速度、检测率与虚警率之间折中。门限值 A 的典型值为 8～12，其中对强信号的捕获可采用较小的 A 值，对弱信号的捕获可采用较大的 A 值。初始值 B 是一个大于零的整数，当 B 值设为 1 时，搜索速度最快。可以想象，Tong 搜索检测法有时会出现长时间地在图 13.8 所示的流程中循环的情况，它既不能声明在当前搜索单元中成功捕获到了信号，又不能放弃对当前搜索单元的继续搜索。为了避免出现这种无限循环的现象，我们可以限制在每个搜索单元上的最长搜索时间，即如果在当前搜索单元上的搜索次数超过一个相应的门限值，那么不管此时的 K 值如何，接收机均应中断对该搜索单元的继续搜索，而转到下一个搜索单元重新开始搜索。

下面分析 Tong 搜索检测法的性能。假如 Tong 搜索检测法将计数变量 K 的初始值 B 设为 1，那么对一个不含信号而只含噪声的搜索单元来说，接收机放弃对其搜索前的平均搜索次数 N_{avg} 为[31]

$$N_{avg} = \frac{1}{1-2P_{fa}} \tag{13.44}$$

式中，P_{fa} 为 13.1.4 节中的单次搜索虚警率。由于接收机事实上将绝大部分搜索时间花在那些只含噪声的搜索单元上，因此以码片/秒为单位的平均搜索速度 R_{avg} 为

$$R_{avg} = \frac{t_{bin}}{N_{avg}T_{dwell}} \tag{13.45}$$

上式表明，码相位搜索步长 t_{bin} 越大，驻留时间 T_{dwell} 越短，且虚警率 P_{fa} 越高，Tong 算法的平均搜索速度 R_{avg} 就越快。在单次搜索的虚警率为 P_{fa} 和检测概率为 P_d 的前提下，Tong 算法在一个搜索单元上搜索的整体虚警率 P_{FA} 与整体检测概率 P_D 分别为[31, 73]

$$P_{FA}=\frac{\left(\dfrac{1-P_{fa}}{P_{fa}}\right)^{B}-1}{\left(\dfrac{1-P_{fa}}{P_{fa}}\right)^{A+B-1}-1} \tag{13.46}$$

$$P_{D}=\frac{\left(\dfrac{1-P_{d}}{P_{d}}\right)^{B}-1}{\left(\dfrac{1-P_{d}}{P_{d}}\right)^{A+B-1}-1} \tag{13.47}$$

从总体上讲，Tong 搜索检测法的计算量较为合理，且它对载噪比在 25 dB·Hz 以上的信号有良好的检测性能。

【例 13.2】 假如某接收机对例 13.1 中的二维搜索问题采用 Tong 搜索检测法，且单次搜索虚警率 P_{fa} 设为 10%，相干积分时间 T_{coh} 为 1 ms，非相干积分数目 N_{nc} 为 1。用式（13.45）计算捕获到信号所需的最可能长的搜索时间。

解：将虚警率 P_{fa} 代入式（13.44），得 Tong 算法对每个搜索单元的平均搜索次数 N_{avg} 为

$$N_{avg}=\frac{1}{1-2P_{fa}}=\frac{1}{1-2\times0.1}=1.25 \tag{13.48A}$$

将相干积分时间 T_{coh} 和非相干积分数目 N_{nc} 代入式（13.29），得单次搜索的驻留时间 T_{dwell} 为

$$T_{dwell}=N_{nc}T_{coh}=0.001\ \ [\text{s}] \tag{13.48B}$$

这样，将码相位搜索步长 t_{bin}、驻留时间 T_{dwell} 和平均搜索次数 N_{avg} 代入式（13.45），得平均搜索速度 R_{avg} 为

$$R_{avg}=\frac{t_{bin}}{N_{avg}T_{dwell}}=\frac{0.5}{1.25\times0.001}=400\ \ [\text{码片/秒}] \tag{13.48C}$$

如果接收机直到最后一个搜索频带、最后一个搜索码带上才成功地检测到信号，那么这种情况需要的搜索时间最长，且这一时间等于

$$\frac{41\times1023}{400}=105\ \ [\text{s}] \tag{13.48D}$$

N 之 M 算法是一种固定搜索时间形式的线性搜索检测法。该算法要求接收机在每个搜索单元上总搜索 N 次，然后根据这 N 次搜索得到的检测量幅值来判断信号捕获成功与否：如果 N 个检测量中至少有 M 个大于捕获门限值 V_t，那么接收机可以随即声明在当前搜索单元上成功地捕获到了信号；否则，它应放弃对当前搜索单元的搜索，而转到下一个搜索单元继续进行搜索。一般来说，N 之 M 搜索检测法的信号搜索速度要比 Tong 算法的信号搜索速度慢。假设 P_{fa} 与 P_d 仍分别代表单次搜索的虚警率与检测概率，且对同一个搜索单元上的不同次搜索可视为贝努利实验（见附录 C），那么 N 次搜索中发生 n 次虚警或发生 n 次阳性检测的分布均呈二项分布，于是每个搜索单元上的整体虚警率 P_{FA} 与整体检测概率 P_D 分别为[31, 84]

$$P_{FA} = \sum_{n=M}^{N} C_N^n P_{fa}^n (1 - P_{fa})^{N-n} \tag{13.49}$$

$$P_D = \sum_{n=M}^{N} C_N^n P_d^n (1 - P_d)^{N-n} \tag{13.50}$$

对于 Tong 与 N 之 M 这两种算法，我们一般首先根据要求的搜索单元整体虚警率 P_{FA} 反推出单次搜索的虚警率 P_{fa}，然后利用式（13.26）设置捕获门限值 V_t，接着由式（13.27）计算出单次搜索的检测概率 P_d，最后分别根据式（13.47）与式（13.50）获得它们的整体检测概率 P_D。

13.2.2　并行频率搜索

虽然在时域内进行的线性搜索捕获方法简单、自然，但由于它每次只搜索一个搜索单元而非一组搜索单元，因此搜索速度较慢。在 13.1.1 节的例 13.1 中，二维搜索范围包括 41 个搜索频带和 2046 个搜索码带，共计 83 886（41×2046）个搜索单元，这不是一个小数目。如果二维搜索中的任何一维都能被剔除或被并行实现，比如说能将 41×2046 的二维搜索数目变成 41×1 或 1×2046，那么信号搜索速度必定会大幅度地提高。本节的并行频率搜索算法与 13.2.3 节的并行码相位搜索算法，均利用傅里叶变换分别实现对频率与码相位的并行搜索，以减少信号捕获所需的计算量，加快信号搜索速度。

图 13.9 中并行频率搜索捕获算法的流程如下。首先，数字中频输入信号与接收机内部复制的载波混频，再与复制 C/A 码做相关运算，得到的相关结果 i 和 q 是一个关于自相关值 $R(\tau)$ 与残余载波频率损耗因子 $\text{sinc}(f_e T_{coh})$ 乘积的函数；然后，时域中的相关结果 $i + \text{j}q$ 经傅里叶变换后转换成频域信号，它反映相关结果 $i + \text{j}q$ 在各个频率成分位置的强度；最后，对该频域信号的幅值大小进行分析，找出残余频率值 f_e 及其对应的接收信号载波频率值[11, 15, 64]。如果复制 C/A 码的相位与接收信号中的 C/A 码相位不一致，那么二者之间的低相关性会抑制傅里叶变换前和变换后的信号幅值，使得傅里叶变换结果没有一个较大的幅值，所以接收机可断定接收信号不位于此码相位对应的搜索码带上。只有当复制 C/A 码与接收 C/A 码的相位对齐时，傅里叶变换输出结果幅值中才有可能出现一个明显的峰值，该峰值对应的傅里叶变换频带频率值就是频率误差 f_e 的估计值，且当时复制 C/A 码信号的码相位自然也就是接收信号的码相位估计值。这样，对于包含 41×2046 个搜索单元的二维线性搜索问题，并行频率搜索捕获法只需要进行 2046 次码相位搜索，对原本在每个搜索码带上的 41 次频率搜索则是通过傅里叶变换一次性完成的。由于相关结果 $i + \text{j}q$ 与 $\text{sinc}(f_e T_{coh})$ 成正比，它的幅值会随着频率误差 f_e 的增大而降低。可见，尽管 N 点傅里叶变换理论上能给出 N 个频带上的检测量，但是在离中心频率较远的频带上，检测量值会被较大的衰减，导致信号捕获灵敏度性能变差。

尽管并行频率搜索捕获法不需要对信号频率一维进行扫描式搜索，但是对每个码相位的搜索都需要进行一次运算量较高的傅里叶变换。傅里叶变换可以通过离散傅里叶变换（DFT）或快速傅里叶变换（FFT）来实现，其中 FFT 要求输入数据的长度等于一个以 2 为底的指数幂。附录 G 简单地介绍了这两种变换。

并行频率搜索捕获算法对信号码相位值的估算精度仍为码相位搜索步长 t_{bin}，对载波频率的估算精度（或分辨率）Δ_f 则与离散傅里叶变换的数据长度 N 和数据的采样频率 f_s 有关，这里的采样频率 f_s 是相关时间 T_{coh} 的倒数，即 $1/T_{coh}$。因为 N 点离散傅里叶变换的前一半结果数据对应于频率为 0～$f_s/2$ 的信号成分，所以由离散傅里叶变换得到的频率分辨率 Δ_f 为

$$\Delta_f = \frac{f_s/2}{N/2} = \frac{f_s}{N} \tag{13.51}$$

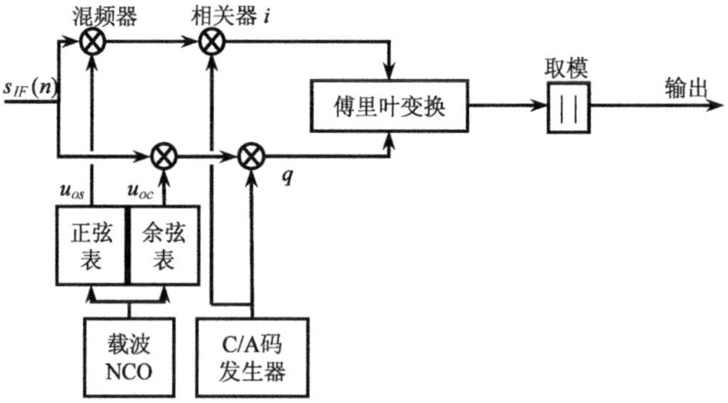

图 13.9 并行频率搜索捕获算法流程

事实上，数据长度 N 又等于采样频率 f_s 乘以采样的时间长度 t_{len}，于是频率分辨率 Δ_f 又可表达成

$$\Delta_f = \frac{f_s}{N} = \frac{f_s}{f_s t_{len}} = \frac{1}{t_{len}} \tag{13.52}$$

并行频率搜索捕获算法在一个较大的捕获范围内检测到一个或多个可能由信号引起的检测量峰值后，接收机转而采用线性搜索法对这些峰值附近的较小搜索范围重新进行搜索与确认[58]。例如，文献[39]将以并行频率搜索捕获算法得到的信号参数估算值为中心、以±2 码片和$\pm 2\Delta_f$ 围成的区间定义为新的二维搜索范围，然后利用 Tong 搜索检测法在该范围内通过信号搜索来精细信号参数的估算值。

虽然图 13.9 只显示了一条相关支路，但接收机事实上可利用并行相关器在多个码相位同时对接收信号进行相关处理，接着各条相关支路上的相关结果均可利用 FFT 进行并行频率搜索，这相当于在时域和频域内分别进行并行搜索，因此可极大地提高信号搜索速度[58]。例如，文献[17]提出了一种匹配滤波器加 FFT 的接收机快速捕获功能模块设计方式。假设接收机首先一次性安排 511 个并行相关器进行搜索，且每个相关器又能通过分时机制处理 I 分支和 Q 分支上的相关运算，然后对各个相关结果进行 64 点的 FFT，那么接收机一次性可搜索 32 704（64×511）个单元。

13.2.3 并行码相位搜索

类似于并行频率搜索捕获法一次性完成对频率一维的搜索，并行码相位搜索捕获法可将例 13.1 中的 2046 次码相位搜索通过傅里叶变换一次性完成，使搜索次数由线性搜索捕获法的 41×2046 次急剧地减少至在频率一维内的 41 次[81]。可见，这种基于 FFT 算法的相关技术相当于并行相关器。

如图 13.10 所示，数字中频信号分别与 I 支路和 Q 支路上某一频率的复制正弦和复制余弦载波信号混频后，并行码相位搜索捕获算法不是让这些混频结果 i 和 q 通过数字相关器直接与复制 C/A 码做相关运算，而是对复数形式的混频结果 $i+\mathrm{j}q$ 进行傅里叶变换，然后将变换结果与复制 C/A 码傅里叶变换的共轭值相乘，接着将得到的乘积经傅里叶反变换，得到在时域内的相关结果，最后对这些相关值进行检测来判断信号是否存在。我们稍后将证明这个傅里叶反变换结果等于混频结果信号 $i+\mathrm{j}q$ 与复制 C/A 码信号在当前搜索频带上各个码相位的相关值。完成对当前频带的搜索与检测后，接收机接着让载波数控振荡器复制另一个频率值的正弦和余弦载波，然后类似地完成对下一个频带的搜索与检测。在同一个卫星信号的不同频带内的搜索时，复制 C/A 码的相位可以保持不变，相应地，其傅里叶变换及其共轭值也保持不变。当搜索另一个卫星信号时，接收机可让 C/A 码发生器复制相应的另一个 C/A 码，然后重复上述各个不同频带中的信号搜索过程。

比较图 13.10 与图 13.3 可以看出，并行码相位搜索捕获算法实际上利用傅里叶变换这种数字信号处理技术代替了数字相关器的相关运算，下面证明二者的等价性。根据式（12.3），我们可得长为 N 点的两个周期性序列 $x(n)$ 与 $y(n)$ 的相关值 $z(n)$ 为

$$z(n) = \frac{1}{N}\sum_{m=0}^{N-1} x(m)y(m-n) \tag{13.53}$$

按照式（G.6）对上述相关值 $z(n)$ 进行离散傅里叶变换，得 $z(n)$ 的离散傅里叶变换 $Z(k)$ 如下：

$$\begin{aligned} Z(k) &= \sum_{n=0}^{N-1} z(n)\mathrm{e}^{-2\pi jkn/N} \\ &= \sum_{n=0}^{N-1}\frac{1}{N}\sum_{m=0}^{N-1} x(m)y(m-n)\mathrm{e}^{-2\pi jkn/N} \\ &= \frac{1}{N}\sum_{m=0}^{N-1} x(m)\mathrm{e}^{-2\pi jkm/N}\sum_{n=0}^{N-1} y(m-n)\mathrm{e}^{2\pi jk(m-n)/N} \\ &= \frac{1}{N}X(k)\overline{Y(k)} \end{aligned} \tag{13.54}$$

式中，$X(k)$ 与 $Y(k)$ 分别为 $x(n)$ 与 $y(n)$ 的离散傅里叶变换，$\overline{Y(k)}$ 代表复数 $Y(k)$ 的共轭。上式表明，两个序列 $x(n)$ 与 $y(n)$ 在时域内的相关运算，相当于它们的离散傅里叶变换 $X(k)$ 与 $Y(k)$（确切地讲是 $Y(k)$ 的共轭 $\overline{Y(k)}$）在频域内的乘积运算。倒过来，乘积 $X(k)\overline{Y(k)}$ 的离散傅里叶反变换正好是接收机需要进行检测的各个码相位处的相关值 $z(n)$。一旦接收机通过傅里叶反变换计算得到相关值 $z(n)$，接下来的信号检测就同线性搜索捕获法一样，即找出所有搜索单元中的自相关幅值 $|z(n)|$ 的峰值，将该峰值与捕获门限值相比较。若峰值超过捕获门限值，则接收机捕获到了信号，且从中获得了该信号的频率和码相位两个参数值。

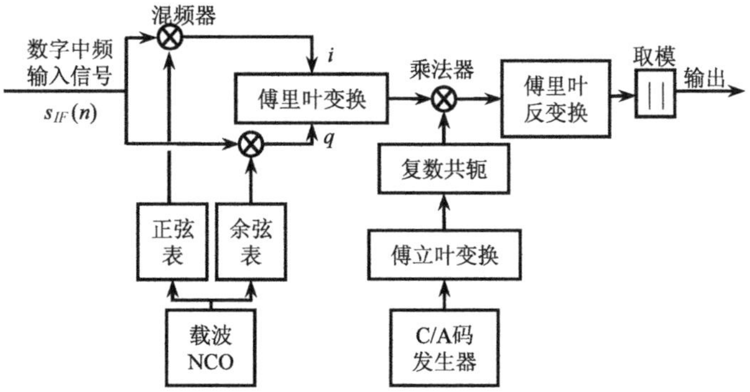

图 13.10　并行码相位搜索捕获算法流程

虽然并行码相位搜索捕获算法的搜索速度要比在时域中进行相关运算的线性搜索捕获法快，但是在搜索每个频带时，它需要完成两次傅里叶变换和一次傅里叶反变换计算，所需的运算量很大，于是如何利用软/硬件来有效地完成这些计算，就成了应用并行码相位搜索捕获算法的关键。我们知道，N 点离散傅里叶变换需要 N^2 次加法和乘法，因此这一运算量与时域相关法所需的运算量相当。然而，如果 N 是一个以 2 为底的幂，那么此时的离散傅里叶变换可用 FFT 来实现，

所需的运算量能降低至 $N\text{lb}\,N$ 次加法和 $\frac{N}{2}\text{lb}\,N$ 次乘法[64]。考虑到傅里叶变换涉及复数运算，对复数 $i+\text{j}q$ 进行 FFT 要比对实数数据进行 FFT 具有更高的效益。

基于以下两个事实，我们可以设法降低并行码相位搜索捕获算法的运算量：第一，因为对应于同一颗卫星的复制 C/A 码及其傅里叶变换不变，所以该复制 C/A 码的傅里叶变换及其共轭可以预先算好并保存起来，以供信号捕获时使用；第二，因为不论接收机想要捕获哪些卫星信号，输入各个信号捕获接收通道的数字中频信号是相同的，所以数字中频信号与一定频率的复制载波信号混频后，该混频结果信号的傅里叶变换，可以被在不同卫星信号接收通道上对同一频率值的搜索频带的信号搜索共享。文献[5]进一步讨论了接收机在 FFT 的计算过程中如何利用中间计算结果来节省总运算量，以及在稍微牺牲捕获性能的情况下利用二维 FFT 来进一步减少运算量。

基于 FFT 的并行码相位搜索捕获算法大约能减少 40%的计算量，因此能缩短信号搜索时间。然而，该算法需要将载波被剥离后的接收信号数据采样点暂时先保存起来，然后对保存的一段数据进行傅里叶变换，这一方面会产生很大的信号处理延时，另一方面需要用以保存傅里叶变换中间计算结果的额外存储空间。因此，若 13.2.2 节和本节的傅里叶变换信号搜索捕获方法没有用 ASIC 硬件电路来加速完成 FFT 运算，则它们一般不适合于实时信号处理，但它们特别适合应用于对一段信号进行后处理的软件 GPS 接收机。此外，并行码相位搜索捕获算法易受导航电文数据比特跳变的影响，得到的信号参数估计值的精度可能会有一定程度的下降。关于如何让接收机实时地实现基于快速傅里叶变换的信号捕获方法，读者可参阅文献[8]等。

13.2.4 其他信号捕获算法

本节介绍差分式相关、扩充式并行相关和组合码相关三种比较新颖的 C/A 码相关技术和信号捕获算法，但是它们的整体性能还有待进一步验证。

差分式相关法又称延时相乘法，是一种日益受到关注的相关方法。如图 10.12 所示的 I/Q 下变频混频后，原本输入接收机基带数字信号处理模块的是复数型数字中频信号 $s_{IF}(n)$，即 $s_{IF,I}(n)+\text{j}s_{IF,Q}(n)$。差分式相关法首先将 $s_{IF}(n)$ 与其延迟后的复数共轭 $\overline{s_{IF}(n-m)}$ 的乘积作为基带数字信号处理模块的输入，其中 m 为延迟的时间或延迟的采样点数目，同时让接收机内部复制的 C/A 码与其延迟后的复数共轭相乘，然后让两者进行相关运算[42, 69, 74, 86]。

假设对应于某颗卫星的复数型中频信号 $s_{IF}(n)$ 可表达成

$$s_{IF}(n)=Ax(n)D(n)\text{e}^{\text{j}2\pi f_i n} \tag{13.55}$$

式中，$x(n)$ 与 $D(n)$ 分别代表该卫星的 C/A 码与导航电文数据比特，f_i 为未知的包含多普勒频移在内的中频频率，那么 $s_{IF}(n)$ 与 $\overline{s_{IF}(n-m)}$ 的乘积等于

$$\begin{aligned} s_{dif}(n) &= s_{IF}(n)\overline{s_{IF}(n-m)} \\ &= Ax(n)D(n)\text{e}^{\text{j}2\pi f_i n}\overline{\left(Ax(n-m)D(n-m)\text{e}^{\text{j}2\pi f_i(n-m)}\right)} \\ &\approx A^2x(n)x(n-m)\text{e}^{\text{j}2\pi f_i m} \end{aligned} \tag{13.56}$$

由于接收机对接收信号 $s_{IF}(n)$ 进行了这种延时相乘操作，因此它也要对复制 C/A 码 $x(n)$ 进行相同的操作。也就是说，与 $s_{dif}(n)$ 进行相关的信号 $x_{dif}(n)$ 为

$$x_{dif}(n)=x(n)x(n-m) \tag{13.57}$$

它可视为一个新的伪码。在输入信号 $s_{IF}(n)$ 为实数时，差分式相关法需要稍做一些改动。

式(13.56)表明新的输入信号 $s_{dif}(n)$ 具有以下两个特点：第一，原接收信号中的数据比特 $D(n)$ 经平方后消失；第二，由于 $\text{e}^{\text{j}2\pi f_i m}$ 是一个不随时间变化的常数，所以原接收信号中的载波频率也

被消除。于是，一方面，因为 20 ms 的数据比特宽度对相干积分时间长度的限制被打破，所以接收机可进行长于 20 ms 的相干积分，以提高信号捕获灵敏度；另一方面，因为 $s_{dif}(n)$ 不含载波，所以接收机只要首先通过对 $s_{dif}(n)$ 进行一维搜索，找到原接收信号 $s_{IF}(n)$ 的码相位，再在认定卫星信号存在且获得它的码相位参数估计值后，接着对 $s_{IF}(n)$ 进行另一维的频率搜索，就等价地完成了信号的二维搜索过程，因此可极大地减少搜索次数和提高搜索速度。式（13.56）的最后一行用了约等号，这是由于潜在的数据比特跳变会导致进行相乘的 $D(n)$ 与其延时 $D(n-m)$ 可能不相等。假如复数型 $s_{IF}(n)$ 的数据率为 5 MHz，m 等于一个样点，那么因为每 20 ms 最多只发生一次导航数据比特跳变，所以得到的信号 $s_{dif}(n)$ 只在约 0.001%的时间会受到数据比特跳变的影响。在差分式相关法中，接收信号与其延迟共轭相乘会提升噪声量，反而不利于接收机捕获弱信号。

与传统的一个相关器只在一个码相位处进行相关运算不同，扩充式并行相关器在每条相关支路上复制出三份具有不同延时的 C/A 码，然后将它们的和 $x_{xmc}(t)$ 与接收信号进行相关运算[67,68]。假如 $x(t)$ 对应于某颗卫星的 C/A 码，那么某个扩充式并行相关器等效复制出的伪码 $x_{xmc}(t)$ 为

$$x_{xmc}(t) = x(t-\tau+\tau_{xmc}) + x(t-\tau) + x(t-\tau-\tau_{xmc}) \tag{13.58}$$

式中，延时 τ_{xmc} 是一个设计参数，比如为 0.1 码片。这样，一个扩充式相关支路就相当于包含了三个并行相关器，从而可以减少码相位搜索次数。

在本章前面的各节中，接收机的每个 C/A 码发生器只复制相应的接收通道希望捕获的那颗卫星的 C/A 码。如果接收通道试图捕获另一个卫星信号，那么只能停止对当前卫星信号的搜索，转而让其 C/A 码发生器复制那颗卫星的 C/A 码。也就是说，在信号捕获的任一时刻，一个 C/A 码相关器码及其码发生器只能用于对一个卫星信号进行搜索。为了让一个 C/A 码相关器及其码发生器能用来同时对多个卫星信号进行搜索，提高信号捕获效率，一种思路是让 C/A 码发生器产生组合码 $x^{(com)}(n)$，它是由 K 个不同卫星信号的 C/A 码叠加而成的一种新的伪码，即

$$x^{(com)}(n) = \sum_{i=1}^{K} x^{(i)}(n) \tag{13.59}$$

式中，$x^{(i)}(n)$ 代表卫星 i 的 C/A 码。让 C/A 码发生器如同复制一个正常 C/A 码那样复制出组合码 $x^{(com)}(n)$ 后，接收机将组合码 $x^{(com)}(n)$ 与接收信号进行相关运算，于是它就相当于同时对 K 个卫星信号进行搜索与检测。如果 K 颗卫星没有一颗可见，那么接收通道在二维搜索过程中必定不能检测到任何显著的相关结果峰值，于是这 K 个卫星信号存在的假设就可被全部否决，然后接收机就可转而去搜索另外 K 个卫星信号；如果这 K 颗卫星中有一颗或多颗可见，那么接收机在二维搜索过程中应能检测到一个或多个相关结果峰值。利用组合码，接收机能有更高的概率快速地搜索到首个卫星信号。尽管 K 值越大，接收机既能越有效地否决多个信号的存在，又能越快地检测到首个卫星信号，但是过大的 K 值会在组合码与接收信号的相关结果中引入过高的噪声量。一般情况下，当接收信号的信噪较高时，K 可取值为 3～4；当信噪比较低时，K 可取值为 2。利用组合码来搜索信号的方法还有如下一个缺陷：当接收机检测到一个相关峰值时，它并不能即刻判断出究竟搜索到了 K 颗卫星中的哪颗，因此接收机必须进一步对此加以分辨与确认。

13.2.5 卫星搜索次序

前面几节介绍了多种信号捕获的方法，它们的目标是如何更快地完成二维搜索。本节讨论接收机对第三维的搜索，即如何安排对 GPS 星座中的不同卫星的搜索顺序。本节的内容主要参考了文献[36]。

我们在 1.2.1 节中介绍了 GPS 卫星星座，从中知道所有卫星分布在 6 个轨道上，它们的运行周期为 11 小时 58 分等。根据这些基础知识，我们可计算出每颗卫星发射的信号大约能覆盖 40% 的地球表面。因此，在冷启动条件下，若接收机按照一种随机的卫星搜索顺序（如 1, 2, 3, ⋯, 32）逐一对卫星信号进行搜索，则它每次对一个卫星信号进行搜索并捕获的概率为 40%，捕获到 4 颗卫星所需的平均卫星搜索数目是 10 颗。实践表明，采用一些自适应卫星搜索排序算法后，接收机捕获到 4 颗卫星所需的平均卫星搜索数目可减少至约 6 颗。可见，优化卫星搜索顺序是提高接收机首次定位所需时间（TTFF）性能的一条重要途径。

优化一个初始的卫星搜索顺序是安排卫星搜索顺序的关键之一，它能减少接收机捕获到第一个卫星信号所需的时间。对冷启动和热启动来说，可见卫星应被安排在不可见卫星之前，对较高仰角卫星的搜索应先于对低仰角卫星的搜索[35, 62]。冷启动的初始卫星搜索顺序的优化可基于一些非常笼统的信息进行。比如，在一些应用中，我们大致知道一批接收机被销往了南半球或北半球的某些地区，有时接收机及其寄主（如手机）也可得到或确定其本身的大致位置，于是在这一地区最常可见的卫星或可见时间最长的卫星应被排列在初始搜索顺序的最前面。卫星初始搜索顺序可写到接收机的只读存储器（ROM）中。考虑到捕获第一个卫星信号的重要性，接收机或许可以集中各种软/硬件资源以加快捕获第一个卫星信号。

一旦搜索到一颗或多颗卫星，随后卫星的搜索顺序就需要相应地调整，以提高下一颗搜索卫星的可见概率，这是安排卫星搜索顺序的另一个关键。捕获第一个卫星信号后，接收机可计算出其他尚未被捕获到的各颗卫星的可见概率，并按照它们从高到低的概率排序来对卫星依次进行搜索。考虑这些尚未被捕获到的卫星的可见概率时，可基于这些卫星离第一个已被捕获卫星的平均距离，平均距离越小的卫星具有越高的可见概率。捕获到第二个卫星信号后，接收机根据这两颗被捕获卫星的信息更新其余尚未被捕获的各颗卫星的可见概率，这时考虑某颗卫星的可见概率时，可基于其离那两颗被捕获卫星的平均位置的距离，然后按照它们的可见概率大小重新对这些未被捕获卫星进行搜索排序。这一过程可重复开展，直到捕获了 4 颗卫星为止。

下面解释卫星之间的平均距离。在 GPS 卫星星座中，位于同一轨道上的不同卫星之间的距离保持不变，但是有的距离相对较短，有的相对较长；位于不同轨道上的卫星之间的距离呈周期为 6 小时的正弦波形式变化，其中正弦波的平均值与轨道之间的间隔多少有关。不论是否在同一轨道上，不同卫星之间在 6 小时周期内的距离分布可用最小值、最大值、平均值和均方差来衡量，它们反映了卫星位置之间的接近程度。如果几颗卫星的位置总是很接近，那么它们很有可能同时可见或不可见；如果两颗卫星之间的距离变化很大，那么它们同时可见或不可见的概率约为 50% 以下。需要说明的是，这些统计数据值与绝对时间没有关系，它们可利用卫星历书（或星历）预先计算出来。

此外，第一颗卫星被捕获后，接收机可将该卫星的多普勒频移测量值与多普勒频移估计值相比较，从中得到接收机基准频率误差，这个接收机基准频率误差可用来修正、缩小那些尚未被捕获的其他卫星信号的频率搜索区间，从而加速完成信号捕获过程。

13.3 高灵敏度 GPS

GPS 在各行各业中的广泛应用已无可辩驳地证明了它的成功，然而由于 GPS 起初并不是针对室内、隧道、密林等类似的工作环境设计的，一般的 GPS 接收机难以满足紧急求救电话 E911（见 1.6 节）等应用对实现室内 GPS 定位的新要求。室内 GPS 给 GPS 接收机的设计带来了以下诸多的新挑战[4, 18, 50]。

（1）因为穿过房顶、墙壁或门窗而到达室内的 GPS 接收信号强度通常非常微弱，所以接收机在信号捕获过程中对这些微弱信号的检测量很难超过捕获门限值，也就很难捕获到这些弱信号。卫星信号在传播过程中的信号强度变化被称为衰减，它实际上由两部分组成：一是信号强度随着距离的简单衰减；二是由多路径干扰引起的信号强度变化[37]。10.2.1 节提到规定的 GPS 接收信号最低功率为 – 130 dBm，可是室内的信号强度要比室外低 20～30 dB，即接收信号功率可低至约 – 160 dBm。因此，室内 GPS 通常又称高灵敏度 GPS（HSGPS）。

（2）虽然 GPS 接收机可以通过加长相干积分时间来提高信噪比，但是这种试图捕获微弱信号的方法一方面受到导航电文数据比特 20 ms 宽等多种因素的限制，另一方面增加了信号搜索与捕获所需的时间。对要求首次定位所需时间（TTFF）仅为几秒的应用来说，无限制地加长积分时间及其导致的太长 TTFF 是不能被接受的。

（3）即使微弱信号被接收机捕获，接收机在较低信噪比情况下的导航电文数据比特解调也会出现较高的比特错误率，因此接收机可能根本不能成功地解调出定位计算必需的一整套卫星星历参数和卫星钟差参数，或者需要很长的时间才能完成。这种超长首次定位所需时间限制了 GPS 的应用范围。

（4）因为室内等类似环境有着丰富的信号反射面，所以进入室内接收天线的卫星信号大多会被多次反射，这意味着多路径误差会严重降低室内 GPS 的定位精度。正是由于室内 GPS 存在着强多路径、低信噪比和差 DOP 等不利因素，人们对室内 GPS 的定位精度要求才一般没有像对室外 GPS 连续定位精度的要求那么高。

此外，高灵敏度接收机还存在互相关干扰（见 13.4 节）和错误初始化条件下的有限捕获能力等问题。面对室内 GPS 的诸多困难，我们大致可从以下四个方面出发改进室内 GPS 的性能[78]。

（1）减小跟踪环路带宽，降低噪声量。虽然减小环路带宽可以降低噪声，但也会降低接收机对动态应力的容忍度。利用外界惯性导航系统（INS）的速度辅助信息，接收机能在减小环路带宽的同时保持良好的动态性能，然而接收机晶体振荡频率的漂移最终又限制了环路带宽的进一步减小。第 11 章（如 11.2.4 节和 11.4 节）环路带宽做了很多的讨论，这里不再重述。

（2）尽可能地加长信号捕获与跟踪过程中的相干积分时间和非相干积分时间，提高信噪比，这将在 13.3.1 节中探讨。

（3）采用大块相关器设计方式，在硬件资源上支持信号捕获的同时，提高对多个卫星信号在多个码相位处的搜索能力，使信号捕获有条件在每个搜索单元上驻留更长的时间。13.3.2 节将介绍这种设计带来的优势。

（4）无线通信网络等外部系统可向接收机提供关于可见卫星信号的参数估计值和卫星星历参数等信息，帮助接收机快速捕获信号和实现 GPS 定位。13.3.3 节讲述这种被称为辅助 GPS（AGPS）的方案，包括其运行原理和服务方式等。特别地，基于 AGPS 的时间等辅助信息，本节还会给出一种非传统的包含 5 个状态变量的免时定位算法。

13.3.1　加长积分时间

加长相干积分和非相干积分时间可提高信噪比，增加信号捕获与跟踪的灵敏度，这是高灵敏度接收机的基本工作原理。相干积分时间 T_{coh} 越长，相干积分增益就越高，然而 GPS 接收机的相干积分增益主要受到导航电文数据比特仅 20 ms 宽、用户动态性和接收机晶体振荡频率漂移三个方面因素的限制[4]。

20 ms 宽的 GPS 信号导航电文数据比特，将通常情况下用于信号跟踪的最长相干积分时间限制为 20 ms，将用于信号捕获的最长相干积分时间限制为 10 ms，前面的章节对其中的缘由做了解释。如果接收机通过某种途径知道或预测出下一个数据比特是否相对于当前比特发生了跳变，那么在对当前比特进行了 20 ms 的相干积分后，接收机还可将该相干积分延续到下一个比特，使相干积分时间扩展到 40 ms 长。具体操作运行时，若下一个数据比特相对于当前比特未发生跳变，则在下一个数据比特期间，I 支路与 Q 支路上的相关结果可直接加到当前比特相应支路上的相干积分结果中；反之，若下一个数据比特发生了跳变，则这两个 20 ms 长的相干积分实际上要进行相减才能得到 40 ms 长的相干积分结果。按照这种称为*数据剥离技术*的思路，接收机理论上可以进行 60 ms、80 ms 甚至更长时间的相干积分。

在对未来卫星信号的设计中采用不经数据码调制载波的方案，可彻底解决这一比特跳变问题。但对当前的 GPS 信号来说，为了进行时间长于 20 ms 的相干积分，接收机自身必须克服信号中数据比特随机跳变的困难，而这可通过以下几种途径加以实现[63]。

（1）我们知道，卫星导航电文第一子帧、第二子帧和第三子帧的内容每 30 s 重复一次，且一般要每两小时才更新一次内容，而第四子帧和第五子帧的内容每 12.5 min 才重复一次，且它们的更新周期更长。可见，这种导航电文内容的重复性给接收机预测接下来将在卫星信号中接收到的导航电文数据比特值创造了条件，进而实现数据的正确剥离和长时间的相干积分。例如，在接收机获得一个完整的导航电文子帧数据后，接收机应当能准确地预测出具有同一子帧编号的子帧的数据比特值。在应用这种数据剥离技术时，接收机不但需要预先获取原始导航电文数据，而且需要及时地发现所跟踪的卫星是否正开始播发一套新的导航电文数据，以免接收机先前获得的数据与卫星当时实际播发的数据不符而破坏相干积分。

（2）如果某个外界系统能实时地获得导航电文数据比特，并将它们及时地传送给 GPS 接收机，那么相干积分中的数据比特跳变问题就会迎刃而解。我们称这种由外界提供导航电文数据比特给接收机的技术为*数据辅助*[28]。例如，将在稍后介绍的 AGPS 中，AGPS 网络能将导航电文数据比特发送给接收机。

（3）既不依靠外界提供，又不等到从实时卫星信号中完整地解调出导航电文数据比特，接收机可采用先猜后检法来解决相干积分中的数据比特跳变问题。首先，考虑到每个数据比特的值只有 0 和 1 两种可能，先猜后检法在猜定当前比特值分别为 0 与 1 的两种情况下，继续前面的相干积分，其中一个相干积分进行加法运算，另一个相干各分实际上进行减法运算；然后，考虑到其中一种猜定必定是正确的，另一种必定是错误的，先猜后检法检验、比较这两个相干积分结果，其中绝对值较大的一个被认为是对应于当前比特值被正确猜中的相干积分结果，而它也正是接收机克服数据比特随机跳变困难后的相干积分值[83]。

（4）13.2.4 节中介绍的差分式相关技术也能打破数据比特 20 ms 长度对相干积分时间的限制。

即使接收机通过某种途径能准确地预测出每个导航电文数据比特，也不是说相干积分可以无限长时间地进行。除了 20 ms 的数据比特宽带，用户动态性和接收机晶体振荡频率漂移也会限制相干积分的长时间进行，二者实际上均与频率误差会导致相干积分损耗这一原因有关。式（13.22）表明由频率误差 f_e 引起的相干积分幅值损耗因子为 $\left|\text{sinc}(f_e T_{coh})\right|$，于是 13.2.1 节指出，若要将相干积分的频率误差损耗限制在 3 dB 内，则频率误差的绝对值 $\left|f_e\right|$ 不得超过 $0.443/T_{coh}$。在引起接收信号多普勒频移的卫星与用户接收机之间的相对运动中，用户运动通常是无法预测的，而卫星轨道运动可以根据其星历被准确地计算出来。室内的接收机用户通常不具有很高的动态性，这是室内环境有利于接收机运行的一个难能可贵的因素；否则，为了掌握用户的运动状态，接收机可采

用 8.5.3 节和 12.2.1 节提及的 GPS 与 INS 的深性组合技术。13.1.3 节计算出由卫星运动引起的最大多普勒频移变化率为 0.93 Hz/s，即在 T_{coh} 秒内多普勒频移最大可变化 0.93 T_{coh} Hz。虽然接收机能够精确地预测出由卫星轨道运动导致的多普勒频移及其变化率，但是如果数控振荡器（NCO）的运行频率在一个相干积分时段内保持不变，那么多普勒频移变化会引入相干积分频率误差损耗。为了将由 0.93 Hz/s 的多普勒频移变化率导致的相干积分频率误差损耗控制在 3 dB 内，多普勒频移变化量 0.93 T_{coh} 不得超过 $0.443/T_{coh}$，由此可计算出 T_{coh} 最长不应超过 0.7 s。如果相干积分时间 T_{coh} 超过 0.7 s，那么接收机必须考虑由卫星运动引起的多普勒频移在相干积分期间的变化情况[85]。例如，接收机可以首先利用卫星星历准确地计算出各个时刻由卫星运动引起的多普勒频移，然后在相干积分期间，接收机根据该多普勒频移变化量相应地调整载波 NCO 和码 NCO 的输出频率，降低卫星运动对相干积分的影响。

接收机利用星历考虑卫星运动引起的多普勒频移变化后，影响相干积分的剩下因素主要是接收机晶体振荡频率的短期稳定度。事实上，接收机晶体振荡器的频漂是进行长时间相干积分的主要限制因素，且晶体振荡源的性能全方位地影响着接收机的性能[82]。为了限制频率误差在相干积分期间的积累变大，接收机可选用更稳定的晶体振荡源，但这会增加接收机的生产成本。当然，卫星时钟频漂也会引起接收信号多普勒频移的变化，但是它要比卫星轨道运动的影响小很多。总之，接收机对接收信号的载波频率和码相位等信息掌握得越多越精确，它在一定时段内就可采用更长时间的信号积分，以增强其捕获、跟踪弱信号的能力。

加长相干积分时间这一技术的应用还受其他一些因素的限制。例如，要求 TTFF 为几秒的很多 GPS 应用显然不宜采用时长为几十秒的相干积分；又如，如 13.1.4 节指出的那样，加长相干积分时间会使驻留时间按平方关系增长，导致数字相关器长时间地被搜索一些卫星信号的过程占用，如果接收机的相关器资源不充足，那么接收机就需要很长的时间才能捕获到足够多数目的卫星信号。考虑到以上各种限制因素，接收机采用的相干积分时间在实践中最长一般不超过 10 s。由于加长相干积分时间对提高接收机灵敏度的重要性和有效性，所有能使接收机的灵敏度超过时长 20 ms 的相干积分所能达到的灵敏度的技术，均统称为*高灵敏度 GPS 技术*。

加长非相干积分时间也可以用来提高接收机的信号捕获与跟踪灵敏度。12.1.3 节告诉我们，非相干积分既不受数据比特跳变的影响，又不受频率误差的影响，因此理论上可以进行无限长时间。然而，非相干积分存在平方损耗，它会压制弱信号的信噪比增益，有可能使加长非相干积分时间带来的提升信噪比优点抵不上由此带来的超长捕获时间的缺点。

【例 13.3】 在 12.1.3 节的例 12.1 中，通过 T_{coh} 为 20 ms 的相干积分和 N_{nc} 为 728 的非相干积分，接收机能将 −160 dBm 弱信号的信噪比从预检前的 −48 dB 提升到非相干积分后的 14 dB。假如接收机改变信号积分策略，转而采用 T_{coh} 为 40 ms 的相干积分，那么在其他条件不变的情况下，求接收机为了仍将信噪比提升到 14 dB 而采用的非相干积分数目 N_{nc} 的大小，并比较这两种信号积分策略的驻留时间长短。

解: 若相干积分时间 T_{coh} 为 40 ms，则相干积分增益 G_{coh} 为

$$G_{coh} = 10\lg(B_{pd}T_{coh}) = 10\lg(2\times10^6 \times 0.04) = 49 \quad [\text{dB}] \tag{13.60A}$$

于是包含 2 dB 处理损耗在内的相干积分后的信噪比 SNR_{coh} 为

$$\text{SNR}_{coh} = \text{SNR}_{pd} + G_{coh} - 2 = -48 + 49 - 2 = -1 \quad [\text{dB}] \tag{13.60B}$$

顺便提一下，例 11.2 中计算出经 20 ms 相干积分后的信噪比为 −4 dB。显然，若相干积分时间加倍，则相干积分增益加倍（3 dB），相干积分后的信噪比也加倍。对信噪比为 −1 dB 的信号，我们可从图 12.4 中查得其非相干积分平方损耗 L_{SQ} 为 7.82 dB。将一些相关的参数值代入式（12.29），得

$$\mathrm{SNR}_{nc} = 14 = \mathrm{SNR}_{coh} + (10\lg N_{nc} - L_{SQ}) = -1 + (10\lg N_{nc} - 7.82) \qquad (13.60\text{C})$$

从中解出非相干积分数目 N_{nc} 的值为 191.4，可取整为 192。对前一种 T_{coh} 为 20 ms、N_{nc} 为 728 的信号积分策略，我们可根据式（13.29）计算出它的驻留时间 T_{dwell} 为 14.56 s；类似地，对后一种 T_{coh} 为 40 ms、N_{nc} 为 192 的信号积分策略，我们可计算出它的驻留时间为 7.68 s，差不多仅是前者的一半。

在上述例子中，两种不同的信号积分策略能获得相同的信噪比增益，但是相干积分时间长的那一种信号积分策略具有明显较短的驻留时间，有利于在相同搜索单元数目情况下快速完成信号搜索。换个角度讲，若两种不同的信号积分策略具有相等的驻留时间，则相干积分时间长的那一种能获得较高的信噪比增益。对提高接收机灵敏度来说，加长相干积分时间要比加长非相干积分时间更有效。我们一般只有通过相干积分将信噪比提升到一定程度，才可以接着进行非相干积分。当然，进行长时间相干积分需要克服前面讨论的比特跳变、频率误差损耗和搜索单元数目平方加倍等困难。

13.3.2 大块相关器设计

过去，经典的接收机只配置若干相关器，它们在接收机启动时被安排用来搜索整个三维搜索范围空间。为了获得比较合理的搜索时间，接收机在每个搜索单元上的驻留时间不能太长，通常为 1 ms；否则，如果这些数量不多的相关器被全部耗费在若干搜索单元上，那么接收机就没有时间和机会去搜索其余的三维搜索单元。于是，采用短驻留时间就限制了过去接收机的信号捕获灵敏度。虽然 13.3.1 节介绍的加长接收信号的积分时间可以提高信号信噪比和接收机灵敏度，但是由此导致的长驻留时间是过去接收机不能承受的。

为了在提高捕获灵敏度的同时保证它的信号捕获速度，接收机需要配置数量足够多的相关器硬件，使得它在增加对每个搜索单元的驻留时间的同时，还能并行搜索多个卫星信号的多个搜索单元，这就对现代接收机提出了大块并行相关器设计的要求。相关器越多，接收机的灵敏度通常越高，且首次定位所需时间（TTFF）就越短[29]。增加积分时间和采用大块并行相关器是接收机提高捕获弱信号能力的两种重要技术。12.1.2 节和 13.1.1 节对相关器的运行和设计做了介绍。

若接收机用 0.5 码片的步长同时搜索一个卫星信号的 1023 个码片，则它需要 2046 个相关器。为了在多个不同频带上的所有码相位处对多个不同的卫星信号同时进行搜索，接收机需要几万个并行相关器。例如，文献[76]中的 GPS 接收机芯片共包含 16 000 多个相关器，它在采用 5 s 的积分时间后能捕获 – 155 dBm 的弱信号。利用大块并行相关器，接收机现已转向捕获、跟踪强度为 – 160 dBm 甚至更低的弱信号。

从表面上看，相关器越多，接收机能耗就越高；然而，文献[78]却认为大量相关器能更快地完成一定的任务，因此它对降低能耗方面的作用可能会显得更有效。由于相关器的运算结果需要接收机中的微处理器及时读取、存储和处理，增加硬件相关器数目会极大地增加微处理器的运算负荷，使其执行定位导航、接口等软件处理任务受到威胁。因此，与 10.1 节介绍的软件 GPS 接收机的概念相反，接收机在采用大块相关器设计方式时，要尽可能地将多种运算从用软件实现转移到用硬件实现，比如用专门的硬件完成相关、积分、鉴频甚至数据比特解调等多种运算和功能，进而减少信号跟踪处理的软件运算量，降低中断的运算需求[76, 78]。

大块相关器设计方式还有可能改变接收机的信号跟踪方式。因为利用大量的并行相关器，接收机能得到与接收信号在很多个码相位延时处的相关结果，所以信号捕获成功后，接收机就可马上根据有关的多个相关结果鉴别出码相位差异，并且输出伪距测量值。也就是说，在这种所谓的信号跟踪环路设计中，跟踪环路没有闭合，信号的捕获与跟踪这两个阶段的区别与分离显得不再必要。不论接收 C/A 码的真实码相位为何值，接收机总有一个相关器会捕捉到信号，使得信号重捕迅速完成。由于跟踪环路不再闭合，这种信号跟踪模式可以容忍更大的跟踪误差，还能维持对接收 C/A 码信号的跟踪[41, 80]。

13.3.3 辅助 GPS（AGPS）

采用大块相关器设计方式可以加强接收机的信号处理能力，提高信号捕获速度。然而，即使接收机捕获到了信号，由于载波环对微弱信号进行数据解调的误字率很高，接收机需要很长的时间才能或根本不能正确、完整地从实时卫星信号中解调出第一个子帧至第三个子帧的导航电文。由于前三个导航电文子帧包含定位计算必需的卫星时钟钟差和卫星星历参数，因此具有大量相关器资源的接收机在室内环境下仍然需要很长的时间才能实现定位，有时甚至根本不能完成定位。对大多数用户来说，首次定位所需时间（TTFF）太长的高灵敏度接收机没有太多的实用价值。

如果外界能将接收机在信号捕获与定位计算过程中所需的接收机位置、时间、可见卫星序列、各颗可见卫星的时钟校正参数、星历、相对码相位延时量、多普勒频移及各种误差校正（如电离层延时校正）等数据信息提供给接收机，那么根据这些辅助信息，接收机不但可以计算出缩小的信号捕获三维搜索范围，而且可以免除从接收到的卫星信号中实时地解调出星历参数的必要，从而加快信号捕获速度，获得良好的 TTFF 性能。同时，缩小的信号搜索范围可以使接收机有充裕的时间来对弱信号进行长时间的积分，且由外界提供的卫星导航电文数据比特还可用来实现对长时间（长于 20 ms）相干积分所需的数据剥离，提高接收机的信号捕获与跟踪灵敏度。例如，假设接收机从辅助信息中估算出某个卫星信号的多普勒频移，从中能将频带搜索数目减小至没有辅助时的十倍，那么不考虑其他因素，接收机信号捕获就可多花十倍的时间驻留在每个搜索单元上，相应的信号捕获灵敏度就可增加约 10 dB。要指出的是，CDMA 和 GSM 手机能利用基站发出的信号来校正手机的基准振荡频率，因此利用校准后的手机基准振荡频率，嵌入手机内的 GPS 接收机可用来校正其晶体基准振荡频率，进一步缩小对信号搜索的频率不定值。我们称这种由外界提供接收机信号捕获与定位所需的信息数据的方式和技术为辅助 GPS（AGPS），它最早见于文献[72]。AGPS 对 GNSS 的扩展被称为辅助 GNSS（AGNSS）[4, 40]。

AGPS 的优点显而易见，它既能加快接收机信号捕获和完成首次定位的速度，又能提高信号捕获与跟踪灵敏度。在 AGPS 提供卫星星历、时间和接收机位置辅助信息的条件下，接收机的所有启动形式通常都变成热启动，于是 TTFF 一般可在 5 s 内完成。因为由 AGPS 支持的接收机不但可以极大地减小信号捕获的搜索范围，而且不必为了从卫星信号中实时地获取星历参数而连续运行，所以它的功耗大大降低。AGPS 是一种紧急求救电话 E911（见 1.6 节）的解决方案。

AGPS 一直以来主要通过各种数据通信网络将 GPS 卫星星历等辅助信息数据提供给接收机，比如内嵌在手机中的 GPS 接收机可通过无线通信网络获得辅助信息。如图 13.11 所示，为了实施 AGPS 技术与服务，一方面，用户移动终端（MS）需要配置 AGPS 接收机模块，以完成对 GPS 卫星信号的测量；另一方面，通信网络端需要增设 AGPS 定位服务器等设备，以收集和播发辅助信息，响应移动终端的请求。例如，AGPS 在通信网络端需要一些辅助 GPS 接收机，有的甚至是一个全球基准网络，以连续跟踪 GPS 卫星，从中获取并产生辅助信息。根据移动终端获取的 AGPS 辅助信息来自无线通信网络的不同层面来分，AGPS 网络构架可分为控制平面和用户平面两种。简单地讲，控制平面构架利用无线通信网络及其信号发送层来获取位置信息，需要改动核心网络，实现起来复杂，维护成本又高，但它的传输安全且高效；用户平面构架则利用因特网协议（IP）网络来实现辅助信息的传递，可独立于无线通信网络，容易实现，成本低。

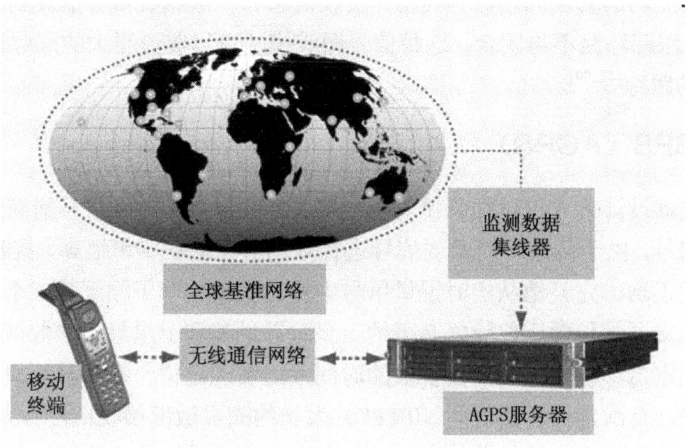

图 13.11　AGPS 的运行机制[40]

AGPS 定位计算可分为以下两种方式。

（1）在一种称为 MS-Assisted 的定位方式中，移动终端将伪距等 GPS 测量值传送给 AGPS 定位服务器，网络侧计算移动终端的位置，再将定位结果送给移动终端或其他相关的机构、中心。因为网络侧的定位服务器等设备具有强大的计算功能和丰富的信息资源，所以定位计算能应用多路径抑制等复杂技术，同时降低对移动终端的运算要求和负担。然而，这种定位方式的缺点是定位延时较大，不适合动态性高的用户和连续定位模式。在这种 AGPS 定位方式下，接收机适合单次运行模式，即它在实现首次定位后就关闭 GPS。

（2）在另一种称为 MS-Based 的定位方式中，移动终端进行 GPS 测量，且自己负责定位计算，而卫星轨道等辅助信息来自网络。这种定位方式所需的信息传递比较简单，有助于减小网络负担和定位延时，适合连续定位模式。因为移动终端的 GPS 接收机必须功能齐备，所以在网络不提供辅助信息的情况下，它也能自主地进行定位。

不同类型的无线通信网络系统具有不同的特点，它们提供的辅助信息的种类和精度可能各不相同，比如 CDMA 网络通常要比 GSM 网络提供更精确的时间信息。每个系统都有自己的 AGPS 信息发送标准，例如 CDMA 和 GSM 共同制定了控制平面 AGPS 信息发送标准（TIA/EIA/IS-801-1, 3GPP2 C.S0022-0-1, 3GPP TS 25.331）和 AGPS 手机的最低运行性能标准（TIA 916, 3GPP2 C.P9004-0, 3GPP TS 25.171 V6.0.0）[14, 43]。

卫星星历参数是 AGPS 辅助信息数据中很重要的一部分。AGPS 发送的卫星星历分为两类：一类是 GPS 卫星实时播发的星历；另一类是经预测得到的扩充式星历（EE）。服务于 AGPS 的辅助接收机可从可见卫星信号中实时地解调出由卫星实际播发的星历，然后在用户需要的情况下，AGPS 服务器可将这些星历发送给用户接收机。由于经无线通信或因特网连接来传送这些辅助星历需要一定的时间，用户接收机的 TTFF 性能会受到影响。不仅如此，因为一套卫星广播星历只能持续 4 小时的有效性，所以当接收机关机一段时间后再启动时，上次从 AGPS 获得的那些广播星历有很大的可能已经过期，于是又出现需要重新连网和下载有效广播星历的问题。如果接收机一时没有条件与 AGPS 连接、通信，那么就相当于接收机失去了 AGPS 功能。

为了解决发送广播星历存在的问题，AGPS 还可发送经长期轨道（LTO）技术推测得到的扩充式星历，这种星历的特点是具有长约 10 天的有效期。为了准确地预测卫星未来的运行轨道和卫星时钟的频漂状况，长期轨道技术首先需要构筑一个全球基准网络来全时制地跟踪所有 GPS 卫星，且每颗 GPS 卫星在任何时候至少能被两个基准站观察到，然后通过分析、处理来自这个全球基准网络的测量数据，建立一套有效期长 10 天的卫星轨道模型和卫星时钟模型，最后让 AGPS 服务器转发这些模型参数[47, 76]。在接收机端，这些 AGPS 卫星轨道模型参数可转换成标准的 GPS 卫星星历格式。一旦接收机从 AGPS 网络端获得扩充式星历，它在随后的数天里就都具有 AGPS 定位能力。目前，开发的这类卫星监测网络有官方的，也有商用的。官方形式的如国际 GNSS 服务（IGS），它在其网站上提供扩充式星历。

虽然长期轨道技术突破了卫星广播星历只有 4 小时有效期的限制，但是接收机必须具备一定的通信功能来下载这种位于网络端的扩充式星历。如果接收机不具备通信功能，或者它好长一段时间没有连网，那么接收机内部保存的星历，不管是卫星广播型还是扩充式，都会过期，这就要求接收机自身能根据掌握的信息推导出一套有效星历。目前，这种在用户接收机端产生的扩充式星历技术主要表现为以下两种算法[52]。

（1）第一种算法需要精确地模拟月球引力、太阳引力、不均质地球的引力和太阳光辐射压力等，然后计算卫星在这些外力作用下的加速度，从一个准确的初始位置出发，通过积分推测出将来时刻的卫星位置。这种主要借助数值积分的算法计算量大，因此它只适用于配备有高端中央处理器（CPU）的接收机。例如，网络端的扩充式星历可由这种算法产生。

（2）第二种算法是分析多套最近刚过期的卫星星历的开普勒轨道参数（及其导数值）的变化趋势，用曲线逼近等手段为这些参数建立模型，并从这些模型中得到将来时刻的星历参数。这种算法不涉及计算繁重的数值积分运算，但是需要大量的存储容量，用来保存每颗卫星的 24 套过期星历。

传统型接收机由卫星信号解调出周内时（TOW），并将它作为 GPS 测量值时间标签的一部分。如果接收机从外界（如 AGPS）得到一个误差超过 10 ms 的时间辅助信息，那么 5.3.2 节和 12.3.4 节指出的只包含 4 个状态变量的定位算法在这种情况下不能准确地实现定位。在接收机时间误差超过 10 ms 甚至几秒的情况下，文献[77]提出了一种非传统的包含 5 个状态变量的免时定位算法，它能让接收机在帧同步与位同步之前实现准确定位，极大地提高了接收机的 TTFF 性能。与四状态变量定位算法的矩阵方程式（5.36）相对比，免时定位算法的矩阵方程为

$$\begin{bmatrix} -\boldsymbol{I}_x^{(1)} & -\boldsymbol{I}_y^{(1)} & -\boldsymbol{I}_z^{(1)} & 1 & \dfrac{\partial r^{(1)}}{\partial(\delta T_u)} \\ -\boldsymbol{I}_x^{(2)} & -\boldsymbol{I}_y^{(1)} & -\boldsymbol{I}_z^{(1)} & 1 & \dfrac{\partial r^{(2)}}{\partial(\delta T_u)} \\ \vdots & \vdots & \vdots & \ddots & \vdots \\ -\boldsymbol{I}_x^{(n)} & -\boldsymbol{I}_y^{(n)} & -\boldsymbol{I}_z^{(n)} & 1 & \dfrac{\partial r^{(n)}}{\partial(\delta T_u)} \end{bmatrix} \begin{bmatrix} \Delta x \\ \Delta y \\ \Delta z \\ \Delta \delta t_u \\ \Delta \delta T_u \end{bmatrix} = \boldsymbol{b} \tag{13.61}$$

其中，第四个状态变量 δt_u 是以米为单位的接收机钟差，新添加的第五个状态变量 δT_u 是以秒为单位的接收机绝对时间偏差，$\dfrac{\partial r^{(n)}}{\partial(\delta T_u)}$ 为第 n 颗卫星的几何距离 $r^{(n)}$ 对 δT_u 的偏导值，它代表由时间偏差 δT_u 引入的几何距离计算误差。式（5.30）给出了几何距离 $r^{(n)}$ 的表达式，其中卫星位置坐标分量 $x^{(n)}, y^{(n)}$ 和 $z^{(n)}$ 都是关于信号发射时间（等价于接收机时间偏差 δT_u）的函数，我们由此可以计算出偏导值 $\dfrac{\partial r^{(n)}}{\partial(\delta T_u)}$。

13.4 互相关干扰及其抑制

2.2.4 节告诉我们，不同 C/A 码信号之间存在互相关性。在强信号存在的情况下，GPS 接收机有可能由于受到这种互相关干扰而对弱信号的捕获与跟踪发生错误，这一问题对以捕获与跟踪弱信号为专长的高灵敏度 GPS 接收机来说尤为突出。本节首先分析互相关干扰机制，然后讨论用来抑制互相关干扰影响的多种技术。

13.4.1 互相关干扰

在室内等环境中，GPS 接收机可能会通过窗户接收到一两个功率较强的直射波卫星信号，其余接收到的卫星信号由于穿过多层介质和遭遇过多次反射，强度变得很弱。在这种情况下，当接收机尽力搜索一个强度较弱的卫星（PRN 编号为 i ）信号时，它让其复制的卫星 i 的 C/A 码与接收信号做相关运算，然后经过很长时间的相干积分和非相干积分，检查相关结果幅值的大小来判断该卫星信号是否存在。假如该复制 C/A 码与接收信号中卫星信号 i 的自相关结果值，小于其与接收信号中另一个强度较高的卫星（PRN 编号为 j ）信号的互相关结果值，且该互相关结果幅值超过高灵敏度接收机的捕获门限值，那么接收机就貌似捕获了卫星信号 i ，但是捕获得到的信号参数实际上与卫星信号 i 无关。我们称接收机通过互相关干扰而在错误的码相位和（或）错误的多普勒频移处捕获、跟踪到的信号为**残余信号**，并称这一出错现象为**误锁**。接收机对误锁处理不当时，会引起巨大的测量误差和定位误差。概括地讲，互相关干扰是指由于复制 C/A 码与强信号的互相关峰值大于与弱信号的自相关峰值而使得接收机在捕获弱信号时发生误捕。互相关干扰本质上是 5.4.4 节提到的“近/远”问题，即强信号会在接收机内部淹没弱信号，使接收机在捕获弱信号的过程中发生困难甚至错误。由于高灵敏度 GPS 接收机有能力检测到微弱信号，因此由强信号产生的微弱互相关峰值有可能被接收机误认为是弱信号的自相关峰值，使得互相关干扰成为高灵敏度接收机运行的一个严重威胁。

以下我们从数学上分析互相关干扰。由于互相关干扰涉及多个卫星信号，因此与前面不同，我们这里需要考虑所有的可见卫星信号。根据式（10.35），输入跟踪环路的模拟形式的中频信号 $s_{IF}(t)$ 可表达成[75]

$$s_{IF}(t)=\sum_{i=1}^{N}s_{IF}^{(i)}(t)=\sum_{i=1}^{N}A_{IF}^{(i)}x^{(i)}(t-\tau^{(i)})D^{(i)}(t-\tau^{(i)})\sin\left(2\pi(f_{IF}+f_d^{(i)})t+\theta_{IF}^{(i)}\right) \tag{13.62}$$

其中，我们假定共有 N 颗可见卫星，上标 (i) 为卫星编号， $A_{IF}^{(i)}, x^{(i)}, D^{(i)}, \tau^{(i)}, f_d^{(i)}$ 和 $\theta_{IF}^{(i)}$ 分别为卫星信号 i 的幅值、C/A 码、数据码、数据延时、多普勒频移和载波初相位。为了简化表达，信号中的噪声未被表达出来。在希望捕获卫星 i 的接收通道上，$s_{IF}(t)$ 与复制载波混频，再和复制 C/A 码相关，那么卫星 i 的信号成分 $s_{IF}^{(i)}(t)$ 在同相支路上就变成了如式（13.19）所示的相干积分值 $I^{(i)}(n)$ ，总相干积分值 $I(n)$ 可表达成

$$\begin{aligned}I(n)&=I^{(i)}(n)+\sum_{j=1,j\neq i}^{N}I^{(ji)}(n)\\&\approx a^{(i)}D^{(i)}(n)R_{ii}(\tau^{(i)})\text{sinc}\,(f_e^{(i)}T_{coh})\cos\phi_e^{(i)}+\\&\quad\sum_{j=1,j\neq i}^{N}a^{(j)}D^{(j)}(n+\tau^{(ji)})R_{ji}(\tau_e^{(i)}+\tau^{(ji)})\,\text{sinc}\left((f_e^{(i)}+f_d^{(ji)})T_{coh}\right)\cos\phi_e^{(ji)}\end{aligned} \tag{13.63}$$

式中，等号右边的第一项代表接收机希望检测的弱信号成分，后一项代表接收机内部卫星 i 的复

制信号与接收信号中其他卫星信号成分的互相关总和。正交支路上的总相干积分值 $Q(n)$ 也可类似地写出。

上式表明相干积分值 $I^{(i)}(n)$ 与卫星 i 的信号幅值 $a^{(i)}$ 和自相关 R_{ii} 的乘积成正比，由卫星 j 引起的互相关干扰 $I^{(ji)}(n)$ 与卫星 j 的信号幅值 $a^{(j)}$ 和互相关 R_{ji} 的乘积成正比。由 2.2.3 节可知，金码之间的互相关峰值与金码的长度成反比。也就是说，金码周期越长，不同金码之间的互相关峰值就越低于自相关峰值，因此有助于压制互相关干扰；然而，金码越短，对应的信号就越容易被快速捕获。作为金码的一种，C/A 码的周期长 1023 码片（1 ms），其互相关最大峰值比自相关峰值低约 24 dB。因为互相关峰值比自相关峰值低约 24 dB，所以强信号 j 比接收机的灵敏度高 24 dB 以上时，强信号 j 与复制 C/A 码的互相关 $I^{(ji)}(n)$ 中的峰值就可能被接收机检测到。选取 C/A 码作为 GPS 的伪码的目的，是在快速捕获信号与压制互相关干扰两方面性能之间做出妥协，尽管 C/A 码之间 24 dB 的互相关动态范围一般情况下是足够的，但是在室内等许多情况下又显得不够。

式（13.63）还表明，在引起互相关干扰 $I^{(ji)}(n)$ 的频率误差损耗中，频率误差值包含这两个卫星信号之间的多普勒频移差异 $f_d^{(ji)}$，即

$$f_d^{(ji)} = f_d^{(j)} - f_d^{(i)} \tag{13.64}$$

13.1.3 节计算出 GPS 卫星信号的载波多普勒频移量为 –5～+5 kHz，因此两个不同卫星信号之间的多普勒频移差异量 $f_d^{(ji)}$ 最大可达±9 kHz[57]。因为接收机中积分-清除器的工作周期通常为 1 ms，所以当两个卫星信号之间的多普勒频移差 $f_d^{(ji)}$ 为 1 kHz 的整数（包括零）倍时，一系列 1 ms 长的相关结果受这种多普勒频移差异 $f_d^{(ji)}$ 的影响既小又相对稳定。事实上，如图 12.15 所示的 C/A 码线条频谱也可用来说明具有整千赫兹载波频率差的强信号容易渗过相关器而造成互相关干扰的原因。也就是说，如果接收机在某个载波频率检测弱信号，而强信号的载波频率离该检测频率的距离为 1 kHz 的整数倍，那么此强信号引起的互相关峰值比较强而稳定，很有可能被接收机误认为是弱信号的自相关峰值而遭捕获。

另外，式（13.63）表明互相关干扰的强弱还受到强信号中数据比特跳变的影响，而强信号数据比特发生跳变相当于强信号的 C/A 码发生非线性变化。

13.4.2 互相关干扰抑制

除了 GPS，其他采用码分多址（CDMA）的无线通信系统同样存在互相关干扰问题。然而，这些无线通信系统具有与 GPS 不同的运行特点，它们的互相关干扰问题可从发射功率控制等不同方面加以解决[19, 56]。

对 GPS 来说，抑制互相关干扰可从系统方面采取措施，如设计出结构或长度更为合理的伪码等。对已投入运行的 GPS 来说，接收机可以采用一些方法、技术来抑制互相关干扰。我们这里主要按照文献[25, 26]来介绍以下四类互相关抑制技术。

（1）*多门限检测法*。接收机首先搜索比如载噪比在 44 dB·Hz 以上的正常强度的卫星信号，然后降低捕获门限去搜索 39 dB·Hz 以上的弱信号。若在检测弱信号的过程中发现它的多普勒频移与先前已捕获的强信号的多普勒频移相差 1 kHz 的整数倍，则该弱信号的捕获可能是互相关干扰的结果，于是接收机应放弃对该弱信号的跟踪，或声明对已进入跟踪阶段的该信号接收通道输出的 GPS 测量值无效。类似地，接收机可以继续逐步降低检测门限，依次搜索、捕获载噪比在 34 dB·Hz、29 dB·Hz 和 24 dB·Hz 等以上的各级弱信号[88]。多门限检测法简单，且在信号强度变动不大的情况下相当有效。然而，若一个弱信号的多普勒频移恰好与一个强信号的多普勒频移相

差 1 kHz 的整数倍，则该弱信号就会被这种算法错误地拒绝。另外，当接收机搜索一个强信号时，该强信号由于建筑物阻挡等原因是不可见的，而当接收机接着转向搜索另一个弱信号时，该强信号却变得可见，那么对这种强信号比弱信号出现较晚的情况，该方法不再适用。

（2）多峰检测法。从第 2 章有关 C/A 码的相关特性分析可知，自相关主峰在 1 周期 C/A 码内只有一个自相关主峰，但互相关峰值却有多个。多峰检测法正是利用这种 C/A 码自相关峰值和互相关峰值的不同分布特点，在信号捕获与跟踪过程中来检测互相关干扰的[88]。

多门限检测法和多峰检测法本质上是一致的，它们都检查捕获到的相关结果主峰是否由互相关干扰引起。一旦它们认为接收机正在捕获或跟踪一个互相关主峰，那么接收机一般至少被要求在其定位计算中放弃利用这一弱信号的测量值。与这两种方法不同，下面两类互相关干扰抑制方法的出发点是设法消除互相关干扰的影响，而不是简单地放弃弱信号。

（3）扣除法。扣除法的主要思路是在对弱信号的载波剥离和伪码剥离前，基带数字信号处理模块先在接收信号中扣除强信号成分，以彻底消除这些强信号对随后弱信号捕获的互相关干扰[57]。假设一个强信号的幅值、载波频率、载波相位、码率、码相位及数据比特等参数已被准确地估算出来，那么接收机就可复制出该强信号，然后在接收信号中将其扣除，于是在弱信号通道上的相关结果中就不存在任何与该强信号的互相关干扰。然而，多种因素会使扣除法的实现变得复杂，例如，接收机对各个强信号的参数估计不可能十分准确，在接收信号中扣除复制的强信号成分的过程意味着信号处理的延迟，含有错误的数据比特解调的扣除反而会增强互相关干扰，强信号可能会有多路径，等等。

（4）子空间投影法。子空间投影法的基本思路是构建出一种新码，使其与强信号的 C/A 码完全正交，但它与弱信号的 C/A 码有着较高的相关性，于是接收机通过复制这种新码，让其与接收信号进行相关运算，以此匹配、检测希望捕获的那个弱信号[55]。我们借用线性代数的术语来分析这种新码的特性：因为新码要与强信号的 C/A 码正交，所以它必须位于一个与强信号 C/A 码正交的子空间内，从而通过相关运算压制强信号成分；同时，考虑到与弱信号 C/A 码之间产生最大程度的相关性，该新码应是弱信号的 C/A 码在那个正交子空间上的投影。构建具有如此特性的新码需要大量的矩阵和向量运算，且它们的长度很长，等于接收机在一个 C/A 码周期内的数据采样点数量[10, 66]。另外，为了捕获多个弱信号，每个弱信号的接收通道都要进行这种新码构建运算。正是由于实时构建新码相当困难，因此子空间投影法目前尚未得到广泛应用。虽然子空间投影法比扣除法复杂得多，但它具有无须估计强信号参数的优点，且它与强信号中的数据比特值不再紧密相关。关于子空间投影法的更多讨论与改进，读者可参阅文献[25]等。

13.5 接收机设计的发展趋势

前面十三章的内容清晰地揭示了 GPS 的定位原理，详细地剖析了 GPS 接收机内部的组成结构和各个功能模块的运行机理，特别是对其中的信号捕获、信号跟踪和定位三部分算法做了深入探讨，并且介绍了差分 GPS、GPS 与惯性导航的组合及地图匹配等与 GPS 紧密相关的重要应用和技术。本书的最后一节简单地预测接收机设计的发展趋势。

1. GNSS 的发展

为了预测将来接收机设计的发展趋势，首先必须提到 GPS 现代化计划（见 2.6 节）和全球导航卫星系统（GNSS，见 1.4 节）。GPS 和其他 GNSS 卫星发射地面上的接收机赖以定位的信号，因此它们将来的改进和开发状况势必对接收机设计的总体发展趋势起决定性影响。

未来的 GPS 将在 L1（1575.42 MHz）、L2（1227.60 MHz）和 L5（1176.45 MHz）三个频段上播发民用信号，并且建成后的伽利略系统也将在多个频率上发射信号。数目增多的卫星信号可给接收机带来许多有利条件，包括改善可见卫星在空间的几何分布（见 5.4 节）和提高定位结果的正直性（见 5.5 节）等。利用来自同一颗卫星的多频信号，接收机还可估算并消除 GPS 测量值中的电离层延时（见 4.3.3 节）这一最大误差源。未来新增的信号将采用码率更高的伪码，这有助于提高接收机的测量精度（见 12.1.5 节）和多路径抑制（见 12.4 节）性能。分布在多个不同频率上的卫星信号势必增强接收机对抗外界干扰（见 12.5 节）的能力。此外，GPS、伽利略系统、GLONASS 和北斗等多套 GNSS 系统一起还能给接收机带来更高的连续性、有效性、可靠性等许多优点，这正是各国、各地区尽力开发 GNSS 的主要目的。

因此，各行各业的接收机用户和应用也对接收机设计提出了相应的要求，要求接收机能够综合利用各种可能的 GNSS 信号资源，以全面提高接收机性能。尽管 GLONASS 还在复苏和更新换代中，并且伽利略系统的开发也一再延期，但是利用两个或多个 GNSS 系统进行定位的双模或多模接收机产品事实上已经出现。多模接收机又称*多系统接收机*。

能跟踪、利用多个不同频段上的 GNSS 卫星信号的接收机被称为*多频接收机*。目前能跟踪 L1 和 L2 频率信号的军用 GPS 接收机就是一种双频接收机，而多模接收机一般为多频接收机。因为多频接收机需要处理位于不同频率上的不同频宽的信号，所以在降低功耗、减小体积、节约成本和抗干扰等方面，它的射频前端在设计上存在许多挑战[6, 44]。

2．平台的选择[30, 44, 46]

从最初只能跟踪一颗卫星的模拟式接收机到现在精巧、复杂的多通道数字式接收机，GPS 接收机平台发生了革命性变化。现代接收机的核心事实上只是指尖般大小的一两个芯片，但是它们担负着完成从卫星信号处理到定位导航等的所有任务，而专用集成电路（ASIC）技术使得制造这些芯片成为可能。当前在全球市场上的 GPS/GNSS 接收机芯片主要以 ASIC 为主，然而随着软硬件技术的发展，我们已经可以在 ASIC、现场可编程门阵列（FPGA）、数字信号处理器（DSP）和通用处理器（GPP）中选择一种作为接收机的研发甚至产品平台。

10.1 节对这些平台做了简单的比较，这里再进一步进行比较。在以 ASIC 为平台的接收机中，数字相关器等 DSP 功能块以 ASIC 硬件实现，它们具有并行、高速运算的性能；然而，设计一个新的或改进一个现有的接收机 ASIC 是周期长、成本高的工程项目。可编程器件 FPGA 是一种半定制 ASIC 电路，同一片 FPGA 可通过不同的编程数据实现不同的电路功能，具有灵活性强、设计周期短、开发费用低、风险小等优点；然而，对 FPGA 进行编程的高级语言对芯片内资源的利用效益不高。专用 DSP 处理器具有很强的数据处理能力，能耗小，成本低，一般通过汇编语言对其编程。随着中央处理器（CPU）技术的发展，GPP 被当作接收机平台的机会正在增大，相应的软件接收机日益受到人们的关注。

因为 GNSS 尚在不断的开发和演化中，所以现阶段 GNSS 接收机设计的一个重要考虑因素是它的灵活性。至于未来的接收机基于何种平台这个问题，事实上是一个对接收机的灵活性、能耗、开发成本、产品数量规模、单个产品成本和应用特点等多方面因素的综合考虑问题。例如，软件接收机被认为是用来进行接收机教育和研究的最佳选择，而应用在手提电脑中的软件接收机产品早已出现；又如，FPGA 和软件接收机常被用作 ASIC 接收机的开发工具；再如，在测绘、航空、基准站、定时等对 GPS 接收机数量要求不是很大的一些应用领域，ASIC 接收机方案可能不一定最佳等。

在未来的几年，考虑到更高的成本效益，基于 ASIC 的 GNSS 接收机仍将在大批量生产的商用接收机中占主导地位，而 FPGA、DSP 和软件接收机可能会在一些应用领域逐渐占据更大的市场份额。由于软件接收机的灵活性和多模接收机出现的势在必行，基于 CPU 的软件接收机估计会变得越来越重要，并且将一点一点地侵占市场。

3．系统的集成[30]

10.1 节提到了三芯、二芯和片上系统（SoC）等接收机芯片设计概念。一种基于 ASIC 的接收机设计趋势是芯片级集成，即将射频和数字信号处理功能模块的器件集成到一个芯片上，以降低接收机芯片的尺寸、能耗和成本。GPS 接收机模块的尺寸必须被集成得越来越小，以便能方便地嵌入手机、手表等各种器件应用。目前，已有不少公司提供单芯片形式的 GPS 接收机芯片产品。

接收机 ASIC 设计的另一个趋势是将 GPS 接收机 ASIC 包装成知识产权（IP）的形式。若将集成电路设计比喻成堆积木，则一个 IP 就是其中的一块积木。这种 GPS 接收机 IP 特别适合于目前正在兴起的套餐式芯片和 SoC，如已有公司推出将蓝牙、GPS 和调频收音机集成在一起的套餐式单芯片产品。

4．接收机算法的改进

在过去的几年里，GPS 的空间星座部分和地面监控部分（见 1.2 节）变化甚微，而接收机内部核心的数字信号处理技术和定位导航算法已发展到了相当高的水准和成熟度，以至于不同 GPS 接收机产品之间的性能差别越来越小，相互之间的竞争越来越激烈。所以说，这些年来驱动 GPS 市场的力量不是 GPS 技术的提高，而是更为广泛的 GPS 应用。然而，随着 GPS 现代化和多个 GNSS 系统的来临，GNSS 接收机的设计环境正在发生改变，一些新的多模、多频接收机信号处理技术和定位算法正在被研究与开发。从目前的 GPS 接收机算法到未来成熟的 GNSS 接收机算法的这一转变过程，可能需要一段很长的时间，或许三年，或许五年，但这显然还与 GPS 现代化和 GNSS 的最终实现状况有关。

GNSS 接收机算法的改进是指为了利用多种 GNSS 信号及其新特点来改进我们在前面章节中讨论的各方面接收机性能：提高定位精度始终是接收机设计的一个主题，增强信号捕获与跟踪灵敏度（见 13.3 节）至−160 dBm 甚至更好，以满足在室内等环境下实现定位的要求，减小在任何启动情况下的首次定位所需时间等[16]。为了达到这些目标，滤波定位算法（见第 6 章）、加长信号积分时间（见 13.3.1 节）、多路径抑制（见 12.4 节）、互相关干扰抑制（见 13.4 节）和抗电磁干扰（见 12.5 节）等方法与技术还有待进一步突破。

5．与移动定位技术的结合

据报道，约有 60%以上的手机对话是在室内和城市峡谷等环境中进行的，而在这些环境中运行是 GPS 和 AGPS（见 13.3.3 节）的弱点[23]。对基于手机（而非网络）的 AGPS 来说，其定位精度要求是在 67%的时间里达到 50 m，且在 95%的时间里达到 150 m[20]。当 GPS 和 AGPS 不能完成定位或不能满足定位精度要求时，手机和无线通信系统就要利用 Cell-ID 等技术进行定位。Cell-ID 定位技术是一种比较简单的移动定位技术，它将离手机终端最近的一个蜂窝式手机基站发射塔的位置作为手机的近似位置，因此它的定位误差相当于一个蜂窝发射塔的信号覆盖面，一般为 300～2000 m。这一定位精度对一般的位置服务（LBS，见 9.1 节）应用来说是足够的，但它显然不能满足紧急求救电话 E911（见 1.6 节）的要求。因此，GPS 必须与某些移动定位技术相结合，以填补这一定位精度空缺。

除了 Cell-ID，移动定位技术还包括 E-CID, TA, EFLT, TDOA, U-TDOA, AOA, AFLT 和 EOTD 等，每种技术都有自己的运行特色和优缺点[2, 59]。此外，利用 WiFi、蓝牙、WiMAX、超宽带（UWB）

及电视信号等实现定位的技术也已出现。混合定位技术是指将包括 AGPS 在内的移动定位技术中的两个或多个组合起来，以在室内、城市峡谷和视野开阔地区等地方获得定位精度相对稳定或最佳的效果，并且至少满足 E911 的定位精度要求[71]。

参考文献

[1] 戴志军，柳林涛，许厚泽，刘根友. GPS 软件接收机捕获算法的研究[J]. 大地测量与地球动力学，2006, 26(3).

[2] 邱善勤，龚耀寰. 移动通信定位技术之比较[J]. 电子科技大学学报，2003, 32(6).

[3] Abraham C., Fuchs D., “Method and Apparatus for Computing Signal Correlation at Multiple Resolutions,” US Patent 6704348, March 9, 2004.

[4] Agarwal, N., Basch, J., Beckman, P., Bharti, P., Bloebaum, S., Casadei, S., Chou, A., Enge, P., Fong, W., Hathi, N., Mann, W., Sahai, A., Stone, J., Tsitsiklis, J., Van Roy, B., “Algorithms for GPS Operation Indoors and Downtown,” GPS Solutions, Vol. 6, pp. 149-160, 2002.

[5] Akopian D., “Fast FFT Based GPS Satellite Acquisition Methods,” IEE Proceedings on Radar, Sonar & Navigation, Vol. 152, No. 4, August 2005.

[6] Akos D., Ene A., Thor J., “A Prototyping Platform for Multi-Frequency GNSS Receivers,” ION GPS/GNSS, Portland, OR, September 9-12, 2003.

[7] Akos D., Normark P-L., Lee J., Gromov K., Tsui J., Schamus J., “Low Power Global Navigation Satellite System (GNSS) Signal Detection and Processing,” ION GPS, Salt Lake City, UT, September 19-22, 2000.

[8] Alaqeeli A., Starzyk J., Van Graas F., “Real-Time Acquisition and Tracking for GPS Receivers,” Proceedings of the 2003 International Symposium on Circuits and Systems, Vol. 4, 2003.

[9] Balaei A., Dempster A., Barnes J., “A Novel Approach in the Detection and Characterization of CW Interference on the GPS Signal Using Receiver Estimation of C/No,” Proceeding of IEEE/ION PLANS, San Diego, CA, April 2006.

[10] Behrens R., Scharf L., “Signal Processing Applications of Oblique Projection Operators,” IEEE Transactions on Signal Processing, Vol. 42, pp. 1413.1424, 1994.

[11] Borre K., Akos D., “A Software-Defined GPS and Galileo Receiver: Single-Frequency Approach,” ION GNSS, Long Beach, CA, September 13.16, 2005.

[12] Braasch M., Van Dierendonck, A.J., “GPS Receiver Architectures and Measurements,” Proceedings of the IEEE, Vol. 87, No. 1, January 1999.

[13] Brown A., May M., Tanju B., “Benefits of Software GPS Receivers for Enhanced Signal Processing,” GPS Solutions 4(1), pp. 56-66, Summer 2000.

[14] Bryant R., “Assisted GPS: Using Cellular Telephone Networks for GPS Anywhere,” GPS World, May 2005.

[15] Cheng U., Hurd W., Statman J., “Spread-Spectrum Code Acquisition in the Presence of Doppler Shift and Data Modulation,” IEEE Transactions on Communications, Vol. 38, No. 2, February 1990.

[16] Daishinku Corporation, “Daishinku Navigates on Scaling Down GPS Receiver Modules,” Asia Electronics Industry, September 2008.

[17] De Wilde W., Sleewaegen J.M., Simsky A., Vandewiele C., Peeters E., Grauwen J., Boon F., “New Fast Signal Acquisition Unit for GPS/Galileo Receivers”, European Navigation Conference GNSS, Manchester, UK, May 2006

[18] Dedes G., Dempster A.G., “Indoor GPS Positioning – Challenges and Opportunities,” Proceedings of the IEEE

62nd Vehicular Technology Conference, Dallas, TX, September 2005.

[19] Duel-Hallen A., Holtzman J., Zvonar Z., "Multiuser Detection for CDMA Systems," IEEE Personal Communications, April 1995.

[20] "E911 Roundtable," GPS World, March 1, 2002.

[21] Eerola V., "Rapid Parallel GPS Signal Acquisition," ION GPS, Salt Lake City, UT, September 19-22, 2000.

[22] Feng G., "GPS Receiver Block Processing," Proceedings of ION GPS, Nashville, TN, September 1999.

[23] Frost & Sullivan, "E911 and LBS: Addressing the New Location Accuracy Gap," April 2008.

[24] Fruehauf H., "Issues Involved with GPS Signal Acquisition and Unlocks," FEI-Zyfer Inc., 2005.

[25] Glennon E., Dempster A., "A Novel GPS Cross Correlation Mitigation Technique," ION GNSS, Long Beach, CA, September 13-16, 2005.

[26] Glennon E., Dempster A., "A Review of GPS Cross Correlation Mitigation Techniques," The International Symposium on GNSS/GPS, Sydney, Australia, 2004.

[27] Groves P., "GPS Signal to Noise Measurement in Weak Signal and High Interference Environments," ION GNSS, Long Beach, CA, September 13-16, 2005.

[28] Haddrell T., Pratt A., "Understanding the Indoor GPS Signal," ION GPS, Salt Lake City, UT, September 11-14, 2001.

[29] Harrison D., Rao N., McGrath D., Frank P., Lee N., Tiemann J., "A Fast Low-Energy Acquisition Technology for GPS Receivers," Proceedings of the 55th Annual Meeting of the ION, Cambridge, MA, June 27-30, 1999.

[30] Hein G., Pany T., Wallner S., Won J.H., "Platforms for a Future GNSS Receiver: A Discussion of ASIC, FPGA, and DSP Technologies," InsideGNSS, March 2006.

[31] Kaplan E., Understanding GPS: Principles and Applications, Second Edition, Artech House, Inc., 2006.

[32] Kelley C., OpenSource GPS, September 25, 2004.

[33] Kelley C., Baker D., "OpenSource GPS – A Hardware/Software Platform for Learning GPS: Part II, Software," GPS World, February 1, 2006.

[34] Kelley C., Cheng J., Barnes J., "OpenSourceGPS: Open Source Software for Learning about GPS," ION GPS, Portland, OR, September 2002.

[35] King T., "Prioritizing Satellite Search Order Based on Doppler Uncertainty," US Patent 6642886 B2, November 4, 2003.

[36] King T., Chang A., Strother T., "Navigation Satellite Acquisition in Satellite Positioning System Receiver," US Patent 7250904, July 31, 2007.

[37] Klukas R., Lachapelle G., Ma C., Jee G-I., "GPS Signal Fading Model for Urban Centres," IEE Proceedings of Microwaves, Antennas and Propagation, Vol. 150, pp. 245- 252, August 2003.

[38] Krasner N., "GPS Receiver and Method for Processing GPS Signals," US Patent 5663734, September 2, 1997.

[39] Krumvieda K., Cloman C., Olson E., Thomas J., Kober W., Madhani P., Axelrad P., "A Complete IF Software GPS Receiver: A Tutorial About the Details," ION GPS, Salt Lake City, UT, pp. 789-829, September 2001.

[40] LaMance J., Jarvinen J., DeSalas J., "Assisted GPS: A Low-Infrastructure Approach," GPS World, May 2002.

[41] Lee W., Slimak G., McGraw G., "Fast, Low Energy GPS Navigation with Massively Parallel Correlator Array Technology," Proceedings of the 55th Annual Meeting of the ION, Cambridge, MA, June 27-30, 1999.

[42] Lin D., Tsui J., "Acquisition Schemes for Software GPS Receiver," Proceedings of ION GPS, Nashville, TN, September 15-18, 1998.

[43] Location Services (LCS) Technical Specifications 3GPP TS 04.30, 04.31, 04.35, 24.030, 44.031, 44.035,

44.071, 3rd Generation Partnership Project, 2003.

[44] Lomer M., Fulga S., Gammel P., "GNSS on the Go: Sensitivity and Performance in Receiver Design," InsideGNSS, Spring 2008.

[45] Lozow J., "Analysis of Direct P(Y)-Code Acquisition," Navigation: Journal of the Institute of Navigation, Vol. 44, No. 1, Spring 1997.

[46] Luck T., Bodenbach M., Winkel J., Pany T., Sanroma D., Eissfeller B., "Trade-Off between Pure Software Based and FPGA Based Base Band Processing for a Real Time Kinematics GNSS Receiver," ION GNSS, Long Beach, CA, September 13-16, 2005.

[47] Lundgren D., Van Diggelen F., "Assistance When There's No Assistance: Long-Term Orbit Technology for Cell Phones, PDAs," GPS World, October 2005.

[48] Lyusin S., Khazanov I., Likhovid S., "Fast Acquisition by Matched Filter Technique for GPS/GLONASS Receivers," ION GPS, Nashville, TN, 1998.

[49] Ma C., Lachapelle G., Cannon M., "Implementation of a Software GPS Receiver," ION GNSS, Long Beach, CA, September 21-24, 2004.

[50] MacGougan G., High Sensitivity GPS Performance Analysis in Degraded Signal Environments, Master Thesis, Department of Geomatics Engineering, University of Calgary, June 2003.

[51] Manandhar D., Suh Y., Shibasaki R., "GPS Signal Acquisition and Tracking - An Approach towards Development of Software-Based GPS Receiver," Technical Report of the Institute of Electronics, Information and Communication Engineers, ITS 2004-16, July 2004.

[52] Mattos P., "Self-Assisted GPS: No Server, No Connection Requirement," GPS World, September 1, 2008.

[53] McDonough R., Whalen A., Detection of Signals in Noise, Second Edition, Academic Press, 1995.

[54] Mood A., Graybill F., Boes D., Introduction to the Theory of Statistics, Third Edition, McGraw-Hill, 1974.

[55] Morton, Y., Tsui, J., Lin, D., Liou L., Miller, M., Zhou, Q., French, M., Schamus, J., "Assessment and Handling of CA Code Self-Interference during Weak GPS Signal Acquisition", Proceedings of ION GPS/GNSS, Portland, OR, September 9-12, 2003.

[56] Moshavi S., "Multi-User Detection for DS-CDMA Communications," IEEE Communications Magazine, Vol. 34, Issue 10, October 1996.

[57] Norman C., Cahn C., "Strong Signal Cancellation to Enhance Processing of Weak Spread Spectrum Signal," US Patent 0032513, February 10, 2005.

[58] Norman C., Rounds S., "Combined Parallel and Sequential Detection for GPS Signal Acquisition," US Patent 7246011, July 17, 2007.

[59] Openwave Systems Inc., "Overview of Location Technologies," November 19, 2002.

[60] Parkinson B., Spilker J., Axelrad P., Enge P., Global Positioning System: Theory and Applications, American Institute of Aeronautics and Astronautics, 1996.

[61] Psiaki M., "Block Acquisition of Weak GPS Signals in a Software Receiver," ION GPS, Salt Lake City, UT, September 11-14, 2001.

[62] Raman S., Abtahi R., Zhang Q., Zhang G., Garin L., "Fast Search GPS Receiver," US Patent 0152409, July 13, 2006.

[63] Raquet J., GPS Receiver Design, ENGO 669.10 Lecture Notes, Department of Geomatics Engineering, University of Calgary, 2004.

[64] Rinder P., Bertelsen N., Design of a Single Frequency GPS Software Receiver, Master Thesis, Aalborg

University, Denmark, 2004.

[65] Schamus J., Tsui J., "Acquisition to Tracking and Coasting for Software GPS Receiver," ION GPS, Nashville, TN, September 14-17, 1999.

[66] Scharf L., Friedlander B., "Matched Subspace Detectors," IEEE Transactions on Signal Processing, Vol. 42, pp. 2146–2156, 1994.

[67] Seo H., Choi I., Gwak J., Hwang D-H., Lee S., "Extended Multiple Correlator for GPS Receivers," ION GPS, Portland, OR, September 24-27, 2002.

[68] Seo H., Park C., Lee S., "A New Fast Acquisition Algorithm for GPS Receivers," Proceedings of the 2000 International Symposium on GPS/GNSS, Seoul, Korea, December 2000.

[69] Shanmugam S., "Narrowband Interference Suppression Performance of Multi-Correlation Differential Detection," Proceedings of European Navigation Conference, Switzerland, May 29-31, 2007.

[70] Simon M., Omura J., Scholtz R., Levitt B., Spread Spectrum Communications Handbook, McGraw-Hill Inc., September 2001.

[71] Spiegel S., Thiel A., Nussbaumer S., Kovacs I., Durler M., "Improving the Isolation of GPS Receivers for Integration with Wireless Communication Systems," IEEE Radio Frequency Integrated Circuits Symposium, 2003.

[72] Taylor R., Sennott J., "Navigation System and Method," US Patent 4445118, 1981.

[73] Tong P., "A suboptimum Synchronization Procedure for Pseudo Noise Communication Systems," Proceedings of National Telecommunications Conference, 1973.

[74] Tsui J., Fundamentals of Global Positioning System Receivers: A Software Approach, Second Edition, John Wiley & Sons, 2005.

[75] Van Dierendonck A.J., Erlandson R., McGraw G., Coker R., "Determination of C/A Code Self-Interference Using Cross-Correlation Simulations and Receiver Bench Tests," ION GPS, Portland, OR, September 24-27, 2002.

[76] Van Diggelen F., "Global Locate Indoor GPS Chipset & Services," Proceedings of GPS ION, Salt Lake City, UT, 2001.

[77] Van Diggelen F., "Method and Apparatus for Time-Free Processing of GPS Signals," US Patent 6417801, July 9, 2002.

[78] Van Diggelen F., Abraham C., "Indoor GPS: the No-Chip Challenge," GPS World, September 2001.

[79] Van Diggelen F., Abraham C., "Indoor GPS Technology," CTIA Wireless-Agenda, Dallas, TX, May 2001.

[80] Van Graas F., Soloviev A., Uijt de Haag M., Gunawardena S., Braasch M., "Comparison of Two Approaches for GNSS Receiver Algorithms: Batch Processing and Sequential Processing Considerations," ION GNSS, Long Beach, CA, September 13-16, 2005.

[81] Van Nee R., Coenen A., "New Fast GPS Code-Acquisition Technique Using FFT," Electronics Letters, Vol. 27, No. 2, January 1991.

[82] Vittorini L., Robinson B., "Optimizing Indoor GPS Performance: Receiver Frequency Standards," GPS World, November 2003.

[83] Wang C., Jia Z., Wang H., "Continuous Integration Based Satellite Navigational Signal Acquisition," US Patent 7180446, February 20, 2007.

[84] Ward P., "GPS Receiver Search Techniques," IEEE Position Location and Navigation Symposium (PLANS), Vol. 22(26), pp. 604-611, April 1996.

[85] Watson R., Lachapelle G., Klukas R., Turunen S., Pietila S., Halivaara I., "Investigating GPS Signals Indoors with Extreme High-Sensitivity Detection Techniques," Navigation; Journal of the Institute of Navigation, Vol.

52, No. 4, Winter 2005-2006.

[86] Wilhelmsson L., Reial A., "GPS Receiver using Differential Correlation," European Patent Application Publication EP1545019, 2005.

[87] Zarlink Semiconductor, "GPS Orion: 12 Channel GPS Reference Design," Application Note 4808, Issue 2.0, October 2001.

[88] Zheng B., Lachapelle G., "GPS Software Receiver Enhancements for Indoor Use," ION GNSS, Long Beach, CA, September 13-16, 2005.

附录 A　缩写词中英对照

A-S	Anti-Spoofing	反电子欺骗
A/D	Analog to Digital	模拟/数字（信号转换）
ABS	Antilock Braking System	防抱死制动系统
ACF	Auto-Correlation Function	自相关函数
ADC	A/D Converter	模数转换器
ADR	Accumulated Delta Range	积分距离差
AFC	Automatic Frequency Control	自动频率控制
AGC	Automatic Gain Control	自动增益控制
AGNSS	Assisted GNSS	辅助 GNSS
AGPS	Assisted GPS	辅助 GPS
ASIC	Application Specific Integrated Circuit	专用集成电路
AT	Atomic Time	原子时
AWGN	Additive White Gaussian Noise	加性高斯白噪声
BER	Bit Error Rate	误码率
BPF	Band-Pass Filter	带通滤波器
BPSK	Bi Phase Shift Keying	双相移键控
C/A	Coarse Acquisition	粗捕获（码）
CAR	Cascading Ambiguity Resolution	逐级模糊度确定法
CDMA	Code Division Multiple Access	码分多址
CEP	Circular Error Probable	圆误差
CIGNET	Cooperative International GPS Network	国际合作 GPS 网
CLT	Central Limit Theorem	中心极限定理
CP	Code Phase	码相位
CPU	Central Processing Unit	中央处理器
CRPA	Controlled Reception Pattern Antenna	可控接收模式天线
CTP	Conventional Terrestrial Pole	协议地极
CW	Continuous Wave	连续波
DCO	Digitally Controlled Oscillator	数控振荡器
DD	Double Difference	双差
DEM	Digital Elevation Model	数字高程模型
DFT	Discrete Fourier Transform	离散傅里叶变换
DGPS	Differential GPS	差分 GPS
DLL	Delay Lock Loop	延迟锁定环路
DMA	Defense Mapping Agency	（美国）国防制图局
DoD	Department of Defense	（美国）国防部

DOF	Degrees of Freedom	自由度
DOP	Dilution of Precision	精度因子
DR	Dead Reckoning	航位推测
DSP	Digital Signal Processing	数字信号处理
DSSS	Direct Sequence Spread Spectrum	直接序列扩频
ECEF	Earth Centered Earth Fixed	地心地固（坐标系）
ECI	Earth Centered Inertial	地心惯性（坐标系）
EE	Extended Ephemeris	扩充式星历
EEPROM	Electrically Erasable Programmable ROM	电可擦写可编程只读存储器
EGNOS	European Geostationary Navigation Overlay Service	欧洲静地星导航重叠服务
EHF	Extra High Frequency	极高频
EIRP	Effective Isotropic Radiated Power	等效各向辐射功率
EKF	Extended Kalman Filter	扩展卡尔曼滤波
ENU	East-North-Up	东北天（坐标系）
FA	False Alarm	虚警
FAA	Federal Aviation Administration	（美国）联邦航空局
FARA	Fast Ambiguity Resolution Approach	快速模糊度解算法
FASF	Fast Ambiguity Search Filter	快速模糊度搜索滤波法
FCC	Federal Communication Commission	（美国）联邦通信委员会
FDE	Fault Detection and Exclusion	故障检测和排除
FDMA	Frequency Division Multiple Access	频分多址
FEC	Forward Error Correction	前向纠错
FFT	Fast Fourier Transform	快速傅里叶变换
FLL	Frequency Lock Loop	频率锁定环路
FPGA	Field Programmable Gate Array	现场可编程门阵列
GDOP	Geometric Dilution of Precision	几何精度因子
GF	Geometry Free	几何无关
GLONASS	Global Navigation Satellite System	（俄罗斯）全球导航卫星系统
GMT	Greenwich Mean Time	格林尼治时间
GNSS	Global Navigation Satellite System	全球导航卫星系统
GPP	General-Purpose Processor	通用处理器
GPS	Global Positioning System	全球定位系统
GPST	GPS Time	GPS 时间
HDOP	Horizontal Dilution of Precision	水平位置精度因子
HF	High Frequency	高频
HOW	Handover Word	交接字
HSGPS	High Sensitivity GPS	高灵敏度 GPS
I/Q	In-phase/Quadrature	同相/正交
I/S	Interference-to-Signal Ratio	干扰信号比
IAG	International Association of Geodesy	国际大地测量学协会

IAU	International Astronomical Union	国际天文学联合会
ICD	Interface Control Document	界面控制文件
IERS	International Earth Rotation Service	国际地球自转服务
IF	Intermediate Frequency	中频
IF	Ionosphere Free	电离层无关
IGS	International GNSS Service	国际 GNSS 服务
IGS	International GPS Service for Geodynamics	国际 GPS 地球动力学服务
IMM	Interacting Multiple Model	交互式多模型
IMU	Inertial Measurement Unit	惯性测量仪
INS	Inertial Navigation System	惯性导航系统
IODC	Issue of Data, Clock	时钟数据期号
IODE	Issue of Data, Ephemeris	星历数据期号
ION	Institute of Navigation	（美国）导航学会
IP	Intellectual Property	知识产权
IP	Internet Protocol	因特网协议
IRNSS	Indian Regional Navigation Satellite System	印度区域导航卫星系统
IRR	Image Rejection Ratio	镜像抑制比
ITS	Intelligent Transportation System	智能交通系统
ITU	International Telecommunication Union	国际电信联盟
J/S	Jamming-to-Signal Ratio	干扰信号比
JPALS	Joint Precision Approach and Landing System	联合精密进近与着陆系统
LAAS	Local Area Augmentation System	局域增强系统
LADGPS	Local Area DGPS	局域差分 GPS
LAMBDA	Least Square AMBiguity Decorrelation Adjustment	LAMBDA 算法
LBS	Location Based Services	位置服务
LF	Low Frequency	低频
LHCP	Left Hand Circular Polarization	左旋圆极化
LLA	Latitude, Longitude, and Altitude	纬经高（坐标系）
LNA	Low Noise Amplifier	低噪声放大器
LO	Local Oscillator	本机振荡器
LORAN	Long Range Radio Direction Finding System	罗兰导航系统
LS	Least Squares	最小二乘法
LSAST	Least Squares Ambiguity Search Technique	最小二乘模糊度搜索算法
LTI	Linear Time-Invariant	线性时不变（系统）
LTO	Long Term Orbit	长期轨道
MD	Missed Detection	漏警
MDGPS	Maritime DGPS	（美国）海事差分 GPS
MEDLL	Multipath Estimation DLL	多路径估计延迟锁定环路
MEMS	Micro-Electro-Mechanical System	微机电系统
MET	Multipath Elimination Technology	多路径消除技术

MF	Medium Frequency	中频
ML	Maximum Likelihood	最大似然法
MLA	Multipath Limiting Antenna	多路径抑制天线
MMA	Multiple Model Adaptive	多态自适应
MMSE	Minimum Mean Square Error	最小均方误差
MS	Mobile Station	移动终端
MSAS	Multi-Functional Satellite Augmentation System	（日本）多功能卫星增强系统
MSL	Mean Sea Level	平均海拔
NAVSTAR	Navigation System with Time and Ranging	授时与测距导航系统
NCO	Numerically Controlled Oscillator	数控振荡器
NDGPS	Nationwide DGPS	（美国）国家差分 GPS
NF	Noise Figure	噪声指数
NMEA	National Marine Electronics Association	（美国）国家航海电子协会
NNSS	Navy Navigational Satellite System	海军导航卫星系统
OCXO	Oven-Controlled Crystal Oscillator	温控晶体振荡器
PDA	Personal Digital Assistant	个人数位助理
PDAF	Probabilistic Data Association Filter	概率数据关联滤波器
PDI	Predetection Integration	预检积分
PDOP	Position Dilution of Precision	空间位置精度因子
PLL	Phase Lock Loop	相位锁定环路
ppm	parts per million	百万分之一（10^{-6}）
PPP	Precise Point Positioning	精密单点定位
PPS	Precise Positioning Service	精密定位服务
PPS	Pulse Per Second	秒脉冲
PRN	Pseudo-Random Noise	伪随机噪声
PSD	Power Spectral Density	功率频谱密度
PVT	Position, Velocity, and Time	位置、速度和时间
QZSS	Quasi-Zenith Satellite System	（日本）准天顶卫星系统
RAIM	Receiver Autonomous Integrity Monitoring	接收机自主正直性监测
RAM	Random Access Memory	随机存取存储器
RF	Radio Frequency	射频
RFI	Radio Frequency Interference	射频干扰
RFIC	Radio Frequency Integrated Circuit	射频集成电路
RHCP	Right Hand Circular Polarization	右旋圆极化
RINEX	Receiver INdependent EXchange Format	接收机通用数据交换格式
RLS	Recursive Least Squares	递归最小二乘法
ROC	Region of Convergence	收敛域
ROM	Read Only Memory	只读存储器
RTC	Real Time Clock	实时时钟
RTCA	Radio Technical Commission for Aeronautics	航空无线电委员会

RTCM	Radio Technical Commission for Maritime Services	无线电技术海事服务委员会
RTK	Real-Time Kinematic	实时动态（定位技术）
SA	Selective Availability	选择可用性
SAW	Surface Acoustic Wave	声表面波（滤波器）
SBAS	Satellite Based Augmentation System	星基增强系统
SD	Selectively Deny	选择失效
SD	Single Difference	单差
SEP	Spherical Error Probable	球误差
SHF	Super High Frequency	超高频
SNAS	Satellite Navigation Augmentation System	（中国）卫星导航增强系统
SNR	Signal-to-Noise Ratio	信噪比
SoC	System-on-Chip	系统级芯片/片上系统
SPI	Serial Peripheral Interface	串行外围接口
SPS	Standard Positioning Service	标准定位服务
SS	Spread Spectrum	扩频
SSS	Strict Sense Stationary	狭义平稳（随机信号）
SV	Space Vehicle	空间飞行器
SVN	Space Vehicle Number	空间飞行器编号
TAI	International Atomic Time	国际原子时
TCXO	Temperature-Compensated Crystal Oscillator	温补晶体振荡器
TDOP	Time Dilution of Precision	钟差精度因子
TEC	Total Electron Content	电子数总量
TLW	Telemetry Word	遥测字
TOW	Time of Week	周内时
TRAIM	Time Receiver Autonomous Integrity Monitoring	时间接收机自主正直性监测
TTFF	Time to First Fix	首次定位所需时间
UHF	Ultra High Frequency	特高频
UKF	Unscented Kalman Filter	不敏卡尔曼滤波器
URA	User Range Accuracy	用户测距精度
URE	User Range Error	用户测距误差
USART	Universal Synchronous Asynchronous Receiver/Transmitter	同步/异步串行通信
USB	Universal Serial Bus	通用串行总线
USCG	United States Coast Guard	美国海岸警卫队
USNO	United States Naval Observatory	美国海军天文台
UT	Universal Time	世界时
UTC	Universal Coordinated Time	协调世界时间
UWB	Ultra Wideband	超宽带
VCO	Voltage Controlled Oscillator	压控振荡器
VDOP	Vertical Dilution of Precision	高程精度因子
VFLL	Vector Frequency Lock Loop	向量式锁频环

VHF	Very High Frequency	甚高频
VLF	Very Low Frequency	甚低频
VLSI	Very Large Scale Integrated	超大规模集成
WAAS	Wide Area Augmentation System	广域增强系统
WADGPS	Wide Area DGPS	广域差分 GPS
WER	Word Error Rate	误字率
WGN	White Gaussian Noise	高斯白噪声
WGS	World Geodetic System	世界大地坐标系
WLS	Weighted Least Squares	加权最小二乘法
WN	Week Number	星期数
WSS	Wide Sense Stationary	广义平稳（随机信号）
WSSE	Weighted Sum Squared Error	残余平方加权和
XO	Crystal Oscillator	晶体振荡器

附录 B　单位制及其换算

不同频率单位之间的换算关系：
1 太赫（THz）= 10^{12} 赫兹（Hz）
1 吉赫（GHz）= 10^{9} 赫兹（Hz）
1 兆赫（MHz）= 10^{6} 赫兹（Hz）
1 千赫（kHz）= 10^{3} 赫兹（Hz）

不同时间单位之间的换算关系：
1 小时 = 3600 秒（s）
1 分 = 60 秒（s）
1 毫秒（ms）= 10^{-3} 秒（s）
1 微秒（μs）= 10^{-6} 秒（s）
1 纳秒（ns）= 10^{-9} 秒（s）
1 皮秒（ps）= 10^{-12} 秒（s）

不同长度单位之间的换算关系：
1 千米（km）= 1000 米（m）
1 厘米（cm）= 10^{-2} 米（m）
1 毫米（mm）= 10^{-3} 米（m）
1 微米（μm）= 10^{-6} 米（m）

在 GPS 领域，我们时常混合使用表面上看起来代表时间和长度的不同物理量。以秒为单位的时间量 t 与以米为单位的长度量 ℓ 之间的换算因子是真空中的光速 c，即

$$\ell = ct \tag{B.1}$$

这样，原本为时间参量的 t 就可作为长度参量使用，原本为长度参量的 ℓ 也可作为时间参量使用。

此外，如表 B.1 所示，我们时常将 GPS 信号结构中的一些单元作为时间或长度的单位，以便让我们的表达更方便、更形象。

表 B.1　作为时间或长度的单位的一些 GPS 信号结构单元

GPS 信号结构单元	等价的时间值	等价的长度值
一个 L1 载波波长		19 cm
一个 C/A 码码片	1/1023 ms	293 m
一个 C/A 码	1 ms	
一个导航电文数据比特	20 ms	

附录 C　随机变量和随机过程

本章简单介绍概率论、随机变量及其数字特征和随机过程等方面的基础知识，这些知识会在本书的多个章节中得到应用。

C.1　随机变量及其数字特征

向上抛掷一枚硬币，当硬币落地时，它要么正面朝上，要么反面朝上。然而，究竟哪一面朝上是不可预知的，是随机的。这种硬币被抛掷后落地时的朝向结果是一个随机变量，并且这个随机变量只有两个离散值，即正面朝上和反面朝上，因此它是一个离散型随机变量。如果一个随机变量的取值在一定区域内是连续的，那么它是一个连续型随机变量。

如果 X 表示硬币朝向结果随机变量，那么 X 有两个可能的值：值 1 代表 X 正面朝上，值 0 代表 X 反面朝上。如果硬币不但质地均匀，而且是被随机抛出的，那么 X 的值等于 1 的概率 $p_X(1)$ 和等于 0 的概率 $p_X(0)$ 均为 0.5。如果如此抛掷硬币多次，那么 X 的平均值应该接近并且趋于 0.5。在概率论中，随机变量的均值又称数学期望，它是以概率为权重的所有可能取值的加权平均。随机变量 X 的均值 μ_X 的计算公式如下：

$$\text{离散型：}\quad \mu_X \equiv E(X) = \sum_i x_i p_X(x_i) \tag{C.1}$$

$$\text{连续型：}\quad \mu_X \equiv E(X) = \int_{-\infty}^{+\infty} x f_X(x)\mathrm{d}x \tag{C.2}$$

式中，$p_X(x_i)$ 代表离散型随机变量 X 的值为 x_i 的概率分布律，$f_X(x)$ 代表连续型随机变量 X 的概率密度函数（PDF）。运算符"E"指代期望，以上两式实际上定义了期望一运算符。

再举一个乘公共汽车的例子。某汽车从 A 站行驶到 P 站所需的时间，随着当时的交通状况和乘客多少的不同而变化；然而，统计表明，汽车的行驶时间通常为 10～30 分。这样，汽车从 A 站行驶到 P 站所需的时间就是一个连续型随机变量，其值可以是 10～30 分之间的任何一个数。如果这个随机变量的均值是 20 分，且汽车在大部分情况下总是行驶约 20 分，那么我们会感觉到这趟汽车非常准时；否则，如果汽车有时只花 10.4 分，有时要花 29.6 分，即不同班次的行驶时间差异很大，那么我们就会抱怨这趟汽车不准时，尽管它们的平均值仍是 20 分。因此，除了均值，我们还常用方差来描述一个随机变量的数字特征。方差的大小体现了随机变量值的分布疏密状况：方差越大，随机变量的值分布越分散。随机变量 X 的方差 σ_X^2 定义如下：

$$\sigma_X^2 \equiv V(X) = E\left\{\left(X - E(X)\right)^2\right\} = E(X^2) - \mu_X^2 \tag{C.3}$$

式中，$E(X^2)$ 表示 X^2 的均值。在上面的汽车例子中，越大的行驶时间方差意味着汽车越不准时。方差 σ_X^2 的平方根 σ_X 被称为*标准差*，又称*均方差*。

均值和方差一般不能完整描述任意一个随机变量 X 的值的分布情况，概率分布律 $p_X(x_i)$ 或概率密度函数 $f_X(x)$ 则可以担当此任。不同的随机变量可能会呈不同的概率分布，稍后将介绍几种常见且有用的概率分布。

如果 X 是一个随机变量，那么经过以下线性变换后得到的变量 Y，即

$$Y = aX + b \tag{C.4}$$

也是一个随机变量，其中 a 和 b 是两个常系数。由这种线性变换得到的随机变量 Y 的均值和方差分别为

$$E(Y)=E(aX+b)=aE(X)+b \tag{C.5}$$

$$V(Y)=V(aX+b)=a^2V(X) \tag{C.6}$$

如果 X 和 Y 是两个连续型随机变量，那么它们之间相互独立的充要条件为

$$f_{X,Y}(x,y)=f_X(x)f_Y(y) \tag{C.7}$$

式中，$f_{X,Y}(x,y)$ 是 X 与 Y 的联合概率密度函数。如果两个随机变量 X 与 Y 满足

$$E(XY)=E(X)E(Y) \tag{C.8}$$

那么 X 与 Y 不相关。两个相互独立的随机变量一定不相关，而两个不相关的随机变量不一定相互独立。两个随机变量 X 与 Y 之间的协方差 $\mathrm{Cov}(X,Y)$ 定义为

$$\mathrm{Cov}(X,Y)\equiv E\left\{\big(X-E(X)\big)\big(Y-E(Y)\big)\right\}=E(XY)-E(X)E(Y) \tag{C.9}$$

可见，如果两个随机变量的协方差等于零，那么它们之间不相关，反之亦然。两个随机变量 X 与 Y 之间的相关程度可用如下定义的相关系数 $\rho_{X,Y}$ 来衡量：

$$\rho_{X,Y}=\frac{\mathrm{Cov}(X,Y)}{\sigma_X\sigma_Y} \tag{C.10}$$

相关系数 $\rho_{X,Y}$ 的值在 -1 至 $+1$ 之间。显然，当 $\rho_{X,Y}$ 等于零时，两个随机变量不相关。

两个随机变量 X 与 Y 相加或者相减的结果也是一个随机变量，结果的均值与方差分别为

$$E(X\pm Y)=E(X)\pm E(Y) \tag{C.11}$$

$$V(X\pm Y)=V(X)+V(Y)\pm 2\mathrm{Cov}(X,Y) \tag{C.12}$$

不论 X 与 Y 是否相关，以上两式始终成立。如果 $\boldsymbol{X}$ 是由 N 个随机变量 $X_1, X_2, \cdots, X_N$ 组成的随机向量，即

$$\boldsymbol{X}=\begin{bmatrix}X_1 & X_2 & \cdots & X_N\end{bmatrix}^{\mathrm{T}} \tag{C.13}$$

那么随机向量 $\boldsymbol{X}$ 的均值 $\boldsymbol{\mu_X}$ 为

$$\boldsymbol{\mu_X}\equiv E(\boldsymbol{X})=E\left(\begin{bmatrix}X_1\\X_2\\\vdots\\X_N\end{bmatrix}\right)=\begin{bmatrix}E(X_1)\\E(X_2)\\\vdots\\E(X_N)\end{bmatrix} \tag{C.14}$$

其协方差矩阵 $\boldsymbol{K_X}$ 为

$$\begin{aligned}\boldsymbol{K_X}&=\mathrm{Cov}(\boldsymbol{X})=E\left\{\big(\boldsymbol{X}-E(\boldsymbol{X})\big)\big(\boldsymbol{X}-E(\boldsymbol{X})\big)^{\mathrm{T}}\right\}\\&=\begin{bmatrix}V(X_1) & \mathrm{Cov}(X_1,X_2) & \cdots & \mathrm{Cov}(X_1,X_N)\\\mathrm{Cov}(X_2,X_1) & V(X_2) & \cdots & \mathrm{Cov}(X_2,X_N)\\\vdots & \vdots & \ddots & \vdots\\\mathrm{Cov}(X_N,X_1) & \mathrm{Cov}(X_N,X_2) & \cdots & V(X_N)\end{bmatrix}\end{aligned} \tag{C.15}$$

可见，协方差矩阵 $\boldsymbol{K_X}$ 是一个 $N\times N$ 的对称矩阵，其对角线上的元素分别等于相应各个随机变量的方差，而非对角线上的元素为不同变量之间的协方差。

C.2　正态分布

正态分布又称高斯分布，是一种非常重要的概率分布。正态分布之所以重要，原因之一是中心极限定理（CLT）在现实生活中所起的作用，原因之二是数学操作上的便利。如果一个随机变量 X 的概率呈均值为 μ_X、方差为 σ_X^2 的正态分布，那么我们常将这个正态变量 X 记为

$$X \sim N\left(\mu_X, \sigma_X^2\right) \tag{C.16}$$

它的概率密度函数 $f_X(x)$ 的表达式为

$$f_X(x) = \frac{1}{\sqrt{2\pi}\sigma_X} \mathrm{e}^{-\frac{(x-\mu_X)^2}{2\sigma_X^2}} \tag{C.17}$$

其曲线呈所谓的"钟形"。特别地，均值为 0、方差为 1 的正态分布被称为标准正态分布。一个正态变量的概率分布状况可以用其均值和方差来完整地描述；类似地，对一个呈高斯联合分布的随机向量来说，它的均值和协方差矩阵也可以完整地描述其概率分布状况。

在通信理论中，我们经常需要计算以下被称为 Q 函数的值：

$$Q(x) = \int_x^{\infty} f_X(t)\mathrm{d}t = \frac{1}{\sqrt{2\pi}} \int_x^{\infty} \mathrm{e}^{-t^2/2}\mathrm{d}t \tag{C.18}$$

式中，$f_X(x)$ 是呈标准正态分布的随机变量 X 的概率密度函数，因此 $Q(x)$ 是 X 的值大于 x 的概率。MATLAB 的统计工具箱中有一个 erfc 函数，它的定义为

$$\mathrm{erfc}(x) = \frac{2}{\sqrt{\pi}} \int_x^{\infty} \mathrm{e}^{-t^2}\,\mathrm{d}t \tag{C.19}$$

比较上述两式，可以推出 erfc 函数与 Q 函数之间的如下关系：

$$Q(x) = \frac{1}{2}\mathrm{erfc}\left(\frac{x}{\sqrt{2}}\right) \tag{C.20}$$

于是，我们可以借助 MATLAB 的 erfc 函数来计算 Q 函数的值。

如果随机变量 X 呈式（C.16）所示的正态分布，那么经式（C.4）所示的线性变换后，得到的随机变量 Y 仍呈正态分布，并且

$$Y \sim N\left(a\mu_X + b, a^2\sigma_X^2\right) \tag{C.21}$$

一个正态变量经非线性变换后，一般不再呈正态分布。

C.3　二项分布

如果某项实验只产生两种结果，即要么事件 A 发生，要么事件 A 不发生，其中事件 A 发生的概率为 p，不发生的概率为 $1-p$，并且不同次实验之间相互独立，那么我们称这种实验为贝努利（Bernoulli）实验。如果进行 n 次贝努利实验，那么其中事件 A 发生的次数 X 是一个随机变量，而 n 次实验中事件 A 刚好发生 k 次的概率为

$$P_X(k) = C_n^k p^k (1-p)^{n-k} \tag{C.22}$$

式中，C_n^k 是 n 中取 k 个的组合，其值等于

$$C_n^k = \frac{n!}{k!(n-k)!} \tag{C.23}$$

式中的运算符“!”代表阶乘。这样，我们就称上述随机变量 X 呈二项分布，且通常记为

$$X \sim b(n, p) \tag{C.24}$$

根据式（C.22）表达的二项分布概率分布律，可以求出 X 的均值与方差分别为

$$E(X) = np \tag{C.25}$$

$$V(X) = np(1-p) \tag{C.26}$$

C.4 瑞利分布

假设 X 与 Y 是两个相互独立的随机变量，并且它们具有如下相同的正态分布：

$$X \sim N(0, \sigma_n^2) \tag{C.27}$$

$$Y \sim N(0, \sigma_n^2) \tag{C.28}$$

而随机变量 V 被定义为

$$V = \sqrt{X^2 + Y^2} \tag{C.29}$$

那么 V 呈瑞利（Rayleigh）分布，其概率密度函数 $f_n(v)$ 为

$$f_n(v) = \frac{v}{\sigma_n^2} \mathrm{e}^{-\frac{v^2}{2\sigma_n^2}} \tag{C.30}$$

式中，$v \geqslant 0$。稍后在介绍莱斯分布时，我们将解释将瑞利分布的概率密度函数记为 $f_n(v)$ 的原因。

根据变量 V 的概率密度函数 $f_n(v)$ 式（C.30），可以求出变量 V 的均值和方差如下：

$$E(V) = \sqrt{\frac{\pi}{2}} \sigma_n \tag{C.31}$$

$$V(V) = \frac{4-\pi}{2} \sigma_n^2 \tag{C.32}$$

并且变量 V 的平均功率为

$$E(V^2) = 2\sigma_n^2 \tag{C.33}$$

C.5 莱斯分布

假设随机变量 X 与 Y 呈如下的正态分布：

$$X \sim N(a\cos\theta, \sigma_n^2) \tag{C.34}$$

$$Y \sim N(a\sin\theta, \sigma_n^2) \tag{C.35}$$

式中，a 为常数，θ 为一个任意的实数，而随机变量 V 的定义与式（C.29）相同，即

$$V = \sqrt{X^2 + Y^2} \tag{C.36}$$

那么 V 呈莱斯（Rice）分布，其概率密度函数 $f_s(v)$ 为

$$f_s(v)=\frac{v}{\sigma_n^2}\mathrm{e}^{-\frac{v^2+a^2}{2\sigma_n^2}}I_0\left(\frac{va}{\sigma_n^2}\right) \tag{C.37}$$

式中，$v\geqslant 0$，$I_0(\cdot)$ 为第一类零阶修正贝塞尔（Bessel）函数。

根据变量 V 的概率密度函数 $f_s(v)$ 式（C.37），可以求出 V 的均值和平均功率如下：

$$E(V)=\sqrt{\frac{\pi}{2}}\sigma_n L_{1/2}\left(-\frac{a^2}{2\sigma_n^2}\right) \tag{C.38}$$

$$E(V^2)=a^2+2\sigma_n^2 \tag{C.39}$$

式中，拉格朗日多项式 $L_{1/2}(\cdot)$ 为

$$L_{1/2}(x)=\mathrm{e}^{\frac{x}{2}}\left((1-x)I_0\left(-\frac{x}{2}\right)-xI_1\left(-\frac{x}{2}\right)\right) \tag{C.40}$$

式中，$I_1(\cdot)$ 为第一类一阶修正贝塞尔函数。

比较瑞利分布与莱斯分布可以看出，当莱斯分布中的参数 a 等于零时，莱斯分布就变成了瑞利分布。事实上，如果将常数 a 视为一个信号的幅值，将 $a\cos\theta$ 和 $a\sin\theta$ 视为 a 在两个相互正交的坐标轴（如 X 轴和 Y 轴）上的投影量，且每个坐标分量上均附加了均值为 0、方差为 σ_n^2 的噪声，那么由式（C.29）或式（C.36）得到的信号 V 的大小呈莱斯分布；如果信号不存在（a 等于零），那么 V 呈瑞利分布。因此，我们特意用 $f_s(v)$ 来标记莱斯分布的概率密度函数，其中下标"s"寓意为信号存在，而用 $f_n(v)$ 来标记瑞利分布的概率密度函数，其中下标"n"代表只有噪声存在。

在无线通信技术中，瑞利分布和莱斯分布是两种用来模拟信号衰落情况的非常重要的概率分布。如果接收到的无线信号由一个直射波和一个反射波组成，其中直射波信号成分的功率为 a^2，反射波信号成分的幅值呈平均功率为 $2\sigma_n^2$ 的瑞利分布，那么接收信号的总幅值 V 就呈式（C.37）所示的莱斯分布，其中直射波信号成分功率与瑞利信号成分功率之比被称为莱斯因子 K，即

$$K=\frac{a^2}{2\sigma_n^2} \tag{C.41}$$

如果莱斯因子 K 等于 0，那么接收到的无线信号中的直射波信号成分消失，此时莱斯信号就变成瑞利信号，而瑞利分布是一种最严重的信号衰落分布形式。

C.6 随机过程

随机过程可以理解成一个关于时间的随机函数，即它在每个时刻的样本均是一个随机变量。如果一个随机过程信号的均值和方差不随时间变化，那么称该信号为广义平稳（WSS）信号；如果一个随机过程信号的所有有限高阶概率分布均不随时间变化，那么称该信号为狭义平稳（SSS）信号，简称平稳信号。

对于一个广义平稳随机信号 $x(t)$，我们可将它的自相关函数 $R_x(\tau)$ 定义为

$$R_x(\tau)=E\big(x(t+\tau)x(t)\big) \tag{C.42}$$

它用于衡量信号 $x(t)$ 与时间上平移 τ 后的信号 $x(t+\tau)$ 之间的相似度。在平移时间的原点，

$$R_x(0)=E\big(x^2(t)\big) \tag{C.43}$$

即自相关函数 $R_x(\tau)$ 在原点的值 $R_x(0)$ 等于信号 $x(t)$ 的平均功率。

利用傅里叶变换（见附录 F），我们可以定义一个信号的功率频谱密度（PSD）函数。一个广义平稳信号 $x(t)$ 的功率频谱密度函数 $S_x(f)$，等于该信号的自相关函数 $R_x(\tau)$ 的傅里叶变换，即

$$S_x(f) = F\{R_x(\tau)\} = \int_{-\infty}^{+\infty} R_x(\tau)\mathrm{e}^{-2\pi i f\tau}\mathrm{d}\tau \tag{C.44}$$

白噪声随机过程 $x(t)$ 在任一时刻的均值都为零，且在任何两个不同时刻的样本互不相关，因此它的自相关函数是一个冲激函数，即

$$R_x(\tau) = \frac{N}{2}\delta(\tau) \tag{C.45}$$

如果对上式进行傅里叶变换，那么白噪声的单边功率频谱密度函数 $S_x(f)$ 等于常数 $\frac{N}{2}$。因为 $x(t)$ 的功率频谱密度值在（一定频段内的）各个频率处相等，所以我们称 $x(t)$ 为“白”噪声。如果白噪声 $x(t)$ 的幅值呈高斯分布，那么称 $x(t)$ 为高斯白噪声（WGN）。在通信系统等学科中，信号中附加的噪声通常被模拟为高斯白噪声，且被称为加性高斯白噪声（AWGN）。

参考文献

[1] 盛骤，谢式千，潘承毅. 概率论与数理统计[M]. 3 版. 北京：高等教育出版社，2001.

[2] Belloni F., “Fading Models,” Helsinki University of Technology, Finland, November 23, 2004.

[3] Leon-Garcia A., Probability and Random Processes for Electrical Engineering, Second Edition, Addison-Wesley Publishing Company, 1994.

[4] Wikipedia, “Rice Distribution,” April 17, 2007.

附录 D　拉普拉斯变换

拉普拉斯（Laplace，1749—1827）变换将连续信号从时域变换到复频域，是用于分析电路、控制等线性时不变（LTI）系统的一个有力的数学工具。本章首先简单介绍拉普拉斯变换及其基本性质，然后分析反馈系统的系统函数。

假设连续信号 $f(t)$ 是一个单边时间函数，即当 $t<0$ 时的 $f(t)$ 等于 0，那么 $f(t)$ 的拉普拉斯变换（简称拉氏变换）定义为

$$F(s)=L\{f(t)\}=\int_{0_-}^{\infty}f(t)\mathrm{e}^{-st}\mathrm{d}t \tag{D.1}$$

式中，复变量 $s=\sigma+\mathrm{j}\omega$ 称为复频率，j 是虚数单位，$F(s)$ 称为原函数 $f(t)$ 的像函数，$L\{\cdot\}$ 是拉氏变换符，积分下标“0_-”表示积分区间包含 $t=0$ 的那一刻。

拉氏反变换将复频域函数 $F(s)$ 变换到时域函数 $f(t)$，其定义如下：

$$f(t)=L^{-1}\{F(s)\}=\frac{1}{2\pi\mathrm{j}}\int_{c-\mathrm{j}\infty}^{c+\mathrm{j}\infty}F(s)\mathrm{e}^{st}\mathrm{d}s \tag{D.2}$$

事实上，拉氏反变换很少直接由如上式所示的积分运算来完成。

拉氏变换及其反变换具有唯一性，即一个时域函数 $f(t)$ 只对应一个复频域函数 $F(s)$，反之亦然。如果 $f(t)$ 与 $F(s)$ 是一个拉氏变换对，那么由此变换对的任一方出发，我们可以唯一地确定另一方。

表 D.1 列出了一些常用的拉氏变换对，表 D.2 列出了拉氏变换的一些基本性质，其中 $f(t)$ 与 $F(s)$、$f_1(t)$ 与 $F_1(s)$ 及 $f_2(t)$ 与 $F_2(s)$ 是三个拉氏变换对。读者可从拉氏变换的定义式（D.1）出发，自行练习推导、验证这两个表格中的各个变换对及其基本性质。表 D.2 中的 $\otimes$ 代表卷积运算符，而两个函数 $f_1(t)$ 与 $f_2(t)$ 之间的卷积定义为

$$f_1(t)\otimes f_2(t)=\int_{-\infty}^{+\infty}f_1(t-\tau)f_2(\tau)\mathrm{d}\tau \tag{D.3}$$

在表 D.1 中，$\delta(t)$ 是单位冲激函数，其值仅在 $t=0$ 时非零，且具有以下特点：

$$f(t)\delta(t-\tau)=f(\tau)\delta(t-\tau) \tag{D.4}$$

$$\int_{-\infty}^{+\infty}f(t)\delta(t-\tau)\mathrm{d}t=f(\tau) \tag{D.5}$$

$$\delta(at+\tau)=\frac{1}{|a|}\delta(t+\frac{\tau}{a}) \tag{D.6}$$

$$f(t)\otimes\delta(t-\tau)=f(t-\tau) \tag{D.7}$$

式中，τ 是一个常数。表 D.1 中的 $\varepsilon(t)$ 是单位阶跃函数，其值仅在 $t\geqslant 0$ 时非零，且等于 1。因此，任意一个单边时间函数 $f(t)$ 都可以等价地写成 $f(t)\varepsilon(t)$，以表明 $f(t)$ 的时间单边性。

表 D.1　一些常用的拉氏变换对

单位冲激函数 $\delta(t)$	1
单位阶跃函数 $\varepsilon(t)$	$\dfrac{1}{s}$
t^n	$\dfrac{n!}{s^{n+1}}$
$e^{-\alpha t}$	$\dfrac{1}{s+\alpha}$
$\sin(\omega t)$	$\dfrac{\omega}{s^2+\omega^2}$
$\cos(\omega t)$	$\dfrac{s}{s^2+\omega^2}$

表 D.2　拉氏变换的一些基本性质

线性	$L\{\alpha f_1(t)+\beta f_2(t)\}=\alpha F_1(s)+\beta F_2(s)$
时域导数	$L\left\{\dfrac{df(t)}{dt}\right\}=sF(s)-f(0_-)$
时域积分	$L\left\{\int_{0_-}^{t} f(\tau)d\tau\right\}=\dfrac{F(s)}{s}$
时域平移	$L\{f(t-t_0)\varepsilon(t-t_0)\}=F(s)e^{-st_0}$
频域平移	$L\{f(t)e^{-\alpha t}\}=F(s+\alpha)$
频域导数	$L\{tf(t)\}=-\dfrac{dF(s)}{ds}$
卷积定理	$L\{f_1(t)\otimes f_2(t)\}=F_1(s)F_2(s)$
初值定理	$f(0^+)=\lim\limits_{s\to\infty} sF(s)$
终值定理	$\lim\limits_{t\to\infty} f(t)=\lim\limits_{s\to 0} sF(s)$

在一个线性时不变连续时间系统中，如果输入为单位冲激函数 $\delta(t)$ 时的输出是 $h(t)$，则称 $h(t)$ 为该系统的单位冲激响应，称 $h(t)$ 的像函数 $H(s)$ 为系统函数，也称传递函数。系统函数完整地描述了系统输入信号与输出信号之间的关系。如果一个系统的系统函数为 $H(s)$，那么当输入为 $u(t)$ 时，系统输出 $y(t)$ 等于

$$Y(s)=H(s)U(s) \tag{D.8}$$

式中，$U(s)$ 与 $Y(s)$ 分别是输入 $u(t)$ 与输出 $y(t)$ 的像函数。

下面推导一个连续时间反馈系统的系统函数。在图 D.1 所示的一个典型连续时间反馈系统中，$U(s)$ 与 $Y(s)$ 分别是系统的输入与输出，$A(s)$ 与 $F(s)$ 分别是系统的前馈传递函数与反馈传递函数，误差信号 $E(s)$ 反映了输入信号与反馈信号之间的差异，即

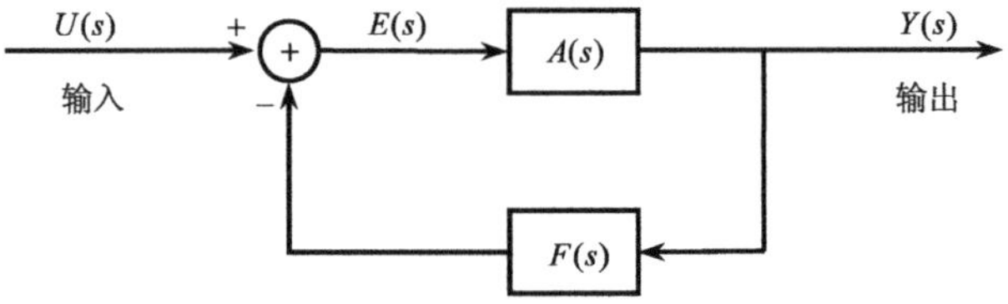

图 D.1　一个典型连续时间反馈系统

$$E(s)=U(s)-F(s)Y(s)=U(s)-F(s)A(s)E(s) \tag{D.9}$$

这样，误差信号 $E(s)$ 与输入信号之间的传递函数 $H_e(s)$ 为

$$H_e(s) \equiv \frac{E(s)}{U(s)} = \frac{1}{1+A(s)F(s)} \tag{D.10}$$

而系统函数 $H(s)$ 为

$$H(s) \equiv \frac{Y(s)}{U(s)} = \frac{A(s)}{1+A(s)F(s)} \tag{D.11}$$

如果一个系统的系统函数为 $H(s)$，那么该系统的频率响应特性 $H(\mathrm{j}\omega)$ 为

$$H(\mathrm{j}\omega) = H(s)\big|_{s=\mathrm{j}\omega} = \left|H(\mathrm{j}\omega)\right| \mathrm{e}^{\mathrm{j}\varphi(\omega)} \tag{D.12}$$

式中，ω 可理解为角频率，$\left|H(\mathrm{j}\omega)\right|$ 称为幅频特性，$\varphi(\omega)$ 称为相频特性。

如果系统函数 $H(s)$ 被表达成

$$H(s) = \frac{b(s)}{a(s)} = \frac{b_m(s-z_1)(s-z_2)\cdots(s-z_m)}{a_n(s-p_1)(s-p_2)\cdots(s-p_n)} \tag{D.13}$$

那么称使得 $H(s)$ 等于零的那些 s 值 $z_1, z_2, \cdots, z_m$ 为该系统函数的零点，而称使得 $H(s)$ 等于无穷大的那些 s 值 $p_1, p_2, \cdots, p_m$ 为该系统函数的极点。我们常将这些系统函数的零点和极点标记在复平面内，然后根据它们的分布情况判断系统的稳定性，并大致描述它的频率响应特性。对单边时间型单位冲激响应 $h(t)$ 而言，如果其对应的系统函数 $H(s)$ 的所有极点都位于虚轴以左的半个平面内，那么该系统是稳定系统，否则是不稳定系统。

参考文献

[1] 郑君里，应启珩，杨为理. 信号与系统[M]. 2 版. 北京: 高等教育出版社，2000.

[2] 周守昌. 电路原理[M]. 2 版. 北京: 高等教育出版社，2004.

附录E　Z　变　换

如同拉普拉斯变换在连续时间系统中的地位，Z 变换是分析线性时不变（LTI）离散时间系统的重要工具。本章首先简单介绍 Z 变换及其基本性质，然后介绍一种将连续时间系统离散化的双线性变换。

对一个连续时间信号 $x_a(t)$ 进行周期为 T_s 的周期采样，得到离散时间数据序列 $\{x(0), x(1), x(2), \cdots\}$。如果用 $x(n)$ 代表该序列，那么该序列中的第 n 个数值为

$$x(n) = x_a\left(nT_s\right) \tag{E.1}$$

式中，n 为整数。我们常将序列的第 n 个数值 $x(n)$ 写成 x_n。

离散时间序列 $x(n)$ 的 Z 变换 $X(z)$ 定义为

$$X(z) = Z\left\{x(n)\right\} = \sum_{n=-\infty}^{+\infty} x(n)z^{-n} \tag{E.2}$$

式中，z 为复变量，其值的选取关系到上式的收敛性。使得式（E.2）收敛的 z 值范围被称为 Z 变换的收敛域（ROC），任何一个 Z 变换表达式都必须注明收敛域。从 $X(z)$ 到 $x(n)$ 的 Z 反变换常用观察法、部分分式展开法或留数法等方法实现。从连续信号周期抽样的拉氏变换可以引出 Z 变换，Z 变换与拉氏变换之间存在一定的内在联系。

表 E.1 列出了一些常用的 Z 变换对，表 E.2 列出了 Z 变换的一些基本性质，其中 $x(n)$ 与 $X(z)$、$x_1(n)$ 与 $X_1(z)$ 及 $x_2(n)$ 与 $X_2(z)$ 代表三个 Z 变换对。从 Z 变换的定义式（E.2）出发，读者可自行练习推导、验证这两个表格中的各个变换对及其基本性质。在表 E.1 中，$\delta(n)$ 是单位样值序列，其值仅在 $n=0$ 时为 1，而在其余时刻均为 0；$u(n)$ 是单位阶跃序列，其值仅在 $n \geqslant 0$ 时为 1，而在其余时刻均为 0。表 E.2 中的 $\otimes$ 代表卷积运算符，两个序列 $x_1(n)$ 与 $x_2(n)$ 之间的卷积定义为

$$x_1(n) \otimes x_2(n) = \sum_{k=-\infty}^{+\infty} x_1(k)x_2(n-k) \tag{E.3}$$

表 E.1　一些常用的 Z 变换对

单位样值序列 $\delta(n)$	1，所有 z
单位阶跃序列 $u(n)$	$\dfrac{1}{1-z^{-1}}$，$\lvert z\rvert > 1$
$\delta(n-m)$	z^{-m}，除去 0（$m>0$）或者除去 ∞（$m<0$）的所有 z
$a^n u(n)$	$\dfrac{1}{1-az^{-1}}$，$\lvert z\rvert > \lvert a\rvert$
$-a^n u(-n-1)$	$\dfrac{1}{1-az^{-1}}$，$\lvert z\rvert < \lvert a\rvert$
$na^n u(n)$	$\dfrac{az^{-1}}{(1-az^{-1})^2}$，$\lvert z\rvert > \lvert a\rvert$

表 E.2　Z 变换的一些基本性质

线性	$Z\{\alpha x_1(n)+\beta x_2(n)\}=\alpha X_1(z)+\beta X_2(z)$
时移	$Z\{x(n\pm m)\}=z^{\pm m}X(z)$
z 域微分	$Z\{nx(n)\}=-z\dfrac{\mathrm{d}X(z)}{\mathrm{d}z}$，$Z\{n^k x(n)\}=\left(-z\dfrac{\mathrm{d}}{\mathrm{d}z}\right)^k X(z)$
z 域尺度变换	$Z\{a^n x(n)\}=X\left(\dfrac{z}{a}\right)$
时域卷积	$Z\{x_1(n)\otimes x_2(n)\}=X_1(z)X_2(z)$
初值定理	若 $x(n)$ 为因果序列，则 $x(0)=\lim\limits_{z\to\infty}X(z)$，$x(1)=\lim\limits_{z\to\infty}z[X(z)-x(0)]$
终值定理	若 $x(n)$ 为因果序列，则 $\lim\limits_{n\to\infty}x(n)=\lim\limits_{z\to 1}[(z-1)X(z)]$

在一个线性时不变离散时间系统中，如果输入为单位样值序列 $\delta(n)$ 时的输出是 $h(n)$，那么称 $h(n)$ 为该系统的单位冲激响应，称 $h(n)$ 的 Z 变换 $H(z)$ 为系统函数，也称传递函数。如果一个系统的单位冲激响应为 $h(n)$，那么当输入为 $x(n)$ 时，系统输出 $y(n)$ 等于 $x(n)$ 与 $h(n)$ 的卷积，即

$$y(n)=x(n)\otimes h(n) \tag{E.4}$$

而根据表 E.2 中的时域卷积定理，上式可改写成

$$Y(z)=H(z)X(z) \tag{E.5}$$

式中，$H(z)$ 为系统函数，$X(z)$ 与 $Y(z)$ 分别是输入 $x(n)$ 与输出 $y(n)$ 的 Z 变换。

在实际应用中，离散时间型数字滤波器比连续时间型模拟滤波器实现起来要容易得多，这就涉及如何将设计的模拟滤波器离散成数字滤波器的问题，而双线性变换是一种常用的离散方法。如果 $H(s)$ 是符合性能要求的一个连续时间滤波器的系统函数，那么相应的离散时间滤波器的系统函数 $H(z)$ 可以由以下双线性变换公式得到：

$$H(z)=H(s)\Big|_{s=\frac{2}{T_s}\frac{1-z^{-1}}{1+z^{-1}}} \tag{E.6}$$

式中，T_s 为采样周期。双线性变换将 s 平面中的整个虚轴（$\mathrm{j}\omega$ 轴）非线性地映射成 z 平面中的单位圆周，而由此所引起的频率畸变需要在设计中给予考虑。

下面以积分器为例来简单介绍双线性变换的应用。图 E.1(a)所示为一个连续时间型积分滤波器，其系统函数 $H(s)$ 为

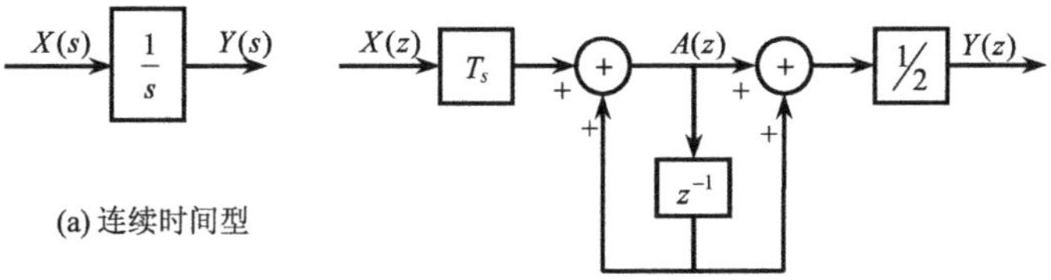

(a) 连续时间型

(b) 离散时间型

图 E.1　连续时间型与离散时间型积分滤波器

$$H(s)=\frac{1}{s} \tag{E.7}$$

表 D.2 中的时域积分性质告诉我们，频域信号除以 s 相当于在时域中对该信号进行积分。因为信号中的高频成分和噪声通过积分被平均或相互抵消，所以积分滤波器是一种简单的低通滤波

器。运用双线性变换公式（E.6），可得相应的离散时间型积分滤波器的系统函数 $H(z)$ 为

$$H(z)=\frac{Y(z)}{X(z)}=\frac{1}{s}\bigg|_{s=\frac{2}{T_s}\frac{1-z^{-1}}{1+z^{-1}}}=\frac{T_s}{2}\frac{1+z^{-1}}{1-z^{-1}} \tag{E.8}$$

根据式（E.8），我们可以画出如图 E.1(b)所示的这种离散时间型积分滤波器实现方式的方框图。下面，我们反过来证明图 E.1(b)所示的滤波器具有如式（E.8）所示的系统函数。从中间信号 $A(z)$ 出发，可得

$$A(z)=T_sX(z)+A(z)z^{-1} \tag{E.9}$$

即

$$A(z)=\frac{T_sX(z)}{1-z^{-1}} \tag{E.10}$$

这样，滤波器的输出结果 $Y(z)$ 为

$$Y(z)=\frac{1}{2}\left(A(z)+A(z)z^{-1}\right)=\frac{T_s}{2}\frac{1+z^{-1}}{1-z^{-1}}X(z) \tag{E.11}$$

对比式（E.8）与式（E.11），就证明了图 E.1(b)中的滤波器具有与式（E.8）一样的系统函数。对式（E.11）求 Z 反变换，得

$$y(n)=y(n-1)+T_s\frac{x(n)+x(n-1)}{2} \tag{E.12}$$

上式正是积分运算的一种离散形式。

参考文献

[1] 郑君里，应启珩，杨为理. 信号与系统[M]. 2 版. 北京：高等教育出版社，2000.

[2] Oppenheim A, Schafer R，Buck J. 离散时间信号处理[M]. 刘树棠，黄建国，译. 2 版. 西安：西安交通大学出版社，2000.

附录 F　傅里叶变换和采样定理

傅里叶（Fourier，1768—1830）变换将连续时间信号 $x(t)$ 变换成等价的频域信号 $X(f)$，二者之间的变换关系为

$$X(f)=F\{x(t)\}=\int_{-\infty}^{+\infty}x(t)\mathrm{e}^{-2\pi\mathrm{j}ft}\mathrm{d}t \tag{F.1}$$

$$x(t)=F^{-1}\{X(f)\}=\int_{-\infty}^{+\infty}X(f)\mathrm{e}^{2\pi\mathrm{j}ft}\mathrm{d}f \tag{F.2}$$

式中，j 为虚数单位，f 为频率，$F\{\cdot\}$ 与 $F^{-1}\{\cdot\}$ 分别代表傅里叶正、反变换符。一个时域信号经傅里叶变换后，我们可在频域中观察到该信号包含的不同频率成分的频谱状况。将上述两式分别与附录 D 中的式（D.1）和式（D.2）相比可以看出，傅里叶变换实际上是拉氏变换的一种特殊形式。需要说明的是，不同教科书中采用的傅里叶变换公式，形式上可能稍有不同，但是它们本质上是完全一致的。下面首先给出傅里叶变换的一些基本性质，然后探讨采样定理。

表 F.1 列出了一些常用的傅里叶变换对，表 F.2 列出了傅里叶变换的一些基本性质，其中 $x(t)$ 与 $X(f)$、$x_1(t)$ 与 $X_1(f)$ 及 $x_2(t)$ 与 $X_2(f)$ 是三个傅里叶变换对，而卷积“⊗”的定义与式（D.3）相同。

表 F.1　一些常用的傅里叶变换对

单位冲激信号 $\delta(t)$	1
矩形脉冲信号 $\Pi(t)$ 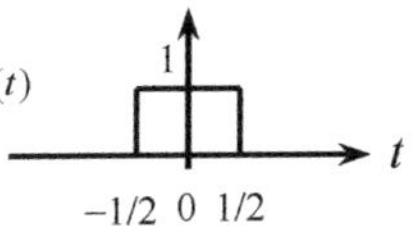	$\mathrm{sinc}\,f=\dfrac{\sin(\pi f)}{\pi f}$ 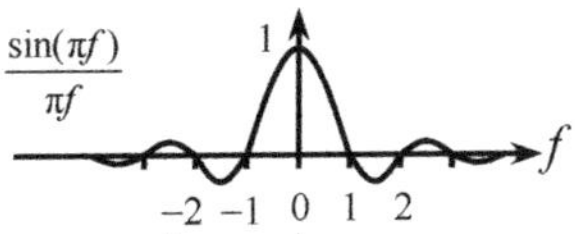
三角脉冲信号 $\wedge(t)$ 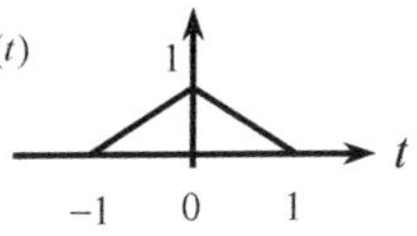	$\mathrm{sinc}^2 f=\left(\dfrac{\sin(\pi f)}{\pi f}\right)^2$ 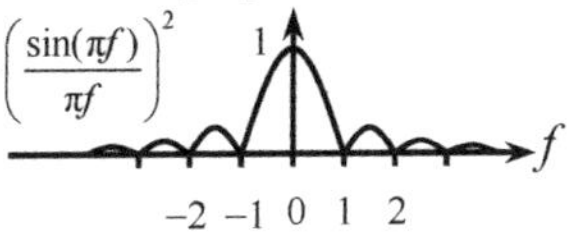
余弦信号 $\cos(2\pi f_0 t)$	$\dfrac{1}{2}[\delta(f-f_0)+\delta(f+f_0)]$
正弦信号 $\sin(2\pi f_0 t)$	$\dfrac{1}{2\mathrm{i}}[\delta(f-f_0)-\delta(f+f_0)]$
抽样函数 $\text{III}_{T_s}(t)=\sum\limits_{n=-\infty}^{+\infty}\delta(t-nT_s)$	$\text{III}(T_s f)=\dfrac{1}{\lvert T_s\rvert}\ \text{III}_{\frac{1}{T_s}}(f)=\dfrac{1}{\lvert T_s\rvert}\sum\limits_{n=-\infty}^{+\infty}\delta(f-n\dfrac{1}{T_s})$
指数函数 $\mathrm{e}^{-\alpha t}$，其中 $\alpha>0$，$t\geqslant 0$	$\dfrac{1}{2\pi\mathrm{i}f+\alpha}$

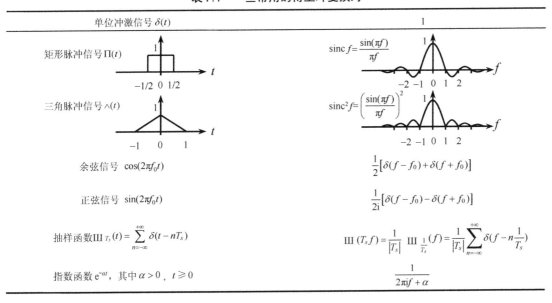

表 F.2　傅里叶变换的一些基本性质

线性	$F\{ax_1(t)+bx_2(t)\}=aX_1(f)+bX_2(f)$
对称性	$F\{X(t)\}=x(-t)$
尺度、时移	$F\{x(at+b)\}=\dfrac{1}{\lvert a\rvert}\mathrm{e}^{2\pi\mathrm{i}fb/a}X\left(\dfrac{f}{a}\right)$

（续表）

频移	$F\{e^{2\pi itb}x(t)\} = X(f-b)$
微分	$F\left\{\frac{d^n x(t)}{dt^n}\right\} = (2\pi if)^n X(f)$ $F\{(-2\pi it)^n x(t)\} = \frac{d^n X(f)}{df^n}$
卷积定理	$F\{x_1(t)\otimes x_2(t)\} = X_1(f)X_2(f)$ $F\{x_1(t)x_2(t)\} = X_1(f)\otimes X_2(f)$

利用傅里叶变换，可以推导出奈奎斯特（Nyquist，1889—1976）采样定理。我们用采样周期为 T_s 的抽样函数 $\text{III}_{T_s}(t)$ 对连续时间信号 $x(t)$ 进行采样，其中采样周期 T_s 的倒数为采样率 f_s，即

$$f_s = \frac{1}{T_s} \tag{F.3}$$

如图 F.1(a)所示，假定 $x(t)$ 包含有限带宽的频率成分，且其最高频率为 f_N，而如表 F.1 和图 F.1(b)所示，抽样函数 $\text{III}_{T_s}(t)$ 的傅里叶变换由一连串频率间隔为 f_s 的冲激函数组成。

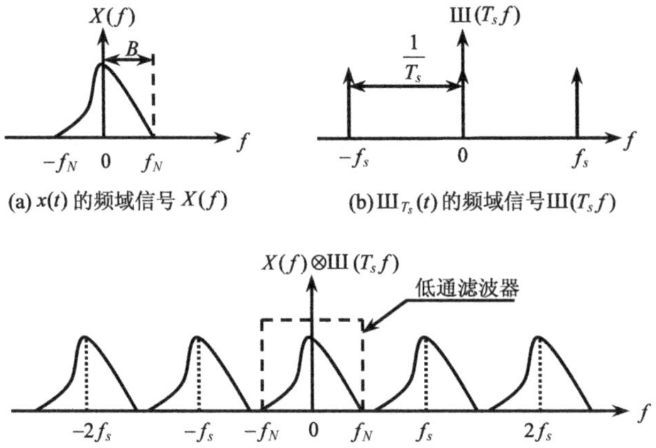

(a) $x(t)$ 的频域信号 $X(f)$　　(b) $\text{III}_{T_s}(t)$ 的频域信号 $\text{III}(T_s f)$

(c) $x(t)$ 被采样后的频域信号

图 F.1　基带信号采样的频域分析

我们可将采样过程理解为被采样信号 $x(t)$ 与抽样函数 $\text{III}_{T_s}(t)$ 做相乘运算，即

$$x(t)\,\text{III}_{T_s}(t) = x(t)\sum_{n=-\infty}^{+\infty}\delta(t-nT_s) = \sum_{n=-\infty}^{+\infty}x(nT_s)\delta(t-nT_s) \tag{F.4}$$

上式的计算利用了式（D.4）。由表 F.2 中的卷积定理可知，两个信号在时域内的积等价于它们在频域内的卷积，即 $x(t)\,\text{III}_{T_s}(t)$ 的傅里叶变换为

$$X(f)\otimes\text{III}(T_s f) = X(f)\otimes\frac{1}{T_s}\sum_{n=-\infty}^{+\infty}\delta(f-nf_s) = \frac{1}{T_s}\sum_{n=-\infty}^{+\infty}X(f-nf_s) \tag{F.5}$$

上式的计算利用了式（D.7），图 F.1(c)又等价地描绘了 $X(f)$ 与 $\text{III}(T_s f)$ 的卷积结果。式（F.5）和图 F.1(c)均表明，如果在时域内对信号 $x(t)$ 进行周期采样，那么在频域中相当于原信号的频谱 $X(f)$ 在每隔一个采样频率 f_s 的频率处被复制一次。

图 F.1(c)还表明，如果采样频率 f_s 大于 $2f_N$，那么在采样后的信号中，原信号 $x(t)$ 的各个频谱副本之间不会发生混叠。因此，当采样后的信号经过一个适当的低通滤波器滤波后，我们就能

得到一个频谱与原信号频谱完全相同的信号。也就是说，由于采样后的各个离散点 $x(nT_s)$ 包含了原信号 $x(t)$ 的所有信息，因而从信号的采样点 $x(nT_s)$ 出发，能够完全恢复原连续时间信号 $x(t)$。然而，当采样频率 f_s 小于 $2f_N$ 时，采样后的信号中的各个频谱副本之间会发生混叠，当采样信号的频谱被低通滤波器截断后，滤波结果信号的频谱由于混频、泄频等问题而不再等同于原信号频谱。也就是说，由于欠采样得到的采样点 $x(nT_s)$ 未能完整地保留原信号 $x(t)$ 中的所有信息，因此原信号 $x(t)$ 不能从采样点 $x(nT_s)$ 中恢复。

于是，奈奎斯特采样定理指出，如果 $x(t)$ 是一个带限信号，即当 $|f| > f_N$ 时的 $X(f)$ 值均为零，那么当采样频率 f_s 满足

$$f_s > 2f_N \tag{F.6}$$

时，信号 $x(t)$ 能唯一地由其采样样本 $x(nT_s)$ 决定，其中 $n = 0, \pm1, \pm2, \cdots$。我们常称 $2f_N$ 为信号 $x(t)$ 的奈奎斯特率。傅里叶变换告诉我们，一个有限时间长的信号具有无限宽的频谱，因而在现实中，真正意义上的带限信号其实是不存在的。如果一个信号的能量主要集中在一段频带上，那么我们就可以近似地将它视为带限信号。

图 F.1(a)中的信号频率成分集中在零附近，因此称这类信号为基带信号，又称低通信号。与基带信号不同，图 F.2(a)所示的通带信号的频率成分集中在一个以 f_c（其值非零）为中心的频带上。我们发现，一个实数信号经傅里叶变换后，得到一个幅值关于原点对称的频率分布，其中负频率成分在现实生活中没有意义。信号 $x(t)$ 的带宽 B 通常定义为其傅里叶变换 $X(f)$ 中频率成分大于零的一边的频谱宽度，因此又称它为单边带宽，图 F.1(a)与图 F.2(a)分别给出了一个基带信号与一个通带信号的带宽情况。可见，基带信号与通带信号有着不同的带宽含义：一方面，基带信号的带宽低频端从零开始，带宽值刚好等于其最高频率，而这个最高频率唯一地决定它的奈奎斯特率；另一方面，通带信号的带宽低频端大于零，带宽值一般小于其最高频率。

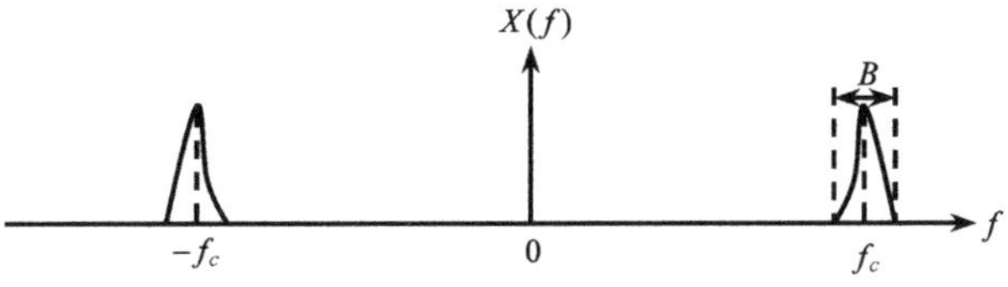

(a) $x(t)$的频域信号 $X(f)$

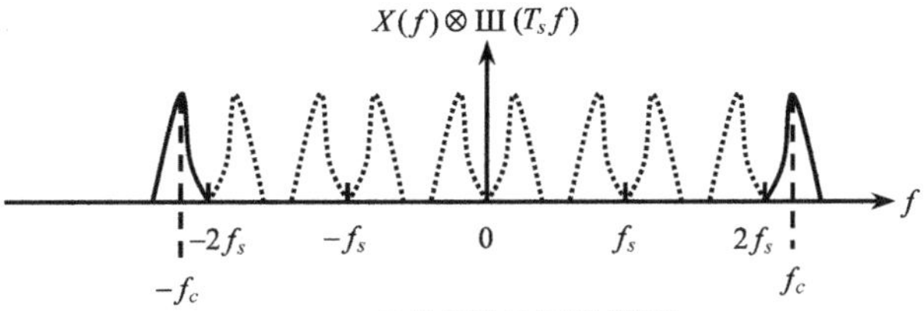

(b) $x(t)$被采样后的频域信号

图 F.2　带通信号采样的频域分析

对基带信号进行采样并不是采样的唯一机制，另一种得到广泛应用的采样技术是对通带信号进行采样。图 F.2(a)所示是一个中心频率为 f_c、带宽为 B 的通带信号，如果采用值为 $(2f_c - B)/4$ 的采样频率 f_s 对其采样，那么采样后的信号将具有图 F.2(b)所示的频谱，接着用一个适当的带通滤波器就可将原信号从这些采样点中恢复出来。可见，对通带信号进行采样的频率可以低于其 2 倍的最高频率，这是通带采样的一个显著优点；然而，与基带采样不同的是，从通带采样点恢复

原信号的过程有时必须使用一个带通滤波器，而不能像从基带采样点中恢复原基带信号那样可以总是采用低通滤波器。

为了避免出现频率混叠，通带信号的采样频率 f_s 必须满足以下两个条件：

$$\frac{2f_c+B}{n+1} \leqslant f_s \leqslant \frac{2f_c-B}{n} \tag{F.7}$$

$$f_s \geqslant 2B \tag{F.8}$$

式中，n 为整数。考虑到信号带宽和滤波器通带的边界过渡性，采样频率 f_s 一般选为式（F.7）左右两端的中间值，即

$$f_s = \frac{1}{2}\left(\frac{2f_c+B}{n+1} + \frac{2f_c-B}{n}\right) \tag{F.9}$$

当然，式（F.8）仍需保持成立。当我们进行通带采样时，更关注的是通带信号的带宽 B，而不是它的最高频率。

由图 F.2 还可看出，通带信号经采样后可直接下变频到基带（频率小于 $f_s/2$），且这里的混频刚好具有正向关系，即原信号中的高频成分仍为基带中的高频，原信号中的低频成分仍为基带中的低频。

参考文献

[1] Gray R., Goodman J., Fourier Transforms: An Introduction for Engineers, Kluwer Academic Publishers, 1995.

[2] Lyons R., Understanding Digital Signal Processing, Second Edition, Prentice Hall PTR, March 2004.

[3] Maxim Integrated Products Inc., “Mathematical Basics of Band-Limited Sampling and Aliasing,” Application Note 3628, September 2, 2005.

[4] Tsui J., Fundamentals of Global Positioning System Receivers: A Software Approach, Second Edition, John Wiley & Sons, 2005.

附录 G　离散傅里叶变换

电子计算机事实上并不能处理连续时间信号，一般做法是首先对连续时间信号进行采样，然后对离散时间点上的采样数据进行各种运算。假设连续时间信号 $x(t)$ 的值在区间 $0 \leqslant t \leqslant L$ 上非零，而其傅里叶变换 $X(f)$ 的值在区间 $-B \leqslant f \leqslant B$ 上非零，那么根据附录 E 的采样定理，我们可在时间域内采用值为 $2B$ 的采样率对 $x(t)$ 进行采样，值为非零的采样点数 N 为

$$N = 2BL \tag{G.1}$$

由这 N 个采样点组成的时间函数为

$$x_s(t) = x(t)\sum_{n=0}^{N-1}\delta\left(t-\frac{n}{2B}\right) = \sum_{n=0}^{N-1}x_n\delta\left(t-\frac{n}{2B}\right) \tag{G.2}$$

式中，$x(t)$ 的第 n 个采样点 x_n 为

$$x_n = x\left(\frac{n}{2B}\right) \tag{G.3}$$

对连续时间函数 $x_s(t)$ 进行傅里叶变换，得 $X_s(f)$ 为

$$X_s(f) = F\{x_s(t)\} = \sum_{n=0}^{N-1}x_n\mathrm{e}^{-2\pi\mathrm{j}nf/(2B)} \tag{G.4}$$

事实上，因为傅里叶变换 $X(f)$ 的傅里叶变换［$x(t)$］只在 $0 \leqslant t \leqslant L$ 时有值，所以我们可以在频域内以 L 为采样率对 $X(f)$ 进行采样，这也会产生如式（G.1）所示的 N 个采样点。对 $X(f)$ 进行采样等价于在区间 $-B \leqslant f \leqslant B$ 上对 $X_s(f)$ 进行采样，其中第 m 个 $X(f)$ 的采样点 X_m 为

$$X_m = X\left(\frac{m}{L}\right) = X_s(f)\Big|_{f=\frac{m}{L}} = \sum_{n=0}^{N-1}x_n\mathrm{e}^{-2\pi\mathrm{j}nm/N} \tag{G.5}$$

由于 $x(t)$ 与 $X(f)$ 是一个傅里叶变换对，而它们各自的离散采样序列 $\{x_n\}$ 和 $\{X_m\}$ 又分别全部包含 $x(t)$ 与 $X(f)$ 的所有信息，所以序列 $\{x_n\}$ 和 $\{X_m\}$ 也可视为一个变换对。

对一个序列 $x_0, x_1, \cdots, x_{N-1}$，我们可以参照式（G.5）将它的离散傅里叶变换（DFT）定义为

$$X_m = \sum_{n=0}^{N-1}x_n\mathrm{e}^{-2\pi\mathrm{j}nm/N} \tag{G.6}$$

我们可将上式标记为

$$\{X_m\} = \mathrm{DFT}\{x_n\} \tag{G.7}$$

相应地，从序列 $\{X_m\}$ 到 $\{x_n\}$ 的 N 点离散傅里叶反变换为

$$x_n = \frac{1}{N}\sum_{m=0}^{N-1}X_m\mathrm{e}^{2\pi\mathrm{j}nm/N} \tag{G.8}$$

离散傅里叶变换是一种线性变换，它具有许多特性。假设序列 $\{x_n\}$ 和 $\{X_m\}$ 是一个 N 点离散傅里叶变换对，那么

（1）离散傅里叶变换具有周期性，即

$$X_{m+kN} = X_m \tag{G.9}$$

而由离散傅里叶反变换得到的 x_n 具有如下性质：

$$x_{n+kN} = x_n \tag{G.10}$$

式中，k 是一个任意整数。考虑到离散傅里叶变换的周期性，式（G.6）可写为

$$X_m = \sum_{n=p}^{p+N-1} x_n \mathrm{e}^{-2\pi \mathrm{j} nm/N} \tag{G.11}$$

式中，p 为一个任意整数。

（2）时移定理：原序列$\{x_n\}$旋转平移后的序列$\{x_{n\pm k}\}$的离散傅里叶变换为

$$\mathrm{DFT}\{x_{n\pm k}\} = \{\mathrm{e}^{\pm 2\pi \mathrm{j} km/N} X_m\} \tag{G.12}$$

（3）卷积定理：两个 N 点序列$\{x_n\}$和$\{y_n\}$的卷积$\{z_n\}$定义为

$$z_n = x_n \otimes y_n = \sum_{k=0}^{N-1} x_k y_{n-k} \tag{G.13}$$

如果序列$\{x_n\}$与$\{y_n\}$的离散傅里叶变换分别为 X_m 与 Y_m，那么$\{x_n\}$与$\{y_n\}$的卷积的离散傅里叶变换等于 X_m 与 Y_m 的乘积，即

$$\mathrm{DFT}\{x_n \otimes y_n\} = \{X_m Y_m\} \tag{G.14}$$

（4）能量守恒定理（又称帕塞瓦尔定理）：如果两个 N 点序列$\{x_n\}$与$\{y_n\}$的离散傅里叶变换分别为$\{X_m\}$与$\{Y_m\}$，那么

$$\sum_{m=0}^{N-1} \left|X_m\right|^2 = N \sum_{n=0}^{N-1} \left|x_n\right|^2 \tag{G.15}$$

$$\sum_{m=0}^{N-1} X_m \overline{Y}_m = N \sum_{n=0}^{N-1} x_n \overline{y}_n \tag{G.16}$$

式中，$\overline{Y}_m$ 表示 Y_m 的共轭。

计算机擅于进行这种以离散数据参与运算的离散傅里叶变换。式（G.6）表明，每计算一个离散傅里叶变换元素 X_m，需要进行 N 次乘法和 N 次加法，而完成整个离散傅里叶变换需要 N^2 次运算，于是我们常说 N 点离散傅里叶变换需要 $O(N^2)$ 次基本运算。因为离散傅里叶变换的运算量与 N^2 成正比，所以降低离散傅里叶变换运算量的一个思路是减小点数值 N 。我们注意到，在离散傅里叶变换公式（G.6）中，当 n 为偶数时（这里不妨将它写为 $2n$），变换因子 $\mathrm{e}^{-2\pi \mathrm{j} nm/N}$ 可写为

$$\mathrm{e}^{-2\pi \mathrm{j}(2n)m/N} = \mathrm{e}^{-2\pi \mathrm{j} nm/\frac{N}{2}} \tag{G.17}$$

上式表明，为了实现一个 N 点离散傅里叶变换，我们有可能首先将 N 点输入序列 x_n 按照它们的序列号的奇偶分成两组，然后对这两组序列分别进行 $N/2$ 点离散傅里叶变换，最后将所得的两个离散傅里叶变换组合起来。事实上，如果 N 的值等于一个以 2 为底的幂，那么一个 N 点离散傅里叶变换运算可分解为两个 $N/2$ 点离散傅里叶变换运算，而每个 $N/2$ 点离散傅里叶变换运算又可分解为两个 $N/4$ 点离散傅里叶变换运算，以此类推，最终分解成一个个两点离散傅里叶变换运算，这就是快速傅里叶变换（FFT）算法的基本思路。一个 N（值等于 2^n）点 FFT 需要 $O(N \,\mathrm{lb}\, N)$ 次基本运算，而这与原先需要 $O(N^2)$ 次基本运算的离散傅里叶变换相比，N 越大，FFT 需要较少运算量的优势就越显著。FFT 在数字信号处理、偏微分方程求解等很多方面有着极为重要的应用。

参考文献

[1] Gray R., Goodman J., Fourier Transforms: An Introduction for Engineers, Kluwer Academic Publishers, 1995.

附录 H　GPS 数据格式

不同的接收机通常都输出跟踪环路测量的伪距、多普勒频移、载波相位和载噪比等 GPS 测量值及其信息，同时输出随后的定位导航模块计算得到的接收机位置、速度、方位角和时间等定位结果。不同的接收机厂家可能会定义不同的输出格式和内容，也可能会遵从 NMEA 或 RIMEX 等数据格式，确保接收机数据的有效传输，增强接收机的兼容性能。下面简单介绍 NMEA 和 RIMEX 数据格式及它们的特点，读者在应用这两种数据格式时，要全面参考它们的最新官方文档。

H.1　NMEA 数据格式

NMEA-0183 是美国国家海洋电子协会（NMEA）为海用电子设备制定的标准格式，现在已被广泛地用于多个领域的设备之间的数据传输。目前最新的 NMEA-0183 版本为 3.01，读者可在其官方网站上查阅更新情况。NMEA 标准格式输出采用 ASCII 码，每个 ASCII 数据码长 8 位（或比特），串行通信的波特率为 4800 位/秒，无奇偶校验。

NMEA 由语句组成，每条语句以字符“$”作为标志开始，第一个字用来标识这一语句的类别，随后的数据之间以逗号相隔，并以字符“*”作为结束标志，最后以校验和数值与回车/换行字符结束。语句标识字由 5 个字母组成，其中的前两个字母指代器件种类，例如 GPS 接收机输出的 NMEA 语句标识字以 GP 为前缀，而随后的三个字母指出语句类型。NMEA 允许器件生产商定义自己专用的语句，这些自定义 NMEA 语句的标识字以字母“P”开头。校验和数值是从“$”开始到“*”之间的所有 ASCII 码的异或和。虽然个别种类的数据需要多条语句才能播发完毕，但是每行中的一条 NMEA 语句能够根据其包含的语句标识字翻译出来，而无须参考该语句前后其他语句的类别和内容。

下面介绍 GPS 接收机输出的几种 NMEA 语句及其格式，目的是让读者体会 NMEA 数据输出格式。在具体应用 NMEA 数据格式时，读者务必要参考它的官方文本。

（1）GGA 语句：作为 GPS 定位信息语句，GGA 语句给出了时间、经度、纬度、高度、所用的卫星颗数和精度因子等 GPS 定位信息数据。例如，

$GPGGA,221155.19,3746.9680,N,12223.8297,W,1,9,0.898,－7.716,M,0.000,M,0,0*59

它告诉了我们关于这一定位的如下内容：

- 221155.19：定位时刻的 UTC 时间，22 时 11 分 55.19 秒。
- 3746.9680,N：纬度值，北纬 37 度 46.9680 分，其中 N 表示北纬，S 表示南纬。
- 12223.8297,W：经度值，西经 122 度 23.8297 分，其中 W 表示西经，E 表示东经。
- 1：定位质量指标，0 代表未定位，1 代表 GPS 单点定位，2 代表 DGPS 定位等。
- 9：用于定位解算的卫星颗数。
- 0.898：HDOP 值。
- －7.716,M：相对于平均海平面（MSL）的高度值，单位为米。
- 0.000,M：平均海平面（MSL）相对于 WGS-84 基准椭球面的高度值，单位为米。
- 0：自最近一次接收机到 DGPS 信号开始的秒数。
- 0：DGPS 基准站号。

- 59：校验和。

（2）GSV 语句：每条 GSV 语句可以最多提供 4 颗可见卫星的信息，包括它们的编号、仰角、方位角和载噪比四项数据。例如，

$GPGSV,3,1,12,30,19,190,44,29,68,116,41,10,18,44,34,15,29,108,44*44

$GPGSV,3,2,12,16,27,306,42,18,44,208,46,21,59,300,45,22,10,216,33*72

$GPGSV,3,3,12,24,56,44,35,26,26,87,41,6,5,0,0,5,5,0,0*70

上面连续的三条 GSV 语句属于一个数据块，它们共输出 12 颗卫星的信息，其中第一条 GSV 语句告诉我们如下内容：

- 3：总的 GSV 语句数。
- 1：当前的 GSV 语句号。
- 12：可见卫星总数。
- 30,19,190,44：编号 30 的卫星，其仰角为 19°，方位角为 190°，载噪比为 44 dB·Hz。
- 29,68,116,41：编号 29 的卫星，其仰角为 68°，方位角为 116°，载噪比为 41 dB·Hz。
- 10,18,44,34：编号 10 的卫星，其仰角为 18°，方位角为 44°，载噪比为 34 dB·Hz。
- 15,29,108,44：编号 15 的卫星，其仰角为 29°，方位角为 108°，载噪比为 44 dB·Hz。

（3）GSA 语句：它描述 GPS 定位模式、用于定位的卫星编号和 DOP 值。例如，

$GPGSA,A,3,21,22,16,24,29,26,6,3,18,15,,,1.767,0.889,1.527*38

它告诉我们关于这一定位的如下内容：

- A：接收机操作模式，其中 A 代表接收机自动选择进行二维或三维定位，而 M 代表强制进行二维或三维定位。
- 3：定位模式，其中 1 代表没有有效定位，2 代表二维定位，3 代表三维定位。
- 21,22,…,18,15：10 颗用于定位的卫星编号。
- 1.767：PDOP 值。
- 0.889：HDOP 值。
- 1.527：VDOP 值。

（4）RMC 语句：这种被推荐得最少的 GNSS 数据语句包括时间、经度、纬度、高度、系统状态、速度、线路、日期信息。例如，

$GPRMC,232252.19,A,3747.5898,N,12224.0811,W,18.931,95.445,261208,0,W,A*25

它告诉我们关于这一定位的如下内容：

- 232252.19：定位时刻的 UTC 时间。
- A：定位质量指标，其中 A 代表 GPS 定位有效，V 代表无效。
- 3747.5898,N：定位纬度值，包括度与分两部分。
- 12224.0811,W：定位经度值，包括度与分两部分。
- 18.931：地面速度。
- 95.445：以度为单位的速度方向。
- 261208：定位时刻的日期，2008 年 12 月 26 日。
- 0,W：磁偏角。
- A：模式指示，A 表示自主定位，D 表示差分，E 表示估算，N 表示无效。

此外，常用的 NMEA 语句还包括：提供地面速度信息的 VTG 语句，提供时间和日期信息的 ZDA 语句，提供地理经纬度位置、时间和卫星运行状态的 GLL 语句。

H.2　RINEX 格式

相对于 NMEA 语句提供的定位导航信息，RINEX 是一种用来提供 GPS 测量值、卫星星历等原始测量数据的格式。由于不同产商、型号的 GPS 接收机可能按照各自不同的格式输出它们的原始测量数据，因此为了能够统一地处理不同类型 GPS 接收机收集的数据，要首先将这些 GPS 数据转换成接收机无关的数据交换格式，即 RINEX 格式，然后就可以使用通用的数据处理软件分析、处理这些 RINEX 格式的 GPS 数据。经过多次补充和修订后，RINEX 已成为 GPS 数据处理软件的一种标准输入格式，下面简单介绍应用较广的 RINEX 2.10 的特征。

RINEX 格式的文件是纯 ASCII 码文本文件，它分为观测数据、导航数据、气象数据、GLONASS 导航、地球同步卫星导航等多种类型。每个 RINEX 文件都由一个字头块和一个主体部分组成，其中位于文件开头的字头块提供测量站、接收机和天线等关于整个文件的全局信息，随后的主体部分则提供实际数据。各种不同类型的 RINEX 文件遵从各自不同的格式，例如文件中的每行记录不得超过 80 字节，这些格式在设计上是为了使存储 RINEX 文件所需的空间最小化。

RINEX 建议的文件命名方式为“ssssdddf.yyt”，其中 ssss 代表站台名，ddd 是年积日（一年中的第几天），f 是文件在当天的序列号，yy 是年份，t 是文件类型，例如字母 O 表示观测数据文件，N 表示导航数据文件，M 表示气象数据文件等。为了便于存储和传输，ASCII 码文本形式的 RINEX 文件常被压缩为 ZIP 格式，压缩后的文件名会添加后缀“.Z”。

下面举例说明最常见的观测数据文件和导航数据文件。GPS 数据处理软件通常处理伪距、载波相位测量值及它们的测量时间，RINEX 观测数据文件针对的就是这类数据。例如，

```
 01  3 24 13 12  6.0000000  0  4G16G12G 6G 9                         -.123456987
  21112589.384      24515.877 6      19102.763 3  21112596.187
  23578228.338    -268624.234 7    -209317.284 4  23578244.398
  20625218.088      92581.207 7      72141.846 4  20625223.795
  20864539.693    -141858.836 8    -110539.435 5  20864545.943
```

这段 RINEX 格式的观测数据的主体部分告诉我们：在 2001 年 3 月 24 日 13 时 12 分 6 秒之际，接收机对编号为 16, 12, 6 和 9 的四颗 GPS 卫星有观测值，而接下来的四行分别依次列出了这四颗卫星的测量值。在这个例子中，对每颗卫星的一行测量值记录包含四个测量值数据，它们的种类和顺序在前面的字头块中做了说明。同时，RINEX 要求紧跟在每个测量值数据后的是接收机对信号的失锁状态标志和信号强度标志。如果某个测量值、失锁状态标志或信号强度标志等数据缺省，那么它们在文件中的相应位置上可以填上 0.0 或空格。这样，根据字头块对测量值数据内容的说明和 RINEX 对数据格式的种种规定，我们就可以正确地解读 RINEX 观测数据文件的主体部分。

顾名思义，RINEX 导航数据文件提供 GPS 卫星播发的导航电文内容，其中字头块给出导航电文第三数据块（见 2.5.6 节）中关于电离层延时校正模型参数和 GPS 时间与 UTC 时间之间的关系参数，主体部分则列出卫星的星历参数、时钟校正参数和群波延时校正值等。例如，

```
6 99  9  2 17 51 44.0 -.839701388031D-03 -.165982783074D-10  .000000000000D+00
    .910000000000D+02  .934062500000D+02  .116040547840D-08  .162092304801D+00
    .484101474285D-05  .626740418375D-02  .652112066746D-05  .515365489006D+04
    .409904000000D+06 -.242143869400D-07  .329237003460D+00 -.596046447754D-07
    .111541663136D+01  .326593750000D+03  .206958726335D+01 -.638312302555D-08
    .307155651409D-09  .000000000000D+00  .102500000000D+04  .000000000000D+00
    .000000000000D+00  .000000000000D+00  .000000000000D+00  .910000000000D+02
    .406800000000D+06  .000000000000D+00
```

这段 RINEX 格式的观测数据的主体部分告诉我们：在 1999 年 9 月 2 日 17 时 51 分 44 秒之际，有一颗 PRN 编号为 6 的卫星，第一行中最后的三个数值分别是该卫星的时钟校正参数 a_{f0}，a_{f1} 和 a_{f2}，第二行表明它的星历数据期号（IODE）是 91、星历参数 C_{rc} 为 93.40625 等。

参考文献

[1] Gurtner W., RINEX: The Receiver Independent Exchange Format Version 2.10, University of Berne, December 10, 2007.

[2] National Marine Electronics Association, NMEA 0183 – Standard for Interfacing Marine Electronic Devices, Version 3.01, January 2002.